中 国 国 家 标 准 汇 编

2018 年修订-35

中国标准出版社　编

中国标准出版社

北　京

图书在版编目(CIP)数据

中国国家标准汇编:2018年修订.35/中国标准出版社编.—北京:中国标准出版社,2020.6
ISBN 978-7-5066-9661-6

Ⅰ.①中… Ⅱ.①中… Ⅲ.①国家标准-汇编-中国-2018 Ⅳ.①T-652.1

中国版本图书馆CIP数据核字(2020)第069773号

中国标准出版社出版发行
北京市朝阳区和平里西街甲2号(100029)
北京市西城区三里河北街16号(100045)

网址 www.spc.net.cn
总编室:(010)68533533 发行中心:(010)51780238
读者服务部:(010)68523946

中国标准出版社秦皇岛印刷厂印刷
各地新华书店经销

*

开本 880×1230 1/16 印张 35.75 字数 1 082 千字
2020年6月第一版 2020年6月第一次印刷

*

定价 220.00 元

出 版 说 明

《中国国家标准汇编》是一部大型综合性国家标准全集。自1983年起，每年按国家标准顺序号分册汇编出版，分为“制定”卷和“修订”卷两种形式。

“制定”卷收入上一年度我国发布的、新制定的国家标准，视篇幅分成若干分册，封面和书脊上注明“20××年制定”字样及分册号，分册号一直连续。各分册中的标准是按照标准编号顺序连续排列的，如有标准顺序号缺号的，除特殊情况注明外，暂为空号。

“修订”卷收入上一年度我国发布的、被修订的国家标准，视篇幅分设若干分册，但与“制定”卷分册号无关联，仅在封面和书脊上注明“20××年修订-1，-2，-3，……”字样。“修订”卷各分册中的标准，仍按标准编号顺序排列（但不连续）；如有遗漏的，均在当年最后一分册中补齐。需提请读者注意的是，个别非顺延前年度标准编号的新制定国家标准没有收入在“制定”卷中，而是收入在“修订”卷中。

读者购买每年出版的《中国国家标准汇编》“制定”卷和“修订”卷则可收齐由我社出版的上一年度制定和修订的全部国家标准。

2018年我国制修订国家标准共2 684项。本分册为《中国国家标准汇编》“2018年修订-35”，收入新制修订的国家标准23项。

中国标准出版社

2020年3月

目　　录

GB/T 25915.9—2018　洁净室及相关受控环境　第9部分：按粒子浓度划分表面洁净度等级 …… 1
GB/T 25975—2018　建筑外墙外保温用岩棉制品 …… 26
GB/T 25978—2018　道路车辆　标牌和标签 …… 41
GB/T 26068—2018　硅片和硅锭载流子复合寿命的测试　非接触微波反射光电导衰减法 …… 58
GB/T 26071—2018　太阳能电池用硅单晶片 …… 87
GB/T 26126—2018　商品煤质量　煤粉工业锅炉用煤 …… 97
GB/T 26136—2018　超高压水切割机 …… 107
GB/T 26168.1—2018　电气绝缘材料　确定电离辐射的影响　第1部分：辐射相互作用和剂量测定 …… 129
GB/T 26168.2—2018　电气绝缘材料　确定电离辐射的影响　第2部分：辐照和试验程序 …… 155
GB/T 26168.4—2018　电气绝缘材料　确定电离辐射的影响　第4部分：运行中老化的评定程序 …… 173
GB/T 26332.1—2018　光学和光子学　光学薄膜　第1部分：定义 …… 191
GB/T 26548.1—2018　手持便携式动力工具　振动试验方法　第1部分：角式和端面式砂轮机 …… 209
GB/T 26548.6—2018　手持便携式动力工具　振动试验方法　第6部分：夯实机 …… 236
GB/T 26645.4—2018　粒度分析　液体重力沉降法　第4部分：天平法 …… 253
GB/T 26857.4—2018　信息技术　开放系统互连　测试方法和规范(MTS)　测试和测试控制记法　第3版　第4部分：TTCN-3操作语义 …… 271
GB/T 26949.3—2018　工业车辆　稳定性验证　第3部分：前移式和插腿式叉车 …… 425
GB/T 26949.5—2018　工业车辆　稳定性验证　第5部分：侧面式叉车(单侧) …… 436
GB/T 26949.9—2018　工业车辆　稳定性验证　第9部分：搬运6 m及其以上长度货运集装箱的平衡重式叉车 …… 445
GB/T 26949.16—2018　工业车辆　稳定性验证　第16部分：步行式车辆 …… 457
GB/T 26985—2018　原油倾点的测定 …… 467
GB/T 27021.4—2018　合格评定　管理体系审核认证机构要求　第4部分：大型活动可持续性管理体系审核和认证能力要求 …… 478
GB/T 27021.5—2018　合格评定　管理体系审核认证机构要求　第5部分：资产管理体系审核和认证能力要求 …… 489
GB/T 27419—2018　测量不确定度评定和表示　补充文件1：基于蒙特卡洛方法的分布传播 …… 497

ICS 13.040.35
C 70

中华人民共和国国家标准

GB/T 25915.9—2018/ISO 14644-9:2012

洁净室及相关受控环境 第9部分:按粒子浓度划分表面洁净度等级

Cleanrooms and associated controlled environments—Part 9:Classification of surface cleanliness by particle concentration

(ISO 14644-9:2012,IDT)

2018-06-07 发布　　2018-10-01 实施

国家市场监督管理总局
中国国家标准化管理委员会　发布

前　言

GB/T 25915《洁净室及相关受控环境》包含 10 个部分：

——第 1 部分：按粒子浓度划分空气洁净度等级；

——第 2 部分：证实持续符合 GB/T 25915.1 的监测和定期测试技术条件；

——第 3 部分：检测方法；

——第 4 部分：设计、建造和启动；

——第 5 部分：运行；

——第 6 部分：词汇；

——第 7 部分：隔离装置(洁净风罩、手套箱、隔离器、微环境)；

——第 8 部分：按化学物浓度划分空气洁净度等级；

——第 9 部分：按粒子浓度划分表面洁净度等级；

——第 10 部分：按化学物浓度划分表面洁净度等级。

本部分为 GB/T 25915 的第 9 部分。

本部分按照 GB/T 1.1—2009 给出的规则起草。

本部分使用翻译法等同采用 ISO 14644-9:2012《洁净室及相关受控环境　第 9 部分：按粒子浓度划分表面洁净度等级》。

本部分由全国洁净室及相关受控环境标准化技术委员会(SAC/TC 319)提出并归口。

本部分起草单位：中天道成(苏州)洁净技术有限公司、深圳市吉隆洁净技术有限公司、苏州安泰空气技术有限公司、苏州工业园区嘉合环境技术工程有限公司、苏州净化工程安装有限公司、中国电子工程设计院、中电投工程研究检测评定中心、中国电子学会洁净技术分会、深圳市亿天净化技术有限公司、北京世源希达工程技术公司、中国工程物理研究院八所、深圳新科特种装饰工程公司。

本部分主要起草人：姜皓遐、殷晓冬、王大千、黄吉辉、金真、袁晓东、蒋乃军、王尧、张利群、夏群艳、苏钢民、吴晓媛、石小雷、邴绍同。

引　　言

洁净室及相关受控环境按照对污染敏感的作业所适用的水平提供污染控制。受益于污染控制的产品和工艺包括航空航天、微电子、光学、核能和生命科学(制药、医疗器械、食品、医疗)等工业。

GB/T 25915.1—2010～GB/T 25915.8—2010是专门针对悬浮粒子和化学污染的，GB/T 25916.1—2010和GB/T 25916.2—2010是针对生物污染的。在洁净室及其他受控环境的设计、技术条件、运行和控制中，除了表面洁净度分级外，还应考虑许多因素。这些因素在GB/T 25915和GB/T 25916的其他部分中有详细说明。

本部分是通过测定粒子浓度表示表面洁净度分级。本部分还列出了测定表面粒子浓度的步骤和一些测试方法。

若监管机构有相关规定或指南，可对测试步骤予以适当修改。

洁净室及相关受控环境 第9部分:按粒子浓度划分表面洁净度等级

1 范围

GB/T 25915 的本部分阐明了在洁净室及相关受控环境中,按粒子浓度来划分固体表面洁净度等级。附录 A~附录 D 中给出了关于表面特性的信息以及推荐的检测和测量方法。

本部分适用于洁净室及相关受控环境中的所有固体表面,如墙壁、顶棚、地板、生产环境、工具、设备和产品。按粒子浓度划分的表面洁净度等级(SCP)限于粒径 0.05 μm~500 μm 的粒子。

本部分对以下事项未予考虑:

——特定工艺的洁净度及适合性要求;

——表面的清洁步骤;

——材料特性;

——涉及相互结合力或通常与时间和工艺过程有关的事项;

——分级和测试统计方法的选择和使用;

——粒子的其他特性,如静电电荷、离子电荷、微生物等状况。

2 规范性引用文件

下列文件对于本文件的应用是必不可少的。凡是注日期的引用文件,仅注日期的版本适用于本文件。凡是不注日期的引用文件,其最新版本(包括所有的修改单)适用于本文件。

GB/T 25915.6—2010 洁净室及相关受控环境 第 6 部分:词汇(ISO 14644-6:2007,IDT)

3 术语和定义

GB/T 25915.6—2010 界定的以及下列术语和定义适用于本文件。

3.1

特定粒径范围描述符 descriptor for specific particle size ranges

区分特定粒径范围 SCP 水平的描述符。

注:此描述符可用于特别关注的或在分级体系之外的粒径范围,并可单独说明或作为 SCP 等级的补充。

3.2

直接测量法 direct measurement method

没有任何中间步骤的测量污染方法。

3.3

间接测量方法 indirect measurement method

带有中间步骤的测量污染方法。

3.4

固体表面 solid surface

固体与另一相之间的界面。

3.5

表面粒子　surface particle

离散分布并粘附在所关注表面上的固体或液体物质，不包括覆盖整个表面的薄膜类物质。

注：表面粒子是通过化学和(或)物理相互作用而粘附的粒子。

3.6

表面洁净度　surface cleanliness by particle concentration;SCP

表面粒子浓度方面的状况。

注：表面洁净度是由材料与型式特点、各种应力负荷(作用于表面上负荷的复杂性)以及起主导作用的环境条件和其他因素所决定的。

3.7

表面洁净度等级　surface cleanliness by particle concentration class

SCP 等级　SCP class

每平方米表面关注粒径粒子浓度最大允许值的级别(SCP1 级至 8 级)。

3.8

表面洁净度分级　surface cleanliness by particle concentration classification

SCP 分级　SCP classification

以 ISO SCP N 级表示的代表每平方米中关注粒径的表面粒子最大允许浓度(或测定水平的过程)。

3.9

表面粒子浓度　surface particle concentration

关注的表面区域单位面积离散粒子的数目。

4　缩略语

下列缩略语适用于本文件。

AFM:原子力显微法(atomic force microscopy)

CNC:凝聚核计数器(condensation nucleus counter)

EDX:能量色散 X 射线光谱法(energy dispersive X-ray spectroscopy)

ESCA:化学分析电子能谱法(electron spectroscopy for chemical analysis)

IR:红外(吸收式光谱法)[infrared(absorption spectroscopy)]

OPC:光学粒子计数器(optical particle counter)

PET:聚乙烯苯二甲酸乙二醇酯(polyethylene terephthalate)

SCP:按粒子浓度划分表面洁净度(surface cleanliness by particle concentration)

SEM:扫描电子显微镜法(scanning electron microscopy)

UV:紫外线(光谱仪)[ultraviolet(spectroscopy)]

WDX:波长色散 X-射线光谱(wavelength-dispersive X-ray spectroscopy)

5　分级体系

5.1　ISO-SCP 分级公式

在洁净室及相关受控环境中，按粒子浓度划分的表面洁净度级别(SCP)以等级数字 N 表示，它规定了表面上所关注粒径粒子的最大允许浓度。N 由式(1)确定，它表示某一关注粒径(D)粒子每平方米表面所允许的最大总浓度：$C_{SCP;D}$。

$$C_{SCP;D}=k\frac{10^N}{D} \qquad (1)$$

式中：

$C_{SCP;D}$——每平方米表面上大于或等于所关注粒径粒子的最大允许总浓度，$C_{SCP;D}$保留不多于3位非零有效数字，修约到最近的整数；

N ——SCP分级数字，限于SCP 1级～SCP 8级；SCP分级数字N所对应的是以微米为单位的被测粒径D；

注：N表示的是基准粒径为1 μm的粒子浓度以10为底的指数。

D ——关注粒径，单位为微米(μm)；

k ——常数1，单位为微米(μm)。

注1：由于粒子生成和传输的动态特性，依据粒子浓度的SCP等级是可依时间和工艺而定的值。

注2：由于统计评估的复杂性及众多参考资料，GB/T 25915本部分中未说明对分级和测试统计方法的选择与应用。

依式(1)导出的浓度$C_{SCP;D}$应作为确定值使用。表1显示的是所选定的SCP等级和关注粒径对应的表面最大允许累积浓度。

表1 洁净室及相关受控环境所选定的SCP等级 单位为粒子数每平方米

SCP等级	粒径								
	≥0.05 μm	≥0.1 μm	≥0.5 μm	≥1 μm	≥5 μm	≥10 μm	≥50 μm	≥100 μm	≥500 μm
SCP 1级	(200)	100	20	(10)					
SCP 2级	(2 000)	1 000	200	100	(20)	(10)			
SCP 3级	(20 000)	10 000	2 000	1 000	(200)	(100)			
SCP 4级	(200 000)	100 000	20 000	10 000	2 000	1 000	(200)	(100)	
SCP 5级		1 000 000	200 000	100 000	20 000	10 000	2 000	1 000	(200)
SCP 6级		(10 000 000)	2 000 000	1 000 000	200 000	100 000	20 000	10 000	2 000
SCP 7级				10 000 000	2 000 000	1 000 000	200 000	10 000	20 000
SCP 8级						10 000 000	2 000 000	1 000 000	200 000

表中的值是每平方米表面上大于或等于关注粒径的粒子浓度及SCP等级($C_{SCP;D}$)。

括号内的数字，其对应的粒径不宜用于分级；选择其他粒径进行分级。

测试所用最小面积应在统计学上对关注表面具有代表性。

注：对较低SCP级别的分级，要有大量的测量结果以确立有效值。

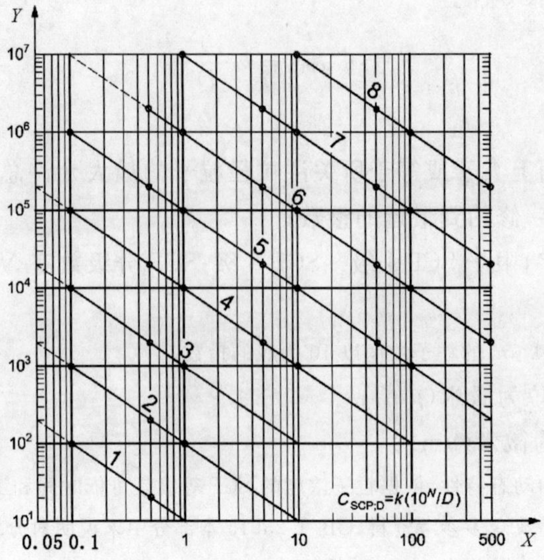

说明：

X ——关注粒径，D(μm)；

Y ——表面上粒径≥ D 的粒子浓度，$C_{SCP;D}$(个/m^2)；

1 ——SCP 1 级；

2 ——SCP 2 级；

3 ——SCP 3 级；

4 ——SCP 4 级；

5 ——SCP 5 级；

6 ——SCP 6 级；

7 ——SCP 7 级；

8 ——SCP 8 级。

图 1 SCP 等级

图 1 上的分级实线是用于分级，虚线不可用于分级。

注：表面上的粒子分布一般不呈正态分布，而是受到各种因素，如粗糙度、孔隙度、静电电荷、沉降机理等的影响(参见附录 A)。

举例：SCP 5 级(1 μm)表示每平方米表面上关注粒径≥1 μm(D=1)的粒子最多可有 10^5 个。SCP 5 级(10 μm)表示每平方米表面上每平方米关注粒径为≥10 μm(D=10)的粒子最多可有 10^4 个。所测得的任何其他粒径(D =x)的粒子，如浓度在相应的 SCP 等级线以下，则均处于 SCP 5 级(x μm)的标准内。

处于分级体系之外的粒径，或仅关注很窄的粒径范围、个别粒径时，可使用描述符(参见附录 B)。

5.2 表示方法

SCP 等级的表示方法如下：SCP N 级(D μm)。

洁净室及相关受控环境 SCP 等级的表示方法，还应包括下列内容：

a) 所测表面的类型；

b) 所测表面的面积；

c) 所用测量方法。

所用测量方法的详细情况，包括采样技术和测量装置，应包含在测试报告中。

关注粒径应由需方和供方商定。

要依所测粒子的直径说明 SCP 的分级。

例 1　SCP 2 级(0.1 μm);晶圆片或玻璃基底,表面积 310 cm^2;表面粒子计数器。

例 2　SCP 5 级(0.5 μm);瓶子内壁,表面积 200 cm^2;液体扩散-液体粒子计数器。

5.3　按粒子浓度划分表面洁净度的一般性信息

空气悬浮粒子的浓度与表面粒子浓度一般是有关的。其关系由许多因素决定,如气流紊流、沉降量、沉降时间、沉降速度、空气中的浓度,以及静电电荷等表面特性(见 A.2.4)。为按粒子浓度测定表面洁净度,应考虑到影响测试的各种参数(参见附录 C)及表面特性(参见附录 A)。

6　符合性的证实

6.1　概述

与需方商定的 SCP 等级要求的符合性,需经过测试并提供测试条件和测试结果的报告来证明。

证实其相符性的细节(见 6.3)要由需方和供方在测试前商定。

6.2　测试

符合性的验证测试应以经过校准的仪器和适用的测试方法在受控环境内进行。

附录 D 中给出的直接和间接测试法可用来证实符合性。目录中所述的常用测试方法并非全部,经商定可采用具有等效精度的其他方法。

注:即便正确应用不同的测量方法,也会产生不同的结果,而其有效性是相同的。

建议采用重复测量。

测试方法及测试环境应由需方和供方商定。

因静电电荷会增加粒子向表面的沉降,应事先采取措施降低测试区周围的静电电荷,如表面是非导电的,也未接地或中和电荷,就可能产生静电电荷(参见附录 A)。从而可能改变测试结果。

6.3　测试报告

每个表面的测试结果要予以记录,以综合报告的形式提交,并说明与规定的 SCP 等级相符或不相符。测试报告至少要包括下述各项:

a)　基本数据:

——测试日期和时间。

——测试单位的名称和地址。

——测试人员姓名。

b)　参照的文件:

——标准。

——指南。

——规定。

——本部分出版时的编号,即 GB/T 25915.9—2018。

c)　环境数据:

——采样环境条件(即温度、湿度、洁净度)。

——测量时的环境条件(即温度、湿度、洁净度)(对直接法非必需)。
——测量所在位置(房间等)。

d) 样本:
——对测试对象的清楚识别。
——对测试对象的说明。
——测试样本的图样和草图。

e) 测试方案:
——对测试方案进行说明的照片和(或)草图。
——对操作参数的说明。
——对测量点的说明。
——对所用硬件的说明。

f) 测量装置:
——仪器和装置及当前的校准证书。
——测量范围。
——对校准证书的说明。

g) 测试:
——所用测试方法的相关详情,以及对偏离测试方法的可用数据的说明(如商定)。
——采样前的表面条件(如清洁后,包装后,处于大气或真空环境)。
——规定的检测和测量步骤/方法。
——采样及测量期间的占用状态。
——规定的检测方法。
——所有商定的文件(如原始数据、背景粒子浓度、图片、图形、清洁和包装)。
——采样持续时间、地点和位置(对直接法非必需)。
——测量持续时间、地点和位置(对直接法必需)。
——采样(测量)期间值得注意的观测结果(如适用)。
——所进行的测量次数。
——所测表面的明确位置和面积,并注明表面具体坐标。

h) 结果与分析:
——如适用,在测量前和测量后目检被测表面。
——测量值和对测量值的分析。
——数据质量说明。
——关注粒径范围。
——所进行的全部测试的结果,包括给定粒径粒子浓度数据。
——按粒子浓度级别划分的表面洁净度,以 SCP N 级表示。
——洁净表面的验收标准,如需方和供方有商定。

附 录 A
（资料性附录）
表 面 特 性

A.1 对表面的说明

确定表面特性一般是按表面构造（如粗糙度、孔隙率）、机械特性（如硬度）以及物理化学特性（如表面静电电荷和表面张力）。应在考虑了每种特性后，再选择表面洁净度分级测试方法，或作为对测试结果的辅助说明。

A.2 表面特性

A.2.1 粗糙度

A.2.1.1 说明

表面粗糙度对表面的许多物理特性都有影响，表面粗糙度既不易以单个参数来描述，也不是表面固有特性。粗糙度存在于两个基本平面：与表面成直角的平面，其特性可用高度描述；表面所在的平面，视为“质地”，其特性由波纹度描述。表面粗糙度可用机械的或光学的方法测定。

A.2.1.2 测试

测定粗糙度常用的机械方法是使用触针式仪器（例如，见 ISO 4287 或 GB/T 10610—2009/ISO 4288:1996）。

测定粗糙度和有孔表面结构常用的光学方法是显微镜法（光学、共聚焦、干涉法、有或没有隧道效应、斜切截面）。

A.2.2 孔隙率

A.2.2.1 定义和说明

孔隙率是对材料内中空空间的量度，表示为 0～1 之间的小数，或是 0%～100%之间的百分数。

——有效孔隙率（也称开孔率）系指总体积中流体能够有效地在其中流过的那部分体积（不包括有一端不相连的空孔或空穴）占总体积的比率。

——大孔系指直径大于或等于 50 nm 的孔。流体流经大孔是以体相扩散描述的。

——介孔系指直径大于或等于 2 nm 但小于 50 nm 的孔。

——微孔系指直径小于 2 nm 的孔。微孔中的运动属于活性扩散。

A.2.2.2 测试

对给定材料或称为材料基体的混合材料的孔隙率，可有几种估算方法。

体积/密度法既快准确度又高（一般在实际孔隙率的±2%以内）。测量材料的体积和质量，用材料质量除以材料密度即得出减去孔的容积后材料所应占据的体积。因此，孔的容积即等于总体积减去材料体积，或直接表述为：（孔容积）＝（总体积）－（材料体积）。

水饱和法稍难些，但更准确，更直接。取已知体积的材料和已知体积的水。将材料慢慢地倾倒入水中，在此过程中使材料饱和。让材料在水中浸泡几个小时，保证材料充分饱和。然后将未被饱和的剩余水从水桶上部倒出，并测量其体积。水桶中原来水的体积减去剩余水的体积即为孔的容积，或直接表述为：(孔容积)＝(水的总体积)－(剩余水的体积)。

压汞法(压汞孔隙度仪)需要将样本置于可将样本排空的特殊加注装置内，随后导入液体汞。再测量与所施压力成函数关系的汞包的尺寸。施加的压力越大，汞能进入的孔就越小。一般情况下，这种方法用于 300 μm～0.003 5 μm 的孔径范围。因为对使用汞的安全问题的担心越来越大，所以已经研发出几种非汞压入技术，宜作为替代方法予以考虑。

氮气吸附法用于测定材料中的精细孔隙率。氮气可冷凝在孔径小于 0.090 μm 的孔壁上。该冷凝量可用体积或质量测量。

A.2.3 硬度

测量各类型材料硬度有许多国家的和国际的标准。硬度测量常以球状或针状金刚石的穿透力、硬物体的压痕或冲击器的回弹特性来表示。

ASTM E18-07 中有测量金属硬度的洛氏法、布氏法、肖氏法、维氏法。在测试开始时，根据样本的厚度、金属成分及预期硬度，选择几何形状及压力。

A.2.4 静电

A.2.4.1 定义和说明

静电的定义为，材料表面上电子不平衡所产生的电荷。这种电子不平衡产生的静电场，会影响对物体表面洁净度的测定。静电放电(ESD)的定义是，电荷在具有不同电位物体间的转移。

材料的任何相对运动及物理分离，或是固体、液体或携带有粒子的气体的流动，都可产生静电电荷。常见的静电放电(ESD)源包括人、普通聚合物材料制成的物品及加工设备。与静电源的直接接触而产生的 ESD，或因带电物体发出的电场而发生的 ESD，可损害零部件。

带电表面会吸引并捕获粒子污染物。如所选的表面洁净度测定方法是对表面粒子的(见 D.2.3.3.5)间接检测，则其测量结果可能因粒子剥离量的不足而不准确。所以，应采取措施降低 ESD 效应，采用间接测量法时尤其如此。

A.2.4.2 测试

测定样本表面 ESD 特性或有助于评估其对表面粒子剥离效率的影响(如 IEC 61340-5-1，ISO 10015，IEST RP-CC022.2，SEMI E43-0301，SEMI E78-0706)。

A.2.5 表面张力

A.2.5.1 定义

表面张力是增加一个表面面积单位所需的能量。通常定义为 γ，以焦每平方米(J/m^2)表示，或牛每米(N/m)表示。

A.2.5.2 测试

最著名的方法是用“液滴法”测量接触角(见参考文献中的[22])。

当液滴与平的固体表面接触时，其形状取决于液体内分子力的内聚力或液体和固体之间的粘附力。

以液体和固体之间的接触角作为表面张力指数(见图 A.1)。通常发现,表面张力低的液体易于润湿更多的固体的表面,接触角近于零。固体和液体之间的分子粘附力大于液体分子间的内聚力。

测量接触角是采用光学方法将平坦固体表面上的液滴剖面放大(×10～×50)。

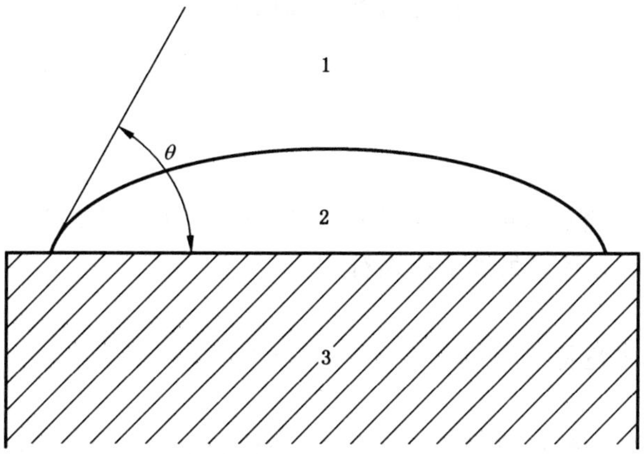

说明:

1——气体;

2——液体;

3——固体。

图 A.1 接触角 θ<90°时液滴与固体表面接触的形状

附 录 B
(资料性附录)
特定粒径范围描述符

B.1 应用

处于分级体系范围之外的粒径,可使用描述符。该描述符也可用于特别关注的特定粒径范围。在这类情况下,采用SCP分级后,还可另加上描述符。

B.2 表面特定粒径范围的描述符

特定粒径范围的 N_{SS}(特定粒径范围的粒子数量浓度)描述符可单独列出或作为SCP等级的补充说明列出。描述符可用于特别关注的任何粒径范围。

粒径范围 D_L 和 D_U 内的表面粒子浓度 C_S 是一个差别值。

单一粒径范围的 N_{SS} 以式(B.1)表示:

$$N_{SS}(C_S;\ D_L;\ D_U)a;\ b \qquad\qquad (B.1)$$

式中:

C_S ——所规定粒径范围的表面最大允许总浓度,以每平方米表面的粒子数表示;

D_L ——所规定粒径范围的下限,单位为微米(μm);

D_U ——所规定粒径范围的上限,单位为微米(μm);

a ——测定规定范围内粒径所用的测量方法;

b ——所关注的表面。

示例1:

金属表面上1 μm~5 μm粒径范围的粒子浓度,所要求的值为10 000个/m²(1.0个/cm²),采用的是光学显微镜测量粒子浓度,表示为:

N_{SS}(10 000; 1; 5)光学显微镜;金属表面

如采用两个或更多的粒径范围,使用式(B.2)。式中 N_{SS} 表示为:

$$N_{SS}\begin{pmatrix} C_{S1};D_{L1};D_{U1} \\ C_{S2};D_{L2};D_{U2} \\ \cdots \\ C_{Si};D_{Li};D_{Ui} \\ \cdots \end{pmatrix}\begin{pmatrix} a_1;\ b \\ a_2;\ b \\ \cdots \\ a_i;\ b \\ \cdots \end{pmatrix} \qquad\qquad (B.2)$$

式中:

C_{Si} ——第 i 个粒径范围的表面最大允许总浓度,以每平方米表面的粒子数表示;

D_{Li} ——第 i 个粒径范围下限,单位为微米(μm);

D_{Ui} ——第 i 个粒径范围上限,单位为微米(μm);

a_i ——测定第 i 个范围内粒径所使用的测量方法;

b ——所关注的表面。

示例2:

测量玻璃板上的粒子浓度,使用散射光扫描仪对0.1 μm~0.5 μm粒径范围的粒子进行测量,同时使用光学显微镜,对5 μm~20 μm粒径范围的粒子进行测量,所得值分别为9 000个/m²(0.9个/cm²)和500个/m²(0.05个/cm²),分别小于 10 000 个/m² 和 500 个/m² 的最大允许限值。

$$N_{SS}\begin{pmatrix}10\ 000;0.1;0.5 \\ 500;\quad 5;\ 20\end{pmatrix}\quad \begin{matrix}\text{散射光扫描仪；玻璃板} \\ \text{光学显微镜；玻璃板}\end{matrix}$$

当对测量方法或特定表面预先没有规定，或非必需说明时，可在表示法中省略 a 和 b。此时，描述符表示见式(B.3)：

$$N_{SS}(C_S;D_L;D_U) \tag{B.3}$$

式中：

C_S ——规定粒径范围内表面最大允许总浓度，以每平方米表面的粒子数表示；

D_L ——规定的粒径范围下限；单位为微米(μm)；

D_U ——规定的粒径范围上限；单位为微米(μm)。

如关注粒径只有一个，经由需方和供方商定，可用式(B.3)中的下限和上限框定关注粒径。

示例 3：

粒径为 5 μm，所规定的值为 200 个/m²(0.02 个/cm²)。D_L 可设为 4.5 μm，D_U 可设为 5.5 μm。表示为：

$$N_{SS}(200;\ 4.5;\ 5.5)$$

当对测量方法或特定表面预先没有规定，或非必需说明时，可在表示法中省略 a 和 b。两个或更多粒径范围的描述符表示见式(B.4)：

$$N_{SS}\begin{vmatrix}C_{S1};D_{L1};D_{U1} \\ C_{S2};D_{L2};D_{U2} \\ \cdots \\ C_{Si};D_{Li};D_{Ui} \\ \cdots\end{vmatrix} \tag{B.4}$$

示例 4：

粒径范围 0.1 μm～0.5 μm 之间以及 5 μm～20 μm 之间的粒子浓度，所测得的值分别为 9 000 个/m²(0.9 个/cm²)和 500 个/m²(0.05 个/cm²)。它们都分别处于最大允许限值 10 000 个/m² 和 500 个/m² 之内。表示为式(B.5)：

$$N_{SS}\begin{pmatrix}10\ 000;0.1;0.5 \\ 500;\quad 5;\ 20\end{pmatrix} \tag{B.5}$$

附 录 C
（资料性附录）
影响SCP分级的参数

C.1 背景

C.2中说明了可能影响表面测试和测量的因素。所提供的该项信息既非全部，也无主次之分。附录D中给出了测量方法和表面特性方面更详尽的资料。

C.2 因素

C.2.1 物理/化学特性

——表面能量状态。例如，表面的内聚/粘附特性和（或）亲水/疏水特性，可能会影响对粒子的吸引和剥离。

——表面的孔隙率。在多数情况下，孔隙率越高，表面疵病和粒子探测之间的区别就越复杂。

——表面可清洁性。若表面难于清洁，表面疵病和粒子探测之间的区分就复杂。

——表面光学特性。在采用直接测试法时，待测表面不同的光学特性将产生不同的测量结果。用间接测试法时未发现这种差别。

——表面静电特性。表面静电特性将影响对（带静电）污染物的吸引和剥离。

——表面磁特性。表面磁特性将影响对带磁性材料的吸引和剥离。

C.2.2 表面及粒子的形状

——粒子的外貌（圆形、扁平、椭圆形、尖形等）和表面的形态都将影响测量结果。

——表面条件（已清洁、挤压的、抛光的等）。粒子的附着力依表面情况而异。这种差别也影响对粒子的剥离效率以及对粒子、粗糙度和孔隙率的辨别能力。

——表面的粗糙度/孔隙率/波纹度。粗糙度、孔隙率和波纹度对间接法剥离粒子的效率有影响。

——粒子的外形/几何形态。粒子的形状也会影响测量结果。例如，从表面剥离出来的长粒子和很圆的粒子，其光学粒子计数器测值可以相同，但其重力值却完全不同。一般情况下，将长宽比大于或等于10的粒子认作为纤维。

C.2.3 测量/分析能力以及粒子分析适用统计学

测量的次数应导致统计上的显著结果。因此，对各个测量结果的频次分布，应采用适当的统计学方法评估其置信度。

——测量/分析能力。测量装置对样本的可达性决定实施测量的可行性。

例如，在孔中或微管中实施的测量。

——粒子检测能力（直接法或间接法）。对表面沉降粒子和表面的疵病的辨别能力（直接法），或表面沉降粒子的可剥离性（间接法），将影响SCP分级。

——待测的几何尺寸/表面面积。应依据待测表面面积的几何尺寸选择不同的方法。在大多数情况下，应分别确定待采样本数目的统计法以及如何分析测量值。

——系列能力。为了统计显著性应进行多次测量。对测量可再现性的影响随多次系列测量而降低。

——各测量的频次分布。

——待测粒径。

——表面面积上粒子分布。

C.2.4 粒子来源

材料的摩擦、退化、悬浮粒子沉降或气体物质与表面的化学反应等，可在表面上生成粒子，并形成固体或液体的产物。

举例：$2NH_3 + H_2O + SO_3 \rightarrow (NH_4)_2SO_4$

附 录 D
（资料性附录）
按粒子浓度确定表面洁净度的测量方法

D.1 按粒子浓度划分表面洁净度

为获取表面洁净度的量化信息，应选择适用的测量方法。有些情况下，若不能确定表面的量化信息，至少可能获得定性的结果。定性结果不能用于第5章所规定的按粒子浓度划分表面洁净度。

D.2 按粒子浓度测量表面洁净度的方法

D.2.1 概述

只要粒子污染是可探测到的，就能划分表面洁净度级别。

作为表面洁净度评估和分级的量化标准，应测定所粘附的所有多余物质的粒子数目。应能测定受污染表面区域（表面粒子污染）的尺寸和数量。

注：对织物和多孔表面的洁净度分级还要考虑样本可能散发出的粒子。

D.2.2 测量方法的要求

选择测量方法基本上是依据待测表面情况及其特性。下面归纳了一些最主要的要求：

——粒子特性方面的信息（如粒径、浓度、粒径分布、物质、形状、位置）；

——可行的测量部位（便携测量装置，即可用于大型固定表面的装置）；

——不受表面特性约束的测量（如粗糙度、波状、部件形状）；

——测试速度和涉及的工作量（即采用随机采样还是系列测试）；

——灵活性（即该方法是否可以在不同部件的各种表面上快速应用）；

——测量方法不会或极少使表面有所改变（即被冲洗液体润湿后表面无变化）。

基于上述要求，可将D.2.3中所描述的测量方法分类，并限于各项应用。

D.2.3 测量方法

D.2.3.1 概述

测定表面洁净度的理想情况是，待测表面的粗糙度低，所选定的测量装置可抵近测量。一般来说，以下方法可用于测量表面洁净度：

——直接法；

——间接法。

在大多数情况下，宜优先选用无需采样的直接法。一般情况下，这类方法的测量工作量较少，差错较少，所以比间接法给出的可再现结果更多。不过，受限于部件和制造要求（部件形状复杂，表面粗糙），为确定表面洁净度，间接法经常是唯一可行的替代方法。

D.2.3.2 直接法

在受测表面上对粒子进行直接记录和测量。部件表面及其上面的粒子都不应因测量而变化或受到影响。如需将受测表面运送到测量装置处，其运送(搬运、包装)作业应防止表面另受污染。

在表 D.1 中列出了这些方法，并标出了各个方法在满足检测要求方面的特点和局限性。

表 D.1　直接检测表面粒子的测量方法比较

方法	检测限值	测定浓度	粒径分布	材料分析	形状分析	测定位置	可移动性	表面的独立性	可达性	测试速度	灵活性	对表面的影响
目检	>25 μm	+	+	+	+	+	＋＋	+	+	＋＋	＋＋	＋＋
光学显微镜(带图像处理)	>1.0 μm	＋＋	＋＋	+	＋＋	＋＋	+	+	+	＋＋	＋＋	＋＋
斜光、掠光、侧光系统(带图像处理)	>0.5 μm	＋＋	＋＋	+	+	＋＋	＋＋	+	+	＋＋	＋＋	＋＋
散射光扫描仪	>0.07 μm	＋＋	＋＋	−	＋＋	＋＋	−	−	−	＋＋	−	＋＋
扫描电子显微镜 SEM	>0.01 μm	+	+	＋＋	＋＋	＋＋	−	−	−	−	+	+
原子力显微镜 AFM	>0.01 μm	+	+	＋＋	+	＋＋	+	+	+	−	+	+
说明：＋＋高度适用，＋部分适用，−不适用/不可用。 对非理想圆形的粒子，宜按最长轴实施测量。												

如再使用对特定材料(如具 UV 活性、IR 活性)具有效应的合适光源，就可增强光学法检测表面粒子的效果。例如使用 UV 灯，就将在更好的对比度下，检测出物理上具 UV 活性的粒子。

在可见光谱内，可利用粒子的色彩/反射强度进一步辨明粒子污染。

D.2.3.3　间接法

D.2.3.3.1　概述

由于物体或测量方法的原因，经常无法在关注表面上直接计数，宜在检验前准备样本。将待记录的粒子从被测表面上剥离(采样)，置于另外的基底/介质上(中)。然后采用适合于该基底/介质的技术测量粒子(见 IEST-STD-CC1246D)。

如间接法不能将沉降在受测表面上的所有粒子都剥离出来，测量效率将降低。

由于物理/化学效应，如粘附力/内聚力、静电力等，剥离粒子的力可能不充分，以致降低表面粒子污染的测量效率。所以，尽可能采用直接测量。

如采用更具破坏性的方法剥离表面上的粒子，则应注意这类方法可能损坏表面，从而形成更多的粒子。因此对这类方法应进行评估。

在采用间接法时，应了解中间介质(如冲洗介质)的粒子污染背景。

D.2.3.3.2　剥离技术

在部件形状复杂且难以接近其表面的情况下，获取携有被剥离粒子的样本通常是按粒子浓度评定表面洁净度的唯一方法。粒子越小，某些表面力(如静电、内聚、粘附、毛细作用)越大，越难于从表面剥离。

——胶粘。用清洁的胶粘性基底(胶带或胶纸)将待记录的粒子剥离出来(见 ASTME 1216-06),再直接进行测量(见 ASTM F312-08)。

——冲洗。用清洁的冲洗介质,如气体或液体,将待记录的粒子冲刷下来(见 ASTM F24-09)。然后用适当的测量装置(如对气体用光学粒子计数器)对测量介质中含有的粒子进行检测;或是把介质中所含的粒子沉降到另一基底上(用过滤、冲击),再行测量。

在各种采样情况下,应注意保证样本不会被所用的装置、介质或人员所污染,因这种污染会影响测量结果。由环境、工艺和检验过程所用材料带来的污染,应低于相关粒径假定的或规定的粒子数目的10%,计算的各个数值都舍为整数(见 ISO 16232-2,ISO 16232-3,ISO 16232-4,ISO 16232-5)。另外,所选定的采样方法应能将所需要的粒子从被测表面上完全可靠地剥离。对采样设备进行的冲洗应能确保将存在于其上的粒子完全转移到测量介质内或替换表面上。为优选采样方法,可以用空白样本(即在洁净表面上采样)或在以规定方法污染的表面采样。

D.2.3.3.3 剥离表面沉降粒子所用介质的测量

剥离表面沉降粒子时所用的气体或液体冲洗介质中的粒子,可用合适的光学粒子计数器直接测量(见 D.2.7.4)。光学粒子计数器流率低,不能测量大体积冲洗时的全部介质。因此,应从冲洗液量中取一代表性的样本。特别是在大粒子的情况下(>3 μm),应注意避免粒子被分离出去或有沉降,使测量结果不准确。至于相关的采样过程、采样设备和管材,在测量冲洗介质时都要保持清洁。

D.2.3.3.4 采集方法

从被测表面剥离下来的粒子存在于气体或液体冲洗介质中,为测量粒子数目,先将它们沉积在一个表面上,然后将该基底表面送入相应的测量系统进行检测。下面的方法和装置可用于粒子采集:

——过滤系统。(用抽吸滤网使液体流过过滤膜,或把液体倒进一过滤介质)。引导冲洗介质流经孔径适合于待测粒径的过滤膜,然后使含有粒子的过滤器干燥并用称重法(见 D.2.7.7)或显微镜法(见 D.2.6.2 和 D.2.7.2)进行分析。

——撞击器。粒子从气体冲洗介质中沉积在撞击板上后,用显微法对撞击板进行分析。所有与采集过程有关的装置和运送步骤,都要符合相应的高洁净度要求。宜用空白样本表明该洁净度的水平。

D.2.3.3.5 最常用间接法(见表 D.2)

就可剥离粒子的粒径/效率而言,用间接测量法从表面剥离较小的粒子(小于约 1 μm)更难。将粒子从表面剥离时,给定方法的效率不仅与粒径有关,还与下面的参数有关:

——粒子的形状和物质;

——存在的表面力(如静电力、内聚力、粘附力、毛细作用);

——剥离方法(如超声波、兆声波、冲洗、吹洗、吹扫、抽吸)。

由于克服粒子与表面之间各种力的方法不同,以及这类因素间的相互作用,使剥离粒子的效率差别很大。因此,无法给出间接法效率的独立值。

为从间接法得到更多的信息,可用如 ESCA、EDX、Raman(拉曼光谱法)、UV 或 IR 谱法来确定粒子的特性。

表 D.2 间接检测表面粒子测量方法比较

方法[a]	剥离方法限值	测量方法限值估计值	浓度测定	粒径分布	材料分析	形状分析	位置测定	可输送性	对表面无依赖性	可接近性	测试速度	灵活性	对表面的影响
用消光粒子计数器检验冲洗介质(液体/气体)(>1 μm)	0.2 μm	>1 μm	＋＋	＋＋	－	－	－	＋＋	＋＋	＋＋	＋	＋＋	－
对冲洗介质过滤或撞击,并进行显微分析(>0.5 μm)	0.2 μm	>1 μm	＋＋	＋＋	＋	＋＋	－	＋	＋＋	＋＋	－	＋＋	－
用 OPC 检验冲洗液体(先冲洗出表面的粒子,然后将其吸过 OPC)(>0.05 μm)	0.2 μm	>0.2 μm	＋＋	＋＋	－	－	－	＋＋	＋＋	＋＋	＋	＋＋	－
用 OPC 检验冲洗气体(先吹出表面的粒子,然后将其吸过 OPC)(>0.05 μm)	0.3 μm	>0.3 μm	＋＋	＋＋	－	－	－	＋＋	＋＋	＋＋	＋	＋＋	－
过滤冲洗介质,并进行重量分析(>0.1 mg)			＋＋	－	－	－	－	＋＋	＋＋	＋＋	－	＋＋	－

说明:＋＋ 高度适用,＋ 部分适用,－不适用/不可用。

注:如采用显微或重量分析,则由过滤器上发现的粒子总数目决定过滤器是否可以用显微或重力分析,粒径不是决定性的因素。按经验确定的参照值:过滤器表面上大于 3 mg 的污染物是不能用显微分析的(47 mm 标准过滤器规格)(见 ISO 16232-2,ISO 16232-3,ISO 16232-4,ISO 16232-5)。重量分析不适用于 SCP 等级的划分,因为测量不到离散的单个粒子。重量分析是测定从被测表面上剥离出来的所有污染物的总质量。

[a] 括号内的数字是测量装置的探测限值。

D.2.4 测定样本数目

测量点的数目和检查的总表面决定测量结果在统计上的确定性。因为一般情况下,测量结果是由不同的影响参数(如具体表面特性,选用的测量方法,环境洁净度)决定的,所以测量点的数目和测量的重复次数应由需方和实施测量的供方商定。

为达到具有统计确定性的测量结果,并以此确定所取样本的数目,在这方面有些相关标准或准则可能会对测量有所裨益(如 ISO 5725-2;ISO/TS 21748;ISO 10576-1)。

D.2.5 测试样本的包装

D.2.5.1 进行粒子检测的样本包装

在原区域之外进行粒子评定的样本应按如下包装:

a) 应由穿着正确洁净服的人员在原区域内进行样本准备工作。

b) 应由双手佩戴新的清洗过的洁净室用丁腈手套或乳胶手套的人员运送样本。

c) 当采用了清洗工艺(工序)后,基本要求是使样本冷却并干燥后,再置于包装内或袋中。

d) 使用在洁净室中生产的镀金属聚酯袋,应比样本的预期要求至少高一个洁净级别。其最小厚度宜为 80 μm,以防撕裂。

e) 每个样本都应使用 d)中所述型式的内、外两个袋子分隔包装。

f) 也可使用如晶片盒或真空热塑成型容器等定做的密封盒,它们也要比样本高出一个洁净级别。

g) 每个样本宜使用 d)中说明的袋子,单独包装并放入定做的盒子中,防止因摩擦或接触而丢失粒子。

h) 内袋宜折叠并用胶带密封,以防随后剪开时有粒子丢失,其外部还应贴一识别标签。

i) 外袋宜密封并压焊以防受损。宜贴上适当的标签,以防其在受控环境之外开启。

j) 如采用 f)中描述的那类定做的包装盒,则还要求有如 d)中所述洁净度的两个聚乙烯薄膜外袋。内薄膜袋可用胶带封住或用压焊,外薄膜袋宜压焊住。

D.2.5.2 从包装中取出样本

外袋应在即将进入受控测试环境时取下。

内袋不应在进入受控测试环境前取下。

在处理内包装时应穿戴全套洁净室工作服,包括头套和面罩。

检验样本时应使用新清洗过的洁净室用丁腈手套或乳胶手套。

D.2.6 测量方法

D.2.6.1 目检

有些应用中,特别是当表面洁净度低时,对表面洁净度水平进行目检可能就足够了。可用简单的辅助工具,如带有标线板或带反差照明的放大镜,协助肉眼目检,可记录下 25 μm 的粒子。对复杂的部件可进行快速的定性检验,用这种方法得不到粒径及其分布方面的定量信息。

D.2.6.2 光学显微镜

光学显微镜经济且应用范围广。其确定污染物特性是按外貌,按光学特性:如吸光性、光折射性或双折射性,或用带加热装置的显微镜测定其耐热性(如软化或融化特性)。粒径大于和等于 1.0 μm 的粒子可在固体样本上及液体样本内检测到(如按 ASTM F303-08 采集样本并按 ASTM F312-08 方法进行分析)。如粒子与表面的对比度不够,可用暗场照明来提高观察效果。这种方法给出定性的结果。用自动采样台和自动图像分析可检验样本或部件表面的区域。

D.2.7 其他测量系统

D.2.7.1 斜光、掠光和侧光测量系统

与使用光学显微镜相同,可在具备所要求的放大倍率的数码相机上描绘表面的图像。如采用平行光斜入射表面,使表面自身的结构只是被最低限度照亮。这种情况下,只有少量光线被表面所散射并进入相机,洁净表面呈暗色。但如表面上有粒子,它们就会被斜入射光线所完全照亮,并产生相应量的散射光。在相机图像中,可看到暗背景上的亮点,可用简单的图像分析算法来分析点的形态(貌)。

D.2.7.2 扫描电子显微镜(SEM)

如光学显微系统的分辨率无法满足要求、表面又特别粗糙时,可用 SEM。SEM 在高放大倍数时的景深小,对粗糙表面的研究(探测)超过光学显微系统的限度。不过,由于表面遭受电子束轰击时会带电,结果使图像变形,用 SEM 难于检验非导电表面。为避免此问题,应先在非导电表面溅射一层(多数情况是金属的)薄膜使其导电。这里存在一个风险,即表面境况会改变。另外,电子束会使粒子带电,并

将其驱离表面。因为进行 SEM 测试，需要将被测表面或部件置于高真空中，所以要注意确保部件在真空中不会改变或损坏。如 SEM 与图像分析装置组合使用，可对表面进行自动检验。

D.2.7.3　能量色散测量法(EDX)

粒子材料的元素构成可用波长色散(WDX)或 EDX 测量法测定。如 EDX 与校准复合物一起使用，不仅可获得定量信息，还可获得定性信息。

D.2.7.4　光学粒子计数

引导介质(空气、气体和液体)流过激光束，如介质中存在粒子，粒子通过激光束时会产生散射光。散射光可被光探测器记录下来并进行分析。由散射光的强度能够导出触发光脉冲粒子的粒径，依据圆形乳胶粒子获得的校准曲线可推导出这些粒径。但得到的直径等于散射光脉冲(强度)，而非实际粒径。测量结果给出在规定测量容积内的粒径分布情况。在空气和气体中进行测量，可用不同的传感器测量小至 0.05 μm、大至 2 500 μm(2.5 mm)的粒子。传感器的测量范围由其光学设计所决定。用凝聚核计数器(CNC)可以记录较小的粒子。在测量前，粒子因凝聚了液体而被扩大。用 CNC 可记录小至 0.005 μm 的粒子。但因凝聚有液体，所以不能测定粒子的分布。在使用 CNC 测量液体中的粒子时，粒径探测限值为>0.05 μm。一般情况下，对离散粒子使用 OPC 进行测量。

D.2.7.5　消光粒子计数

检测粒子的两种方法(消光和散射光)中，探测器测量到的光强变化转换为电信号。消光法对大于或等于 1 μm 的粒子有用。用此方法，探测器直接对准光源，并测量粒子经过光束时其“影子”的大小。

D.2.7.6　散射光表面扫描装置

散射光扫描仪专门用于检验粗糙度非常低的表面(如硅晶片、玻璃)。聚焦的激光以规定的光束角扫描部件表面。从表面直接反射的光被导入光陷阱并消失。在表面上存在的粒子引起激光的漫散射。散射光被光电倍增器记录下并被放大。依据检测出的散射光强度和散射光的大小，用随后的分析用电子器件，可导出粒子的粒径和形状。使激光的实际位置与散射光同步，以确定表面粒子的分布情况。散射光扫描仪的探测粒径限值为>0.05 μm。

D.2.7.7　称重测定法

表面上的或被测物体上的粒子负荷由分析过滤器的质量增量来测定(差重)。为此，在分析过滤器过滤冲洗液之前和之后，分别用精密天平为分析过滤器计重。称重测定法提供粒子负荷的总质量，但不能说明分析过滤器上粒子粒径的分布情况。为实施这种精密的计重程序，应对分析过滤器进行非常认真的准备和干燥。为防止环境的变化影响结果，环境温度、湿度、空气洁净度和操作步骤都应保持恒定，并用规定的方法实施操作步骤。用称重测定法无法记录单一的粒子，所以这种方法主要用于测定大尺寸或形状复杂的部件上的粒子负荷。每个分析过滤器的测量限值约为 0.1 mg。

D.2.7.8　用原子力显微法进行分析(AFM)

原子力显微法是一种分辨率非常高的扫描探头显微法，经证实其分辨率达几分之一纳米，比光学衍射限值高 1 000 倍以上。AFM 由一根微尺度悬臂构成，其端部为一个锐利的尖针(探头)，用于扫描样本表面。当尖针接近到样本表面附近时，尖针和样本之间的力造成悬臂偏转。一般以悬臂顶部反射到光电二极管阵列的激光点来测量该偏转。最后得到该区域的形态图来反映样本的形态。

D.2.7.9　测量结果分析

当需方和供方相互商定任务(测量范围)或结果后，待实施的采样方法和测量方法应由需方和供方共同规划、同意、分析、记录在案。应按照以粒子浓度水平划分表面洁净度的方法对表面进行分级，特别是当与其他的位置和系统进行比较或与类似的测量方法（气溶胶、水溶胶）进行测量结果比较、需要涵盖更多方面的内容时，更是如此。

D.3 按粒子浓度划分表面洁净度的文件编制

文件应包括 6.3 中所述的所有必要信息，如洁净度状况和洁净室的相适性，以保证粒子测量的可再现性。

参 考 文 献

[1] GB/T 10610—2009 产品几何技术规范(GPS)表面结构 轮廓法 评定表面结构的规则和方法/(ISO 4288:1996,IDT)

[2] ISO 4287:1997, Geometrical Product Specifications(GPS)—Surface texture: Profile method—Terms,definitions and surface texture parameters

[3] ISO 5725-2:1994,Accuracy(trueness and precision)of measurement methods and results—Part 2:Basic method for the determination of repeatability and reproducibility of a standard measurement method

[4] ISO 10015:1999,Quality management—Guidelines for training

[5] ISO 10576-1:2003,Statistical methods—Guidelines for the evaluation of conformity with specified requirements—Part 1: General principles

[6] ISO 16232-2:2007,Road vehicles—Cleanliness of components of fluid circuits—Part 2: Method of extraction of contaminants by agitation

[7] ISO 16232-3:2007,Road vehicles—Cleanliness of components of fluid circuits—Part 3: Method of extraction of contaminants by pressure rinsing

[8] ISO 16232-4:2007,Road vehicles—Cleanliness of components of fluid circuits—Part 4: Method of extraction of contaminants by ultrasonic techniques

[9] ISO 16232-5:2007,Road vehicles—Cleanliness of components of fluid circuits—Part 5: Method of extraction of contaminants on functional test bench

[10] ISO/TS 21748:2004,Guidance for the use of repeatability, reproducibility and trueness estimates in measurement uncertainty estimation

[11] IEC 61340-5-1:2007,Electrostatics—Part 5-1: Protection of electronic devices fromelectrostatic phenomena—General requirements

[12] ASTM E18-07,Standard Test Methods for Rockwell Hardness of Metallic Materials

[13] ASTM E1216-06,Standard Practice for Sampling for Particulate Contamination by Tape Lift

[14] ASTM F312-08,Standard Test Methods for Microscopical Sizing and Counting Particles from Aerospace Fluids on Membrane Filters

[15] ASTM F24-09, Standard Method for Measuring and Counting Particulate Contamination on Surfaces

[16] ASTM F303-08, Standard Practice for Sampling for Particles in Aerospace Fluids and Components

[17] CLC/TR 61340-5-2:2008,Electrostatics—Part 5-2: Protection of electronic devices from electrostatic phenomena; User guide

[18] IEST-RP-CC022.2-2004,Electrostatic charge in cleanrooms and other controlled environments

[19] IEST-STD-CC1246D,Product Cleanliness Levels and Contamination Control Program

[20] SEMI E43-0301,Guide for Measuring Static Charge on Objects and Surfaces

[21] SEMI E78-0706,Guide to Assess and Control Electrostatic Discharge(ESD)and Electrostatic Attraction(ESA)for Equipment

[22] Adamson, A.W.Physical Chemistry of Surfaces, John Wiley & Sons, New York, 1976.

ICS 91.100.60
Q 25

中华人民共和国国家标准

GB/T 25975—2018
代替 GB/T 25975—2010

建筑外墙外保温用岩棉制品

Rock wool products for external thermal insulation composite systems (ETICS)

2018-07-13 发布 2019-06-01 实施

国家市场监督管理总局
中国国家标准化管理委员会 发布

前　言

本标准按照 GB/T 1.1—2009 给出的规则起草。

本标准代替 GB/T 25975—2010《建筑外墙外保温用岩棉制品》，与 GB/T 25975—2010 相比，除编辑性修改外主要技术变化如下：

——增加了“岩棉条”术语(见 3.1.1)；

——增加了密度允许偏差的要求和试验方法(见 5.3、6.3)；

——增加了氧化钾和氧化钠含量的要求和试验方法(见 5.5、6.7)；

——增加了体积吸水率的要求和试验方法(见 5.10、6.12)；

——增加了岩棉条剪切强度和剪切模量的要求和试验方法(见 5.14、6.16)；

——增加了湿热条件下垂直于表面抗拉强度保留率的要求和试验方法(见 5.16.3、6.20)；

——修改了标准英文名称(见封面，2010 年版封面)；

——“岩棉带”修改为“岩棉条”(见 1、3.1.1、4.1、5.3、5.9.2、5.11.2、5.12、5.13、5.14，2010 年版 1、4.1、4.3、5.3、5.10、5.11.2、5.12)；

——修改了部分符号与物理量(见 3.2，2010 年版 3.2)；

——修改了分类和产品标记(见 4.1、4.2、4.3，2010 年版 4.1、4.2、4.3)；

——修改了纤维平均直径和渣球含量的要求(见 5.2，2010 年版 5.1)；

——修改了酸度系数的要求(见 5.4，2010 年版 5.6)；

——修改了短期吸水量的要求(见 5.9，2010 年版 5.10)；

——修改了岩棉条导热系数的要求(见 5.11.2，2010 年版 5.11.2)；

——修改了岩棉条垂直于表面的抗拉强度要求(见表 3，2010 年版表 4)；

——修改了压缩强度的要求(见 5.13，2010 年版 5.13)；

——修改了燃烧性能的要求(见 5.15，2010 年版 5.14)；

——修改了长期吸水量的要求(见 5.16.2，2010 年版 5.15.3)；

——修改了水蒸气透过性能的试验方法(见 6.18，2010 年版 6.15)；

——修改了出厂检验项目(见 7.1.1，2010 年版 7.1.1)；

——修改了型式检验项目(见 7.1.2，2010 年版 7.1.2)；

——修改了判定规则(见 7.2.3，2010 年版 7.2.3)；

——删除了岩棉制品应用情况说明(见 2010 年版表 4)；

——删除了降噪系数的要求(见 2010 年版 5.15.2)；

——删除了附录 A“平整度偏差的测定”(见 2010 年版附录 A)；

——删除了附录 B“吸水量(部分浸入)的测定”(见 2010 年版附录 B)。

本标准由中国建筑材料联合会提出。

本标准由全国绝热材料标准化技术委员会(SAC/TC 191)归口。

本标准起草单位：南京玻璃纤维研究设计院有限公司、北新集团建材股份有限公司、廊坊富达新型建材有限公司、山东鲁阳节能材料股份有限公司、华美节能科技集团有限公司、南京彤天岩棉有限公司、河北中振博盛新材料股份有限公司、洛科威防火保温材料(广州)有限公司、北京金隅节能保温科技有限公司、瓦克化学(中国)有限公司、四川帕沃可矿物纤维制品有限公司、泰石岩棉有限公司、天长市康美达新型绝热材料有限公司、贵州新型保温材料厂、河北华能中天化工建材集团有限公司、浙江轩鸣新材料有限公司、天津市东方巨龙建材科技有限公司、营口宁丰集团有限公司、安徽岩棉建材科技有限公司、陕西合力保温材料制品有限公司、扬州科沃节能新材料有限公司、南京恒翔保温材料制造有限公司、上海凡凡新型建材有限公司、马鞍山宏达保温材料有限公司、上海新型建材岩棉大丰有限公司、国家玻璃纤维产品质量监督检验中心。

本标准主要起草人:张剑红、王佳庆、武发德、滕伟广、陈永锋、曹洪杰、高贺伟、汪丽婷、赵美、吕大鹏、仇志铭、朱学廷、刘毅烽、彭文龙、谢春竹、高钊、李润年、何迪欢、邢岩、张金、童国安、谢诚、单桂军、陈凯、张慧杰、束青华、方铭、王玲、崔军、李勇、唐健、侯鹏、丁晴、刘连花、屈会力。

建筑外墙外保温用岩棉制品

1 范围

本标准规定了建筑外墙外保温用岩棉制品的术语和定义、符号与物理量、分类和标记、要求、试验方法、检验规则、标志、包装、运输及贮存。

本标准适用于薄抹灰外墙外保温系统用岩棉板和岩棉条。

2 规范性引用文件

下列文件对于本文件的应用是必不可少的。凡是注日期的引用文件，仅注日期的版本适用于本文件。凡是不注日期的引用文件，其最新版本(包括所有的修改单)适用于本文件。

GB/T 191 包装储运图示标志

GB/T 1549 纤维玻璃化学分析方法

GB/T 4132 绝热材料及相关术语

GB/T 5480 矿物棉及其制品试验方法

GB 8624—2012 建筑材料及制品燃烧性能分级

GB/T 10294 绝热材料稳态热阻及有关特性的测定 防护热板法

GB/T 10295 绝热材料稳态热阻及有关特性的测定 热流计法

GB/T 10299 绝热材料憎水性试验方法

GB/T 13480 建筑用绝热制品 压缩性能的测定

GB/T 17146 建筑材料及其制品水蒸气透过性能试验方法

GB/T 30801 建筑材料及制品的湿热性能 透湿性能的测定 箱式法

GB/T 30804 建筑用绝热制品 垂直于表面抗拉强度的测定

GB/T 30805 建筑用绝热制品 部分浸入法测定短期吸水量

GB/T 30806 建筑用绝热制品 在指定温度湿度条件下尺寸稳定性的测试方法

GB/T 30807 建筑用绝热制品 浸泡法测定长期吸水性

GB/T 30808 建筑用绝热制品 湿热条件下垂直于表面的抗拉强度保留率的测定

GB/T 32382 建筑用绝热制品 剪切性能的测定

ISO 12491 建筑材料和部件的质量控制统计方法(Statistical methods for quality control of building materials and components)

3 术语和定义、符号与物理量

3.1 术语和定义

GB/T 4132 和 GB/T 5480 界定的以及下列术语和定义适用于本文件。

3.1.1

岩棉条 rock wool lamella

将岩棉板以一定的间距切割成条状翻转 90°使用的制品，该制品的厚度为切割间距，宽度为原岩棉板的厚度。

3.2 符号与物理量

符号与物理量见表1。

表1 符号与物理量

符号	物理量	单位
TR	垂直于表面的抗拉强度标称水平的符号	—
λ_D	平均温度 25 ℃时的标称导热系数	W/(m·K)
μ	湿阻因子	—
$F_{\tau k}$	剪切强度标准值	kPa
F_{τ}	剪切强度平均值	kPa
s	样本标准偏差	kPa
n	试样数量	—
k	与试样数量或试验次数有关的因子	—
S_{λ}	导热系数的标准偏差	W/(m·K)
λ_{mean}	导热系数的平均值	W/(m·K)
λ_i	第 i 个导热系数	W/(m·K)
$\lambda_{90/90}$	导热系数的统计值:90%的置信水平下 90%的产品其导热系数测定值不大于该统计值	W/(m·K)

4 分类和标记

4.1 分类

产品按产品形式分为岩棉板和岩棉条。

产品按垂直于表面的抗拉强度水平分为:

a) 岩棉条:TR100;

b) 岩棉板:TR15、TR10 和 TR7.5。

4.2 产品标记

产品标记由3部分组成:产品名称、产品技术特征(垂直于表面的抗拉强度水平、密度和尺寸等)和标准号,商业代号也可列于其后。对于有透湿要求的产品,应在产品技术特征中说明其湿阻因子。有标称导热系数的产品,应在产品技术特征中说明其标称值。

4.3 标记示例

示例 1:垂直于表面的抗拉强度水平为 7.5 kPa,密度为 140 kg/m³,长度×宽度×厚度为 1 200 mm×600 mm×60 mm 的岩棉板,其标记为:

岩棉板 TR7.5-140-1200×600×60-GB/T 25975

示例 2:垂直于表面的抗拉强度水平为 10 kPa,密度为 140 kg/m³,标称导热系数为 0.038 W/(m·K),湿阻因子为 8,长度×宽度×厚度为 1 200 mm×600 mm×100 mm 的岩棉板,其标记为:

岩棉板 TR10-140-λ_D0.038 μ8-1200×600×100-GB/T 25975

5 要求

5.1 外观

表面平整，不应有妨碍使用的伤痕、污迹、破损。

5.2 纤维平均直径和渣球含量

纤维平均直径应不大于 6.0 μm，渣球含量(粒径大于 0.25 mm)应不大于 7.0%。

5.3 尺寸允许偏差及密度允许偏差

应符合表 2 的规定。

表 2 尺寸允许偏差及密度允许偏差

类型	长度允许偏差 mm	宽度允许偏差 mm	厚度允许偏差 mm	直角偏离度 mm/m	平整度偏差 mm	密度允许偏差 %
岩棉板	+10 −3	+5 −3	+3 −3	≤5	≤6	+10 −10
岩棉条	+10 −3	+3 −3	+2 −2			

5.4 酸度系数

应不小于 1.8。

5.5 氧化钾和氧化钠含量

氧化钾和氧化钠含量之和应不大于 5.0%。

5.6 尺寸稳定性

长度、宽度和厚度的相对变化率均不大于 1.0%。

5.7 质量吸湿率

应不大于 1.0%。

5.8 憎水率

应不小于 98.0%。

5.9 短期吸水量(部分浸入)

岩棉板应不大于 0.4 kg/m^2，岩棉条应不大于 0.5 kg/m^2。

5.10 体积吸水率(全浸)

应不大于 5.0%。

5.11 导热系数

5.11.1 岩棉板的导热系数(平均温度 25 ℃)应不大于 0.040 W/(m·K),有标称值时还应不大于其标称值。

5.11.2 岩棉条的导热系数(平均温度 25 ℃)应不大于 0.046 W/(m·K),有标称值时还应不大于其标称值。

5.12 垂直于表面的抗拉强度

应符合表 3 要求。

表 3 垂直于表面的抗拉强度要求

类型	垂直于表面的抗拉强度水平	垂直于表面的抗拉强度 kPa
岩棉条	TR100	≥100
岩棉板	TR15	≥15
	TR10	≥10
	TR7.5	≥7.5

5.13 压缩强度

应符合表 4 要求。

表 4 压缩强度要求

类型		压缩强度 kPa
岩棉条		≥40
岩棉板	厚度<50 mm	≥20
	厚度≥50 mm	≥40

5.14 剪切强度和剪切模量

岩棉条的剪切强度和剪切模量应符合表 5 要求。

表 5 岩棉条的剪切强度和剪切模量要求

剪切强度标准值 $F_{\tau k}$(横向) kPa	剪切模量(横向) MPa
≥20	≥1.0

5.15 燃烧性能

应符合 GB 8624—2012 中 5.1.1 中 A(A1)级材料的要求。

5.16 特殊要求

5.16.1 有水蒸气透过性能要求时，应满足：湿阻因子不大于 10，有标称值时还应不大于其标称值。

5.16.2 有长期吸水量(部分浸入)要求时，应满足：岩棉板不大于 1.0 kg/m^2，岩棉条不大于 1.5 kg/m^2。

5.16.3 有要求时，湿热条件下垂直于表面的抗拉强度保留率应不小于 50%。

6 试验方法

6.1 状态调节

试验环境和试验状态的调节，除有特殊规定外，按 GB/T 5480 的规定进行。

6.2 外观质量

试样为整块样品。在光照明亮的条件下，距试样 1.0 m 处目测检查。

6.3 尺寸和密度

按 GB/T 5480 的规定进行。

6.4 纤维平均直径

按 GB/T 5480 的规定进行。

6.5 渣球含量

按 GB/T 5480 的规定进行。

6.6 酸度系数

按 GB/T 5480 的规定进行。

6.7 氧化钾和氧化钠含量

按 GB/T 1549 的规定进行。

6.8 尺寸稳定性

按 GB/T 30806 的规定进行。试验条件：温度(70±2)℃，时间 48 h。试样尺寸(200±1)mm×(200±1)mm，当岩棉条的宽度小于 200 mm 时，试样尺寸为以岩棉条宽度为边长的正方形，厚度为样品原厚，试样数量 3 块。

6.9 质量吸湿率

按 GB/T 5480 的规定进行。

6.10 憎水率

按 GB/T 10299 的规定进行。

6.11 短期吸水量(部分浸入)

按 GB/T 30805 的规定进行。试样尺寸(200±1)mm×(200±1)mm,当岩棉条的宽度小于200 mm 时,试样尺寸为以岩棉条宽度为边长的正方形,厚度为样品原厚,试样数量 4 块。

6.12 体积吸水率(全浸)

按 GB/T 5480 的规定进行。试样尺寸(200±1)mm×(200±1)mm,当岩棉条的宽度小于 200 mm 时,试样尺寸为以岩棉条宽度为边长的正方形,厚度为样品原厚,试样数量 4 块。

6.13 导热系数

按 GB/T 10294 或 GB/T 10295 的规定进行,以 GB/T 10294 为仲裁试验方法。

标称导热系数按附录 A 进行确定,示例参见附录 B。

6.14 垂直于表面的抗拉强度

按 GB/T 30804 的规定进行。试样尺寸(200±1)mm×(200±1)mm,当岩棉条的宽度小于200 mm 时,试样尺寸为以岩棉条宽度为边长的正方形,厚度为样品原厚,试样数量 5 块。

6.15 压缩强度

按 GB/T 13480 的规定进行。试样尺寸(200±1)mm×(200±1)mm,当岩棉条的宽度小于200 mm 时,试样尺寸为以岩棉条宽度为边长的正方形,厚度为样品原厚,试样数量 5 块。

6.16 剪切强度和剪切模量

按 GB/T 32382 的规定进行,双试件法。横向是指岩棉条的宽度方向,制样时试样长度方向为岩棉条宽度方向,试样宽度方向为岩棉条长度方向,试样厚度方向为岩棉条厚度方向。试样长度(200±1)mm,宽度(100±1)mm,厚度(60±1)mm。当岩棉条的宽度小于 200 mm 时,以实际宽度为试样长度。当岩棉条的厚度小于 60 mm 时,以实际厚度为试样厚度。试样数量 5 块。

剪切强度标准值 $F_{\tau k}$按式(1)计算:

$$F_{\tau k}=F_{\tau}-k\times s \qquad (1)$$

式中:

$F_{\tau k}$——剪切强度标准值,单位为千帕(kPa);

F_{τ}——剪切强度平均值,单位为千帕(kPa);

s——样本标准偏差,单位为千帕(kPa);

k——按 75%的置信度和 5%的分位数给出的与试样数量 n 有关的系数,见表 6。

表 6 系数 k 和试样数量 n

n	3	4	5	6	8	10
k	3.15	2.68	2.46	2.34	2.19	2.10

6.17 燃烧性能

按 GB 8624—2012 的规定进行。

6.18 水蒸气透过性能

按 GB/T 17146 或 GB/T 30801 的规定进行,以 GB/T 17146 为仲裁试验方法。试验条件:温度

(23±0.5)℃，试样两侧相对湿度分别为(40±3)%和(75±3)%。当按 GB/T 30801 测试时，湿阻因子按 GB/T 17146 计算。

6.19 长期吸水量(部分浸入)

按 GB/T 30807 的规定进行。

6.20 垂直于表面的抗拉强度保留率

按 GB/T 30808 的规定进行。按 GB/T 30804 测试垂直于表面的抗拉强度。湿热处理条件：温度(70±2)℃，相对湿度(90±3)%，放置 7 d±1 h，然后在(23±2)℃下干燥至质量恒定。试样尺寸(200±1)mm ×(200±1)mm，当岩棉条的宽度小于 200 mm 时，试样尺寸为以岩棉条宽度为边长的正方形，厚度为样品原厚，试样数量 5 块。

7 检验规则

7.1 总则

检验分为出厂检验和型式检验。

7.1.1 出厂检验

产品出厂时，应进行出厂检验。出厂检验的检验项目为：外观、尺寸、密度、憎水率、体积吸水率(全浸)、垂直于表面的抗拉强度。

7.1.2 型式检验

有下列情况之一时，应进行型式检验。

a) 新产品定型鉴定；

b) 正式生产后，原材料，工艺有较大的改变，可能影响产品性能时；

c) 正常生产时，每年至少进行一次；

d) 出厂检验结果与上次型式检验有较大差异时；

e) 国家质量监督机构提出进行型式检验要求时。

型式检验项目应包含 5.1～5.15 规定的项目。当供需双方有要求时，还可包含 5.16 中规定的一个或多个检验项目。

7.2 抽样

7.2.1 样品的抽取

单位产品应从检查批中随机抽取，样本可以由一个或多个单位产品构成。所有的单位产品被认为是质量相同的，所需的试样可以从单位产品上切取。

7.2.2 抽样方案

型式检验和出厂检验的批量大小和样本大小的二次抽样方案见表 7。

表7　二次抽样方案

型式检验			出厂检验		
批量大小	样本大小		批量大小	样本大小	
板、条 m^2	第一样本	总样本	板、条 m^2	第一样本	总样本
≤1 500	2	4			
2 500	3	6	≤3 000	2	4
5 000	5	10	5 000	3	6
9 000	8	16	10 000	5	10
15 000	13	26	18 000	8	16
28 000	20	40	＞18 000	13	26
＞28 000	32	64			

7.2.3　判定规则

7.2.3.1　所有的性能应看作独立的。产品品质以测定结果的修约值进行判定。

7.2.3.2　外观、长度、宽度、厚度、直角偏离度和平整度偏差等性能采用计数判定，一项性能不符合技术要求，计一个缺陷。其判定规则见表8。合格质量水平(AQL)为15。

表8　计数检查的判定规则

样本大小		第一样本		总样本	
第一样本	总样本	Ac	Re	Ac	Re
Ⅰ	Ⅱ	Ⅲ	Ⅳ	Ⅴ	Ⅵ
2	4	0	2	1	2
3	6	0	3	3	4
5	10	1	3	4	5
8	16	2	5	6	7
13	26	3	6	9	10
20	40	5	9	12	13
32	64	7	11	18	19
注： Ac——接收数，Re——拒收数。					

检查开始的样本数，应等于表8中的第一样本大小。根据样本检查结果，若第一样本中相关性能的缺陷数小于或等于第一接收数Ac(表8中第Ⅲ栏)，则该批的计数检查可接收。若第一样本中的缺陷数大于或等于第一拒收数Re(表8中第Ⅳ栏)，则判该批不合格。

若第一样本中相关性能的缺陷数在第一样本接收数Ac和拒收数Re之间，则样本数应增至总样本数，并以总样本检查结果去判定。

若总样本中的缺陷数小于或等于总样本接收数Ac(表8中第Ⅴ栏)，则判该批计数检查可接收。若总样本中的缺陷数大于或等于总样本拒收数Re(表8中第Ⅵ栏)，则判该批不合格。

7.2.3.3　短期吸水量(部分浸入)、体积吸水率(全浸)、憎水率、质量吸湿率、垂直于表面的抗拉强度、燃烧性能、水蒸气透过性能、长期吸水量(部分浸入)和垂直于表面的抗拉强度保留率按第一样本的测定值判定。若第一样本的测定值不合格，则判该批产品上述性能单项不合格。

7.2.3.4 其余性能按测定试样的平均值判定。若第一样本的测定值合格，则判该批产品上述性能单项合格。若不合格，应再测量第二样本，并以两个样本测定结果的平均值作为批质量各单项合格与否的判定。

7.2.3.5 批质量的综合判定规则是：合格批的所有品质指标，应同时符合7.2.3.2、7.2.3.3和7.2.3.4规定的可接收的合格要求，否则判该批产品不合格。

8 标志

在标志、标签和使用说明书上应标明：

a) 产品标记和商标；
b) 生产企业或经销商名称、详细地址；
c) 产品的净重或数量；
d) 生产日期或批号；
e) 按GB/T 191的规定，标明“怕雨”等标志；
f) 注明产品使用的范围、不适用的场合等指导安全使用的警语。

9 包装、运输及贮存

9.1 包装

包装材料应具有防潮性能，每一包装中应放入同一规格的产品，特殊包装由供需双方商定。

9.2 运输

应用干燥防雨的工具运输，运输时应轻拿轻放。

9.3 贮存

应在干燥通风的库房里贮存，避免重压。

附 录 A
（规范性附录）
导热系数标称值的确定

A.1 概述

生产商负责确定导热系数的标称值。标称值是通过在参考条件下测量数据统计出来的。

A.2 输入数据

为了计算标称值，至少应有导热系数的 10 个测试结果，这些结果可以从内部或外部直接测量获得。导热系数的测量应尽量均匀地分布在最近的 12 个月内完成。假如可以利用的结果小于 10 个，那么时间周期可以延长，直到完成 10 个测试结果，但是最长不能超过 3 年，且在此期间产品和生产条件不能有改变。

对于新产品 10 个导热系数的测试结果应在不少于 10 天内完成。

标称值按 A.3 进行计算。

A.3 标称值

标称值 λ_D 的推导来自 $\lambda_{90/90}$，$\lambda_{90/90}$ 值应精确到 0.001 W/(m·K)，λ_D 的水平按 0.001 W/(m·K)逐级声称。

$\lambda_{90/90}$ 由式(A.1)和式(A.2)确定：

$$\lambda_{90/90}=\lambda_{\mathrm{mean}}+k\times S_{\lambda} \qquad \text{(A.1)}$$

式中：

$\lambda_{90/90}$ ——导热系数的统计值：90%的置信水平下 90%的产品其导热系数测定值不大于该统计值，单位为瓦每米开[W/(m·K)]；

λ_{mean} ——导热系数的平均值，单位为瓦每米开[W/(m·K)]；

k ——与试样数量或试验次数有关的因子，k 的取值见表 A.1；

S_{λ} ——导热系数的标准偏差，单位为瓦每米开[W/(m·K)]。

$$S_{\lambda}=\sqrt{\frac{\sum_{i=1}^{n}(\lambda_i-\lambda_{\mathrm{mean}})^2}{n-1}} \qquad \text{(A.2)}$$

式中：

λ_i ——第 i 个导热系数，单位为瓦每米开[W/(m·K)]；

n ——试样数量。

表 A.1 90%置信水平下单边 90%允差范围的 *k* 值

测试结果数	*k*
10	2.07
11	2.01
12	1.97
13	1.93
14	1.90
15	1.87
16	1.84
17	1.82
18	1.80
19	1.78
20	1.77
22	1.74
24	1.71
25	1.70
30	1.66
35	1.62
40	1.60
45	1.58
50	1.56
100	1.47
300	1.39
500	1.36
2 000	1.32
其他的测试结果数其 *k* 值按 ISO 12491 或线性内差法确定。	

附 录 B
（资料性附录）
产品导热系数标称值的确定举例

假定一个产品的导热系数有 14 个直接测量的结果，见表 B.1。

表 B.1 λ 的试验结果

试验数目	λ W/(m·K)
1	0.036 6
2	0.039 0
3	0.038 2
4	0.037 8
5	0.041 0
6	0.041 2
7	0.039 7
8	0.041 7
9	0.041 5
10	0.040 2
11	0.041 7
12	0.040 6
13	0.040 8
14	0.042 1

根据上述 14 个试验结果，导热系数的平均值 $\lambda_{mean}=0.040\ 1$ W/(m·K)，

按式(A.2)，导热系数的标准偏差：$S_\lambda=\sqrt{\dfrac{\sum_{i=1}^{14}(\lambda_i-0.040\ 1)^2}{14-1}}=0.001\ 66$，

按式(A.1)，在此 $k=1.90$，计算导热系数 $\lambda_{90/90}=0.040\ 1+1.90\times0.001\ 66=0.043\ 3$ W/(m·K)，结果修约为 0.044 W/(m·K)(取大值)。

ICS 43.020
T 04

中华人民共和国国家标准

GB/T 25978—2018
代替 GB/T 25978—2010

道路车辆　标牌和标签

Road vehicle—Plates and label

2018-05-14 发布　　2018-12-01 实施

国家市场监督管理总局
中国国家标准化管理委员会　发布

前言

本标准按照 GB/T 1.1—2009 给出的规则起草。

本标准代替 GB/T 25978—2010《道路车辆　标牌和标签》，与 GB/T 25978—2010 相比主要技术变化如下：

——增加了 3.2.6 发动机/变速器标签(F 类)并给出相应的性能要求；

——完善了多项标签一般性能要求的试验条件，同时在 5.3.4 耐液体性能要求中增加了皮革类清洗液、地毯及车辆用具类清洗液、50%体积混合的异丙醇(IPA)水溶液、变速器液体、乙醇等多种液体；5.3.6.2 增加了 10 min 热循环试验，并增加了 5.3.10 耐高压清洗性能试验、5.3.11 热剪切粘结强度性能试验等；

——增加了 5.3.12 标签自毁性能试验方法，完善标签防伪防篡改性能要求；

——增加了附录 A(资料性附录)标签粘贴表面建议。

本标准由中国人民共和国工业和信息化部提出。

本标准由全国汽车标准化技术委员会(SAC/TC 114)归口。

本标准负责起草单位：中国汽车技术研究中心、德莎胶带(上海)有限公司、3M 中国有限公司。

本标准参加起草单位：公安部交通管理科学研究所、奇瑞汽车股份有限公司、泛亚汽车技术中心有限公司、上汽通用五菱汽车股份有限公司、上海汽车集团股份有限公司技术中心、北京汽车股份有限公司、北京汽车研究总院有限公司、东风汽车技术中心、广汽本田汽车有限公司。

本标准主要起草人：李铮、朱彤、王丹、李翠、应朝阳、张俊华、何华珍、兰必丰、李博程、武沛川、王学胜、李燕、蒋歆华。

本标准所代替标准的历次版本发布情况为：

——GB/T 25978—2010。

道路车辆　标牌和标签

1　范围

本标准规定了道路车辆上使用的用于说明车辆信息的标牌和标签的分类、性能要求及试验方法。

本标准适用于道路车辆上使用的用于说明车辆制造信息、警告性信息、操纵及指示性信息等内容的各类标牌和标签。

本标准不适用于在车辆或车辆部件本体上通过打刻、蚀刻、铸造、喷涂、印制，或者缝制在部件本体上等方式直接形成的车辆标识。

本标准不适用于在车辆生产、运输、交接中使用的(车辆正常使用前可去除的)车辆或部件的标识。

用于车辆零部件及总成的各类标牌和标签可参照采用。

2　规范性引用文件

下列文件对于本文件的应用是必不可少的。凡是注日期的引用文件，仅注日期的版本适用于本文件。凡是不注日期的引用文件，其最新版本(包括所有的修改单)适用于本文件。

GB/T 250　纺织品　色牢度试验　评定变色用灰色样卡

GB/T 3280　不锈钢冷轧钢板和钢带

GB/T 13306　标牌

3　术语和定义

下列术语和定义适用于本文件。

3.1

标牌　plate

刚性结构的、载有车辆信息的通过铆接、焊接、胶带粘贴等方式安装在车辆上的标识物。标牌分为金属标牌和非金属标牌。

3.2

标签　label

柔性结构的、载有车辆信息的通过粘贴等方式安装在车辆上的标识物。标签可按使用位置分为发动机舱标签、暴露的外部标签、非暴露的外部标签、暴露的内部标签、非暴露的内部标签和发动机/变速器标签。

3.2.1

发动机舱标签(A 类)　engine compartment labels (A type)

位于发动机舱内、粘贴在除发动机本体之外的标签。

注：例如粘贴在发动机舱内喷涂过的钣金件上、塑料饰盖、蓄电池或容器上的标签等。

3.2.2

暴露的外部标签(B 类)　exposed exterior labels (B type)

位于车身外部、粘贴的位置可见的标签。

注：例如挂车栓钩标签、行李架或滑雪橇架载荷标签等。

3.2.3

非暴露的外部标签(C类)　non-exposed exterior labels (C type)

位于车身活动部件的接合部,在开启车身活动部件后方可见的标签。

注：例如贴在门柱上或门柱内侧的标签、油箱加注口盖标签等。

3.2.4

暴露的内部标签(D类)　exposed interior labels (D type)

位于车辆内部、在部件正常使用(折叠部件处于收起状态)状态可见的、暴露在日光照射下的标签,以及位于遮阳板外表面(可见表面)的标签。

注：例如遮阳板上的安全气囊标签、安全带标签等。

3.2.5

非暴露的内部标签(E类)　non-exposed interior labels (E type)

位于车辆内部可见的(对于折叠部件,当其处于打开状态时可见的),不暴露在日光照射下的标签;以及只有放下遮阳板或打开门时方暴露的标签。

注：例如粘贴在遮阳板内表面的标签、粘贴在可折叠部件内表面的标签、行李舱标签等。

3.2.6

发动机/变速器标签(F类)　engine/transmission labels (F type)

直接粘贴在发动机或变速器金属本体上的标签。

4　标牌和标签的性能要求

4.1　标牌的性能要求

标牌的涂层附着力、颜色的耐晒牢度、耐磨性能、耐盐雾性能、耐湿热性能、耐霉菌性能应满足GB/T 13306的相关要求。

4.2　标牌胶带粘贴的性能要求

4.2.1　剥离强度

可通过180°剥离强度或90°剥离强度(任选其一)对胶带的剥离强度性能进行评价。

不同工况下的剥离强度要求有：

a)　初粘时剥离强度

经5.2.3.3试验后,180°剥离强度应大于或等于0.5 N/mm,90°剥离强度应大于或等于0.4 N/mm。

b)　标准环境下剥离强度

经5.2.3.4试验后,180°剥离强度应大于或等于1 N/mm,90°剥离强度应大于或等于0.8 N/mm。

c)　高温下剥离强度

经5.2.3.5试验后,180°剥离强度应大于或等于0.4 N/mm,90°剥离强度应大于或等于0.3 N/mm。

d)　热老化后剥离强度

经5.2.3.6试验后,180°剥离强度应大于或等于0.8 N/mm,90°剥离强度应大于或等于0.8 N/mm。

e)　温水老化后剥离强度

经5.2.3.7试验后,180°剥离强度应大于或等于0.8 N/mm,90°剥离强度应大于或等于0.8 N/mm。

f)　循环老化后剥离强度

经5.2.3.8试验后,180°剥离强度应大于或等于1 N/mm,90°剥离强度应大于或等于0.8 N/mm。

g)　耐湿老化后剥离强度

经 5.2.3.9 试验后，180°剥离强度应满足大于或等于 0.8 N/mm，90°剥离强度应大于或等于 0.8 N/mm。

4.2.2 拉拔力性能

经 5.2.4 试验后，拉拔力应大于或等于 125 N。

4.2.3 动态剪切强度

4.2.3.1 初粘时动态剪切强度

经 5.2.5a)试验后，动态剪切强度应大于或等于 0.2 N/mm^2。

4.2.3.2 标准环境下动态剪切强度

经 5.2.5b)试验后，动态剪切强度应大于或等于 0.3 N/mm^2。

4.2.3.3 高温下动态剪切强度

经 5.2.5c)试验后，动态剪切强度应大于或等于 0.2 N/mm^2。

4.2.3.4 热老化后动态剪切强度

经 5.2.5d)试验后，动态剪切强度应大于或等于 0.4 N/mm^2。

4.2.3.5 温水老化后动态剪切强度

经 5.2.5e)试验后，动态剪切强度应大于或等于 0.3 N/mm^2。

4.2.3.6 循环老化后动态剪切强度

经 5.2.5f)试验后，动态剪切强度应大于或等于 0.3 N/mm^2。

4.2.3.7 挡风玻璃洗涤剂老化后动态剪切强度

经 5.2.5g)试验后，动态剪切强度应大于或等于 0.4 N/mm^2。

4.2.4 静态剪切强度

经 5.2.6 试验后，静态保持时间应大于或等于 10 000 min。

4.3 标签的一般性能要求

4.3.1 180°剥离强度

经 5.3.2 试验后，180°剥离强度应大于或等于 0.44 N/mm。

4.3.2 耐磨损性能

经 5.3.3 试验后，标签均应外观完好，无粘接分离现象，无破损，与试验前样品相比表面色彩没有明显变化；标签上信息应清晰且易于识别，如果标签上有条形码，试验后条形码应可读。

4.3.3 耐液体性能

经 5.3.4 试验后，标签均应外观完好，无粘接分离现象，与试验前样品相比表面色彩没有明显变化；

标签上信息应清晰且易于识别，如果标签上有条形码，试验后条形码应可读。

4.3.4 耐湿性能

经5.3.5试验后，标签均应外观完好，无粘接分离现象，与试验前样品相比表面色彩没有明显变化；标签上信息应清晰且易于识别，如果标签上有条形码，试验后条形码应可读。

4.3.5 热循环性能

经5.3.6.1试验后，标签均应外观完好，无粘接分离现象，与试验前样品相比表面色彩没有明显变化；标签上信息应清晰且易于识别，如果标签上有条形码，试验后条形码应可读。

4.3.6 热老化性能

经5.3.7试验后，标签均应外观完好，无粘接分离现象，与试验前样品相比表面色彩没有明显变化；标签上信息应清晰且易于识别，如果标签上有条形码，试验后条形码应可读。

4.3.7 色牢度性能

经5.3.8试验后，标签产生的色差均应至少达到GB/T 250规定的灰色样卡4级的要求。

4.3.8 人工气候加速老化性能

经5.3.9试验后，标签均应外观完好，无粘接分离现象，与试验前样品相比表面色彩没有明显变化；标签上信息应清晰且易于识别，如果标签上有条形码，试验后条形码应可读。

4.3.9 耐高压清洗性能

经5.3.10试验后，标签均应外观完好，无粘接分离现象，与试验前样品相比表面色彩没有明显变化；标签上信息应清晰且易于识别，如果标签上有条形码，试验后条形码应可读。

4.3.10 热剪切粘结强度

经5.3.11试验后，标签位移不应超过5 mm，标签上字体不应发生扭曲，标签上信息应清晰且易于识别，如果标签上有条形码，试验后条形码应可读。

4.4 特殊用途标签的附加要求[1)]

4.4.1 防篡改性能

4.4.1.1 标签的移除：

4.4.1.1.1 应通过撕毁标签或使标签上的信息不可辨认，导致标签的自毁。经5.3.12试验后，标签均应发生断裂无法完整移除，或未发生断裂但外观发生明显改变（如出现裂纹、变形等情况）导致标示信息不完整。

4.4.1.1.2 粘贴于油漆表面的标签移除后，粘贴标签的部件区域外观应发生可辨认的改变，使检查者能在原标签粘贴区域追溯到原标签存在的证据。若采用荧光方式实现，标签移除后应留有荧光印记。

4.4.1.2 标签信息的更改应留下原始信息的痕迹，或者明显改变标签的外观。

---

1) 对于用于识别车辆（或零部件及总成）身份或制造历程等特殊用途的标签（如车辆识别代号标签、产品标牌、发动机标识等），根据需要，还应具有防篡改性能及防伪性能。

4.4.2 防伪性能

4.4.2.1 标签应防伪造。

4.4.2.2 标签材料应包含有制造商的标识或一些其他独特标识，该标识的更改或消除应能可辨认地改变标签的外观。

5 标牌和标签的试验方法

5.1 标牌的试验方法

按照 GB/T 13306 的规定进行试验。

5.2 标牌胶带粘贴的试验方法

5.2.1 试验环境

在未特殊定义的情况下，所有试验需在标准环境(23 ℃±2 ℃，50%±5% RH)下进行，同时试验胶带和测试板在标准环境下放置 4 h 后再进行粘贴。

5.2.2 样品制备

测试板：长度为 125 mm±1 mm，宽度为 50 mm±1 mm，厚度 1.5 mm～2.0 mm，测试板材质为 GB/T 3280 规定的 06Cr19Ni10。亦可选取标牌实际粘贴的车辆部位外侧油漆板或电镀板作为测试板。在胶带粘贴在测试板之前，需要用脱脂纱布和清洁剂清洁测试板表面。

胶带：胶带尺寸参照不同试验的具体要求，每个试验需要至少制作 3 个样品，试验结果为各样品试验结果的平均值。测试用的胶带是一侧覆有隔离纸的成卷的双面胶带，没有隔离纸的一侧称为敞开面，敞开面是粘贴到标牌上的一侧。而把覆有隔离纸另一侧称为覆盖面，覆盖面是贴到车体或电镀件表面的一侧。

5.2.3 剥离强度试验

5.2.3.1 180°剥离强度试验

在标准环境下，制备宽 25 mm±1 mm，长 200 mm±1 mm 的胶带样品。为保证胶带在剥离时不被拉伸变形，需在胶带的敞开面上贴附厚度为 20 μm ～60 μm 聚酯薄膜。同时为确保聚酯薄膜与胶带的粘贴强度，在贴附聚酯薄膜前，先把底涂剂涂布在聚酯薄膜的粘接表面，并在底涂剂干燥后再在胶带上贴附聚酯薄膜。

将贴附有聚酯薄膜的胶带的覆盖面粘附在测试板上，然后用 2 kg，50 mm 宽的压辊以300 mm/min 的速度在其表面辊压一个往复，确保胶带粘贴完全。

在 5.2.3.3～5.2.3.9 的不同试验条件下，将试验样品的自由端对折 180°，并从测试板上剥离 25 mm ±1 mm的试验样品，把试验样品的自由端和测试板分别夹在拉力试验机的上、下夹持器上，应使剥离面与拉力试验机力线保持一致。拉力试验机以 300 mm/min 的剥离速度连续剥离胶带，通过自动记录仪绘出剥离曲线，剥离曲线的前 20 mm±1 mm 的测量数值不计，记录剥离曲线的 20 mm±1 mm～80 mm±1 mm 间的测量数值(见图 1)。

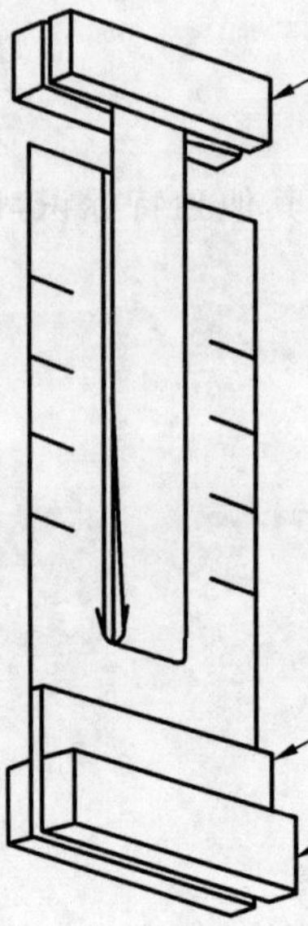

图 1 180°剥离强度试验示意图

5.2.3.2 90°剥离强度试验

在标准环境下，制备宽 25 mm±1 mm，长 200 mm±1 mm 的胶带样品。为保证胶带在剥离时不被拉伸变形，需在胶带的敞开面上贴附厚度为 20 μm～60 μm 聚酯薄膜。同时为确保聚酯薄膜与胶带的粘贴强度，在贴附聚酯薄膜前，先把底涂剂涂布在聚酯薄膜的粘接表面，并在底涂剂干燥后再在胶带上贴附聚酯薄膜。

将贴附有聚酯薄膜的胶带的覆盖面粘附在测试板上，然后用 2 kg，50 mm 宽的压辊以300 mm/min 的速度在其表面辊压一个往复，确保胶带粘贴完全。

在 5.2.3.3～5.2.3.9 的不同试验条件下，将试验样品的自由端对折 90°，并从测试板上剥离覆盖面 25 mm±1 mm，把试验样品的自由端和测试板分别夹在拉力试验机的上、下夹持器上。应使剥离面与拉力试验机力线保持一致。拉力试验机以 300 mm/min 的剥离速度连续剥离胶带，通过自动记录仪绘出剥离曲线，剥离曲线的前 20 mm±1 mm 的测量数值不计，记录剥离曲线的 20 mm±1 mm～80 mm ±1 mm 间的测量数值(见图 2)。

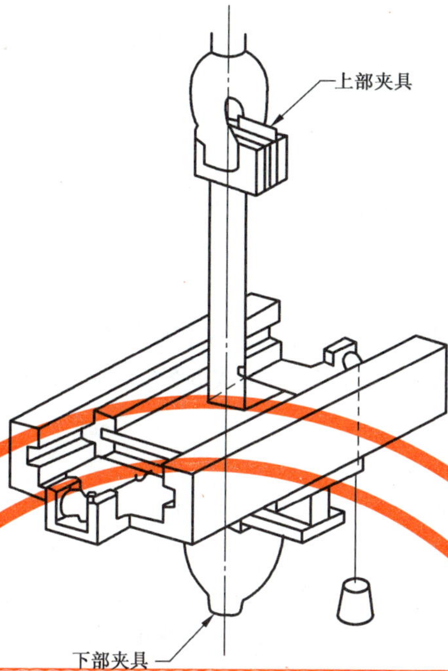

图 2　90°剥离强度试验示意图

5.2.3.3　**初粘时剥离强度试验**

样品制备粘贴完成后，将试验样品放置在标准环境下 20 min 后，按照 5.2.3.1 或 5.2.3.2 所述的试验方法进行试验。

5.2.3.4　**标准环境下剥离强度试验**

将试验样品放置在标准环境下 72 h 后，按照 5.2.3.1 或 5.2.3.2 所述的试验方法进行试验。

5.2.3.5　**高温下剥离强度试验**

将试验样品放置在标准环境下 24 h 后，按照 5.2.3.1 或 5.2.3.2 所述的试验方法在温度为 80 ℃±2 ℃的条件下进行试验。

5.2.3.6　**热老化后剥离强度试验**

将试验样品放置在标准环境下 24 h 后，将其放置在 80 ℃±2 ℃的条件下 240 h，完成后，将样品放置在标准环境下 24 h。按照 5.2.3.1 或 5.2.3.2 所述的试验方法进行试验。

5.2.3.7　**温水老化后剥离强度试验**

将试验样品放置在标准环境下 24 h 后，将其浸入 40 ℃±2 ℃的水浴槽中 240 h，完成后，将表面水分彻底擦除，并在标准环境下放置 24 h，按照 5.2.3.1 或 5.2.3.2 所述的试验方法进行试验。

5.2.3.8　**循环老化后剥离强度试验**

将试验样品放置在标准环境下 24 h 后，按如下温度循环进行老化试验：

a)　在－30 ℃±2 ℃的条件下，放置 17 h；

b) 在 70 ℃±2 ℃的条件下，放置 72 h；

c) 在 38 ℃±2 ℃、100% RH 的条件下，放置 24 h；

d) 在−30 ℃±2 ℃的条件下，放置 7 h；

e) 在 38 ℃±2 ℃、100% RH 的条件下，放置 17 h；

f) 在 70 ℃±2 ℃的条件下，放置 7 h。

完成后，将试验样品放置在标准环境下 24 h，按照 5.2.3.1 或 5.2.3.2 所述的试验方法进行试验。

5.2.3.9 耐湿老化后剥离强度试验

将试验样品放置在标准环境下 24 h 后，将试验样品放置在 38 ℃±2 ℃、95% RH 条件下 240 h，完成后，将样品放置在标准环境下 24 h，按照 5.2.3.1 或 5.2.3.2 所述的试验方法进行试验。

5.2.4 拉拔力性能试验

在标准环境下，制备宽 12.5 mm±1 mm，长 25 mm±1 mm 的胶带和铝块。

将胶带不带隔离纸的一侧粘贴到铝块上，然后用 2 kg，50 mm 宽的压辊以 300 mm/min 的速度在其表面辊压一个往复，确保胶带粘贴完全。然后将另一侧的隔离纸撕去并粘贴在测试板上(见图 3)。在标准环境下放置 72 h 后，然后以 60 mm/min 的拉伸速度拉拔铝块，测量铝块被拔落时最大的拉力。

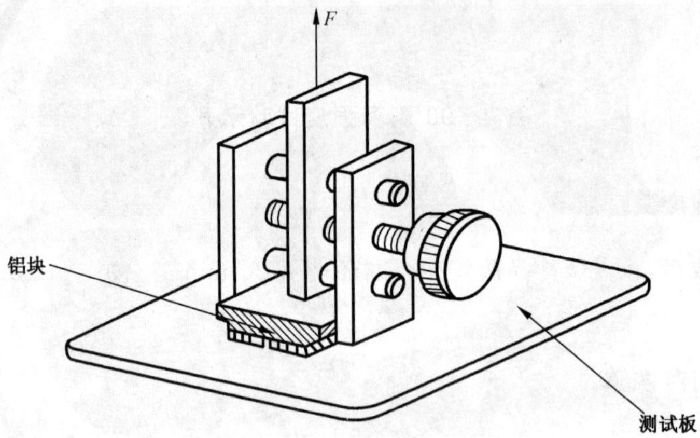

图 3 拉拔力性能试验示意图

5.2.5 动态剪切强度试验

在标准环境下，制备宽 25 mm±1 mm，长 2 mm±1 mm 的胶带样品。

将胶带粘贴到测试板上，然后用 2 kg，50 mm 宽的压辊以 300 mm/min 的速度在其表面辊压一个往复，确保胶带粘贴完全。在下述 5.2.5a)～5.2.5g)的不同试验条件下，以 50 mm/min 的拉伸速度拉伸测试板，测量两板在脱离时的粘结强度(见图 4)：

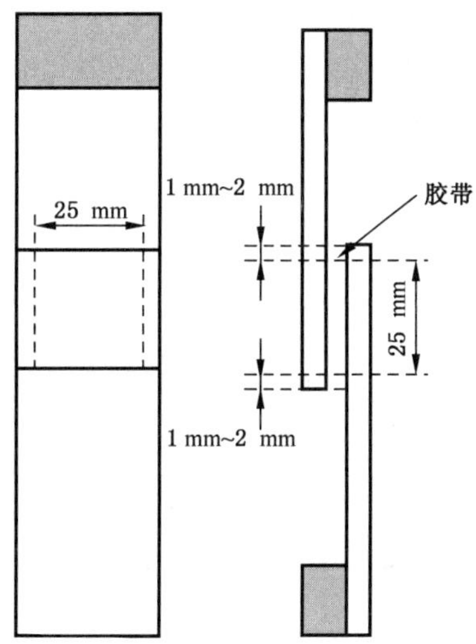

图 4 动态剪切强度试验示意图

a) 初粘时动态剪切强度试验

样品制备粘贴完成后，将试验样品放置在标准环境下 20 min 后，按照 5.2.5 所述的试验方法进行试验。

b) 标准环境下动态剪切强度试验

将试验样品放置在标准环境下 72 h 后，按照 5.2.5 所述的试验方法进行试验。

c) 高温下动态剪切强度试验

将试验样品放置在标准环境下 24 h 后，按照 5.2.5 所述的试验方法在温度为 80 ℃±2 ℃的条件下进行试验。

d) 热老化后动态剪切强度试验

将试验样品放置在标准环境下 24 h 后，将其放置在 80 ℃±2 ℃的条件下 240 h，完成后，将样品放置在标准环境下 24 h。然后按照 5.2.5 所述的试验方法进行试验。

e) 温水老化后动态剪切强度试验

将试验样品放置在标准环境下 24 h 后，将其浸入 40 ℃±2 ℃的水浴槽中 240 h，完成后，将表面水分彻底擦除，并在标准环境下放置 24 h，按照 5.2.5 所述的试验方法进行试验。

f) 循环老化后动态剪切强度试验

将试验样品放置在标准环境下 24 h 后，按如下温度循环进行老化试验：

1) 在−30 ℃±2 ℃的条件下，放置 17 h；
2) 在 70 ℃±2 ℃的条件下，放置 72 h；
3) 在 38 ℃±2 ℃、100% RH 的条件下，放置 24 h；
4) 在−30 ℃±2 ℃的条件下，放置 7 h；
5) 在 38 ℃±2 ℃、100% RH 的条件下，放置 17 h；
6) 在 70 ℃±2 ℃的条件下，放置 7 h。

完成后，将试验样品放置在标准环境下 24 h，按照 5.2.5 所述的试验方法进行试验。

g) 挡风玻璃洗涤剂老化后动态剪切强度试验

在清水中加入如下试剂：

1) 20%(体积比)的乙醇(纯度为 95%，含 1%的丁醇)；
2) 10%(体积比)的异丙醇(纯度> 98%)；

3) 0.09%(质量比)的十二烷基硫酸钠(SDS，纯度为95%)；

4) 0.6%(质量比)的乙二醇(纯度＞98%)。

在标准环境下把制备好的试验样品完全浸入以上溶液中，浸泡 30 min 后在标准环境下放置2 h，按照 5.2.5 所述的试验方法进行试验。

5.2.6 静态剪切强度试验

在标准环境下，制备宽 25 mm±1 mm，长 25 mm±1 mm 的胶带样品。

将胶带粘贴到测试板上，然后用 2 kg，50 mm 宽的压辊以 300 mm/min 的速度在其表面辊压一个往复，确保胶带粘贴完全。然后在标准环境下放置 72 h 后，在其垂直方向的下端施加 2 kg 的重物，测量两测试板的脱离时间(见图 5)。

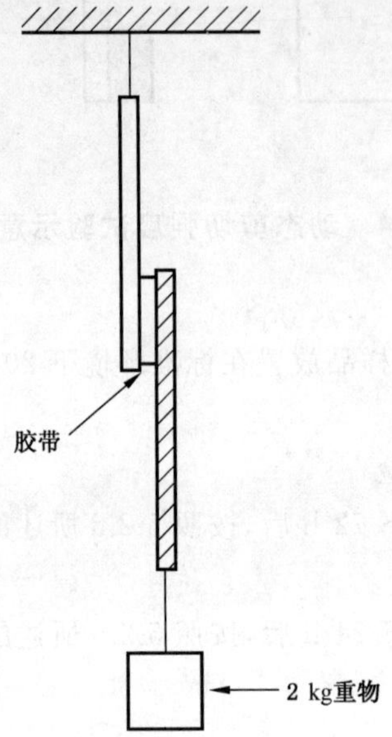

图 5 静态剪切强度试验示意图

5.3 标签的试验方法

5.3.1 试验准备

5.3.1.1 测试板的选取

进行 5.3.2、5.3.7、5.3.12 试验时，测试板材质为 GB/T 3280 规定的 06Cr19Ni10。

进行 5.3.4 试验时，推荐选取标签实际粘贴表面作为测试板，若测试液体与实际粘贴表面发生反应，则测试板材质为 GB/T 3280 规定的 06Cr19Ni10。

进行其他试验时，推荐选取标签实际粘贴表面作为测试板。

5.3.1.2 试验样品的制备

除 5.3.2、5.3.11、5.3.12 试验规定外，试验标签的尺寸应与实际应用相符，测试板的尺寸应与试验标签相匹配。试验标签应载有标识信息。

在标签粘贴在测试板之前，需要用脱脂纱布和清洁剂清洁测试板表面。将标签粘贴在测试板上，用 2 kg，50 mm 宽的压辊以 300 mm/min 的速度在其表面辊压一个往复，确保标签粘贴完全。除 5.3.4f)、5.3.6.2、5.3.12 试验外，在进行试验之前，试验样品应在标准环境(23 ℃±2 ℃、50%±5% RH)条件下至少放置 24 h。

每个试验需要至少制作 3 个试验样品。

5.3.2 180°剥离强度试验

制备宽 25 mm±1 mm,长 200 mm±1 mm 的标签,将标签粘贴在测试板(长度为 125 mm±1 mm,宽度为 50 mm±1 mm,厚度 1.5 mm~2.0 mm)上,用 2 kg,50 mm 宽的压辊以 300 mm/min 的速度在其表面辊压一个往复,确保标签粘贴完全。

在下述试验条件下:

a) 标准环境下放置 24 h;

b) 在 5.3.5 试验后,在标准环境下放置 1 h;

c) 在 5.3.6.1 试验后,在标准环境下放置 1 h。

将标签的自由端对折 180°,并从测试板上剥离 25 mm±1 mm 的标签,把标签的自由端和测试板分别夹在拉力试验机的上、下夹持器上,应使剥离面与拉力试验机力线保持一致。拉力试验机以 300 mm/min的剥离速度连续剥离标签,通过自动记录仪绘出剥离曲线,剥离曲线的前 20 mm±1 mm 的测量数值不计,记录剥离曲线的 20 mm±1 mm~80 mm±1 mm 间的测量数值。试验结果为各试验样品试验结果的平均值。

180°剥离强度试验不适用于具有 4.4.1.1.1 的特性的标签。

5.3.3 耐磨损试验

标签应粘贴在由 Taber 磨损试验机的制造者所提供的相同的纸板基体上,使用 CS-10 号砂轮,通过 Taber 磨损试验机,在 500 g 负载下,以 30 r/min 的转速,进行下述磨损循环:

a) A、C、D、E 类标签应进行 100 个磨损循环;

b) B、F 类标签应进行 200 个磨损循环。

5.3.4 耐液体试验

除标准规定外,耐液体试验应使用车辆实际应用液体。试验包括:

a) 耐清洁剂试验

在标准环境下,将试验样品分别垂直浸没在皮革类清洗液、地毯及车辆用具类清洗液、50%体积混合的异丙醇(IPA)水溶液中,放置 4 h,取出试验样品,用棉布擦净,目测。

b) 耐发动机油试验

在标准环境下,将试验样品垂直浸没在 23 ℃±2 ℃发动机油中,放置 4 h,取出试验样品用棉布擦拭至表面无可视发动机油后置于 120 ℃±2 ℃(A 类)或 150 ℃±2 ℃(F 类)条件下,放置 4 h,取出试验样品,目测。

耐发动机油试验仅适用于 A 类、F 类标签。

c) 耐风挡玻璃清洗液试验

在标准环境下,将试验样品垂直浸没在风挡玻璃清洗液中,放置 4 h,取出试验样品,用棉布擦净,目测。

耐风挡玻璃清洗液试验仅适用于 A 类、B 类、C 类、F 类标签。

d) 耐制动液试验

——在标准环境下,将试验样品垂直浸没在 23 ℃±2 ℃制动液中,放置 4 h,取出试验样品,用棉布擦净,目测。

仅适用于 A 类标签。

——在标准环境下,将试验样品垂直浸没在 23 ℃±2 ℃制动液中,放置 4 h,取出试验样品用棉布擦拭至表面无可视制动液后置于 100 ℃±2 ℃条件下,放置 4 h,取出试验样品,目测。

仅适用于 F 类标签。

e) 耐燃料试验

在标准环境下,将试验样品垂直浸没在燃料(汽油、柴油、乙醇汽油 E85)中,放置 10 s±1 s,取出干燥 20 s±1 s,上述为一循环,共进行 10 个循环。10 个循环后,在标准环境下垂直放置 1 h,目测。

耐燃料试验仅适用于 A 类、B 类、F 类标签和 C 类标签中粘贴在燃料容器上的标签。

f) 耐酸试验

在标准环境下放置 72 h 后,使用滴管用电池硫酸溶液(相对密度为 1.28)将全部标签与被粘贴表面间边缘和标签部分表面浸湿,放置 7 d,目测(以 24 h 为时间间隔观察,如发生硫酸挥发,则重复浸湿程序)。

耐酸试验仅适用于粘贴在蓄电池上的标签。

g) 耐变速器液体试验

在标准环境下,将试验样品垂直浸没在 23 ℃±2 ℃变速器液体中,放置 4 h,取出试验样品用棉布擦拭至表面无可视变速器液体后置于 150 ℃±2 ℃条件下,放置 4 h,取出试验样品,目测。

耐变速器液体试验仅适用于 F 类标签。

5.3.5 耐湿试验

将试验样品置于 40 ℃±2 ℃、100% RH 的条件下,放置 144 h。

试验后,在标准环境下放置 1 h,目测。

5.3.6 热循环试验

5.3.6.1 试验样品进行下述 2 个循环[从 a)～d)代表 1 个循环]:

a) 对于 A 类和 D 类标签,在 120 ℃±2 ℃条件下,放置 30 min;对于 B 类、C 类、E 类标签,在 90 ℃±2 ℃条件下,放置 30 min;对于 F 类标签,在 150 ℃±2 ℃条件下,放置 30 min。

b) 在 23 ℃±2 ℃、50%±5% RH 的条件下,放置 15 min;

c) 在－30 ℃±2 ℃条件下,放置 30 min;

d) 在 23 ℃±2 ℃、50%±5% RH 的条件下,放置 15 min。

试验后,在标准环境下放置 1 h,目测。

5.3.6.2 试验样品制备完成后,在标准环境下放置 10 min,进行 5.3.6.1 规定的 a)～d)2 个循环。试验后,在标准环境下放置 1 h,目测。

5.3.6.2 仅适用于在粘贴后短时间内需要历经明显温变的标签,5.3.6.2 不作为标签性能评价试验,若试验后,标签外观发生明显变化或出现粘接分离现象,则不推荐在此位置粘贴标签(标签粘贴表面建议参见附录 A)。

5.3.7 热老化试验

将试验样品置于下述温度条件下:

a) 对于 A 类需永久保持的标签(如车辆识别代号标签、产品标牌、发动机标识等),在 120 ℃±2 ℃条件下,放置 1 000 h;对于 A 类其他标签,在 120 ℃±2 ℃条件下,放置 168 h;

b) 对于 B 类、C 类、D 类、E 类需永久保持的标签(如车辆识别代号标签、产品标牌等),在 90 ℃±2 ℃条件下,放置 1 000 h;对于 B 类、C 类、D 类、E 类其他标签,在 90 ℃±2 ℃条件下,放置 168 h;

c) 对于 F 类标签，在 150 ℃±2 ℃条件下，放置 1 600 h。

试验后，在标准环境下放置 1 h，目测。

5.3.8 色牢度试验

将试验样品放入老化箱内，老化箱采用氙灯作为光源，试验样品正面受到波长为 300 nm～400 nm 光线的辐射，试验样品所受累积辐射能量应达到 28 MJ/m^2。在试验过程中，老化箱湿度为 0～20% RH，黑板温度为 100 ℃±3 ℃。

色牢度试验仅适用于 D 类标签。

5.3.9 人工气候加速老化试验

将试验样品放入老化箱内，老化箱采用氙灯作为光源，试验样品所受累积辐射能量，B 类标签应达到 2 500 kJ/m^2，C 类标签应达到 600 kJ/m^2。在试验过程中，按照光照 102 min、光照并喷水 18 min 的循环，采用连续光照，黑板温度为 65 ℃±3 ℃。

试验后，在标准环境下放置 1 h，目测。

人工气候加速老化试验适用于 B 类、C 类标签。

5.3.10 耐高压清洗试验

在 5.3.5、5.3.6.1、5.3.7 试验后，在标准环境下放置 24 h，以压力 8.50 MPa±0.34 MPa，水温为室温的高压水枪在距离标签 20 cm 位置以 45°角进行喷射，持续时间 5 s。

试验后，在标准环境下放置 1 h，目测。

耐高压清洗试验适用于 B 类、F 类标签。

5.3.11 热剪切粘结强度试验

制备宽 50 mm±1 mm，长 75 mm±1 mm 的标签，如图 6 所示，将标签粘贴在测试板上，用 2 kg，50 mm宽的压辊以 300 mm/min 的速度在其表面辊压一个往复，确保标签粘贴完全，在标准环境下放置 24 h 后，在标签悬挂区域的下端施加 0.1 kg 重物(可另行在标签悬挂区域贴附胶带用以固定重物)，置于 120 ℃±2 ℃的条件下，放置 24 h，测量标签位移量。试验结果为各试验样品试验结果的平均值。

热剪切粘结强度试验仅适用于粘贴于垂直表面的 A 类、F 类标签。

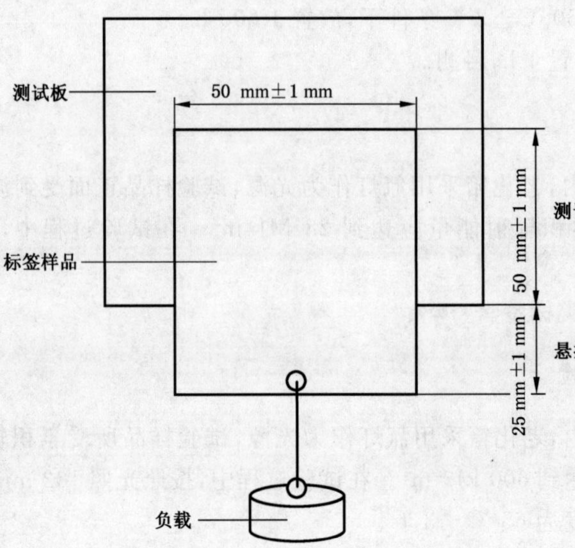

图 6 热剪切粘结强度试验示意图

5.3.12 自毁性能试验

制备宽 40 mm±1 mm,长 60 mm±1 mm 的标签(标签边缘应光滑无切口,设计给出的预制切口除外),将标签粘贴在测试板上,用 2 kg,50 mm 宽的压辊以 300 mm/min 的速度在其表面辊压一个往复,确保标签粘贴完全,在标准环境下放置 14 d。

如图 7 所示,手工借助美工刀从标签一端(以 45°角方向)将标签从测试板上剥离,速度约为30 mm/min。

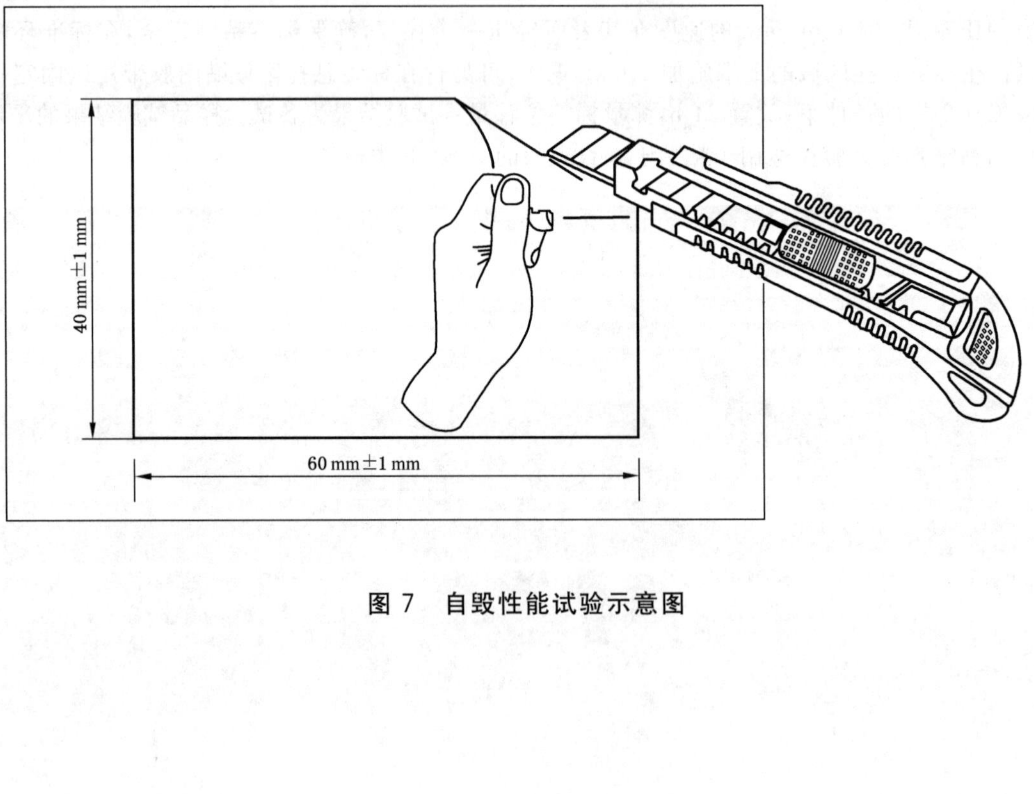

图 7 自毁性能试验示意图

附 录 A
（资料性附录）
标签粘贴表面建议

A.1 标签粘贴表面要求

标签粘贴表面应尽量光滑、平整且具有高表面能，表面粗糙度(Ra)宜小于 10 μm，材料表面能宜大于 40 dyn/cm。

A.2 适合标签粘贴的表面

标签宜粘贴在如下表面：油漆面、清漆面、电泳漆面、聚酰胺、丙烯腈-丁二烯-苯乙烯共聚合物(ABS 塑料)、硬质聚氯乙烯、金属表面等。

A.3 不适合标签粘贴的表面

标签不宜粘贴在高粗糙度表面，如：仪表板(IP 面板)皮纹面、发动机罩盖磨砂表面等。

标签不宜粘贴在低表面能材料表面，如：三元乙丙橡胶(EPDM)、聚丙烯/三元乙丙橡胶共混材料(PP/EPDM)、聚丙烯、软质聚氯乙烯、碳纤维材料(使用脱模剂)、使用大量增塑剂的非金属材料等。

ICS 77.040
H 21

中华人民共和国国家标准

GB/T 26068—2018
代替 GB/T 26068—2010

硅片和硅锭载流子复合寿命的测试 非接触微波反射光电导衰减法

Test method for carrier recombination lifetime in silicon wafers and silicon ingots—Non-contact measurement of photoconductivity decay by microwave reflectance method

2018-12-28 发布　　　　2019-11-01 实施

国家市场监督管理总局
中国国家标准化管理委员会　发布

前　言

本标准按照 GB/T 1.1—2009 给出的规则起草。

本标准代替 GB/T 26068—2010《硅片载流子复合寿命的无接触微波反射光电导衰减测试方法》。本标准与 GB/T 26068—2010 相比，除编辑性修改外，主要技术变化如下：

——将标准名称《硅片载流子复合寿命的无接触微波反射光电导衰减测试方法》改为《硅片和硅锭载流子复合寿命的测试　非接触微波反射光电导衰减法》；

——增加了使用微波反射光电导衰减法测试单晶硅锭和铸造多晶硅片、硅锭载流子复合寿命的内容（见第 1 章、9.2）；

——将范围中测试样品的室温电阻率下限由“0.05 Ω · cm～1 Ω · cm”改为“0.05 Ω · cm～10 Ω · cm”，载流子复合寿命的测试范围由“0.25 μs 到＞1 ms”改为“＞0.1 μs”，删除了 2010 年版的 1.3（见第 1 章，2010 年版的 1.2、1.3）；

——规范性引用文件中增加了 GB/T 1551，删除了 GB/T 1552、SEMI MF1388、SEMI MF1530，删除了 GB/T 1553—2009、YS/T 679—2008 中的年代号，增加了 GB/T 11446.1 的年代号 2013（见第 2 章，2010 年版的第 2 章）；

——修改了术语注入水平、复合寿命、表面复合速率、体复合寿命和 1/e 寿命的定义（见第 3 章，2010 年版的第 3 章）；

——将 2010 年版 1/e 寿命定义的部分内容调整到干扰因素 5.16，1/e 寿命定义的注调整为干扰因素 5.13（见 5.10、5.17，2010 年版的 3.6）；

——增加了“载流子的扩散长度小于硅片厚度的 0.1 倍时，可以考虑不处理样品表面，直接检测”，表面处理方法增加了“表面持续电晕充电”（见 5.1）；

——增加了推荐的测试温度以及湿度、小信号条件、载流子陷阱或耗尽区、测试点距边缘距离对测试结果的影响（见 5.5、5.6、5.9、5.18、5.20）；

——将 2010 年版的 7.1 部分调整到 5.19（见 5.19，2010 年版的 7.1）；

——增加了“薄膜、薄层、薄硅片或者其他材料的波长段的使用需经相关部门或组织测试认定”（见 6.2）；

——增加了“如果硅片厚度小于 150 μm，宜使用非金属硅片支架托”（见 6.5）；

——修改水的要求为“满足 GB/T 11446.1—2013 中 EW-Ⅲ级或更优级别要求（见 7.1，2010 年版的 7.2）；

——明确了碘、无水乙醇、氢氟酸、硝酸的纯度级别（见 7.2、7.3、7.4、7.5）；

——删除了关于取样的内容（见 2010 年版的 8.1）；

——样品制备增加了“需要通过机械研磨和化学机械抛光或只通过化学抛光去除样品表面的残留损伤后”（见 8.2）；

——明确了硅片氧化处理的具体操作方式[见 8.2a)，2010 年版 8.4.1]；

——样品制备中增加了“硅片表面持续电晕充电”的表面处理方法[见 8.2c)]；

——删除了关于钝化之前用氢氟酸腐蚀掉样品表面氧化物的腐蚀时间的内容（见 2010 年版的 8.4.2.1）；

——硅片测试步骤中增加了“如果需要，记录并使用 9.1.1 中正、背面的状态”和“使用合适的波长，记录所使用的激光波长和脉冲光斑大小”（见 9.1.3，9.1.5）；

——根据试验情况修订了精密度（见第 10 章，2010 年版第 11 章）；

——增加了资料性附录E,并将2010年版8.3部分调整为附录E的E.3(见附录E,2010年版的8.3)。

本标准由全国半导体设备和材料标准化技术委员会(SAC/TC 203)与全国半导体设备和材料标准化技术委员会材料分会(SAC/TC 203/SC 2)共同提出并归口。

本标准起草单位:有研半导体材料有限公司、瑟米莱伯贸易(上海)有限公司、中国计量科学研究院、浙江省硅材料质量检验中心、广州市昆德科技有限公司、江苏协鑫硅材料科技发展有限公司、天津市环欧半导体材料技术有限公司、北京合能阳光新能源技术有限公司。

本标准主要起草人:曹孜、孙燕、黄黎、赵而敬、徐红骞、高英、石宇、楼春兰、王昕、张雪囡、林清香、刘卓、肖宗杰。

本标准所代替标准的历次版本发布情况为:

——GB/T 26068—2010。

硅片和硅锭载流子复合寿命的测试
非接触微波反射光电导衰减法

1 范围

本标准规定了单晶和铸造多晶的硅片及硅锭的载流子复合寿命的非接触微波反射光电导衰减测试方法。

本标准适用于硅锭和经过抛光处理的 n 型或 p 型硅片(当硅片厚度大于 1 mm 时,通常称为硅块)载流子复合寿命的测试。在电导率检测系统灵敏度足够的条件下,本标准也可用于测试切割或经过研磨、腐蚀的硅片的载流子复合寿命。通常,被测样品的室温电阻率下限在 0.05 Ω·cm~10 Ω·cm 之间,由检测系统灵敏度的极限确定。载流子复合寿命的测试范围为大于 0.1 μs,可测的最短寿命值取决于光源的关断特性及衰减信号测定器的采样频率,最长可测值取决于样品的几何条件及其表面的钝化程度。

2 规范性引用文件

下列文件对于本文件的应用是必不可少的。凡是注日期的引用文件,仅注日期的版本适用于本文件。凡是不注日期的引用文件,其最新版本(包括所有的修改单)适用于本文件。

GB/T 1550 非本征半导体材料导电类型测试方法

GB/T 1551 硅单晶电阻率测定方法

GB/T 1553 硅和锗体内少数载流子寿命测定 光电导衰减法

GB/T 6616 半导体硅片电阻率及硅薄膜薄层电阻测试方法 非接触涡流法

GB/T 6618 硅片厚度和总厚度变化测试方法

GB/T 11446.1—2013 电子级水

GB/T 13389 掺硼掺磷掺砷硅单晶电阻率与掺杂剂浓度换算规程

GB/T 14264 半导体材料术语

YS/T 679 非本征半导体中少数载流子扩散长度的稳态表面光电压测试方法

SEMI MF978 半导体深能级的瞬态电容测试方法(Test method for characterizing semiconductor deep levels by transient capacitance techniques)

3 术语和定义

GB/T 14264 界定的以及下列术语和定义适用于本文件。

3.1

注入水平 injection level

η

在非本征半导体晶体或晶片内,由光子或其他手段产生的过剩载流子浓度与多数载流子的平衡浓度之比。

注:注入水平与激发脉冲停止后立即产生的初始过剩载流子浓度有关。

3.2

复合寿命　recombination lifetime

在均匀半导体内空穴-电子对的产生和复合的平均时间间隔。

3.3

表面复合速率　surface recombination velocity

过剩少数载流子在半导体晶体或晶片表面处的复合量度。由流向表面的空穴(电子)电流与空穴(电子)电荷和表面处空穴(电子)浓度乘积之比得出。

3.4

体复合寿命　bulk recombination lifetime

τ_b

在空穴-电子对表面复合可以忽略不计的情况下,只是通过晶体内杂质和缺陷的复合作用所决定的复合寿命。

3.5

基本模式寿命　primary mode lifetime

τ_1

衰减曲线上满足指数衰减部分的时间常数。

注 1:基本模式寿命受材料基体和表面性质的影响。

注 2:基本模式寿命开始的起点是由计算机系统确认衰减曲线满足指数衰减后计算出的。

3.6

1/e 寿命　1/e　lifetime

τ_e

从激光脉冲注入的结束到微波衰减信号降到初始信号的 1/e 时的持续时间。

4　方法原理

4.1　本方法通过微波反射信号监测由于光脉冲激发样品产生过剩载流子引起的电导率的衰减,从而测试过剩载流子的复合情况。即用特定功率密度(注入水平)且能量略大于禁带宽度的短脉冲光使样品瞬间局部产生过剩的空穴-电子对。光脉冲终止后,通过微波反射方法监控电导率的衰减,进而获得体复合寿命、基本模式寿命和 1/e 寿命。

4.2　使用窄束光源在样品表面不同区域进行重复测试,以获得载流子复合寿命的分布图。

4.3　为了获得复合中心更详细的信息,可以在特定参数如注入水平或温度的不同数值下,进行重复测试。

4.4　本方法是非破坏性、非接触的。在测试后,如果样品的清洁度保持良好,可对其进行后续的工艺操作。

5　干扰因素

5.1　样品的表面状况以及如何处理样品会影响测试结果。当载流子的扩散长度不大于硅片厚度的 0.1 倍时,可以考虑不处理硅片表面,直接检测。当载流子的扩散长度大于硅片厚度的 0.1 倍时,为了获得体复合寿命,应通过钝化、热氧化或者表面持续电晕充电的方法来消除硅片表面复合所产生的影响。使用钝化液的处理方法,应确保获得稳定的表面以保证测试结果的可靠性。采用热氧化的方法,特别是高氧含量的硅片，氧化时可能在硅片体内形成氧化物沉淀。这类沉淀物的存在会改变硅片的复合特性，使得该硅片不再适合采用本方法来测试。另外，在热氧化过程需要特别注意外来的沾污可能会造成测试寿命的大幅下降。在某些情况下，如外吸杂硅片，使用本方法测试可能得出错误的载流子复合寿命值。对这类硅片的测试结果是否有效，需要进行研究和论证。

5.2 在测试载流子复合寿命时，理想情况下，若能消除表面复合的影响，得到的将是体复合寿命 τ_b，但通常完全抑制表面复合是很困难的。在大多数情况下，寿命测试都是在未做过表面钝化或表面钝化是否完善未被证实的情况下进行的。因此，1/e 寿命 τ_e 和基本模式寿命 τ_1 两个不依赖表面钝化状态影响的参数将被本标准采纳。

5.3 本方法不适于检测非常薄的硅薄膜的载流子复合特性。如果样品的厚度接近或小于入射辐射的吸收系数的倒数时，衰减曲线可能会由于额外载流子产生过程的空间相关性而扭曲。

5.4 在硅片表面垂直方向上载流子复合特性的变化可导致体复合寿命测试的不正确。导致这种变化的原因可能是：

a) 存在平行于表面的 p-n 结或高-低(p-p+或 n-n+)结；

b) 存在不同复合特性的区域(例如硅片上有氧沉淀和没有这种沉淀的表面洁净区)。

5.5 温度对载流子复合寿命的影响主要体现在载流子迁移率和杂质能级随温度的变化。这些变化都会对测试产生影响，建议测试温度控制在 18 ℃～25 ℃，对于电子级材料的测试宜控制到更窄范围。硅中杂质的复合特性和温度密切相关，如果需要对比测试结果(比如，在一个工艺过程之前和之后，或在供需方之间)，应在相同温度下进行测试。

5.6 在测试的两个主要阶段，激光注入及探测微波反射信号的过程中，湿度的变化不会产生影响，因此，湿度不作为载流子复合寿命测试的干扰因素。

5.7 光注入高次模的衰减会影响衰减曲线的形状，特别是在其早期阶段[1]。在高次模消失之后进行测试可将此效应减至最小(在衰减信号最大值的 50%以下开始)。

5.8 初始注入水平也对寿命测试值有影响。初始注入水平足够低，测试的寿命不会被注入水平影响。但是为了提高信噪比(S/N)常采用高的注入水平，因此在衰减的初始阶段，注入水平可能会影响测试寿命，本测试方法仍然被允许使用。注入水平[2]的相关内容参见附录 A、附录 B，低注入水平下测试的载流子复合寿命与温度的关系[3]参见附录 C。

5.9 小信号条件经常被描述成低水平注入条件。在这种情况下，当注入脉冲停止后，过剩载流子呈指数衰减。但即使不是低水平注入，在注入脉冲停止后，衰减的曲线形状仍然会随着时间变化，并且通过这部分衰减曲线测试载流子复合寿命。在这部分衰减曲线里，过剩载流子浓度少于多数载流子平衡浓度。因此，这部分衰减曲线可近似认为是指数衰减以及具备小信号条件。

5.10 根据光激发水平，按本方法测试的载流子复合寿命可能是少数载流子寿命(低注入水平)或少数载流子和多数载流子的混合寿命(中、高注入水平)。在中、高注入水平下，若假定样品中只含有单一复合中心，则根据 Shockley-Read-Hall 模型(应用于小浓度复合中心的情况)进行分析，在某些情况下，可以区分少数载流子寿命和多数载流了寿命。

5.11 杂质中心的复合特性依赖于掺杂剂的类型和浓度，以及杂质中心能级在禁带中的位置(参见附录 D,D.2)。不同的杂质中心有不同的复合特征。因此，如果在样品中存在不止一种类型的复合中心，衰减可能是两个或多个时间常数的作用所组成。这样衰减曲线得出的复合寿命不能代表任何单一的复合中心。

5.12 通过本方法得到的数据进行分析，进而辨别杂质中心的形成机理和本质仅在非常有限的条件下对个别杂质适用，单从载流子复合寿命的测试中可得到的此方面的某些信息在附录 B、附录 C 中讨论。

通过对复合寿命进行测试,识别样品中的杂质中心及浓度,通常可使用更可靠的 SEMI MF978 中的方法,或者在沾污类型已知时,利用其他电容或电流瞬态谱技术[4]。

5.13 影响载流子复合寿命的金属杂质可在各道工艺中被引入到样品中,特别是那些涉及高温处理的过程。分析工艺过程以检查沾污源不在本方法范围内。

5.14 在某些情况下,例如非常快的双极开关器件和高功率器件,为获得所需的器件性能应仔细控制复合特性。但是对于当今大多数电子级硅片,只需要通过控制过程来保证这些杂质不出现。虽然本方法测试的载流子复合寿命是样品内所有杂质、缺陷等因素的综合反映,但是在非常有限的条件下,某些个别的杂质种类能被识别出来(参见附录 B 和附录 C)。

5.15 大尺寸样品的载流子复合寿命可按 GB/T 1553 中的方法进行测试。这些测试方法,都是基于光电导衰减(PCD)测试法,需在样品表面制备电接触。另外,若样品所有表面都具有很快的复合速率,测试寿命的上限由样品的尺寸决定。少数载流子寿命也可按照 YS/T 679 中的表面光电压(SPV)法测试得到的载流子扩散长度推算得到。

5.16 在低注入水平的情况下进行测试,SPV 法和 PCD 法在一定条件下将得到相同的少数载流子寿命[5]。这首先应没有载流子陷阱产生,其次应采用正确的吸收系数和少数载流子迁移率用来进行 SPV 测试分析,再者在进行 PCD 法测试时,应消除表面复合的影响(如按本标准规定的方法),或者做出适当的评估(如在 GB/T 1553 规定的方法中)。产生寿命是半导体材料的另一个瞬态特性,其通常比复合寿命要大几个数量级。虽然 SEMI MF1388[24]包含硅片产生寿命的测试方法,但需在高于 70 ℃条件下使用相同的 MOS 电容结构,通过其电容-时间的测试推导出复合寿命[6]。

5.17 1/e 寿命与注入水平和激光透入深度有关,并强烈的受到表面条件的影响,因为在刚注入之后,过剩载流子分布在表面附近,另一方面,在衰减曲线的初始阶段,由于信噪比好且数据分析简单,1/e 寿命 τ_e的测试是快速易行的。

5.18 载流子陷阱或者耗尽区会影响衰减时间的测试。

5.19 化学试剂的纯度可能会对测试结果造成影响。

5.20 考虑到在样品边缘处光斑范围及其样品边缘损伤的影响,建议测试点距离边缘大于 5 mm。

5.21 因为复合中心的浓度在样品中的分布一般是不均匀的,所以在测试复合寿命时应对样品进行多点测试,测试点的密度及在样品上的位置应由测试相关各方协商一致。

6 仪器设备

6.1 总则

载流子复合寿命的测试设备一般由脉冲光源、光子监测器、微波采样系统、样品台、衰减信号分析系统和计算机系统组成,如图 1 所示。

6.2 脉冲光源

建议选取波长在 0.9 μm～1.1 μm 之间的激光二极管,薄膜、薄层、薄硅片或者其他材料的波长段的使用需经相关部门或组织测试后确定认定。光源输出功率可调,脉冲作用期间在样品表面产生的光子密度为 2.5×10^{10}个/cm²～2.5×10^{15}个/cm²。脉冲宽度≤200 ns,上升沿和下降沿≤25 ns,脉冲光源的上升沿、下降沿和信号调节器的采样时间应不大于待测寿命最小值的 0.1 倍。

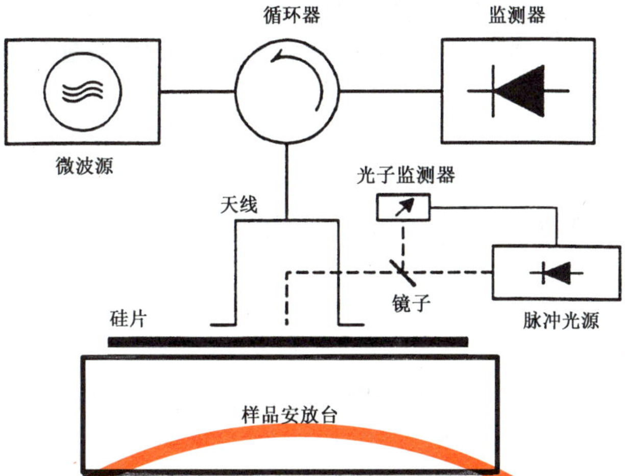

图 1　测试设备示意图

6.3　光子监测器

采用适当的方法，如在光路上放置一个45°角半透镜和一个硅光子监测器，提供反馈控制使激光功率维持在符合规定注入标准的恒定水平上。

6.4　微波采样系统

微波采样系统包括一个标称工作频率为10 GHz±0.5 GHz的微波源及一个测量反射功率的设备，如循环器、天线及监测器（见图1）。探测系统的灵敏度应尽可能大，以便测试低注入水平下的光电导衰减。

6.5　样品台

将样品固定（如用真空吸牢）在脉冲光源下所需的位置。样品台可装一个加热器以便在高于室温的一个小的温度范围内控制其温度。该样品台可由计算机控制的马达驱动，提供 x-y 或者 r-θ 方式的动作，以实现在整个样品表面的扫描功能。另外可配置自动装片及传输装置，以便于依次测试一组样品。如果硅片厚度小于150 μm，宜使用非金属支架托。

6.6　衰减信号分析系统

衰减信号分析系统应有适当的信号调节器和显示单元（比如时间扫描和信号灵敏度都适用的真实或虚拟示波器）。信号调节器带宽应不小于40 MHz，或最小采样时间不大于25 ns。显示单元应具有精度和线性都优于3%的连续刻度的时间基准。系统应能独立确定使用者选定的衰减信号部分的时间常数。

6.7　计算机系统

虽然可以手动进行测试，但推荐采用匹配的计算机系统控制样品的装载、样品台驱动、脉冲和监测器的运作、衰减信号分析、数据统计分析、数据记录、存储以及打印和绘制结果。

6.8　腐蚀和钝化设施

测试前，如需对样品表面进行腐蚀和钝化，可采用下列设施：

a）　化学处理设施：具备有防酸水槽的通风橱，能够在室温下盛放氢氟酸等液体化学试剂的烧杯或其他容器，及适用于所用化学试剂的防护用品；

b) 氧化钝化设施：可在 950 ℃～1 050 ℃温度下进行高质量干氧氧化的清洁炉子，及相关的样品清洗、干燥和传输设备。

6.9 样品容器

必要时，需要平整的、化学性质不活泼的、光学透明的容器，用于盛放样品或钝化液等。

7 试剂

7.1 水：推荐使用满足 GB/T 11446.1—2013 中 EW-Ⅲ级或更优级别要求的水。

7.2 碘(I_2)：w(质量分数)＞99.8%，优级纯及以上。

7.3 无水乙醇(CH_3CH_2OH)：w(质量分数)≥99.9%，优级纯及以上。

7.4 氢氟酸(HF)：w(质量分数)为 49.00%±0.25%，优级纯及以上。

7.5 硝酸(HNO_3)：w(质量分数)为 70.0%～71.0%，优级纯及以上。

7.6 碘-乙醇钝化溶液：碘含量为 0.02 mol/L～0.2 mol/L。

注：其他的钝化溶液若可以获得稳定的表面，且能够将样品表面载流子复合速率降低到不再干扰体复合寿命的程度，则也可使用。

7.7 化学抛光腐蚀溶液：硝酸：氢氟酸＝95：5(体积比)混合液。

7.8 腐蚀去除样品表面氧化层的氢氟酸溶液：氢氟酸：纯水＝4：96(体积比)混合液。

8 样品

8.1 对待测样品的处理过程取决于其表面状态及对体复合寿命 τ_b 的预期值。

8.2 如果样品体复合寿命 τ_b 不大于表面复合寿命 τ_s 的 1/10，则无需对待测样品进行处理，可精确测试的最大体复合寿命约为表面复合寿命的 1/10。表面复合寿命的相关内容参见附录 E。如果样品体复合寿命 τ_b 大于表面复合寿命 τ_s 的 1/10，在进行测试之前，采用确保获得稳定、可重复测量结果的钝化技术是关键，需通过机械研磨和化学机械抛光或只通过化学抛光去除样品表面的残留损伤后，再参考下列方法之一对样品表面进行处理，以满足 $0.1\tau_s \geq \tau_b$ 的条件：

a) 钝化：将样品置于碘-乙醇钝化溶液(见 7.6)或其他可选择的钝化溶液中做预处理。然后将样品封存在小塑料袋或其他含有足够钝化溶液的容器中，使得在测试进行时，有一层钝化液薄膜覆盖在样品表面；

b) 氧化：将硅片清洗干燥后，放入干氧氧化的清洁炉子中。温度控制在 950 ℃～1 050 ℃，得到具有厚度大于 100 nm 的高质量干氧热氧化膜的硅片样品；

注：长有热氧化层或通过化学溶液钝化的抛光面的复合速率将大大降低。例如长有高质量氧化层的硅片的表面复合速率可低至 1.5 cm/s～2.5 cm/s，而通过氢氟酸去除氧化层之后表面复合速率能低至 0.25 cm/s[7]。参考文献[7]也略述了确定表面复合速率的测试方法。碘-乙醇钝化溶液浸泡可将无氧化层的抛光面的表面复合速率降至 10 cm/s 以下。在参考文献[8]中介绍了多种界面态密度(D_{it})测量技术，但这些技术还未标准化。

c) 硅片表面持续电晕充电：在测试具有自然氧化层的抛光裸片时，为了获得 0.5 ms～1 ms 载流子衰减寿命，需要在硅片两面进行表面原位电晕充电。图 2 显示了对于一组具有不同体复合寿命的 p 型氧化硅片，电晕充电量对衰减时间的影响。衰减时间为沉积电荷量的函数关系，当沉积正电荷或负电荷增大，衰减时间相应增加并接近常量，在这种情况下，表面复合的影响可以忽略不计。

8.3 如果样品表面被氧化过，先用稀氢氟酸腐蚀掉氧化物后再用碘-乙醇钝化溶液或其他可选的钝化溶液进行钝化。腐蚀时间依据氧化层厚度而定，应确保氧化层完全去除。

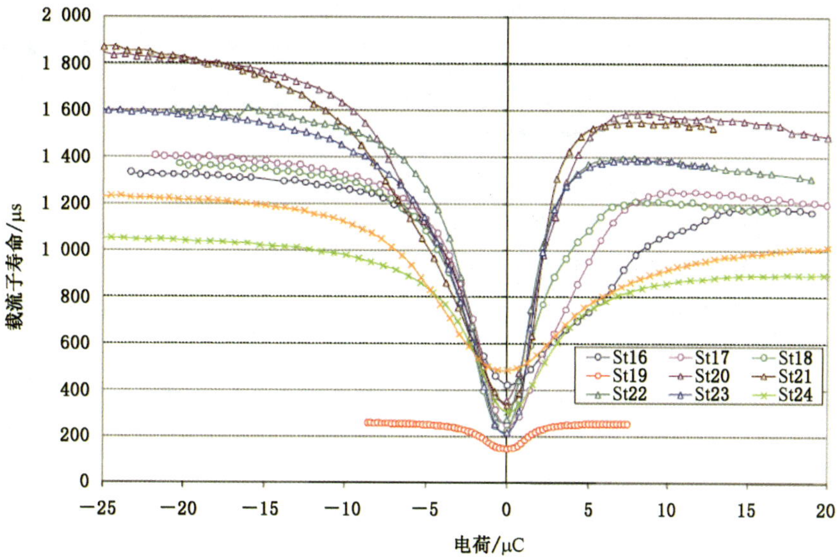

图 2　不同体复合寿命的 p 型氧化硅片表面沉积电荷量和载流子寿命函数关系图

8.4　经各测试相关方协商同意，可以使用其他表面钝化方法，并验证其结果具有可比性。

9　测试步骤

9.1　硅片

9.1.1　依据 GB/T 1550 测试硅片的导电类型，依据 GB/T 6618 测量硅片中心点厚度，依据 GB/T 1551 或 GB/T 6616 测试硅片的中心点电阻率。依据 GB/T 13389 将电阻率换算成多数载流子浓度(n_{maj})。记录数据和样片的标称直径及正、背面的状态(抛光、腐蚀、研磨、切割等)。

9.1.2　记录测试温度。如果样品台具有温控系统，则记录样品台表面温度。

9.1.3　如果需要，记录并使用 9.1.1 中的正、背面的状态。

9.1.4　将样片置于样品台上，使脉冲光能照射到待测的区域。

9.1.5　打开脉冲激光光源开关，使用合适的波长，记录所使用的激光波长和脉冲光斑大小。

9.1.6　调节光强 Φ_1，使注入水平 η 达到所需值。

注：如未规定注入水平，宜将其设为小于 1。如果注入水平可精确测量并记录，则可采用较高的注入水平。较高的注入水平通常会有较好的信噪比。如果设备不能自动调节注入水平，可参照附录 A 对其进行设定。

9.1.7　打开微波源电源，在显示设备上观察光电导衰减，调整时间及电压值的显示范围以便能观察到所需的衰减信号部分。

9.1.8　分析衰减曲线，确认所选范围内的衰减信号符合指数衰减模式，通过将指数曲线拟合到电压 V 与时间 t 的函数曲线上，或在手动数据采集时，将一条直线拟合到 $\ln V$ 与 t 的函数曲线上，从而测定时间常数。

9.1.9　从记录下的衰减曲线，即光注入后反射微波功率的变化曲线可计算出寿命，见图 3，该曲线即是光注入后反射微波功率 V 的变化。测试一次衰减曲线即有可能得到寿命测试值，但如果信噪比不太高，建议进行重复测试并取平均。具体如下：

a)　基本模式寿命或者基本模式衰减时间 τ_1：通常可将衰减曲线上满足指数衰减部分的时间常数作为基本模式的复合寿命。如果反射功率在 t(时间)$=t_A$时为 V_A，在 $t=t_B$时指数性地衰减到 $V_B=V_A/\mathrm{e}$，则 $\tau_1=t_B-t_A$。或者，计算 t_2-t_1，记 t_1 为反射功率衰减到峰值 1/e 的时刻，t_2 为反

射功率衰减到峰值 $1/e^2$ 的时刻，如果从 t_1 到 t_2 的这段时间内衰减曲线与指数曲线的偏离并不大，则可以将 t_2-t_1 视为 τ_1（见图 3）；

b) 体复合寿命 τ_b：如果样片表面已按 8.2 的方法进行了减小表面复合速率处理，从衰减曲线的指数部分可计算时间常数。在没有相反的迹象时，利用峰值电压 V_0 的 5%～45%范围内的衰减信号进行计算。计算方法与基本模式寿命的情况相同；

c) 1/e 寿命 τ_e：将 t_1 和 t_0 之间的间隔计算为 1/e 寿命，其中 t_0 为过剩载流子被光脉冲注入到样品的时刻，t_1 为反射功率衰减到峰值的 1/e 的时刻（见图 3）。

9.1.10 记录测试复合寿命所选取的计算方法和数值。

9.1.11 如有需要，移动样片位置，重复 9.1.7～9.1.9 的测试，以获得该样品复合寿命的分布图，注明所测点的间距、模型及分布区域的半径。

9.1.12 如有需要，在不同温度下，在相同位置重复 9.1.2、9.1.7～9.1.9 的测试，或不同注入水平下，在同一位置重复 9.1.6～9.1.9 的测试。

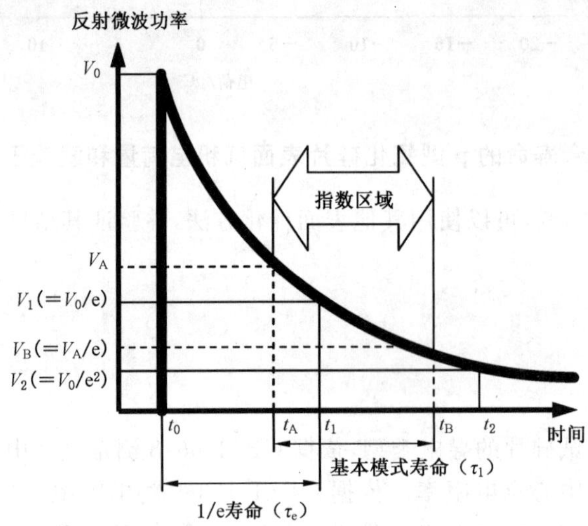

图 3 反射微波功率衰减曲线和复合寿命关系

9.2 硅锭

9.2.1 依据 GB/T 1550 测试硅锭的导电类型，依据 GB/T 1551 或 GB/T 6616 使用二探针法测试硅锭的电阻率，并记录。

9.2.2 记录测试温度。如果样品台具有温控系统，则记录样品台表面温度。

9.2.3 记录所使用的激光波长和脉冲光斑大小。

9.2.4 将硅锭置于样品台上，使脉冲光能照射到待测的区域。

9.2.5 打开脉冲激光光源开关，使用合适的波长，记录所使用的激光波长和脉冲光斑大小。

9.2.6 调整或检测入射脉冲照度水平，获得足够好的信噪比，记录数值。

9.2.7 打开微波源电源，在显示设备上观察光电导衰减，调整时间及电压值的显示范围以便能观察到所需的衰减信号部分。

9.2.8 分析合适的衰减曲线，确认所选范围内的衰减信号符合指数衰减模式，获得基本模式寿命 τ_1，并记录。如果反射功率在 $t=t_A$ 时为 V_A，在 $t=t_B$ 时指数性地衰减到 V_B，$V_B=V_A/e$，则 $\tau_1=t_B-t_A$。若记 t_1 为反射功率衰减到峰值 1/e 的时刻，t_2 为反射功率衰减到峰值 $1/e^2$ 的时刻，如果从 t_1 到 t_2 的这段时间内衰减曲线与指数曲线的偏离并不大，则可以将 t_2-t_1 视为 τ_1。测试一次衰减曲线即有可能得到寿命测试值，但如果信噪比不太高，建议进行重复测试并取平均。

9.2.9 如有需要，移动样品位置，重复9.2.7～9.2.8的测试，以获得该样品复合寿命的分布图，注明所测点的间距、模型及分布区域的半径。

9.2.10 如有需要，在不同温度下，在同一位置重复9.2.2、9.2.5～9.2.8的测试，或不同注入水平下，在同一位置重复9.2.5～9.2.8的测试。

10 精密度

10.1 选择3片硅单晶抛光片测试载流子复合寿命，电阻率分别为7.070 Ω·cm、7.377 Ω·cm、8.278 Ω·cm，硅片厚度分别为631.84 μm、629.23 μm、629.80 μm，载流子复合寿命范围为10.14 μs～13.12 μs。样片表面未经任何处理，选择6个不同实验室进行巡回测试，所用测试设备为相同厂家制造的不同型号设备，每个样片测试5次。测试结果显示，各实验室每个样片使用同一设备测试的相对标准偏差在1%内的占91.7%，在不区分实验室和设备型号情况下，每个样片的测试相对标准偏差均不大于6.83%。

10.2 选择3片硅单晶抛光片测试载流子复合寿命，电阻率分别为6.708 Ω·cm、9.344 Ω·cm、54.73 Ω·cm，硅片厚度分别为608.51 μm、619.40 μm、704.89 μm，载流子复合寿命范围在12.05 μs～494.11 μs。样片表面进行氧化处理，选择3个实验室进行巡回测试，所用测试设备为不同厂家制造的不同型号设备，每个样片测试5次。测试结果显示，各实验室每个样片使用同一设备测试的相对标准偏差在3.75%内的占93.3%，在不区分实验室和设备型号的情况下，每个样片的测试相对标准偏差均不大于12.19%。

10.3 选择3片铸造多晶硅片测试载流子复合寿命，电阻率分别为1.404 Ω·cm、1.511 Ω·cm、3.500 Ω·cm，硅片厚度分别为2 154 μm、1 656 μm、1 058 μm，载流子复合寿命范围为3.62 μs～8.82 μs。样片表面未经任何处理，选择4个实验室进行巡回测试，所用测试设备为相同厂家制造的不同型号设备，每个样片测试5次。测试结果显示，各实验室每个样片使用同一设备测试的相对标准偏差在1.5%内的占93.3%，在不区分实验室和设备型号情况下，每个样片的测试相对标准偏差均不大于22.0%。

10.4 SEMI MF1535-1015[25]中关于精密度的介绍参见附录F。

11 试验报告

11.1 试验报告应包括以下内容：

a) 测试的日期和地点；
b) 仪器的型号和序号，如为计算机控制，应注明软件版本；
c) 确定时间常数的衰减曲线部分；
d) 注入水平；
e) 所用的表面钝化工艺；
f) 载流子复合寿命，应说明所测寿命是τ_e或τ_1；
g) 如果在几个不同的注入水平下进行测试，应报告每个注入水平时的寿命；
h) 本标准编号；
i) 其他与本标准不一致的内容。

11.2 如果需要，试验报告中应给出测试样品的信息，包括识别标记、电阻率、硅片中心点厚度、导电类型、表面状态(正面和背面)以及外观尺寸；若对测试样品的载流子复合寿命作图，除了载流子复合寿命分布图外还应报告测试点间距、测试点分布以及分布图区域的半径；若在特定的或多个温度下进行测试，应报告每次测试的温度。

附 录 A
(资料性附录)
注入水平的修正

A.1 如果样品被氧化,且氧化层厚度未知,采用测试各方都接受的方法进行测量或估计,并记录其厚度。通过图 A.1 虚线确定并记录入射光穿过氧化层被样品吸收的比率。

注:计算时假定入射光波长 λ 为 905 nm,硅的折射率取 3.610,SiO_2 的折射率取 1.462。最大吸收发生在氧化层厚度 $d=(2n+1)\lambda/4$,最小吸收发生在 $d=n\lambda/2$,$n=0,1,2,\cdots\cdots$。当入射光波长 λ_1 不等于 905 nm,要用氧化层有效厚度 $d_0=905d_1/\lambda$ 使用这些曲线求相对强度,其中 d_1 为氧化层实际厚度。

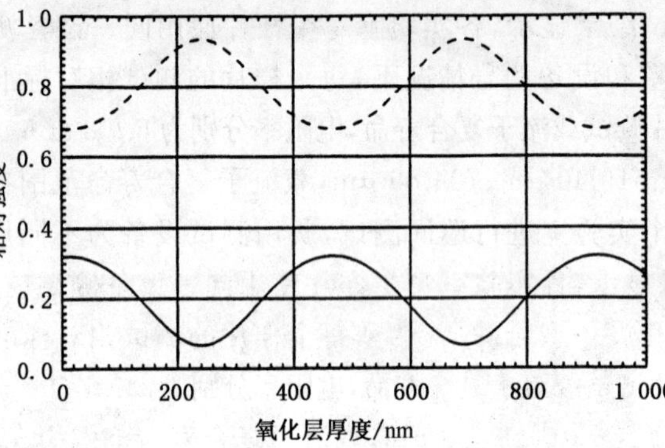

图 A.1 硅片上入射光的反射部分(实线)或吸收部分(虚线)的比率

A.2 调整光源强度,使脉冲作用期间样品吸收的光子密度 ϕ 等于 $\eta\times n_{maj}$。其中 η 是所需的注入水平,n_{maj} 是依据电阻率换算成的多数载流子浓度。光子密度 ϕ 由式(A.1)计算出:

$$\phi=\frac{f\int_0^{t_p}\phi_I\mathrm{d}t}{L}=\frac{f\Phi_I}{L} \qquad \cdots\cdots(A.1)$$

式中:

ϕ ——光子密度,单位为光子数每立方厘米(光子数/cm^3);

f ——从图 3 求出的吸收部分的比率;

ϕ_I ——入射光强,单位为光子数每平方厘米秒[光子数/($cm^2\cdot s$)];

t_p ——光脉冲长度,单位为秒(s);

Φ_I ——每次脉冲时的光密度,单位为光子数每平方厘米(光子数/cm^2);

L ——样品厚度,单位为厘米(cm)。

示例:

Φ_I 设定为 5×10^{13}(1±20%)光子数/(cm^2),对 1 mm 厚的硅片,相当于 ϕ 为 10^{14} 光子数/cm^3 数量级。以电阻率 10 Ω·cm 的硅片为例,多数载流子浓度约为 $10^{15}/cm^3$,因此 η 变成 0.1 数量级。在测试电阻率低于 1 Ω·cm 的硅片时也可采用较高的入射光强。

附 录 B
（资料性附录）
注入水平的相关探讨

B.1 载流子复合寿命与少数载流子寿命通常是相关的。如果复合寿命是在低注入水平时测定的，即 η（过剩光生载流子浓度与平衡多数载流子浓度之比）远小于 1，同时其他某些条件也满足（参见附录 C 和附录 D），则这种相关性是正确的。当 $\eta \ll 1$ 时，低注入（小信号）载流子复合寿命值与 η 的数值无关。但在本方法中，要在低注入水平范围内进行测试，常常是不可能也不方便的。在这种情况下测得的复合寿命是注入水平的函数。

B.2 半导体中载流子通过缺陷中心复合的基本模型，是由 Hall[9] 及由 Shockley 和 Read[10] 各自独立推出的。此模型由 Blakemore 进行了详尽的讨论[11]。在 Shockley-Read-Hall（S-R-H）模型中，假定半导体的掺杂水平不太高，没有使半导体产生简并，而且缺陷中心浓度与多数载流子浓度相比很小。

B.3 参阅 Blakemore 的文章，可获得比本附录更全面的论述，包括 S-R-H 载流子寿命表达式（式 B.1）的推导及费米能级对小信号复合寿命影响的讨论。此外，Blakemore 还讨论了当缺陷中心浓度相对于多数载流子浓度并不小[12]，及存在载流子陷阱[13]的情况引起的复杂性。

B.4 对于本方法要测试的样品，构成 S-R-H 模型基础的两个假定通常是合适的。在这两个假定下，过剩电子的浓度（n_e）与过剩空穴的浓度（n_p）相等，并且通过位于禁带中能级为 ε_T 的缺陷中心复合的电子寿命（τ_n）与空穴寿命（τ_p）相等。载流子寿命可表示为式（B.1）：

$$\tau = \tau_n = \tau_p = \frac{\tau_{n0}(p_0 + p_1 + n_e) + \tau_{p0}(n_0 + n_1 + n_e)}{(n_0 + p_0 + n_e)} \qquad \cdots\cdots(\text{B.1})$$

式中：

τ_{n0}——被填充的缺陷中心俘获电子的时间常数，单位微秒（μs）；

p_0——非简并半导体中空穴的平衡浓度，单位为个每立方厘米（个/cm^3）；

p_1——费米能级 $\varepsilon_F = \varepsilon_T$ 时，非简并半导体中空穴的浓度，单位为个每立方厘米（个/cm^3）；

τ_{p0}——已被填充的缺陷中心俘获空穴的时间常数，单位微秒（μs）；

n_0——非简并半导体中电子的平衡浓度，单位为个每立方厘米（个/cm^3）；

n_1——费米能级 $\varepsilon_F = \varepsilon_T$ 时，非简并半导体中电子的浓度，单位为个每立方厘米（个/cm^3）。

B.5 在低注入范围内，n_e 可以忽略，式（B.1）简化为小信号复合寿命 τ_0，见式（B.2）：

$$\tau_0 = \tau_{n0}\frac{(p_0 + p_1)}{(p_0 + n_0)} + \tau_{p0}\frac{(n_0 + n_1)}{(n_0 + p_0)} \qquad \cdots\cdots(\text{B.2})$$

另一方面，在高注入范围内，n_e 是主要项，复合寿命变成式（B.3）：

$$\tau_\infty = \tau_{n0} + \tau_{p0} \qquad \cdots\cdots(\text{B.3})$$

中等注入时，复合寿命可由 τ_0 和 τ_∞ 联合表示，见式（B.4）：

$$\tau = \frac{(n_0 + p_0)\tau_0 + n_e\tau_\infty}{(n_0 + p_0 + n_e)} = \frac{\tau_0 + \eta\tau_\infty}{1 + \eta} \qquad \cdots\cdots(\text{B.4})$$

因此，当以 $\tau(1+\eta)$ 对 η 作图时，可得一直线。这条直线的零截距为 τ_0，其斜率为 τ_∞。此函数的直线性可用以验证 S-R-H 模型的正确性以及检查样品中多种缺陷中心的存在。

B.6 n 型和 p 型硅中通过元素铁缺陷中心以及 p 型硅通过铁硼对复合的线性关系见图 B.1，计算时所用的参数见表 B.1。在各种情况下都假定铁全部为缺陷态。对于 p 型硅中的元素铁，$\tau_0 = \tau_{n0}$，对于铁硼对，τ_0 远大于 τ_{n0}；对于 n 型硅中的元素铁，$\tau_0 = \tau_{p0}$。

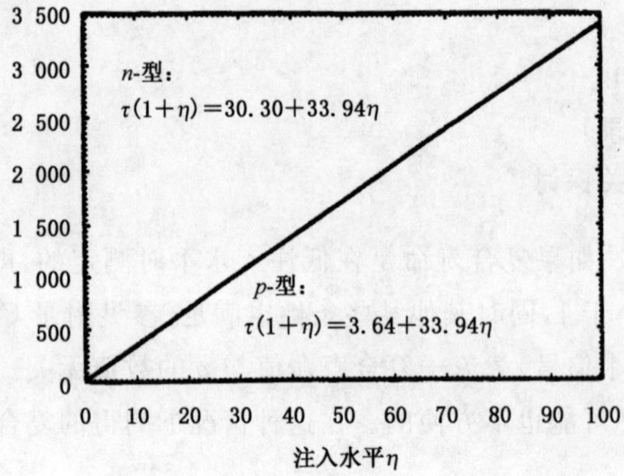

a) 元素铁

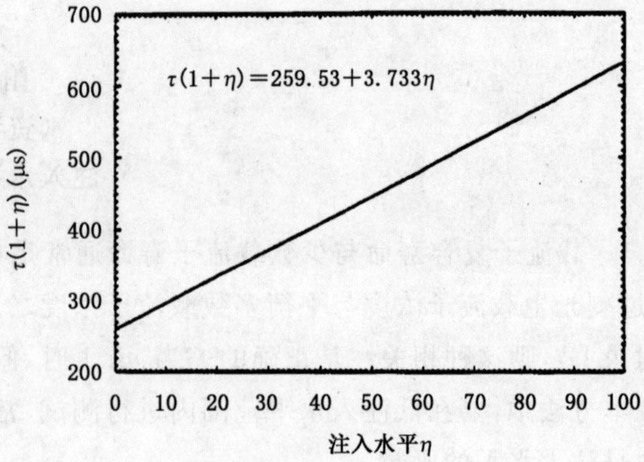

b) 铁硼对

图 B.1 由复合寿命与注入水平的拟合曲线导出 τ_0 和 τ_∞

表 B.1 用于计算复合寿命与注入水平关系的参数

参数	元素铁(Fe)	铁硼对(Fe-B)
温度/℃	26.85(300 K)	26.85(300 K)
硼浓度(原子数)/cm^{-3}	1×10^{15}	1×10^{15}
n_0/cm^{-3}	1.16×10^{16}	1.16×10^{16}
铁浓度(原子数)/cm^{-3}	5×10^{11}	5×10^{11}
缺陷能级,eV(相对于价带顶)	0.400	0.100
$\tau_{n0}/\mu s$	3.64	0.400
$\tau_{p0}/\mu s$	30.3	3.33
n_1/cm^{-3}	1.96×10^{7}	179
p_1/cm^{-3}	5.91×10^{12}	6.48×10^{17}

B.7 参考文献[2]提出在特定掺杂条件下,根据作为杂质中心浓度函数的注入水平谱在 τ_0 和 τ_∞ 之间的关系,可对杂质进行辨识。基于以下事实:(1)对样品进行适当处理后,可确保所有铁基本上处于元素态或配对态[14];(2)对于这两种状态,注入水平的关系有着显著的不同,见图 B.2。所以,此方法分析 p 型硅中的铁元素特别有效。

B.8 需要指出的是,如果同时存在多种沾污,且其浓度相近,则测得的 τ_0 和 τ_∞ 之比表示的是这些沾污的某种平均结果,因为此技术并不像深能级瞬态谱或其他频谱技术那样,在空间电荷层通过缺陷中心的填充和释放,来确定特定的杂质。

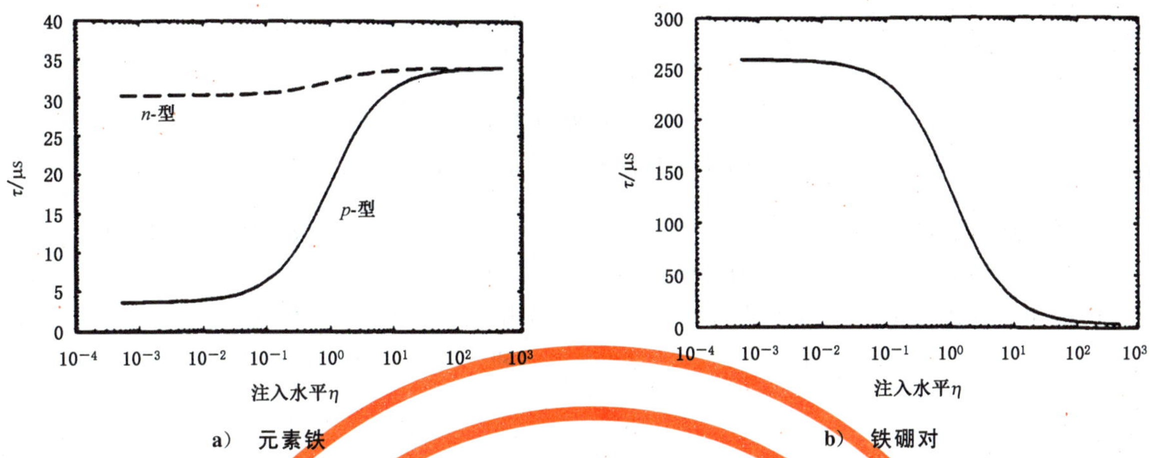

图 B.2 复合寿命与注入水平的函数关系曲线

附 录 C
（资料性附录）
载流子复合寿命与温度的关系

C.1 参考文献[3]建议，可根据低注水平条件下载流子复合寿命对温度的依赖性，来辨识硅中的金属杂质，但是这种方法只在低注入情况而且非常严格的条件下才成立。

C.2 在低注入时，S-R-H 载流子复合寿命由式(B.2)给出。在非简并半导体内，载流子浓度 n_0、p_0、n_1 及 p_1 都是温度的指数函数。在平衡状态下，电子浓度(n_0)和空穴浓度(p_0)可分别记为式(C.1)、式(C.2)：

$$n_0 = N_C \exp\left(\frac{\varepsilon_F - \varepsilon_C}{kT}\right) \qquad \text{(C.1)}$$

$$p_0 = N_V \exp\left(\frac{\varepsilon_V - \varepsilon_F}{kT}\right) \qquad \text{(C.2)}$$

式中：

N_C ——导带态密度，单位为每立方厘米(cm^{-3})；

N_V ——价带态密度，单位为每立方厘米(cm^{-3})；

ε_F ——费米能级或平衡电化学势，单位为电子伏(eV)；

ε_C ——导带底，单位为电子伏(eV)；

ε_V ——价带顶，单位为电子伏(eV)；

k ——波尔茨曼常数，为 $8.617\,3\times10^{-5}$ eV/K；

T ——温度，单位为开尔文(K)。

C.3 类似地，当费米能级位于缺陷中心能级 ε_T 时，电子浓度(n_1)和空穴浓度(p_1)可分别表示为式(C.3)和式(C.4)：

$$n_1 = N_C \exp\left(\frac{\varepsilon_F - \varepsilon_C}{kT}\right) = n_0 \exp\left(\frac{\varepsilon_V - \varepsilon_F}{kT}\right) \qquad \text{(C.3)}$$

$$p_1 = N_V \exp\left(\frac{\varepsilon_V - \varepsilon_F}{kT}\right) = p_C \exp\left(\frac{\varepsilon_F - \varepsilon_V}{kT}\right) \qquad \text{(C.4)}$$

C.4 从式(B.2)可知，低注入(小信号)载流子复合寿命 τ_0 可由电子(τ_{n0})和空穴(τ_{p0})俘获时间常数表示为四项和的形式，见式(C.5)：

$$\tau_0 = \frac{\tau_{n0} p_0}{p_0 + n_0} + \frac{\tau_{n0} p_1}{p_0 + n_0} + \frac{\tau_{p0} n_0}{p_0 + n_0}\ \frac{\tau_{p0} n_1}{p_0 + n_0} \qquad \text{(C.5)}$$

在冻结区和本征区之间的温度区域内，多数载流子浓度等于净掺杂浓度，式(C.5)中各项分母为常数。另外，如果假定俘获时间常数不依赖于温度，则在缺陷中心被部分填满(即含 p_1 或 n_1 的项在小信号复合寿命起支配作用)的温度范围内，根据 $\ln\tau_0$ 与 $1/T$ 关系曲线的斜率，可得缺陷中心能级 ε_T。尽管该假设通常并不是非常正确，但俘获时间常数随温度的变化通常比载流子浓度随温度的指数变化要小很多。

C.5 不同情况下，载流子复合寿命与温度的关系如下：

a) 对 n 型和 p 型硅中存在元素铁及 p 型硅中存在铁硼对，这 3 种情况进行讨论。在每种情况下都假定铁浓度(原子数)为 5×10^{11} cm^{-3}，掺杂浓度(原子数)假定为 1×10^{15} cm^{-3}。对 p 型硅，这种掺杂浓度相当于电阻率为 10 Ω·cm～15 Ω·cm；对 n 型硅，相当于电阻率为 3 Ω·cm～5 Ω·cm。考虑的温度范围从－23.15 ℃(250 K)～726.85 ℃(1 000 K)，在此范围内可假定掺杂原子完全电离。元素铁是施主中心，它位于如表 B.1 所示的禁带下半部远高于价带顶的位置上。铁硼对也是施主中心，但它离价带顶要近得多。于是，在这两种情况下，$p_1 \gg n_1$，其差别在铁硼对的情况下更大。

b) n型硅中存在元素铁的情况下,低注入复合寿命与温度倒数的函数关系曲线见图C.1。在约100°以下,$n_0 \gg p_1 \gg n_1 \gg p_0$,于是$\tau_0 = \tau_{p0}$。在约200 ℃~225 ℃之间,$p_1 > n_0 > p_0$,$p_1$项是最大的单项。这时,$p_1$项和$p_0$项之间的差别更小,$\tau_0$曲线的斜率不受任单项支配,所以元素铁中心的能级不能从曲线上精确获得。在更高的温度,p_0变得可与n_0相比较(接近本征条件),载流子复合寿命下降,但对于近本征的p型材料,没有一个单项占主导地位,所以曲线斜率没有物理意义。

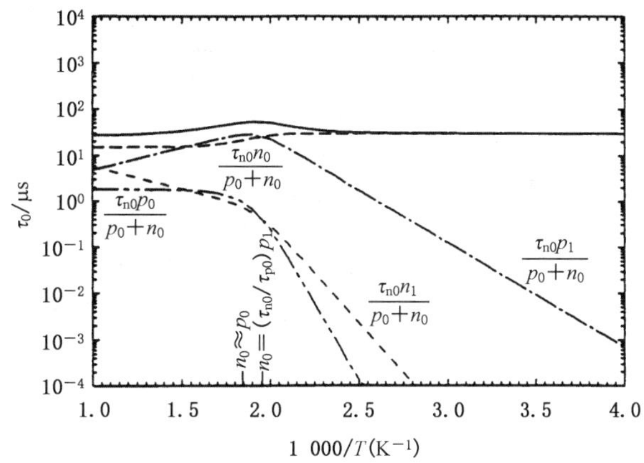

图C.1 n型硅中存在铁元素的情况下,低注入复合寿命(实线)与温度倒数的函数关系曲线

c) p型硅中存在元素铁的情况下,低注入复合寿命与温度倒数的函数关系曲线见图C.2。在室温以下,$p_0 \gg p_1 \gg n_1 \gg n_0$,于是$\tau_0 = \tau_{n0}$。在约150 ℃~200 ℃之间,$p_1 > p_0 > n_0$,$p_1$项为最大的单项。但由于$p_1$和$p_0$差别不大,$\tau_0$曲线的斜率也不是很接近$p_1$项的斜率,所以元素铁中心的能级不能从曲线上精确获得。在更高的温度,n_0变得可与p_0相比较(接近本征条件),载流子复合寿命下降,没有一个单项占主导地位,曲线斜率没有物理意义。

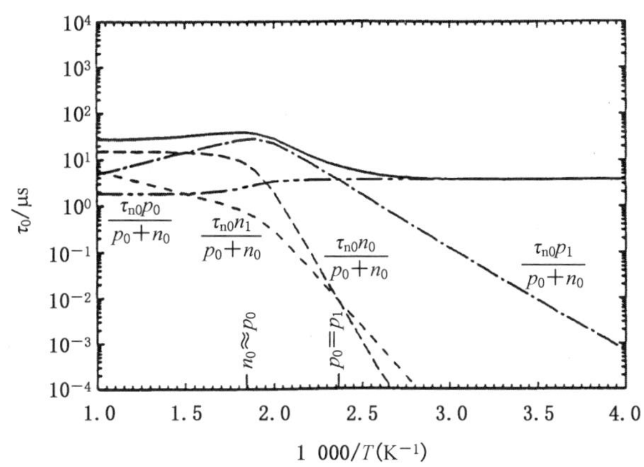

图C.2 p型硅中存在铁元素的情况下,低注入复合寿命(实线)与温度倒数的函数关系曲线

d) p型(掺硼)硅中存在铁硼对的情况下,低注入复合寿命与温度倒数的函数关系曲线见图C.3。此时,$p_1 \gg p_0 \gg n_0 \gg n_1$,所以从远低于室温到225 ℃左右,$p_1$项在式(C.5)中占主导。由于$p_0 = N_{\text{boron}}$,$\tau_0 \approx \tau_{n0}\left(\dfrac{p_1}{N_{\text{boron}}}\right)$,所以从$\ln\tau_0$与$1/T$关系曲线的负斜率可获得铁硼对的激活能$\Delta\varepsilon = \varepsilon_{\text{Fe-B}} - \varepsilon_{\text{V}}$。在更高的温度,材料变成近本征的,分母增大,导致$\tau_0$减小。

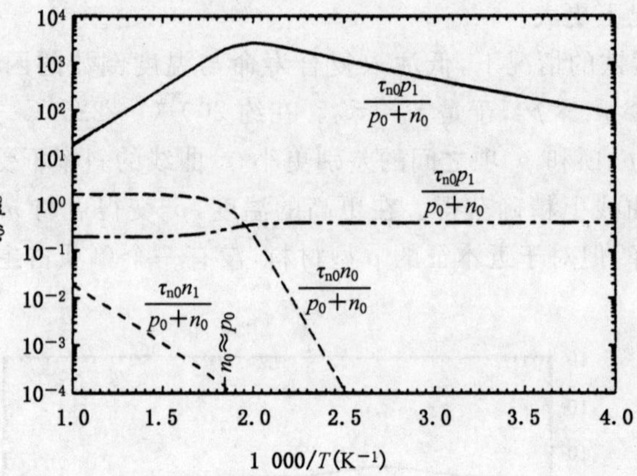

图 C.3　p 型硅中存在铁硼对的情况下,低注入复合寿命(实线)与温度倒数的函数关系曲线

C.6　上述例证说明,在有限的条件下,从测量得到的载流子复合寿命与稍高于室温的温度关系中获得的激活能是可以与接近禁带中心的缺陷中心的能级相联系的,这正是大多数元素金属杂质的情况。

附　录　D
（资料性附录）
少数载流子复合寿命

D.1　过剩电子空穴对在缺陷中心的复合是一个两步过程，包含两种情况，一是空的缺陷中心俘获一个电子，接着再俘获一个空穴；而是已经被填满的缺陷中心俘获一个空穴，接着再俘获一个电子。因此，复合时间取决于空的或者已经被填满的缺陷中心数目以及俘获时间常数。

D.2　正如参考文献[11]中所述，缺陷中心的占据率取决于费米能级所处的位置。如果所有的缺陷中心都是空的，电子复合时间就取决于电子俘获时间常数 τ_{n0}。这种情况发生在费米能级远低于缺陷中心能级之时。如果所有的缺陷中心都是被填满的，空穴复合时间就取决于空穴俘获时间常数 τ_{p0}。这种情况发生在费米能级远高于缺陷中心能级之时。另外，费米能级的位置主要取决于掺杂浓度，因此对于不同电阻率的硅片，其缺陷中心的占据率一般不同。

D.3　存在两类等效的情况，即缺陷中心与费米能级位于禁带中心的同侧或异侧，如缺陷中心处于 p 型半导体禁带下半部与缺陷中心处于 n 型半导体禁带上半部的情况是相同的，类似的，缺陷中心处于 p 型半导体禁带上半部与缺陷中心处于 n 型半导体禁带下半部的情况也相同。

D.4　例如，在室温(300 K)时，主要考虑以下三种情况，n 型或 p 型硅中存在元素铁及 p 型硅中存在铁硼对。在三种情况下，都假定铁浓度(原子数)为 $5\times10^{11}\ cm^{-3}$。需要注意的是，对于电阻率很低的硅片，S-R-H 模型所要求的非简并条件可能得不到满足。具体如下：

a)　n 型硅中存在元素铁：这种情况下，对于所有电阻率，费米能级都远高于缺陷中心能级，所有的缺陷中心都被填满，空穴俘获取决于空穴俘获时间常数。因为费米能级接近存在大量电子的导带底，所以一旦有空穴被俘获，缺陷中心马上又会被填满。因此，空穴的俘获同样为极限过程，小信号载流子复合寿命等于空穴(少数载流子)俘获时间常数：$\tau_0=\tau_{p0}$。室温下 n 型硅中存在元素铁的情况下，低注入复合寿命与电阻率的函数关系曲线见图 D.1；

b)　p 型硅中存在元素铁：在所有实际电阻率的情况下，费米能级在元素铁的靠近禁带中心能级以下数个 KT 的位置上，而元素铁中心能级靠近禁带中部。因此，缺陷中心为空，这种极限过程首先过剩的少数载流子电子被俘获，然后大量存在的空穴立即与之复合。所以，小信号载流子复合寿命等于电子(少数载流子)俘获时间常数：$\tau_0=\tau_{n0}$。室温下 p 型硅中存在元素铁的情况下，低注入复合寿命与电阻率的函数关系曲线见图 D.2；

c)　p 型硅(掺硼)中存在铁硼对：缺陷中心非常接近价带顶。除电阻率特别低的硅片外，费米能级都在缺陷中心能级之上，因此有些缺陷中心是被填满的，在这种情况下，作为少数载流子的电子，其俘获仍然是极限过程。但是仅有一小部分缺陷中心能俘获电子，小信号复合寿命将大于电子俘获时间常数。定量地，因为 $n_0\ll p_0$，小信号载流子复合寿命由 $\tau_0=\tau_{n0}\left(\frac{p_1}{p_0}\right)$ 给出。室温下 p 型硅中存在铁硼对的情况下，低注入复合寿命与电阻率的函数关系曲线见图 D.3；

d)　第 4 种可能的情况是缺陷中心非常接近 n 型材料价带顶。虽然在 n 型材料中不存在铁硼对，但是对于缺陷中心能级接近价带顶的缺陷中心的情况，除重掺之外的所有材料，$\tau_{n0}p_1\gg\tau_{p0}n_0$，所以小信号寿命受此项支配，少数载流子的性质不会影响复合过程。

D.5　因此，对于深能级缺陷中心，低注入(小信号)载流子复合寿命等于少数载流子俘获时间常数(或少数载流子寿命)，而对于能级靠近能带边缘的缺陷中心，小信号载流子复合寿命通常比少数载流子俘获时间常数大得多。

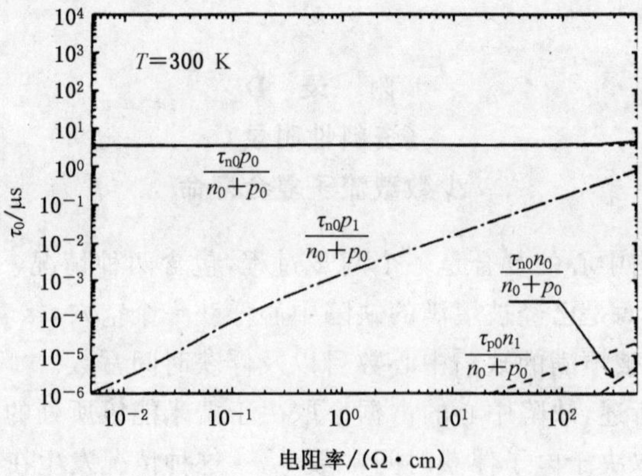

图 D.1 室温下 n 型硅中存在元素铁的情况下,低注入复合寿命(实线)与电阻率的函数关系曲线

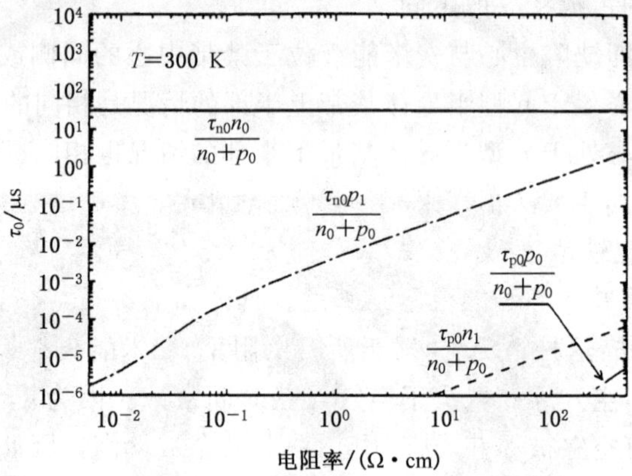

图 D.2 室温下 p 型硅中存在元素铁的情况下,低注入复合寿命(实线)与电阻率的函数关系曲线

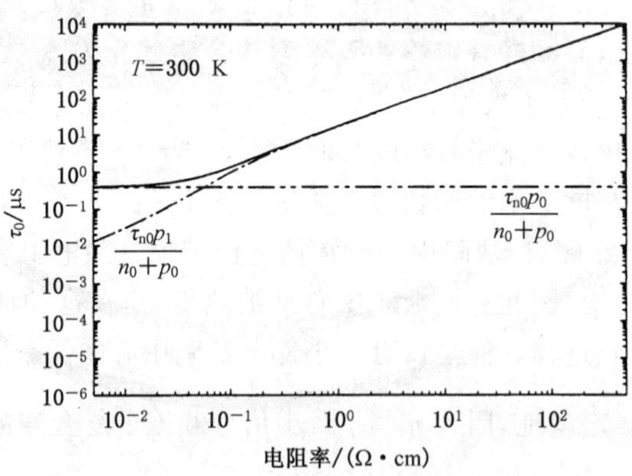

图 D.3 室温下 p 型硅中存在铁硼对的情况,低注入复合寿命(实线)与电阻率的函数关系曲线

附 录 E
（资料性附录）
测试体复合寿命、少数载流子寿命和铁含量的进一步说明

E.1 目的

E.1.1 为进一步采用本方法测定体复合寿命(τ_b)、少数载流子和金属铁含量，对硅片表面进行钝化处理是非常有必要的。适当的表面钝化处理方法取决于样品的表面状态以及所预估 τ_b 值的大小。为完成必须的表面钝化处理，本附录相关信息明确了附加参考标准、设备、试剂、危害和样品制备技术。

E.1.2 本附录讨论了硅体内的复合模式，并对用于识别被测硅片中杂质源或少数载流子寿命的电阻率和寿命值进行了额外限定。

E.1.3 本附录提供了一种使用注入光谱法测定硅片中铁含量的方法。

E.1.4 当本方法用于测定任何其他量值时，本附录提供了可以增加到报告中的附加项目。

E.2 表面复合寿命

E.2.1 表面复合寿命 τ_s 由两项构成：载流子扩散到样品表面所引起的扩散项 τ_{diff} 和表面复合引起的复合项 τ_{sr}，因此，表面复合寿命可通过下列近似关系式(E.1)计算[15]：

$$\tau_s = \tau_{diff} + \tau_{sr} = \frac{L^2}{\pi^2 D} + \frac{L}{2S} \qquad \text{(E.1)}$$

式中：

D ——少数载流子扩散系数，单位为平方厘米每秒(cm^2/s)；

L ——样品厚度，单位为厘米(cm)；

S ——表面复合速率，单位为厘米每秒(cm/s)，假设样品的两个表面的复合速率相等。

E.2.2 扩散系数一定时，不同厚度样品的电子(空穴)的表面复合寿命与表面复合速率的函数关系[16]如图 E.1 所示。

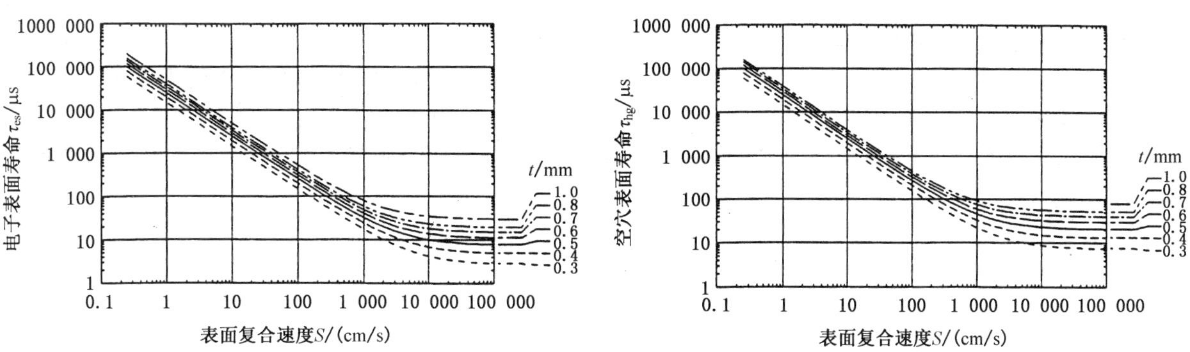

a) 电子表面复合寿命($D_n = 33.5\ cm^2/s$)　　b) 空穴表面复合寿命($D_p = 12.4\ cm^2/s$)

说明：

D_n ——电子的扩散系数；

D_p ——空穴的扩散系数。

图 E.1 不同厚度样品的电子(空穴)的表面复合寿命与表面复合速率的函数关系

注：如果 S 非常大($>10^4$ cm/s)，非平衡载流子到达表面之后便立即被复合，那么表面复合寿命主要为 τ_{diff}。良好抛光面的表面复合速率约为 10^4 cm/s，而研磨面的表面复合速率更大(约为 10^7 cm/s，为载流子的饱和速率)。在这种情况下，标准厚度硅片的最大可测体寿命(测试精度 10%)，对 p 型硅片大约为 1 μs，对 n 型硅片大约为 2 μs。尽管对准确测试体复合寿命有诸多限制，但在满足一定条件下，高达 0.5 ms～1 ms 的未钝化抛光片的体复合寿命的相对变化仍然可以被测定。这些条件包括：(1)整个样品扩散系数和表面复合速率是均匀的；(2)微波探测系统足够灵敏，能够分辨少子寿命 1% 的变化。在相同条件下，对于体寿命高达 100 μs 的研磨片也能进行相对测量。在这种情况下，为了得到足够均匀的表面复合速率，需要将样品放入化学腐蚀抛光液中处理 1 min。

E.3　硅片的测试复合寿命

硅片的测试复合寿命 τ_{meas} 包含表面寿命和体寿命，具体见式(E.2)、式(E.3)：

$$\frac{1}{\tau_{meas}}=\frac{1}{\tau_b}+\frac{1}{\tau_s} \qquad\cdots\cdots(E.2)$$

$$\tau_b=\left\{\left[\frac{1}{\tau_{meas}}\right]-\left[\frac{1}{\tau_s}\right]\right\}^{-1} \qquad\cdots\cdots(E.3)$$

为准确的测定 τ_b，τ_s 至少为 τ_{meas} 的 10 倍[17]。

E.4　硅体内的复合模型

硅体内的过剩载流子有以下三种复合机理：

a)　俄歇复合，复合的能量传递到第 3 个载流子；

b)　辐射复合，复合能量转化为光子；

c)　通过位于能带隙的杂质中心复合。

E.5　俄歇复合

在俄歇复合中，复合能量传递到第 3 个载流子，对于掺杂浓度高于 10^{15} cm^{-3} 的低电阻率样品来说，这个模式显得尤为重要。Passari 和 SuSi[18] 已对该复合模式进行深入研究，他发现俄歇复合寿命在 n 型硅片中为 $9.328\times10^{25}N_d{}^{-1.76}$ s(N_d 为施主掺杂浓度)，在 p 型硅片中为 $5.828\times10^{25}N_A{}^{-1.67}$ s(N_A 为受主掺杂浓度)。他们注意到这些数值有些不同于其他的出版文献中数值，但也未提出解决这些差异的办法。根据 Richter 等人[19] 最近的文献报道，在低注入情况下，n 型硅片中俄歇复合寿命为 1.15×10^{28} $N_d{}^{-1.91}$ s，在 p 型硅片中为 $1.67\times10^{29}N_A{}^{-1.94}$ s。这篇文章也包括高注入情况。文章中的低注入的结果，俄歇复合寿命明显低于 Passari 和 SuSi 报道的俄歇复合寿命，所以本附录使用 Richter 等报道的数值作为当前讨论。

E.6　辐射复合

在辐射复合中，复合能量转化为光子。因为硅材料中相比价带顶部，导带底部产生不同动量，直接跃迁的机会很少，所以辐射复合相对比较少，但是辐射复合在某些条件下可能影响少子寿命的测试。目前广为接受的辐射复合测试方法是来自 Richter 等人[19] 和 Trupker 等人[20] 的文献中，辐射复合寿命为 $2.114\times10^{24}N_{dop}{}^{-1}$，式中 $N_{dop}=N_A+N_D$。

E.7　本征复合寿命

E.7.1　正如 Richter 等人[19] 报道，由于俄歇复合和辐射复合并不取决于杂质和表面影响，杂质和表面影响可认为是硅材料本身，因此总测试复合寿命 τ_{meas} 也可写为式(E.4)或式(E.5)：

$$\frac{1}{\tau_{meas}}=\frac{1}{\tau_{Auger}}+\frac{1}{\tau_{rad}}+\frac{1}{\tau_{b(SRH)}}+\frac{1}{\tau_{s}} \qquad \text{(E.4)}$$

$$\frac{1}{\tau_{meas}}=\frac{1}{\tau_{intr}}=\frac{1}{\tau_{extr}} \qquad \text{(E.5)}$$

式中：

τ_{Auger} ——体内的俄歇复合寿命；

τ_{rad} ——体内的辐射复合寿命；

$\tau_{b(SRH)}$——体内的缺陷中心复合寿命；

τ_{s} ——表面复合寿命；

τ_{intr} ——本征复合寿命(由俄歇复合和辐射机理产生)；

τ_{extr} ——体内和表面缺陷复合寿命。

E.7.2 体内和表面缺陷复合寿命 τ_{extr} 按式(E.6)计算：

$$\frac{1}{\tau_{extr}}=\left\{\frac{1}{\tau_{meas}}+\frac{1}{\tau_{intr}}\right\}^{-1} \qquad \text{(E.6)}$$

为准确测试体内和表面缺陷复合寿命，τ_{intr} 至少为 τ_{meas} 的 10 倍。

E.7.3 在低注入状态下，不论 p 型或 n 型硅，其总本征复合寿命(实线标注)和掺杂剂的浓度成函数变化，在这些图中，辐射寿命(Trupker 等人[20])显示为黑色十字叉，俄歇寿命显示为圆点线(Richter 等人[19])。由于 n 型和 p 型硅片的复合寿命不同，n 型硅的总本征寿命和俄歇寿命显示为红色，p 型硅的总本征寿命和俄歇寿命显示为蓝色。如图 E.2 所示。

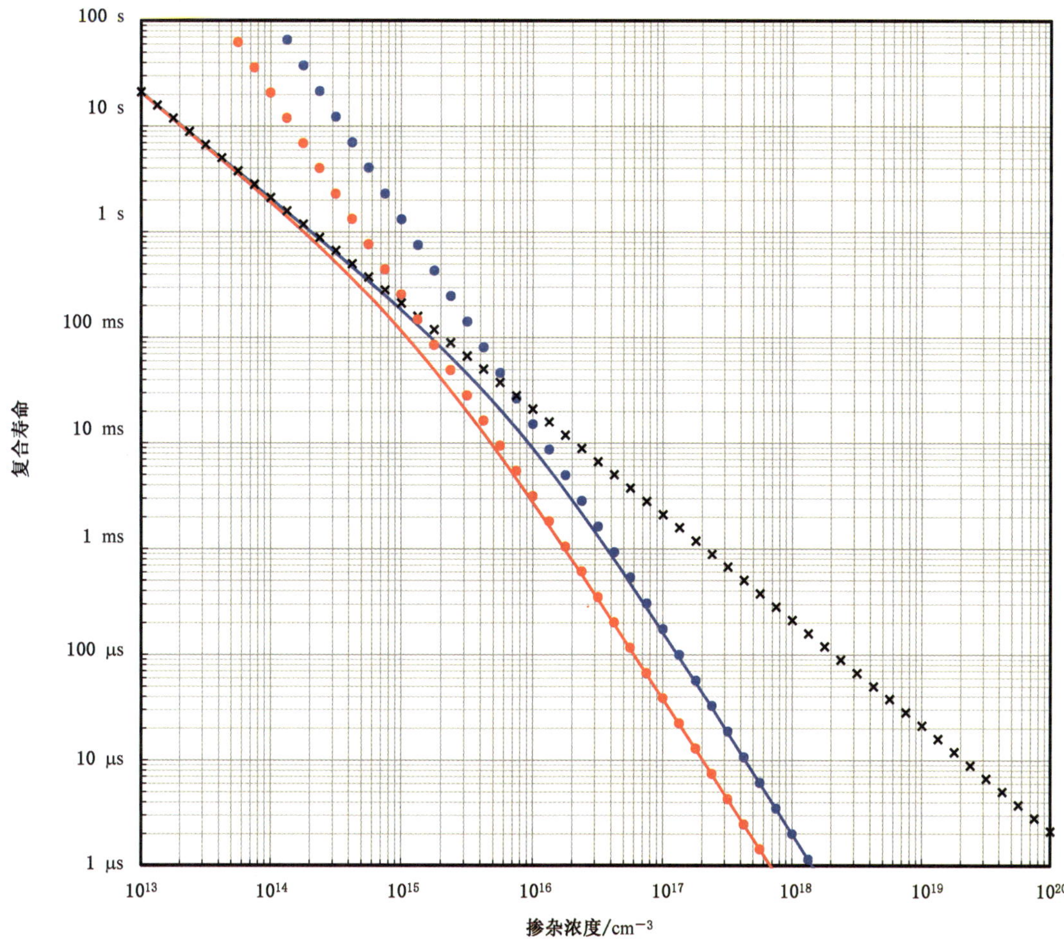

图 E.2 硅的本征复合寿命

E.8 深能级杂质中心复合

深能级杂质中心复合的相关内容参见附录B。

E.9 少数载流子寿命

E.9.1 如果(1)仅由单一中心占主导地位,(2)载流子复合不被辐射和俄歇复合过程影响,S-R-H寿命可以与少数载流子寿命相关联。如果表面复合被完全抑制,不同掺杂浓度水平的半导体材料的最大S-R-H寿命可以很容易由图E.2测定。

E.9.2 满足以上两种条件时,与深能级杂质中心相关的少数载流子寿命才具有意义,此外,测试样品的掺杂剂浓度或者过剩载流子浓度低于俄歇复合或辐射复合是S-R-H[9,10]复合机理(单一缺陷中心应占主导地位,或者有大量不同类型中心引起的复合)很重要的条件。这种大量复合相互增加导致载流子复合寿命见式(E.7):

$$\tau_{\text{total}}=\left[\frac{c_1}{\tau_{01}}+\frac{c_2}{\tau_{02}}+\cdots+\frac{c_n}{\tau_{0n}}\right]^{-1} \qquad \cdots\cdots(E.7)$$

式中,c_1,c_2,…c_n为常数;τ_{01},τ_{02},…τ_{0n}为不同中心的少数载流子寿命,这种情况非常普遍,使得具有特殊深能级杂质中心的载流子复合寿命难以确定。

E.10 铁的测定

E.10.1 在硼掺杂硅中,金属铁能够在两个不同的电活化中心相互转化,间隙铁Fe在高于约0.4 eV的价带边缘,铁硼对在高于0.100 eV的价带边缘[21]。因此可以通过处理样品使得所有金属铁处于电子状态或Fe-B状态[14]。

E.10.2 在这种情况下,假定其他复合过程不被改变,硅中的铁浓度可以通过测量铁硼键(Fe-B)解离前后的小信号扩散长度L或者载流子复合寿命τ来测定,见式(E.8):

$$[\text{Fe}]=A\left(\frac{1}{L_{\text{after}}^2}-\frac{1}{L_{\text{before}}^2}\right)=C\left(\frac{1}{\tau_{\text{after}}}-\frac{1}{\tau_{\text{before}}}\right) \qquad \cdots\cdots(E.8)$$

式中,$A=D_nC$,D_n为少数载流子(电子)扩散系数,对于受主浓度范围$1\times10^{15}\ \text{cm}^{-3}\sim3\times10^{15}\ \text{cm}^{-3}$的硅片,Zoth和Bergholz[14]发现$A=1.06\times10^{16}\ \mu\text{m}^2\cdot\text{cm}^{-3}$。然而这个数值并不能应用于更宽的电阻率范围的样品。可参阅Macdonald等人[22]关于A值变化检测硅片中铁含量的更多信息。

E.10.3 Rotondaro[23]的文章中强调了关于使用光电导衰减法测试硅片铁含量时,完全处理表面的重要性。

附　录　F
（资料性附录）
SEMI MF1535-1015 中的测试方法目的和精密度

F.1　目的

F.1.1　如果半导体中载流子浓度不太高，载流子复合寿命由能级位于禁带中的杂质中心决定。很多金属杂质在硅中形成这样的复合中心。在大多数情况下，这些杂质在很低的浓度(原子数)(约 $10^{10}\ cm^{-3}$～$10^{13}\ cm^{-3}$)下即可使复合寿命降低，对器件和电路起有害的作用。在某些情况下，例如高速双极开关器件和大功率器件，复合特性应谨慎地控制以达到所需的器件性能。

F.1.2　本方法包含多种类型硅片载流子复合寿命的测试步骤。由于测试时在硅片上没有制作电接触点，在测试后，如果硅片的清洁度保持良好，可以对其进行后续的工艺操作。

F.1.3　本方法适用于研究开发、工艺控制以及材料的验收。但由本方法获得的结果与表面钝化程度有关。当本方法用于材料的检验验收时，供方和需方应对测试中的表面处理达成共识。

F.2　精密度

SEMI MF1535-1015[25]中关于精密度的叙述：为编制 JEIDA 53(现今的 JEITA EM3502)，1996 年 5 月至 1996 年 11 月围绕本方法进行巡回试验。测试选用了直径 150 mm 的直拉硅单晶(100)p 型和 n 型的热氧化片，电阻率 3 Ω·cm～47 Ω·cm 分为 2 挡，寿命 2 μs～1 500 μs 分为 3 挡，总共 12 种硅片。有 19 个组织(17 家公司和 2 所大学)参与了测试。在 5×10^{13} 光子数/cm^2 的注入光子密度条件下，每个硅片中心位置的基本模式寿命值的标准偏差为 11.8%(对于所有组织)，其中 A 组(成员使用了不同厂家的设备)为 16.8%，B 组(成员使用了同一厂家的设备)为 6.8%。

1/e 寿命通常比基本模式寿命长。更高的注入水平将带来更长的 1/e 寿命。但是基本模式寿命与 1/e 寿命很接近，两者都与样品的寿命水平相关联。所有尽管 1/e 寿命不等同于少数载流子寿命，但是两个寿命值对于评价样品都是有意义的。

参考文献

[1] Blakemore, J.S., Semiconductor Statistics, (Dover Publications, New York, 1987) § 10.4.

[2] Ferenczi, G., Pavelka, T., and Tüttő, P., "Injection Level Spectroscopy: A Novel Non-Contact Contamination Analysis Technique in Silicon," Jap.J.Appl.Phys.30, 3630-3633(1991)

[3] Kirino, Y., Buczkowski, A., Radzimski, Z.J., Rozgonyi, G.A., and Shimura, F., "Noncontact Energy Level Analysis of Metallic Impurities in Silicon Crystals," Appl. Phys. Lett. 57, 2832-2834 (1990)

[4] Schultz, M., ed, in Semiconductors: Impurities and Defects in Group Ⅳ Elements and Ⅲ-Ⅴ Compounds, Landolt-Börnstein, New Series Ⅲ/22b, (Springer Verlag, Heidelberg, 1989) § 4.2.3.1.

[5] Saritas, M., and McKell, H.D., "Comparison of Minority-Carrier Diffusion Length Measurements in Silicon by the Photoconductive Decay and Surface Photovoltage Methods," J.Appl.Phys.63, 4562-4567(1988).

[6] Schroder, D.K., Whitfield, J.D., and Varker, C.J., "Recombination Lifetime Using the Pulsed MOS Capacitor," IEEE Trans.Electron Devices ED-31, 462-467(1984).

[7] Yablonovitch, E., Allara, D.L., Chang, C.C., Gmitter, T., and Bright, T.B., "Unusually Low Surface-Recombination Velocity on Silicon and Germanium Surfaces," Phys. Rev. Lett. 57, 249-252 (1986).

[8] Schroder, D.K., Semiconductor Material and Device Characterization(John Wiley & Sons, New York, 1990) pp.267-286.

[9] Hall, R.N., "Electron-Hole Recombination in Germanium," Phys.Rev.87, 387(1952)

[10] Shockley, W., and Read, W.T., "Statistics of the Recombination of Holes and Electrons," Phys.Rev.87, 835-842(1952).

[11] Blakemore, J.S., op.cit., § 8.2 and 8.3.

[12] Blakemore, J.S., op.cit., § § 8.4 and 8.5.

[13] Blakemore, J.S., op.cit., § 8.2.

[14] Zoth, G., and Bergholz, W., "A Fast, Preparation-Free Method to Defect Iron in Silicon," J.Appl.Phys.67, 6764-6771(1990).

[15] Horányi, T.S., Pavelka, T., and Tüttô, P., "In Situ Bulk Lifetime Measurement on Silicon with Chemically Passivated Surface," Applied Surface Science, 63, 306-311(1993).

[16] For these estimates, the diffusion coefficients were assumed to be constant at the following limiting values: $D_n = 33.5\ cm^2/s$ and $D_p = 12.4\ cm^2/s$. These values are somewhat smaller than the limiting values given in the 1993 edition of DIN 50440, Part 1.

[17] Bullis, W. M., and Huff, H. R., "Intepretation of carrier Recombination and Diffusion Length Measurements in silicon" J.Electrochem.Soc.143(1996): pp1399-1405.

[18] Passari, L., and Susi, E., "Recombination Mechanisms and Doping Density in silicon" J. Appl.Phys.54(1983): PP.3953-37.

[19] Richter, A., Glunz, S.W., Werner, F., Schmidt, J., and Cuevas, A. "Improved Quamntitative Description of Auger Recombination in Crystalline Silicon." Phys.Rev.B86, 165202-1-165202-14, 2012.

[20] Trupke, T., Gree, M.A., WÜrfel, P., Altermatt, P.P., Wang, A., Zhao, J., and Corkish, R. "Temperature Dependence of Radiative Recombination Coefficient of Intrinsic Crystalline Silicon." J. Appl.Phys.94(2003); pp.4930-37.

［21］ Kimerling, L. C., and Patel, J. R. "Silicon Defects: Structures, Chemistry, and Electrical Properties" in VLSI Electronics: Microstructure Science, Volum12, Silcon Materials, N. G. Einspruch and H. Huff, eds., Academic Press, Orlando, 1985pp.223-67(see especially pp.241-47) 27 Zoth, G., and Bergholz, W., "A Fast, Preparation-Free Method to Defect Iron in Silicon," J. Appl. Phys. 67, 6764-6771 (1990).

［22］ Macdonald, D. H., Greeligs, L. J, and Azzizi, A. "Iron Detection in Crystalline Silicon by Carrier Lifetime Measurements for Arbitrary Injection and Doping" J. Appl. Phys 95(2004): pp1021-28.

［23］ Rotondaro, A. L. P., Hurd, T. Q., Mertens, P. W., Schmidt, H. F., M. M., Simoen, E., Vanhellemont, J., Végh G, Claeys, C., and Gräf, D. "limitations of Minority Carrier Lifetime as a Parameter for Evaluating Iron Contamination in silicon", presented at The Electrochemical Society Symposium on High Purity Slicon Ⅲ, Miami Beach, FL, 1994, Extended Abstracts pp.625-26.

［24］ SEMI MF1388 金属-氧化物-硅(MOS)电容的电容-时间关系测量硅材料产生寿命和产生速率的测试方法[Test method for generation lifetime and generation velocity of silicon material by capacitance-time measurements of metal-oxide-silicon(MOS) capacitors]

［25］ SEMI MF1535-1015 硅片载流子复合寿命的测试 非接触微波反射光电导衰减法(Test method for carrier recombination lifetime in silicon wafers by noncontact measurement of photoconductivity decay by microwave reflectance)

---

[21] Kimerling L C, [illegible] "Silicon Defects: Structure, Chemistry and Electrical Properties" in VLSI Electronics: Microstructure Science, vol. 12, Silicon Materials, [illegible] Einspruch and H. Huff, eds. Academic Press, Orlando, 1985, pp. 225-[illegible] (see especially pp. [illegible]); Zoth G., and Bergholz W., "A Fast, Preparation-Free Method to Detect Iron in Silicon," J. Appl. Phys. 67, [illegible] 1990.

[22] MacDonald D. [illegible] and Aberle A. [illegible] "Iron Detection in Crystalline Silicon by Carrier Lifetime Measurements for Arbitrary Injection and Doping," J. Appl. Phys. [illegible]

[23] Borodinov [illegible] Ha [illegible] Mertens P. W., Schmidt H. [illegible] M. M. [illegible] Weitzel [illegible] "Limitations of Minority Carrier Lifetime [illegible] Monitoring Iron Contamination in Silicon," presented at [illegible] Society Symposium on High Purity Silicon II, [illegible] 1992.

[24] SEMI MF1535 [illegible]

[25] [illegible]

ICS 29.045
H 82

中华人民共和国国家标准

GB/T 26071—2018
代替 GB/T 26071—2010

太阳能电池用硅单晶片

Monocrystalline silicon wafers for solar cells

2018-09-17 发布 2019-06-01 实施

国家市场监督管理总局
中国国家标准化管理委员会 发布

前　言

本标准按照 GB/T 1.1—2009 给出的规则起草。

本标准代替 GB/T 26071—2010《太阳能电池用硅单晶切割片》。与 GB/T 26071—2010 相比，主要技术变化如下：

——将标准名称《太阳能电池用硅单晶切割片》修改为《太阳能电池用硅单晶片》(见封面，2010 年版的封面)；

——修改了范围中本标准适用性的描述(见第 1 章，2010 年版的第 1 章)；

——修改了电阻率测定引用标准，GB/T 1551 替代了 GB/T 1552(见第 2 章，2010 年版的第 2 章)；

——增加引用标准 GB/T 6619、GB/T 14844、GB/T 30859、GB/T 30860、GB/T 30869 和 YS/T 28(见第 2 章，2010 年版的第 2 章)；

——删除了线痕的定义(见 2010 年版 3.1)；

——增加了产品牌号的表示方法(见 4.1)；

——将产品分类中“按外形可分为准方形和圆形两种”修改为“按外形可分为准方形和方形两种”，标准中删除了圆形分类及其要求，增加了方形(见 4.2.2，2010 年版的 4.1)；

——产品尺寸由“准方形硅片按其边长分为 125 mm×125 mm、156 mm×156 mm”修改为“准方形硅片按其边长分为 100.75 mm、125.75 mm、156Ⅰ、156Ⅱ、156Ⅲ、161.75 mm、210.75 mm”(见 4.2.2，2010 年版的 4.2)；

——删除了圆形硅片的尺寸，增加了“方形硅片按其尺寸可分为 100.75 mm、125.75 mm、156.75 mm、210.75 mm”的要求(见 4.2.2，2010 年版的 4.2)；

——增加了理化性能，即“硅片的晶体完整性、氧含量和碳含量应符合 GB/T 25076 的规定。如有需要，由供方提供各项检验结果”(见 5.1)；

——增加了硅片厚度“130±15、140±15、150±15、170±20”相对应的要求；删除了硅片厚度“220±20、240±20”相对应的要求；修改了翘曲度指标要求(见 5.2.1，2010 年版的 4.3.1)；

——修改了准方形硅片尺寸的要求(见 5.2.2，2010 年版的 4.3.2)；

——增加了方形硅片尺寸的要求(见 5.2.3)；

——删除了“硅片的导电类型、掺杂剂、少数载流子寿命和晶体完整性应符合 GB/T 25076 的规定”(见 2010 年版的 4.3.3.1)；

——电学性能参数中的电阻率范围下限由 0.5 Ω·cm 改为 P 型 0.2 Ω·cm，N 型 0.1 Ω·cm(见 5.3.2，2010 年版的 4.3.3.2)；

——修改了晶向偏离度的要求(见 5.4，2010 年版的 4.3.4)；

——修改了硅片线痕深度、崩边、缺口的要求(见 5.5，2010 年版的 4.3.5)；

——修改了导电类型和晶向的检查水平(见表 6，2010 年版的表 6)。

本标准由全国半导体设备和材料标准化技术委员会(SAC/TC 203)与全国半导体设备和材料标准化技术委员会材料分会(SAC/TC 203/SC 2)共同提出并归口。

本标准起草单位：浙江省硅材料质量检验中心、有研半导体材料有限公司、泰州隆基乐叶光伏科技有限公司、苏州协鑫光伏科技有限公司、隆基绿能科技股份有限公司、内蒙古中环光伏材料有限公司、宜昌南玻硅材料有限公司、有色金属技术经济研究院。

本标准主要起草人：楼春兰、毛卫中、邹剑秋、汪新华、孙燕、杨素心、刘培东、宫龙飞、邓浩、李建弘、徐博、许国华、张军。

本标准所代替标准的历次版本发布情况为：

——GB/T 26071—2010。

太阳能电池用硅单晶片

1 范围

本标准规定了太阳能电池用硅单晶片(简称硅片)的牌号及分类、要求、试验方法、检验规则、标志、包装、运输、贮存、质量证明书和订货单(或合同)内容等。

本标准适用于由直拉法制备的硅单晶加工成的准方形或方形硅片,产品用于制作太阳能电池的衬底片。

2 规范性引用文件

下列文件对于本文件的应用是必不可少的。凡是注日期的引用文件,仅注日期的版本适用于本文件。凡是不注日期的引用文件,其最新版本(包括所有的修改单)适用于本文件。

GB/T 1550 非本征半导体材料导电类型测试方法

GB/T 1551 硅单晶电阻率测定方法

GB/T 1555 半导体单晶晶向测定方法

GB/T 2828.1—2012 计数抽样检验程序 第1部分:按接收质量限(AQL)检索的逐批检验抽样计划

GB/T 6616 半导体硅片电阻率及硅薄膜薄层电阻测试方法 非接触涡流法

GB/T 6618 硅片厚度和总厚度变化测试方法

GB/T 6619 硅片弯曲度测试方法

GB/T 6620 硅片翘曲度非接触式测试方法

GB/T 11073 硅片径向电阻率变化的测量方法

GB/T 14140 硅片直径测量方法

GB/T 14264 半导体材料术语

GB/T 14844 半导体材料牌号表示方法

GB/T 25076 太阳能电池用硅单晶

GB/T 26068 硅片载流子复合寿命的无接触微波反射光电导衰减测试方法

GB/T 30859 太阳能电池用硅片翘曲度和波纹度测试方法

GB/T 30860 太阳能电池用硅片表面粗糙度及切割线痕测试方法

GB/T 30869 太阳能电池用硅片厚度及总厚度变化测试方法

YS/T 28 硅片包装

3 术语和定义

GB/T 14264 界定的术语和定义适用于本文件。

4 分类

4.1 牌号

硅片牌号的表示按 GB/T 14844 的规定进行。

4.2 分类

4.2.1 硅片按导电类型分为P型、N型两种。

4.2.2 硅片按外形可分为准方形和方形两种。准方形硅片按其边长分为100.75 mm、125.75 mm、156Ⅰ、156Ⅱ、156Ⅲ、161.75 mm、210.75 mm；方形硅片按其边长可分为100.75 mm、125.75 mm、156.75 mm、210.75 mm；其他尺寸可由供需双方协商确定。

5 要求

5.1 理化性能

硅片的晶体完整性、氧含量和碳含量应符合GB/T 25076的规定。如有需要，由供方提供各项检验结果。

5.2 外形尺寸

5.2.1 几何参数

硅片的几何参数应符合表1的规定，如需方有其他要求时，由供需双方协商确定。

表1 几何参数

单位为微米

<table>
<tr><th>厚度及允许偏差</th><th>总厚度变化 TTV</th><th>弯曲度 bow</th><th>翘曲度 warp</th></tr>
<tr><td>130±15</td><td rowspan="2">≤25</td><td rowspan="2">≤40</td><td rowspan="2">≤40</td></tr>
<tr><td>140±15</td></tr>
<tr><td>150±15</td><td rowspan="6">≤30</td><td rowspan="6">≤50</td><td rowspan="6">≤50</td></tr>
<tr><td>160±15</td></tr>
<tr><td>170±20</td></tr>
<tr><td>180±20</td></tr>
<tr><td>190±20</td></tr>
<tr><td>200±20</td></tr>
</table>

5.2.2 准方形硅片外形尺寸

准方形硅片的外形如图1所示，尺寸应符合表2的规定。需方有其他要求时，由供需双方协商确定。

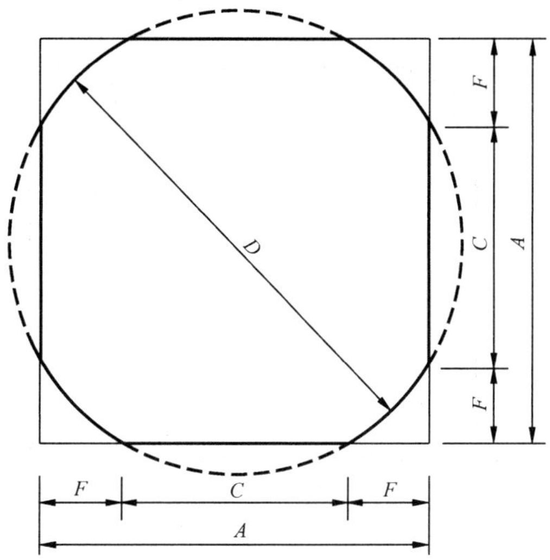

说明：

A ——边长；

C ——弦长；

D ——直径；

F ——弧线在边长 A 上的投影。

图 1　准方形硅片外形示意图

表 2　准方形硅片尺寸

单位为毫米

标称尺寸	尺寸	
	边长 A	直径 D
100.75	100.75±0.25	126±0.25
125.75	125.75±0.25	151±0.25
156 Ⅰ	156.00±0.25	200±0.25
156 Ⅱ	156.75±0.25	205±0.25
156 Ⅲ	156.75±0.25	210±0.25
161.75	161.75±0.25	211±0.25
210.75	210.75±0.25	291±0.25

5.2.3　方形硅片外形尺寸

方形硅片的外形如图 2 所示，尺寸应符合表 3 的规定。需方有其他要求时，由供需双方协商确定。

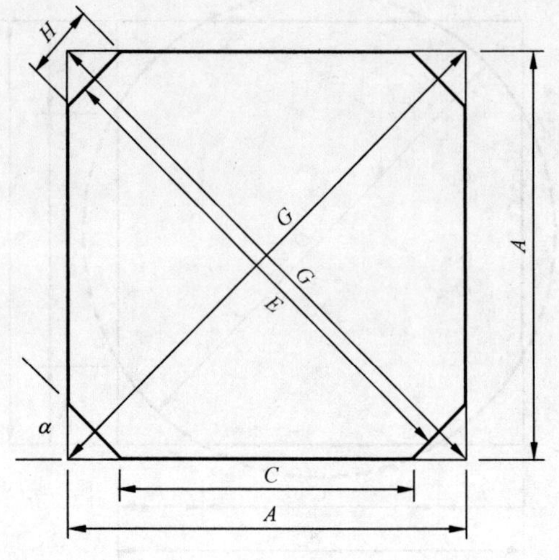

说明：

A ——边长；　*C* ——倒角后边长；　*E* ——倒角后的对角线长度；

G ——对角线长度；　*H*——倒角长度；　α ——倒角角度。

图 2　方形硅片外形示意图

表 3　方形硅片尺寸

单位为毫米

标称尺寸	尺寸		
	边长 *A*	对角线长度 *G*	倒角长度 *H*
100.75	100.75±0.25	142.4±0.5	1.25±0.75
125.75	125.75±0.25	177.8±0.5	1.25±0.75
156.75	156.75±0.25	221.6±0.5	1.25±0.75
210.75	210.75±0.25	298.0±0.5	1.25±0.75

5.2.4　垂直度

硅片相邻两边长(*A*)之间的垂直度为 90°±0.3°。

5.3　电学性能

硅片的电学性能应符合表 4 的规定。如对电学性能有其他要求，由供需双方协商确定。

表 4　电学性能

导电类型	晶向	电阻率 Ω·cm	径向电阻率变化 %	载流子复合寿命 μs
P	〈100〉	0.2～6.0	≤15	≥10
N	〈100〉	0.1～20.0	≤20	≥60

5.4　晶向及晶向偏离度

硅片的晶向为〈100〉，晶向偏离度应不大于 2°。硅片四个边缘晶向为〈100〉±2°。

5.5 表面质量

硅片的表面质量应符合表5的规定。

表5 表面质量

项目	要求
线痕	深度不大于15 μm
裂纹	无
崩边	每片不超过2个，宽小于0.5 mm，径深小于0.3 mm
缺口	无
孔洞	无
色差	无明显色差

6 试验方法

6.1 厚度和总厚度变化的测量按GB/T 6618或GB/T 30869的规定进行。仲裁方法按GB/T 6618的规定进行。

6.2 弯曲度的测量按GB/T 6619的规定进行。

6.3 翘曲度的测量按GB/T 6620或GB/T 30859的规定进行。仲裁方法按GB/T 6620的规定进行。

6.4 直径的测量按GB/T 14140的规定进行。

6.5 除厚度、总厚度变化、弯曲度、翘曲度、直径外的外形尺寸的测量用游标卡尺或相应精度的量具进行。

6.6 导电类型的测试按GB/T 1550的规定进行。

6.7 电阻率的测试按GB/T 6616的规定进行，也可按GB/T 1551的规定进行。仲裁方法按GB/T 6616的规定进行。

6.8 径向电阻率变化的测试按GB/T 11073的规定进行，测试点的选择方案和径向电阻率变化计算公式的选择由供需双方协商确定。

6.9 载流子复合寿命的测试按GB/T 26068的规定进行，或按照供需双方协商确定的方法进行。

6.10 晶向及晶向偏离度的测试按GB/T 1555规定进行。

6.11 除线痕外的表面质量在430 lx～650 lx光强度的荧光灯或乳白灯下目视检查。线痕深度的测量按GB/T 30860的规定进行。

7 检验规则

7.1 检查和验收

7.1.1 产品应由供方技术(质量)监督部门进行检验，保证产品质量符合本标准和订货单(或合同)的规定，并填写产品质量证明书。

7.1.2 需方可对收到的产品按本标准的规定进行检验，若检验结果与本标准或订货单(合同)的规定不符时，应在收到产品之日起3个月内向供方提出，由供需双方协商解决。

7.2 组批

产品应成批提交验收。每批应由相同外形尺寸、相同导电类型、相同电阻率范围的硅片组成。

7.3 检验项目

7.3.1 每批产品应对外形尺寸、导电类型、电阻率、径向电阻率变化、晶向、晶向偏离度、表面质量进行检验。

7.3.2 载流子复合寿命是否检验由供需双方协商确定。

7.4 取样

7.4.1 除载流子复合寿命外的项目检验取样按 GB/T 2828.1—2012 一般检验水平Ⅱ，正常检验一次抽样方案进行，或由供需双方协商确定的抽样方案进行。

7.4.2 载流子复合寿命的检验结果由供方提供，或载流子复合寿命的检验取样由供需双方协商。

7.5 检验结果的判定

7.5.1 硅片检验的接收质量限见表 6。

表 6 接收质量限

序号	检验项目		一般检验水平	接收质量限(AQL)
1	厚度		Ⅱ	1.0
2	总厚度变化		Ⅱ	1.0
3	弯曲度		Ⅱ	1.0
4	翘曲度		Ⅱ	1.0
5	直径		Ⅱ	1.0
6	边长		Ⅱ	1.0
7	对角线长度		Ⅱ	1.0
8	倒角长度		Ⅱ	1.0
9	垂直度		Ⅱ	1.0
10	导电类型		Ⅱ	0.01
11	电阻率		Ⅱ	1.0
12	径向电阻率变化		Ⅱ	1.0
13	晶向		Ⅱ	0.01
14	晶向偏离度		Ⅱ	1.0
15	表面质量	线痕深度	Ⅱ	1.0
		裂纹	Ⅱ	1.0
		崩边	Ⅱ	1.0
		缺口	Ⅱ	1.0
		孔洞	Ⅱ	1.0
		累计	—	2.5

7.5.2 载流子复合寿命检验结果的判定由供需双方协商。

8 标志、包装、运输、贮存和质量证明书

8.1 标志

产品包装箱外应标有“小心轻放”“防腐”“防潮”字样或标志，并注明：

a) 供方名称；

b) 产品名称；

c) 产品数量。

8.2 包装

产品包装按 YS/T 28 的规定进行，或由供需双方协商确定。

8.3 运输

产品在运输过程中应轻装轻卸，严禁抛掷，且应采取防震、防潮措施。

8.4 贮存

产品应贮存在清洁、干燥环境中。

8.5 质量证明书

每批产品应附上质量证明书，其上注明：

a) 供方名称；

b) 产品名称或牌号；

c) 产品批号；

d) 产品片数；

e) 各项检验结果及检验部门印记；

f) 本标准编号；

g) 出厂日期。

9 订货单(或合同)内容

订购本标准所列产品的订货单(或合同)应包含下列内容：

a) 产品名称；

b) 产品要求；

c) 数量；

d) 本标准编号；

e) 供需双方协商确定的其他要求。

ICS 73.040
D 23

中华人民共和国国家标准

GB/T 26126—2018
代替 GB/T 26126—2010

商品煤质量　煤粉工业锅炉用煤

Commercial coal quality—Coal for industrial pulverized coal-fired boiler

2018-05-14 发布　　2018-12-01 实施

国家市场监督管理总局
中国国家标准化管理委员会　发布

前　言

本标准按照 GB/T 1.1—2009 给出的规则起草。

本标准代替 GB/T 26126—2010《中小型煤粉工业锅炉用煤技术条件》，本标准与 GB/T 26126—2010 相比，主要技术内容变化如下：

——标准名称修改为《商品煤质量　煤粉工业锅炉用煤》；

——范围修改为“本标准规定了煤粉工业锅炉用煤产品质量等级及技术要求、试验方法、检验规则、标识、运输及贮存”；

——增加了煤粉工业锅炉用煤及煤粉产品的划分，按发热量和全硫指标进行等级划分，以“发热量等级＋全硫等级”的形式表示；

——增加了附录 A 产品目录。

本标准由中国煤炭工业协会提出。

本标准由全国煤炭标准化技术委员会(SAC/TC 42)归口。

本标准起草单位：煤炭科学技术研究院有限公司、神华销售集团有限公司、陕西煤业化工新型能源有限公司、力鸿智信(北京)科技有限公司、中国矿业大学(北京)。

本标准主要起草人：连进京、张志文、李增林、姜英、王乃继、缪希伟、庞青涛、涂华、王鹤、杨晓毓、纪任山、戈铭、张帅、丁日佳。

本标准所代替标准的历次版本的发布情况为：

——GB/T 26126—2010。

商品煤质量　煤粉工业锅炉用煤

1　范围

本标准规定了煤粉工业锅炉用煤产品质量等级及技术要求、试验方法、检验规则、标识、运输及贮存。

本标准适用于生产、加工、储运、销售、使用等各环节的固态排渣煤粉工业锅炉用煤及煤粉。

2　规范性引用文件

下列文件对于本文件的应用是必不可少的。凡是注日期的引用文件,仅注日期的版本适用于本文件。凡是不注日期的引用文件,其最新版本(包括所有的修改单)适用于本文件。

GB/T 211　煤中全水分的测定方法
GB/T 212　煤的工业分析方法
GB/T 213　煤的发热量测定方法
GB/T 214　煤中全硫的测定方法
GB/T 216　煤中磷的测定方法
GB/T 219　煤灰熔融性的测定方法
GB/T 474　煤样的制备方法
GB/T 475　商品煤样人工采取方法
GB/T 1574　煤灰成分分析方法
GB/T 2565　煤的可磨性指数测定方法　哈德格罗夫法
GB/T 3058　煤中砷的测定方法
GB/T 3558　煤中氯的测定方法
GB/T 5751　中国煤炭分类
GB/T 16659　煤中汞的测定方法
GB/T 19494.1　煤炭机械化采样　第1部分:采样方法
GB/T 19494.2　煤炭机械化采样　第2部分:煤样的制备
GB/T 25209　商品煤标识
GB/T 25214　煤中全硫测定　红外光谱法
GB/T 25960　动力配煤规范
GB/T 30732　煤的工业分析方法　仪器法
GB/T 31087　商品煤杂物控制技术要求
GB/T 31356　商品煤质量评价与控制技术指南
DL/T 567.5　火力发电厂燃料试验方法　第5部分:煤粉细度的测定
SN/T 3511　矿物中汞的测定　固体进样直接测汞法通则

3　产品质量等级和技术要求

3.1　总则

用于制备煤粉工业锅炉煤粉的商品煤称为煤粉工业锅炉用煤,按发热量和全硫指标进行等级划分,以“发热量等级＋全硫等级”的形式表示，其他指标按 GB/T 31356 的规定执行。煤粉工业锅炉用煤宜选择长焰煤、不黏煤、弱黏煤，煤炭类别按照 GB/T 5751 的规定执行。

直接用于煤粉工业锅炉利用的煤粉称为煤粉工业锅炉用煤粉，按发热量和全硫指标进行等级划分，以“发热量等级＋全硫等级”的形式表示，其他指标按 GB/T 31356 的规定执行。

3.2 煤粉工业锅炉用煤质量要求

3.2.1 发热量等级

煤粉工业锅炉用煤按发热量($Q_{net,ar}$)指标分为 3 个等级，分别为煤粉工业锅炉用煤 5800、煤粉工业锅炉用煤 5500、煤粉工业锅炉用煤 5000，各产品等级对应的发热量指标要求见表 1。

表 1 煤粉工业锅炉用煤的发热量等级与指标要求

发热量等级	5800	5500	5000
指标要求 $Q_{net,ar}$/(MJ/kg)	≥24.24	≥22.99	≥20.90

3.2.2 全硫等级

煤粉工业锅炉用煤按全硫指标($S_{t,d}$)分为 2 个等级，分别为 S1 级、S2 级，各产品等级对应的全硫指标要求见表 2。

表 2 煤粉工业锅炉用煤全硫等级与指标要求

全硫等级	S1	S2
指标要求 $S_{t,d}$/%	$S_{t,d}$≤0.50	0.50＜$S_{t,d}$≤1.00

3.2.3 其他指标要求

煤粉工业锅炉用煤的其他指标要求见表 3。

表 3 煤粉工业锅炉用煤其他指标要求

项目	单位	指标要求
全水分(M_t)	%	≤18.0
灰分(A_d)	%	≤16.00
挥发分(V_{daf})	%	≥28.00
磷含量(P_d)	%	≤0.100
氯含量(Cl_d)	%	≤0.150
砷含量(As_d)	μg/g	≤40
汞含量(Hg_d)	μg/g	≤0.600
可磨性指数(HGI)		≥50

3.3 煤粉工业锅炉用煤粉质量要求

3.3.1 发热量等级

煤粉工业锅炉用煤粉按发热量($Q_{net,ar}$)指标分为 3 个等级，分别为煤粉工业锅炉用煤粉 6500、煤粉工业锅炉用煤粉 6000、煤粉工业锅炉用煤粉 5500，各产品等级对应的发热量指标要求见表 4。

表 4 煤粉工业锅炉用煤粉发热量等级与指标要求

发热量等级	6500	6000	5500
指标要求 $Q_{net,ar}$/(MJ/kg)	≥27.17	≥25.08	≥22.99

3.3.2 全硫等级

煤粉工业锅炉用煤粉按全硫指标($S_{t,d}$)分为 2 个等级，分别为 S1 级、S2 级，各产品等级对应的全硫指标要求见表 5。

表 5 煤粉工业锅炉用煤粉全硫等级与指标要求

全硫等级	S1	S2
指标要求 $S_{t,d}$/%	$S_{t,d}$≤0.50	0.50<$S_{t,d}$≤1.00

3.3.3 其他指标要求

煤粉工业锅炉用煤粉其他指标要求见表 6。

表 6 煤粉工业锅炉用煤粉其他指标要求

项目	单位	指标要求
水分(M_{ar})	%	≤5.0
灰分(A_d)	%	≤12.00
挥发分(V_{daf})	%	≥28.00
细度(R_{90})	%	≤20.00
磷含量(P_d)	%	≤0.100
氯含量(Cl_d)	%	≤0.150
砷含量(As_d)	μg/g	≤40
汞含量(Hg_d)	μg/g	≤0.600

3.4 产品目录

煤粉工业锅炉用煤和煤粉工业锅炉用煤粉的产品目录参见附录 A。

3.5 其他

煤粉工业锅炉用煤如果是配煤，应符合 GB/T 25960 的要求。

煤粉工业锅炉用煤杂物控制的技术要求应符合 GB/T 31087 的要求。

4 试验方法

4.1 水分

煤的全水分(M_t)测定按照 GB/T 211 执行，煤粉的收到基水分(M_{ar})测定参照 GB/T 211 执行。

4.2 灰分、挥发分

煤的灰分、挥发分测定按照 GB/T 212 或 GB/T 30732 执行。

4.3 发热量

煤的发热量测定按照 GB/T 213 执行。

4.4 全硫

煤的全硫测定按照 GB/T 214 或 GB/T 25214 执行。

4.5 细度

煤粉细度的测定按照 DL/T 567.5 执行。

4.6 磷含量

煤中磷含量测定按照 GB/T 216 执行。

4.7 氯含量

煤中氯含量测定按照 GB/T 3558 执行。

4.8 砷含量

煤中砷含量测定按照 GB/T 3058 执行。

4.9 汞含量

煤中汞含量测定按照 GB/T 16659 或 SN/T 3511 执行。

4.10 可磨性指数

煤的可磨性指数(哈德格罗夫法)测定按照 GB/T 2565 执行。

4.11 煤中钾和钠含量

根据煤灰中钾和钠含量折算,煤灰中钾和钠含量的测定按照 GB/T 1574 执行。

4.12 煤灰熔融性温度

煤灰熔融性温度测定按照 GB/T 219 执行。

5 检验规则

5.1 组批

产品按批检验。

5.2 采样与制备

产品按 GB/T 475 或 GB/T 19494.1 的规定采取,按 GB/T 474 或 GB/T 19494.2 的规定制备。

5.3 出厂检验

生产企业、经销企业应按表 7 要求的检验项目进行出厂检验。

表 7 检验项目表

项目	出厂检验	型式检验
全水分	△	△
灰分	△	△
挥发分	△	△
发热量	△	△
全硫	△	△
细度		△
磷含量		△
氯含量		△
砷含量		△
汞含量		△
可磨性指数		△
煤中钾和钠含量(K+Na)		△
煤灰熔融性温度		△
注：△表示需要检测的项目。		

5.4 型式检验

5.4.1 下列情况时，应进行型式检验：

a) 新产品设计定型鉴定及批试生产定型鉴定；

b) 正式生产时，原料、工艺及设备发生变化；

c) 正式生产时，每半年或每换一批原料进行一次检验；

d) 批量生产间断、停产后又重新恢复生产时；

e) 国家或地方质量监督管理部门提出型式检验要求时。

5.4.2 型式检验项目应符合表 7 的要求。

5.5 判定规则

煤粉锅炉用煤质量按表 1～表 3 的规定进行判定，煤粉锅炉用煤粉质量按表 4～表 6 的规定进行判定，出厂检验和型式检验结果均符合要求时，则判定该批产品合格。

6 标识、运输及贮存

6.1 标识

6.1.1 生产和销售的商品煤应按 GB/T 25209 的规定进行标识。

6.1.2 标识作为商品煤流通的随行文件应包括但不限于如下内容：

——产品名称；

——数量；

——产地；

——标称最大粒度和外观描述；

——主要煤质指标：应包括但不限于第3章中规定的指标；

——其他：生产者或经销者的名称和地址，生产日期、批号，产品标准编号等。

6.1.3 标识应采用防水、防腐蚀、不易破损的材质制作，易于长期保持。

6.2 运输、贮存

煤粉工业锅炉用煤的运输、贮存应防尘、防雨、防潮，远离火源。

煤粉工业锅炉用煤粉的运输、贮存应防尘、防雨、防潮、防爆，远离火源。

附　录　A
（资料性附录）
产品目录

A.1　煤粉工业锅炉用煤产品目录

表 A.1 给出了煤粉工业锅炉用煤产品目录。煤粉工业锅炉用煤以“发热量等级＋全硫等级”的形式表示，产品编码方式按“MF-Q-S”进行，共计 6 个品种。

表 A.1　煤粉工业锅炉用煤产品目录

序号	名称	编码
1	煤粉工业锅炉用煤 5800-S1	MF-5800-S1
2	煤粉工业锅炉用煤 5800-S2	MF-5800-S2
3	煤粉工业锅炉用煤 5500-S1	MF-5500-S1
4	煤粉工业锅炉用煤 5500-S2	MF-5500-S2
5	煤粉工业锅炉用煤 5000-S1	MF-5000-S1
6	煤粉工业锅炉用煤 5000-S2	MF-5000-S2

A.2　煤粉工业锅炉用煤粉产品目录

表 A.2 给出了煤粉工业锅炉用煤粉产品目录。煤粉工业锅炉用煤粉以“发热量等级＋全硫等级”的形式表示，产品编码方式为“MFF-Q-S”进行，共计 6 个品种。

表 A.2　煤粉工业锅炉用煤粉产品目录

序号	名称	编码
1	煤粉工业锅炉用煤粉 6500-S1	MFF-6500-S1
2	煤粉工业锅炉用煤粉 6500-S2	MFF-6500-S2
3	煤粉工业锅炉用煤粉 6000-S1	MFF-6000-S1
4	煤粉工业锅炉用煤粉 6000-S2	MFF-6000-S2
5	煤粉工业锅炉用煤粉 5500-S1	MFF-5500-S1
6	煤粉工业锅炉用煤粉 5500-S2	MFF-5500-S2

ICS 23.100
J 70

中华人民共和国国家标准

GB/T 26136—2018
代替 GB/T 26136—2010

超高压水切割机

Ultra-high pressrue waterjet cutting machine

2018-12-28 发布　　2019-07-01 实施

国家市场监督管理总局
中国国家标准化管理委员会　发布

前　言

本标准按照 GB/T 1.1—2009 给出的规则起草。

本标准代替 GB/T 26136—2010《超高压水切割机》。与 GB/T 26136—2010 相比，除编辑性修改外主要技术变化如下：

——标准规定的范围修改为后混合式超高压水切割机，参数范围修改为 250 MPa～400 MPa(见第 1 章，2010 年版的第 1 章)；

——基本参数表根据范围进行了删减(见 3.2.1，2010 年版的第 3.2.1)；

——增加了“主机在额定压力和额定流量工况下运行，输出超高压水的压力波动应≤5%”的性能要求(见 4.2.1.4)；

——增加了“切割平台”的检验要求(见 4.2.2)；

——增加了“四轴联动切割头”的检验要求(见 4.2.3)；

——增加了“五轴联动切割头”的检验要求(见 4.2.4)；

——增加了“蓄能器、高压缸”累计运行时间的要求(见表 4)。

本标准由中国机械工业联合会提出。

本标准由全国喷射设备标准化技术委员会(SAC/TC 493)归口。

本标准起草单位：南京大地水刀股份有限公司、合肥通用机械研究院、广州华臻机械设备有限公司、沈阳奥拓福科技有限公司、上海狮迈科技有限公司。

本标准主要起草人：薛胜雄、陈波、武子全、李岳峰、陈正文、赵红军、张仕进、蒋镇汉。

本标准所代替标准的历次版本发布情况为：

——GB/T 26136—2010。

超高压水切割机

1 范围

本标准规定了后混合式超高压水切割机的型式、基本参数型号、技术要求、试验方法、标志、包装、贮存和运输。

本标准适用于额定输出压力为250 MPa～400 MPa的超高压水切割机(简称“水切割机”,其主机为超高压增压器或超高压泵)。

2 规范性引用文件

下列文件对于本文件的应用是必不可少的。凡是注日期的引用文件,仅注日期的版本适用于本文件。凡是不注日期的引用文件,其最新版本(包括所有的修改单)适用于本文件。

GB/T 3 普通螺纹收尾、肩距、退刀槽和倒角

GB/T 191 包装储运图示标志

GB/T 196 普通螺纹 基本尺寸

GB/T 197 普通螺纹 公差

GB/T 699 优质碳素结构钢

GB/T 700 碳素结构钢

GB/T 1220 不锈钢棒

GB/T 3077 合金结构钢

GB 5226.1 机械电气安全 机械电气设备 第1部分:通用技术条件

GB 5749 生活饮用水卫生标准

GB/T 13306 标牌

GB/T 14976 流体输送用不锈钢无缝钢管

GB/T 17421.1 机床检验通则 第1部分:在无负荷或精加工条件下机床的几何精度

3 型式、基本参数和型号

3.1 型式

水切割机由超高压发生设备(主机)、切割平台、切割执行机构及控制系统构成。水切割机的主机分液压驱动的增压器及超高压泵两种型式,原动机为电动机或柴油机。

3.2 基本参数和型号

3.2.1 基本参数

水切割机主机的基本参数宜按表1的规定。

表 1

额定压力/MPa	流量/(L/min)	额定功率/kW	额定压力/MPa	流量/(L/min)	额定功率/kW
250	2	15	350	1.5	15
	3	22		2	18.5
	4.5	30		3	30
	5.5	37		4	37
	7	45		5	45
	8.5	55		6	55
	11.5	75		8	75
300	2	18.5	400	1.5	15
	3	22		2	22
	4	30		3	30
	4.5	37		3.5	37
	6	45		4.5	45
	7	55		5.5	55
	9.5	75		7	75

3.2.2 型号

3.2.2.1 主机型号

主机按压力、功率和型式分类。特征代号用三位英文字母表示;压力代号为二位数,用额定压力(单位 MPa)除以 10 表示;功率代号用一至二位数(功率为含小数的数值时取整数部分)表示,单位 kW;型式用一位英文字母表示,增压器式为 Z,柱塞泵式为 B;递进码用一位英文字母(A、B、C……)表示,用于区分经过重大改进的同类产品。

主机型号表示方法如下:

×××-□-□-□-□

递进码:空白或 A、B、C……

型式:增压器式 Z,柱塞泵式 B

功率代号

压力代号

特征代号

示例:×××-30-22-Z-A 表示额定压力为 300 MPa、功率为 22 kW、型式为增压器式的 A 型主机。

3.2.2.2 切割平台型号

切割平台按 X 向与 Y 向行程分类。特征代号用三位英文字母表示;X 向行程代号和 Y 向行程代号分别用实际行程(单位mm)除以 100 表示;递进码用一位英文字母(A、B、C……)表示,用于区分经过重大改进的同类产品。

切割平台型号表示方法如下:

×××-□-□-□

- 递进码：空白或 A、B、C……
- Y 向行程代号
- X 向行程代号
- 特征代号

示例：×××-15-20-B 表示 X 向行程为 1 500 mm、Y 向行程为 2 000 mm 的 B 型切割平台。

4 技术要求

4.1 一般要求

4.1.1 水切割机应按规定程序批准的图样及文件制造。

4.1.2 水切割机的使用环境温度为 0 ℃～40 ℃。

4.1.3 水切割机在额定工况水槽降噪条件下，主机功率不大于 37 kW 时的噪声应≤90 dB(A)；主机功率不大于 45 kW 时的噪声应≤95 dB(A)。

4.1.4 主机型式为增压器式时应配置超高压蓄能器。

4.1.5 电气系统的设计和制造应符合 GB 5226.1 的有关规定，主机电气系统设计应满足既可单独控制，又可在控制台上对其实现控制。

4.1.6 主机应能无级调节工作压力，并配有压力检测显示装置。

4.1.7 主机泵进水压力应≥0.3 MPa，增压器的进水压力应≥0.5 MPa，主机进水应连续，无异常振动和断流现象。

4.1.8 主机进水应配有精密过滤装置，额定压力＞300 MPa 时，过滤精度不低于 1 μm，额定压力≤300 MPa 时，过滤精度不低于 5 μm。

4.1.9 进水水质应符合 GB 5749 的要求，水质硬度大于 450 mg/L 时，应按制造商规定的方法进行软化处理。

4.1.10 切割头应安装牢固，切割过程中不产生晃动及位移。

4.1.11 高压水开关阀应开关灵敏、无泄漏。

4.1.12 磨料供给系统应加装防回水装置，作业过程中不准许发生回水现象。磨料控制阀应开关灵敏、工作可靠。磨料供给应均匀、连续，无堵砂、断砂现象，磨料供给量可调节。

4.2 性能要求

4.2.1 基本要求

4.2.1.1 水切割机的工作压力与流量不得低于额定压力与流量的 90%。

4.2.1.2 主机应能在额定压力和额定流量工况下平稳运行，各静密封面处无泄漏，无异常声响与振动。

4.2.1.3 水切割机对试件的切割精度为±0.1 mm，试件切断面的斜度误差不应超过 0.05 mm。

4.2.1.4 主机在额定压力和额定流量工况下运行，输出超高压水的压力波动应≤5%。

4.2.1.5 喷嘴出流为集束射流，射流直线段不小于 50 mm。

4.2.2 切割平台

4.2.2.1 切割平台应运行平稳，无抖动和爬行现象。

4.2.2.2 运行速度应可调，最高运行速度应不小于 8 m/min。

4.2.2.3 几何精度应符合附录 A 表 A.1 中 G1～G6 的规定。

4.2.2.4 定位精度应符合表 A.1 中 G7 的规定。

4.2.2.5 重复定位精度应符合表 A.1 中 G8 的规定。

4.2.2.6 横向轴与纵向轴的运动精度应符合表 A.1 中 G9 的规定。

4.2.3 四轴联动切割头

4.2.3.1 旋转轴(C 轴)应运转平稳、灵活、可靠,无明显爬行、振动现象。

4.2.3.2 切割头圆跳动应符合表 A.1 中 G10 的规定。

4.2.3.3 C 轴定位精度应符合表 A.1 中 G11 的规定。

4.2.3.4 C 轴重复定位精度应符合表 A.1 中 G12 的规定。

4.2.4 五轴联动切割头

4.2.4.1 旋转轴与偏摆轴应运转平稳、灵活、可靠,无明显爬行、振动现象。

4.2.4.2 旋转接头应转动灵活,无泄漏。

4.2.4.3 切割头圆跳动应符合表 A.1 中 G13 的规定。

4.2.4.4 C 轴与 XY 平面的垂直度应符合表 A.1 中 G14 的规定。

4.2.4.5 A 轴与 C 轴的夹角偏差应符合表 A.1 中 G15 的规定。

4.2.4.6 A 轴与 B 轴的夹角偏差应符合表 A.1 中 G16 的规定。

4.2.4.7 B 轴与 C 轴的夹角偏差应符合表 A.1 中 G17 的规定。

4.2.4.8 B 轴与 C 轴的交点偏差应符合表 A.1 中 G18 的规定。

4.2.4.9 C 轴的定位精度应符合表 A.1 中 G19 的规定。

4.2.4.10 C 轴的重复定位精度应符合表 A.1 中 G20 的规定。

4.2.4.11 A 轴的定位精度应符合表 A.1 中 G21 的规定。

4.2.4.12 A 轴的重复定位精度应符合表 A.1 中 G22 的规定。

4.2.4.13 B 轴的定位精度应符合表 A.1 中 G23 的规定。

4.2.4.14 B 轴的重复定位精度应符合表 A.1 中 G24 的规定。

4.2.5 液压系统

4.2.5.1 液压系统在额定压力下工作时,所有焊缝和接合面应无渗漏。

4.2.5.2 液压系统在环境温度 0 ℃～40 ℃时可正常工作,额定工况下运行 1 h,液压系统温升应不超过 40 ℃,最高油温应不超过 65 ℃。

4.3 装配要求

4.3.1 检验合格后的零件方可装配,外购部件应有合格证才可装配。

4.3.2 装配前,各零件应清除毛刺并清洗干净。

4.3.3 装配时,所有的高压密封面应涂抹润滑脂,所有承受高压的螺纹应涂抹防咬死润滑脂。

4.3.4 螺纹连接件应使用力矩扳手按规定的力矩紧固。

4.3.5 对于使用时可能发生拆装的接头应采用明显的文字或图形标识,以防接错。

4.3.6 装配完成后,盘车检查,无卡阻现象。

4.4 主要零部件要求

4.4.1 主机承压件的材料要求

4.4.1.1 主机承压件的材料按图样规定选择。

4.4.1.2 所有承压件的材料力学性能应满足表 2 的规定。主机的使用温度低于 20℃(耐压试验温度)时,以较低的温度进行冲击试验,要同时满足表 2 中平均值和最小值的规定。

4.4.1.3 承压件材料应有化学成分和力学性能证明书,材料的化学成分和力学性能应符合 GB/T 699、GB/T 700、GB/T 1220 和 GB/T 3077 的规定。

表 2

类别	等级	拉伸试验						冲击试验		
		极限强度	屈服极限	伸长率		断面收缩率		试验温度 ℃	夏比冲击吸收功 J	
		MPa		%						
				轴向	切向	轴向	切向		平均值	最小值
锻件	A	700～850	>600	>17	>14	>45	>40	20	>20.6	>14.7
	B	>850～1 000	>750	>16	>13	>35	>30			
	C	>1 000～1 200	>900	>14	>12	>25	>22			
管子	a	800～900	>700	>17	>14	>50	>40	20	>20.6	>14.7
	b	>900～1 000	>800	>16	>13	>50	>40			
	c	>1 000～1 100	>900	>16	>12	>45	>35			

4.4.2 主机承压件的制造技术要求

4.4.2.1 密封面不应有划伤、凹陷等缺陷。

4.4.2.2 在承压零件上若有开孔和螺孔时,应考虑应力集中的影响。

4.4.2.3 主机所有承压零部件应进行耐压试验。

4.4.2.4 主机耐压试验应在设计温度下进行,试验介质为工作介质。

4.4.2.5 耐压试验压力按式(1)进行计算:

$$P_p = (1.1 \sim 1.25)P \qquad (1)$$

式中:

P——主机额定压力。

当试验压力达到规定值时,稳压保压时间不低于 30 min,保压期间不应渗漏。

4.4.3 切割平台

4.4.3.1 切割平台的驱动电动机为步进式或交流伺服式。

4.4.3.2 工作台水箱应设置溢流装置,以控制水箱水位。

4.4.3.3 运动机构应具有适当的防止灰尘和砂粒损害的防护装置。

4.4.3.4 切割平台应设置参考点(机械原点)、硬超程限位(机械限位)和软超程限位(电控限位)。

4.4.3.5 对于大规格工作台面(行程≥2 500 mm)的切割平台应配备手轮。

4.4.4 切割执行机构

4.4.4.1 磨料一般采用石英砂、石榴石等,粒度为 60 目～120 目。

4.4.4.2 超高压钢管采用无缝钢管,弯曲时采用冷弯工艺,钢管应符合 GB/T 14976 的有关规定。

4.4.4.3 超高压钢管管段螺纹应符合 GB/T 3、GB/T 196、GB/T 197 的有关规定。

4.4.4.4　超高压软管应进行不低于 1.5 倍工作压力下的耐压试验，爆破压力应不低于工作压力的 2.5 倍。

4.4.4.5　布置超高压硬管时，如需折弯，应采用冷弯工艺；超高压软管布置时弯曲半径不得小于该型软管允许的最小弯曲半径。

4.4.5　四轴、五轴联动切割头

4.4.5.1　旋转轴、偏摆轴等容易污损的部位应设防护罩。

4.4.5.2　旋转轴、偏摆轴应设置参考点(机械原点)。

4.4.5.3　旋转轴、偏摆轴在断电时应保持原位置不变。

4.5　可靠性要求

4.5.1　易损件在负荷下累计运行时间不低于表 3 的规定。

表 3

<table>
<tr><th>项目</th><th colspan="2">累计运行时间
h</th><th>项目</th><th>累计运行时间
h</th></tr>
<tr><td rowspan="2">往复动密封</td><td>250 MPa≤P<350 MPa</td><td>350 MPa≤P≤400 MPa</td><td>水喷嘴</td><td>50</td></tr>
<tr><td>400</td><td>300</td><td>磨料喷嘴</td><td>100</td></tr>
<tr><td>溢流阀组
(允许修复)</td><td colspan="2">500</td><td>进出水阀组
(允许修复)</td><td>500</td></tr>
</table>

4.5.2　蓄能器和高压缸在负荷下累计运行时间不低于表 4 的规定。

表 4

项目	累计运行时间 h	项目	累计运行时间 h
蓄能器	3 000	高压缸	6 000

4.6　安全要求

4.6.1　整体要求

4.6.1.1　主机安全阀应开启灵敏，其开启压力为 1.05 倍～1.1 倍额定压力。

4.6.1.2　主机配有安全爆破元件时，爆破压力为 1.1 倍～1.25 倍额定压力。

4.6.1.3　主机上及工作控制台上应设置紧急停止按钮，确保快速切断总电源。

4.6.1.4　设备电气通路上应设有断路器，出现过电压情况断路器应能自动断电。

4.6.1.5　主机的安全监控系统至少包括：超压报警、油温超温报警和进水欠压报警。

4.6.1.6　主机应配有卸压装置，当主机或切割头发生故障时，应停机，卸压后再进行维修。

4.6.1.7　切割头上应设置防溅板。

4.6.1.8　对于操作、维护不当时可能发生人身或设备损伤的位置，应设置明显的警告标识。

4.6.1.9　水切割机应安装闪电牌、接地标志牌、插头标示牌和使用电压提示牌、不可带电插拔提示牌、接地提示牌、夹手危险标识牌等，切割头处应有切断危险标识，工作台醒目地方应有戴手套、护目镜、听力

保护提醒标识。

4.6.2 超高压管

4.6.2.1 超高压软管接头应有钢丝柔性扣以防脱离伤人。

4.6.2.2 人工操作处 1 m 范围内的高压管应采取护管防护。所有超高压管路接头处应有安全泄漏孔。

4.6.2.3 主机、切割平台间外露的超高压硬管连接处应有管夹固定。

4.6.3 电气设备

4.6.3.1 水切割机电柜内所有外露带电部件的直接触电防护等级应达到 IP2X,符合 GB 5226.1 的规定。

4.6.3.2 水切割机的电气耐压(泄漏电流、抗电强度)试验应符合 GB 5226.1 的规定。

4.6.3.3 水切割机的绝缘电阻应符合 GB 5226.1 的规定。

4.6.3.4 主机中所有电机防护等级不得低于 IP44。

4.6.3.5 主机、切割平台、控制柜应可靠接地,接地电路的连续性应符合 GB 5226.1 的规定。

4.7 外观要求

4.7.1 外观表面不应有任何损伤、磕碰现象。

4.7.2 各种标牌、标识应清晰、醒目,安装牢固。

4.7.3 易锈蚀表面应涂防锈漆及外观漆,漆层光亮、平整且无色差。

4.7.4 高压管线走管整齐,弯曲半径统一,用管夹妥善固定,各种电气连接、电缆应整齐排列,用管夹固定,不得有折叠、扭弯等现象。

5 试验方法

5.1 试验条件

5.1.1 水切割机作为一个系统,其试验可独立进行。

5.1.2 试验介质为 0 ℃~40 ℃的软化水。

5.1.3 测量用仪器、仪表误差应符合表 5 的要求,所有测量用仪器、仪表应在有效期内,并有计量部门的检定合格证。

表 5

参数	型式与抽查试验的相对极限误差 %	出厂试验的相对极限误差 %
往复次数	±0.5	±1.0
压力	±1.0	±2.5
流量	±2.0	±2.0
泵的输入功率	±2.0	±2.5
温度	±2.0	±2.0
噪声	±2.0	±2.0
时间	±0.5	±0.5

5.1.4 试验时,在确认设备运转达到稳定工况后,所有仪表读数应同时读出和记录,每个被测参数的测量次数应不少于3次,取算术平均值为测量值。

5.2 性能试验

5.2.1 基本参数试验

通过压力显示装置观察水切割机的压力,使用溢出法检测水切割机的流量。主机压力波动检测

主机在额定压力和额定流量工况下运行,在高压水输出端安装压力变送器,通过数据采集卡将检测数据记录在PC电脑上。压力波动的计算为:[(最高压力－最低压力)/最高压力]×100%。

5.2.2 切割精度检测

在切割平台上切割5mm厚的Q235-A钢板,形状为ϕ100 mm的圆或边长为100 mm的正方形,当切割平台调试稳定后,测量所切圆直径或正方形边长。

5.2.3 切割平台和切割头的精度检测

按表A.1规定的项目和方法进行。

5.2.4 切割执行机构试验

5.2.4.1 在额定工况下,试验并观察喷嘴射流的长度。

5.2.4.2 观察磨料供给系统的工作情况,应符合4.1.12的规定。连续供砂试验不少于10 min,磨料控制阀开、关次数应不少于10次。

5.2.4.3 观察高压水开关阀的工作情况,开关阀应灵敏,无泄漏,开关次数不少于10次。

5.2.5 液压系统试验

主机在额定工况下连续运行1 h后,检测液压油的温度和温升。

5.3 安全性检验

5.3.1 配置与标识

观察水切割机的安全防护装置的配置与标识。

5.3.2 安全阀试验

安全阀应在主机运转时进行试验和调整。逐渐提高主机压力,安全阀应在4.6.1.1规定的压力下灵敏动作,试验应不少于3次。

5.3.3 爆破膜安全阀试验

爆破膜安全阀的试验在主机运行时进行。逐渐提高主机压力,爆破膜安全阀应在4.6.1.2规定的压力下爆破,制造时每批按10%进行抽样试验。

5.4 噪声检测

噪声检测在水切割机额定工况下运行时进行。传声器应面向水切割机噪声源,并与水平面平行;传声器距离地面高度为1 500 mm,距水切割机外围1 000 mm,选择不少于3个方向的点测量,测量的最大读数值作为该水切割机的噪声声压极值。

5.5 外观检验

用目测法检验水切割机的外观质量。

5.6 试运转试验

5.6.1 主机试运转试验

5.6.1.1 试运转主要是检查主机的制造质量并对其进行跑合。

5.6.1.2 试运转包括轻载和升载试验,轻载试验应在系统压力为 100 MPa 的条件下进行,试验不少于 1 h,升载试验压力从 100 MPa 逐渐上升到额定压力的过程中进行,全压力范围每 20 MPa 为一个压力级进行升载试验。

5.6.1.3 试运转中主机的噪声、振动、温升、泄漏和所有保护装置应正常。

5.6.1.4 主机试运转的时间应不少于 16 h。

5.6.2 切割平台试运转试验

切割平台的各项试验分别进行手动功能和自动功能操作,重复操作不少于 5 次,各项功能部件应灵活、可靠、准确,然后对其进行连续运转试验,即:输入一自动循环程序,程序中应含切割平台的所有功能和全部工作范围,各次自动循环之间休止时间不得超过 1 min,连续空运转时间不得少于 16 h,整个运转过程中不应发生故障。

5.7 累积运转试验

5.7.1 累积运转试验应在额定工况下进行,累积运转试验时间的累加总和不少于 50 h。

5.7.2 试验时,每 4 h 测量一次压力、流量、温升。

5.7.3 试验时,系统压力应保持在额定压力。若低于额定压力 10%,且不能恢复时,应停止试验。首先更换喷嘴,机组压力可恢复至额定压力时,则喷嘴判废,继续试验。若更换喷嘴后,不能恢复至额定压力,则应检查密封副、进出水阀,确定其是否应判作废或更换,此时累计运转时间即为该易损件寿命。

5.7.4 试验后,记录泵主要运动副的磨损数据,并与试验前的数据比较。

6 检验规则

6.1 检验项目

水切割机各类检验项目按表 6 的规定进行。

6.2 出厂检验

6.2.1 每台水切割机应经质量检验部门检验合格,并附有产品合格证方可出厂。

6.2.2 出厂检验中,具体检验项目如有不合格,允许一次修整,如仍不合格,则判此水切割机不合格。

6.3 抽样检验

成批生产的水切割机每 10 台应取 1 台进行抽样检验,如检验结果不合格应加倍台数重检,如仍有不合格则应逐台检验。

6.4 型式检验

6.4.1 有下列情况之一时,应进行型式检验:

a） 新产品试制定型鉴定；

b） 正式生产后，如结构、材料、工艺等有较大改变可能影响产品性能时；

c） 停产 2 年后又恢复生产时；

d） 国家质量监督机构提出进行型式检验的要求时。

6.4.2 4.6 规定指标需一次性合格，其他项目如有不合格项，允许修整后复测，如仍不合格，则判本次型式检验不合格。

表 6

检验项目	要求	方法	出厂检验	抽样检验	型式检验
性能检验	4.2	5.2	√	√	√
安全性检验	4.6	5.3	√	√	√
噪声测试	4.1.3	5.4	√	√	√
外观检验	4.7	5.5	√	√	√
试运转检验	4.2.1.2	5.6	×	√	√
累积运转检验	4.2、4.5	5.7	×	×	√
注：√表示需进行；×表示不进行。					

7 标志、包装、贮存和运输

7.1 标志

7.1.1 标志应位于明显位置。

7.1.2 产品标牌应符合 GB/T 13306 的规定。

7.1.3 标牌的内容至少包括下列内容：

a） 产品的型号和名称；

b） 主要技术参数；

c） 制造商名称；

d） 出厂编号和生产日期；

e） 产品执行标准编号。

7.2 包装

7.2.1 主机、切割平台和控制部分应分别包装。所有部件都应包装，以防止有害物质的侵蚀和外来物质的进入。

7.2.2 产品分部件包装，内包装为塑料罩，外包装为木箱或简易钢结构焊接件。

7.2.3 包装内应附带下列文件，并封存在防水的袋内：

a） 产品合格证；

b） 使用说明书，内容应包括技术规格、安全事项、安装规程、主机调试与运行的方法步骤、控制面板基本操作、低压水系统、液压系统、电气系统、高压水系统、维护与维修措施等内容；

c） 易损件及备件清单；

d） 电气接线图；

e） 装箱单；

f） 基础布局图；

g) 紧急医疗处置卡。

7.2.4 包装图示标志应符合 GB/T 191 的规定,标志内容包括:

a) 产品名称和型号;

b) 重量和装箱日期;

c) 印有"向上""怕湿""小心轻放"等标志;

d) 制造商名称、地址、电话。

7.3 贮存和运输

7.3.1 水切割机应存放在干燥通风处。

7.3.2 运输过程中,应有防压、防潮措施。

7.3.3 应安装起吊装置,如起吊环,以方便进行安全运输。

附 录 A
（规范性附录）
切割平台检验要求

切割平台的检验要求按照表 A.1 执行。

表 A.1

序号	简图	检验项目	允差	检验工具	检验方法(按照GB/T 17421.1的有关规定)
G1	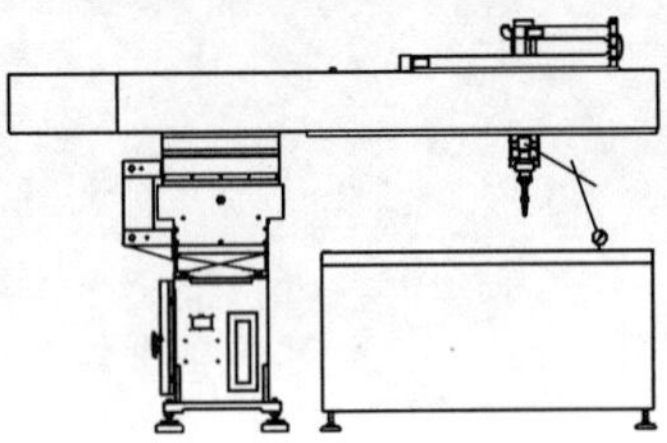	工作台的平面度	1 000 mm 测量长度上为 0.5 mm	平尺、量块、等高块或精密水平仪	工作台的长边值确定误差
G2	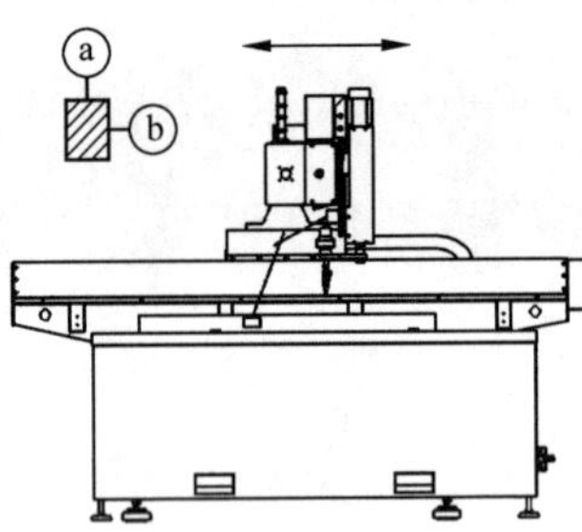	切割头纵向移动在垂直平面 a 内的直线度及水平面 b 内的直线度	行程≤1 000 mm，0.08 mm；1 000 mm<行程≤2 500 mm，0.15 mm；行程>2 500 mm，0.25 mm	指示器平尺	工作台面置一精确平尺，将指示器固定在切割头支架上，使其探头触及平尺平面上，调整平尺，使指示器在平尺两端的读数相等，移动滑台在全部行程上检验，a 在垂直平面内，b 在水平面内，a、b 误差分别计算，以指示器读数的最大代数差值为误差值
G3	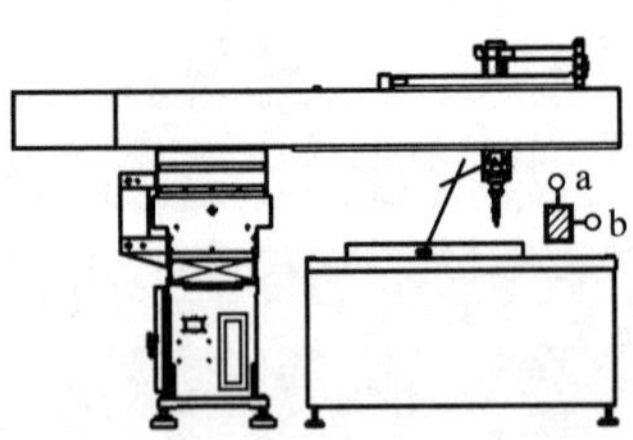	切割头横向移动在垂直平面 a 内的直线度及水平面 b 内的直线度	行程≤1 000 mm，0.08 mm；1 000 mm<行程≤2 500 mm，0.15 mm；行程>2 500 mm，0.25 mm	指示器平尺	工作台面置一精确平尺，将指示器固定在切割头支架上，使其探头触及平尺平面上，调整平尺，使指示器在平尺两端的读数相等，移动滑板在全部行程上检验，a 在垂直平面内，b 在水平面内，a、b 误差分别计算，以指示器读数的最大代数差值为误差值
G4	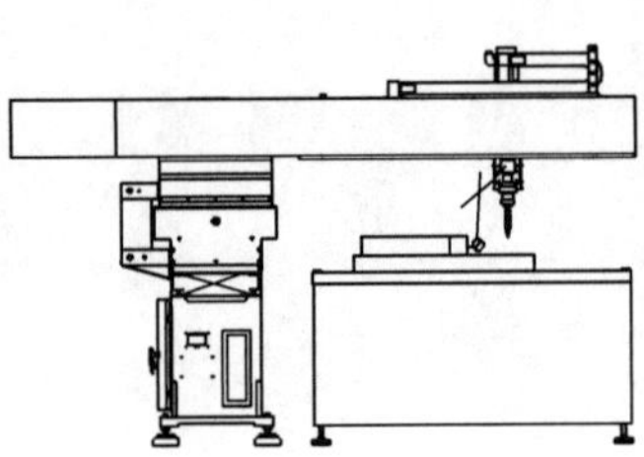	切割头横向移动对纵向移动的垂直度	行程≤1 000 mm，0.05 mm	指示器角尺	角尺置于工作台面，指示器固定在切割头支架上，调整角尺，使得角尺一侧面与平台纵向移动方向平行，将指示器测头触及角尺另一测面，横向移动测头，指示器在角尺两端的读数差值为误差值

表 A.1（续）

序号	简图	检验项目	允差	检验工具	检验方法(按照 GB/T 17421.1 的有关规定)
G5	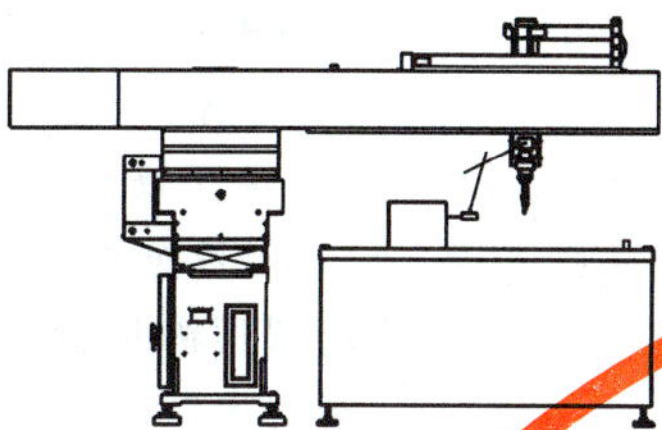	切割头垂向移动对横向移动的垂直度	0.04 mm/400 mm	方箱、指示器	方箱置于工作台面，指示器固定在切割头支架上，调整方箱，使得方箱上表面与平台横向移动方向平行、方箱侧表面与横向移动方向垂直，将指示器测头触及方箱与横向移动方向垂直面，垂向移动测头，指示器在方箱两端的读数差值为误差值
G6	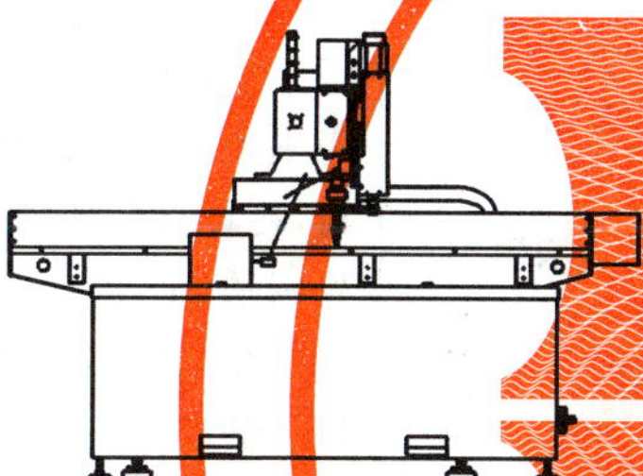	切割头垂向移动对纵向移动的垂直度	0.04 mm/400 mm	方箱、指示器	方箱置于工作台面，指示器固定在切割头支架上，调整方箱，使得方箱上表面与平台纵向移动方向平行、方箱侧表面与纵向移动方向垂直，将指示器测头触及方箱另一测面，垂向移动测头，指示器在方箱两端的读数差值为误差值
G7	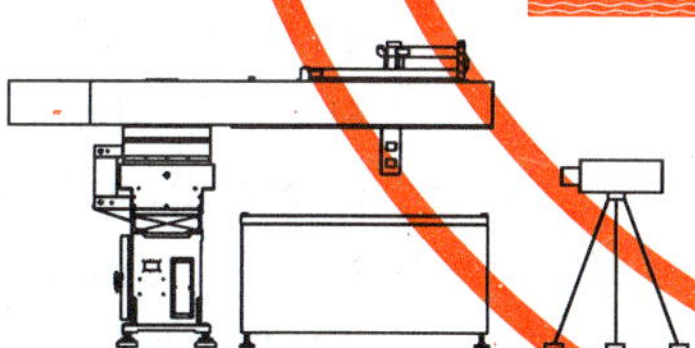	定位精度	a:0.08 mm b:0.08 mm c:0.03 mm	激光干涉仪	在所测轴向上架设激光干涉仪，调整光束保证信号强度，设置测试参数。切割平台运行检测程序，激光干涉仪采集数据，对数据进行分析得出定位精度。a:横向；b:纵向；c:垂向。横向、纵向和垂向分别检测
G8	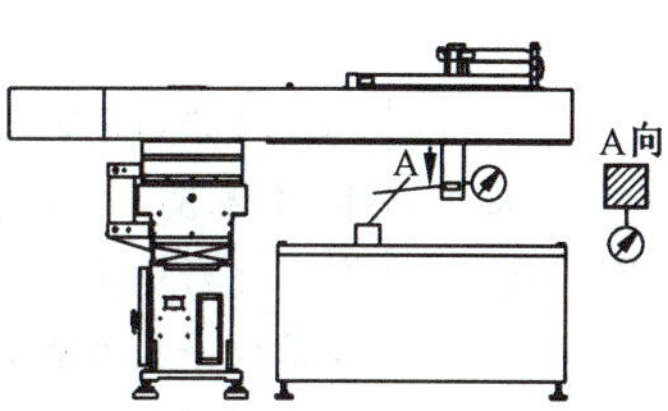	重复定位精度	a:0.03 mm b:0.03 mm c:0.02 mm	指示器	固定指示器，使其探头触及切割头支架，纵向、横向、垂向分别移动 7 次，使其离开指示器一定距离后再返回，a:横向；b:纵向；c:垂向。横向、纵向和垂向分别测量误差，分别计算，记录指示器读数的最大差值。a、b 在平台行程中间及靠近两端三个位置进行检验，以三个值中最大为误差值

表 A.1(续)

序号	简图	检验项目	允差	检验工具	检验方法(按照GB/T 17421.1 的有关规定)
G9	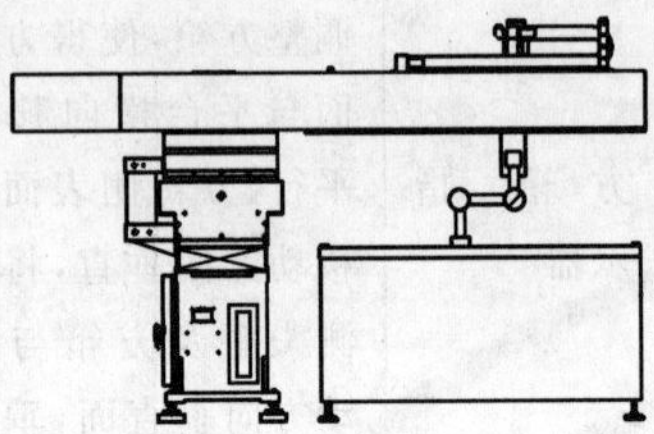	运动精度(圆度)	0.166 mm	球杆仪	固定球杆仪中心定位球,对好中心点,设置测量参数,切割平台运行检测程序,球杆仪进行数据采集,对数据进行分析,得出圆度测量值。检测时运动半径为 150 mm,速度为3 000 mm/min
G10	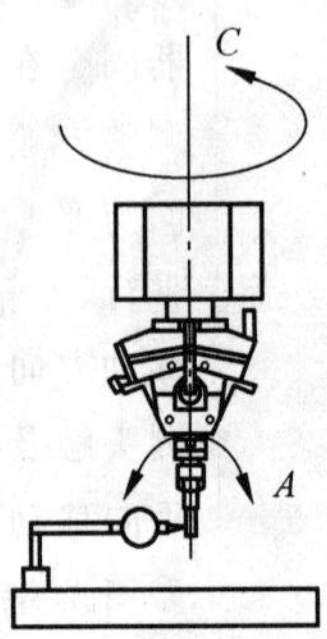	切割头圆跳动	0.10 mm	指示器	调整并固定切割头,使其为垂直状态;调整指示器,使其测头触及切割头外圆表面,转动 C 轴一周,指示器读数的最大差值为误差值
G11	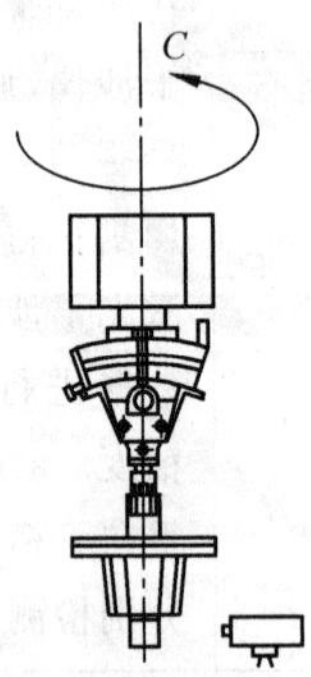	C 轴定位精度	0.7°	回转轴校准装置	架设激光干涉仪,如图所示安装回转轴校准装置和干涉镜,调整光束保证信号强度,设置测试参数。运行检测程序,激光干涉仪采集数据,对数据进行分析得出定位精度值
G12	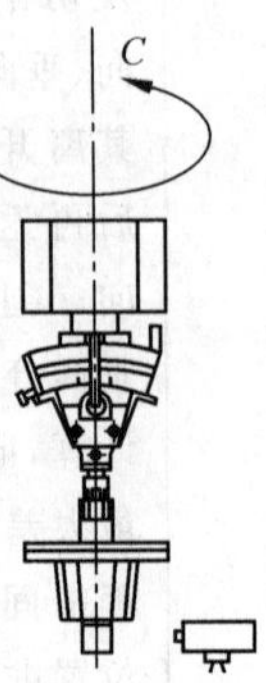	C 轴重复定位精度	0.3°	回转轴校准装置	架设激光干涉仪,如图所示安装回转轴校准装置和干涉镜,调整光束保证信号强度,设置测试参数。运行检测程序,激光干涉仪采集数据,对数据进行分析得出重复定位精度值

表 A.1（续）

<table>
<tr><th>序号</th><th>简图</th><th>检验
项目</th><th>允差</th><th>检验
工具</th><th>检验方法(按照
GB/T 17421.1 的有关规定)</th></tr>
<tr><td rowspan="2">G13</td><td>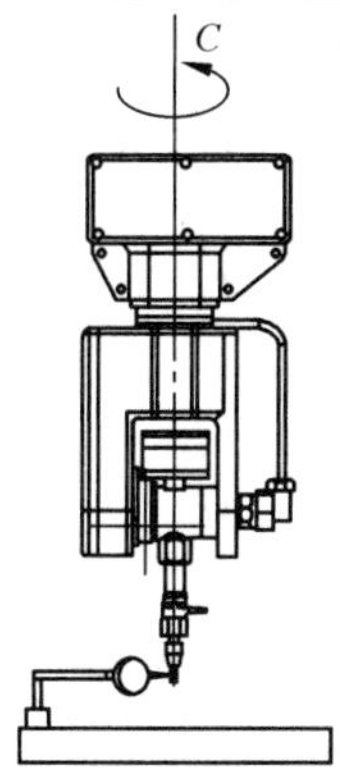
A 轴与 C 轴夹角为 90°</td><td rowspan="2">切割头圆跳动</td><td rowspan="2">0.06 mm</td><td rowspan="2">指示器</td><td rowspan="2">调整 A 轴或 B 轴，使切割头为垂直状态；调整指示器，使其测头触及切割头外圆表面，转动 C 轴一周，指示器读数的最大差值为误差值</td></tr>
<tr><td>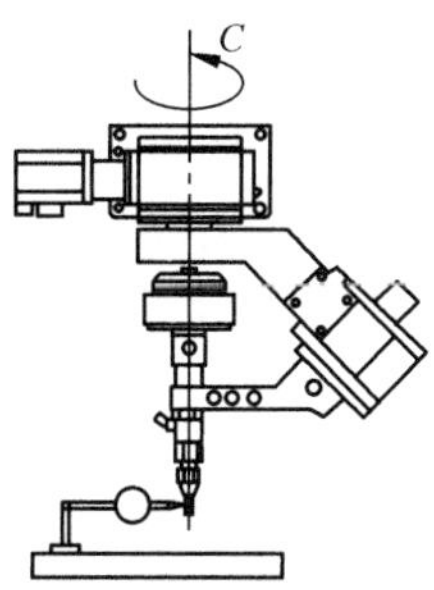
B 轴与 C 轴夹角为 45°</td></tr>
<tr><td rowspan="2">G14</td><td>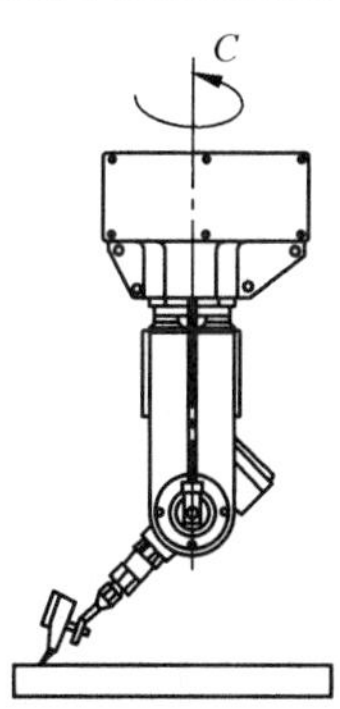
A 轴与 C 轴夹角为 90°</td><td rowspan="2">C 轴与 XY 平面的垂直度</td><td rowspan="2">0.04 mm/
ϕ400 mm</td><td rowspan="2">平板、杠杆表</td><td rowspan="2">将平板放置在工作台上，调整平板，使其表面与 X 轴、Y 轴平行，将杠杆表支架安装在切割头处，转动 A 轴，调整切割头轴线与 C 轴的夹角，使杠杆表的测头与 C 轴中心距约为 200 mm，旋转 C 轴 360°，杠杆表的读数差值为误差值</td></tr>
<tr><td>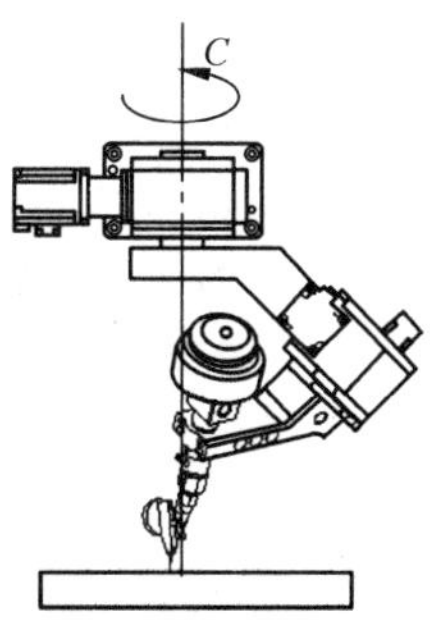
B 轴与 C 轴夹角为 45°</td></tr>
</table>

表 A.1（续）

序号	简图	检验项目	允差	检验工具	检验方法(按照GB/T 17421.1 的有关规定)
G15	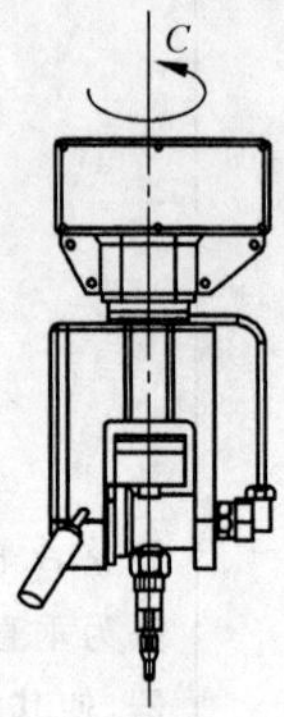 检测 *C* 轴 *A* 轴与 *C* 轴夹角为 90° 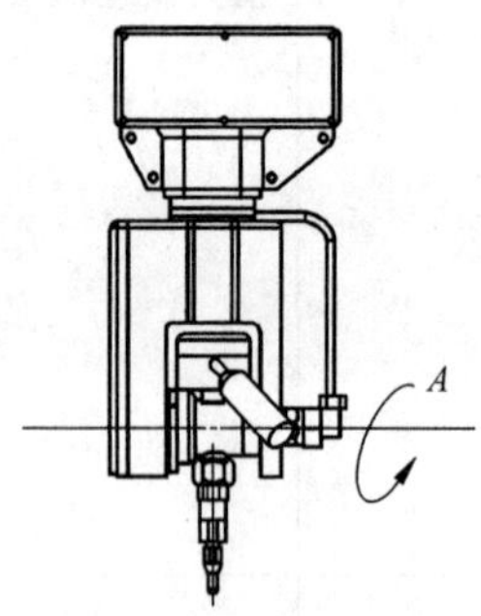 检测 *A* 轴 *A* 轴与 *C* 轴夹角为 90°	*A* 轴与 *C* 轴夹角偏差	±120″	关节臂	将测量座(固定点)吸附在机构侧面上，*C* 轴旋转 360°，*A* 轴旋转 180°，分多次旋转，每次都用关节臂打在固定点，分别构造 *C* 轴和 *A* 轴轴线。两轴线的夹角与理论值 90°的偏差为误差值
G16	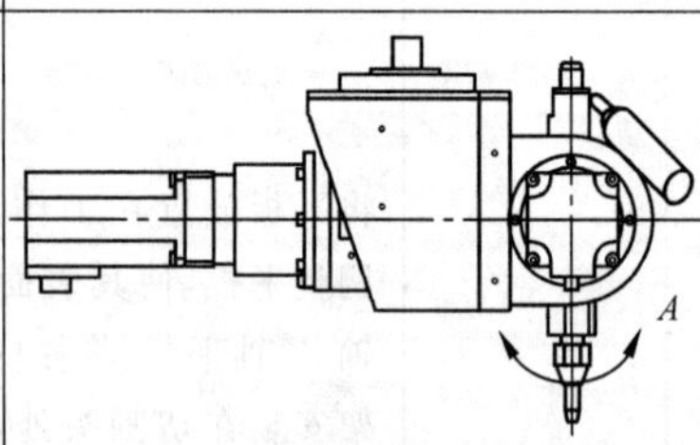 检测 *A* 轴 *A* 轴与 *B* 轴夹角为 90° 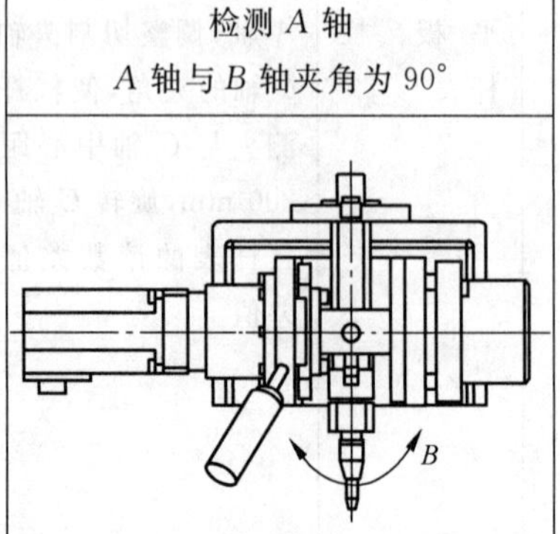 检测 *B* 轴 *A* 轴与 *B* 轴夹角为 90°	*A* 轴与 *B* 轴夹角偏差	±240″	关节臂	将测量座(固定点)吸附在机构上(如图所示)，*A*、*B* 轴分别旋转±10°，分多次旋转，每次都用关节臂打在固定点，分别构造 *A* 轴和 *B* 轴轴线。两轴线的夹角与理论值 90°的偏差为误差值

表 A.1（续）

序号	简图	检验项目	允差	检验工具	检验方法（按照 GB/T 17421.1 的有关规定）
G17	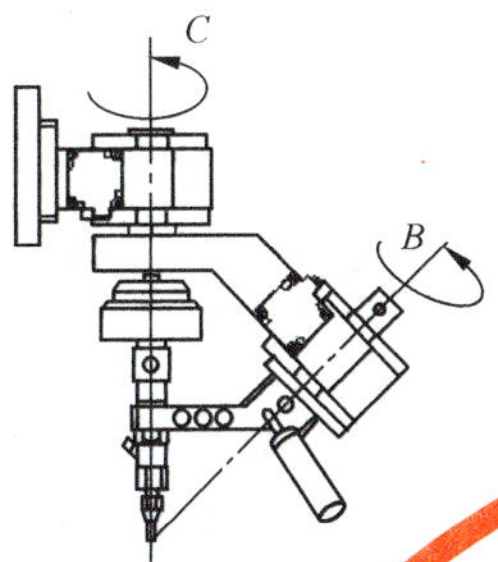 *B* 轴与 *C* 轴夹角为 45°	*B* 轴与 *C* 轴夹角偏差	±240″	关节臂	将测量座（固定点）吸附在机构侧面上，*C* 轴旋转 360°，*B* 轴旋转 180°，分多次旋转，每次都用关节臂打在固定点，分别构造 *C* 轴和 *A* 轴轴线。两轴线的夹角与理论值 45° 的偏差为误差值
G18	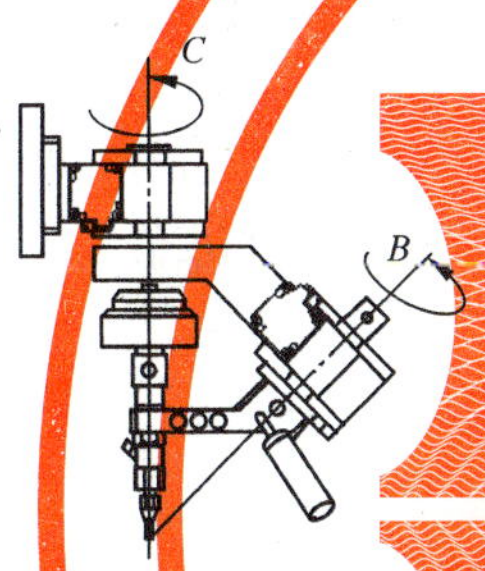 *B* 轴与 *C* 轴夹角为 45°	*B* 轴与 *C* 轴交点偏差	0.06 mm	关节臂	将测量座（固定点）吸附在机构侧面上，*C* 轴旋转 360°，*B* 轴旋转 180°，分多次旋转，每次都用关节臂打在固定点，分别构造 *C* 轴和 *A* 轴轴线。*C* 轴与 *A* 轴两轴线的最短距离为误差值
G19	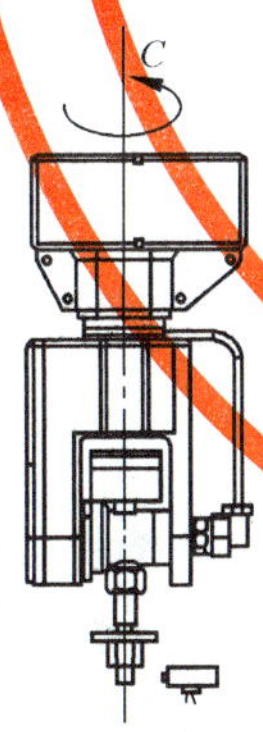 *A* 轴与 *C* 轴夹角为 90°	*C* 轴定位精度	±60″	回转轴校准装置	架设激光干涉仪，如图所示安装回转轴校准装置和干涉镜，调整光束保证信号强度，设置测试参数。运行检测程序，激光干涉仪采集数据，对数据进行分析得出定位精度值
	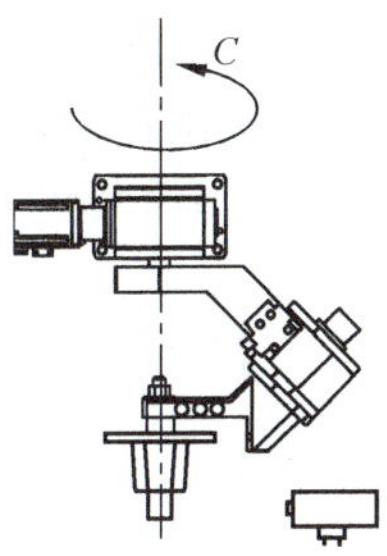 *B* 轴与 *C* 轴夹角为 45°		±120″		

表 A.1（续）

<table>
<tr><th>序号</th><th>简图</th><th>检验
项目</th><th>允差</th><th>检验
工具</th><th>检验方法(按照
GB/T 17421.1 的有关规定)</th></tr>
<tr><td rowspan="2">G20</td><td>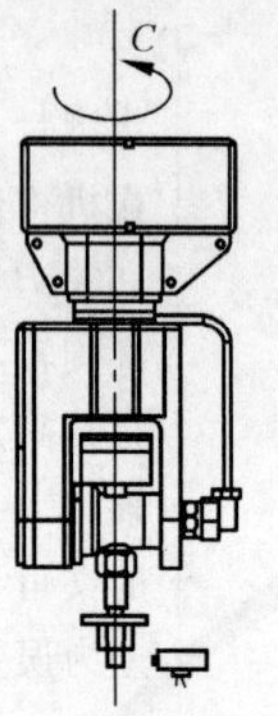
A 轴与 C 轴夹角为 90°</td><td rowspan="2">C 轴重复定位精度</td><td>±30″</td><td rowspan="2">回转轴校准装置</td><td rowspan="2">架设激光干涉仪，如图所示安装回转轴校准装置和干涉镜，调整光束保证信号强度，设置测试参数。运行检测程序，激光干涉仪采集数据，对数据进行分析得出重复定位精度值</td></tr>
<tr><td>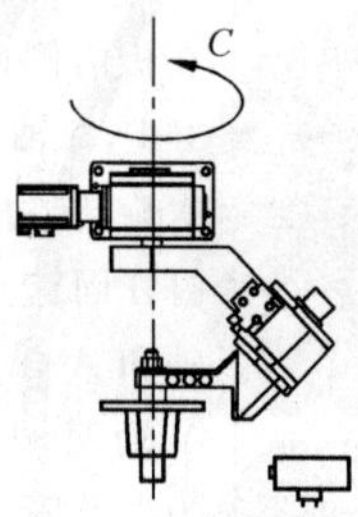
B 轴与 C 轴夹角为 45°</td><td>±60″</td></tr>
<tr><td rowspan="2">G21</td><td>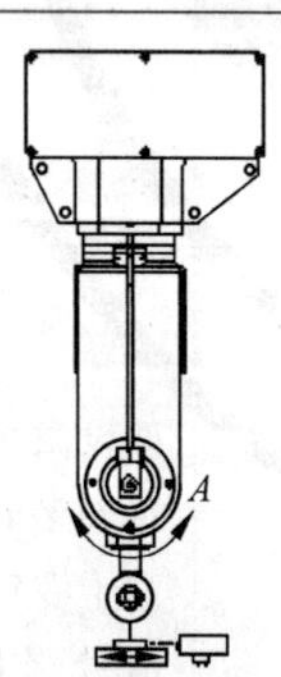
A 轴与 C 轴夹角为 90°</td><td rowspan="2">A 轴定位精度</td><td>±60″</td><td rowspan="2">回转轴校准装置</td><td rowspan="2">架设激光干涉仪，如图所示安装回转轴校准装置，将干涉镜安装在移动工作台上，调整光束保证信号强度，设置测试参数。运行检测程序，激光干涉仪采集数据，对数据进行分析得出定位精度值</td></tr>
<tr><td>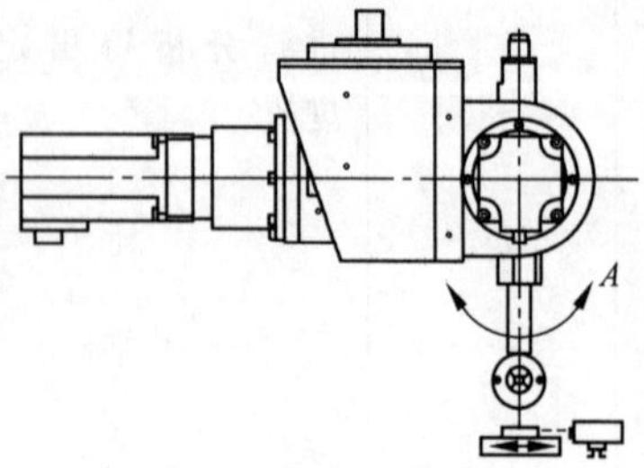
A 轴与 B 轴夹角为 90°</td><td>±180″</td></tr>
</table>

表 A.1（续）

<table>
<tr><th>序号</th><th>简图</th><th>检验项目</th><th>允差</th><th>检验工具</th><th>检验方法(按照 GB/T 17421.1 的有关规定)</th></tr>
<tr><td rowspan="2">G22</td><td>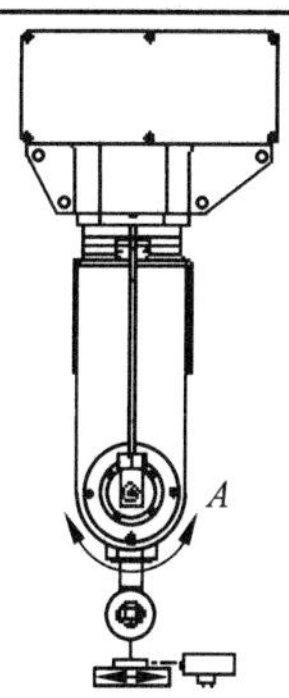

A 轴与 C 轴夹角为 90°</td><td rowspan="2">A 轴重复定位精度</td><td>±30″</td><td rowspan="2">回转轴校准装置</td><td rowspan="2">架设激光干涉仪，如图所示安装回转轴校准装置，将干涉镜安装在移动工作台上，调整光束保证信号强度，设置测试参数。运行检测程序，激光干涉仪采集数据，对数据进行分析得出重复定位精度值</td></tr>
<tr><td>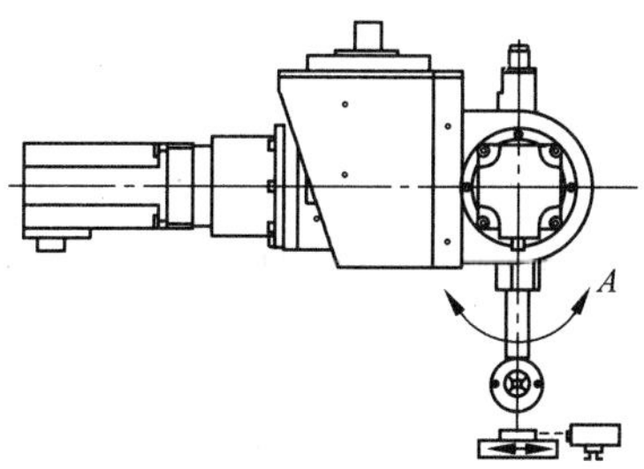

A 轴与 B 轴夹角为 90°</td><td>±90″</td></tr>
<tr><td rowspan="2">G23</td><td>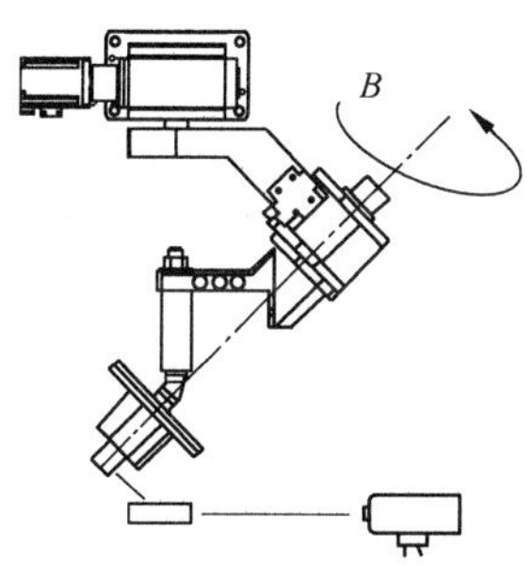

B 轴与 C 轴夹角为 45°</td><td rowspan="2">B 轴定位精度</td><td>±120″</td><td rowspan="2">回转轴校准装置</td><td rowspan="2">架设激光干涉仪，如图所示安装回转轴校准装置、旋转镜和干涉镜，调整光束保证信号强度，设置测试参数。运行检测程序，激光干涉仪采集数据，对数据进行分析得出定位精度值</td></tr>
<tr><td>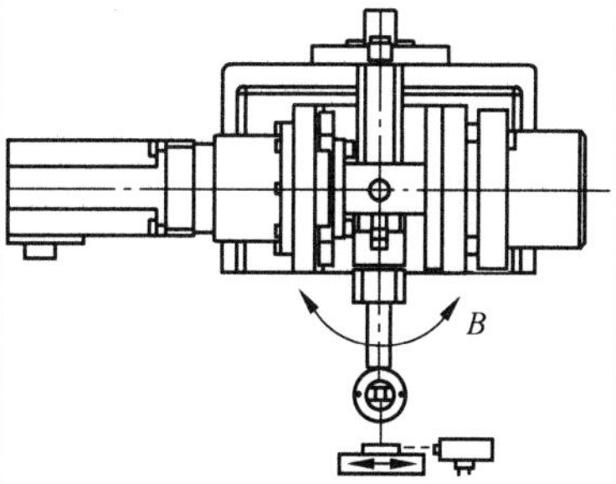

A 轴与 B 轴夹角为 90°</td><td>±180″</td></tr>
</table>

表 A.1（续）

<table>
<tr><th>序号</th><th>简图</th><th>检验项目</th><th>允差</th><th>检验工具</th><th>检验方法（按照 GB/T 17421.1 的有关规定）</th></tr>
<tr><td rowspan="2">G24</td><td>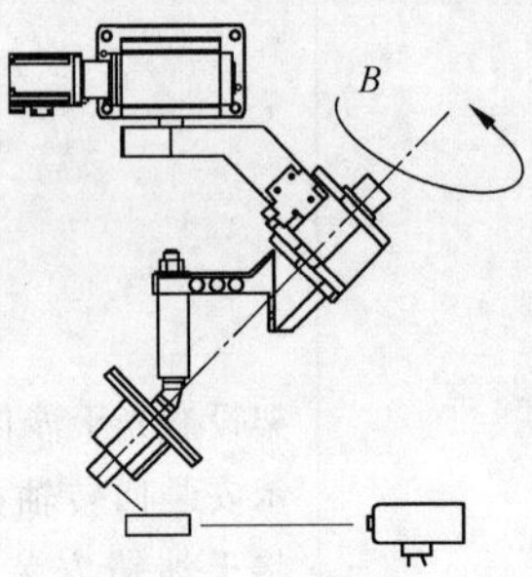

B 轴与 C 轴夹角为 45°</td><td rowspan="2">B 轴重复定位精度</td><td>±60″</td><td rowspan="2">回转轴校准装置</td><td rowspan="2">架设激光干涉仪，如图所示安装回转轴校准装置，将干涉镜安装在移动工作台上，调整光束保证信号强度，设置测试参数。运行检测程序，激光干涉仪采集数据，对数据进行分析得出重复定位精度值</td></tr>
<tr><td>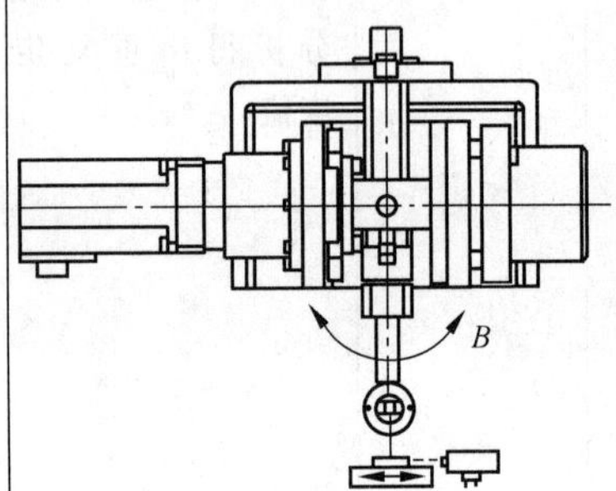

A 轴与 B 轴夹角为 90°</td><td>±90″</td></tr>
</table>

ICS 29.035.20
K 15

中华人民共和国国家标准

GB/T 26168.1—2018/IEC 60544-1:2013
代替 GB/T 26168.1—2010

电气绝缘材料 确定电离辐射的影响 第1部分:辐射相互作用和剂量测定

Electrical insulating materials—Determination of the effects of ionizing radiation—Part 1: Radation interaction and dosimetry

(IEC 60544-1:2013,IDT)

2018-06-07 发布 2019-01-01 实施

国家市场监督管理总局
中国国家标准化管理委员会 发布

前　言

GB/T 26168《电气绝缘材料　确定电离辐射的影响》分为以下部分：

——第1部分：辐射相互作用和剂量测定；

——第2部分：辐照和试验程序；

——第3部分：辐射环境下的应用分级体系；

——第4部分：运行中老化的评定程序。

本部分为GB/T 26168的第1部分。

本部分按照GB/T 1.1—2009给出的规则起草。

本部分代替GB/T 26168.1—2010《电气绝缘材料　确定电离辐射的影响　第1部分：辐射相互作用和剂量测定》，与GB/T 26168.1—2010相比主要技术内容变化如下：

——修改了规范性引用文件（见第2章，2010年版的第2章）；

——将"4.1 辐射场的评估"修改为"4.1 概述"（见4.1，2010年版的4.1）；

——删除了4.2和4.3（2010年版的4.2和4.3）；

——将4.3.1、4.3.1.1、4.3.1.2和4.3.2依次顺延为4.2～4.5（见4.2～4.5，2010年版的4.3.1、4.3.1.1、4.3.1.2和4.3.2）；

——增加了"辐射装置对材料样品性能评估的影响"（见第5章）；

——修改了第5章～第7章的内容（见第6章～第8章，2010年版的第5章～第7章）；

——增加了第9章"监测辐射"（见第9章）；

——修改了附录A。将"附录A 带电粒子平衡厚度"修改为"在相互作用和剂量计中辐射的化学反应"（参见附录A，2010年版的附录A）；

——删除了附录B（见2010年版的附录B）。

本部分使用翻译法等同采用IEC 60544-1:2013《电气绝缘材料　确定电离辐射的影响　第1部分：辐射相互作用和剂量测定》。

与本部分中规范性引用的国际文件有一致性对应关系的我国文件如下：

——GB/T 26168.2—2018《电气绝缘材料　确定电离辐射的影响　第2部分：辐照和试验程序》（IEC 60544-2:2013，IDT）；

——GB/T 26168.3—2010《电气绝缘材料　确定电离辐射的影响　第3部分：辐射环境下的应用分级体系》（IEC 60544-4:2003，IDT）。

本部分由中国电器工业协会提出。

本部分由全国电气绝缘材料与绝缘系统评定标准化技术委员会（SAC/TC 301）归口。

本部分起草单位：机械工业北京电工技术经济研究所、深圳市旭生三益科技有限公司、苏州太湖电工新材料股份有限公司、国网河南省电力公司电力科学研究院、深圳市沃尔核材股份有限公司、上海电缆研究所有限公司、江苏上上电缆集团有限公司、中国核电工程有限公司、桂林国际电线电缆集团有限责任公司、无锡江南电缆有限公司、上海至正道化高分子材料股份有限公司、中广核高新核材集团有限公司、江苏达胜高聚物股份有限公司、上海科明传输技术有限公司、上海昕讯微波科技有限公司、中国科学院上海应用物理研究所、河南恩湃高科集团有限公司。

本部分主要起草人：刘亚丽、陈昊、余汉成、郭振岩、张春琪、孙建生、熊宇、秦虎成、冯光、康树峰、李斌、王焕年、刘军、宋刚、单永东、罗超华、李彦弘、沈彧、居学成、袁少光、饶喜梅、朱冬杰、黎彰厅、杨粉祥、施冬梅、李建喜、潘卫东、李亚明、李吉豪、吴斌。

本部分所代替标准的历次版本发布情况为：

——GB/T 26168.1—2010。

引　言

建立适用于评定绝缘材料耐辐射能力的标准十分复杂，因其与材料的使用条件有关。如在反应堆添加燃料的操作中弯曲的绝缘电缆，其运行寿命是指辐射剂量能将电缆一项或多项机械性能下降至规定值的时间。运行温度、周围空气的成分以及达到总剂量的时间（剂量率）是决定化学变化速率和机理的重要因素。在某些情况下，短时的变化也会变成限制因素。

首先，可先明确材料曝露的辐照区域以及最终吸收的辐射剂量。其次，根据所规定机械性能和电性能的试验方法，以确定辐射降解，并且将这些性能与实际要求结合从而形成合适的分级系统。

电气绝缘材料　确定电离辐射的影响 第1部分:辐射相互作用和剂量测定

1　范围

GB/T 26168的本部分提出了评价电离辐射对所有类型有机绝缘材料影响需考虑的各种因素。针对X射线、γ射线和电子射线,还规定了剂量测定术语、剂量测量方法、测试用辐射装置、评定和测试绝缘材料特性、记录辐射过程。

本部分未规定材料使用位置的剂量测定。

2　规范性引用文件

下列文件对于本文件的应用是必不可少的。凡是注日期的引用文件,仅注日期的版本适用于本文件。凡是不注日期的引用文件,其最新版本(包括所有的修改单)适用于本文件。

IEC 60544-2　电气绝缘材料　确定电离辐射的影响　第2部分:辐照和试验程序(Electrical insulating materials—Determination of the effects of ionizing radiation on insulating materials—Part 2: Procedures for irradiation and test)

IEC 60544-4　电气绝缘材料　确定电离辐射的影响　第4部分:辐照环境下应用的分级体系(Electrical insulating materials—Determination of the effects of ionizing radiation—Part 4: Classification system for service in radiation environments)

3　术语和定义

下列术语和定义适用于本文件。

3.1

照射量　exposure

X

材料在电磁辐射场中(X射线或γ射线)受到的照射强度。

注:照射量(X)是dQ除以dm所得的商,其中dQ的值是在质量为dm大气中,由光子释放的全部电子(负电子和正电子)在大气中完全被阻止时所产生的离子总电荷的绝对量,照射量(X)的计算见式(1):

$$X=\frac{\mathrm{d}Q}{\mathrm{d}m} \qquad (1)$$

照射量的国际单位是库伦每千克(C/kg),原单位伦琴(R):1R=2.58×10^{-4} C/kg。

照射量描述了在标准的参考物质——大气中辐照时,电磁场的电离辐射对材料产生的影响。

3.2

电荷通量　electron charge flounce

Q'

dQ与dA的比值,dQ是时间t内在面积dA上发生的电子电荷碰撞数:

$$Q'=\frac{\mathrm{d}Q}{\mathrm{d}A} \qquad (2)$$

3.3

电流密度 electron current density

j

dQ'与 dt 的比值，dQ'是时间间隔 dt 内的电荷通量：

$$j=\frac{dQ'}{dt}=\frac{d^2Q}{dA\,dt} \quad \cdots\cdots(3)$$

3.4

吸收剂量 absorbed dose

D

被辐照材料吸收的能量，与辐射场性质无关。

注 1：吸收剂量 D 是 $d\bar{\varepsilon}$与 dm 的比值，$d\bar{\varepsilon}$是质量为 dm 的材料吸收到的电离辐射能的平均值。

$$D=\frac{d\bar{\varepsilon}}{dm} \quad \cdots\cdots(4)$$

吸收剂量的单位为戈瑞(Gy)：

1 Gy=1 J/kg(=102 rad)。

由于定义中没有区分材料的种类，戈瑞仅能用于针对某一具体材料而言。吸收剂量部分取决于被辐照材料的组成；不同的材料，即使曝露在同样的辐射场中，其吸收剂量往往也不同。

注 2：根据剂量学的有关知识，可以应用腔体理论，通过测定水的剂量来推断其他材料的剂量。

3.5

吸收剂量率 absorbed dose rate

$\dot{D}$

dD 与 dt 的比值，dD 是时间间隔 dt 内吸收剂量的增量：

$$\dot{D}=\frac{dD}{dt} \quad \cdots\cdots(5)$$

吸收剂量率的单位为戈瑞每秒(Gy/s)；

1 Gy/s=1 W/kg(=10^2 rad/s=0.36 Mrad/h)。

4 评定绝缘材料耐辐射能力的影响因素

4.1 概述

尽管不同类型的辐射源可通过不同的方式作用于材料，但这些辐射都可产生自由基。描述检测离子、激发态和自由基(短期中间产物)的技术参见附录 A 的 A.4。辐射产生的自由电子在低势能区会形成陷阱。第一种现象导致材料化学、机械及电性能发生永久变化，第二种现象导致材料电性能发生短时变化[27]。

4.2 永久性变化

在聚合物基材中，辐照过程中产生的自由基会导致材料的裂解和交联反应、从而改变绝缘材料的化学结构。通常会导致力学性能的降低，进而导致电性能发生显著改变，但是更严重的是在力学性能严重降低之前，电性能有时会发生明显改变。如介质损耗角和介电常数的变化对谐振电路的可靠性影响很大。交联和裂解的程度取决于吸收剂量、吸收剂量率、材料结构和辐射的环境条件，因为有时自由基的衰退很慢，可能会产生辐射后效应。

4.3 环境条件和材料形状

在测量辐射效应过程中，应严格控制并记录环境条件和材料形状，重要的环境参数包括温度、反应介质以及辐射期间的机械和电应力。如果有空气，由于氧气扩散效应和过氧化氢物分解速率常数的原因，辐照时间(通量和剂量率)也是很重要的试验参数，这两个因素都与时间相关。要控制影响聚合物中氧气扩散和平衡浓度的条件，包括温度、氧气压力、材料形状以及辐照时间。

如果连续用不同应力来模拟多应力试验，如高温下辐照可能会出现其他结果；如果样品先辐照再加热或者反过来，结果也可能不同。

4.4 辐射后效应

在有机聚合物中，反应活性物质(如残留的自由基)的缓慢消耗会导致辐射后效应。在进行评价时，应做修正试验，测试应在辐射后规定的时间内进行，并确保样品被保存在规定的试验环境中。氧气与残余自由基的反应会导致进一步的降解。

4.5 短时效应

4.5.1 尽管本部分不包括辐照过程中的性能测试，但会涉及到一些基础内容。短时效应主要表现为辐照过程中以及之后的电性能变化，如诱导电导率；可以通过测定诱导电导率来确定短时辐射效应。这些效应主要与剂量率有关。

4.5.2 经验表明，诱导电导率和吸收剂量率 $\dot{D}$ 通常不完全成比例关系，反而随着 $\dot{D}^{\alpha}$ 变化，α 小于 1。辐射灵敏度描述如下：

$$\sigma_{\mathrm{i}} = k\dot{D}^{\alpha} \qquad (6)$$

为了确定 k 和 α，至少要进行两项测试，更复杂的是，k 和 α 还和吸收总剂量有关。

由于电极材料中的光电子和康普顿电子会干扰样品本身的感应电流，所以诱导电导率的测量要求十分精密。穿过电离气体的离子流如果不消除，也会造成测量产生误差。应确定消除这些干扰因素而保留相关因素的测试方法。

注：为了方便起见，使用单位剂量率的一个简单参数，如诱导电导率 σ_i 和在同样测试条件下测得的暗电导率 σ_o 的比值 σ_i/σ，来表征材料短时效应的敏感性。

5 辐射装置对材料样品性能评价的影响

5.1 概述

辐射装置的安装、运行和性能合格情况会影响材料样品的性能评定见 ISO 11137[1] 的示例。

常用的三种辐射源如下：

——放射性元素如 ^{60}Co(1.25 MeV)和 ^{137}Cs(0.66 MeV)形成的伽马辐射；

——加速器发射的电子；

——加速电子产生的 X 射线。

辐射装置的设计和性能受样品的吸收剂量和达到的吸收剂量率范围的影响。辐射装置主要的设计条件是给定产品中吸收剂量分布是否均匀、辐射能否被有效利用。

5.2 伽马装置

通常使用 ^{60}Co 作为大容量伽马辐射装置的辐射源。这种辐射源常常由单个源排列成一列矩阵进行辐射。可用的剂量率取决于辐射源到所放样品间的距离。通常采用 10 kGy/h(2.78 Gy/s)～1 Gy/h (0.278 mGy/s)的辐射剂量率。材料降解试验通常采用这个范围的剂量率。

5.3 电子束装置

电子束辐射装置通过加速器产生电子束，电子束能量范围应为 300 keV～10 MeV。目前，可使用多种类型的加速器,如静电型加速器和高频(射频)型加速器。考虑到抗辐射测试,0.5 MeV~3.0 MeV静电型加速器的使用更加广泛。静电型加速系统中,热电子从阴极出发并被电极间高电压所加速。电子束在扫描角中被电磁扫描,并由窗口(通常由薄钛箔制成)取出。与^{60}Co伽马辐射装置相比,电子加速器操作安全简单,如电源处于断开状态时就没有辐射。剂量率取决于电子能量、电子束束流、扫描宽度、窗口与样品之间的距离以及静态或动态辐照,一般为kGy/s级,高于伽马辐射装置。电子束对样品的穿透能力应被考虑在内(参见A.3)。

5.4 X射线装置

加速电子在吸收材料中速度减慢时会产生X射线(或韧致辐射)。吸收材料原子序数越大,电子动能转换成X射线的比例越高,因此,钨这种材料被用到X射线转换器中。同时,转换效率随电子能量的增加而提高。如在钨制X射线转换器中,5 MeV的电子能量转换效率约为5%,10 MeV的电子能量转换效率提高至12.5%,能量转换效率低限制了此类辐射装置的使用。而5 MeV~10 MeV大功率电子加速器的产生,使得X射线辐照产品重新引起关注。

与发射出近乎单能光子的放射性核源相比,X射线源可发出从最大电子能量到零电子能量的宽光谱光子,例如由5 MeV电子束产生的X射线穿透性能与^{60}Co几乎相同。X射线束的其他特性来源于产生该X射线的电子束,如扫描和脉冲特性。

6 剂量测定方法

6.1 概述

辐照期间应确保正确的吸收剂量。应测量剂量,测量系统因此应运而生。大多数测量系统的发展取决于辐射防护系统和医疗应用的早期开发。然而用于材料试验需要更高的辐射剂量,从几个kGy到100 kGy之间或者更高。新的用于此剂量的测量系统得到发展。剂量的测定应具有可溯源的国家标准和已知的不确定度,还包含影响参数的作用。

剂量测定的绝对方法同国家标准一样由国家实验室进行维护。这些剂量计通过物理方法测量剂量,不依赖于已知辐射场剂量计的剂量校准。其他的剂量计与这些国家标准剂量计相比需要进行校准,从而提供测量可溯源的国家标准剂量计。

一些剂量计系统在辐射设备和实验室中被使用,用于测量作为设备特征的剂量分布和在产品和样品中执行辐射。选择剂量计系统取决于执行的测量任务和剂量计性能。剂量测定方法和剂量计系统的定义可参见ISO/ASTM标准和导则[3-17]。溯源这些剂量测定系统更多的资料可参考ICRU 80[22]。

6.2 绝对剂量测定方法

6.2.1 伽马射线

大气电离室可用于测量3 MeV及以下的照射量X。也就是说,它们设计用于测量大气中电荷通量dQ以及产生电离电子的大气质量dm。如果剂量率不太高可以使用电离室。

量热计的工作原理是将辐射场中吸收能量转化为热能,可通过系统温度的变化来测量。

6.2.2 电子束

除了量热方法,还有电子电流密度测量方法,用于测量电子加速器单位面积辐射场的电荷或电流。这种方法不是一种剂量测定方法,但是如果在同样的吸收材料中,与电荷吸收器相碰撞的平均电子能量和相对深度-剂量分布是已知的,可提供吸收剂量率的校准。

6.3 剂量计系统

6.3.1 基准剂量计系统

基准剂量计系统可作为校准常规测量使用的剂量计系统的基准。基准剂量计系统的不确定度可能导致系统校准产生不确定性,因此使用高质量高精度的剂量计系统是十分重要的。此时,高质量是指一个系统具有低的不确定度和可溯源的国家或国际标准,要求基准剂量计不受环境的显著影响。

可使用一个基准剂量计系统扩展测量的不确定度,典型的不确定度的级别为±3%(即 $k=2$,对应近似于正态分布数据的置信度为95%的水平)。在一些已知的特殊应用中,例如使用低于1 MeV能量的电子束,实际上由于技术上的限制,基准剂量计系统可能存在较大的不确定度。

基准剂量计系统的实例参见表1。

注:表1和表2数据参考了ASTM E 2628-09[21]。

表1 基准剂量计实例

剂量计	描述	参考文件	剂量范围/Gy	剂量率范围/(Gy/s)	影响参数
Fricke 解决方案	液体选择0.4 M硫酸铁和亚铁离子。利用分光光度测定方法测定	ASTME1026[18]	$20\sim4\times10^2$	$<10^6$	温度
丙氨酸/EPR(电子顺磁共振)	含有丙氨酸的球或膜。利用辐射诱导自由基的EPR光谱测定	ISO/ASTM 51607[10]	$1\sim10^5$	$<10^8$	温度、湿度
重铬酸钾	液体选择0.1M的高氯酸铬离子。利用分光光度测定方法测定	ISO/ASTM 51401[7]	$2\times10^3\sim5\times10^4$	脉冲:<600 Gy/脉冲(12.5 pps) 连续:$<7.5\times10^{-3}$	温度
铈-硫酸铈	液体选择0.4M硫酸铈和铈离子。利用分光光度测定方法或电位法测定	ISO/ASTM 51205[3]	$5\times10^2\sim10^5$	$<10^6$	温度
氯苯乙醇(分级取决于选择的组合物和测量方法)	液体选择含有氯苯乙醇的各种组合物的液体。通过滴定法测定	ISO/ASTM 51538[8]	$10\sim2\times10^6$	$<10^6$	温度

6.3.2 常规剂量计系统

一个常规剂量计系统的剂量计分级基于应用,如常规吸收剂量测量包括剂量绘图和程序监测。一个常规剂量计系统由剂量计和其质量系统具有可溯源的国家或国际标准的测量设备组成。常规剂量计的响应受环境影响。

可以使用一个基准剂量计系统扩展测量的不确定度,典型的不确定度是±6%的级别($k=2$)。

表2给出了一个常规剂量计系统的实例。表1中的剂量计也可以作为一个常规剂量计系统。

表 2　常规剂量计系统实例

剂量计	描述	参考文件	剂量范围/Gy	剂量率范围/(Gy/s)	影响参数
热量表	含有量热体(吸收)的部件,热绝缘,线性温度传感器	ISO/ASTM 51631[12]	$10^2 \sim 10^5$	>10	温度
三醋酸纤维素	未着色三醋酸纤维素(CAT)膜。利用分光光度法测定	ISO/ASTM 51650[14]	$5\times10^3 \sim 10^6$	$3\times10^{-2} \sim 3\times10^{-7}$	温度、湿度
乙醇氯苯(分级取决于解决方案和测量方法)	液体选择含有氯苯乙醇的各种组合物液体。利用分光光度测定方法或振荡法测定	ISO/ASTM 51538[8]	$10 \sim 2\times10^6$	$<10^6$	温度
LiF 荧光片	荧光片膜基氟化锂。利用光致发光测定	ASTM E2304[20]	$5\times10^{-2} \sim 3\times10^2$	$0.3 \sim 2\times10^4$	温度、湿度、环境光
PMMA(聚甲基丙烯酸甲酯)	特殊的 PMMA 材料。利用分光光度测定方法测定	ISO/ASTM 51276[5]	$10^2 \sim 10^5$	$10^{-2} \sim 10^7$	温度、湿度、环境光
辐射变色薄膜	特殊制备的含有颜料基体的薄膜。利用光致发光测量	ISO/ASTM 51275[4]	$10^0 \sim 10^5$	$<10^{13}$	温度、湿度、环境光
辐射变色液体	特殊制备的含有颜料基体的溶解液。利用光致发光测定	ISO/ASTM 51540[9]	$5\times10^{-1} \sim 4\times10^4$	$<10^{-2} \sim 10^{11}$	温度、环境光
辐射变色光波导	特殊制备的含有基体的光波导。利用光致发光测定	ISO/ASTM 51310[6]	$1 \sim 10^4$	$10^{-3} \sim 10^3$	温度、环境光
TLD(热释光检测仪)	磷光单体或含有材料的磷光体。利用热释光测定	ISO/ASTM 51956[17]	$10^{-4} \sim 10^3$	$10^{-2} \sim 10^{10}$	温度、湿度、环境光

6.3.3　测量不确定度

实际上,吸收剂量的测量应同时评定不确定度。这种不确定度可区分为下述两种类型之一:

——类型 A:利用统计学方法评定;

——类型 B:利用其他方法评定。

评定吸收剂量测量扩展的不确定度应包含 $k=2$ 这个因子。

注:类型 A 和类型 B 两种不确定度,可使用 1995 年发布的测量不确定度的 ISO 标准指南来识别[2]。描述这种特征的目的是为了提升对任何类型不确定度的理解,以提供测量结果的对比。

6.3.4　剂量计校准

辐射引起剂量计的响应取决于诱发辐射的环境,如温度、湿度和可能影响响应的剂量率,因此应校准剂量计,以尽可能接近剂量计使用的真实条件。

校准剂量计可使用以下两种方法之一:

a) 剂量计辐射在辐射装置中进行,剂量计同转换标准剂量计一同置于辐射装置中,且由国家标准实验室或一个公认的剂量计校准实验室进行分析。

b) 剂量计辐射在一个国家标准实验室或一个公认的剂量计校准实验室内进行。这样进行校准辐射,可形成一个单组影响参数下的校准曲线。剂量计的用户方可评定影响参数的响应。在核电站中，选定剂量的情况下，更容易完成验证辐射。

在国际标准术语中“测量”[24]被定义为：一种测量结果的属性，通过一系列的比对，这种属性能够与相关的通常是国际或国家标准一致。

校准是获得测量溯源性的重要步骤。

6.3.5 剂量计选择

在设定的使用中，选择和使用一个特定的剂量计系统至少应考虑下列因素：

——剂量范围；

——辐照类型；

——影响参数的作用；

——所需的不确定度水平；

——所需的空间分辨率。

剂量计系统的校准按照 6.3.4 进行。

应建立与剂量计系统相关的测量的不确定度且提供证明资料。所有剂量测量应评定不确定度。

应建立和维护证明资料，确保符合剂量计系统标准规定的最低要求。用户的质量系统可能比这个最低要求更详细。

表 1 和表 2 给出的基准和常规剂量计方法及它们的特性是不完整的，如：

——吸收剂量范围和吸收剂量率；

——辐射活化能的影响；

——温度或湿度的影响；

——材料和剂量计材料的厚度；

——测量类型；

——实际利益方的意见；

——参考文献。

计算吸收剂量的实例参见 A.2。

7 辐射装置特性

评定绝缘材料性能使用的辐射装置在使用前应描述其具有的特征。需要确定的参数取决于被使用装置的类型。

对于伽马辐射装置，应确定下列参数：

——测量样品曝露辐射装置内的剂量率分布。绘图应足够详细，确保位置适合测定特定的剂量率；

——在放射源处于正常工作状态时，测量辐射装置内的环境温度；

——测量样品曝露时间。测量方法应满足辐射的任何中断，如辐射源可以收回以允许移除样品。

对于电子束和 X 射线装置，应确定下列参数：

——测量作为束电流、束点大小和束宽度函数的剂量。

——如果输送系统是通过辐射场运输样品，那么应测量作为输送速度函数的剂量。

注：一些标准适合剂量计和剂量绘图，特别适用于辐射处理装置[3-6,19]。

8 样品的剂量绘图

8.1 带电粒子平衡

对于伽马装置辐射，推荐提供二次电子平衡，使得在辐射样品中引发更均匀剂量分布贯穿于样品，参见 A.1。

8.2 深度-剂量分布

由于样品的吸收剂量分布会随着辐射装置的变化而变化，且吸收剂量分布是与样品厚度相关的一个函数，因此密度和入射辐射的能量决定了穿透样品辐射剂量的多少。常用的辐射装置的辐射源能量范围为 0.5 MeV～1.5 MeV。若辐射源为点源，对于任意一组样品的前部和后部吸收剂量之间的差异应限制在 25％(即辐射通过样品允许有 25％以内的衰减)，因此假设不存在能量积聚，一组样品的密度等于 1 g/cm^3 且单向辐射(参见 A.1)，当辐射能量为 0.5 MeV、样品厚度限制为 2.8 cm，辐射能量为 1.5 MeV、样品厚度限制为 5.0 cm。对于其他形状辐射源(如板源)，厚度则显然不同。

9 辐射监测

绝缘材料的辐射评估要求长期处于低剂量率的辐射，因此，最好采用伽马辐射装置进行评估。当进行测评估时，应考虑辐射源中放射性元素的衰变。建议每次对伽马装置的剂量率分布进行测试时的间隔不超过辐射源的半衰期(见第 7 章)。

在电子束和 X 射线装置中，在辐射期间监测电子束特性，应记录一些特性的中断或者改变以及采取的任何措施。

附 录 A
（资料性附录）
辐射化学方面的相互作用和剂量测定

A.1 带电粒子平衡厚度

当只使用不含次级电子的 X 或 γ 射线从一边对材料进行辐照时，随着射线穿透材料，(第一吸收剂)从一开始就总有能量消耗(吸收剂量)，达到一定的厚度后，辐射能量消耗开始减弱。能量消耗达到最大值时的厚度通常称为带电粒子平衡厚度，它与辐射能量和被辐照材料的电子密度都有函数关系，材料厚度较大时，带电粒子会达到平衡。

图 A.1 是典型的能量消耗与厚度的函数曲线图。为了确保整个样品的带电粒子平衡，不管从哪边对样品进行辐照，都有必要用吸收剂包裹样品。在高散射的辐照操作中，没有观察到消耗现象。推荐使用消耗层以便获得界定清晰的辐射状况。

图 A.2 电子密度 $3.3\times1\ 023\ cm^{-3}$ 的材料(水)的能量和吸收剂带电粒子平衡厚度的函数曲线图。

任何材料的的电子密度 n 可以用式(A.1)估算：

$$n=\rho\frac{N_A}{M}\sum_i Z_i[cm^{-3}]=\frac{N_A}{M}\sum_i Z_i[g^{-1}] \qquad \cdots\cdots(A.1)$$

式中：

ρ ——材料的密度，单位为克每立方厘米(g/cm^3)；

N_A ——阿伏加德罗常数，$6.023\times10^{23}\ mol^{-1}$；

M ——摩尔质量，单位为克每摩尔(g/mol)；

Z_i ——元素 i 的原子数；

$\sum_i Z_i$ ——每个分子的电子总数。

当元素 Z 在 17(不包括 H)以下时，$1/M(\sum_i Z_i)$ 大约为 1/2，对于有机材料上式又通过式(A.2)简化为：

$$n=\rho\frac{N_A}{2}3\times10^{23}\rho[cm^{-3}]=3\times10^{23}[g^{-1}] \qquad \cdots\cdots(A.2)$$

图 A.1～图 A.3 即用这个方法进行估算的。

在图 A.2 中，如果电子密度增加超过估值，曲线会向左平移，反之，曲线向右移动。因此，等效厚度就相当于用图 A.2 中的值除以吸收剂电子密度与 $3.3\times10^{23}\ cm^{-3}$(水的电子密度)的比值。

例如，用 1.1 MeV 光子辐照聚四氟乙烯(PTFE)薄膜，参考图 A.2 需要厚度为 0.5 cm、电子密度为 $3.3\times10^{23}\ cm^{-3}$ 的材料，才能保证带电粒子平衡，因此要用此厚度的水包裹样品。

因为 PTFE 的密度 $\rho=2.2\ g/cm^3$，计算如式(A.3)：

$$\frac{n_{PTFE}}{n_{H_2O}}=\frac{3\times10^{23}\times2.2}{3.3\times10^{23}}=2 \qquad \cdots\cdots(A.3)$$

以及式(A.4)：

$$d_{PTFE}=\frac{d_{H_2O}}{n_{PTFE}/n_{H_2O}}=0.25\ cm \qquad \cdots\cdots(A.4)$$

这意味着有必要用 0.25 cm 的 PTFE 包裹这个薄膜。

图 A.3 是密度为 1 g/cm^3 的样品在单向辐射中能量衰减 10％和 25％的厚度曲线。对于更高密度的材料曲线会向左偏移，对于更低密度的材料，则曲线会向右偏移。对于样品中 10％或 25％衰减的精确厚度,可以用图 A.3 中获得的值除以样品电子密度和 $3.3\times10^{23}\ g^{-1}$ 的比值再得到。由于曲线的计算仅基于衰减,忽略在更厚样品中的叠加,曲线给出的是单向辐射在给定能量和厚度下最大的衰减;非单向辐射会导致更大的衰减。

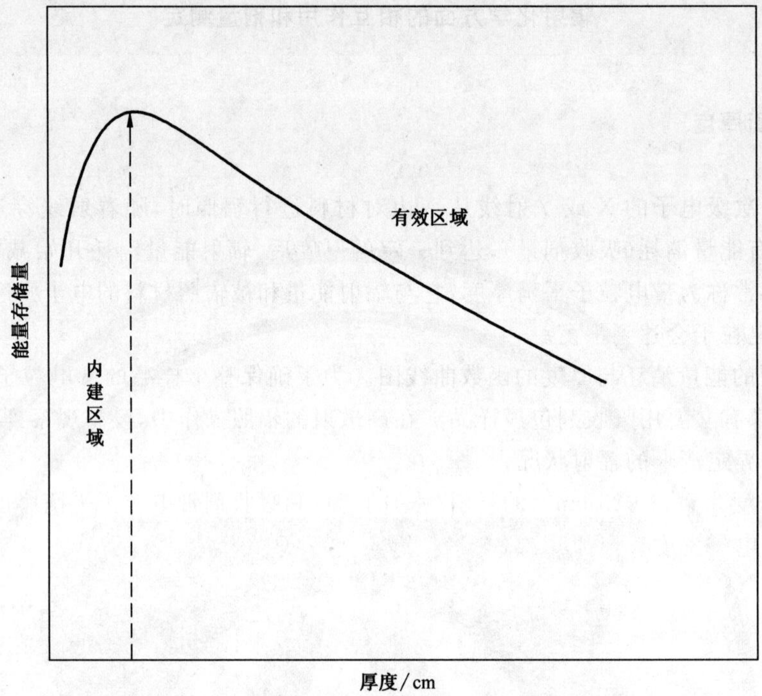

图 A.1 吸收剂量与厚度的函数关系图

最大值左边部分的曲线未知,因此样品有效厚度应不小于最大值右边的值。

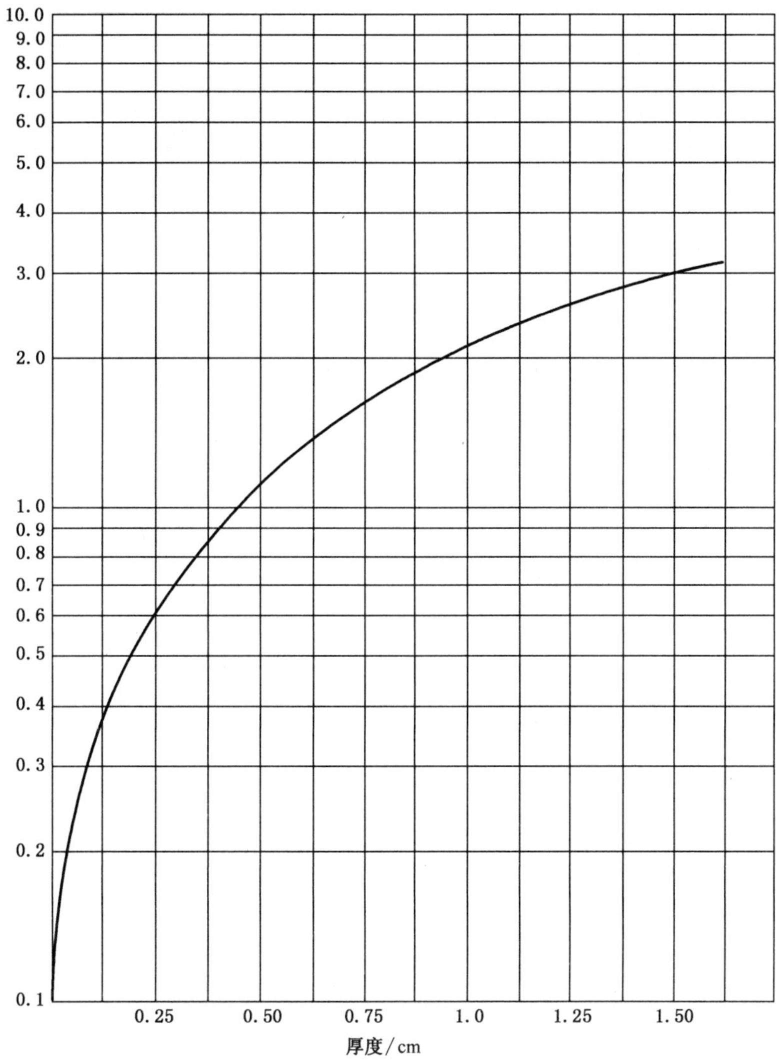

图 A.2 电子密度 3.3×10^{23} cm^{-3}的材料(水)的能量和吸收剂带电粒子平衡厚度的函数曲线图

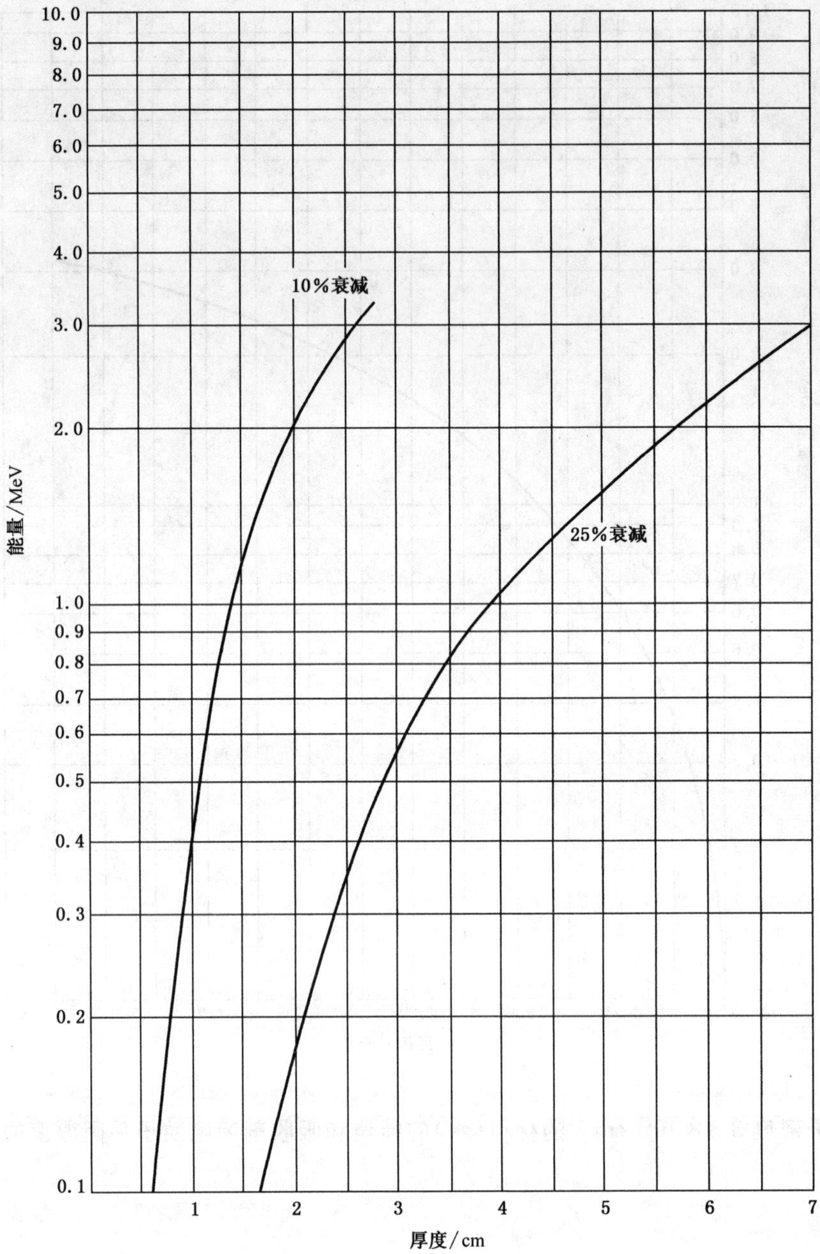

图 A.3 衰减一定的单向 X 射线或 γ 射线辐照的光子能量和水厚度的函数曲线图

A.2 计算吸收剂量

对于使用光子源辐射，在材料利益和材料吸收剂量的解释中剂量计可以作为一个空穴如下所述：

如果剂量计的敏感区与高能量二次电子束范围相比非常薄，则大部分电子束沉积在剂量计中，在材料周围引起剂量计表面产生二次电子束。此时，材料中吸收剂量 D_m 如式(A.5)计算：

$$D_m = (S/\rho)_m / (S/\rho)_d \times D_d \qquad \cdots\cdots(A.5)$$

式中：

$(S/\rho)_m$ ——周围材料的质量碰撞阻力；

$(S/\rho)_d$ ——剂量计的质量碰撞阻力；

D_d ——剂量计中的吸收剂量。

表 A.1 中给出了质量碰撞阻力值。

如果剂量计的敏感区与高能量二次电子束范围相比非常大，则大部分电子束沉积导致在剂量计中形成二次电子束。此时，材料中吸收剂量 D_m 如式(A.6)计算：

$$D_m = (\mu_{en}/\rho)_m / (\mu_{en}/\rho)_d \times D_d \qquad \cdots\cdots(A.6)$$

式中：

$(\mu_{en}/\rho)_m$ ——材料的质能吸收系数；

$(\mu_{en}/\rho)_d$ ——剂量计的质能吸收系数。

表 A.2 中给出了质能吸收系数值。

如果剂量计的敏感区具有以上所讨论的两个极限之间有一个厚度，那么公式可以与适当的加权因数相组合，以反映每个术语的相对贡献。

碰撞阻止力和能量吸收系数取决于能量。可以绘制出质量能量吸收系数图。类似，也可绘制出质量碰撞阻止能力系数图。

注：一些适用的表格和图形，可参考如下网站内容：

http://physics.nist.gov/PhysRefData/Star/Text/ESTAR.html；

能量吸收(X 射线)：

https://srdata.nist.gov/gateway/gateway? keyword%EF%80%BDmass+energy+absorption+coefficient。

对于能量低于 50 keV 的光子能量光谱，质量吸收系数的比值基本上等于大多数聚合物材料与水的比值。

因为材料具有来源于水的光致吸收性不相同，应校准辐射能。如果光致吸收光谱在感光点的能量低于 0.2 MeV 且频谱是已知的，那么可以通过式(A.6)的积分获得大多数准确的吸收剂量值。

对于使用的电子源辐射，材料中的吸收剂量可以解释为：在给定一个所关注材料的任何深度时，剂量可以被认为是一个与关注电子束的范围相比薄的剂量计。可以利用式(A.5)计算吸收剂量。但是，下述所有条件是必要的：

——材料的深度比关注的电子束的深度小；

——质量碰撞阻止力的比(材料/剂量计)恒定；

——在给定深度内降级的电子应具有足够的能量以穿过剂量计厚度。

因此，对于本部分适用的材料，式(A.5)适用于 0.05 MeV～0.1 MeV 的电子能量。

通常，吸收剂量方法解释应关注至少 0.5 MeV 的电子束能。但是，低于 0.1 MeV 的能量可以被源辐射产品所使用。可能难以解释如此低的入射能量的材料的吸收剂量测量。

表 A.1 电子碰撞阻力 S/ρ(MeV cm^2/g)

单位为平方厘米每克

电子能量 MeV	空气	水	聚苯乙烯	LiF
0.01	19.75	22.56	22.23	17.96
0.02	11.57	13.17	12.96	10.55
0.04	6.848	7.777	7.637	6.252
0.06	5.111	5.797	5.688	4.670
0.08	4.198	4.757	4.666	3.838
0.1	3.633	4.115	4.034	3.323
0.2	2.470	2.973	2.735	2.261

表 A.1（续）

单位为平方厘米每克

电子能量 MeV	空气	水	聚苯乙烯	LiF
0.4	1.902	2.145	2.101	1.737
0.6	1.743	1.956	1.911	1.583
0.8	1.683	1.879	1.832	1.521
1	1.661	1.844	1.794	1.491
2	1.684	1.825	1.768	1.474
4	1.790	1.877	1.816	1.513
6	1.870	1.919	1.859	1.547
8	1.931	1.951	1.891	1.572
10	1.979	1.976	1.916	1.592
20	2.134	2.051	1.989	1.654
40	2.282	2.120	2.053	1.711
60	2.347	2.157	2.089	1.742

表 A.2　光子质量能量吸收系数 $\mu_{en}/\rho(cm^2/g)$

单位为平方厘米每克

光子能量 MeV	空气	水	聚苯乙烯	LiF
0.01	4.742	4.944	1.918	5.733
0.02	0.538 9	0.550 3	0.207 5	0.649 4
0.04	0.068 33	0.069 47	0.032 64	0.078 90
0.06	0.030 41	0.031 90	0.021 72	0.032 23
0.08	0.024 07	0.025 97	0.021 60	0.023 85
0.1	0.023 25	0.025 46	0.022 96	0.022 29
0.2	0.026 72	0.031 92	0.028 57	0.024 84
0.4	0.029 49	0.032 79	0.031 75	0.027 34
0.6	0.029 53	0.032 84	0.031 82	0.027 36
0.8	0.028 82	0.032 06	0.031 06	0.026 71
1	0.027 89	0.031 03	0.030 06	0.025 85
2	0.023 45	0.026 08	0.025 24	0.021 73
4	0.018 70	0.020 66	0.019 79	0.017 33
6	0.016 47	0.018 06	0.017 08	0.015 28
8	0.015 25	0.016 58	0.015 50	0.014 14
10	0.014 50	0.015 66	0.014 48	0.013 45
20	0.013 11	0.013 82	0.012 32	0.012 11

表 A.2（续） 单位为平方厘米每克

光子能量 MeV	空气	水	聚苯乙烯	LiF
40	0.012 62	0.012 98	0.011 28	0.011 54
60	0.012 42	0.012 61	0.010 86	0.011 23

A.3 电子束辐射的深度-剂量分布

近年来，可通过代码实现对材料中电子能量沉积函数的模拟，包括免费的或者付费的软件，如 ED MULTI，EGS5（伽马电子辐射簇，第 5 版），PENELOPE（穿透，正能量损失和电子）等。使用这些代码可以获得如图 A.4～图 A.6 所示的深度-剂量分布曲线图。仿真和实验结果间的比较显示协议代码的合适性（对于薄膜测试，结果如图 A.7、图 A.8 所示）。这些代码对于定义辐射条件有利。

注 1：ED MULTI 和 PENELOPE 是 OECD（经济合作与发展组织）/NEA（核能机构）用码，可通过 http://www.oecd-nea.org/dbprog/ 查询。

注 2：EGS 5 是免费软件，下载地址：http://rcwww.kek.jp/research/egs/egs5.html。

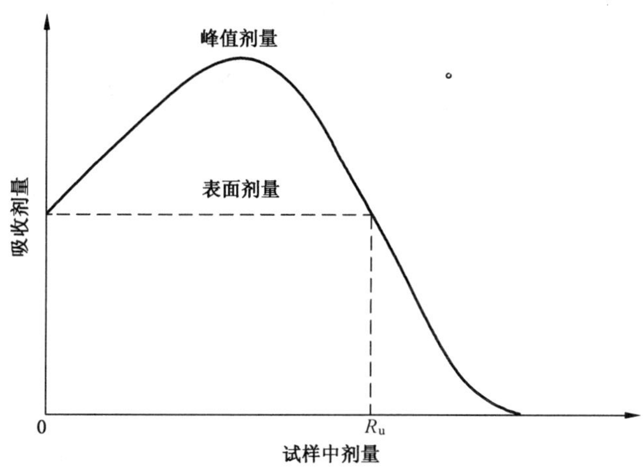

注：升压速率>0.5 MV，R_u 为有效范围。

图 A.4 电子加速辐射过程中均相材料中典型深度-剂量分布曲线

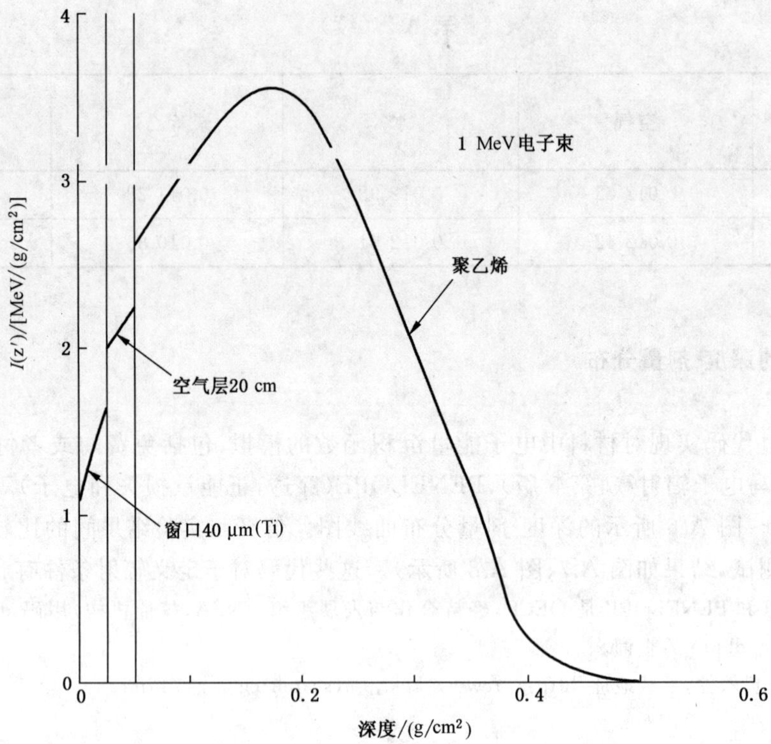

注：z'是指由束窗、气隙、聚乙烯共同构成的3层吸收体的深度。

图 A.5 聚乙烯板材曝露 1 MeV 电子束下电子积聚函数计算实例

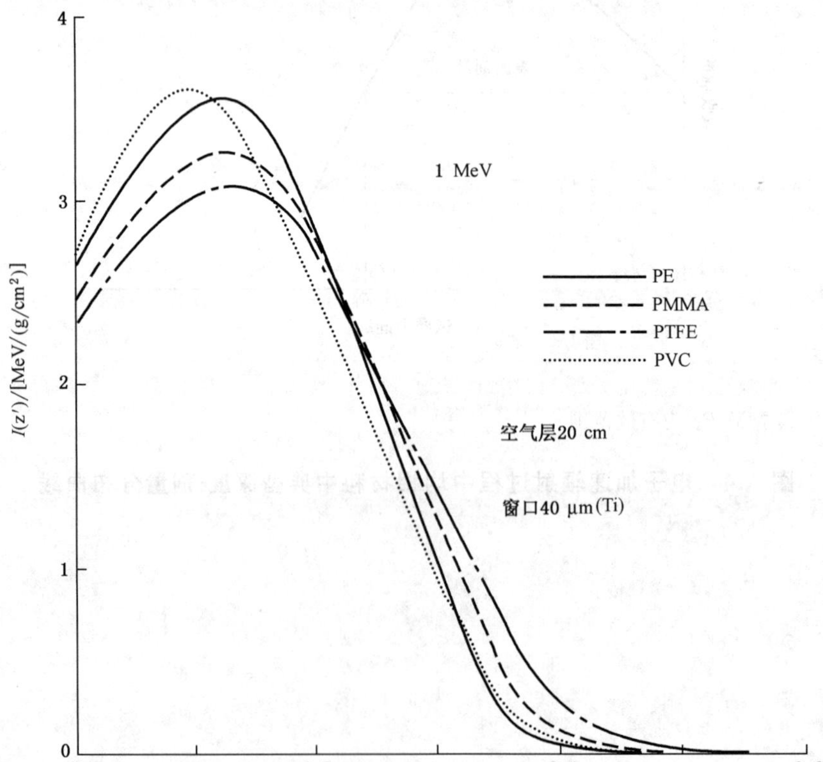

注：z'是指由束窗、气隙、聚乙烯共同构成的3层吸收体的深度。

图 A.6 典型有机绝缘材料曝露 1 MeV 电子束下电子积聚函数计算实例

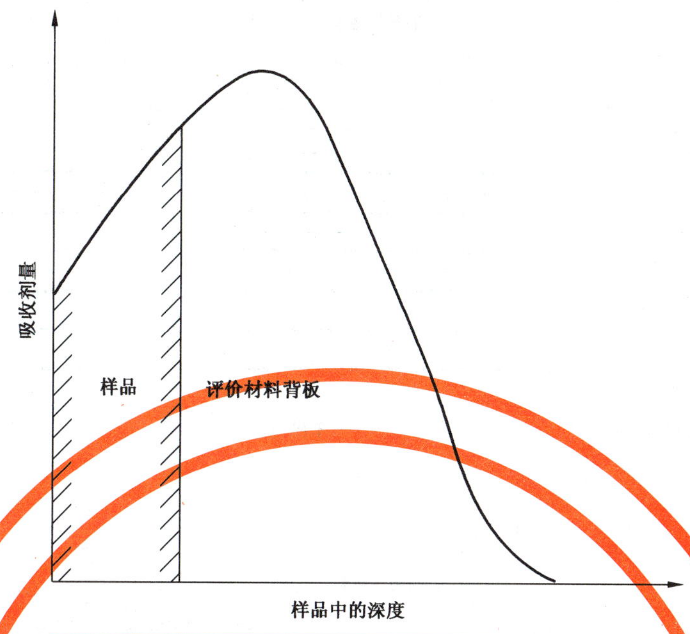

a） 样品和背板为相同材料

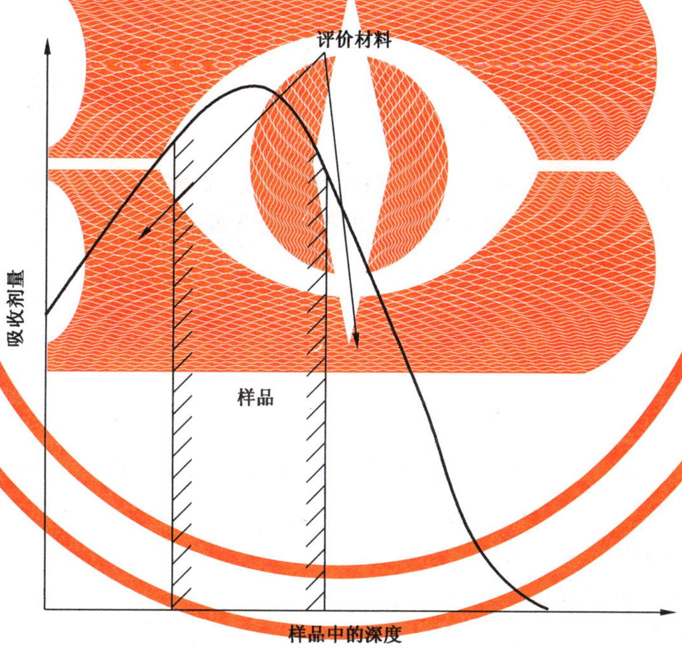

b） 样品夹在两片相同材料的板材中

图 A.7 用于计算典型深度-剂量分布的两种操作样品组和的方法示意图

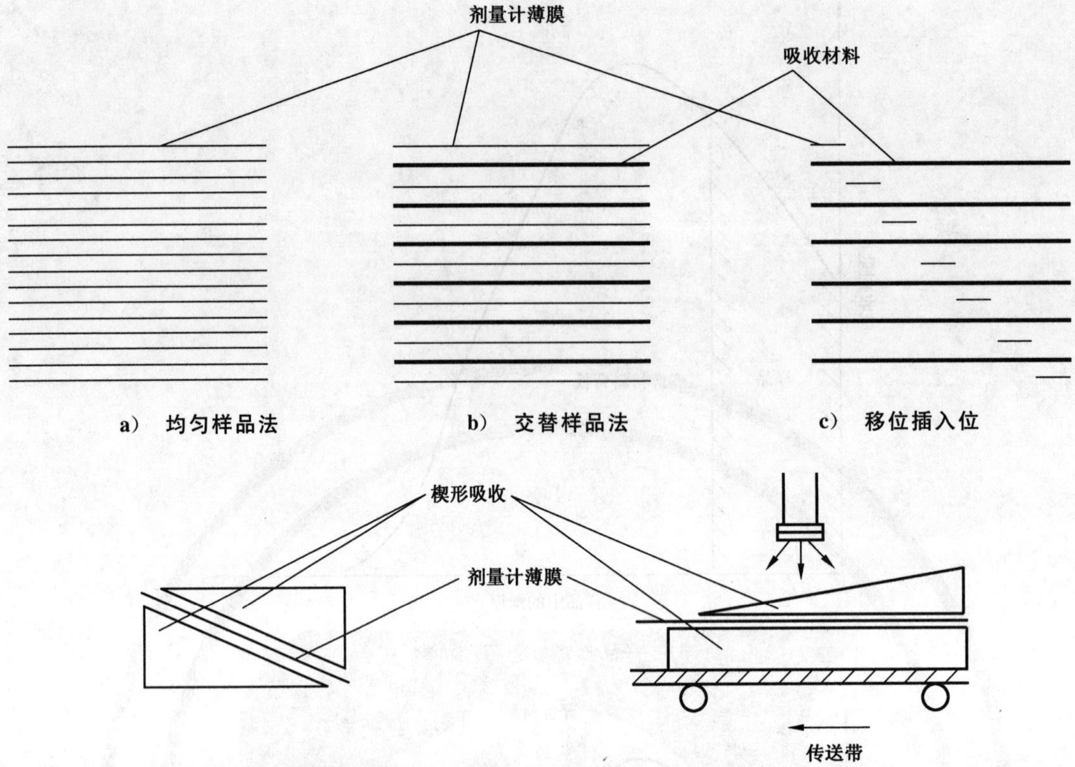

d） 线形楔形法　　e） 梯状楔形法

图 A.8　使用平板绝缘材料以及长楔形绝缘材料样品测量电子深度-剂量分布的样品组合操作示意图

A.4　辐射化学基础

A.4.1　辐射和材料

典型的辐射定义是电磁波或者是微小光速，也就是能够电离的材料弹出的电子。

辐射实例包括：

——α 射线(来自放射同位素的氦元素)；

——β 射线(来自放射同位素的电子)；

——γ 射线(元素电子水平间转换产生的电磁波)；

——χ 射线(原子水平间转换产生的电磁波)；

——中子束；

——电子束(来自粒子加速)；

——离子束(例如质子，氦和离子加速的其他重核元素)等。

其中，从当前的辐射试验的观点考虑，通常被采用的辐射是 γ 射线和电子束。

A.4.2　辐射对材料的影响

辐射对材料的影响取决于辐射能量。影响随着注入的能量(即电磁波附带的能量，虽然实际上是很低的)、溅射、激发、离子化和核反应(当入射辐射能量非常高)的变化而变化。在辐射化学降解中，电离和激发是最基本的情况。在 Co^{60} γ 射线辐射时，二次电子通过康普顿反应注入，且这些二次电子会与材料产生反应。在电子束辐射时,入射电子与材料产生反应。通过库仑作用的直接或间接电子的高能电子(附带和二次产生)作用,导致电离和激发。A.4.3介绍了分析技术。以聚合物为例,最终的反应为辐射交联(聚合物链间的形成新键),不饱和键(形成双键或其他价态的键等)和接枝聚合反应。评价耐辐射性,主要关注材料的交联和降解。该反应如图A.9所示。

a) 交联

b) 降解

图 A.9 聚合物辐射反应形式

A.4.3 中短寿命分析技术

A.4.3.1 ESR(电子自旋共振)

聚合物在辐射时形成自由基。若是自由基,会有未配对的电子,置于电磁场中时,其自旋轨道分裂为较高和较低两个能级,称之为赛曼分裂。这个分裂带宽正比于所施加的磁场。若样品未经微波和磁场扫描,那么谐振条件满足式(A.7):

$$h \times v = g \times \beta \times H \qquad \text{(A.7)}$$

式中:

h ——普朗克常量(6.6×10^{-34} Js);

v ——微波频率(s^{-1});

g ——辐射的g函数;

β ——玻尔磁子(9.3×10^{-24} J/T;特斯拉);

H——磁场。

在共振条件下,自由基吸收微波是从低能级跃迁到高能级的,并取决于自由基的结构,尤其是存在或 H 和/或具有核自旋的通常能够获得细和/或很细的且可表示特定的化学结构的C原子的距离。解释吸收光谱和自由基的归属通常不是一件容易的事。自由基的稳定性评估是通过固定温度下的贮存时间的函数,或固定贮存时间内随温度升高的函数。

A.4.3.2 激光光解和脉冲辐

激光光解使用准分子激光产生脉冲激光,脉冲辐使用现行电子加速产生脉冲电子束。Xe荧光灯产生分析光,产生脉冲波的宽度为200 nm~900 nm,但是脉冲宽度比后续脉冲激光或电子的宽;Xe光假设是恒定的。当脉冲激光或电子束应用到样品作为溶解到石英玻璃单元中时,在很短时间内引起脉冲激光或激发,随后扩散和产生化学反应。技术专注于较EPR相当短的时间区域。

利用朗博-比尔定律分析中间吸收光如式(A.8):

$$\mathrm{Log}_{10}(I_0/I) = \varepsilon C(t) L \qquad \text{(A.8)}$$

式中：

I_0——附带分析光的强度；

I——通过单元输出光的强度；

ε——独特的化学品的摩尔吸收系数，为波长函数；

L——玻璃单元的长度，单位为厘米(cm)。

利用扫描波长，能够发现吸收带的中间波段的光谱。通过获得的波长作为时间函数的吸收光谱的变化和浓度的变化，所以寿命时间或者反应性也可作为其他化学制品或添加物含量变化的依据，若有的话，可进行评定。时间分辨率，依据最高水平是 10^{-15} m$\mu\mu$s 或者更快，来自辐射材料能量积聚的瞬间。

参 考 文 献

[1] ISO 11137 Sterilization of health care products—Radiation

[2] ISO 51707 Guide for estimating uncertainties in dosimetry for radiation processing

[3] ISO/ASTM 51205 Practice for use of a ceric-cerous sulfate dosimetry system

[4] ISO/ASTM 51275 Practice for use of a radiochromic film dosimetry system

[5] ISO/ASTM 51276 Practice for use of a polymethylmethacrylate dosimetry system

[6] ISO/ASTM 51310 Practice for use of a radiochromic optical waveguide dosimetry system

[7] ISO/ASTM 51401 Practice for use of a dichromate dosimetry system

[8] ISO/ASTM 51538 Practice for use of the ethanol-chlorobenzene dosimetry system

[9] ISO/ASTM 51540 Practice for use of a radiochromic liquid dosimetry system

[10] ISO/ASTM 51607 Practice for use of the alanine-EPR dosimetry system

[11] ISO/ASTM 51608 Practice for dosimetry in an X-ray (Bremsstrahlung) facility for radiation processing

[12] ISO/ASTM 51631 Practice for use of calorimetric dosimetry systems for electron beam dose measurements and dosimeter calibrations

[13] ISO/ASTM 51649 Practice for dosimetry in an electron beam facility for radiation processing at energies between 300 keV and 25 MeV

[14] ISO/ASTM 51650 Practice for use of a cellulose triacetate dosimetry system

[15] ISO/ASTM 51702 Practice for dosimetry in gamma irradiation facilities for radiation processing

[16] ISO/ASTM 51818 Practice for dosimetry in an electron beam facility for radiation processing at energies between 80 and 300 keV

[17] ISO/ASTM 51956 Practice for use of thermoluminescence dosimetry (TLD) systems for radiation processing

[18] ASTM E1026 Standard practice for using the Fricke reference—Standard dosimetry system

[19] ASTM E2303-03 Standard guide for absorbed-dose mapping in radiation processing facilities

[20] ASTM E2304-03 Standard practice for use of a LiF photo-fluorescent film dosimetry system

[21] ASTM E2628-09 Standard practice for dosimetry for radiation processing

[22] ICRU 80:2008 Dosimetry system for use in radiation processing

[23] ICRU Report 33:1980 Radiation quantities and units

[24] JCGM 200 International vocabulary of metrology — Basic and general concepts and associated terms (VIM)

[25] ATTIX, F.H.and ROESCH, W.C., Radiation dosimetry, Academic Press, Vol.I (1968), Vol.II (1966), Vol.III (1969)

[26] DIN 6800 Methods for dose measurements by radiological technique, Beuth-Vertrieb GmbH (Berlin)

[27] DOLE, M., The radiation-chemistry of macromolecules, Academic Press, Volume 1 (1972), Volume II, 1973

参 考 文 献

[1] ISO 11137 [illegible] Sterilization of health care products—Radiation

[2] ISO [illegible] Guide for [illegible] dosimetry for radiation processing

[3] ISO/ASTM 51205 Practice for use of [illegible] sulfate dosimetry system

[4] ISO/ASTM 51275 Practice for use of a radiochromic film dosimetry system

[5] ISO/ASTM 51276 Practice for use of a polymethylmethacrylate dosimetry system

[6] ISO/ASTM 51310 Practice for use of a radiochromic optical waveguide dosimetry system

[7] ISO/ASTM 51401 Practice for use of a dichromate dosimetry system

[8] ISO/ASTM 51538 Practice for use of the ethanol-chlorobenzene dosimetry system

[9] ISO/ASTM 51540 Practice for use of a radiochromic liquid dosimetry system

[10] ISO/ASTM 51607 Practice for use of the alanine-EPR dosimetry system

[11] ISO/ASTM 51702 Practice for dosimetry in a gamma irradiation facility for radiation processing

[12] ISO/ASTM 51631 Practice for use of calorimetric dosimetry systems for electron beam dose measurements and dosimeter calibrations

[13] ISO/ASTM [illegible] [illegible] dosimetry for radiation [illegible] (year) [illegible]

[14] ISO/ASTM [illegible] Practice for use of [illegible] dosimetry system

[15] ISO/ASTM [illegible] Practice for [illegible] radiation processing

[16] ISO/ASTM [illegible] Practice for dosimetry in an electron beam facility for radiation processing at energies between [illegible]

[17] ISO/ASTM [illegible] [illegible] thermoluminescence dosimetry (TLD) systems for [illegible]

[18] [illegible] system

[19] ASTM E2232:2010 [illegible]

[20] [illegible] dosimetry system[illegible]

[21] [illegible] dosimetry for radiation processing

[22] ICRU [illegible] radiation processing

[23] ICRU [illegible] quantities and units

[24] ISO/IEC Guide 99 International vocabulary of metrology—Basic and general concepts and associated terms (VIM)

[25] ATTIX F.H. and ROESCH W.C. Radiation dosimetry. Academic Press, Vol. I (1968), Vol. II (1966), Vol. III (1969)

[26] [illegible] radiologique [illegible] Carl Hanser

[27] DOLE M. The radiation chemistry of macromolecules. Academic Press, Volume I (1972), Volume II (1973)

ICS 29.035.20
K 15

中华人民共和国国家标准

GB/T 26168.2—2018/IEC 60544-2:2012
代替 GB/T 26168.2—2010

电气绝缘材料　确定电离辐射的影响 第2部分:辐照和试验程序

Electrical insulating materials—Determination of the effects of ionizing radiation—Part 2: Procedures for irradiation and test

(IEC 60544-2:2012,IDT)

2018-06-07 发布　　2019-01-01 实施

国家市场监督管理总局
中国国家标准化管理委员会　发布

前　言

GB/T 26168《电气绝缘材料　确定电离辐射的影响》分为以下部分：

——第 1 部分：辐射相互作用和剂量测定；

——第 2 部分：辐照和试验程序；

——第 3 部分：辐射环境下的应用分级体系；

——第 4 部分：运行中老化的评定程序。

本部分为 GB/T 26168 的第 2 部分。

本部分按照 GB/T 1.1—2009 给出的规则起草。

本部分代替 GB/T 26168.2—2010《电气绝缘材料　确定电离辐射的影响　第 2 部分：辐照和试验程序》，与 GB/T 26168.2—2010 相比主要技术内容变化如下：

——修改了规范性引用文件(见第 2 章，2010 年版的第 2 章)；

本部分使用翻译法等同采用 IEC 60544-2:2012《电气绝缘材料　确定电离辐射的影响　第 2 部分：辐照和试验程序》。

与本部分中规范性引用的国际文件有一致性对应关系的我国文件如下：

——GB/T 528—2009　硫化橡胶或热塑性橡胶　拉伸应力应变性能的测定(ISO 37:2005，IDT)；

——GB/T 1040(所有部分)　塑料　拉伸性能的测定[ISO 527(所有部分)，IDT]；

——GB/T 1408.1—2016　绝缘材料　电气强度试验方法　第 1 部分：工频下试验(IEC 60243-1:2013，IDT)；

——GB/T 1410—2006　固体绝缘材料体积电阻率和表面电阻率试验方法(IEC 60093:1980，IDT)；

——GB/T 2411—2008　塑料和硬橡胶　使用硬度计测定压痕硬度(邵氏硬度)(ISO 868:2003，IDT)；

——GB/T 6031—2017　硫化橡胶或热塑性橡胶　硬度的测定(10 IRHD～100 IRHD)(ISO 48:2010，IDT)；

——GB/T 9341—2008　塑料　弯曲性能的测定(ISO 178:2001，IDT)；

——GB/T 10064—2006　测定固体绝缘材料绝缘电阻的试验方法[IEC 60167:1964(1996)，IDT]；

——GB/T 10580—2015　固体绝缘材料在试验前和试验时采用的标准条件(IEC 60212:2010，IDT)；

——GB/T 26168.1—2018　电气绝缘材料　确定电离辐射的影响　第 1 部分：辐射相互作用和剂量测定(IEC 60544-1:2013，IDT)；

——GB/T 26168.3—2010　电气绝缘材料　确定电离辐射的影响　第 3 部分：辐射环境下的应用分级体系(IEC 60544-4:2003，IDT)。

本部分由中国电器工业协会提出。

本部分由全国电气绝缘材料与绝缘系统评定标准化技术委员会(SAC/TC 301)归口。

本部分起草单位：上海电缆研究所有限公司、深圳市沃尔核材股份有限公司、机械工业北京电工技术经济研究所、嘉兴市爱科森电气技术有限公司、深圳市旭生三益科技有限公司、江苏上上电缆集团有限公司、国网河南省电力公司电力科学研究院、桂林国际电线电缆集团有限责任公司、无锡江南电缆有限公司、中广核高新核材集团有限公司、江苏达胜高聚物股份有限公司、上海至正道化高分子材料股份有限公司、上海科明传输技术有限公司、上海昕讯微波科技有限公司、河南恩湃高科集团有限公司、中国核电工程有限公司、库柏电子科技(上海)有限公司、3M中国有限公司。

本部分主要起草人:孙建生、刘亚丽、陈昊、康树峰、郭振岩、余汉成、吴菲、凌国桢、张小斐、龚毅生、刘军、单永东、范魏魏、宋刚、李彦弘、饶喜梅、居学成、金华东、梁桂兰、李哲、王琴、李建喜、杨波、施冬梅、李亚明、沈彧、熊宇、秦虎成、朱国斌、王蕊、庄猛。

本部分所代替标准的历次版本发布情况为:

——GB/T 26168.2—2010。

引　言

当选择辐射环境中使用的绝缘材料时，设计人员需要有可靠的试验数据对所选材料进行比较。为此，可根据标准化的试验程序得到每种材料的性能数据，这种标准程序需要能够反映工作条件变化对材料重要性能的影响。尤其要考虑当正常工作条件下辐射剂量率较低，而绝缘材料却是根据高剂量率下试验所得耐辐射数据对材料进行的选择。

通常需要很好地控制并记录测量辐射效应期间的环境条件，重要环境参数包括辐射期间的温度、反应介质以及机械、电气应力等。如果存在空气，辐射诱导剂可能与氧气发生反应，如果没有空气就不会发生这种情况。这是为什么某些聚合物在空气中受到辐照时会出现吸收剂量率影响的原因，从而导致材料的实际耐辐射能力比试样在真空或惰性气体环境下的耐辐射能力低。这种情况通常被称作“剂量率效应”，在参考文献[2-15]中有详细介绍。

在以下情况下辐照时间也会成为一个重要的因素：

a） 扩散限制氧化等物理效应[9],[11]；

b） 确定剂量率的过氧化氢分裂反应等化学现象[11],[15]。

典型扩散限制效应通常可以在聚合物在空气中的辐射研究中观测到，其重要性取决于聚合物几何结构与氧渗透量以及消耗率之间的相互关系，而氧渗透量和消耗率又均取决于温度[11]。这意味着厚试样在空气中受到辐照可能导致试样上与空气接触表面部分氧化，进而导致材料性质的改变(与在无氧环境中辐照时相似)。因此，当材料要在低剂量率空气环境中长时间使用时，将试样高剂量率短时间置于相同剂量环境下可能无法确定其耐用性。通过以前的试验或试样厚度因素并结合氧渗透率和消耗率[9],[11]估计可以避免上述问题。一种通过增加周围氧气压力有效消除氧扩散效应的技术处于研究之中[9]。

辐射诱导反应受到温度的影响，通过温度提高反应速率可导致辐射和热产生协同效应。在一般热老化预测中，通常使用阿累尼乌斯方法，该方法使用了一个基于基本化学动力学的方程。尽管目前有大量关于辐射老化方法的研究，但该领域的研究比较落后[10]。用于老化试验建模的包括剂量、时间、阿累尼乌斯活化能、剂量率和温度等众多因素在内的一般性方程目前也正在测试之中[11~13]。需明确：先后连续应用辐射和热(实际中经常这样用)时可能由于应用顺序的不同导致试验结果出现显著差异，并且通常也不能很好地模拟它们的协同效应[14],[15]。

绝缘材料要求的机械性能和电气性能以及可以接受的辐射诱导变化程度是千差万别的，以至于无法就可接受性能给出一个框架建议。辐照条件也是如此。因此本部分只推荐很少几种根据以前经验证明是合适的性能和辐照条件。推荐的性能都是那些对辐射特别敏感的性能。对于一些特殊应用可能要选择其他性能。

GB/T 26168.1 规定了辐射效应评定所涉及的各种问题、剂量测量术语、几种确定曝露和吸收剂量的方法以及一些根据所用剂量测量方法计算各种具体材料中吸收剂量的方法。GB/T 26168.2 规定了辐照和试验程序。GB/T 26168.3 规定了一种分级体系，对绝缘材料耐辐射性能进行分级，还提供了一套描述材料对辐射环境适用性的参数，为绝缘材料的选择、标定指数和性能规格确定提供了指南。GB/T 26168.4 规定了运行中老化的评定程序。

电气绝缘材料　确定电离辐射的影响　第2部分:辐照和试验程序

1　范围

GB/T 26168的本部分规定了在确定辐射引发物理或化学性能变化之前,用电离辐射对绝缘材料进行辐照处理期间和前后应保持的辐照条件。提出几种潜在具有重要应用价值的辐照条件,并列出了在这些条件下可能影响辐射诱导反应的各种参数。

本部分适用于选择试样、辐照条件和试验方法,以便于确定辐射对性能影响的重要性。由于许多材料都是在空气环境或惰性气体环境中使用,因此给出了这两种情况下的标准辐照条件。

本部分不适用于辐照期间的测量。

2　规范性引用文件

下列文件对于本文件的应用是必不可少的。凡是注日期的引用文件,仅注日期的版本适用于本文件。凡是不注日期的引用文件,其最新版本(包括所有的修改单)适用于本文件。

IEC 60093　固体绝缘材料的体积电阻率和表面电阻率试验方法(Methods of test for volume resistivity and surface resistivity of solid electrical insulating materials)

IEC 60167　测定固体绝缘材料绝缘电阻的试验方法(Methods of test for the determination of the insulation resistance of solid insulating materials)

IEC 60212　固体绝缘材料在试验前和试验时采用的标准条件(Standard conditions for use prior to and during the testing of solid electrical insulating materials)

IEC 60243-1　绝缘材料电气强度　试验方法　第1部分:工频下试验(Electrical strength of insulating materials—Test methods—Part 1:Tests at power frequencies)

IEC 60544-1　电气绝缘材料　确定电离辐射的影响　第1部分:辐射相互作用和剂量测定(Electrical insulating materials—Determination of the effects of ionizing radiation—Part 1:Radiation interaction and dosimetry)

IEC 60544-4　电气绝缘材料　确定电离辐射的影响　第4部分:辐射环境下的应用分级体系(Electrical insulating materials—Determination of the effects of ionizing radiation—Part 4:Classification system for service in radiation environments)

ISO 37　硫化橡胶或热塑性橡胶　拉伸应力应变性能的测定(Rubber, vulcanized or thermoplastic—Determination of tensile stress-strain properties)

ISO 48　硫化橡胶或热塑性橡胶　硬度的测定(10 IRHD～100 IRHD)[Rubber,vulcanized or thermoplastic—Determination of hardness(hardness between 10 IRHD and 100 IRHD)]

ISO 178　塑料　弯曲性能的测定(Plastics—Determination of flexural properties)

ISO 179(所有部分)　塑料　简支梁冲击性能的测定(Plastics—Determination of Charpy impact properties)

ISO 527(所有部分)　塑料　拉伸性能的测定(Plastics—Determination of tensile properties)

ISO 815(所有部分)　硫化橡胶或热塑性橡胶　压缩永久变形的测定(Rubber,vulcanized or thermoplastic—Determination of compression set)

ISO 868 塑料和硬橡胶 使用硬度计测定压痕硬度(邵氏硬度)[Plastics and ebonite—Determination of indentation hardness by means of a durometer(Shore hardness)]

3 辐射

3.1 辐射类型和剂量测定

本部分包括下列几种辐射类型：

——X 射线和 γ 射线；

——电子束；

——离子射线；

——中子射线；

——γ 射线和中子射线组合("反应堆"辐射)。

一般来说，辐射类型不同，辐射效应也会不同。但是在许多应用中已发现，在类似试验条件以及相同吸收剂量和相同线性能量传递情况下，材料性能变化与辐射类型之间的关系并不密切[16-18]。因此在试验中应优先选择吸收剂量测量比较简单方便且准确的辐射类型，如 Co^{60} γ 射线或快电子等。为了比较 γ 射线或快电子的反应堆辐射效应，可以用不同类型射线来照射相同化学成分的试样，并且可以对辐射诱导变化进行比较。

辐射诱导变化与吸收辐射能(以吸收剂量表示)有关，IEC 60544-1 列出了推荐的剂量测定方法，同时也给出了吸收剂量和吸收剂量率的定义和单位，为方便起见列出公式如下：

吸收剂量(D)是 $d\bar{\varepsilon}$ 与 dm 的商，如式(1)所示：

$$D=\frac{d\bar{\varepsilon}}{dm} \qquad (1)$$

式中：

$d\bar{\varepsilon}$ ——电离辐射照射到单位体积材料上的平均能量；

dm ——单位体积材料的质量。

吸收剂量率($\dot{D}$)是时间间隔 dt 内的吸收剂量增量 dD，如式(2)所示：

$$\dot{D}=\frac{dD}{dt} \qquad (2)$$

吸收剂量式中 D 国际单位制(SI)是戈瑞(Gy)；

1 Gy=1 J/kg(=10^2 rad)。

更高剂量时的常用单位为千戈瑞(kGy)或兆戈瑞(MGy)。

吸收剂量率的 SI 单位为戈瑞每秒(Gy/s)；

1 Gy/s=1 W/kg(=10^2 rad/s=0.36 Mrad/h)。

3.2 辐照条件

应明确的辐照条件包括：

——辐射的类型和能量；

——吸收剂量；

——吸收剂量率；

——周围介质；

——温度；

——机械应力、电应力和其他应力；

——试样厚度。

辐照宜采用γ射线、X射线或电子束(见3.1),应合理选择射线能量使试样吸收剂量的均匀度保持在±15%以内。

3.3 试样制备

由于试样质量差别可能导致试验结果出现偏差,应按照适用的国家标准、IEC标准和ISO标准制备试样。

因为辐射效应可能受试样的尺寸的影响,在进行各种比较试验中所用试样应具有统一尺寸。接受辐照的试样形状最好与后续试验所需要的试样形状一致。但如果试样一定要从接受辐照的较大试件上切取,应在报告中记录试样切取的位置。

未受辐照控制试样应按照相同方法制备,并且经过与受辐照试样相同的处理和后辐照处理。

3.4 辐照程序

3.4.1 辐照剂量率控制

辐射场内的照射率通常是不均匀的,另外还会因试样本身吸收能量而减少,因此吸收剂量不可能完全均匀。可通过过滤、多方向辐照试样、等速横穿辐射场或用辐射束扫描试样等方法使其均匀。可以通过合适的设备在辐射过程中旋转或移动试样以保证吸收剂量率的均匀性。剂量率偏差在±15%以内时不会对试验结果产生明显影响(见3.2),当偏差大于该推荐范围时应进行记录。

3.4.2 辐照温度控制

试样应在辐照温度下放置48h或者直到与辐照温度平衡。

温度应从IEC 60212中给出的一系列标准值中选取。

辐照期间的试样温度应是通过在同样辐照条件下的另一个补充试样确定的(补充试样上装有测温装置)。应慎重选择测量设备及其在试样中的摆放位置,以避免辐照影响温度测量。

温度偏差是实际试验温度的函数,在室温至约40 ℃时允许偏差较大(如±5 K),当在室内采取温度控制时,在较高温度时温差控制在较小的偏差(如2 K)比较合理。当偏差大于±2 K时应进行记录。

高剂量率辐照可能导致温度升高,应采用不影响材料性能和辐射条件的方法,控制温度。

应记录转变过渡区域(如熔融转变、玻璃化转变或次级转变)的辐照情况,因为当材料经历这些转变时降解会受到显著影响。

3.4.3 空气中辐照

放置在空气中接受辐照的试样应确保试样各侧面都能接触到空气。一般情况下应阻止辐射诱导反应产物积聚(如用新鲜空气吹试样),但当需要确定这些产物(如O_3或HCl)是否影响材料性能时除外。

如果辐射源性质要求将试样装入密闭容器,则在标准大气条件下对试样进行封装。一般来说辐射将会改变容器内的条件(如大气的压力和化学成分),从而严重影响试验结果。应经常更换容器内的空气。应在试验报告中注明辐照在密闭容器内进行、制作容器的材料、试样体积与空气体积之比以及容器内空气的更换频率等。设计容器时应考虑加热或反应产物导致压力升高的可能性,以便将这种效应降至最小。

3.4.4 除空气外的其他介质中辐照

在除空气以外其他气体中接受辐射的试样应置于小于或等于1 Pa(10^{-5} bar)的容器中至少放置8 h,然后再用该气体吹洗3次。吹洗后试样应置于充满气体的容器(温度为辐射温度)内,直到试样与气体温度基本达到平衡。在辐射期间,最好保持气流连续通过试样容器。如果定期更换气体则可使用密封容器(如有必要)。一般来说,只有当辐射源的性质要求必须在密封容器中进行整个辐照时才这样做,详细的方式应在报告中注明。

在液体介质中接受辐照的试样应在液体中浸泡足够长的时间，以便在辐照之前与液体达到基本平衡。耐辐射性能可能会受到预处理期间所产生的膨胀的影响。在整个辐照期间，试样应完全浸泡在液体中。搅动液体以及用流动或其他方式向试样提供新液体等均应在报告中注明。

3.4.5 真空中辐照

在真空中接受辐照的试样应在压力小于或等于 1 Pa(10^{-5} bar)的容器中至少放置 24 h，并且在整个辐照期间压力都不应超过这一极限值。

3.4.6 高压辐照

在高压下接受辐照的试样应在该压力值的容器内放置足够长的时间以达到基本平衡，压力在整个辐照过程中应保持不变。参考文献[9]中介绍了一个用于高压氧气下的辐照技术。应在试验报告中详细注明辐照条件。

3.4.7 机械应力作用下辐照

应将试样安装在合适的夹具上，使试样在整个辐照过程中受到一个机械应力。应在报告中详细说明试验方法。

3.4.8 电应力作用下辐照

应将试样安装在合适的夹具上，使试样在整个辐照过程中受到一个电应力。应在报告中详细说明试验方法。

3.4.9 组合辐照程序

当使用以上程序所列任意两个或两个以上变量时，组合程序将集成各单个程序的所有相应功能。

3.5 辐照后效应

聚合物辐照会产生一些自由基或其他反应物，其中有些产物的生成速度要比它们的反应速度快很多，从而导致反应物在受辐照材料内积聚并且当试样从辐射场移开后仍可能继续反应。正是由于存在这种效应，试样在受辐照后应尽快(最好在一周内)进行试验。

3.6 指定的辐照条件

引言中讨论了与用短期的实验室试验对长期工作条件下效应进行评定相关的问题。以下给出了两种辐照条件，用于为与时间相关的氧化效应提供方法：

——在高吸收剂量率(通常大于 1 Gy/s)的无氧化环境(如在无氧环境中或针对厚试样)下短期辐射。由于在高剂量率条件下可能出现辐射加热现象，应通过指定试验温度来控制其上限。

——在低吸收剂量率(最大为 3×10^{-2} Gy/s)有氧环境(如空气环境)中长期辐射。

注：需注意推荐长期辐射使用的剂量率是在长期现场工作条件和实际试验持续时间之间折衷选取的剂量率，它仍可能比许多相关长期应用中出现的剂量率高几个数量级。这些差别可能会加剧剂量率效应，其大小取决于聚合物类型和试样厚度。目前，剂量率远低于 3×10^{-2} Gy/s 时的使用寿命预测试验程序正在研究之中[10-13]。

在核反应堆应用中，试样辐照宜采用两种温度：室温(23±5)℃和 80 ℃，应考虑 3.4.2 的内容。

4 试验

4.1 概述

耐辐照能力可表征为：

——产生某一预定性能变化(见 4.3.1)所需要的吸收剂量;或

——某一固定吸收剂量(见 4.3.2)所产生的性能变化量。

为确定耐辐射能力应明确以下各点:

——辐照条件(见第 3 章);

——可能评定其变化的性能(见 4.2);

——性能终点判据和/或吸收剂量值(见 4.3)。

这些测试目的是确定材料性能的永久性变化。本部分不涉及辐照期间出现的过渡性变化。

4.2 试验程序

表 1 列出了那些可用于监测辐射效应的性能以及试验程序。尽管材料失效时可能会导致电性能急剧变化,但机械性能更为敏感[19],[20]。塑料的机械性能最初由于交联而改善,但在高吸收剂量时会变脆而无使用价值,所以选择测试性能时应当考虑这点。

对于正常应用,经验表明最合适的力学性能为:

——硬质塑料在最大负荷时的弯曲应力;

——软质塑料和弹性体的断裂伸长率。

实际应用证明:用户可以规定表 1 中的任意一种性能或一种程序。另外,由于辐射源和容器的容积(在该容积内辐射场足够均匀)有限,因此对试样尺寸也有一定限制。

4.3 评定标准

4.3.1 终点判据

终点判据可用绝对值或相对值来表示。两种表示方法都可以用于对材料耐辐射能力的分级。表 1 用相对值对材料进行排序的示例。IEC 60544-4 中给出了辐射指数的评定。

针对某个具体应用或工作条件,可选取一个更合适的终点判据来反映最终使用要求。

表 1 辐射环境中绝缘材料分类时应考虑的重要性能和终点判据

材料类型	性能	试验程序	终点判据[a]
硬质塑料	弯曲强度	ISO 178	50%
	屈服强度	ISO 527	50%
	断裂强度	ISO 527	50%
	冲击强度	ISO 179	50%
	体积电阻率和表面电阻率	IEC 60093	10%
	绝缘电阻	IEC 60167	10%
	电气强度	IEC 60243-1	50%
软质塑料	断裂伸长率	ISO 527	50%
	屈服强度	ISO 527	50%
	断裂强度	ISO 527	50%
	冲击强度	ISO 179	50%
	体积电阻率和表面电阻率	IEC 60093	10%
	绝缘电阻	IEC 60167	10%
	电气强度	IEC 60243-1	50%

表 1（续）

材料类型	性能	试验程序	终点判据[a]
弹性体	断裂伸长率	ISO 37	50%
	拉伸断裂强度	ISO 37	50%
	硬度/IRHD(国际橡胶硬度)	ISO 48	改变 10 个单位值
	硬度/邵氏 A	ISO 868	改变 10 个单位值
	压缩永久变形	ISO 815	50%
	体积电阻率和表面电阻率	IEC 60093	10%
	绝缘电阻	IEC 60167	10%
	电气强度	IEC 60243-1	50%
[a] 表示为初始值的百分比。			

4.3.2 吸收剂量值

将材料用预先确定的或标准中规定的指定剂量来辐照也可以反映材料的耐辐射能力。在这种情况下，到最终剂量时可能达不到终点判据。

用于测定到性能变化量时推荐使用的吸收剂量值为：

10^3 Gy、10^4 Gy、10^5 Gy、3×10^5 Gy、10^6 Gy、3×10^6 Gy、10^7 Gy、3×10^7 Gy、10^8 Gy。

注：在许多情况下使用吸收剂量为 10^7 Gy 的极限比较合适，在一些特殊情况下使用 10^8 Gy。

4.4 评定

根据相关标准确定辐照试样和对照试样的性能，性能变化报告为受辐照试样与对照试样性能之间差或比值。

为确定产生给定性能变化的吸收剂量(终点判据，见 4.3)，可画出性能值或性能值变化与吸收剂量之间的关系曲线图，通过内插法可以确定性能终点判据对应的吸收剂量(参见附录 A 中的示例 1)。

注：由于当吸收剂量增加时性能值不按简单数学公式变化，因此用外推法确定产生给定性能变化的吸收剂量在一定程度上受限。

5 报告

5.1 概述

报告中应包括对本部分的引用，应在记录中报告与本部分推荐程序的各种偏差并列出 5.2～5.5 的信息。

5.2 材料

试验材料说明中应尽可能包括：

——聚合物类型和制备方法；

——供应商；

——配方数据，如填充剂(包括大小和形状)、增塑剂、稳定剂、光稳定剂等；

——物理性能：密度、熔点、玻璃态转变温度、结晶度、取向、溶解度等。

5.3 辐射

——辐射源说明：

类型、活度或束能、射线种类和能谱。对反应堆辐射应包括γ射线、热、超热和快中子的比例；

——吸收剂量总清单：

剂量测定方法、吸收剂量率(带公差)、不同试样的辐射时间和吸收剂量。对加速器辐射应列出脉冲重复频率、脉冲宽度和最大通量密度。另外还要列出试样运行周期以及试样的“放入时间”和“放出时间”；

对反应堆或其他中子辐射源，根据通量密度(热、超热、快中子和γ射线等应单独确定)计算吸收剂量率；

——辐照条件和辐射程序的相关细节，例如温度、大气或介质、压力、试样上的应力、容器等；

——特殊后辐照处理；

——辐照日期。

5.4 测试

测试的性能和相关的测试标准，视情况而定(见4.3)：

——终点判据；

——指定的吸收剂量。

5.5 结果

视情况而定(见4.4)：

——达到指定终点判据所需要的吸收剂量或图表；

——被辐射试样和对照试样的性能值以及性能变化。

性能试验日期。

附录A是电磁线圈绝缘、电缆绝缘、绝缘胶带的试验报告示例。

附 录 A
（资料性附录）
测试报告实例

A.1 实例 1——电磁线圈绝缘

A.1.1 材料

环氧——苯酚——酚醛清漆——双酚 A 树脂。

成分：树脂 EPN1138＋MY745＋CY221(50:50:20)，

固化剂：HY905(120)，

促进剂：XB2687(0.3)。

固化时间：24 h/120 ℃。

应用：电磁线圈绝缘。

供应商：NN。

A.1.2 辐照

池式反应堆，水中，40 ℃

快中子通量(E>1 MeV)：　3×10^{12} n/cm^{2}s

热中子通量：　5×10^{12} n/cm^{2}s

γ 剂量率：　400 Gy/s

吸收剂量：　5×10^6 Gy、1×10^7 Gy、2.5×10^7 Gy、5×10^7 Gy

剂量测定方法：　量热计和活化探测器

辐照日期：　xy

A.1.3 试验

方法：　弯曲强度(ISO 178)

试样尺寸：　80 mm×10 mm×4 mm

评判性能：　最大负荷下弯曲强度

终点判据：　初始值的 50%

试验日期：　xy

A.1.4 结果

见表 A.1 和图 A.1。

表 A.1 试验结果

<table>
<tr><th rowspan="2">编号</th><th colspan="3">特性</th><th colspan="3">力学性能</th></tr>
<tr><th>成分</th><th>固化条件</th><th>吸收剂量
Gy</th><th>弯曲强度
S
MPa</th><th>破坏挠度
D
mm</th><th>切线弹性模量
M
GPa</th></tr>
<tr><td rowspan="5">297</td><td rowspan="5">EPN 1138/
MY 745/
CY 221/
HY 905/
XB 2687</td><td rowspan="5">24 h,
120 ℃</td><td>0</td><td>127</td><td>12.4</td><td>3.8</td></tr>
<tr><td>5×10^6</td><td>94</td><td>6.4</td><td>3.9</td></tr>
<tr><td>1×10^7</td><td>70</td><td>4.5</td><td>4.1</td></tr>
<tr><td>2.5×10^7</td><td>14</td><td>1.2</td><td>3.3</td></tr>
<tr><td>5×10^7</td><td>2</td><td>0.7</td><td>0.5</td></tr>
</table>

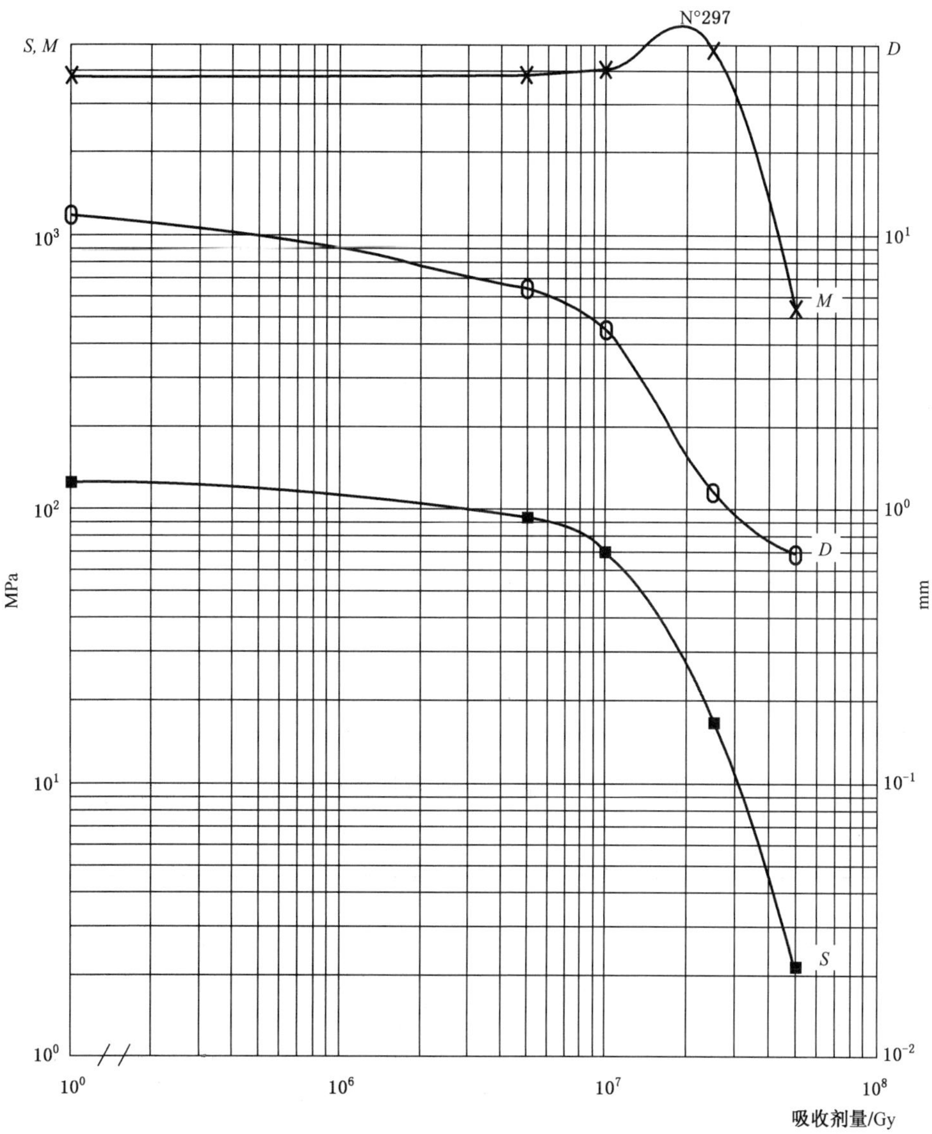

图 A.1 电磁线圈绝缘的机械性能变化与吸收剂量的关系图

A.2 实例 2——电缆绝缘

A.2.1 材料

低密度聚乙烯,热塑性电缆绝缘料,0.08%苯酚类稳定剂、密度 0.936 g/cm^3。

供应商:NN

A.2.2 辐射

系列 A、B、C、D:池式反应堆,位置 E1,大气,25 ℃

吸收剂量:5×10^5 Gy、1×10^6 Gy、2×10^6 Gy、5×10^6 Gy

剂量率:7 Gy/s~70 Gy/s

辐照日期:xy

系列 E、F:钴 60 辐射源,大气,20 ℃

吸收剂量:5×10^5 Gy、1×10^6 Gy

剂量率:0.03 Gy/s

辐照日期:xy

A.2.3 测试

方法:拉伸试验 ISO 527;硬度试验 ISO 868

试样:S2 型,从模板中制取(厚度为 2 mm)

评判性能:断裂伸长率

最终判据:初始值的 50%

试验日期:(系列 A、B、C、D) xy

(系列 E、F) xy

A.2.4 结果

见表 A.2。

表 A.2 测试结果

编号	材料类型	辐射源,系列	剂量 Gy	剂量率 Gy/s	拉伸		邵氏硬度 D
					强度 *R* MPa	伸长率 *E* %	
524	低密度聚乙烯绝缘料 热塑性 稳定剂 T/0.08	反应堆	0.0	0.0	13.7±1.4	588±36.0	44.0
		A	5.0×10^5	70.0	18.1±1.0	391.0±4.5	45.0
		B	1.0×10^6	56.0	10.1±0.5	214.0±6.0	47.5
		C	1.9×10^6	7.8	11.8±0.6	61.0±2.0	52.0
		D	5.0×10^6	56.0	9.6±0.5	19.0±2.2	47.0
	低密度聚乙烯绝缘料 热塑性 稳定剂 T/0.08	钴-60	0.0	0.0	13.7±1.4	588±36.0	44.0
		E	5.0×10^5	0.03	10.3±0.5	80.1±9.0	50.5
		F	1.0×10^6	0.03	10.9±0.5	55.0±5.0	51.0

A.3 实例 3——绝缘胶带

A.3.1 材料

高压设备用绝缘胶带

有机硅树脂+Samica 产品(如云母纸、云母胶带等)+玻璃布

供应商:NN

A.3.2 辐照

废核燃料元件,大气,45 ℃

剂量率:2.7 Gy/s

吸收剂量:5×10^{6} Gy、9.2×10^{6} Gy、5×10^{7} Gy

辐照日期:xy

A.3.3 试验

方法:笔直试样和 45°弯曲试样击穿电压(IEC 60243-1)

评判性能:笔直试样击穿电压

最终标准:初始值的 50%

试验日期:xy

A.3.4 结果

见表 A.3 和图 A.2。

表 A.3 试验结果

编号	材料类型 供应商商标	剂量 Gy	击穿电压 kV		10^{5} Gy/h 时的辐射指数 IEC 60544-4
			笔直试样	弯曲 45°试样	
E07	有机硅+Samica+玻璃布+PC 膜 F 级高压电机用绝缘胶带	0.0 5×10^{6} 9.2×10^{6} 5×10^{7}	5.10±0.30 1.80±0.10 1.90±0.45 1.70±0.25	4.50±0.54 0.90 ±0.07 1.00±0.10 1.00±0.10	<6.0

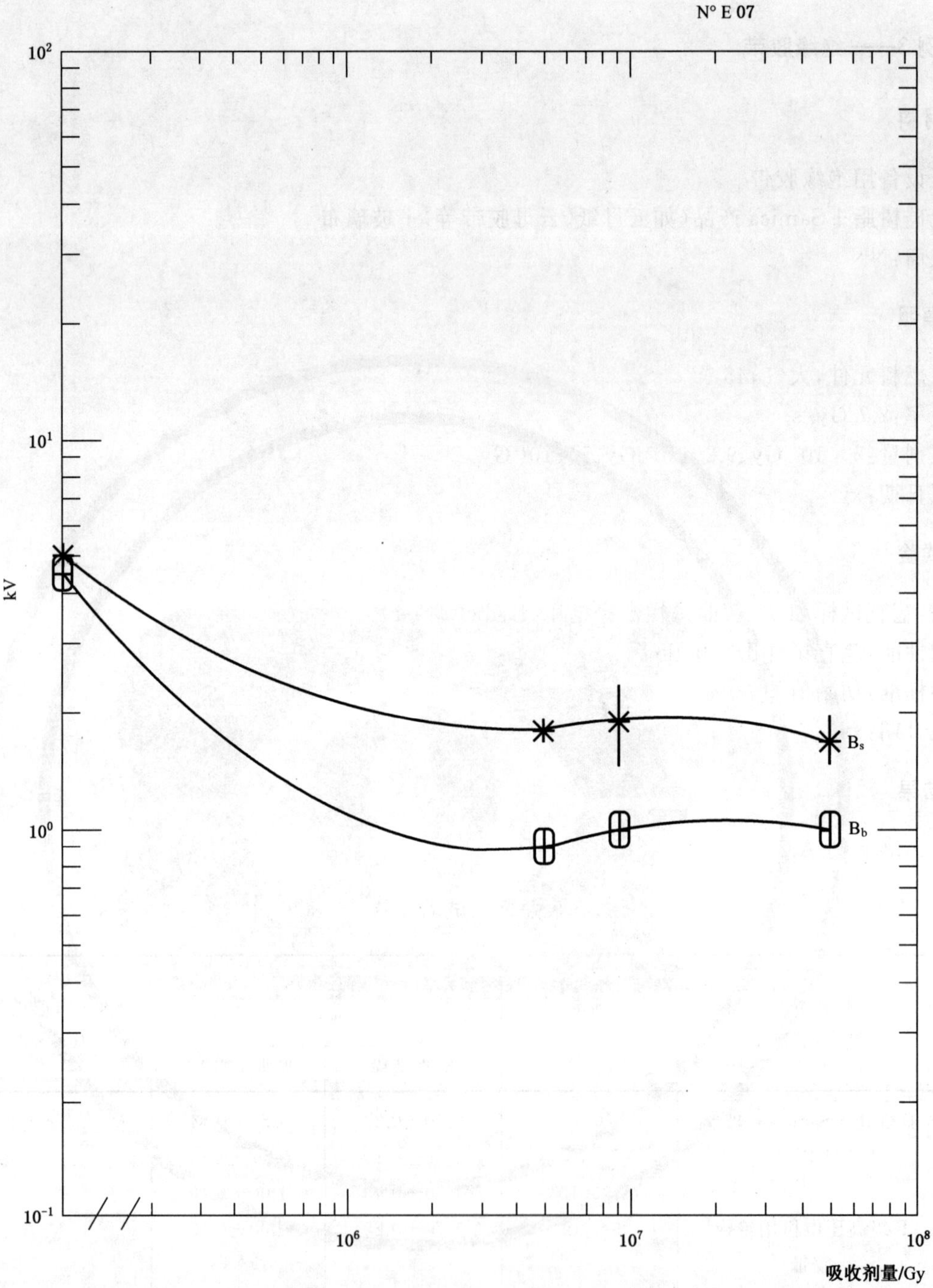

说明：

B_s ——笔直试样；

B_b ——弯曲试样。

图 A.2　绝缘胶带的击穿电压与吸收剂量的函数关系图

参 考 文 献

[1] IEC 60544-3,Guide for determining the effects of ionizing radiation on insulating materials—Part 3:Test procedures for permanent effects(withdrawn 1991)

[2] WILSKI,H.,"Long-duration irradiation of plastics at low dose rate,Radiation Effects in Physics,Chemistry and Biology",Proc.2nd Int.Congr.on Radiation Research,Harrogate(1962),eds.M. Ebert and A.Howard(North-Holland Publ.Co.,Amsterdam,1963).

[3] GILLEN,K.T.and CLOUGH,R.L.,"Occurrence and implications of radiation dose rate effects for material ageing studies",Rad.Phys.Chem.18(3-4),661-669(1981).

[4] ARAKAWA,K.,SEGUCHI,T.,WATANABE,Y.,HAYAKAWA,N.,KURIYAMA,I.and MACHI,S."Dose-rate effect on radiation-induced oxidization of polyethylene and ethylene-propylene copolymer",J.Polym.Sci.,Polym.Chem.Ed.19,2123(1981).

[5] MAIER,P.and STOLARZ,A.,"Long-term radiation effects on commercial cable insulating materials irradiated at CERN",CERN Report 83-08(1983).

[6] WILSKI,H."Review:The radiation-induced degradation of polymers",Rad.Phys.Chem.29, No.1,pp.1-14(1987).

[7] WÜNDRICH,K.,"A review of radiation resistance for plastic and elastomeric materials", Rad.Phys.Chem.24,No.5/6,pp.503-510(1985).

[8] CLOUGH,R.L.,"Radiation resistant polymers",in:Encyclopedia of Polymer Science and Engineering,Volume 13,Second Edition,Wiley,New York.

[9] SEGUCHI,T.and ARAKAWA ,K.,"Oxidation region in polymer materials irradiated in oxygen under pressure",Report JAERI-M-9671,Japan Atomic Energy Research Institute(1981)(in Japanese).

[10] CLOUGH,R.L.,GILLEN,K.T.,CAMPAN,J.L.,GAUSSENS,G.,SCHÖNBACHER,H., SEGUCHI, T., WILSKI, H. and MACHI, S. "Accelerated aging tests for predicting radiation degradation of organic materials",Nuclear Safety 25,238-254(1984).

[11] GILLEN,K.T.,and CLOUGH,R.L.,"A kinetic model for predicting oxidative degradation rates in combined radiation-thermal environments",J.Polym.Sci.,Polym.Chem.Ed.23,2683(1985).

[12] SEGUCHI,T.,"Analysis of dose rate dependence on radiation-thermal combined aging of polymer materials",Proceedings Int.ANS/ENS Topical Meeting "Operability of Nuclear Power Systems in Normal and Adverse Environments",Albuquerque,NM,October 1986.

[13] BURNAY.S.G.and HITCHON,J.W."Prediction of service lifetimes of elastomeric seals during radiation aging",J.Nucl.Mater.131,197(1985).

[14] SEGUCHI,T.,ARAKAWA,K.,HAYAKAWA,N.,MACHI,S.,YAGYU,H.,SORIMACHI,M.,YAMAMOTO,Y."Radiation-thermal combined degradation of cable insulating materials", The Institute of Electrical Engineers of Japan(IEEJ),paper presented at IEEJ technical meeting on electrical insulation,1980,Tokyo,EIM-80-94,Tokyo(1980)(in Japanese).

[15] CLOUGH,R.L.and GILLEN,K.T."Combined environment aging effects",Jour.Polym. Sci.,Polym.Chem.Ed.19(8),2041-2051(1981).

[16] SEGUCHI,T.,HAYAKAWA,N.,YOSHIDA,K.,TAMURA,N.,KATSUMURA,Y.and TABATA,Y."Fast neutron irradiation effects-II.Crosslinking of polyethylene,ethylen-22-60544-2 ©

IEC:2012propylene copolymer,and tetrafluoroethylene-propyrene copolymer",Rad.Phys.Chem. 26,221-225(1985).

[17] HANISCH, F., MAIER, P., OKADA, S. and SCHÖNBACHER, H. "The effects of radiation types and dose rates on selected cable insulating materials", Radiat., Phys., Chem., Vol.30, No.1, pp 1-9 (1987).

[18] WYANT, F., BUCKALEW, H.W., CHENION, J., CARLIN, F., GAUSSENS, G., LETUTOUR, P. and LE MEUR, M. "US/French Joint Research Program regarding the behaviour of polymer base materials subjected to beta radiation", Sandia Report SAND 86-0366, NUREG/CR-4530(1986).

[19] STUETZER, O. "Correlation of electric cable failure with mechanical degradation", Sandia Report SAND 83-2622, NUREG/CR 3623(1984).

[20] LIPTAK, G., SCHULER, R., MAIER, P., SchönbacHer, H., HABERTHÜR, B., MÜLLER, H. and ZEIER, W. "Radiation tests on selected electrical insulating materials for high power and high voltage application", CERN Report 85-02(1985).

ICS 29.035.20
K 15

中华人民共和国国家标准

GB/T 26168.4—2018/IEC 60544-5:2011
代替 GB/T 26168.4—2010

电气绝缘材料　确定电离辐射的影响 第4部分:运行中老化的评定程序

Electrical insulating materials—Determination of the effects of ionizing radiation—Part 4:Procedures for assessment of ageing in service

(IEC 60544-5:2011,Electrical insulating materials—Determination of the effects of ionizing radiation—Part 5:Procedures for assessment of ageing in service,IDT)

2018-06-07 发布　　　　2019-01-01 实施

国家市场监督管理总局
中国国家标准化管理委员会　发布

前　言

GB/T 26168《电气绝缘材料　确定电离辐射的影响》分为以下部分：

——第1部分：辐射相互作用和剂量测定；

——第2部分：辐照和试验程序；

——第3部分：辐射环境下的应用分级体系；

——第4部分：运行中老化的评定程序。

本部分为 GB/T 26168 的第4部分。

本部分按照 GB/T 1.1—2009 给出的规则起草。

本部分代替 GB/T 26168.4—2010《电气绝缘材料　确定电离辐射的影响　第4部分：运行中老化的评定程序》，与 GB/T 26168.4—2010 相比，主要技术内容变化如下：

——修改了规范性引用文件（见第2章，2010年版的第2章）；

——删除了“BR、EPDM、ETFE、NBR、PEEK、PPO 和 XLPO”7个缩略语（见第3章，2010年版的第3章）；

——增加了“CBQ、DBE、EQ 和 NPP”4个缩略语（见第3章，2010年版的第3章）；

——修改了“老化评定方法”（见第5章，2010年版的4.4）；

——增加了“加速热老化”（见4.5）；

——增加了“识别关注的组件”（见第6章）；

——修改了“状态监测技术”（见第7章，2010年版的第5章）；

——增加了“预测模型”（见第8章）；

——修改了“装置存放方法”（见第9章，2010年版的第6章）；

——增加了“CM 相关曲线举例”（参见附录 A）；

——增加了“存放器的使用”（参见附录 B）。

本部分使用翻译法等同采用 IEC 60544-5:2011《电气绝缘材料　确定电离辐射的影响　第5部分：运行中老化的评定程序》。

与本部分中规范性引用的国际文件有一致性对应关系的我国文件如下：

——GB/T 26168.1—2018　电气绝缘材料　确定电离辐射的影响　第1部分：辐射相互作用和剂量测定（IEC 60544-1:2013，IDT）；

——GB/T 26168.2—2018　电气绝缘材料　确定电离辐射的影响　第2部分：辐照和试验程序（IEC 60544-2:2012，IDT）；

——GB/Z 28820.1—2012　聚合物长期辐射老化　第1部分：监测扩散限制氧化的技术（IEC/TS 61244-1:1993，IDT）；

——GB/Z 28820.2—2012　聚合物长期辐射老化　第2部分：预测低剂量率下老化的程序（IEC/TS 61244-2:1996，IDT）。

本部分做了下列编辑性修改：

——为与现有国家标准一致，本部分作为标准第4部分，名称改为《电气绝缘材料　确定电离辐射的影响　第4部分：运行中老化的评定程序》。

本部分由中国电器工业协会提出。

本部分由全国电气绝缘材料与绝缘系统评定标准化技术委员会（SAC/TC 301）归口。

本部分起草单位：江苏上上电缆集团有限公司、国网河南省电力公司电力科学研究院、机械工业北京电工技术经济研究所、桂林国际电线电缆集团有限责任公司、深圳市沃尔核材股份有限公司、深圳市旭生三益科技有限公司、中国核电工程有限公司、上海电缆研究所有限公司、无锡江南电缆有限公司、上海至正道化高分子材料股份有限公司、上海科明传输技术有限公司、中广核高新核材集团有限公司、江苏达胜高聚物股份有限公司、上海昕讯微波科技有限公司、河南恩湃高科集团有限公司、上海核工程研究设计院、哈尔滨动力装备有限公司。

本部分主要起草人:陈昊、刘亚丽、梁福才、张小斐、郭振岩、陆露、康树峰、余汉成、王丽萍、孙建生、刘军、宋刚、熊宇、秦虎成、李彦弘、单永东、范伟伟、沈彧、耿俊成、唐咸冰、饶喜梅、居学成、施冬梅、李亚明、李建喜、卢燕芸、彭二磊、翟庆盼、祁世发、方建国。

本部分所代替标准的历次版本发布情况为:

——GB/T 26168.4—2010。

引　言

在电气绝缘材料领域,有机和聚合物材料占很大的比重。这些材料对辐射的作用很敏感,而且材料种类不同,其响应程度也大不相同。因此评定绝缘材料在使用期间老化的程度非常重要。本部分推荐了在运行过程中绝缘材料老化评定程序。

评定基本聚合物曝露于辐照环境的寿命有几种途径,在这方面的发展是基于过去几十年里对老化降解影响因素的理解。在核电站,通常采用鉴定程序选择材料,包括聚合物基材料。先前这些鉴定程序是在对老化机理缺乏足够认识情况下编制的,因此本部分所讨论的大多数方法引证了先前鉴定程序的局限性。

本部分为 GB/T 26168 的第 4 部分,为关于运行中老化的评定程序。

电气绝缘材料　确定电离辐射的影响 第4部分:运行中老化的评定程序

1　范围

GB/T 26168的本部分规定了用于辐射环境的聚合物材料构成的组件运行中寿命评定方法,例如电缆绝缘和护套、弹性体密封套管、聚合物涂层和橡胶套管等。

本部分适用于提供评定运行中老化的方法,包括基于状态监测的老化评定程序、严酷环境下留样装置的使用以及实际老化样品的制样。

2　规范性引用文件

下列文件对于本文件的应用是必不可少的。凡是注日期的引用文件,仅注日期的版本适用于本文件。凡是不注日期的引用文件,其最新版本(包括所有的修改单)适用于本文件。

IEC 60544-1　电气绝缘材料 确定电离辐射的影响 第1部分:辐射相互作用和剂量测定(Electrical insulating materials—Determination of the effects of ionizing radiation—Part 1: Radiation interaction and dosimetry)

IEC 60544-2　电气绝缘材料　确定电离辐射的影响　第2部分:辐照和试验程序(Electrical insulating materials—Determination of the effects of ionizing radiation—Part 2: Procedures for irradiation and test)

IEC 60780　核电站　安全系统的电气设备　质量鉴定(Nuclear power plants—Electrical equipment of the safety system—Qualification)

IEC/TS 61244-1　聚合物长期辐射老化　第1部分:监测扩散限制氧化的技术(Determination of long-term radiation ageing in polymers—Part 1: Techniques for monitoring diffusion-limited oxidation)

IEC/TS 61244-2　聚合物长期辐射老化　第2部分:预测低剂量率下老化的程序(Determination of long-term radiation ageing in polymers—Part 2: Procedures for predicting ageing at low dose rates)

3　缩略语

下列缩略语适用于本文件(来源于IEC 60780)。

BWR:沸水反应堆(boiling water reactor)

CBQ:状态鉴定(condition based qualification)

CM:状态监测(condition monitoring)

CSPE :氯磺化聚乙烯(chlorosulphonated polyethylene)

DBE:设计基准事件(design basis event)

DLO:扩散限制氧化(diffusion limited oxidation)

DRE:剂量率效应(dose rate effect)

DSC:差示扫描量热仪(differential scanning calorimeter)

EPR:乙丙橡皮(ethylene propylene rubber)

EQ:环境鉴定(environmental qualification)

EVA:乙烯-醋酸乙烯酯共聚物(ethylene vinyl acetate copolymer)

IM:弹性模量(indenter modulus)

LOCA:冷却剂丧失事故(loss of coolant accident)

NPP:核电站(nuclear power plant)

OIT:氧化诱导时间(oxidation induction time)

OITP:氧化诱导温度(oxidation induction temperature)

PE:聚乙烯(polyethylene)

PVC:聚氯乙烯(polyvinyl chloride)

PWR:压水反应堆(pressurized water reactor)

TGA:热重分析仪(thermo-gravimetric analysis)

VVER:水-水高能反应堆(water-cooled, water-moderated energy reactor)

XLPE:交联聚乙烯(cross-linked polyethy lene)

4 背景资料

4.1 概述

评定辐射环境下使用的聚合物组件的老化状态时,应考虑几个因素。下面的章条简要讨论了这些因素,更多详细信息可参见参考文献。

对于辐射加速老化环境,通常的方法是增大剂量率,伴随着温度的升高,将导致两方面的影响,其一为扩散限制氧化(DLO)见 4.2;其二为剂量率效应(DRE)见 4.3。本部分讨论了这些因素在实际使用中的含义和状态监测(CM)技术,加速老化程序见 4.4 和 4.5。

4.2 扩散限制氧化(DLO)

当聚合物曝露在含氧环境中(如空气),它将吸收一定量的氧。在未发生氧化反应时,氧的吸收量与聚合物周围氧气分压成比例(根据 Henry 理论)。老化将导致聚合物内部的氧化反应,并且随着剂量率和温度的提高其速度将明显增加,如果聚合物内部吸收氧的消耗速度快于环境氧扩散而致的补充速度,内部区域的溶氧浓度会随时间递减(试样表面的溶氧浓度会达到一个平衡值),这将导致氧化反应的降低或忽略不计,即为扩散限制氧化。

该作用的重要性取决于试样的厚度以及氧消耗速度与氧扩散系数(P)的比值(试样越薄 DLO 效应越小)。加速辐照环境包括剂量率的增加,它将导致氧消耗速度的上升,如果剂量率上升时温度恒定,则氧的扩散系数不变,而这意味着当剂量率提高时 DLO 作用将更重要,这些结果在 IEC/TS 61244-1 中有更详细地描述。

进行状态监测(CM)时应考虑 DLO 的影响。对于许多 CM 技术,在室温下进行性能测量不成问题,例如密度和模量。另一方面,对于 OIT 和 TGA 在测量过程要大幅升温的 CM 技术,在 CM 参数的测量期间很可能存在 DLO 的影响。当绘制 CM 方法的相互关系曲线时,一定要确定 DLO,以保证获得辐射和热老化的代表性数据。

4.3 剂量率效应(DRE)

处理辐射剂量率效应的具体方法见 IEC/TS 61244-2。通常将 DRE 分成两类:一类常用于表述加速辐射老化试验，与DLO效应有关内容见4.2。这些以DLO为基础的效应表述了物理的和形状尺寸的DRE。

另一类涉及化学DRE，类似这样化学基DRE是很少见的。其具有很强特殊性，聚氯乙烯(PVC)和低密度聚乙烯(LDPE)在过氧化氢介质中表现低的氧化分解反应显现出化学DRE[13]。应在加速老化试验进行时首先核查化学DRE效应。

4.4 加速辐照老化

进行加速老化试验时，实验室倾向于选用远小于设备鉴定的加速因子，这能避免一些与DLO和DRE相关的问题的发生。这种加速老化更能模拟发生在使用条件下的长期老化，在这些加速老化试验中得到的数据能评定实际使用条件下的材料表现。

加速老化程序通常需要一组试验数据矩阵，用以覆盖环境条件，除了热老化和升温辐照老化的附加数据以外，至少有在常规操作温度下三组不同剂量率的数据，但热老化和高温辐射老化的额外数据，可以更好地建立预测模型，见IEC/TS 61244-2。应采用IEC 60544-2中叙述的原理选择加速老化试验的剂量率和温度，以确保氧化反应均匀发生。对于每个已有的环境条件，应获取几个不同的老化时间数据，其中最长老化时间能充分表征典型的老化分解。根据所选材料的耐辐射性，典型的试验程序需18个月。

试验组所需的数据类型取决于被评定的材料类型，IEC 60544-2给出了不同类型聚合物对应的试验参数的类型。

4.5 加速热老化

当热老化为加速老化程序的一部分时，在获得加速试验的温度和时间时使用适当的活化能值是很重要的。对于某些材料，活化能数值在低温时显著降低[13],[14]，因此在加速热老化条件下材料的老化机理与正常条件下的老化机理不同。

在执行任何状态监测之前，曝露于加速热老化的试样应保证稳定。一些聚合物材料是吸水的，且其性能随含水量的变化而明显改变。这些问题主要是针对已建的核电站中使用的材料，如CM方法对于材料水分含量敏感，也需要重点考虑。

5 老化评定方法

在相关条款定义了一些附加方法适用于老化评定。每种方法都具有其各自的优点和限制条件。选择一种或者多种方法取决于用户的要求。

本部分定义了如下所述的几个老化评定方法：

——确认优先适用老化管理程序的组件(见第6章)；

——用于评定实际使用环境中材料长期老化状态的状态监测(见第7章)；

——利用实验室加速老化程序的数据提供的预测模型估计实际老化状态下的老化(见第8章)；

——留样装置提供测量实际老化状态下的老化所需的试样(见第9章)。

6 识别关注的组件

6.1 概述

在核电站中有很多含有聚合物绝缘材料的组件，例如在一个典型的核电站中使用的电力电缆的总长度大于 1 000 km。评定每个单独组件的老化是不实际的，因为不是所有组件都会曝露在显著的老化环境下。因此需要使用老化管理优先级来管理最关注的组件。

6.2 老化管理优先级

不是所有组件都具有相同的优先级。在一般情况下，一些组件在事故发生期间和之后所执行的安全功能同连续运行一样重要，最受关注。这些类别之外的任何组件最初将被分配到低优先级。

正常运行环境下的组件则需要识别环境的老化影响。若组件被识别出老化比较严重，那么它将被分配到最高优先级；反之，若组件被识别出老化为中等程度，那么它将被分配到中等优先级。

对于优先级的有效排序，环境监测是必不可少的(见 6.3)，同时应已知组件的老化性能。设计时的温度和剂量率的计算可用于初步评定。老化信息可来源于设备鉴定数据或在实验室中补充加速老化试验。

6.3 环境监测

温度、辐射剂量、辐射剂量率的影响对核电站中使用的绝缘材料的老化占主导作用。老化管理的主要要求是详细了解高优先级组件在核电站内位置的实际温度和剂量率。

核电站内温度和剂量率的分布分别使用温度记录仪和剂量计测量。应通过多个燃料循环周期识别运行波动和季节变化。当核电站发生变化时，如功率提升，应重复这些测量。

采用小型自持式温度记录仪是一种可行的定点温度记录方法，相比在核电站中大量安装辅助温度监测设备，这种方法更实用且更灵活。

辐射监测最好采用适用于长期测量的丙氨酸剂量计。这些剂量计受温度影响不显著，可以密封，避免湿度的影响，并适合于监测宽剂量范围内的辐射。丙氨酸辐射下形成的自由基在至少 1 年内是稳定的，且可以通过电子自旋共振进行测量见 IEC 60544-1。

6.4 局部严酷环境

识别高优先级组件的局部严酷环境位置(热点)是老化评定的重要方面。可以通过多种方式确定这个位置，包括核电站工作人员反馈、运行反馈、核电站布置图定位和核电站现场巡查。每种方式都可从不同的角度去确定热点条件。核电站维护人员反馈是识别组件早期劣化的重要方法。

6.5 最坏情况下的组件

具有高优先级的组件最有可能受到老化影响。依据环境条件监测和局部严酷环境的筛选，后续的老化管理将组件分为高、中或低优先级。被分配为高优先级的所有组件应进行老化管理，如 CM 或计划更换。

有更多信息支持时，可修正之前的评估程序。例如，若高优先级电缆的 CM 显示其劣化远没有预期的严重，则可将这些组件调整至较低的优先级组别。

7 状态监测技术

7.1 概述

状态监测技术用于评定需延长使用时限的材料在实际使用环境下的状态，例如核电站、加速器、再处理厂房等。并选用与材料老化降解有相关性的试验方法。

老化评估的状态监测有多种用途，包括短期故障排查和长期鉴定状态的维持。

7.2 状态监测方法曲线相关性的建立

为了有效应用状态监测方法，重点在于建立状态监测参数与老化降解主指标或功能主指标间的关系曲线。对于电缆所使用的聚合物材料，由于电缆的物理性能劣化前电性能并无明显变化，老化降解的主指标通常采用断裂伸长率。对于密封材料，压缩形变是一种可有效表征老化的指标。其他组件的降解参数见 IEC 60544-2。

应在相同的条件下进行试样老化，并测量主指标和状态监测参数，建立其相关曲线，如图 1 所示。测定的过程应覆盖老化降解的不同阶段，从样品的未老化状态直至严重劣化状态。建立相关曲线时，推荐采用至少五组不同老化阶段的数据(见图 2)，如能在不同温度和辐照剂量率下获取试验数据则最佳。附录 A 中为 CSPE 电缆护套材料相关曲线的一个示例。

通常用加速试验建立相关曲线。该试验的程序见 IEC 60544-2。另一种可行的方法是在老化评估管理阶段取用留样存样(见第 9 章)或作为初始设备鉴定流程的一部分建立相关曲线。

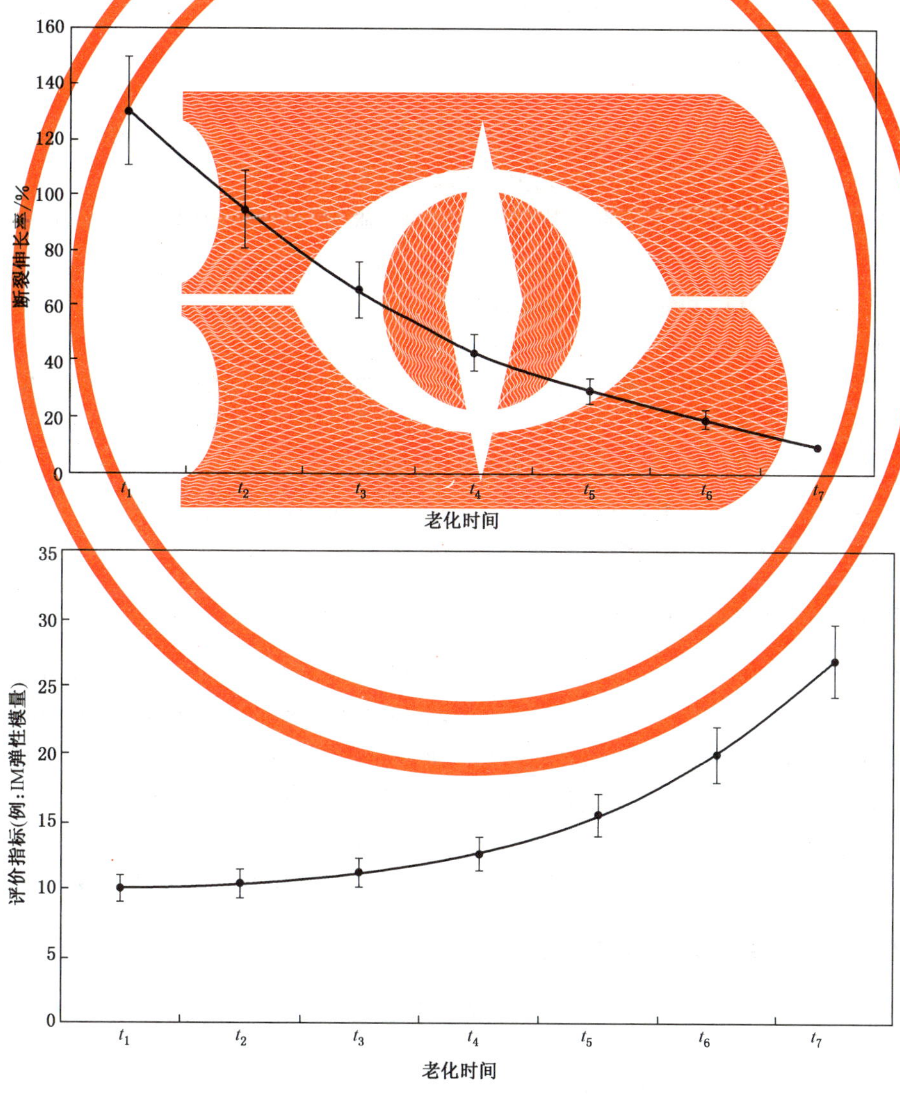

图 1 断裂伸长率和状态监测参数(如弹性模量 IM)随老化时间的关系示意图

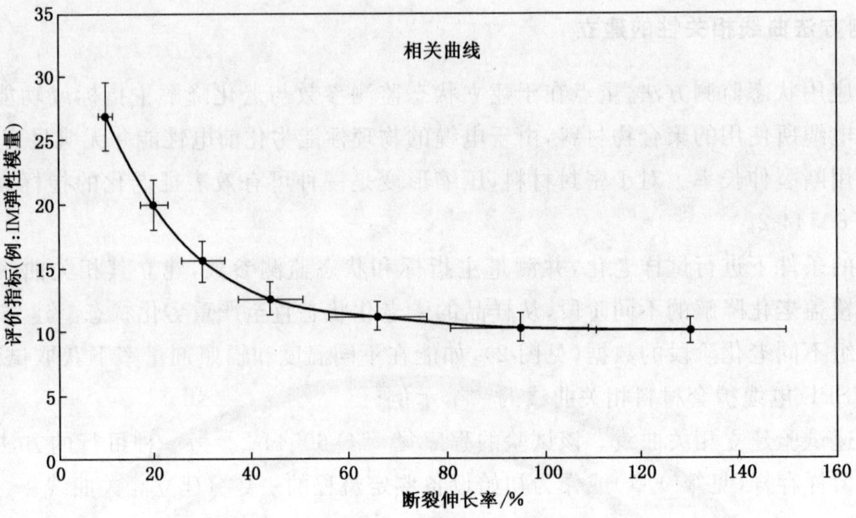

图2 相关曲线(来自图1数据)示意图

7.3 状态监测方法

有多种方法可对聚合物,尤其是电缆材料[11],进行状态监测。其中几种通过检验可用于实际工作。大部分成熟方法的详细试验和测量标准参见 IEC 62582(所有部分)[4]。对于这些方法,聚合物老化降解的状态监测参数已建立数据关联并明确其应用范围的受限条件。这些成熟的技术方法包括:

——弹性模量;

——氧化诱导时间(OIT)和氧化诱导温度(OITP);

——断裂伸长率。

注:其他潜在的状态监测方法和测量标准将在预期的几年内成型,这些潜在方法可以参考 IAEA-NP-T-3.6[11]。

在核电站中利用现场探查的形式(如外观检查,触摸检查等定性的感官检查)是评估局部区域老化降解情况的有效方法。参考文献[14],[15]给出了核电站内现场探查更详细的要求。

评估电缆系统和相关终端老化状态的电气方法可参考 IEC 62465[3]。这些方法主要关注电缆系统(接头、贯穿件等)的整体性能而不仅限于绝缘材料的老化状态。

7.4 使用状态监测方法进行短期故障排除

在短期试验中,状态监测的重点是甄别故障的严重程度或证明故障的不存在。例如,弹性模量指标用于评定 BWR 核电站靠近蒸汽管道处电缆由于高温作用对其绝缘的破坏程度。沿电缆长度测量弹性模量,可以得到其受损程度沿电缆长度的相关曲线。据此可以缩小电缆更换的范围而非替换整根电缆。

在某些情况下,设计准则由于考虑通用条件,因此非常保守(例如电力电缆承载电流导致自发热的计算),此假设条件下绝缘将会发生显著劣化。使用状态监测方法证明材料还未达到预期老化的程度,则可以避免不必要的更换。这一点对于在设备鉴定阶段确立了较短鉴定寿命的设备尤为重要。

7.5 使用状态监测方法评定长期劣化趋势

状态监测方法也可以用于覆盖电厂全寿期的持续试验程序。这一程序下状态监测方法的典型应用包括:

——初始设备鉴定阶段,确立鉴定状态并建立状态趋势;

——比较状态监测数据和预测模型,其中预测模型基于实验室的加速老化数据和组件的环境条件;

——通过监测核电站严酷环境下留样试样的状态(这一方式常用于电缆和小型电气组件)。

图3给出了通过状态监测参数(如弹性模量)预计断裂伸长率的方法。

状态鉴定(CBQ)是在建核电站设备鉴定的推荐方法[15],[16]。如在设备鉴定中运用状态监测方法,需要在鉴定试验过程的预老化阶段建立老化曲线,并确立可耐受 DBE 的状态监测参数限值,此值确立为鉴定合格状态值。组件的老化状态趋势与鉴定状态值是状态鉴定的基础组成部分。

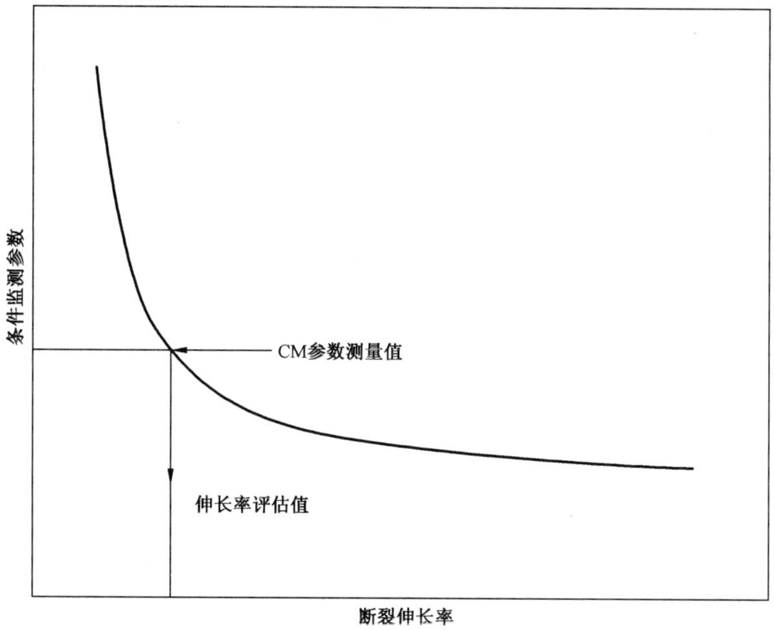

图 3 通过相关曲线反推断裂伸长率

8 预测模型

从实验室加速老化试验中获得的数据可用于生成预测老化模型的参数见 IEC/TS 61244-2。这些模型可用于预测温度和辐射剂量率等各种老化条件下特定的材料降解。使用来源于核电站内实际温度和剂量率环境监测下的数据,可预测发生在实时老化中的降解。

这种方法也可用于估计环境条件变化产生的影响,如短时温度上升导致致蒸汽管道附近的绝缘的破损。

评定一个在建核电站中的材料而进行的加速老化试验需要的模型参数可能更多。可在在建核电站设计阶段使用这些模型同环境条件设计数据的结合,以确定潜在问题存在的区域,进而重新选择设备合适的安放位置,如改变电缆敷设路径,以避免产生局部热点。

加速老化数据矩阵使用的三个预测模型的定义见 IEC/TS 61244-2,使用这三个模型的限制条件和数据要求如下:

——指数外推模型,已证明可用于预测材料在热老化可忽略不计的辐射环境中的老化;
——依赖时间叠加的模型,对于老化具有单一主导机制的一些材料,可模拟热和辐射联合老化;
——依赖剂量叠加的模型,实际用于低剂量率辐射老化中,其中热老化占主导地位,且材料具有复杂的老化特性。

9 样品留样

9.1 概述

测试核电站中留样装置里的材料是评定运行中老化可选择的方法之一。这些安装于核电站内的留样可用于破坏性试验或CM方法，并可作为老化管理程序的一部分。

使用样品留样的方式对组件的长期老化性能进行评定比使用加速老化的方法更具优势。留样装置中组件的老化与在核电站中实际条件下的老化相同，但是，检测和监测不应妨碍核电站运行。留样装置的位置同其他位置相比，通常置于核电站中具有相对更为严酷环境下。因此，留样装置中样品的老化更迅速。

大部分留样装置主要用于评定电缆和小型电气组件，主要存放在运行不超过5年的核电站中。然而，如果留样样品在安装前通过加速老化进行预老化，那么这个样品可以用于已运行的核电站中。样品留样对于持续鉴定程序有显著作用。

9.2 留样要求

留样装置使用的一个先决条件是了解其位置的辐射剂量和温度的分布状态，以及其安装的位置在核电站的日常运行时能进行试验。

环境监测可用于选择在核电站中比实际放置点更高剂量的放置点。它甚至可能找到类似最高设计温度的位置。经验表明，压水反应堆(PWR)的反应堆压力容器和蒸汽发生器之间的回路，沸水反应堆(BWR)的反应堆水清洁系统，水-水高能反应堆(VVER)的主循环回路热管段或冷管段都是合适的留样位置。在水-水高能反应堆(VVER)中，无论是热水还是冷水的循环管均是合适的留样位置。

在选择留样位置时，应注意确保造成老化的留样装置的安装环境条件与真实条件类似，对于在较低温度下正常使用的一些交联聚乙烯(XLPE)和乙丙橡皮(EPR)为基础的组件，应尤其注意高温下辐照老化的模拟情况。这些材料都存在逆温度作用，即在较低温度下，辐致老化更为迅速。因此，对于交联聚乙烯(XLPE)，留样装置应放置在环境温度最低的位置。

9.3 留样装置中试样的预先老化

当在一个已经运行5年以上的核电站中安装留样装置时，需要将预老化的留样样品老化至核电站的同等寿命水平。作用于预测老化试样的加速老化将采用低加速因子。模拟的温度和剂量率应基于核电厂内环境监测的实际值见6.3。

9.4 留样装置的安装

应确定留样装置的位置使得样品尽可能接受均匀的辐射(如处于PWR辐射源附近的回路，它们应与回路保持恒定距离)。采用电缆桥架捆扎于回路周围就能容易地达到上述要求。特殊设计的留样装置能较容易地适应核电站现场条件。置于盘中的样品应为一层，应避免自身屏蔽。

留样应选取辐照环境下使用的代表性材料(如电缆样品，小型电气组件)。样品的数量和种类应足够多，以满足在整个周期的取样，整个周期为60年及以上(用于在建核电站)，还应包含能满足改进后的状态监测用的额外数量的样品。留样装置中常用的样品类型参见附录B。

需要确定评定所需样品的数量及种类、取样的时间间隔和所需进行的检查试验，例如，对于电缆，用于断裂伸长率测试的理想样品长度约为0.3 m～0.5 m，大多数状态监测方法通常是非破坏性的，或者仅仅需要少量的材料。不过，电气测试试验往往需要样品具有更长的长度。若需进行设计基准事件(DBE)的电性能试验，那么测试所需的样品长度最短为3 m。留样装置中应放置完整的电缆试样，并将其端部密封。

留样装置应适合放置放射线测量仪，用于记录留样装置内部的辐射剂量，同时还需要监测温度。留样装置内部的环境监测应至少持续2年，以获得长期环境条件的有代表性的图谱。可采取适当的防污染措施，但应确保留样装置内空气流通。

9.5 取自留样装置的样品试验

首先，应确定基准数据，针对所有置于留样装置中的未老化材料，基准数据应包含所有将来用于留样用材料的条件检测试验的数据。

在规定的时间间隔下，应取样进行破坏性试验(例如伸长率测试)，或者进行 CM 试验，试验的间隔通常因无法接近留样装置而受到限制，在大多数核电站中，仅当核电站停堆时，才可能从留样装置内进行取样。附录 B 给出了要求测试的项目类型。

9.6 采样间隔的确定

对于通常使用的电缆种类，新核电站开始运行 5 年后，从留样装置取样是合理的，因为型式试验和鉴定试验已经提供了合理的可接受的时间间隔。对于新建核电站中留样装置的试验间隔推荐为 5 年～8 年。若材料显示出较预期更快的劣化，可缩短间隔时间。一旦观测到材料劣化，应缩短试样间隔时间，如图 4 所示。推荐修正的试样时间间隔为 1 年～2 年。区域 A 和区域 B 的准确界限由特殊材料的劣化曲线和这个材料的鉴定条件定义，如图 4 所示。

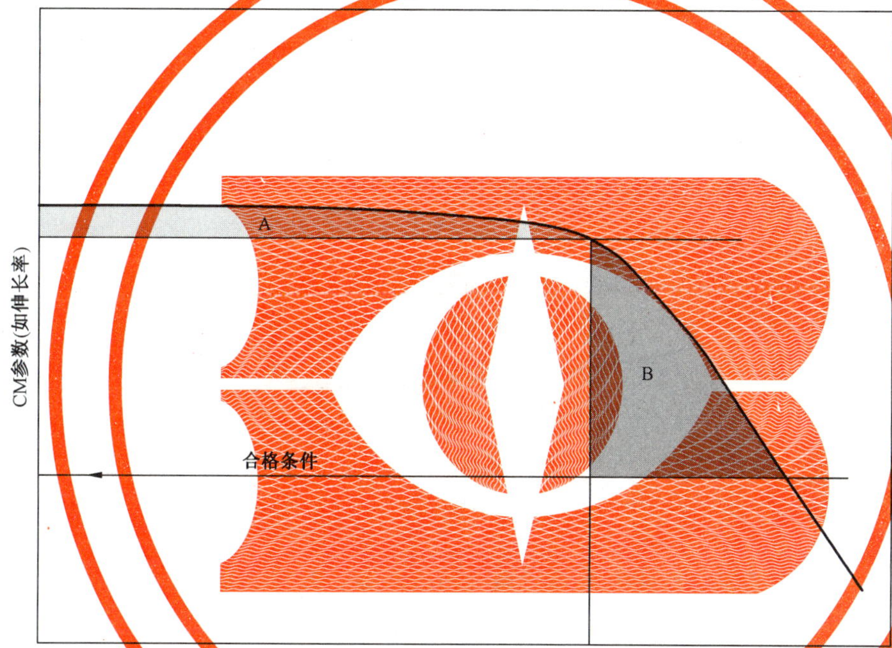

注：区域 A——已运行 5 年～8 年的试样的时间间隔；区域 B——时间间隔缩短 1 年～2 年。

图 4 修正取决于状态监测(CM)指示数值的试样时间间隔

9.7 实时老化材料

样品留样更适合在建核电站(NPP)，其中留样装置中未老化的材料较容易获得。对于已运行核电站(NPP)，留样装置中不适合使用未老化的试样，一种替代的方法是从核电站(NPP)中取样评定实际长期老化特性。这个取样程序的缺点是影响了核电站(NPP)运行以及需用适合的鉴定过的材料替代样品。然而，对于短期内须得到确认结果的情况，使用这一方法是必要的[如没有环境鉴定(EQ)的已运行核电站(NPP)]。

如果可以获得核电站(NPP)内环境条件数据，便能选择曝露在最严酷状态的留样装置的位置。对于电缆材料，此位置通常是最接近压水反应堆的回路或沸水堆的反应堆清洁水系统中。取自实际位置的电缆样品，受辐射情况通常不均匀，例如电缆密集的通道。电缆样品移动前，应测定剂量分布，且清楚确定电缆的位置，使得以后的试验结果能准确地解释。

CM 方法一般为非破坏性或微破坏性的，其目的是当破坏性试验不可行时用于评定老化劣化情况。因此执行破坏性试验时，仍需要基准数据。

附 录 A
(资料性附录)
状态监测(CM)相关曲线举例

对于氯磺化聚乙烯(CSPE)电缆材料,在加速老化程序中获得的弹性模量和断裂伸长率二者的相关曲线如图 A.1 所示,氯磺化聚乙烯(CSPE)材料的辐射和热老化两者间具有很好的关联性,相关曲线也说明实际数据本身的分散性。

在核电中使用弹性模量对材料进行状态监测试验可以与预期劣化比较,用来估计剩余寿命。预期劣化通过使用老化模型(例如 IEC/TS 61244-2 所述)结合核电站(NPP)中环境条件的已知资料获得。或者,环境条件可以比照环境鉴定(EQ)期间的合格条件确定。

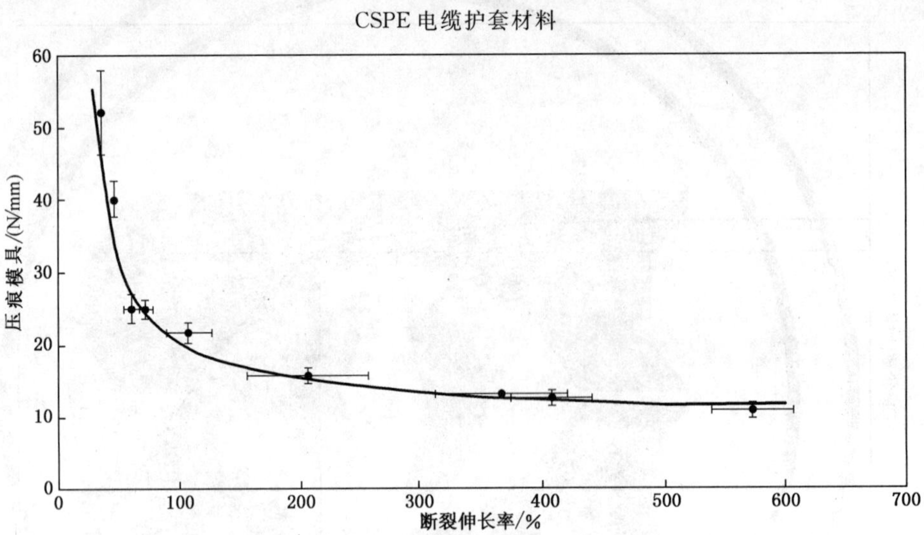

图 A.1 CSPE 电缆护套材料断裂伸长率的相关曲线[18]

附 录 B
（资料性附录）
留样装置的使用

B.1 留样装置中的典型样品

主要对于电缆材料，在建和已运行的核电站（NPP）应放置一定数量的留样装置。留样装置中放置的材料类型随核电站（NPP）的不同而不同，对一些典型例子说明如下。

一个典型电缆试样留样装置包含下列试样类型：

——对于断裂伸长率测试，可制备相应数量的哑铃形试样；

——对于弹性模量和 CM 测量，可从成品电缆上截取较短的试样（典型的长度是 0.3 m～0.5 m），且这些试样在老化后能够制备哑铃型试样；

——对于定期电气测试，可从成品电缆上截取较长的试样（典型的长度是 1 m～2 m）；

——对于设计基准事件（DBE）测试，将整条电缆作为试样（典型的长度是 3 m）。

另外，留样装置可以放置更长的电缆试样，在进行断裂伸长率测试和状态监测期间，从长电缆试样上截取所需的长度。

B.2 对留样装置的典型测试计划

对于一个核电站（NPP）电缆留样装置，测试计划由如下部分组成：

——对于不同类型组件，在准备样品留样时，可移除执行了状态监测的样品。最初状态监测测试是非破坏性试验（例如，弹性模量或其他状态监测技术适用于这个类型组件）或者要求仅是小试样［例如，氧化诱导时间（OIT）测试］；

通常留样装置中的材料可用数量有限，所以，在其使用的早期阶段，尽可能节省材料很重要。

——如果非破坏性测试或者小样品测试表明劣化发生在初始阶段，则可移除进行断裂伸长率测试的样品，然后再进行测试；

——状态监测参数值与组件的基本参数值相比，如果材料发生了显著劣化，可进行附加试验，如设计基准事件（DBE）测试。

状态监测试验使用的方法，特别推荐采用老化管理程序，可参见参考文献［4］。

参 考 文 献

[1] IEC 60544-4 Electrical insulating materials—Determination of the effects of ionizing radiation—Part 4: Classification system for service in radiation environments

[2] IEC/TS 61244-3 Determination of long-term radiation ageing in polymers—Part 3: Procedures for in-service monitoring of low-voltage cable materials

[3] IEC 62465 Nuclear power plants—Instrumentation and control important to safety—Management of ageing of electrical cable systems

[4] IEC/IEEE 62582 (all parts) Nuclear power plants—Instrumentation and control important to safety—Electrical equipment condition monitoring methods

[5] IEEE Std 323 Qualifying class 1E equipment for nuclear power generating stations

[6] IEEE 383—1974 Standard for type test of class 1E electrical cables, field splices and connections for nuclear power generating station

[7] IEEE Std 383:2003 Qualifying class 1E electric cables and field splices for nuclear power generating stations (replaces IEEE 282—1974)

[8] IAEA-TECDOC-932 Pilot study on the management of ageing of instrumentation and control rod cables, Results of a co-ordinated research programme 1993—1995, IAEA, Vienna, March 1997

[9] AEAT-6577:2000 Management of ageing of in-containment I&C cables: Final report of the phase II IAEA co-ordinated research programme, ed. S.G. Burnay

[10] IAEA-TECDOC-1188 Assessment and management of ageing of major nuclear power plant important to safety: In-containment instrumentation and control cables, IAEA, Vienna, December 2000

[11] IAEA-NP-T-3.6 Guidelines for qualification and ageing management of I&C cables in current and future nuclear power generating plant, IAEA, Vienna, December 2010

[12] GILLEN, K.T., CLOUGH, Clough, R.L., Combined environment ageing effects: Radiation-thermal degradation of PVC and PE, J. Polym. Sci., Polym. Chem. Ed., 19, 2041 (1981)

[13] SEGUCHI, T., TAMURA, K., OHSHIMA, T., SHIMADA, A. & KUDOH, H. Degradation mecanisms of cable insulation materials on radiation-thermal ageing in radiation environments, Radiat. Phys. Chem. Vol. 80, pp.268-273, 2011

[14] JNES-SS-0903 Assessment of cable ageing for nuclear power plant, July 2009

[15] EPRI 1003317 (2002) Cable system ageing management, TOMAN, G.J.

[16] EPRI-1003663 (2003) Integrated cable system ageing management guidance, G.TOMAN, G.J.

[17] CELINA, M., GILLEN, K.T., WISE, J. and CLOUGH, R.L. Anomalous Aging Phenomena in a Crosslinked Polyolefin Cable Insulation, Radiat. Phys. Chem., 48, 613 (1996)

[18] CELINA, M., GILLEN, K.T., WISE, J. and CLOUGH, R.L., Inverse Temperature and Annealing Phenomena During Degradation of Crosslinked Polyolefins", Polym. Degrad. Stabil., 61, 231 (1998)

[19] BURNAY, S.G. & DAWSON, J., Reverse temperature effect during radiation ageing of XLPE cable insulation material, Proceedings of International Conference on "Ageing studies and life-

time extension of materials", 12-14 July 1999, St, Catherine's College, Oxford, UK, Kluwer/Plenum Press.

[20] BURNAY, S.G., unpublished data (reproduced courtesy of Institute of Nuclear Safety Systems, Japan)

ICS 17.180
N 30

中华人民共和国国家标准

GB/T 26332.1—2018/ISO 9211-1:2010
代替 GB/T 26332.1—2010

光学和光子学　光学薄膜
第1部分:定义

Optics and photonics—Optical coatings—
Part 1:Definitions

(ISO 9211-1:2010,IDT)

2018-03-15 发布　　2018-10-01 实施

中华人民共和国国家质量监督检验检疫总局
中国国家标准化管理委员会　发布

前　言

GB/T 26332《光学和光子学　光学薄膜》分为以下 4 个部分:

——第 1 部分:定义;

——第 2 部分:光学特性;

——第 3 部分:环境适应性;

——第 4 部分:规定的试验方法。

本部分为 GB/T 26332 的第 1 部分。

本部分按照 GB/T 1.1—2009 给出的规则起草。

本部分代替 GB/T 26332.1—2010《光学和光学仪器　光学薄膜　第 1 部分:定义》。

本部分与 GB/T 26332.1—2010 相比,主要技术变化如下:

——更改了标准的名称;

——删除了"微划痕""大溅点""大微粒"和"孔径锥角"4 个术语;

——删除了术语"通光孔径"的别名"有用区域";

——附录 A 中的手绘图片均改为显微照片;

——对部分文字表述进行了调整;

——将术语"细划痕"改为"发状划痕";

——将术语"薄膜空隙"改为"薄膜空缺";

——将术语"相变"改为"相移";

——将术语"溅点"改为"喷溅点";

——将术语"裂纹"改为"断裂";

——将术语"龟裂"改为"裂纹";

——将术语"污点"改为"色斑";

——将术语"剥离"改为"剥落"。

本部分使用翻译法等同采用 ISO 9211-1:2010《光学和光子学　光学薄膜　第 1 部分:定义》。

本部分由中国机械工业联合会提出并归口。

本部分起草单位:沈阳仪表科学研究院有限公司、浙江大学、大连化学物理研究所、同济大学、沈阳汇博光学公司、杭州科汀光学技术有限公司。

本部分主要起草人:高鹏、阴晓俊、费书国、孙龙、章岳光、王占山、顾培夫、程鑫彬、邓淞文、王峰、赵帅锋、王瑞生、王银河、徐秋玲、殷波。

本部分所替代标准的历次版本发布情况为:

——GB/T 26332.1—2010。

光学和光子学　光学薄膜 第1部分:定义

1　范围

GB/T 26332 规定了在光学元器件及基片表面镀制的光学薄膜的应用功能分类、技术指标的标准表述形式、常规特性及试验测量方法,但不拟用于规定镀制方法。

GB/T 26332 不适用于眼科光学(眼镜)的光学薄膜。

GB/T 26332 的本部分界定了光学薄膜的相关术语,包括基本定义、按功能定义薄膜、常见的薄膜缺陷定义、其他术语和定义。

2　基本定义

2.1　镀膜表面

2.1.1

元件和基片的表面镀膜　surface treatment of components and substrates

使用一种或多种材料,在元件表面镀膜,用以改变元件原表面的光学、物理或化学性质。

注:基片被视为是几何完美和光学均质的。在实际操作中,将基片及其表面作为一个整体进行检验测量。

2.1.2

入射介质　incident medium

光射入薄膜前经过的介质。

2.1.3

出射介质　emergent medium

光射出薄膜后进入的介质。

注:基片除了作为薄膜的机械支撑基底,也是薄膜的入射和(或)出射介质。

2.2　镀膜表面的光学特性

2.2.1　概述

镀膜表面的光学特性可以用分光光度值来描述,这些特性与电磁波传播的能量(辐射或发光)相关,并为波长、入射角、偏振态的函数。另外,散射也是影响镀膜表面光学特性的因素。

注1:在表述与光谱相关的函数时,通常将波长 λ 写入圆括号内作为符号的一部分来表示。

注2:波长(λ)可用波数(σ)或光子能量($h\nu$)来代替。h=普朗克常数;ν=频率。建议波长的单位为纳米(nm)或微米(μm),波数的单位为厘米的倒数(cm^{-1}),光子能量的单位为电子伏特(eV)。

2.2.2

光谱透射比　spectral transmittance

$\tau(\lambda)$

透过的与入射的辐射能通量或光通量的光谱密集度之比。

[ISO 80000-7:2008,定义 7-22.3]

注1:光谱透射比与光谱光密度 $D(\lambda)$ 相关:$\tau(\lambda)=10^{-D(\lambda)}$。

注2:光谱透射比的百分比表示形式称为光谱透射率,用符号 $T(\lambda)$ 表示。

2.2.3

光谱反射比　spectral reflectance

$\rho(\lambda)$

反射的与入射的辐射能通量或光通量的光谱密集度之比。

[ISO 80000-7:2008,定义 7-22.2]

注：光谱反射比的百分比表示形式称为光谱反射率,用符号 $R(\lambda)$表示。

2.2.4

光谱吸收比　spectral absorptance

$\alpha(\lambda)$

吸收的与入射的辐射能通量或光通量的光谱密集度之比。

[ISO 80000-7:2008,定义 7-22.1]

2.2.5

光谱散射　spectral scatter

在某一表面或某一介质的作用下,一束光的传播由一个方向改变到多个方向,光的空间分布发生了变化,而组成这束光的任一单色成分的频率均未发生任何变化。

注 1：2.2.2～2.2.5 中定义的物理量之间的关系见式(1)～式(3)：

$$1 = \tau(\lambda) + \rho(\lambda) + \alpha(\lambda) \qquad (1)$$

其中：

$$\tau(\lambda) = \tau_r(\lambda) + \tau_d(\lambda) \qquad (2)$$

$$\rho(\lambda) = \rho_r(\lambda) + \rho_d(\lambda) \qquad (3)$$

式中：

$\tau_r(\lambda)$——常规的光谱透射比(镜面)；

$\rho_r(\lambda)$——常规的光谱反射比(镜面)；

$\tau_d(\lambda)$——漫射光谱透射比(散射)；

$\rho_d(\lambda)$——漫射光谱反射比(散射)。

注 2：上述值也可表示为在波长范围 $\lambda_1 \sim \lambda_2$ 内的平均值,式(4)以光谱透射比的平均值 τ_{ave} 为例进行说明：

$$\tau_{ave}(\lambda_1 \sim \lambda_2) = \frac{\int_{\lambda_1}^{\lambda_2} \tau(\lambda)\mathrm{d}\lambda}{\lambda_2 - \lambda_1} = \frac{\sum_{i=1}^{m} \tau(\lambda_i)\Delta\lambda}{\lambda_2 - \lambda_1} = \frac{\sum_{i=1}^{m} \tau(\lambda_i)}{m} \qquad (4)$$

式中,$\Delta\lambda$ 见式(5)：

$$\Delta\lambda = (\lambda_2 - \lambda_1)/m \qquad (5)$$

2.2.6

折射率　refractive index

$n(\lambda)$

光在真空中的传播速率与在介质中的传播速率之比。

2.2.7

入射角　angle of incidence

入射光线与入射表面法线的夹角。

2.2.8

入射面　plane of incidence

入射光线与入射表面法线所构成的平面。

2.3　色度参数

若某一表面应用于视觉方面,可用色度参数来对其描述。这些参数取决于所应用的参考光源、观测者以及表面的光学特性。

2.4 偏振

2.4.1 概述

当入射角不为零时，薄膜的特性与入射光的偏振态有关，且将影响出射光的偏振态。这时有必要说明电矢量的方向与入射面之间的关系。

2.4.2

线偏振光 linearly polarized radiation

当电矢量的方向保持不变时的偏振光。

注 1：s-偏振是指电矢量与入射面正交的线偏振光。

注 2：p-偏振是指电矢量与入射面平行的线偏振光。

2.4.3

椭圆偏振光 elliptically polarized radiation

当电矢量投影到与传播方向正交的平面上形成一个椭圆时的偏振光。

2.4.4

圆偏振光 circularly polarized radiation

当电矢量投影到与传播方向正交的平面上形成一个圆时的偏振光。

2.4.5

随机偏振光 randomly polarized radiation

电矢量方向随时间随机变化的偏振光。

2.4.6

非偏振光 unpolarized radiation

其电矢量可分解成为相互垂直的具有不同相位差的任意两个电矢量，这两个电矢量的平均振幅相同，但其相位差是完全随机变化的。

2.5 相位关系

2.5.1

相移 $d\Phi$ phase change

某一电磁波和一个参考电磁波之间相位的角度差($\Phi-\Phi_0$)称为相移。电磁波的电矢量可用式(6)来表示：

$$E=A\cos(\frac{2\pi vt}{\lambda}-\Phi) \quad \cdots\cdots(6)$$

式中：

E ——电矢量；

A ——振幅；

v ——在介质中的传播速率；

t ——时间；

λ ——在介质中的波长；

Φ ——相位。

电磁波在空间中某一点的电矢量可用式(7)来表示：

$$E_0=A\cos(\frac{2\pi vt}{\lambda}-\Phi_0) \quad \cdots\cdots(7)$$

2.5.2

相位延迟 $\Delta\Phi$　phase retardation

电矢量的 s 分量和 p 分量的相移差：$\Delta\Phi = \mathrm{d}\,\Phi_p - \mathrm{d}\,\Phi_s$。

3 按功能定义薄膜

按功能来定义薄膜，即按薄膜对表面特性所实现的主要调制功能来定义薄膜。

某种薄膜能够实现表1列出的一种主要功能，也可能同时具有其他一种或几种次要功能，这些次要功能相对主要功能的重要性也应当标明。

表 1　按功能定义薄膜

主要功能	代号	定义	应用的例子
反射　reflecting	RE	在指定的波长范围内能增加光学表面反射率的薄膜	激光反射镜
减反射　antireflecting	AR	在指定波长范围内能减小光学表面的反射率而通常增加透射率的薄膜	镀减反射膜的镜头
分束　beam splitting	BS	能把入射光分成两束光的薄膜，一束透射，另一束反射，在指定光谱范围内能量分配无波长选择性	中性分束镜 部分反射镜
衰减　attenuating	AT	在指定波长范围内，无波长选择性地减小透射率的薄膜	中性密度滤光片
滤光　filtering a)　带通 Bandpass b)　带阻 Band rejection	FI FI-BP FI-BR	在指定波长范围内，有波长选择性地透射的薄膜	激光线选择滤光片 拉曼负滤光片
分色或合色 selecting or combining a)　长波通 Long pass b)　短波通 Short pass	SC SC-LP SC-SP	通过透射或反射，将入射光分为两束或多束的薄膜，每束覆盖一个特定的光谱区域。逆向光路即可把不同光谱区域的两束或多束光合并	二向分色镜 合色镜 冷光镜 近红外截止滤光片
偏振　polarizing	PO	在指定波长范围内，能控制出射光偏振态的薄膜	偏振片 消偏振分光镜
相移　phase changing	PC	在指定波长范围内，能控制出射光的相移，并且(或者)能控制电矢量 s 和 p 之间相位延迟的薄膜	相位延迟器
吸收　absorbing	AB	在指定波长范围内，定量吸收入射光能量的薄膜	光陷阱 紫外吸收器
附属功能 supplementary function	SU	提供非光学性质的薄膜。这种非光学性质往往与光学功能相结合来应用	电导体 化学或机械防护

4 常见的薄膜缺陷定义

注：在 ISO 9211-4 和 ISO 14997 中规定了检验方法。薄膜缺陷类型的照片参见附录 A。

4.1 点缺陷 point-like imperfections

4.1.1

针孔 pinhole

非常小的薄膜孔洞。

4.1.2

喷溅点 spatter

在镀膜过程中,小块薄膜材料飞溅到基片表面并附着在基片上所造成的缺陷。

4.1.3

微粒 particle

薄膜上或内部的小碎块物质。

4.1.4

细微灰尘 fine dust

薄膜上或内部的几个(通常是许多)微小物质。

4.1.5

节瘤 nodule

薄膜内微小的结节状缺陷(通常是薄膜材料)。

4.2 线缺陷 line-like imperfections

4.2.1

划痕 scratches

表面像被利器或粗糙器械所伤的斑痕或裂痕。

注:各种意外原因都可能使光学表面产生不同程度的划痕。

4.2.2

发状划痕 hairline scratch

非常细且光滑的划痕,通常是直的。

注:发状划痕的特征:形状为直的,单个分布。其他类划痕可呈曲线或直线曲线复合形,各划痕间可相连或不相连。

4.2.3

断裂 crack

薄膜内出现的断裂状缺陷。

4.2.4

裂纹 crazing

薄膜内部的裂纹状缺陷(通常是由于薄膜材料热应力不同造成的)。

4.3 面缺陷 area imperfections

4.3.1

色斑 stain

表面上局部颜色不一致的补丁状斑点(例如由化学反应引起的变色)。

4.3.2

磨损 abrasion

与另一表面摩擦引起的表面损伤。

4.3.3

纤维纹 lint mark

残留在光学表面的织物纤维或纸纤维。

4.3.4

薄膜空缺　void

在镀膜区域内存在的小块未镀膜区域。

4.4 体缺陷　volume imperfections

4.4.1

起皮　peeling

源自镀膜区域外围,薄膜发生的局部分离。

4.4.2

剥落　flaking

源自镀膜区域内部,薄膜发生的局部分离。

4.4.3

起泡　blister;bubble

薄膜局部凸起,形同薄膜底部或内部含有包含物将薄膜顶起。

5 其他术语和定义

5.1

通光孔径　clear aperture

符合要求的表面区域。

5.2

边缘　rim

通光孔径之外的区域。

5.3

测试样品　witness sample

代表实际镀膜元件,用于光谱检测和环境试验的样品。

注:测试样品的采样规定(例如,材料、表面质地、尺寸、每批的数量、在镀膜室的位置等)由供求双方协商确定。

附 录 A
（资料性附录）
常见的薄膜缺陷的显微照片

本附录的图 A.1～图 A.16 给出了常见的薄膜缺陷的显微照片。

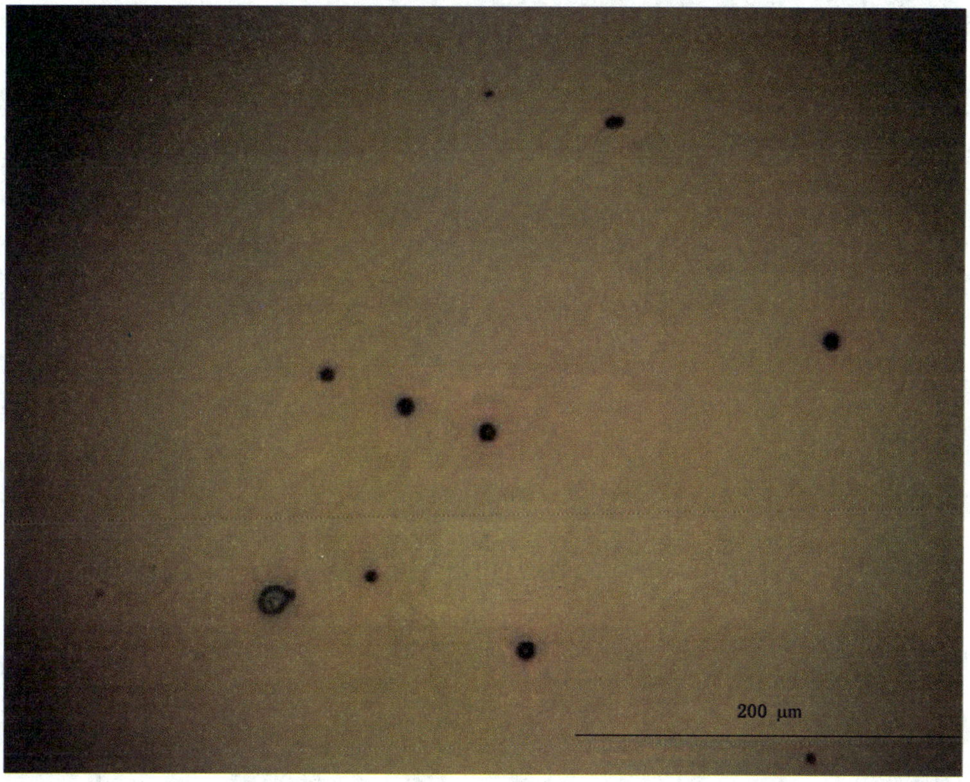

图 A.1 针孔

图 A.2 喷溅点

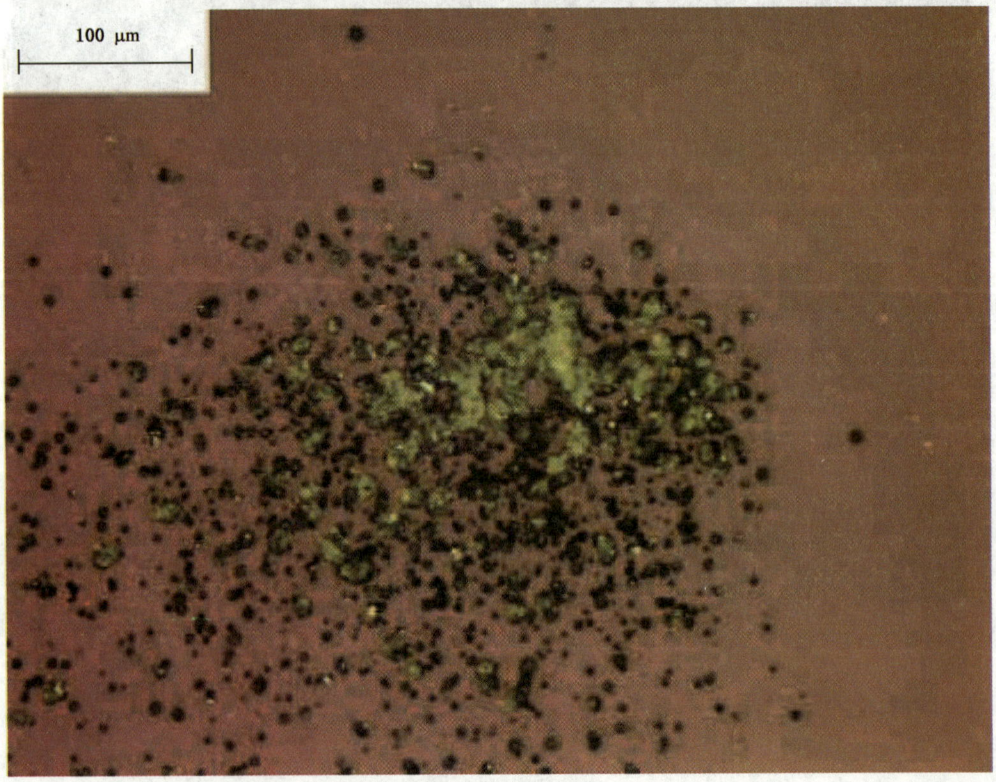

图 A.3 微粒

图 A.4 细微灰尘

图 A.5 节瘤

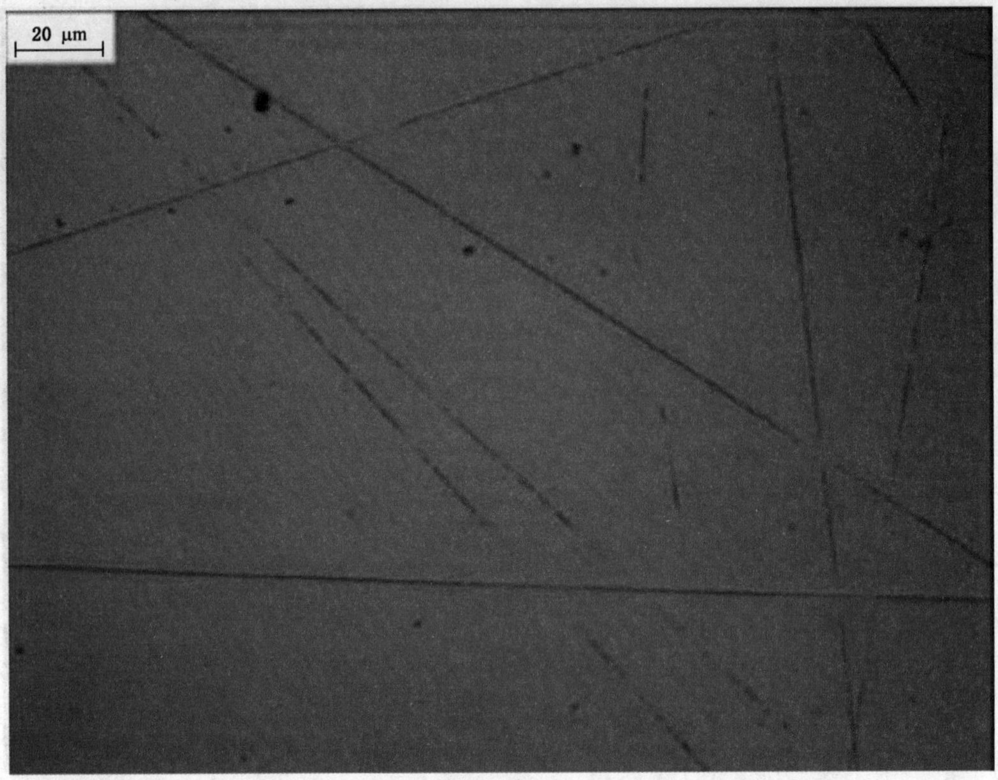

图 A.6　划痕

图 A.7　发状划痕

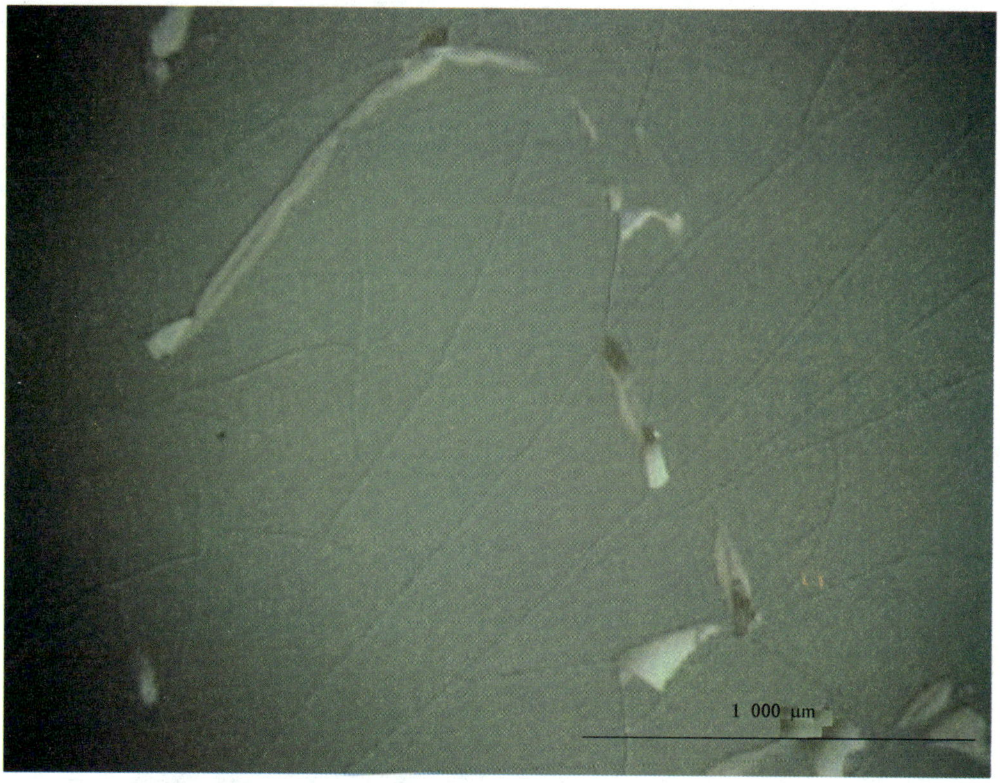

图 A.8 断裂

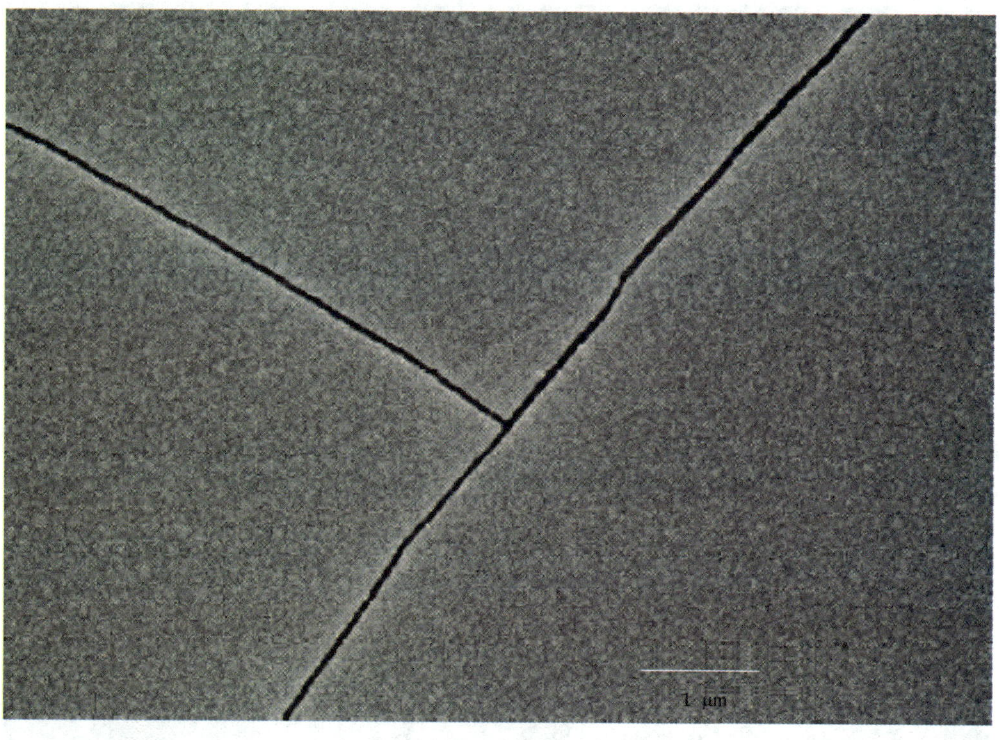

图 A.9 裂纹

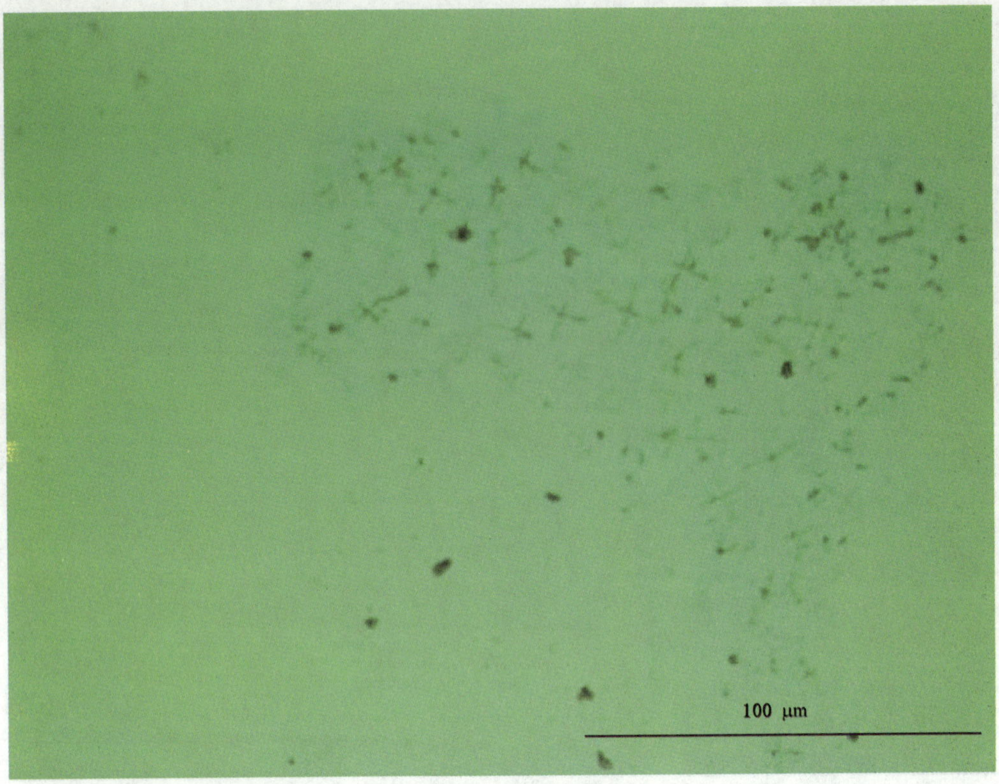

图 A.10 色斑

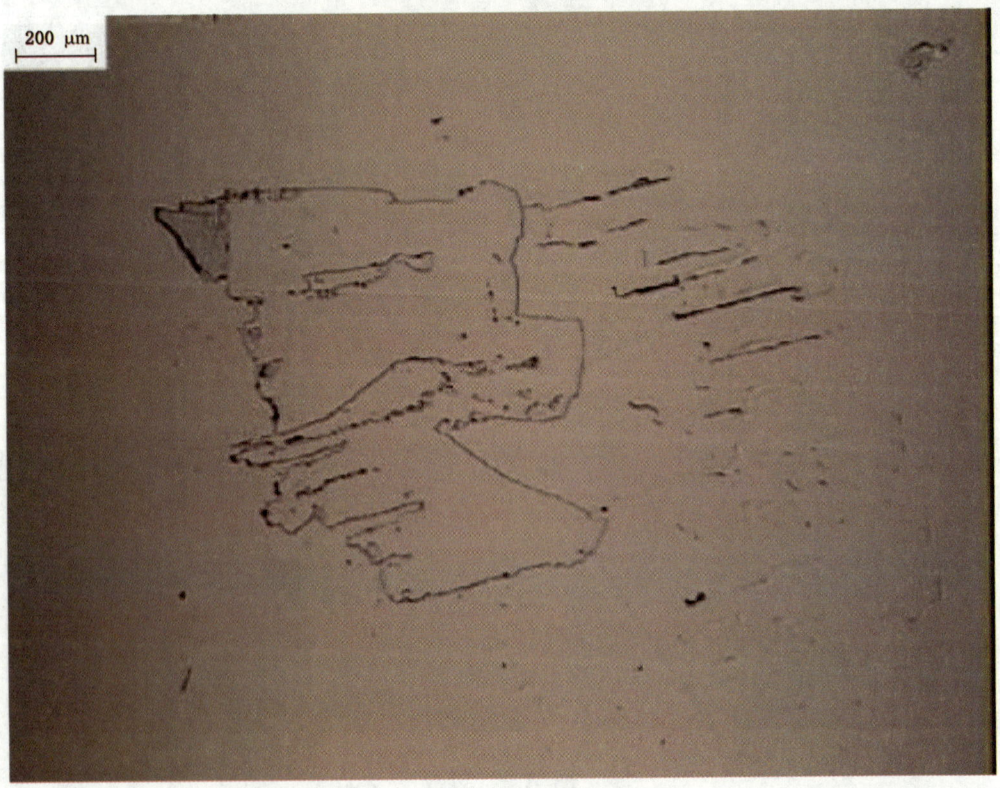

图 A.11 磨损

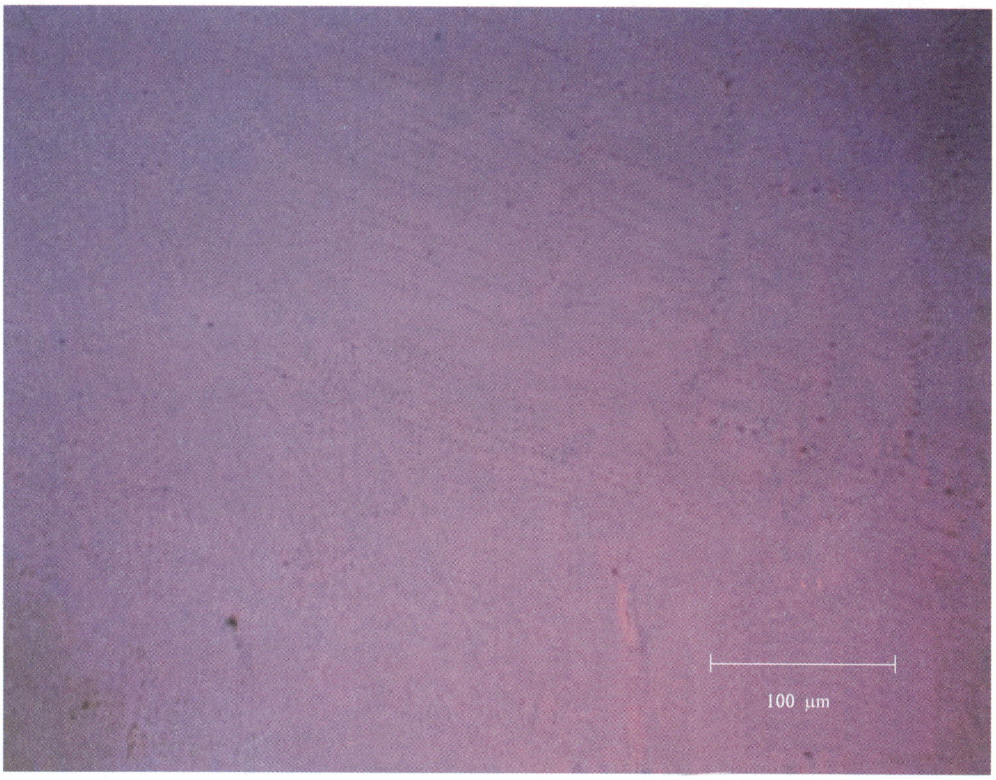

图 A.12　纤维纹

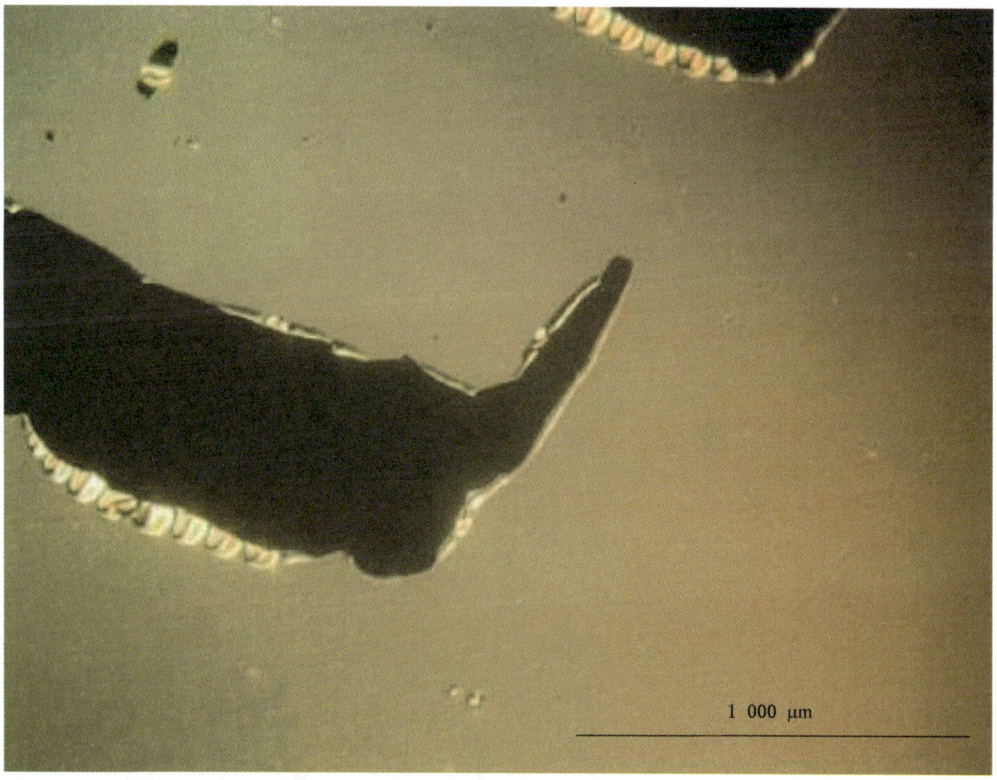

图 A.13　薄膜空缺

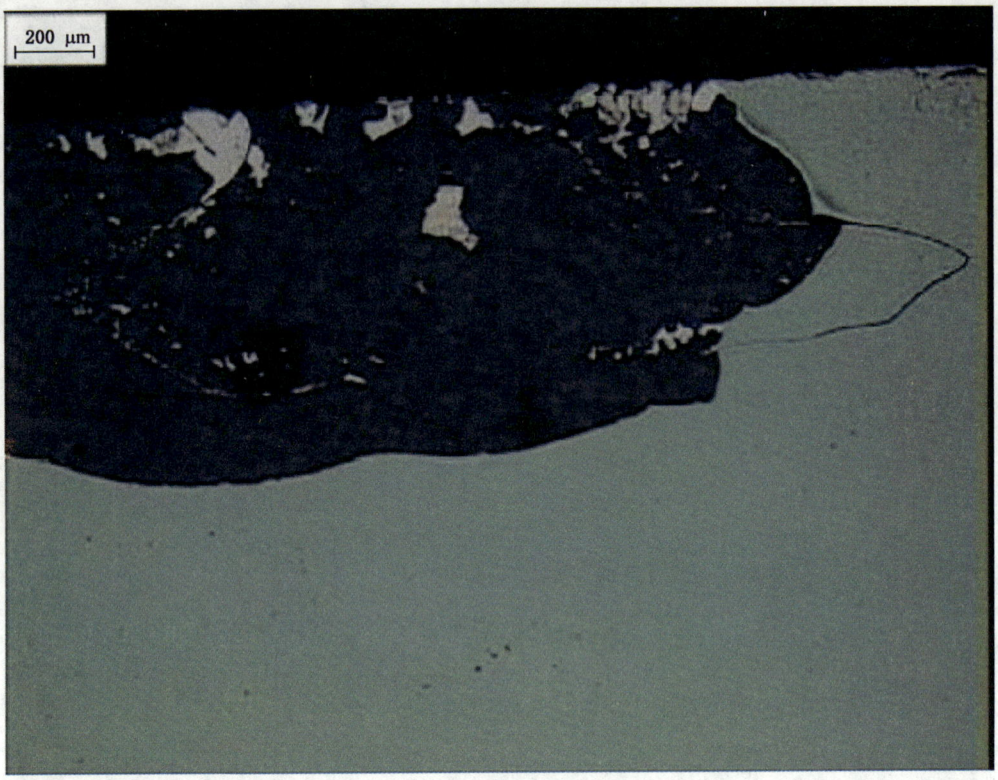

图 A.14 起皮

图 A.15 剥落

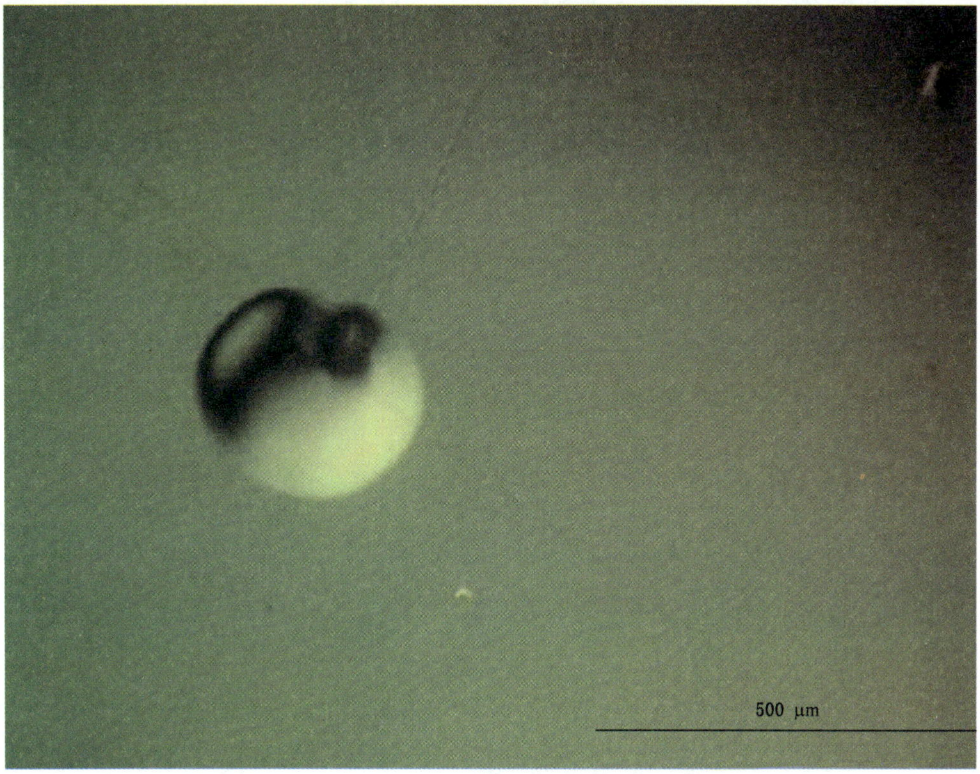

图 A.16 起泡

参 考 文 献

［1］ ISO 6268　分子吸收光谱法　词汇　总则　仪器
［2］ ISO 14997　光学和光学仪器　测定光学元件表面缺陷的试验方法
［3］ ISO 80000-7:2008　量和单位　第7部分:光
［4］ ISO 9211-4　光学和光子学　光学薄膜　第4部分:规定的试验方法

ICS 13.160;25.140.10
J 48

中华人民共和国国家标准

GB/T 26548.1—2018/ISO 28927-1:2009

手持便携式动力工具　振动试验方法
第1部分:角式和端面式砂轮机

Hand-held portable power tools—Test methods for evaluation of vibration emission—Part 1:Angle and vertical grinders

(ISO 28927-1:2009,IDT)

2018-02-06 发布　　2018-09-01 实施

中华人民共和国国家质量监督检验检疫总局
中国国家标准化管理委员会　发布

前　言

GB/T 26548《手持便携式动力工具　振动试验方法》分为以下几部分：

——第1部分：角式和端面式砂轮机；

——第2部分：气扳机、螺母扳手和螺丝刀；

——第3部分：抛光机、回转式、滑板式和复式磨光机；

——第4部分：直柄式砂轮机；

——第5部分：钻和冲击钻；

——第6部分：夯实机；

——第7部分：冲剪机和剪刀；

——第8部分：往复式锯、抛光机和锉刀以及小型摆式或回转式锯；

——第9部分：除锈锤和针束除锈器；

——第10部分：冲击式凿岩机、锤和破碎机；

——第11部分：石锤；

——第12部分：模具砂轮机。

本部分为GB/T 26548的第1部分。

本部分按照GB/T 1.1—2009给出的规则起草。

本部分使用翻译法等同采用ISO 28927-1:2009《手持便携式动力工具　振动试验方法　第1部分：角式和端面式砂轮机》。

与本部分中规范性引用的国际文件有一致性对应关系的我国文件如下：

——GB/T 5621—2008　凿岩机械与气动工具　性能试验方法(ISO 2787:1984,MOD)

——GB/T 6247.1—2013　凿岩机械与便携式动力工具　术语　第1部分：凿岩机械、气动工具和气动机械(ISO 5391:2003,MOD)

本部分做了下列编辑性修改：

——将国际标准中的“bar”换算成“MPa”(1 bar=0.1 MPa)。

本部分由中国机械工业联合会提出。

本部分由全国凿岩机械与气动工具标准化技术委员会(SAC/TC 173)归口。

本部分起草单位：衢州方圆检测有限公司、天水凿岩机械气动工具研究所、东莞理工学院。

本部分主要起草人：郑苏录、王建祖、周梓荣、王向平、李贵杰、郑微波。

引　言

本文件是 ISO 12100 中规定的 C 类标准。

对于按照 C 类标准的要求设计和制造的机器，当 C 类标准的要求不同于 A 类或 B 类标准中的要求时，C 类标准中的要求要优于其他类标准。

GB/T 25631 中给出了手持式和手导式机械振动辐射测量的通用技术条件，GB/T 26548 以该标准为基础，给出了手持便携式机器的振动试验方法，以及机器在型式试验条件下的运行和对型式试验性能的其他要求。其标准结构和章的编号与 GB/T 25631 一致。

本部分采用了欧洲系列标准 EN 60745 中首次采用的传感器基本定位方法，由于延续性的原因在描述上与 GB/T 25631 不一致。传感器首选放置在靠近手的拇指和食指之间的区域，因为这个位置对操作者握持机器的干扰最小。

人们发现砂轮机在通常的使用中产生的振动变化很大，这很大程度上是由于安装砂轮机器不平衡度的改变所引起的。在使用过程中砂轮的磨损也会改变它的不平衡度。

为了提供一个能给出较好的可再现性测量结果的试验方法，GB/T 26548 的本部分采用了一种将已知不平衡度的试验轮安装在机器上，并在空载状态下运转的工作过程用于试验。不同形式的试验轮的不平衡度尽可能按 GB/T 25631 规定的振动值选择。工作场所振动暴露的评定采用 GB/T 14790 的程序。

对于采用技术手段自动减小不平衡度的机器，考虑到它的振动会被过低评估，因此这类机器的振动值要乘以 1.3 的校正系数。

所获得的值是型式试验值，用来表示机器在实际使用中典型振动量的上四分位数的平均值。然而，实际值有时变化很大，这取决于许多因素，包括操作者、工作任务以及插入工具或消耗品等。机器本身的保养状况可能也很重要。在真实工作状态下操作者和操作程序对低幅振动量的影响尤其严重。因此，低于 2.5 m/s^2 的振动辐射值，在真实工作状态下不推荐评定。在这种情况下，建议用 2.5 m/s^2 的振动量值来直接评估机器的振动。

如果特定工作场所要求精确值，那么有必要在此工作状况下按 GB/T 14790 的规定进行测量。在实际工作条件下实测的振动值可能比用 GB/T 26548 的本部分获得的值高，也可能低。

在实际工况下，使用过度不平衡的砂轮、挡板磨损或是输出轴弯曲等原因都容易产生较高的振动值。

手持便携式动力工具　振动试验方法
第1部分:角式和端面式砂轮机

1　范围

GB/T 26548的本部分规定了手持角式和端面式气动砂轮机手柄部位手传振动辐射测量的试验方法。确定了安装有规定试验轮的机器在空载状态下运行时,手柄部位振动大小的型式试验程序。这种试验方法仅用于表面磨削作业。一般切割和磨光产生的振动较低。其测得的结果用来比较相同型式不同型号机器的振动量。

本部分适用于以压缩空气或其他方式驱动,与固结、涂附和超硬磨具产品配套使用,在各种材料上进行磨削、切割和粗磨的机器。

本部分不适用于与钢丝刷配套使用的砂轮机、模具用砂轮机或直柄式砂轮机。

注:为了避免将术语"动力工具"和"插入工具"混淆,在本部分中通篇用"机器"代替"动力工具。

2　规范性引用文件

下列文件对于本文件的应用是必不可少的。凡是注日期的引用文件,仅注日期的版本适用于本文件。凡是不注日期的引用文件,其最新版本(包括所有的修改单)适用于本文件。

GB/T 6247.2—2013　凿岩机械与便携式动力工具　术语　第2部分:液压工具(ISO 17066:2007,IDT)

GB/T 14790.1—2009　机械振动　人体暴露于手传振动的测量与评价　第1部分:一般要求(ISO 5349-1:2001,IDT)

GB/T 14790.2—2014　机械振动　人体暴露于手传振动的测量与评价　第2部分:工作场所测量实用指南(ISO 5349-2:2001,IDT)

GB/T 25631—2010　机械振动　手持式和手导式机械　振动评价规则(ISO 20643:2005,IDT)

ISO 2787:1984　回转和冲击式气动工具　性能试验(Rotary and percussive pneumatic tools—Performance tests)

ISO 5391:2003　气动工具和机械　词汇(Pneumatic tools and machines—Vocabulary)

EN 755-2:2008　铝和铝合金　挤压条材/棒材、管材和型材　第2部分:机械性能(Aluminium and aluminium alloy—Extruded rod/bar,tube and profiles—Part 2:Mechanical properties)

EN 12096:1997　机械振动　振动辐射值的标示和验证(Mechanical vibration—Declaration and verification of vibration emission values)

3　术语、定义和符号

GB/T 6247.2—2013、GB/T 25631—2010和ISO 5391:2003界定的以及下列术语、定义和符号适用于本文件。

3.1 术语和定义

3.1.1

砂轮机　grinder

驱动装有砂轮或磨削装置的回转输出轴进行去除材料作业的机器。

注：改写 ISO 5391:2003，定义 2.1.3。

3.1.2

角式砂轮机　angle grinder

输出轴与马达轴线成一给定角度(通常为直角)的砂轮机。

[ISO 5391:2003，定义 2.1.3.3]

3.1.3

端面式砂轮机　vertical grinder

马达和输出轴同轴，一个或多个手柄与马达和输出轴的轴线成一定角度的砂轮机。

[ISO 5391:2003，定义 2.1.3.2]

3.1.4

试验轮　test wheel

形状与真实砂轮一样，在规定半径处钻有给定不平衡度孔的铝制轮。

3.2 符号

下列量和单位符号适用于本文件。

符号	说　明	单位
a_{hw}	频率计权手传振动的均方根(r.m.s)单轴向加速度值	m/s²
a_{hv}	频率计权均方根加速度的总振动值，是 a_{hw} 在 x、y、z 轴上分量的平方和的根	m/s²
a_{hvmeas}	试验过程中实测的 a_{hv} 值	m/s²
a_{hvrat}	额定转速下的 a_{hv} 值	m/s²
$\bar{a}_{hv}$	同一名操作者在同一握持位置的 a_{hv} 值的算术平均值	m/s²
a_{h}	所有操作者在同一个握持位置的 $\bar{a}_{hv}$ 值的算术平均值	m/s²
$\bar{a}_{h}$	多台机器上对于同一个握持位置的 a_{h} 值的算术平均值	m/s²
a_{hd}	标示的振动辐射值	m/s²
n_{meas}	试验过程中，安装上试验轮实测的空转转速	r/min
n_{rat}	额定转速：机器上标示的最大转速	r/min
s_{n-1}	一组试验的标准偏差(针对于一件样品，s)	m/s²
σ_R	可再现性标准偏差(针对于一个统计总体，σ)	m/s²
C_v	一组试验的变异系数	
K	不确定度	m/s²

4 基本准则和振动试验方法

本部分以 GB/T 25631—2010 的要求为基础，其结构除附录外在条款标题和编号等方面都与 GB/T 25631—2010 相对应。

附录A提供了试验报告的样式，附录B是不确定度 K 的确定方法，附录C是对试验轮的设计规定。

5 机器种类的描述

本部分适用于配备防护罩，与固结、涂附和超硬磨具配套使用，在各种材料上进行磨削、切割和粗磨的手持式机器。

不带防护罩的磨光机见 GB/T 26548.3。

适配轮的型式参照 ISO 603-14 和 ISO 603-16，见表1。

本部分涵盖下列机器：

——装配直径 80 mm～300 mm 27 型砂轮的角式和端面式砂轮机，当机器装配 41 型切割轮并使用与 27 型砂轮相同的防护罩时，只需标注使用 27 型试验轮时的振动值（试验轮规格见 8.4.1）；

——装配 41 型切割轮专用防护罩的角式和端面式砂轮机，应使用 27 型试验轮进行试验（试验轮规格见 8.4.1）；

——装配石材切割轮专用防护罩的角式和端面式砂轮机，应从表1中选择最合适的试验轮进行试验；

——装配 6 型和直径 100 mm～180 mm 11 型试验轮的角式和端面式砂轮机；

——装配直径 80 mm～300 mm 钢纸砂盘和砂页盘的角式和端面式砂轮机、磨光机。

图1～图6所示为 GB/T 26548 的本部分所涵盖的典型砂轮机实例。

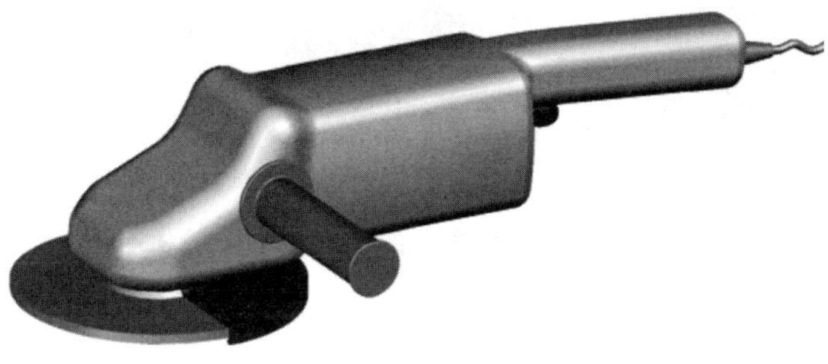

图1 带有独立主柄的角式电动砂轮机

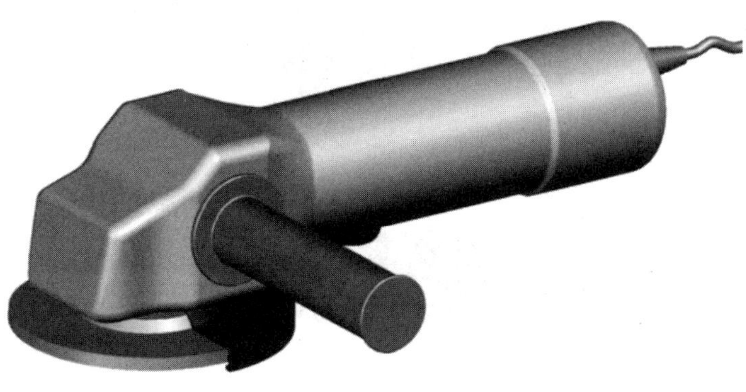

图2 马达作为主柄的角式电动砂轮机

图 3 马达作为主柄的角式气动砂轮机

图 4 带有独立主柄的角式气动砂轮机

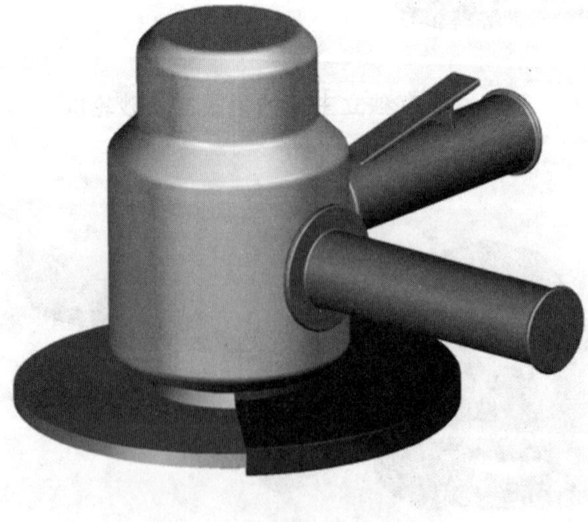

图 5 端面式气动砂轮机

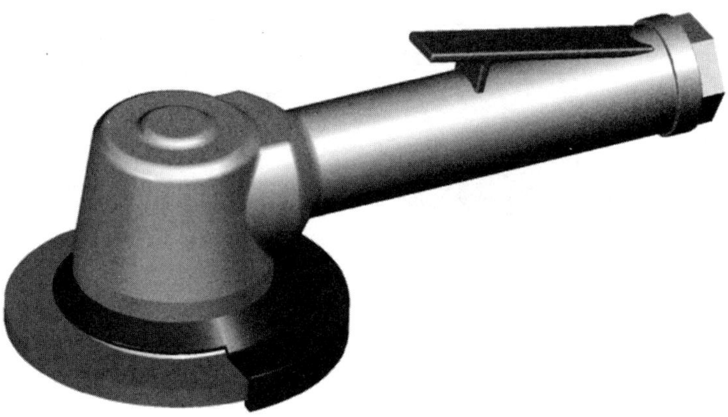

图 6　单手操作的角式砂轮机

6　振动特性描述

6.1　测量方向

手传振动应在正交坐标系的 3 个方向上测量并记录。每个手握位置的振动都应在如图 7～图 12 所示的 3 个方向上同时测量。

6.2　测量位置

测量应在操作者通常握持机器并施加推力的位置上进行。对于单手操作的机器只需在一个点上测量即可。

规定的传感器位置应尽可能靠近手的拇指和食指之间。这个位置也适用于正常操作中用两手握持机器的位置。只要有可能，测量都应在此规定的位置上进行。

传感器的补充位置被规定在手柄端内侧，尽可能靠近规定位置的侧面上。如果传感器的规定位置无法使用，则应使用补充位置。

在减振手柄上也应使用传感器的规定位置和补充位置。

针对此类不同型式机器通常所采用的握持位置，图 7～图 12 给出了传感器的规定位置与补充位置及测量方向。

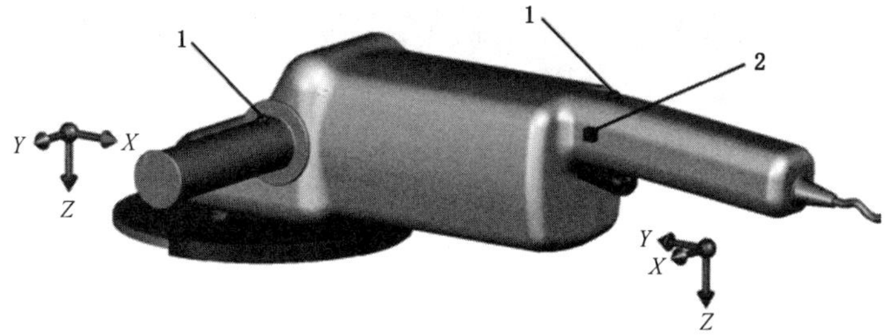

说明：

1——传感器的规定位置；

2——传感器的补充位置。

图 7　带有独立主柄的角式电动砂轮机测量位置

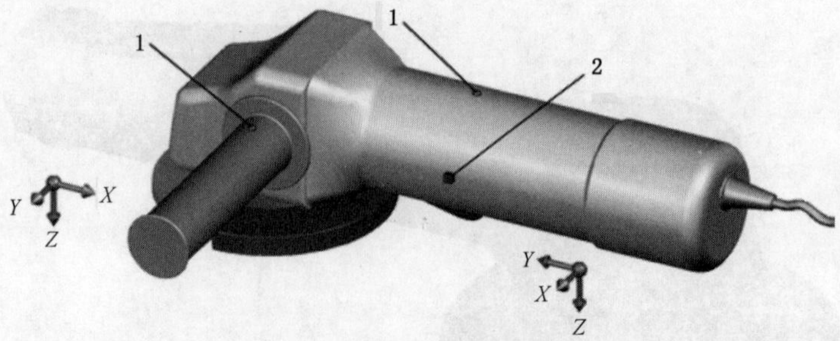

说明：

1——传感器的规定位置；

2——传感器的补充位置。

图 8　马达作为主柄的角式电动砂轮机测量位置

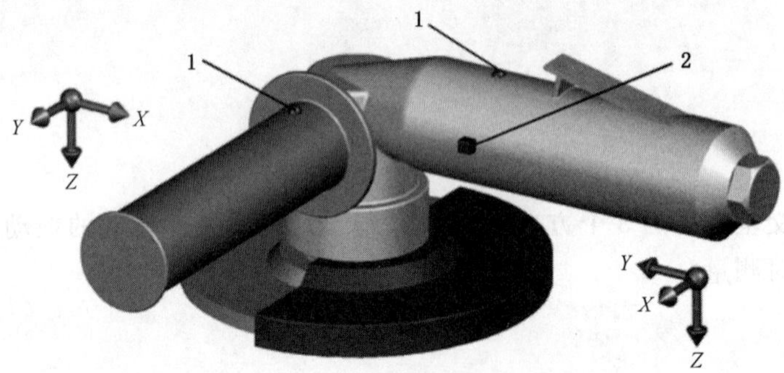

说明：

1——传感器的规定位置；

2——传感器的补充位置。

图 9　马达作为主柄的角式气动砂轮机测量位置

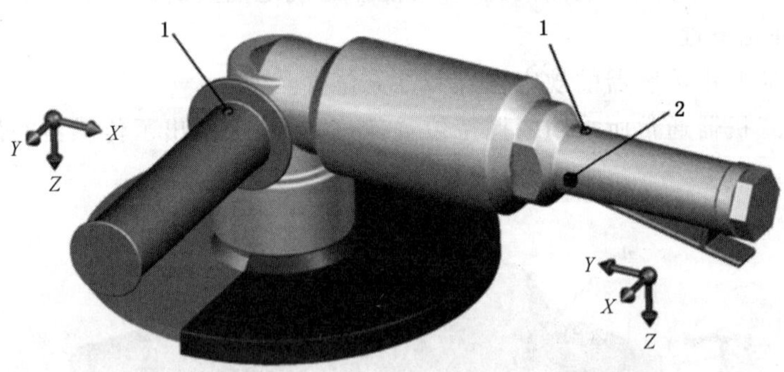

说明：

1——传感器的规定位置；

2——传感器的补充位置。

图 10　带有独立主柄的角式气动砂轮机测量位置

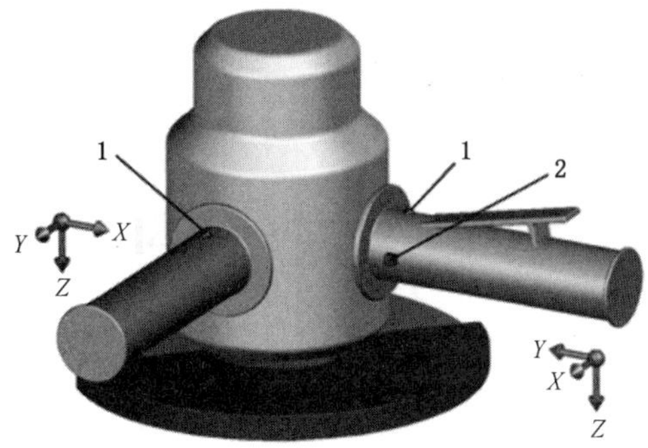

说明：

1——传感器的规定位置；

2——传感器的补充位置。

图 11 端面式气动砂轮机测量位置

说明：

1——传感器的规定位置；

2——传感器的补充位置。

图 12 单手操作的角式砂轮机测量位置

6.3 振动的量

振动的量应符合 GB/T 25631—2010 中 6.3 的规定。

6.4 振动方向的合成

对于采用的两个握持位置，都应按 GB/T 25631—2010 中 6.4 的规定记录所获得的总振动值。容许在具有最高读数的握持位置上进行记录和试验。在此握持位置的总振动值应至少比其他位置高出 30%。这个结果可在初次测试时，由一名操作者进行 5 次试验获得。

为了获得频率计权加速度的总振动值 a_{hvmeas}，每次测量在空转转速下进行，每个方向上的测量结果应按式(1)进行合成：

$$a_{hvmeas}=\sqrt{a_{hwx}^{2}+a_{hwy}^{2}+a_{hwz}^{2}} \qquad \cdots\cdots(1)$$

每次试验获得的 a_{hvmeas} 值按式(2)修正为额定转速下的频率计权加速度 a_{hvrat}

$$a_{hvrat}=a_{hvmeas}\frac{n_{rat}}{n_{meas}} \qquad \cdots\cdots(2)$$

式中：

n_{rat} ——额定转速，即机器上标示出的最大转度；

n_{meas}——试验过程中测得空转转速。

7 仪表要求

7.1 总则

试验用仪器仪表应符合 GB/T 25631—2010 中 7.1 的规定。

7.2 传感器的安装

7.2.1 传感器的技术要求

GB/T 25631—2010 中 7.2.1 给出的传感器技术要求适用于本部分。

传感器及其固定装置的总重量与机器、手柄等的重量相比应尽可能小到不至于影响测量结果。这一点对于轻质塑料手柄尤为重要(见 GB/T 14790.2—2014)。

7.2.2 传感器的连接

传感器或所使用的固定块应刚性地连接到手柄表面。

如果使用了 3 个单轴传感器，它们应分别连接在固定块的三个侧面。

对于两轴平行于振动面的情况，两个传感器或一个三轴传感器的两个传感元件的测量轴与振动表面的最大距离应为 10 mm。

注：一般在测量时不需要使用机械滤波器。

7.3 频率计权滤波器

频率计权应符合 GB/T 14790.1—2009 的规定。

7.4 累积时间

累积时间应符合 GB/T 25631—2010 中 7.4 的规定。每次试验运转的累积时间应不少于 16 s，以便与 8.4.3 规定的机器运转持续时间相一致。

7.5 辅助设备

对于气动机器，其供气压力应采用精度等于或高于 0.01 MPa 的压力表来测量。

对于液压机器，其流量应采用精度等于或高于 0.25 L/min 的流量计来测量。

对于电动机器，其电压应采用精度等于或高于实际值的 3% 的电压表来测量。

转速应采用精度优于实际值 5% 的转速表或测量振动信号的频率分析装置来测量并记录。当转速传感器放置在机器上时，宜尽可能小到不影响机器振动。

推进力应采用精度等于或优于实际值 5% 的仪器来测量。

7.6 校准

校准的技术要求应符合 GB/T 25631—2010 中 7.6 的规定。

8 机器的试验和运转条件

8.1 总则

应对润滑良好、运转正常的新制机器进行测量。试验期间应以类似于磨削时所采用的方式来安装和握持机器(见图 13)。对于有些类型的机器,如果制造商规定了预热时间,应保证在试验开始之前先预热机器。

砂轮机应根据表 1 装配合适的试验轮在空转状态下运转。

单手操纵的机器试验期间应只用单手握持。测量只在实际握持位置的一个测点上进行。测量时不应安装辅助手柄。

试验期间供给机器的动力应在制造企业规定的额定工况下,而且机器的运转应平稳。

8.2 运转条件

8.2.1 气动机器

进行试验时,机器应按照制造企业的技术要求,在额定气压下运转。机器的运转应平稳,并应测量和记录气压。

应采用制造企业推荐直径的软管对机器供气。试验软管应通过螺纹管接头连接到机器上,最好采用随机提供的螺纹管接头。试验软管的长度应为 3 m。试验软管应用管箍夹紧,不应使用快换接头,因为快换接头的重量会对振动量产生影响。

气动机器的供气压力应按 ISO 2787:1984 的规定进行测量,并保持在制造企业规定的压力值上。试验时,在软管前直接测定的气压,比制造企业推荐压力值的压降不应超过 0.02 MPa。

8.2.2 液压机器

试验时机器应在额定功率(即额定流量)下运转,并应按制造企业的技术要求予以使用。机器的运转应平稳,测量开始前宜使机器预热约 10 min。应测量并记录流量。

8.2.3 电动机器

试验时机器应在额定电压下运转,并应按照制造企业的技术要求予以使用。机器的运转应平稳,应测量并记录电压。

8.3 其他参数的规定

对试验用的每台机器,都应测量并记录安装了试验轮的主轴转速。

应记录所用推进力。

8.4 附加设备、工件和任务

8.4.1 试验轮

附录 C 规定了本试验方法中使用的不同试验轮的尺寸和加工方法。

27 型试验轮应在砂轮机主轴相对于前一安装以 72°为一间隔的 5 个取向上转位安装,并在砂轮和主轴上画出参考线,以标识这些位置。

试验轮应像正常砂轮一样安装,挡板用制造厂推荐的。试验轮应与砂轮机主轴同轴无间隙安装。为此,应使用附录 C 规定的同心调整垫。

11 型试验轮有安装螺纹,这类试验轮不能旋转安装在 5 个不同位置上。因而三名操作者每个人在执行试验时都应将试验轮重新安装 5 次(见 8.4.3)。试验轮应使用生产厂家推荐的挡板和安装扭矩安装。

针对不同型式的机器,应按表 1 选择试验轮。

砂轮机和防护罩的全部搭配应分别试验。当一种给定防护罩能够配用多种型式砂轮时,应使用对应于最重砂轮的试验轮。

表1　砂轮型式和对应的试验轮

<table>
<tr><th colspan="2">根据ISO 603-14和ISO 603-16设计的砂轮型式</th><th>砂轮直径 mm</th><th>使用的试验轮型号</th><th colspan="2">试验轮说明</th><th>试验轮直径 mm</th><th>不平衡度 gmm</th></tr>
<tr><td>6型杯形砂轮</td><td>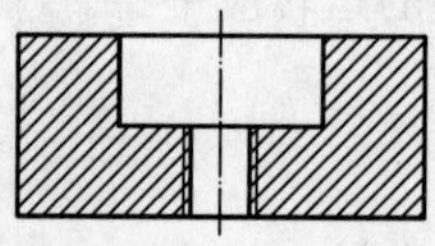</td><td>100
125
150</td><td>11:100
11:125
11:150</td><td rowspan="2">11型碗形试验轮</td><td rowspan="2">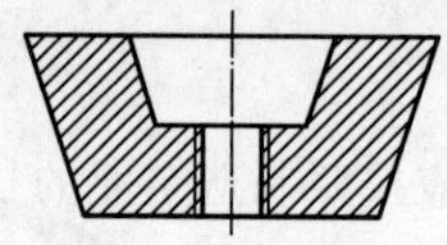</td><td rowspan="2">100
125
150
180</td><td rowspan="2">85
140
200
390</td></tr>
<tr><td>11型碗形砂轮</td><td>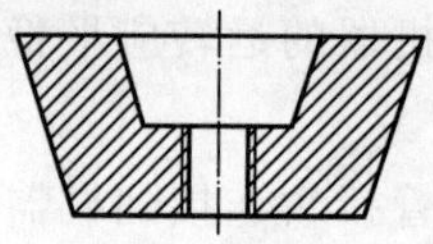</td><td>100
125
150
180</td><td>11:100
11:125
11:150
11:180</td></tr>
<tr><td>27型钹形砂轮</td><td>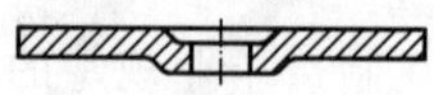</td><td rowspan="6">80
100
115
125
150
180
230
300</td><td rowspan="6">27:80
27:100
27:115
27:125
27:150
27:180
27:230
27:300</td><td rowspan="6">27型钹型试验轮</td><td rowspan="6">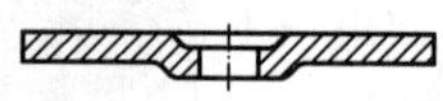</td><td rowspan="6">80
100
115
125
150
180
230
300</td><td rowspan="6">37
58
76
90
130
190
305
520</td></tr>
<tr><td>28型锥面钹形砂轮</td><td>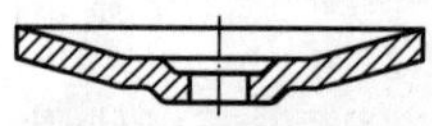</td></tr>
<tr><td>41型平形切割砂轮</td><td>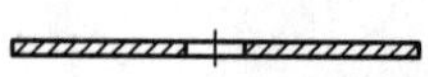</td></tr>
<tr><td>42型钹形切割砂轮</td><td></td></tr>
<tr><td>D1型砂页盘</td><td>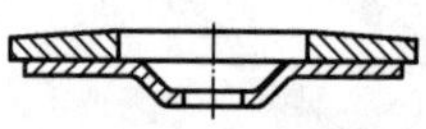</td></tr>
<tr><td>D3型钢纸砂盘</td><td>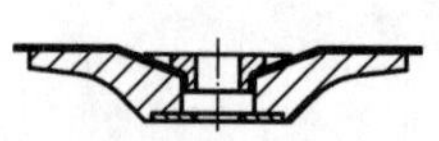</td></tr>
</table>

8.4.2　推力

试验期间操作者应以在水平面上进行磨削的同样的方式握持机器，推力(模拟推进力)应施加在手柄上，推力和机器的重量应由一个向上的拉力加以平衡，这个向上的拉力等于表2给出的推力加上机器重量之和。

对于角式砂轮机，宜使用辅助手柄的安装螺纹孔来施加向上拉力。对于辅助手柄可安装在任意一侧的机器，宜将一节短螺栓拧入未安装手柄的空孔中，并将吊绳连接在螺栓和辅助手柄的内侧。

对于端面式砂轮机，吊绳宜连接在两个手柄尽可能靠近马达外壳的位置。

装有减振手柄的机器，吊绳应连接在机身和手柄之间，并作用于机身。确认手柄弹性垫的作用未受限制。

向上拉力应通过连接在吊绳上的绳线来施加。吊绳和绳线之间的摩擦力应尽可能小，以免影响机器的移动。向上拉力可使用如图13所示的重物和滑轮装置来施加，或者在绳线上安装一个测力计。尽量以砂轮机最少的变动来获得所施加的力。

施加在手柄上的力和扭矩会影响振动，因此，力和扭矩在手柄间的分布要接近于实际工况下的操作，这一点很重要。操作人员应在主柄上握持机器，并将主柄抬起与水平面约成20°的侵入角。

注：附加在机器上的任何重物，如：为获得向上拉力而装配的固定装置，都会改变机器的惯性，也会因此而改变机器的振动量。

表2 推力

砂轮直径/mm	80	100	115	125	150	180	200	230	300
推力/N	15±5	30±5	30±5	30±5	30±5	45±5	45±5	45±5	50±5

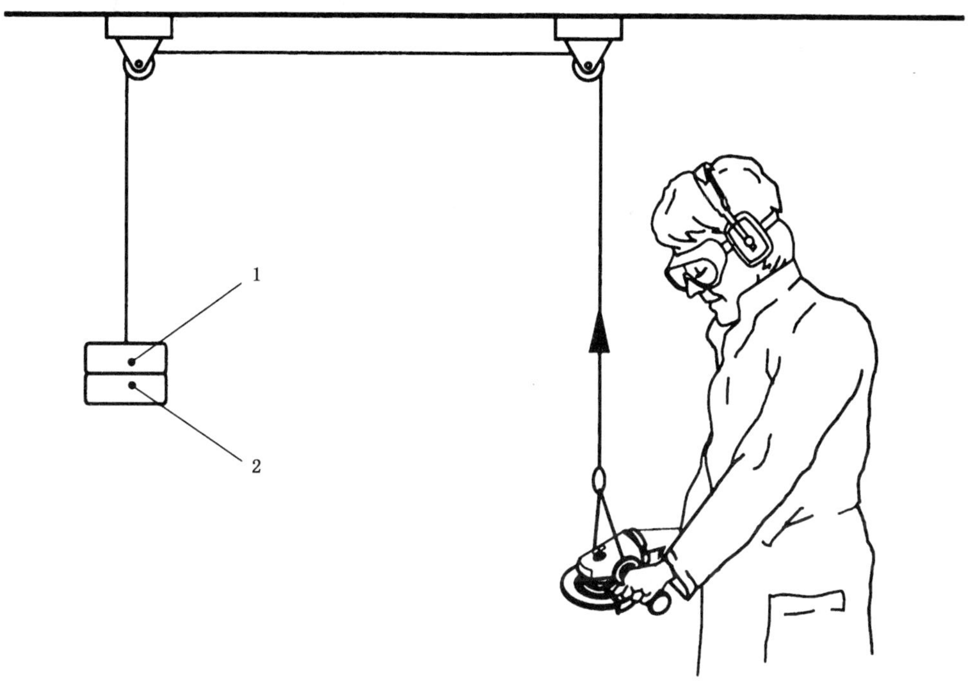

说明：

1——等于砂轮机重量的重物；

2——等于推力大小的重物。

图13 操作者的工作位置及使用吊绳施加推力示意图

8.4.3 试验程序

按8.4.1选用试验轮，依下列要求进行试验：

——使用27型试验轮进行试验的机器，每位操作者应执行5次为一组的连续测量(见8.5)。每个砂轮取向上测量一次，每次测量都要将试验轮拆掉并重新安装固定。测量应按0°、72°、144°、216°和288°的顺序进行。

——使用11型带螺纹试验轮进行试验的机器，每位操作者应执行5次为一组的连续测量(见8.5)。每次测量都要将试验轮拆掉并重新安装固定。由于试验轮的结构原因，不可能对它重新定位。

完整的试验顺序在附录 A 的试验报告格式中给出。

每次试验应在机器运转平稳后进行,运行时间不能少于 16 s。

8.5 操作者

试验期间应由三名不同的操作者操纵机器。操作者对机器的振动会产生影响,所以,操作者应能熟练正确地握持并操纵机器。

9 测量规程和测量的有效性

9.1 振动值的记录

对每台试验机器,应完成三组、每组 5 次的连续测量,每组试验用一名不同的操作者。

测得的振动值(见 6.4)宜参照附录 A 所示进行记录。

应计算出每位操作者的每个手持位置的变异系数(C_v)和标准偏差(s_{n-1})。一组试验的变异系数(C_v)等于该组试验的标准偏差(s_{n-1})与试验平均值的比值:

$$C_v = \frac{s_{n-1}}{a_{hv}} \qquad (3)$$

测得并用式(2)修正后,第 i 个值的标准偏差 a_{hvrati},单位:m/s²。

$$s_{n-1} = \sqrt{\frac{1}{n-1}\sum_{i=1}^{n}(a_{hvrati} - \bar{a}_{hv})^2} \qquad (4)$$

式中:

$\bar{a}_{hv}$——一组测量的平均值,单位为米每二次方秒(m/s²);

n ——测量值的个数,$n=5$。

如果 C_v 大于 0.15 或 s_{n-1} 大于 0.3 m/s²,那么在接受测量数据前应检查测量过程的误差。

9.2 振动值的标示和验证

应计算出每位操作者 5 次试验运转的 a_{hvrat} 值的算术平均值 $\bar{a}_{hv}$。

宜计算出三名操作者在每个握持位置上获得的三个 $\bar{a}_{hv}$ 值的算术平均值 a_h。

仅对一台机器进行的试验,标示值 a_{hd} 为对两个握持位置所记录的 a_h 值中的最高值。

对三台或更多机器进行的试验,应计算出不同机器每个握持位置上的 a_h 值的算术平均值 $\bar{a}_h$。标示值 a_{hd} 为对两个握持位置所记录的 a_h 值中的最高值。

a_{hd} 和不确定度 K 均应按 EN 12096:1997 确定的精度表示。a_{hd} 要给出单位 m/s²,并对以 1 开始的 a_{hd} 的数值用三位有效数字表示,其中末位只精确到前一位的半个单位值(如:1.20 m/s²、14.5 m/s²);a_{hd} 的其他数值则用两位有效数字表示就足够了(如:0.93 m/s²、8.9 m/s²)。K 值应采用与 a_{hd} 相同的小数位数表示。

不确定度 K 应以可再现性标准偏差 σ_R 为基础,按 EN 12096:1997 的规定予以确定。K 值应按附录 B 的要求计算。

对采用技术手段自动减小不平衡度而被低估了振动量的机器,在记录之前应考虑用 1.3 的校正系数乘以其得出的振动值。

10 测试报告

在试验报告中应给出以下信息:

a) 参照 GB/T 26548 的本部分(即:GB/T 26548.1);
b) 测量实验室名称;
c) 测量日期和试验负责人姓名;
d) 手持式机器的详细说明(生产企业、型号、产品编号等);
e) 标示的振动辐射值 a_{hd} 和不确定度 K,以及所使用的任何校正信息;
f) 附加的或插入的工具;
g) 动力源(提供的气压、输入电压等);
h) 仪器(加速度计、记录仪器、硬件、软件等);
i) 传感器的位置和固定方式、测量方向及各个振动值;
j) 运转状态及 8.2 和 8.3 规定的其他量值;
k) 详述试验结果(参见附录 A)。

如果使用了不同于 GB/T 26548 的本部分规定的其他传感器位置或测量方法,应详细说明并应将改变传感器位置的理由写入试验报告。

附 录 A
(资料性附录)
角式和端面式砂轮机振动试验报告格式

振动试验报告格式见表 A.1 和表 A.2。

表 A.1 通用信息和结果报告

<table>
<tr><td colspan="2">根据 GB/T 26548.1 的规定,进行了本次试验</td></tr>
<tr><td colspan="2">试验机构</td></tr>
<tr><td>检测单位(公司/实验室):</td><td>试 验 者:
报 告 人:
试验日期:</td></tr>
<tr><td colspan="2">试验对象和标示值</td></tr>
<tr><td>试验的机器(动力源和机器型式、制造企业、机器型号和名称):</td><td>标示的振动值(a_{hd}和 K 以及使用的校正值):</td></tr>
<tr><td colspan="2">测量设备</td></tr>
<tr><td colspan="2">传感器(制造企业、型号、位置、固定方法、图片和可能使用的机械滤波器):</td></tr>
<tr><td>振动测量仪器:</td><td>辅助设备:</td></tr>
<tr><td colspan="2">操作和试验条件及测量结果</td></tr>
<tr><td colspan="2">试验条件(使用的试验轮、向上拉力的位置、操作者的姿势和握持位置、图片):</td></tr>
<tr><td>推力:</td><td>动力源(气压、液压流量、电压):</td></tr>
<tr><td colspan="2">其他量值的记录:</td></tr>
</table>

表 A.2　一台机器的测量结果

日期：			机器型号：						机器编号：							测量速度：		
			主柄(握持位置 1)								辅助手柄(握持位置 2)							
								操作者统计项								操作者统计项		
试验序号	操作者编号	试验轮[a]	a_{hwx}	a_{hwy}	a_{hwz}	a_{hvmeas}	a_{hvrat}	$\bar{a}_{hv}$	s_{n-1}	C_v	a_{hwx}	a_{hwy}	a_{hwz}	a_{hvmeas}	a_{hvrat}	$\bar{a}_{hv}$	s_{n-1}	C_v
1	1	1																
2	1	2																
3	1	3																
4	1	4																
5	1	5																
6	2	1																
7	2	2																
8	2	3																
9	2	4																
10	2	5																
11	3	1																
12	3	2																
13	3	3																
14	3	4																
15	3	5																
			握持位置 1 的 a_h 值：								握持位置 2 的 a_h 值：							
			握持位置 1 的 s_R 值：								握持位置 2 的 s_R 值：							

注： a_{hvrat} 和 $\bar{a}_{hv}$ 值按 6.4 和 9.2 计算，s_{n-1} 和 C_v 值按 9.1 计算，s_R 按附录 B 计算。

[a] 不带螺纹的试验轮，1～5 对应的安装角度为 0°、72°、144°、216°、288°的顺序安装砂轮。带螺纹的试验轮，每次试验都要将试验轮拆下并重新安装固定。

附 录 B
（规范性附录）
不确定度的确定

B.1 总则

不确定度值 K 表示标示的振动值 a_{hd} 的不确定度。就一个批次的机器而言，K 值表示该批机器振动值的偏差，单位为 m/s^2。

a_{hd} 和 K 的和表示单台机器振动值的范围，和/或一个批次新制机器大部分振动值的波动范围。

B.2 对单台机器的试验

仅对一台机器进行的试验，不确定度 K 应按下式给出：

$$K = 1.65\sigma_R \quad \cdots\cdots(B.1)$$

式中：

σ_R ——可再现性标准偏差，用式(B.2)给出的 s_R 值估算。

$$s_R = 0.2a_h \quad \cdots\cdots(B.2)$$

式中：

a_h——在具有最高值的握持位置，a_{hd} 等于 a_h。

$$K = 0.33a_{hd} \quad \cdots\cdots(B.3)$$

注：再现性标准偏差 s_R，是基于对砂轮机进行循环试验而得到的估计值(参见 ISO/TR 27609)，它随着测得的振动量而变化，可以用 $0.2a_h$ 进行估算。

B.3 对成批机器的试验

对三台或三台以上机器进行的试验，不确定度 K 应按下式给出：

$$K = 1.5\sigma_t \quad \cdots\cdots(B.4)$$

式中的 σ_t 用式(B.5)给出的 s_t 值估算。

$$s_t = \sqrt{{s_R}^2 + {s_b}^2} \quad \cdots\cdots(B.5)$$

用式(B.6)对具有最高值 a_{hd} 的握持位置进行计算。

$$s_R = 0.2a_{hd} \quad \cdots\cdots(B.6)$$

s_b 是被试验机器样本的试验结果的标准偏差，即：

$${s_b}^2 = \frac{1}{n-1}\sum_{i=1}^{n}(a_{hi} - \bar{a}_h)^2 \quad \cdots\cdots(B.7)$$

式中：

a_{hi}——第 i 台机器单台振动辐射值；

$\bar{a}_h$ ——不同机器在同一握持位置上的振动值 a_h 的平均值；

a_{hd}——两个握持位置记录的最高 $\bar{a}_h$ 值；

n ——试验机器的数量(≥3)。

附　录　C
（规范性附录）
试验轮的设计

C.1　总则

试验轮应按规定半径加工出孔以提供给定的不平衡度。按 EN 755-2:2008 的规定，试验轮应使用 EN AW 2014(ALCu4SiMg)型铝材或同等材质的材料加工制造。

材料密度宜在 2 700 kg/m³～2 800 kg/m³。

试验轮应按图 C.1～图 C.4 加工制造。试验轮应测量并调整到给定的不平衡度，其精度应高于实际不平衡度的 5%。

C.2　铝制试验轮基本结构

C.2.1　27 型钹形试验轮

图 C.1 和表 C.1 给出了 27 型试验轮的结构尺寸和加工工差，如何加工不平衡度孔以及衬垫在机器上的装配要求在其他章条给出。

表 C.1　27 型钹形试验轮的尺寸和公差

单位为毫米

试验轮名称	外径 D	厚度 E	中心孔直径 H	凹陷部分内径 K	凹陷深度 F	凹陷部分圆角半径 R	凹陷部分外径 J
27:80	80±0.02	6±0.05	16g7	23±0.5	4±0.1	2	42±0.5
27:100	100±0.02	6±0.05	25g7	35.5±0.5	4±0.1	2	54.5±0.5
27:115	115±0.02	6±0.05	28g7	45±0.5	4.6±0.1	2	64±0.5
27:125	125±0.02	6±0.05	28g7	45±0.5	4.6±0.1	2	64±0.5
27:150	150±0.02	6±0.05	28g7	45±0.5	4.6±0.1	2	64±0.5
27:180	180±0.02	6±0.05	28g7	45±0.5	4.6±0.1	2	64±0.5
27:230	230±0.02	6±0.05	28g7	45±0.5	4.6±0.1	2	64±0.5
27:300	300±0.02	6±0.05	28g7	45±0.5	4.6±0.1	2	64±0.5

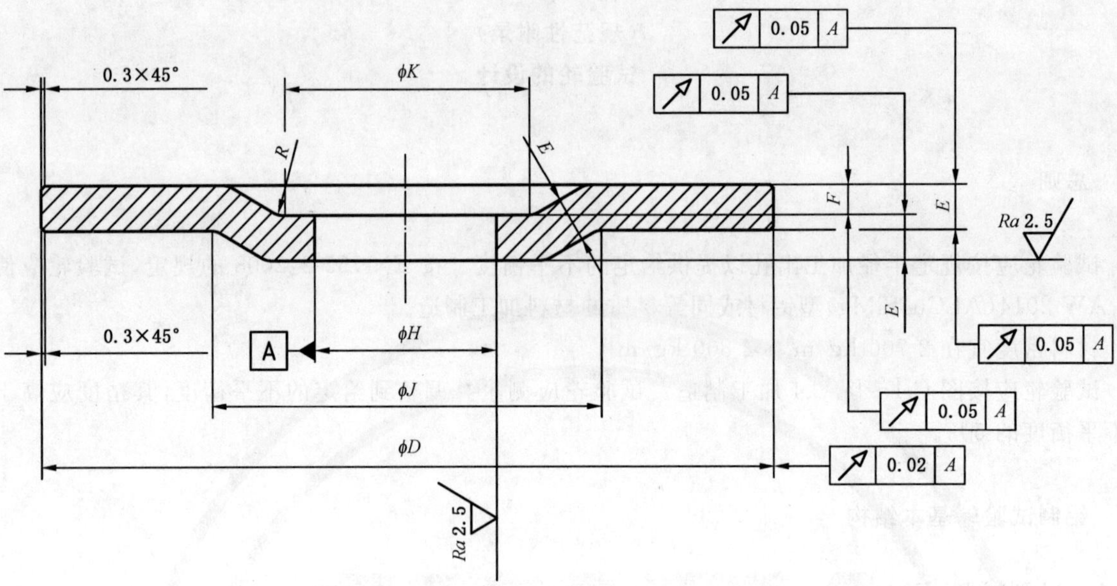

说明：

D ——外径；

E ——厚度；

F ——凹陷深度；

H ——中心孔径；

J ——凹陷部分外径；

R ——凹陷部分圆角半径；

K ——凹陷部分内径。

图 C.1　27 型试验轮的尺寸和公差

C.2.2　11 型碗形试验轮

图 C.2 和表 C.2 给出了 11 型碗形试验轮的尺寸和加工公差。

表 C.2　11 型试验轮的尺寸和公差　　单位为毫米

试验轮名称	外径 D	厚度 T	螺纹 H	最小直径 J	轮边宽度 W	螺孔厚度 E
11:100	100±0.2	50±0.2	M14 或 UNC5/8″	76±0.2	20±0.1	20±0.2
11:125	125±0.2	50±0.2	M14 或 UNC5/8″	94±0.2	25±0.1	20±0.2
11:150	150±0.2	50±0.2	M14 或 UNC5/8″	120±0.2	30±0.1	20±0.2
11:180	180±0.2	80±0.2	M14 或 UNC5/8″	120±0.2	41±0.1	25±0.2

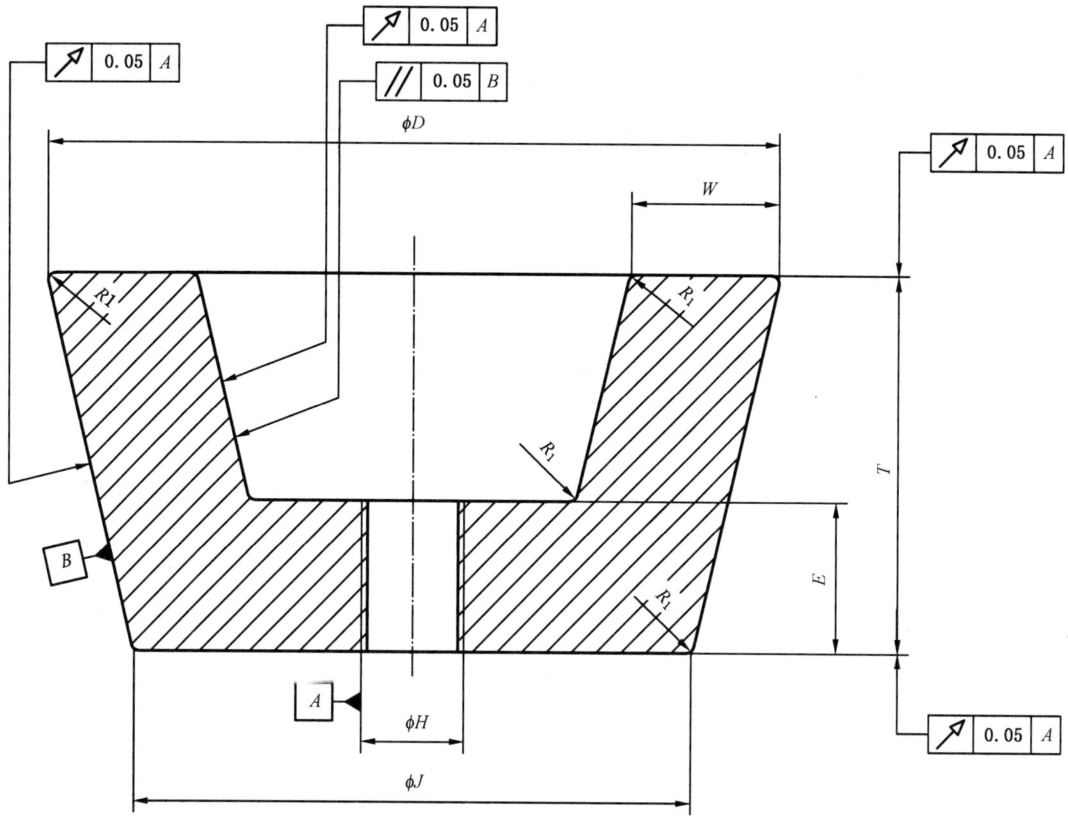

说明：

D ——外径；

E ——螺孔厚度；

H——螺纹；

J ——最小直径；

T ——厚度；

W——轮边宽度。

图 C.2　11 型试验轮的尺寸和公差

C.3　不平衡度孔

C.3.1　27 型钹形试验轮

不平衡度通过在铝制试验轮上钻孔来获得。首先在试验轮上钻一个直径小于给定不平衡度所需直径的孔，测量其不平衡度，逐渐增大孔径，直至达到要求的不平衡度。

不平衡度在 ISO 6103 规定的最大允许不平衡度的 40%范围内选择。

27 型钹形试验轮不平衡度，钻孔直径和孔中心到试验轮中心的距离应符合表 C.3 和图 C.3 的要求，不平衡度孔应钻透。

表 C.3　27 型试验轮不平衡度孔尺寸

试验轮名称	试验轮 直径 D mm	不平衡度[a] gmm	不平衡度 孔直径 e mm	孔中心到试验轮 中心的距离 r mm
27:80	80	37	9.8	30±0.1
27:100	100	58	11.3	35±0.1
27:115	115	76	12.1	40±0.1
27:125	125	90	12.4	45±0.1
27:150	150	130	12.9	60±0.1
27:180	180	190	14	75±0.1
27:230	230	305	15.4	100±0.1
27:300	300	520	17.3	135±0.1
[a] 具有±5%的相对误差。				

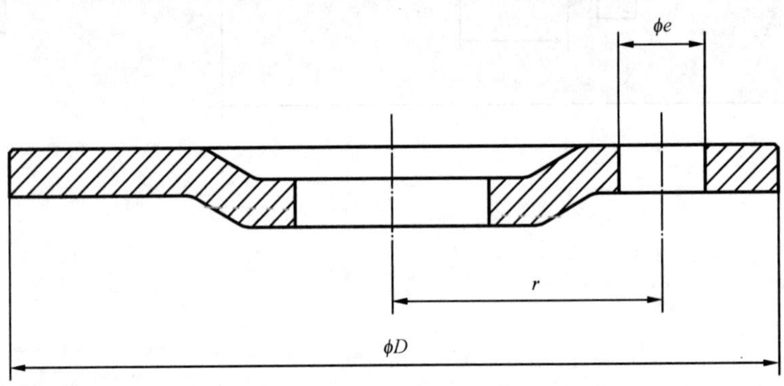

说明：

D ——试验轮直径；

e ——不平衡度孔直径；

r ——孔中心到试验轮中心的距离。

图 C.3　27 型试验轮不平衡度孔尺寸

C.3.2　11 型碗形试验轮

11 型碗形试验轮的不平衡度通过在试验轮的前后面钻两个孔来获得。两孔应为平底盲孔，且处于同一平面，孔的方向平行于试验轮中心孔。为了获得不平衡度在试验轮整体厚度上的真实分布，需要钻两个孔。钻孔直径和孔中心到试验轮中心的距离应符合表 C.4 和图 C.4 的要求。

后面孔钻到给定深度，前面孔比给定深度浅一些。测量不平衡度增加深度和孔径，直到获得规定的不平衡度。

表 C.4　11 型试验轮不平衡度孔尺寸

试验轮名称	试验轮直径 D mm	不平衡度[a] gmm	前面孔径 e_1 mm	前面孔中心到试验轮中心的距离 r_1 mm	前面孔深 d_1 mm	后面孔径 e_2 mm	后面孔中心到试验轮中心的距离 r_2 mm	后面孔深 d_2 mm
11:100	100	85	10	40±0.1	4	10±0.05	28±0.1	8±0.05
11:125	125	140	10	50±0.1	5.5	10±0.05	37±0.1	9.7±0.05
11:150	150	200	10	60±0.1	7.7	10±0.05	50±0.1	9±0.05
11:180	180	390	10	70±0.1	13.4	10±0.05	50±0.1	16.7±0.05

前面孔与后面孔处于同一平面，并宜加工成平底盲孔。

[a] 具有±5%的相对误差。

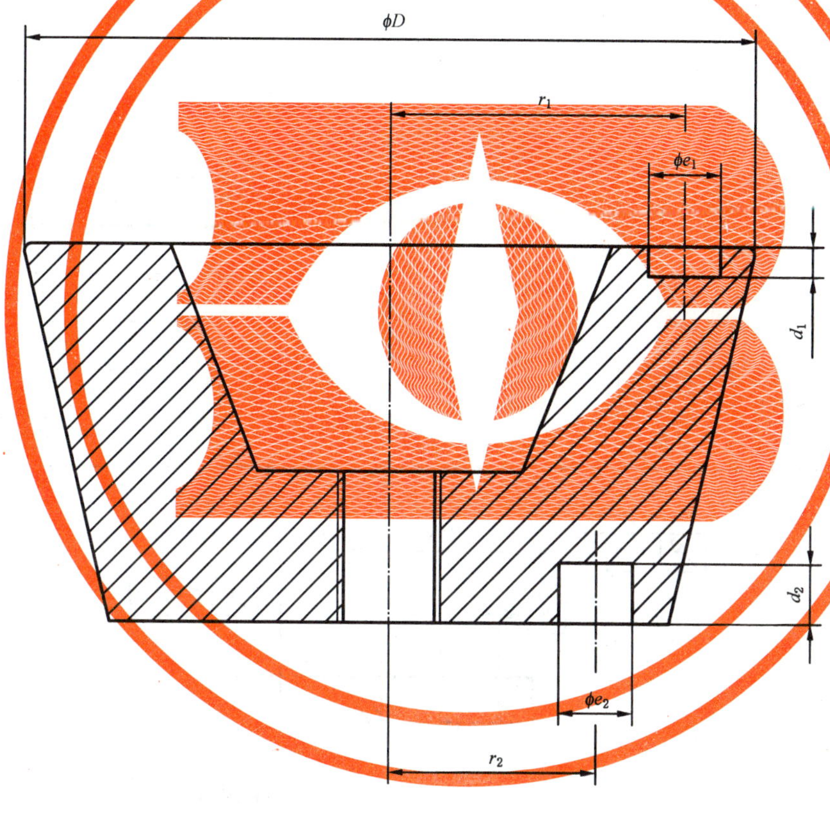

说明：

D ——试验轮直径；

d_1——前面孔深；

d_2——后面孔深；

e_1——前面孔径；

e_2——后面孔径；

r_1——前面孔中心到试验轮中心的距离；

r_2——后面孔中心到试验轮中心的距离。

图 C.4　11 型试验轮不平衡度孔尺寸

C.4 27 型试验轮用衬垫

试验轮应无缝隙安装，安装时按表 C.5 选择与主轴相配的衬垫。如果发现有其他更适合主轴的衬垫也可以使用。具体尺寸见图 C.5，衬垫材料用低碳钢，类似于 ISO 630 规定的 E236 型钢。

表 C.5 27 型试验轮用衬垫尺寸

直径(b)	厚度(c)/mm	孔径 D
16g7	$6^{-0.1}_{-0.2}$	10JS7
		10.04JS7
		10.08JS7
		10.12JS7
25g7	$6^{-0.1}_{-0.2}$	16JS7
		16.04JS7
		16.08JS7
		16.12JS7
28g7	$6^{-0.1}_{-0.2}$	22.00JS7
		22.04JS7
		22.08JS7
		22.12JS7
		22.16JS7
		22.20JS7

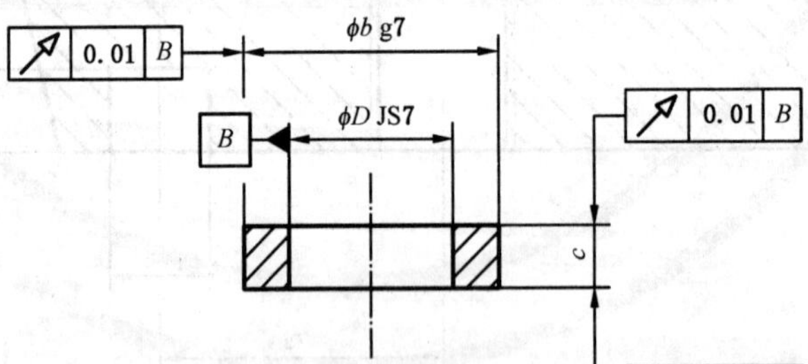

说明：

b ——直径；

c ——厚度；

D——孔径。

图 C.5 衬垫尺寸和公差

参 考 文 献

[1] ISO 603-14 Bonded abrasive products—Dimensions—Part 14:Grinding wheels for deburring and fettling/snagging on an angle grinder

[2] ISO 603-16 Bonded abrasive products—Dimensions—Part 16:Grinding wheels for cutting-off on hand held power tools

[3] ISO 5429 Coated abrasive—Flap wheels with incorporated flanges or separate flanges

[4] ISO 6103 Bonded abrasive products—Permissible unbalances of grinding wheels as delivered—Static testing

[5] ISO 12100 Safety of machinery—General principles for design, risk assessment and risk reduction

[6] ISO/TR 27609 Vibration in hand-held tools—Vibration measurement methods for grinders—Evaluation of round-robin test

[7] IEC 60745(all parts) Hand-held motor-operated electric tools—Safety

ICS 13.160;25.140.10
J 48

中华人民共和国国家标准

GB/T 26548.6—2018/ISO 28927-6:2009

手持便携式动力工具　振动试验方法　第6部分:夯实机

Hand-held portable power tools—Test methods for evaluation of vibration emission—Part 6:Rammers

(ISO 28927-6:2009,IDT)

2018-02-06 发布　　2018-09-01 实施

中华人民共和国国家质量监督检验检疫总局
中国国家标准化管理委员会　发布

前　言

GB/T 26548《手持便携式动力工具　振动试验方法》分为以下几部分：

——第1部分：角式和端面式砂轮机；

——第2部分：气扳机、螺母扳手和螺丝刀；

——第3部分：抛光机，回转式、滑板式和复式磨光机；

——第4部分：直柄式砂轮机；

——第5部分：钻和冲击钻；

——第6部分：夯实机；

——第7部分：冲剪机和剪刀；

——第8部分：往复式锯、抛光机和锉刀以及摆式或回转式锯；

——第9部分：除锈锤和针束除锈器；

——第10部分：冲击式凿岩机、锤和破碎机；

——第11部分：石锤；

——第12部分：模具砂轮机。

本部分为GB/T 26548的第6部分。

本部分按照GB/T 1.1—2009给出的规则起草。

本部分使用翻译法等同采用ISO 28927-6:2009《手持便携式动力工具　振动试验方法　第6部分：夯实机》。

与本部分中规范性引用的国际文件有一致性对应关系的我国文件如下：

——GB/T 5621—2008　凿岩机械与气动工具　性能试验方法(ISO 2787:1984,MOD)

——GB/T 6247.1—2013　凿岩机械与便携式动力工具　术语　第1部分：凿岩机械、气动工具和气动机械(ISO 5391:2003,MOD)

本部分做了下列编辑性修改：

——将国际标准中的“bar”换算成“MPa”(1 bar=0.1 MPa)；

——更正了国际标准中表A.1实验条件的错误内容。

本部分由中国机械工业联合会提出。

本部分由全国凿岩机械与气动工具标准化技术委员会(SAC/TC 173)归口。

本部分起草单位：长沙矿冶研究院有限责任公司、天水凿岩机械气动工具研究所、湖南恒至凿岩科技股份有限公司、东莞理工学院。

本部分主要起草人：高波、王建祖、罗佑新、周梓荣、吴度希、双志、王建华、李贵杰、周斌。

引　言

本文件是 ISO 12100 中规定的 C 类标准。

对于按照 C 类标准的要求设计和制造的机器，当 C 类标准的要求不同于 A 类或 B 类标准中的要求时，C 类标准中的要求要优于其他类标准。

GB/T 25631 中给出了手持式和手导式机械振动测量的通用技术条件，GB/T 26548 以该标准为基础，给出了手持便携式机器的振动试验方法，以及机器在型式试验条件下的运行和对型式试验性能的其他要求。其标准结构和章的编号与 GB/T 25631 一致。

本部分采用了欧洲系列标准 EN 60745 中首次采用的传感器基准定位方法，由于延续性的原因在描述上与 GB/T 25631 不一致。传感器首选放置在靠近手的拇指和食指之间的区域，因为这个位置对操作者握持机器的干扰最小。

人们发现通常夯实机在使用时产生的振动变化很大。对夯实机来说，振动的主要来源是冲击作用，其振动特性差别很大程度上是由于机器操作和所处理材料阻尼特性的差异造成的。

为了提供一个可给出较好的可再现性测量结果的试验方法，本部分采用了一种在吸能器上使用夯实机的工作方式，从而使其阻尼特性在试验过程中保持恒定。工作场所振动暴露的评定采用 GB/T 14790 的程序。

所获得的值是型式试验值，用来表示机器在实际使用中典型振动量的上四分位数的平均值。然而，实际值有时变化很大，这取决于许多因素，包括操作者、工作任务以及插入工具或消耗品等。机器本身的保养状况可能也很重要。在真实工作状态下操作者和操作程序对低幅振动量的影响尤其严重。因此，低于 2.5 m/s^2 的振动辐射值，在真实工作状态下不推荐评定。在这种情况下，建议用 2.5 m/s^2 的振动量值来直接评估机器的振动。

如果特定工作场所要求精确值，那么有必要在此工作状况下按 GB/T 14790 的规定进行测量。在实际工作条件下实测的振动值可能比用 GB/T 26548 的本部分获得的值高，也可能低。

在实际工况下，夯实机端部和夯实材料的不匹配容易产生较高的振动。

手持便携式动力工具　振动试验方法　第6部分:夯实机

1　范围

GB/T 26548的本部分规定了手持便携式动力驱动夯实机手柄部位手传振动辐射测量的试验方法,确定了型式试验状态下操作机器时手柄握持部位振动量的型式检验程序。其测得的结果用于比较相同型式不同型号机器的振动量。

本部分适用于由气动或其他动力驱动的夯实机、回填夯实机、爪型夯实机、捣砂器和地面捣固机(见第5章),其端部或锤头由诸如铸铁或橡胶材料制成,用于铸造厂、建筑工地等场所进行铸砂夯实或捣固作业。

注:为避免混淆"动力工具"和"插入工具",本部分通篇采用"机器"代替"动力工具"。

2　规范性引用文件

下列文件对于本文件的应用是必不可少的。凡是注日期的引用文件,仅注日期的版本适用于本文件。凡是不注日期的引用文件,其最新版本(包括所有的修改单)适用于本文件。

GB/T 6247.2—2013　凿岩机械与便携式动力工具　术语　第2部分:液压工具(ISO 17066:2007,IDT)

GB/T 14790.1—2009　机械振动　人体暴露于手传振动的测量与评价　第1部分:一般要求(ISO 5349-1:2001,IDT)

GB/T 14790.2—2014　机械振动　人体暴露于手传振动的测量与评价　第2部分:工作场所测量实用指南(ISO 5349-2:2001,IDT)

GB/T 25631—2010　机械振动　手持式和手导式机械　振动评价规则(ISO 20643:2005,IDT)

ISO 2787:1984　回转和冲击式气动工具　性能试验(Rotary and percussive pneumatic tools—Performance tests)

ISO 5391:2003　气动工具和机械　词汇(Pneumatic tools and machines—Vocabulary)

EN 12096:1997　机械振动　振动辐射值的标示和验证(Mechanical vibration—Declaration and verification of vibration emission values)

3　术语、定义和符号

GB/T 6247.2—2013、GB/T 25631—2010和ISO 5391:2003界定的以及下列术语、定义和符号适用于本文件。

3.1　术语和定义

3.1.1

夯实机　rammer

回填捣固机　backfill tamper

用于地面、铸造砂等压实的冲击式机器。

注:改写ISO 5391:2003,定义2.2.8。

3.2 符号

下列量和单位符号适用于本文件。

符号	说　明	单位
a_{hw}	频率计权手传振动的均方根(r.m.s)单轴向加速度值	m/s^2
a_{hv}	频率计权均方根加速度的总振动值,是 a_{hw} 在 x、y、z 轴上分量的平方和的根	m/s^2
$\bar{a}_{hv}$	同一名操作者在同一握持位置的 a_{hv} 值的算术平均值	m/s^2
a_h	所有操作者在同一个握持位置的 $\bar{a}_{hv}$ 值的算术平均值	m/s^2
$\bar{a}_h$	多台机器上对于同一个握持位置的 a_h 值的算术平均值	m/s^2
a_{hd}	标示的振动辐射值	m/s^2
s_{n-1}	一组试验的标准偏差(针对于一件样品,s)	m/s^2
σ_R	可再现性标准偏差(针对于一个统计总体,σ)	m/s^2
C_v	一组试验的变异系数	
K	不确定度	m/s^2

4 基本准则和振动试验方法

本部分以 GB/T 25631—2010 的要求为基础,其结构除附录外在条款标题和编号等方面都与 GB/T 25631—2010 相对应。

附录 A 提供了试验报告的样式,附录 B 是不确定度 K 的确定方法,附录 C 是夯实机用吸能器的设计。

5 机器种类的描述

本部分适用于铸造砂压实或冲压作业的手持式机器。

图 1 和图 2 所示为 GB/T 26548 的本部分所涵盖的典型夯实机实例。

图 1　压实地面用夯实机

图 2 压实工作台用夯实机

6 振动特性描述

6.1 测量方向

手传振动应在正交坐标系的 3 个方向上测量并记录。每个手握位置的振动都应在如图 3～图 4 所示的 3 个方向上同时测量。

6.2 测量位置

测量应在操作者通常握持机器并施加推力的位置上进行。对于单手操作的机器只需在一个点上测量即可。

规定的传感器位置应尽可能靠近手的拇指和食指之间。这个位置也适用于正常操作中用两手握持机器的位置。只要有可能，测量都应在此规定的位置上进行。

传感器的补充位置规定在手柄端内侧，尽可能靠近规定位置的侧面上。如果传感器的规定位置无法使用，则应使用补充位置。

在减振手柄上也应使用传感器的规定位置和补充位置。

针对此类不同型式机器通常所采用的握持位置，图 3～图 4 给出了传感器的规定位置与补充位置及测量方向。

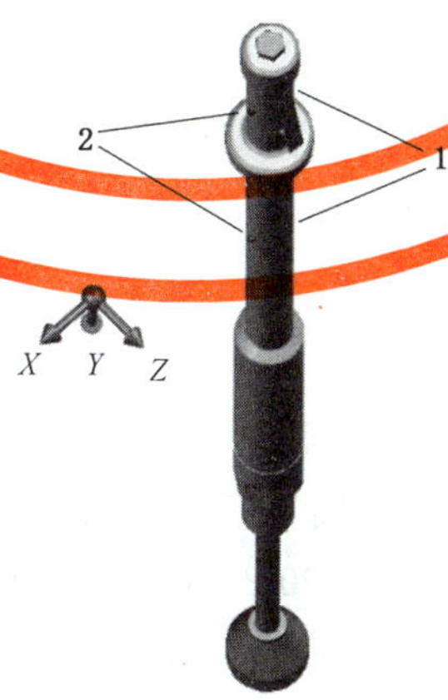

说明：

1——传感器的规定位置；

2——传感器的补充位置。

图 3 压实地面用夯实机测量位置

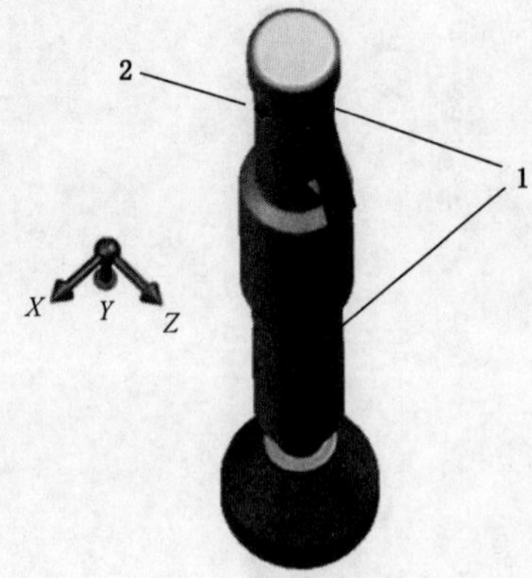

说明：
1——传感器的规定位置；
2——传感器的补充位置。

图 4 压实工作台用夯实机的测量位置

6.3 振动的量

振动的量应符合 GB/T 25631—2010 中 6.3 的规定。

6.4 振动方向的合成

对于采用的两个握持位置，都应按 GB/T 25631—2010 中 6.4 的规定记录所获得的总振动值。容许在具有最高读数的握持位置上进行记录和试验。在此握持位置的总振动值应至少比其他位置高出 30%。这个结果可在初次测试时，由一名操作者进行 5 次试验获得。

为了获得每次试验运转的总振动值 a_{hv}，应将每个方向上的测量结果按式(1)进行合成：

$$a_{hv}=\sqrt{a_{hwx}^2+a_{hwy}^2+a_{hwz}^2} \qquad \cdots\cdots(1)$$

7 仪表要求

7.1 总则

试验用仪器仪表应符合 GB/T 25631—2010 中 7.1 的规定。

7.2 传感器的安装

7.2.1 传感器的技术要求

GB/T 25631—2010 中 7.2.1 给出的传感器技术要求适用于本部分。

传感器及其固定装置的总重量与机器、手柄等的重量相比应尽可能小到不至于影响测量结果。这一点对于轻质塑料手柄尤为重要(见 GB/T 14790.2—2014)。

7.2.2 传感器的连接

传感器或所使用的固定块应刚性地连接到手柄表面。

如果使用了 3 个单轴传感器，它们应分别连接在固定块的三个侧面。

对于两轴平行于振动面的情况，两个传感器或一个三轴传感器的两个传感元件的测量轴与振动表面的最大距离应为 10 mm。

强烈建议测量时要使用机械滤波器。

7.3 频率计权滤波器

频率计权滤波器应符合 GB/T 14790.1—2009 的规定。

7.4 累积时间

累积应符合 GB/T 25631—2010 中 7.4 的规定。每次试验运转的累积时间应不少于 16 s,以便与 8.4 规定的机器运转持续时间相一致。

7.5 辅助设备

对于气动机器,其供气压力应采用精度等于或高于 0.01 MPa 的压力表来测量。

对于液压机器,其流量应采用精度等于或高于 0.25 L/min 的流量计来测量。

对于电动机械,其电压应采用精度等于或高于有效值的 3%的电压表来测量。

推力应采用精度高于 1 N 的测力仪器来测量——如操作者站立的测力秤。

7.6 校准

校准的技术要求应符合 GB/T 25631—2010 中 7.6 的规定。

8 机器的试验和运转条件

8.1 总则

应对润滑良好、运转正常的新制机器进行测量。试验期间应以类似于正常夯实作业时的方式来安装和握持机器。对于有些类型的机器,如果制造商规定了预热时间,应保证在试验开始之前先预热机器。

夯实机通过在吸能器上进行夯实来测试振动。试验时应控制推力同时在吸能器表面移动夯实机,见 8.4。

试验期间供给机器的动力源应在制造企业规定的额定工况下,而且机器的运转应平稳。

8.2 运转条件

8.2.1 气动机器

进行试验时,机器应按照制造企业的技术要求,在额定气压下最大夯击能量运转。机器的运转应平稳,并应测量和记录气压。

应采用制造企业推荐直径的软管对机器供气。试验软管应通过螺纹管接头连接到机器上,最好采用随机提供的螺纹管接头。试验软管的长度应为 3 m。试验软管应用管箍夹紧,不应使用快换接头,因为快换接头的质量会影响振动量的大小。

气动机器的供气压力应按 ISO 2787:1984 的规定进行测量,并保持在制造企业规定的压力值上。试验时,在软管前直接测定的气压,比制造企业推荐压力值的压降不应超出 0.02 MPa。

8.2.2 液压机器

试验时机器应在额定功率(即额定流量)下运转,并应按制造企业的技术要求予以使用,运转应平稳。测量开始前应使机器预热约 10 min。应测量并记录流量。

8.2.3 电动机器

试验时机器应在额定电压下运转，并应按制造企业的技术要求予以使用。运转应平稳，应测量并记录电压。

8.3 其他参数的规定

推力应测量并记录。

8.4 附加设备、工件和任务

试验应在按附录C设计的吸能器上进行。

吸能器的安装高度应便于操作者肘部弯曲 90°±10°进行操作。夯实机在吸能器表面前后左右±100 mm 范围内移动。操作应平稳。安装好的吸能器不应有在手臂振动频率范围内的任何共振，以免影响试验结果。

测试期间应监控垂直向下的推力，例如：可通过操作者站在测力秤上施加推力。所施加的推力等于操作者的体重减去测力仪器读数。见图5和图6。

一组试验，夯实机应在吸能器上运转5次，当确认运转平稳时获取读数，每次运转信号的稳定时间不应少于16 s。

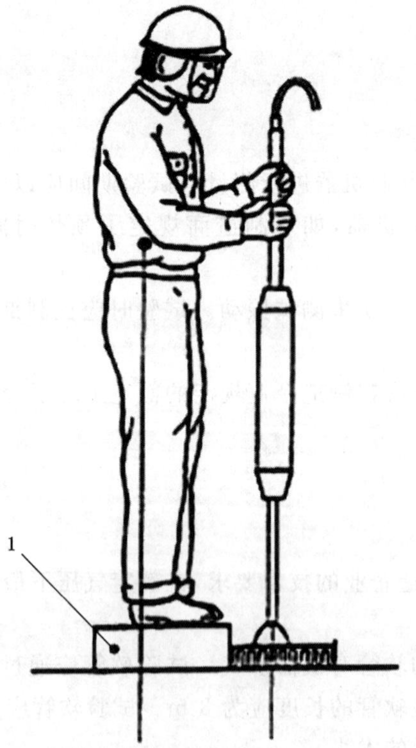

说明：

1——测力秤。

图5 地面用夯实机操作者工作位置

说明：

1——测力秤。

图 6 工作台用夯实机操作者工作位置

8.5 操作者

试验期间应由三名不同的操作者操纵机器。操作者对机器的振动会产生影响，所以，操作者应能熟练正确的握持并操纵机器。

9 测量规程和测量的有效性

9.1 振动值的记录

对每台试验机器，应完成三组、每组5次的连续测量，每组试验用一名不同的操作者。

测得的振动值(见6.4)宜参照附录A进行记录。

应计算出三位操作者的每个手持位置的变异系数(C_v)和标准偏差(s_{n-1})。一组试验的变异系数(C_v)等于该组试验的标准偏差(s_{n-1})与试验平均值的比值：

$$C_v = \frac{s_{n-1}}{\bar{a}_{hv}} \qquad \cdots\cdots(2)$$

由于 s_{n-1} 等同于 s_{rec}(见附录B)，式中第 i 个 a_{hvi} 值的标准偏差为：

$$s_{n-1} = \sqrt{\frac{1}{n-1}\sum_{i=1}^{n}(a_{hvi} - \bar{a}_{hv})^2} \qquad \cdots\cdots(3)$$

式中：

$\bar{a}_{hv}$——一组试验的平均值，单位为米每二次方秒(m/s^2)；

n ——测量值的个数，$n=5$。

如果 C_v 大于 0.15 或 s_{n-1} 大于 0.3 m/s²,那么在接受测量数据前应检查测量过程的误差。

9.2 振动值的标示和验证

应计算出每位操作者 5 次试验运转的 a_{hv} 值的算术平均值 $\bar{a}_{hv}$。

宜计算出三名操作者在每个握持位置上获得的三个 $\bar{a}_{hv}$ 值的算术平均值 a_h。

仅对一台机器进行的试验,标示值 a_{hd} 为对两个握持位置所记录的 a_h 值中的最高值。

对三台或更多机器进行的试验,应计算出不同机器每个握持位置上的 a_h 值的算术平均值 $\bar{a}_h$。标示值 a_{hd} 为对两个握持位置所记录的 $\bar{a}_h$ 值中的最高值。

a_{hd} 和不确定度 K 均应按 EN 12096:1997 确定的精度表示。a_{hd} 要给出单位 m/s²,并对以 1 开始的 a_{hd} 的数值用三位有效数字表示,其中末位只精确到前一位的半个单位值(如:1.20 m/s²、14.5 m/s²);a_{hd} 的其他数值则用两位有效数字表示就足够了(如:0.93 m/s²、8.9 m/s²)。K 值应采用与 a_{hd} 相同的小数位数表示。

不确定度 K 应以可再现性标准偏差 σ_R 为基础,按 EN 12096:1997 的规定予以确定。K 值应按附录 B 的要求计算。

10 测试报告

在试验报告中应给出以下信息:

a) 参照 GB/T 26548 的本部分(即:GB/T 26548.6);

b) 测量实验室名称;

c) 测量日期和试验负责人姓名;

d) 手持式机器的详细说明(生产企业、型号、产品编号等);

e) 标示的振动辐射值 a_{hd} 和不确定度 K;

f) 附加的或插入的工具;

g) 动力源(提供的气压、输入电压等);

h) 仪器(加速度计、记录仪器、硬件、软件等);

i) 传感器的位置和固定方式、测量方向及各方向上的每个振动值;

j) 运转状态及 8.2 和 8.3 规定的其他量值;

k) 详述试验结果(参见附录 A)。

如果使用了不同于 GB/T 26548 的本部分规定的其他传感器位置或测量方法,就应详细说明并应将改变传感器位置的理由写入试验报告。

附 录 A
（资料性附录）
夯实机振动试验报告格式

振动试验报告格式见表 A.1 和表 A.2。

表 A.1 通用信息和结果报告

<table>
<tr><td colspan="2">根据 GB/T 26548.6 的规定，进行了本次试验</td></tr>
<tr><td colspan="2">试验机构</td></tr>
<tr><td>检测单位(公司/实验室)：</td><td>试 验 者：
报 告 人：
试验日期：</td></tr>
<tr><td colspan="2">试验对象和标示值</td></tr>
<tr><td>试验的机器(动力源和机器型式、制造企业、机器型号和名称)：</td><td>标示的振动值 a_{hd} 和不确定度 K：</td></tr>
<tr><td colspan="2">测量设备</td></tr>
<tr><td colspan="2">传感器(制造企业、型号、位置、固定方法、图片和使用的机械滤波器)：</td></tr>
<tr><td>振动测量仪器：</td><td>辅助设备：</td></tr>
<tr><td colspan="2">操作和试验条件及测量结果</td></tr>
<tr><td colspan="2">试验条件(工件、握持位置、图片)：</td></tr>
<tr><td>测量时的推力：</td><td>动力源(气压、液压流量、电压)：</td></tr>
<tr><td>其他量值的记录：</td><td>操作时的速度设定：</td></tr>
</table>

表 A.2 一台机器的测量结果

<table>
<tr><td colspan="3">日期：　年　月　日</td><td colspan="4">机器型号：</td><td colspan="5">机器编号：</td></tr>
<tr><td rowspan="3">试验序号</td><td rowspan="3">操作者编　号</td><td rowspan="3">试验次数</td><td colspan="9">主柄(握持位置 1)</td></tr>
<tr><td rowspan="2">a_{hwx}</td><td rowspan="2">a_{hwy}</td><td rowspan="2">a_{hwz}</td><td rowspan="2">a_{hv}</td><td colspan="3">操作者统计值</td><td rowspan="2">a_h</td><td rowspan="2">s_R</td></tr>
<tr><td>$\bar{a}_{hv}$</td><td>s_{n-1}</td><td>C_v</td></tr>
<tr><td>1</td><td rowspan="5">1</td><td>1</td><td></td><td></td><td></td><td></td><td rowspan="5"></td><td rowspan="5"></td><td rowspan="5"></td><td rowspan="15"></td><td rowspan="15"></td></tr>
<tr><td>2</td><td>2</td><td></td><td></td><td></td><td></td></tr>
<tr><td>3</td><td>3</td><td></td><td></td><td></td><td></td></tr>
<tr><td>4</td><td>4</td><td></td><td></td><td></td><td></td></tr>
<tr><td>5</td><td>5</td><td></td><td></td><td></td><td></td></tr>
<tr><td>6</td><td rowspan="5">2</td><td>1</td><td></td><td></td><td></td><td></td><td rowspan="5"></td><td rowspan="5"></td><td rowspan="5"></td></tr>
<tr><td>7</td><td>2</td><td></td><td></td><td></td><td></td></tr>
<tr><td>8</td><td>3</td><td></td><td></td><td></td><td></td></tr>
<tr><td>9</td><td>4</td><td></td><td></td><td></td><td></td></tr>
<tr><td>10</td><td>5</td><td></td><td></td><td></td><td></td></tr>
<tr><td>11</td><td rowspan="5">3</td><td>1</td><td></td><td></td><td></td><td></td><td rowspan="5"></td><td rowspan="5"></td><td rowspan="5"></td></tr>
<tr><td>12</td><td>2</td><td></td><td></td><td></td><td></td></tr>
<tr><td>13</td><td>3</td><td></td><td></td><td></td><td></td></tr>
<tr><td>14</td><td>4</td><td></td><td></td><td></td><td></td></tr>
<tr><td>15</td><td>5</td><td></td><td></td><td></td><td></td></tr>
<tr><td rowspan="3">试验序号</td><td rowspan="3">操作者编　号</td><td rowspan="3">试验次数</td><td colspan="9">辅助手柄(握持位置 2)</td></tr>
<tr><td rowspan="2">a_{hwx}</td><td rowspan="2">a_{hwy}</td><td rowspan="2">a_{hwz}</td><td rowspan="2">a_{hv}</td><td colspan="3">操作者统计值</td><td rowspan="2">a_h</td><td rowspan="2">s_R</td></tr>
<tr><td>$\bar{a}_{hv}$</td><td>s_{n-1}</td><td>C_v</td></tr>
<tr><td>1</td><td rowspan="5">1</td><td>1</td><td></td><td></td><td></td><td></td><td rowspan="5"></td><td rowspan="5"></td><td rowspan="5"></td><td rowspan="15"></td><td rowspan="15"></td></tr>
<tr><td>2</td><td>2</td><td></td><td></td><td></td><td></td></tr>
<tr><td>3</td><td>3</td><td></td><td></td><td></td><td></td></tr>
<tr><td>4</td><td>4</td><td></td><td></td><td></td><td></td></tr>
<tr><td>5</td><td>5</td><td></td><td></td><td></td><td></td></tr>
<tr><td>6</td><td rowspan="5">2</td><td>1</td><td></td><td></td><td></td><td></td><td rowspan="5"></td><td rowspan="5"></td><td rowspan="5"></td></tr>
<tr><td>7</td><td>2</td><td></td><td></td><td></td><td></td></tr>
<tr><td>8</td><td>3</td><td></td><td></td><td></td><td></td></tr>
<tr><td>9</td><td>4</td><td></td><td></td><td></td><td></td></tr>
<tr><td>10</td><td>5</td><td></td><td></td><td></td><td></td></tr>
<tr><td>11</td><td rowspan="5">3</td><td>1</td><td></td><td></td><td></td><td></td><td rowspan="5"></td><td rowspan="5"></td><td rowspan="5"></td></tr>
<tr><td>12</td><td>2</td><td></td><td></td><td></td><td></td></tr>
<tr><td>13</td><td>3</td><td></td><td></td><td></td><td></td></tr>
<tr><td>14</td><td>4</td><td></td><td></td><td></td><td></td></tr>
<tr><td>15</td><td>5</td><td></td><td></td><td></td><td></td></tr>
<tr><td colspan="12">注：a_{hv} 和 $\bar{a}_{hv}$ 值按 6.4 和 9.2 计算，s_{n-1} 和 C_v 按 9.1 计算，s_R 按附录 B 计算。</td></tr>
</table>

附　录　B
（规范性附录）
不确定度的确定

B.1　总则

不确定度值 K 表示标示的振动辐射值 a_{hd} 的不确定度。就每一个批次的机器而言，K 值表示该批机器振动值的偏差，单位为 $\mathrm{m/s^2}$。

a_{hd} 和 K 的和表示单台机器振动值的范围，和/或一个批次新制机器大部分振动值应处的范围。

B.2　对单台机器的试验

仅对一台机器进行的试验，不确定度 K 应按式(B.1)给出：

$$K = 1.65\sigma_{\mathrm{R}} \tag{B.1}$$

式中：

σ_{R}——用式(B.2)或式(B.3)给出的 s_{R} 值估算出的可再现性标准偏差。

$$s_{\mathrm{R}} = \sqrt{\overline{s_{\mathrm{rec}}^{2}} + s_{\mathrm{op}}^{2}} \tag{B.2}$$

$$s_{\mathrm{R}} = 0.06a_{\mathrm{hd}} + 0.3 \tag{B.3}$$

以上两个公式哪个数值大用那个。

注 1：式(B.3)是基于经验给出较低范围 s_{R} 的经验公式。

计算只对给出 a_{h} 最高值的握持位置进行，式(B.2)中的 $\overline{s_{\mathrm{rec}}^{2}}$ 是 5 次试验结果标准偏差的算术平均值。对于第 j 个操作者，依据 9.2 的规定，$s_{\mathrm{rec}j}$ 等同于 s_{n-1}，所以每位操作者的 $s_{\mathrm{rec}j}^{2}$ 值用式(B.4)计算：

$$s_{\mathrm{rec}j}^{2} = \frac{1}{n-1}\sum_{i=1}^{n}(a_{\mathrm{hv}ji} - \bar{a}_{\mathrm{hv}j})^{2} \tag{B.4}$$

式中：

n　——测量值的个数，$n=5$；

$a_{\mathrm{hv}ij}$——第 j 个操作者第 i 次试验的总振动值；

$\bar{a}_{\mathrm{hv}j}$——第 j 个操作者测量的平均总振动值；

s_{op}　——三名操作者测量结果的标准偏差，即：

$$s_{\mathrm{op}}^{2} = \frac{1}{m-1}\sum_{j=1}^{m}(\bar{a}_{\mathrm{hv}j} - a_{\mathrm{h}})^{2} \tag{B.5}$$

式中：

m　——操作者人数，$m=3$；

$\bar{a}_{\mathrm{hv}j}$——第 j 位操作者的平均振动值(5 次试验的平均值)；

a_{h}　——三名操作者的平均振动值；

a_{hd}　——对两个握持位置所记录的 a_{h} 的最高值。

注 2：s_{R} 是在不同试验中心进行试验的可复现性标准偏差的一个估计值。对于 GB/T 26548 的本部分所规定的试验，由于目前缺乏 GB/T 26548 本部分所规定试验的可复现性的资料，所以，s_{R} 的值是按照 EN 12096:1997 的规定，基于对单个测试对象和不同测试对象所进行的试验的可重复性得到的。

B.3 对成批机器的试验

对于三台或更多数量机器的试验，应按式(B.6)给出不确定度 K：

$$K = 1.5\sigma_t \tag{B.6}$$

上式中的 σ_t 通过 s_t 来估算，s_t 由式(B.7)或式(B.8)给出：

$$s_t = \sqrt{\overline{s_R^{\ 2}} + s_b^{\ 2}} \tag{B.7}$$

$$s_t = 0.06a_{hd} + 0.3 \tag{B.8}$$

以上两个公式哪个数值大用哪个。

计算只对给出 $\bar{a}_h$ 最高值的握持位置进行。

在式(B.7)中，$\overline{s_R^{\ 2}}$ 是同批次不同机器 $s_R^{\ 2}$ 的平均值，每台机器的 s_R 值用式(B.2)计算；s_b 是每台机器试验结果的标准偏差，即：

$$s_b^{\ 2} = \frac{1}{p-1}\sum_{l=1}^{p}(a_{hl} - \bar{a}_h)^2 \tag{B.9}$$

式中：

a_{hl}——第 l 台机器同一握持位置的振动值；

$\bar{a}_h$ ——不同机器在同一握持位置上的振动值 a_h 的平均值；

a_{hd}——对两个握持位置记录的 $\bar{a}_h$ 的最高值；

p ——试验机器的数量(≥3)。

附 录 C
(规范性附录)
夯实机用吸能器的设计

试验夯实机用吸能器应是一个 500 mm×500 mm 的钢制箱体,壁厚约 3 mm,内部填充硬度 40～50 邵尔 A,厚度 20 mm 橡胶类吸能材料(见图 C.1)。

注:这种箱体可以实现如同机器在正常工况下作业时,适当吸收冲击波并持续将反射波返回机器。

安装好的试验装置不应有在手臂振动频率范围内的任何共振,以免影响试验结果。这个条件可以通过用螺栓将底座与重量大于 400 kg 的混凝土块连接来保证。

单位为毫米

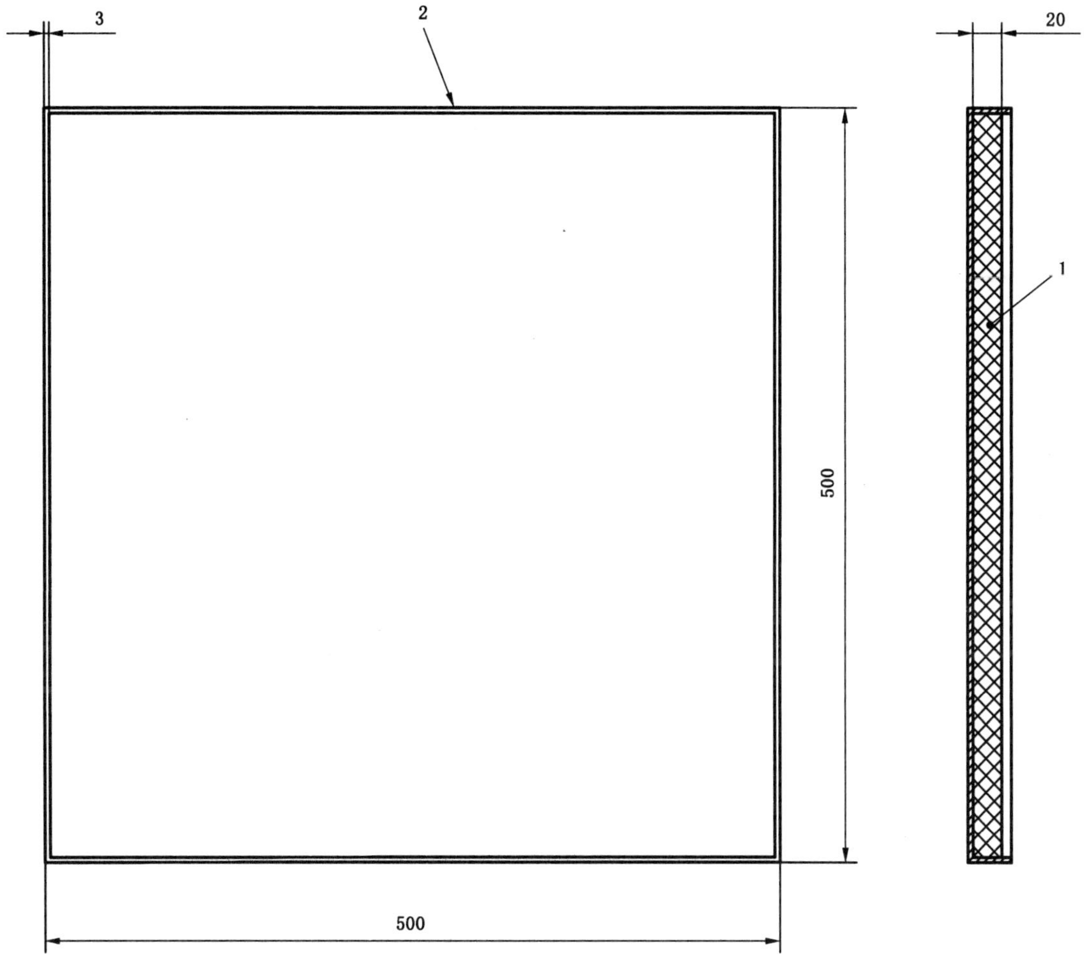

说明:

1——填充橡胶;

2——钢制箱体侧板。

图 C.1 吸能器——填充橡胶材料的钢制箱体

参考文献

[1] ISO 12100 Safety of machinery—General principles for design, risk assessment and risk reduction

[2] IEC 60745(all parts) Hand-held motor-operated electric tools—Safety

ICS 19.120
A 28

中华人民共和国国家标准

GB/T 26645.4—2018/ISO 13317-4:2014

粒度分析 液体重力沉降法 第4部分:天平法

Particle size analysis—Gravitational liquid sedimentation methods—Part 4:Balance method

(ISO 13317-4:2014,Determination of particle size distribution by gravitational liquid sedimentation methods—Part 4:Balance method,IDT)

2018-07-13 发布 2019-02-01 实施

国家市场监督管理总局
中国国家标准化管理委员会 发布

前　言

GB/T 26645《粒度分析　液体重力沉降法》分为如下部分：

——第1部分：通则；

——第2部分：固定移液管法；

——第3部分：X射线重力法；

——第4部分：天平法。

本部分为GB/T 26645的第4部分。

本部分按照GB/T 1.1—2009给出的规则起草。

本部分使用翻译法等同采用ISO 13317-4:2014《液体重力沉降法测定粒度分布　第4部分：天平法》。

与本部分中规范性引用的国际文件有一致性对应关系的我国文件如下：

——GB/T 15445.1—2008　粒度分析结果的表述　第1部分：图形表征(ISO 9276-1:1998，IDT)；

——GB/T 20099—2006　样品制备　粉末在液体中的分散方法(ISO 14887:2000，IDT)；

——GB/T 26645.1—2011　粒度分析　液体重力沉降法　第1部分：通则(ISO 13317-1:2001，IDT)。

本部分还做了下列编辑性修改：

——修改了标准名称。

本部分由全国颗粒表征与分检及筛网标准化技术委员会(SAC/TC 168)提出并归口。

本部分起草单位：国家非金属矿深加工产品质量监督检验中心、安徽国泰众信检测技术有限公司、机械科学研究总院青岛分院有限公司、中国计量大学、北大先行科技产业有限公司、中机生产力促进中心、安徽省质量和标准化研究院、北京市理化分析测试中心、中国科学院过程工程研究所。

本部分主要起草人：汪瑞俊、方勤、陈洪周、孙振田、马飞、朱培武、张立新、史永安、宋正启、周恒辉、侯长革、吴倩、周素红、李兆军。

引　言

GB/T 26645 的本部分描述了一种通过天平测量颗粒的沉降质量来确定粒度分布的方法，该方法通过直接测量颗粒的质量得到基于质量的粒度分布。本方法得出的斯托克斯粒径结果不使用任何拟合参数。

粒度分析 液体重力沉降法
第4部分:天平法

1 范围

GB/T 26645 的本部分规定了采用称量液体重力沉降颗粒的质量来分析粒度分布的方法。

本方法通过直接测量颗粒的质量并给出等效球径的粒径分布。采用液体重力沉降法测量的典型样品粒径范围为 1 μm～100 μm,同时应满足雷诺系数不大于 0.25 的沉降条件。

2 规范性引用文件

下列文件对于本文件的应用是必不可少的。凡是注日期的引用文件,仅注日期的版本适用于本文件。凡是不注日期的引用文件,其最新版本(包括所有的修改单)适用于本文件。

ISO 9276-1 粒度分析结果表述 第1部分:图形表征(Representation of results of particle analysis—Part1:Graphical representation)

ISO 13317-1 粒度分析 液体重力沉降法 第1部分:通则(Determination of particle size distribution by gravitational liquid sedimentation methods—Part 1:General principles and guidelines)

ISO14887 样品制备 粉末在液体中的分散方法(Sample preparation—Dispersing procedures for powders in liquids)

ISO 14488 颗粒材料 颗粒特性测量的取样与缩分(Particulate materials—Sampling and sample splitting for the determination of particulate properties)

3 术语和定义

ISO 13317-1 界定的以及下列术语和定义适用于本文件。

3.1

颗粒表观密度 apparent particle density

颗粒的质量除以包括颗粒所有内部孔隙的体积。

4 符号

表1中符号适用于本文件。

表1 符号

物理量	符号	单位	导出单位制
分散介质质量	m_1	kg	—
样品最大用量	m_s	kg	—
颗粒表观密度	ρ_s	$kg \cdot m^{-3}$	
液体密度	ρ_l	$kg \cdot m^{-3}$	
粒径大于 x_i 的颗粒累积质量	M_i	kg	
颗粒总质量	M_{max}	kg	
粒径为 x_i 的颗粒沉降时间,时间	t_i, t	s	—
粒径	x_i	m	μm
液体黏度	η	Pa· s	
沉降距离	h	m	
重力加速度	g	$m \cdot s^{-2}$	
粒径为 x_i 的质量累积分布	$Q_{3,i}$	无量纲	—
t_i, t_{end} 时的沉降质量	G_{ti}, G_{tend}	kg	—
经过 t 时长沉降距离为 h 的颗粒粒径	x	m	μm
最大粒径	x_{max}	m	μm
沉降速度	$v(x)$	$m \cdot s^{-1}$	
响应函数	$g(t, x)$	无量纲	—
质量分布密度	$q_3(x)$	m^{-1}	
t_i 时的质量分布密度	$q_{3,i}(x)$	m^{-1}	
式(A.6)定义的参数	$\gamma_i^{(k)}$	无量纲	—

5 方法原理

本方法基于重力场的颗粒沉降,开始测量时颗粒物应均匀分散(均质技术)。根据斯托克斯定律,沉降速度 v、时间 t 和沉降距离 h 的关系如式(1)所示:

$$v = \frac{h}{t} = \frac{(\rho_s - \rho_l)\, g x^2}{18\eta} \quad \cdots\cdots(1)$$

按式(1)直接求出斯托克斯粒径 x。

$$x = \sqrt{\frac{18\eta h}{(\rho_s - \rho_l)\, g t}} \quad \cdots\cdots(2)$$

上述公式适用于雷诺系数小于 0.25 的颗粒沉降体系,重力沉降的颗粒粒径测量是种累积测量方法(见 ISO 13317-1)。在上述条件下,当固体颗粒物从已知圆筒容器体积的悬浮液中沉降给定的距离时,可通过该方法确定其速度。t 时间的颗粒物沉降质量等于粒径大于 x 的颗粒物质量加部分粒径小于 x

的颗粒物质量。采用本标准得出的粒径分布不使用任何拟合参数。

6 测量装置

a) 沉降质量测量装置

测量装置连续测量从悬浮液中不断沉降的颗粒物质量增量，测量装置(图 1a)包括沉降容器、质量测量系统[2]。图 1b)是另一种类型的沉降盘[3]。质量测量装置(电子天平)的测量精度应不低于检测盘中颗粒物总质量的 1%。

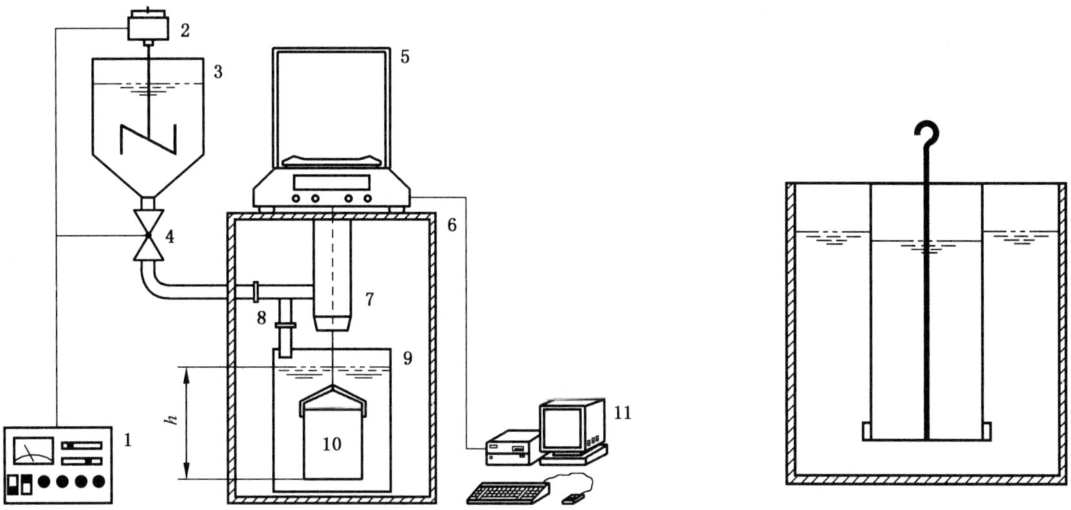

a)　　　　b)

说明：

1——控制器；
2——搅拌器；
3——分散槽；
4——阀门；
5——精密电子天平；
6——套箱；
7 ——主入口；
8 ——旁路；
9 ——沉降槽；
10——检测盘；
11——电脑。

图 1　液体沉降天平法粒度分布测量装置

b) 沉降槽

图 2 为沉降槽示意图。检测盘为圆桶形，桶壁与沉降槽间应保持足够空间以防止两者互相影响。检测盘的尺寸如图 2，应满足下述比例：

$$0.88<h/d_2<1.15; 1.15<h_2/d_2<1.48;$$

$$0.43<d_1/d_2<0.71; 0.61<h_1/d_2<0.90。$$

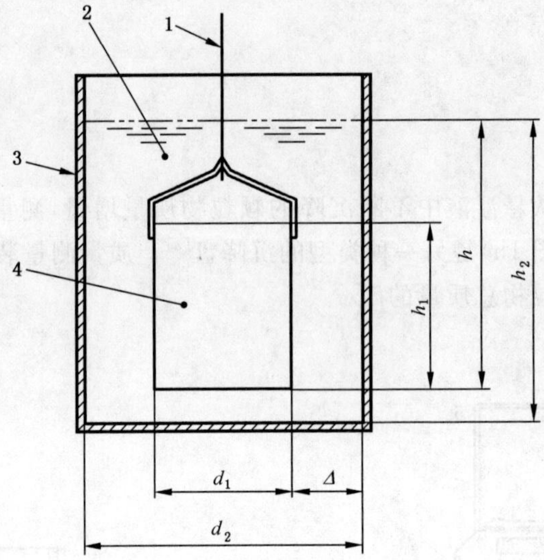

说明：

1——悬吊线；

2——悬浮液；

3——沉降槽；

4——检测盘；

h——沉降距离。

图 2 沉降槽

c) 分散槽

分散槽中的颗粒物在测量前应充分分散，分散的状态判别按 ISO 14887 进行。

d) 测量系统

测量系统示意图如图 1 所示，采用带时间控制的阀门(4)、精密电子天平(5)、电脑(11)，自动记录检测盘上的沉降累积质量。

7 测量方法

7.1 密度测量

应测量颗粒表观密度(见 ISO 13317-1:2001，5.4)。

7.2 悬浮液制备方法

按 ISO 14488 选取有代表性的样品，按 ISO 14887 在分散介质中进行分散。

7.2.1 分散介质

如果待测颗粒物在分散介质中不能良好分散，需使用合适的分散剂。分散介质应满足以下要求：

a) 根据沉降时间选择合适黏度范围的分散介质。

b) 沉降过程中应避免絮凝和聚团。

c) 待测颗粒物在分散介质中应不被溶解、化学性质和水动力性能稳定、不改变体积。

d) 避免使用易挥发液体作为分散介质。

7.2.2 悬浮液

确保适量的待测颗粒物和分散介质在分散槽中充分混合，如有必要加入分散剂。

待测颗粒物的体积浓度应低于 0.1%。对于较高的体积浓度，由于液体动力沉降阻尼作用需考虑阻尼作用的影响。颗粒的沉降速度按式(3)计算。

$$v=\frac{h}{t}=\frac{(\rho_s-\rho_1)gx^2}{18\eta}f(\varepsilon) \quad \cdots\cdots(3)$$

式中：

ε ——液体体积占比；

$f(\varepsilon)$——样品阻尼函数(见 ISO 14887)。

ε 由式(4)计算得出：

$$\varepsilon=\frac{(1-w)\rho_s}{w\rho_1+(1-w)\rho_s}=1-\phi \quad \cdots\cdots(4)$$

式中：

ϕ ——颗粒体积占比；

w——颗粒质量占比。

7.3 测量

测量由以下几个步骤构成：

a) 分散介质的制备：在制备和测量过程中，分散介质的温度应保持恒定(参见附录 A)。将初始质量(g)为 W 的试验颗粒物放入小烧杯中，直接加入 10 cm^3 的分散介质混合均匀，制成预分散悬浮液。然后加入适量的分散介质并加超声分散，最后须再加入一定量的分散介质以保证悬浮液充分分散。悬浮液经搅拌后注入沉降槽，开始测量。悬浮液在制备和注入沉降槽的过程中，应避免气泡产生。

b) 当全部的颗粒物沉降完成即沉降质量不再增加时，停止测量。如果仍有微细颗粒悬浮在分散液中，用虹吸管将悬浮液抽出、干燥，称量微细颗粒物的质量。

7.4 数据分析

图 3 为沉降曲线示意图，表明沉降物的质量随时间的增加而增加。$G(t)$ 为沉降曲线，在图 3 中，G_i 为沉降时间 t_i 时的质量，M_i 为沉降曲线上点(t_i,G_i)切线的截距。假设所有颗粒的表观密度相同，当沉降质量达到恒定值 G_m(图 3)时对应的时间为最长时间，对应于最小斯托克斯粒径。

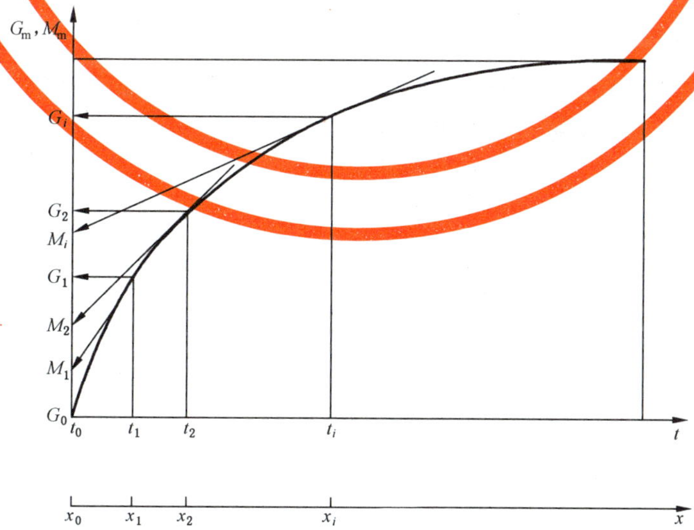

说明：

t ——时间(s)；

x——颗粒直径(μm)。

图 3 沉降曲线示意图

7.4.1 差分方法

a) 由式(1)计算出沉降时间 t_1、t_2、…、t_n 所对应的颗粒直径 x_1、x_2、…、x_n，如式(5)所示。

$$t_i=\frac{18\eta h}{g\left(\rho_s-\rho_1\right)x_i^2} \qquad \cdots\cdots(5)$$

式中：

t_i——沉降时间，单位为秒(s)；

h——液体平面到检测盘底部的沉降距离，单位为米(m)；

η——分散介质黏度，单位为帕斯卡秒(Pa·s)；

g——重力加速度，单位为米每二次方秒(m/s^2)；

ρ_s——颗粒密度，单位为千克每立方米(kg/m^3)；

ρ_l——分散介质密度，单位为千克每立方米(kg/m^3)；

x_i——t_i时的颗粒直径(斯托克斯粒径)，单位为米(m)。

若体积浓度高于 0.1%，则应使用式(6)。

$$t_i=\frac{18\eta h f(\varepsilon)}{g\left(\rho_s-\rho_1\right)x_i^2} \qquad \cdots\cdots(6)$$

b) 从沉降试验曲线可获得沉降时间与沉降质量之间的关系，如图 3 所示。每个颗粒直径 x_1、x_2、…、x_n 与沉降时间 t_1、t_2、…、t_n 依次对应，对其做切线并延长切线至纵坐标轴，得到相应的截距值 M_1、M_2、…、M_n。这些截距值与粒径分别为 x_1、x_2、…、x_n 的质量累积分布成比例关系。

c) 粒径为 x_i 的质量累积分布按式(7)计算：

$$Q_{3,i}=1-\frac{M_i}{M_{max}} \qquad \cdots\cdots(7)$$

式中：

$Q_{3,i}$——质量累积分布；

M_i——粒径大于 x_i 的累积质量；

M_{max}——颗粒物总质量。

若沉降槽中仍留有细微颗粒物，则按 7.3b)方法测量检测盘圆柱体积内的悬浮细微颗粒质量。沉降质量应为沉降曲线中的终点数据和沉降槽中残留的颗粒质量之和。

7.4.2 矩阵法数据处理

当时间分别为 t、t_{end}，对应的颗粒质量分别为 G_t、G_m 时，可采用式(8)[1]：

$$\frac{G_t}{G_m}=\int_0^{x_{max}} g(t,x)q_3(x)\mathrm{d}x \qquad \cdots\cdots(8)$$

$g(t,x)$ 定义如式(9)、式(10)所示：

$$g(t,x)=\frac{v(x)t}{h};\ 0<x\leqslant x_e \qquad \cdots\cdots(9)$$

式中：

h ——沉降距离；

x_e ——需 t 时间通过沉降距离为 h 的颗粒粒径；

$v(x)$——粒径为 x 的颗粒沉降速度。

$$g(t,x)=1;\ x_e<x\leqslant x_{max} \qquad \cdots\cdots(10)$$

式中：

x_e ——需 t 时间通过沉降距离为 h 的颗粒粒径；

x_{max}——最大粒径；

按式(8)计算每一个粒径范围，得到一个矩阵。采用迭代程序(iterative)求解矩阵，得到粒径分布 $q_3(x)$ 。

8 准确度

最大沉降质量的理论值 G_m 按式(11)计算：

$$G_m = W \frac{V_1}{V} \frac{\rho_s - \rho_l}{\rho_s} \quad \cdots\cdots (11)$$

式中：

W ——在体积 V 中的颗粒初始质量；

V_1 ——液体表面到检测盘底部的检测盘体积。

根据颗粒表观密度不确定度，按式(12)评定理论沉降质量的不确定度：

$$\Delta G_m = \sqrt{\left(\frac{\partial G_m}{\partial \rho_s} \Delta \rho_s\right)^2} = \sqrt{\left(W \frac{V_1}{V} \frac{\rho_l}{\rho_s^2} \Delta \rho_s\right)^2} \quad \cdots\cdots (12)$$

根据颗粒表观密度不确定度，斯托克斯粒径的不确定度采用式(13)进行计算：

$$\Delta x = \sqrt{\left(\frac{\partial x}{\partial \rho_s} \Delta \rho_s\right)^2} = \sqrt{\left(\frac{18\eta h}{4gt}\right) \frac{1}{(\rho_s - \rho_l)^3} \Delta \rho_s^2} \quad \cdots\cdots (13)$$

9 粒径测量范围

最大颗粒粒径 x_1(μm)和最小颗粒粒径 x_2(μm)应按照式(14)计算：

$$x_1 = \sqrt{\frac{18\eta h}{(\rho_s - \rho_l) g t_1}} ; x_2 = \sqrt{\frac{18\eta h}{(\rho_s - \rho_l) g t_2}} \quad \cdots\cdots (14)$$

式中：

t_1——最短测量时间；

t_2——最长测量时间。

同时，最大粒径 x_1(μm)应同时满足式(15)。

$$x_1 \leqslant 0.25 \frac{\eta}{\rho_l v} \quad \cdots\cdots (15)$$

10 测量报告

测量报告应符合 ISO 13317-1 要求，信息记录包括：

——采用标准；

——试验日期；

——报告唯一标识号；

——操作人员标识；

——所用的仪器型号；

——样品唯一性标识；

——样品表观密度；

——样品质量和浓度；

——悬浮液；

——温度；

——液体密度；

——液体黏度；

——分散剂及浓度；

——分散方法；

——悬浮液体积；

——最短时间、最长时间。

数据可用曲线图表示，横坐标为等效粒径，纵坐标相应的为累积分布。

附 录 A
（资料性附录）
矩阵法数据处理

A.1 试验条件

a) 应控制温度以防止局部液体密度差异引起对流，参照式(1)了解确切的材料参数。应确保测量温度变化在±1 K内，温度随时间的变化小于0.05 K/min。

b) 放置测量设备的场所应避免振动和空气环流。

A.2 矩阵法数据处理

采用差分法进行沉降曲线数据处理时有时会发生错误，而采用矩阵法可减少错误发生。

当时间分别为 $t=t_i$、$t=t_{end}$，沉降距离为 h 时，颗粒质量分别对应 G_{ti}、G_m，应满足式(A.1)。

$$\frac{G_{ti}}{G_m}=\int_{x_e}^{x_{max}} q_3(x)\,dx+\int_0^{x_e}\frac{v(x)t_i}{h}q_3(x)\,dx \qquad (A.1)$$

式中：

h ——沉降距离；

x_e ——t 时间内移动沉降距离为 h 的颗粒粒径；

x_{max} ——最大粒径；

$v(x)$——粒径为 x 的沉降速度。

t_i 时的颗粒粒度分布用 $q_{3,i}(x)$ 表达，满足式(A.2)。

$$G(t_i)=G_m\int_0^{x_{max}} g(t_i,x)q_{3,i}(x)\,dx \quad (i=1,\cdots,n) \qquad (A.2)$$

$$g(t,x)=\frac{v(x)t}{h} \quad (0<x\leqslant x_e) \qquad (A.3)$$

$$g(t,x)=1 \quad (x_e<x\leqslant x_{max}) \qquad (A.4)$$

对式(A.2)进行离散化处理，得到式(A.5)：

$$q_{3,i}^{(k+1)}(x)=\{1-g(t_i,x)\}q_{3,i-1}^{(k)}(x)+\gamma_i^{(k)}g(t_i,x)q_{3,i-1}^{(k)}(x) \qquad (A.5)$$

式中：

i——时间 t_i；

k——迭代次数。

当数值结果收敛时，$\gamma_i^{(k)}$ 趋于一致，其定义如式(A.6)：

$$\gamma_i^{(j)}=\frac{G(t_i)}{G_m\sum_{j=1}^{m} g(t_i,x)q_{3,i-1}^{(k)}(x_j)\Delta x_j} \qquad (A.6)$$

式中：

m ——粒径划分数；

Δx_j——j 区间粒径的跨度。

假定初始粒径分布为 $q_{3,i}^{0}(x)$ 采用迭代程序得到收敛解。满足式(A.7)条件时可得收敛解。

$$\sum_{j=1}^{m}\left|q_{3,i}^{(k+1)}(x_j)-q_{3,i}^{(k)}(x_j)\right|<\varepsilon \qquad \text{(A.7)}$$

式中：

ε——给定的收敛值。

A.3 测量实例

沉降质量数据见图 A.1 和表 A.1。试验用检测盘(见图 2)尺寸：$d_1=39$ mm，$d_2=70$ mm，$h=80$ mm，$h_1=62$ mm，$h_2=104$ mm。电子天平准确度为±0.01 mg。数据处理基于矩阵方法。其他两种待测样品(JIS No.2 和 No.8)的测量结果见图 A.2。

——采用标准　GB/T 26645.4

——试验日期　09/24 2017

——报告唯一性标识　报告编号：123

——操作人员标识　如：张三

——使用的仪器类型　液体沉降质量天平

——样品标识和批号　钛酸钡微珠(MBP-30)，No.B0330

——样品表观密度　4 200 kg·m^{-3}

——样品质量和浓度　2.500 g，0.62%(质量分数)

——悬浮液分散介质　蒸馏水

——温度　293.15 K

——分散介质密度　999 kg·m^{-3}

——分散介质粘度　1.005 mPa·s

——分散剂及浓度　六偏磷酸钠($(NaPO_3)_6$)0.05%(质量分数)

——分散方法　超声 150 W，10 min

——悬浮液体积　400 mL

——最短时间、最长时间　1 s，5 000 s

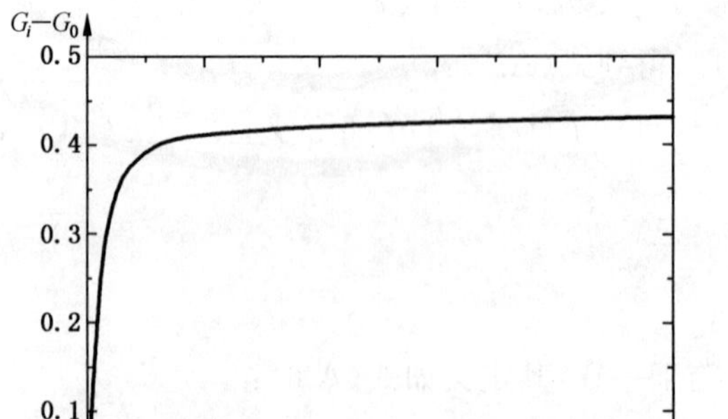

图 A.1　沉降质量曲线数据实例

表 A.1 沉降质量数据实例

t/s	G_i-G_0/g	t/s	G_i-G_0/g	t/s	G_i-G_0/g	t/s	G_i-G_0/g	t/s	G_i-G_0/g
1	0.0	34	0.0796	67	0.1621	100	0.2212	2500	0.4227
2	0.0	35	0.0819	68	0.1644	110	0.2354	2600	0.4231
3	0.0	36	0.0841	69	0.1576	120	0.2483	2700	0.4235
4	0.0	37	0.0863	70	0.1681	130	0.2599	2800	0.4239
5	0.0061	38	0.0885	71	0.1705	140	0.2702	2900	0.4243
6	0.0153	39	0.0913	72	0.1726	150	0.2798	3000	0.4247
7	0.0174	40	0.094	73	0.1746	160	0.2877	3100	0.425
8	0.0232	41	0.0963	74	0.1768	170	0.2958	3200	0.4255
9	0.0167	42	0.0991	75	0.1787	180	0.3034	3300	0.4259
10	0.0193	43	0.1016	76	0.1809	190	0.3101	3400	0.4262
11	0.0238	44	0.1045	77	0.1827	200	0.3163	3500	0.4266
12	0.025	45	0.107	78	0.1847	300	0.3583	3600	0.4269
13	0.0277	46	0.1098	79	0.1863	400	0.3801	3700	0.4273
14	0.0296	47	0.1123	80	0.1882	500	0.3934	3800	0.4276
15	0.0311	48	0.115	81	0.1899	600	0.4004	3900	0.4279
16	0.0351	49	0.1146	82	0.1917	700	0.4041	4000	0.4279
17	0.0239	50	0.1202	83	0.1936	800	0.407	4100	0.4282
18	0.0398	51	0.1227	84	0.1952	900	0.4093	4200	0.4286
19	0.0417	52	0.1255	85	0.1971	1000	0.4112	4300	0.4289
20	0.0444	53	0.1279	86	0.1988	1100	0.413	4400	0.4293
21	0.0468	54	0.1307	87	0.2006	1200	0.4144	4500	0.4296
22	0.0489	55	0.1333	88	0.2022	1300	0.4155	4600	0.43
23	0.0518	56	0.1361	89	0.2039	1400	0.4164	4700	0.4302
24	0.0545	57	0.1386	90	0.2054	1500	0.4174	4800	0.4305
25	0.0568	58	0.1413	91	0.207	1600	0.4181	4900	0.4307
26	0.0595	59	0.1437	92	0.2085	1700	0.4187	5000	0.4308
27	0.0617	60	0.1464	93	0.2101	1800	0.4193		
28	0.0645	61	0.1486	94	0.2117	1900	0.4199		
29	0.0669	62	0.151	95	0.2134	2000	0.4205		
30	0.0697	63	0.1531	96	0.2149	2100	0.421		
31	0.0719	64	0.1555	97	0.2166	2200	0.4215		
32	0.0746	65	0.1576	98	0.2181	2300	0.422		
33	0.077	66	0.16	99	0.2197	2400	0.4224		

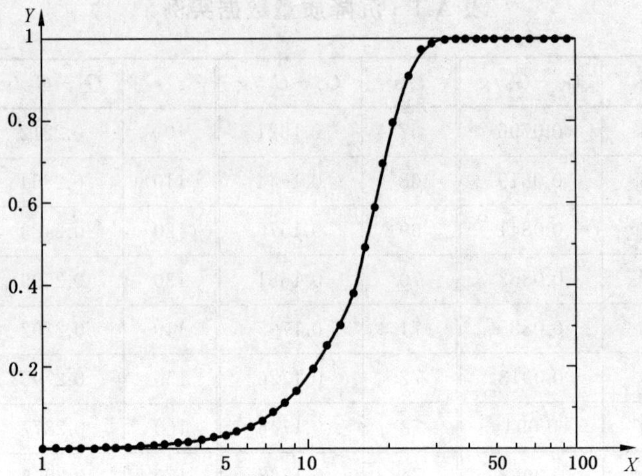

说明：

X ——等效直径 x，单位为微米(μm)；

Y ——质量累计分布 $Q_3(x)$。

图 A.2　天平质量法粒度分布检测实例

参 考 文 献

[1] Japanese Industrial Standard JIS Z 8822, Determination of particle size distribution by the mass of sediment-particles in liquid, Japanese Industrial Standard Committee,2001.

[2] Fukui K., Investigation about data Reduction and Sedimentation Distance of sedimentation balance Method , J. Chemical Engineering,Japan,33,2000,PP.393-399.

[3] Leschonski, K. and Alex,W., Particle Size Analysis, Soc.f.Anal.Chem.9/10,Savile Row, London,1970.PP.236-254.

参 考 文 献

[1] Japanese Industrial Standard JIS Z 8822 Determination of particle size distribution by the mass of sedimented particles in liquid. Japanese Industrial Standard Committee 2001

[2] [illegible] Distance [illegible] Method [illegible] Chem. [illegible] PP.[illegible]

[3] [illegible] Particle Size Analysis [illegible] Anal. Chem. [illegible] (London), 20 PP. [illegible]

ICS 35.100
L 79

中华人民共和国国家标准

GB/T 26857.4—2018

信息技术　开放系统互连　测试方法和规范(MTS)　测试和测试控制记法第3版　第4部分:TTCN-3操作语义

Information technology—Open systems interconnection—Methods for testing and specification(MTS)—The testing and test control notation—Version 3—Part 4: TTCN-3 operational semantics

2018-09-17 发布　　　　2019-04-01 实施

国家市场监督管理总局
中国国家标准化管理委员会　发布

前　言

GB/T 26857《信息技术　开放系统互连　测试方法和规范(MTS)　测试和测试控制记法　第3版》分为以下部分：

——第1部分：TTCN-3核心语言；

——第2部分：TTCN-3表格表示格式；

——第3部分：TTCN-3图形表示格式；

——第4部分：TTCN-3操作语义。

本部分为GB/T 26857的第4部分。

本部分按照GB/T 1.1—2009给出的规则起草。

请注意本文件的某些内容可能涉及专利。本文件的发布机构不承担识别这些专利的责任。

本部分由全国信息技术标准化技术委员会(SAC/TC 28)提出并归口。

本部分起草单位：中国电子技术标准化研究院、中国科学技术大学信息安全测评中心、深圳赛西信息技术有限公司。

本部分主要起草人：赵向阳、卓兰、蒋凡、杨宏、张弛、徐冬梅、余晖、林峰、程绍银。

信息技术　开放系统互连　测试方法和规范(MTS)　测试和测试控制记法　第3版　第4部分:TTCN-3操作语义

1　范围

GB/T 26857的本部分规定了TTCN-3的操作语义。

本部分适用于一致性测试、互操作性测试、健壮性测试等黑盒测试领域。

2　规范性引用文件

下列文件对于本文件的应用是必不可少的。凡是注日期的引用文件,仅注日期的版本适用于本文件。凡是不注日期的引用文件,其最新版本(包括所有的修改单)适用于本文件。

GB/T 26857.1—2011　信息技术　开放系统互连　测试方法和规范(MTS)　测试和测试控制记法　第3版　第1部分:TTCN-3核心语言

3　术语和定义

GB/T 26857.1—2011界定的术语和定义适用于本文件。

4　缩略语

下列缩略语适用于本文件。

BNF:巴科斯-诺尔范式(Backus-Nauer Form)

MTC:主测试组件(Master Test Component)

SUT:被测系统(System Under Test)

TTCN:测试和测试控制记法(Testing and Test Control Notation)

TTCN-3:测试和测试控制记法第3版(Testing and Test Control Notation Version 3)

5　概述

本部分基于GB/T 26857.1—2011定义的核心语言,以直观和明确的方式来定义TTCN-3行为的含义。

在TTCN模块执行上,本操作语义提供了面向状态的视图。描述不同状态、不同TTCN-3结构含义的两种方式如下:

a)　使用状态信息来定义结构执行的前提条件;

b)　定义结构的执行将如何改变一个状态。

操作语义仅限于TTCN-3行为的含义,即函数、备选步、测试用例、模块控制以及用来定义测试行为的语言结构,如**send**和**receive**操作、**if-else**-或**while**-语句。某些TTCN-3结构的含义可通过换用其他语言结构进行解释。例如，**interleave** 语句是一系列内嵌 **alt** 语句的简短格式，而通过用相应系列的内嵌 **alt** 语句对其进行换用，可以解释各 **interleave** 语句的含义。

注 1：加粗字符表示 TTCN-3 语言元素的关键字。

本语义以流程图的形式对 TTCN-3 行为进行描述。流程图用于描述函数、备选步、测试用例或模块控制中的控制流。

注 2：TTCN-3 语句至流程图的映射是一个非正式的步骤，而且不是通过使用 GB/T 26857.1—2011 中的 BNF 规则来定义。其原因是 BNF 规则对直观映射并非是最佳的，这是由于某些静态语义规则被编码为 BNF 规则，以便允许在语法检查期间进行静态语义检查导致的。

操作语义仅包括 TTCN-3 的行为方面，描述语句和操作的含义，不提供：

a） TTCN-3 数据方面的语义。这些方面包括编码、解码和从非 TTCN-3 规范中输入数据的用法等。
b） 分组机制的语义。分组与 TTCN-3 模块的定义部分相关，不存在任何行为方面的问题。
c） **import** 语句的语义。在 TTCN-3 模块的定义部分，应完成定义的引入。操作语义按照定义模块中的定义来处理引入定义。

6 简短格式的替换

6.1 概述

在使用该操作语义解释 TTCN-3 行为之前，在文本层面上应通过相应的完整定义来扩展简短格式。TTCN-3 简短格式为：

a） 模块参数的列表、相同类型的常量与变量的声明，以及定时器声明的列表；
b） 单独的接收操作；
c） 单独的备选步调用；
d） **trigger** 操作；
e） 在函数和测试用例定义结尾处缺少 **return** 和 **stop** 语句；
f） 缺少 **stop** 执行语句；
g） **interleave** 语句；
h） **select-case** 语句；
i） **break** 和 **continue** 语句；
j） 没有参数的 **disconnect** 和 **unmap** 操作；
k） 缺失实际参数的默认值。

除了处理简短格式，操作语义要求对模块参数和全局常量(即模块定义部分中定义的常量)，以及预处理宏进行特别处理。对模块参数、全局常量和预处理宏的所有引用应用具体的值来替换，即模块参数、全局常量和预处理宏的值可在操作语义变得相关之前予以确定。

注 1：操作语义中模块参数和全局常量的处理将有别于 TTCN-3 编译器中对它们的处理。操作语义描述 TTCN-3 行为的含义，但操作语义不是用于执行 TTCN-3 编译器的指南。

注 2：操作语义处理测试组件、测试用例、函数和模块控制中的参数和局部常量的方式与处理变量的方式相似。局部常量或 in、out 和 inout 等参数是否错用应经过静态检查。

6.2 替换步骤的次序

简短格式、全局常量和模块参数的文本替换应按照以下顺序来进行：

a） 替换模块参数、常量、变量以及带单个声明的定时器声明的列表；
b） 用具体的值来替换全局常量和模块参数；

c) 用等同的内嵌 **if-else** 语句替换所有的 **select-case** 语句；

d) 在 **alt** 语句中嵌入单独的接收操作；

e) 在 **alt** 语句中嵌入单独的备选步调用；

f) 扩展 **interleave** 语句；

g) 用等同的 **receive** 操作和 **repeat** 语句来替换所有的 **trigger** 操作；

h) 没有 **return** 语句时，在函数结尾处增加 **return**，没有 **stop** 语句时，在测试用例定义结尾处增加 **self.stop** 操作；

i) 没有 **stop** 语句时，在模块控制部分结尾处增加 **stop**；

j) **break** 语句的扩展；

k) **continue** 语句的扩展；

l) 对没有参数的 **disconnect** 和 **unmap** 操作增加默认参数；

m) 增加参数的默认值。

注：如果未按照这一替换步骤次序执行，那么替换的结果将不代表定义的行为。

6.3 全局常量和模块参数的替换

在模块定义部分中声明的常量，对模块控制以及在 TTCN-3 模块执行期间创建的所有测试组件而言是全局的。模块参数在运行时间是全局常量。

在操作语义开始解释模块之前，应该用实际值对全局常量和模块参数的所有引用进行替换。如果常量或模块参数的值以表达式的形式给出，那么应对表达式进行计算。然后用计算结果替换常量或模块参数的所有引用。

6.4 在 alt 语句中嵌入单个接收操作

TTCN-3 的接收操作包括：**receive**、**trigger**、**getcall**、**getreply**、**catch**、**check**、**timeout** 和 **done**。

注：**receive**、**trigger**、**getcall**、**getreply**、**catch** 和 **check** 等操作对端口起作用，而且由于消息、程序调用、应答和异常的接收，这些操作也允许分支。**timeout** 和 **done** 并非真正的接收操作，但它们能够以相同的方式用于接收操作，即作为 **alt** 语句中的备选项。因此，操作语义处理 **timeout** 和 **done** 的方式与处理接收操作的方式相似。

接收操作可以用作函数、备选步或测试用例中的单独语句。**timeout** 操作也可用作模块控制中的单独语句。在这种情况下，可以认为接收操作是 **alt** 语句的一种简短形式，它只有一种由接收操作定义的选择。对操作语义而言，嵌入了接收语句的 **alt** 语句应替换接收操作的所有单独事件。

示例：

```
// 单独发生的如下语句
        :
  MyCL.trigger(MyType:?);
        :
// 应由如下语句替换
        :
  alt{
        [ ]  MyCL.trigger(MyType:?){  }
  }
        :
// 或者如下语句
        :
  MyPTC.done;
        :
// 应由如下语句替换
```

```
        :
  alt{
        [  ] MyPTC.done{  }
  }
        :
```

6.5 在 alt 语句中嵌入单独的备选步调用

TTCN-3 允许采用调用函数、备选步、测试用例和模块控制相似的方式来调用备选步。只带有一个调用备选步分支的 **alt** 语句给出了单独调用备选步的含义。**alt** 语句负责快照，快照在备选步内计算，如果备选步中没有选项可供选择，那么 **alt** 语句还负责调用缺省机制。

注：在模块控制中使用的备选步只能包括一些带 **timeout** 操作和一个 **else** 分支的选项。

示例：

```
// 单独发生的如下语句
        :
myAltstep(MyPar1Val);
        :
// 应由如下语句替换
        :
alt {
    [  ]myAltstep(MyPar1Val) {  }
}
        :
```

6.6 interleave 语句的替换

interleave 语句的定义是一系列具有相同含义的内嵌 **alt** 语句进行替换。本条描述了 **interleave** 语句的替换结构算法。替换应在语法层面上进行。

在 **interleave** 语句内，不允许：

a) 使用控制转移语句 **for**、**while**、**do-while**、**goto**、**activate**、**deactivate**、**stop**、**repeat** 和 **return**；

b) 调用备选步；

c) 调用包括通信操作在内的用户定义的函数；

d) 用布尔表达式来防卫 **interleave** 语句的分支；

e) 指定 **else** 分支。

由于这些限制，所有未提及的单独语句(如赋值语句、**log**、**send** 或 **reply**)、阻塞的 **call** 操作以及 **interleave**、**if-else** 和 **alt** 复合语句，都可以在 **interleave** 语句内使用。

注 1：如果阻塞的 **call** 操作和 **if-else** 语句中没有嵌入 **alt** 语句，那么它们可视为单独语句来处理。对嵌入 **alt** 语句，选项对 **interleave** 语句起作用，并需要做特别处理。为简化起见，以下算法不对这两种情况做区分。

注 2：**interleave** 语句之中也允许非阻塞状态的 **call** 操作，它们被视为单独语句。

本条中描述的算法只对不带嵌入 **interleave** 语句的 **interleave** 语句起作用。如果 **interleave** 语句中已经嵌入了 **interleave** 语句，那么应在能够运用算法之前替换嵌入的 **interleave** 语句。

注 3：由于 a)～e)的限制，为 **interleave** 语句的内嵌寻找有限的替换总是可能的。

替换算法对 **interleave** 语句的图形表示起作用，并将其转换为语义上等同的树结构，用该树结构来描述一系列内嵌的 **alt** 语句。对这一点，需要单独语句和复合语句(**if-else**、阻塞 **call**、**alt** 和 **interleave**)的图形表示。

用一个带标注语句的节点来描述单独语句。单独语句序列通过一组用流程线相连的节点来描述。如图 1 所示。

```
P1. send(MyVar);
```

a) TTCN-3 单独语句

b) a) 的图形表示

```
P1. send(MyVar);
x := 7 + 5;
```

c) TTCN-3 单独语句序列

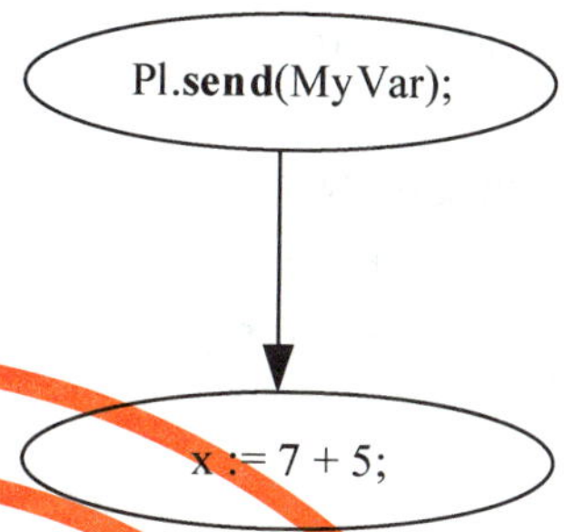

d) c) 的图形表示

图 1 TTCN-3 单独语句的图形表示

图 2 所示为 **if-else** 语句的图形表示。**if-else** 语句由 IF 节点表示，带有两条流程线，连接于两种选择中的第一个语句。如果在 **if-else** 语句之后还有一些语句，那么不带 ELSE 分支的 **if-else** 语句以相同的方式来表示。这种情况下，表示 **else** 分支的流程线连接至 **if-else** 语句后的第一个语句上。不带 ELSE 分支和不带后继语句的 **if-else** 语句，用只带有一条流程线的 IF 节点来表示。

注 4：图 1 中流程线上的标注仅用于增强可读性。算法只使用流程线表达的关系而不使用流程线上的标注。

```
if (x < 7) {
    P1. send(MyVar);
}
else {
    x := 7 + 5;
}
x := x * 2
```

a) TTCN-3 if-else 语句

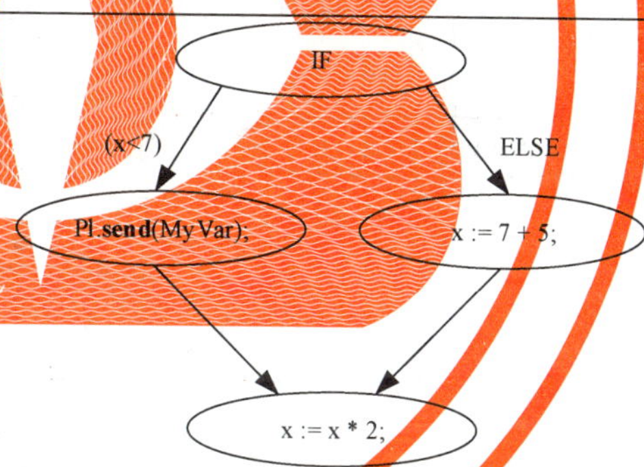

b) a) 的图形表示

```
if (x < 7) {
    P1. send(MyVar);
}
x := x * 2
```

c) TTCN-3 不带 else 分支的 if-else 语句

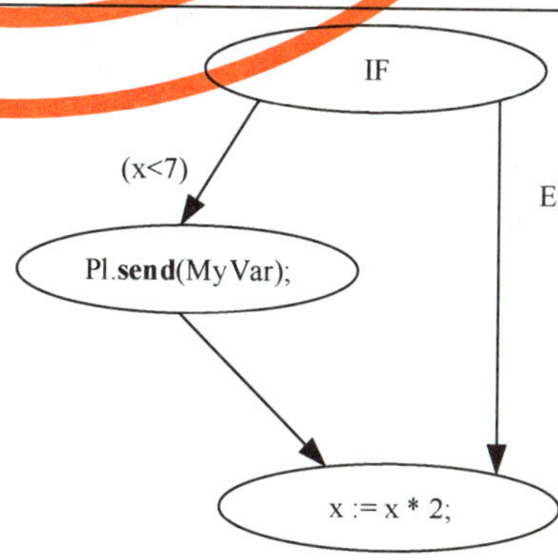

d) c) 的图形表示

图 2 if-else 语句的图形表示

图 3 所示为阻塞 **call** 语句的图形表示。阻塞 **call** 语句用 BLOCKING-CALL 节点来表示，它带有若干条连接至不同选择的 **getreply** 和 **catch** 语句的流程线。

```
P1.call (MyProc:{-, true}, 20E-3) {
    [] P1.getreply(MyProc:{?,-} {
        setverdict(pass);
    }
    [] P1.catch(MyProc, MyException) {}
    [] P1.catch(timeout) {
        setverdict(fail);
    }
}
x := 7 + 5;
```

a） TTCN-3 阻塞调用语句

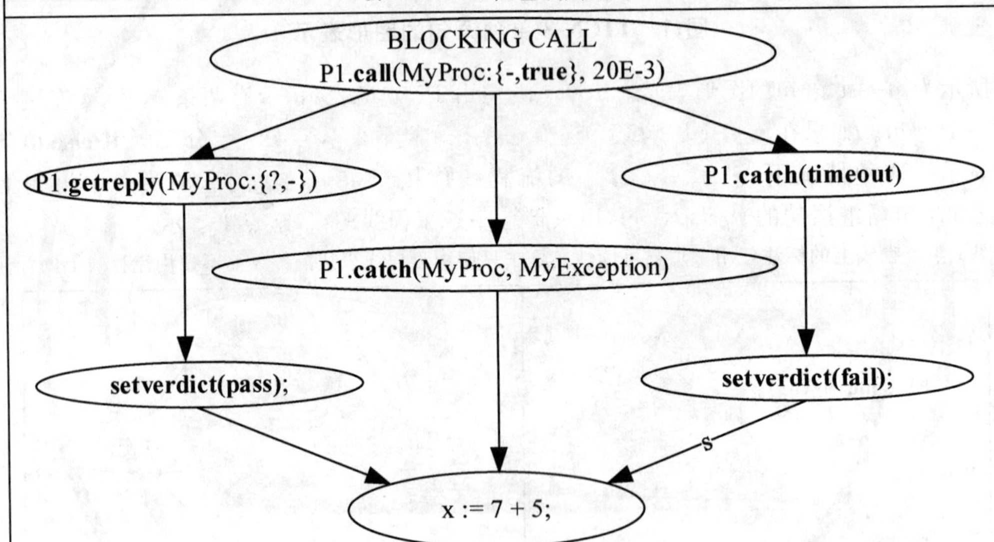

b） a）的图形表示

图 3　TTCN-3 阻塞调用语句的图形表示

图 4 所示为 **alt** 语句的图形表示。**alt** 语句用 alt 节点来表示，它带有若干条连接至不同选择的流程线。

```
P1.call (MyProc:{-, true}, 20E-3) {
    [] P1.getreply(MyProc:{?,-} {
        setverdict(pass);
    }
    [] P1.catch(MyProc, MyException) {}
    [] P1.catch(timeout) {
        setverdict(fail);
    }
}
x := 7 + 5;
```

a） TTCN-3 阻塞调用语句

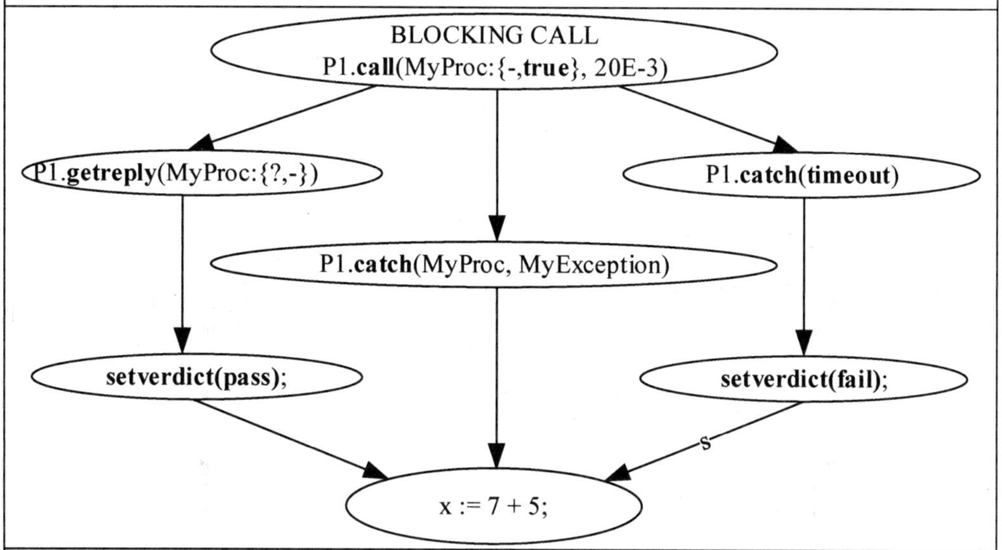

b） a）的图形表示

图 4 TTCN-3 alt 语句的图形表示

通常，**if-else**、阻塞 **call** 和 **alt** 语句的图形表示都是不带回路的有向图，对应不同选择的流程线在离开语句时将会联合到一起。通过复制，可将此类有向图转换成语义上等同的树表示。如图 5 中所示，它针对的是图 4 中的 **alt** 语句。以下描述的算法将构造此类树表示。

```
alt {
  [x<5] P1.receive(MyMessageOne) {
      setverdict(pass);
      x := 7 + 5;
    }
  [] P1.receive(MyMessageTwo) {
      x := 7 + 5;
    }
  [] T1.timeout {
      setverdict(fail);
      x := 7 + 5;
    }
}
```

a） 语义上等同于图 4a）的 TTCN-3 alt 语句

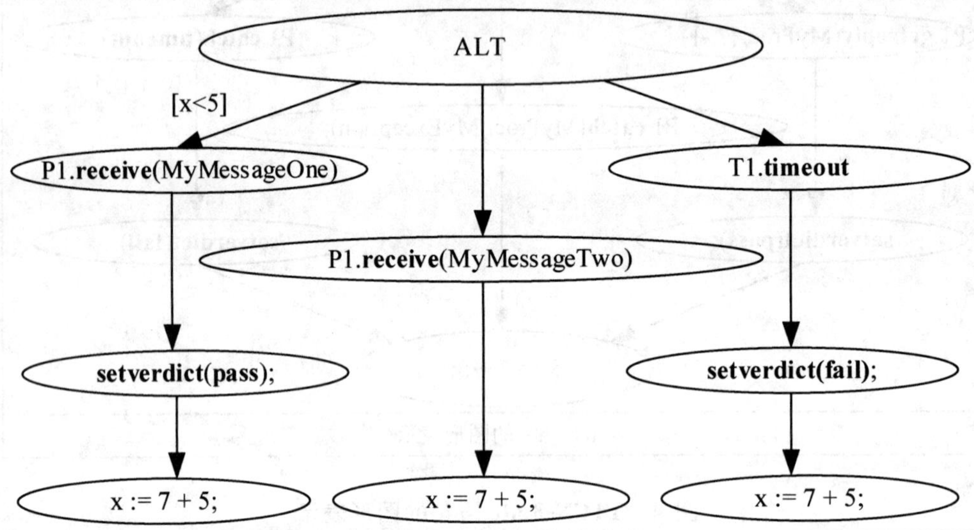

b） a）的图形表示[（语义上等同于图 4b）]

图 5　TTCN-3 alt 语句的图形表示

interleave 语句可用由一组有向子图组成的图形来描述，每个有向子图通过单独的语句和复合语句 **if-else**、阻塞 **call** 和 **alt** 来构造。有向子图描述交错的控制流。图 6 是一个示例。图 6b)中的节点标注指的是图 6a)中 TTCN-3 语句的标签。

```
interleave {
  [] P1.receive(M1} {                                  // L1
     alt {                                             // ALT
        [] P1.receive(M3) {                            // L2
             setverdict(pass);                         // L3
          }
        [] T1.timeout { }                              // L4
     }
  }
  [] P2.receive(M2) {                                  // L5
     if (x < 5 ) {                                     // IF
       alt {                                           // ALT
         [] P2.receive(M4) {                           // L6
              setverdict(pass);                        // L7
           }
         [] Comp1.done { }                             // L8
       }
       x := 7 + 5;                                     // L9
     }
     else {
       P3.call(MyProcTempl, 20E-3) {                   // BC (= BLOCKING CALL)
         [] P3.getreply(ReplyTempl) {                  // L10
              alt {                                    // ALT
                 [] P2.receive(M5) { }                 // L11
                 [] P2.receive(M6) { }                 // L12
              }
           }
          [] P3.catch(timeout) {                       // L13
               setverdict(fail);                       // L14
            }
         }
     }
  }
}
```

a） TTCN-3 interleave 语句

图 6　TTCN-3 interleave 语句的图形表示

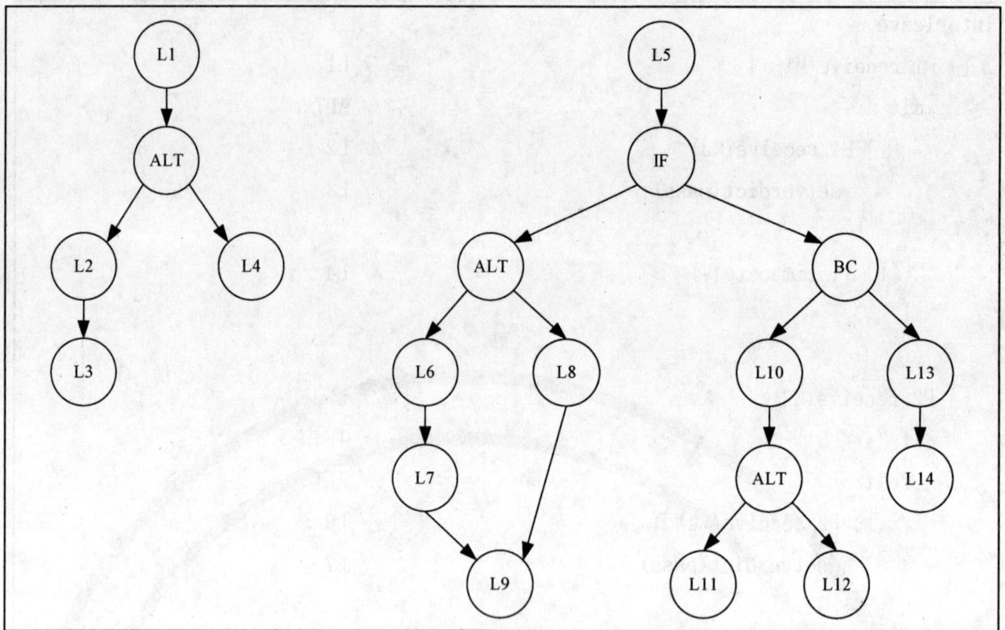

b） a）的图形表示

图 6（续）

形式上，interleave 语句可用 $\boldsymbol{GI}=(\boldsymbol{St},\ \boldsymbol{F})$图形来描述，其中：

$\boldsymbol{St}$ 是一组允许的 TTCN-3 语句；

$\boldsymbol{F}\subseteq(\boldsymbol{St}\times\boldsymbol{St})$描述流的关系。

允许 TTCN-3 语句的术语指的是以上 6.6 中对 **interleave** 语句的静态限制 a)～e)。

对构造算法，需要定义以下函数：

——$\underline{REACHABLE}$ 函数。返回图 $\boldsymbol{GI}=(\boldsymbol{St},\ \boldsymbol{F})$中可从语句 $\boldsymbol{s}$ 到达的所有语句：

$\underline{REACHABLE}\ (\boldsymbol{s},\ \boldsymbol{GI})=\{\ \boldsymbol{s}\ \}\cup\{\boldsymbol{stmt}\ |\ \boldsymbol{stmt}\in\ \boldsymbol{St}\wedge\exists(\boldsymbol{s}=\boldsymbol{x}_1,\ \boldsymbol{x}_2,\ \ldots,\ \boldsymbol{x}_n=\boldsymbol{stmt})$

其中：$\boldsymbol{x}_i\in\boldsymbol{St},i\in\{1\ldots n\}\wedge(\boldsymbol{x}_i,\ \boldsymbol{x}_{i+1})\in\ \boldsymbol{F}\}$

注 5：斜体下划线字符表示函数，斜体及斜体加粗字符表示图或语句。

——$\underline{SUCCESSORS}$ 函数。返回图 $\boldsymbol{GI}=(\boldsymbol{St},\ \boldsymbol{F})$中语句 $\boldsymbol{s}$ 的所有后继语句：

$\underline{SUCCESSORS}\ (\boldsymbol{s},\ \boldsymbol{GI})=\{\boldsymbol{stmt}\ |\boldsymbol{stmt}\in\ \boldsymbol{St}\wedge(\boldsymbol{s},\ \boldsymbol{stmt})\in\boldsymbol{F}\}$

——$\underline{ENABLED}$ 函数。返回图 $\boldsymbol{GI}=(\boldsymbol{St},\ \boldsymbol{F})$中没有前驱的所有语句：

$\underline{ENABLED}\ (\boldsymbol{GI})=\{\boldsymbol{stmt}\ |\boldsymbol{stmt}\in\boldsymbol{St}\wedge(\boldsymbol{F}\cap(\boldsymbol{S}\{\boldsymbol{s}\})=\phi)\}$

——$\underline{KIND}$ 函数。返回代表 **interleave** 语句图形中的 TTCN-3 语句类别或类型。

——$\underline{DISCARD}$ 函数。删除语句 $\boldsymbol{s}$ 或来自图 $\boldsymbol{GI}=(\boldsymbol{St},\ \boldsymbol{F})$ 中的一组语句 $\boldsymbol{S}$，并返回结果图 $\boldsymbol{GI'}=(\boldsymbol{St'},\ \boldsymbol{F'})$：

对单个节点：

$\underline{DISCARD}\ (\boldsymbol{s},\ \boldsymbol{GI})=\boldsymbol{GI'}$ 其中：$\boldsymbol{GI'}=(\boldsymbol{St'},\ \boldsymbol{F'})$，且 $\boldsymbol{St'}=\boldsymbol{St}\backslash\{\boldsymbol{s}\}$ 和

$\boldsymbol{F'}=\boldsymbol{F}\cap\ (\boldsymbol{St}\backslash\{\boldsymbol{s}\}\times\boldsymbol{St}\backslash\{\boldsymbol{s}\})$.

对节点组：

$\underline{DISCARD}\ (\boldsymbol{S},\ \boldsymbol{GI})=\boldsymbol{GI'}$ 其中：$\boldsymbol{GI'}=(\boldsymbol{St'},\ \boldsymbol{F'})$，且 $\boldsymbol{St'}=\boldsymbol{St}\backslash\boldsymbol{S}$ 和

$\boldsymbol{F'}=\boldsymbol{F}\cap\ (\boldsymbol{St}\backslash\boldsymbol{S}\times\boldsymbol{St}\backslash\boldsymbol{S})$.

——$\underline{RECEIVING}$ 函数。获取图 $\boldsymbol{GI}$ 中的一组语句，并返回所有接收语句：

$\underline{RECEIVING}\ \ (S)=\{\,stmt\ |\ \ stmt\ \in\ St\ \wedge\ KIND\,(\,stmt\,)\in\{$ receive, trigger, getcall, getreply, catch, check, done, timeout}}

——*RANDOM* 函数。随机地从一个给定的集合 S 中选择一个元素并返回 s。

RANDOM $(S)=s$ 其中:$s \in S$

树的构造算法(见图 7)是一个递归过程,在每一次递归调用中,为特定节点构造后继节点。一个类似于 C 的伪代码记法中给出了该过程,它使用以上定义的函数和一些额外的数学符号。

```
CONSTRUCT-SUCCESSORS (statementType *predecessor, graphType GI) {
    // - statementType 表示构建树的节点类型
    // - *predecessor 表示最后一个被创建的节点
    // - graphType 表示 TTCN-3 语句图类型
    // - GI 被值调用，表示子图，由现有的所有 TTCN-3 语句组成，这些语句都应
    // 被考虑

    var graphType myGraph;
    var statementType i, myStmt;
    var statementType *newStmt, *firstInBranch;
    // 递归构建的树的新语句节点的指针

    // 检索在 GI 中无前驱结点的 TTCN-3 语句集合
    var statementSet enabStmts := ENABLED(GI); // 所有不带前驱结点的语句
    var statementSet enabRecStmts := RECEIVING(enabStmts); // enabStmts 中有接收语句
    var statementSet enabNonRecStmts := enabStmts\enabRecStmts;// enabStmts 中无接收语句
    if (GI.St == Ø) { // 假设 GI.St 表示 GI 中的语句集合
        return;  // 没有语句剩余，递归终止条件
    }
    elseif (enabNonRecStmts != Ø) {
        // 处理在 enabStmts 中无接收语句

        myStmt := RANDOM(enabNonRecStmts);
        // 在 enabNonRec 中只有一个语句，因为算法会持续进行，
        // 直到有一个插入语句的分支
        newStmt := create(myStmt, predecessor);
            // 在树中创建表示 myStmt 的新节点
            // 更新在'newStmt'和'predecessor'中的指针
        if (KIND(myStmt) == IF || KIND(myStmt) == BLOCKING_CALL) {
            for each i in SUCCESSORS(myStmt, GI) {
```

图 7 TTCN-3 interleave 语句的替换算法

```
                firstInBranch := create(i, newStmt);
                    // 根据一个 if-else 语句创建分支中第一个语句的第二个节点
                    // 注意，该创建语句将被用来创建节点，节点表示并接收阻塞调
                    // 用操作中的语句

                myGraph := DISCARD({i, myStmt} ∪
                            REACHABLE(myStmt, GI)\REACHABLE(i, GI))
                    // 移除 myStmt 可访问、但 i 不可访问的 i, myStmt 和所有语句
                    // 后者考虑 GI 子图中控制流程分支
              CONSTRUCT-SUCCESSORS(firstInBranch, myGraph);
                    // 下一步递归
            }
        }
        elseif (KIND(myStmt) == ALT) {
            for each (i in SUCCESSORS(myStmt, GI) {

            CONSTRUCT-SUCCESSORS(mystmt, DISCARD(REACHABLE(myStmt,
    GI)\REACHABLE(i, GI)));
        // 下一步递归中，DISCARD(REACHABLE(myStmt, GI)\REACHABLE(i, GI))考虑
        // 对应不同接收事件的流程控制分支

            }
        }
        else {    // mystmt 是孤立语句
            CONSTRUCT-SUCCESSORS(newSonNode, DISCARD(myStmt, GI));
                // 下一步递归
        }
    }
    else { // 处理插入的接收事件
        if (KIND(predecessor) != ALT) {
            // 如果插入操作未受嵌入 alt 语句影响，则丢失 alt 节点需要被创建
            predecessor := create(ALT, predecessor);
        }
        for each i in enabRecStmts) {
            newStmt := create(i, predecessor);        // 新节点
            CONSTRUCT-SUCCESSORS(newStmt, DISCARD(i, GI)); // 下几步递归
        }
    }
}
```

图 7（续）

一棵空树的根节点以及 TTCN-3 语句图可调用 CONSTRUCT-SUCCESSORS 函数（见图 7），这些

TTCN-3 语句描述了被替换的 **interleave** 语句。终止后,可以用根节点来访问构建的树。

将 CONSTRUCT-SUCCESSORS 函数应用于图 6 中所示的 **interleave** 语句,将形成图 8 中所示的树。标签指的是图 6a)中的各语句。多个标签是代码复制的结果。与图 8 中的树相对应的 TTCN-3 代码在图 9 中显示。

注 6: 图 7 中的算法应用示例(见图 6、图 8 和图 9)表明了大多数特殊情况,即流程线的分支和连接、嵌入的 **alt** 语句、阻塞的 **call** 语句和 **if-else** 语句。

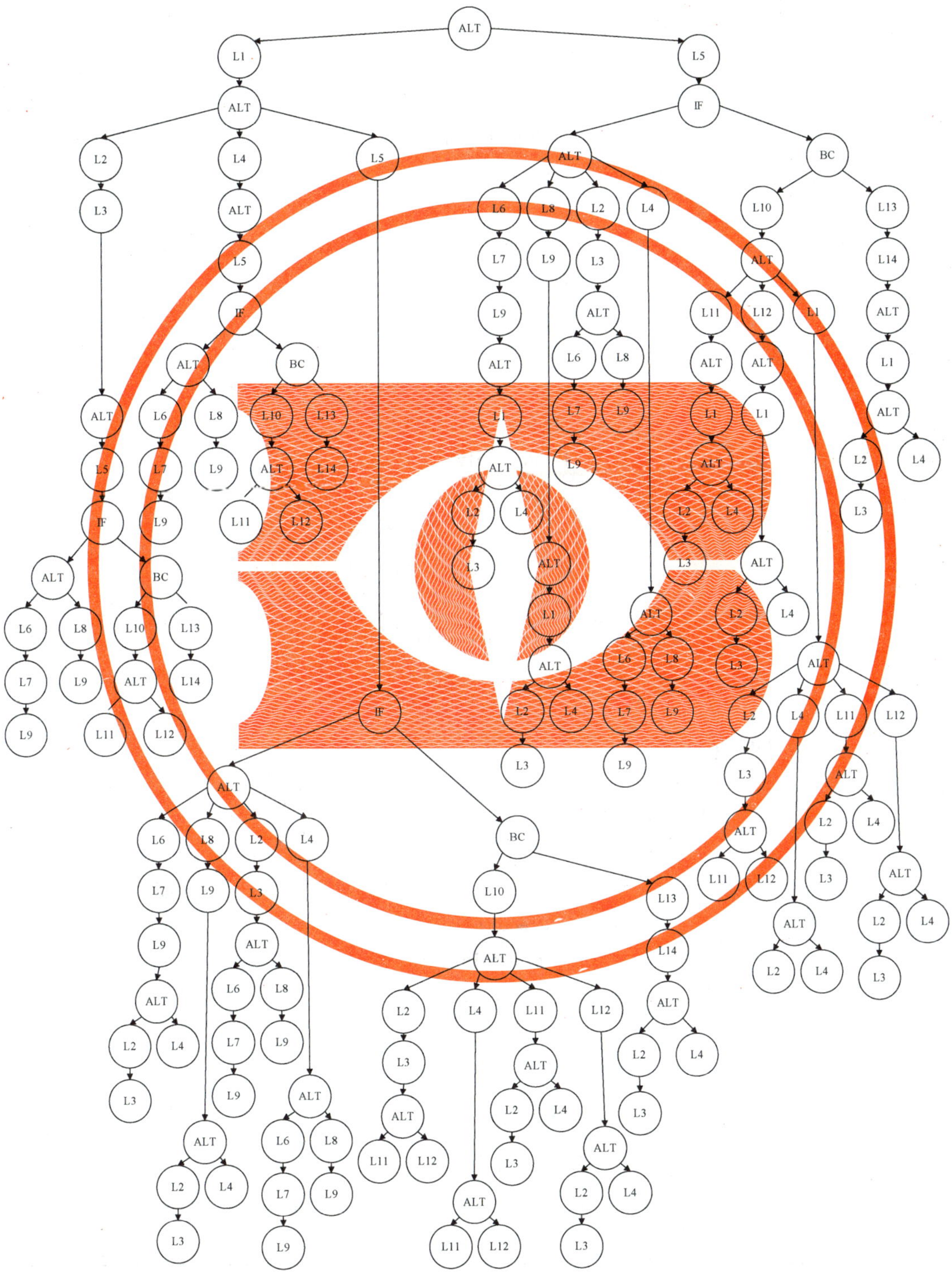

图 8　将图 7 中的算法用于图 6 中的 **interleave** 语句的结果

```
alt {                                                   // ALT
    [] P1.receive(M1) {                                 // L1
        alt {                                           // ALT
            [] P1.receive(M3) {                         // L2
                setverdict(pass);                       // L3
                alt {                                   // ALT
                    [] P2.receive(M2) {
                        if (x < 5 ) {                   // L8
                            alt {                       // L9
                                [] P2.receive(M4) {
                                    setverdict(pass);
                                    x := 7 + 5;         // BC (= BLOCKING CALL)
                                    }                   // L10
                                [] Compl.done {         // ALT
                                    x := 7 + 5;         // L11
                        } } }                           // L12
                        else {
                            P3.call(MyProcTempl, 20E-3) {            // L13
                                [] P3.getreply(ReplyTempl) {         // L14
                                    alt {
                                        [] P2.receive(M5) { }        // L4
                                        [] P2.receive(M6) { }        // ALT
                                    } }                              // L5
                                [] P3.catch(timeout) {               // IF
                                    setverdict(fail);                // ALT
                    } } } } } }                                      // L6
            [] T1.timeout {                             // L7
                alt {                                   // L9
                    [] P2.receive(M2) {
                        if (x < 5 ) {                   // L8
                            alt {                       // L9
                                [] P2.receive(M4) {
                                    setverdict(pass);
                                    x := 7 + 5;         // BC (= BLOCKING CALL)
                                }                       // L10
                                [] Compl.done {         // ALT
                                    x := 7 + 5;         // L11
                        } } }                           // L12
                        else {
                            P3.call(MyProcTempl, 20E-3) {            // L13
                                [] P3.getreply(ReplyTempl) {         // L14
```

图 9 语法上与图 6 中 interleave 语句等同的 TTCN-3 代码

```
                              alt {
                                   [] P2.receive(M5) { }           // L5
                              [] P2.receive(M6) { }                // L11
                         } }                                        // L12
                    [] P3.catch(timeout) {
                         setverdict(fail);                          // L13
     } } } } } }                                                    // L14
[] P2.receive(M2) {
     if (x < 5 ) {                                                  // IF
          alt {                                                     // ALT
               [] P2.receive(M4) {                                  // L6
                    setverdict(pass);                               // L7
                    x := 7 + 5;                                     // L9
                    alt {                                           // ALT
                         [] P1.receive(M3) {                        // L2
                              setverdict(pass);                     // L3
                         }
                         [] T1.timeout { }                          // L4
                    } }
               [] Comp1.done {                                      // L8
                    x := 7 + 5;                                     // L9
                    alt {                                           // ALT
                         [] P1.receive(M3) {                        // L2
                                   setverdict(pass);                // L3
                              }
                         [] T1.timeout { }                          // L4
                    } }
               [] P1.receive(M3) {                                  // L2
                    setverdict(pass);                               // L3
                    alt {                                           // ALT
                         [] P2.receive(M4) {                        // L6
                                   setverdict(pass);                // L7
                                   x := 7 + 5;                      // L9
                              }
                         [] Comp1.done {                            // L8
                                        x := 7 + 5;                 // L9
                    } } }
               [] T1.timeout {                                      // L4
                    alt {                                           // ALT
                         [] P2.receive(M4) {                        // L6
                                   setverdict(pass);                // L7
```

图 9（续）

```
                    x := 7 + 5;                 // L9
                }
            [] Compl.done {                     // L8
                    x := 7 + 5;                 // L9
        } } } } }
    else {
        P3.call(MyProcTempl, 20E-3) {           // BC (= BLOCKING CALL)
            [] P3.getreply(ReplyTempl) {        // L10
                alt {                           // ALT
                    [] P1.receive(M3) {         // L2
                        setverdict(pass);       // L3
                        alt {                   // ALT
                            [] P2.receive(M5) { }   // L11
                            [] P2.receive(M6) { }   // L12
                        } }
                    [] T1.timeout {             // L4
                        alt {                   // ALT
                            [] P2.receive(M5) { }   // L11
                            [] P2.receive(M6) { }   // L12
                        } }
                    [] P2.receive(M5) {         // L11
                        alt {                   // ALT
                            [] P1.receive(M3) {     // L2
                                setverdict(pass);   // L3
                                }
                            [] T1.timeout { }       // L4
                        } }
                    [] P2.receive(M6) {         // L12
                        alt {                   // ALT
                            [] P1.receive(M3) {     // L2
                                setverdict(pass);   // L3
                                }
                            [] T1.timeout { }       // L4
            } } } }
            [] P3.catch(timeout) {              // L5
                setverdict(fail);               // IF
                alt {                           // ALT
                    [] P1.receive(M3) {         // L2
                        setverdict(pass);       // L3
                        }
                    [] T1.timeout { }           // L4
```

图 9（续）

```
      } } } } } } }
[] P2.receive(M2) {                                   // L5
  if (x < 5 ) {                                       // IF
    alt {                                             // ALT
      [] P2.receive(M4) {                             // L6
        setverdict(pass);                             // L7
        x := 7 + 5;                                   // L9
        alt {                                         // ALT
          [] P1.receive(M1} {                         // L1
            alt {                                     // ALT
              [] P1.receive(M3) {                     // L2
                  setverdict(pass);                   // L3
                }
              [] T1.timeout { }                       // L4
        } } } }
    [] Comp1.done {                                   // L8
      x := 7 + 5;                                     // L9
      alt {                                           // ALT
        [] P1.receive(M1} {                           // L1
          alt {                                       // ALT
            [] P1.receive(M3) {                       // L2
              setverdict(pass);                       // L3
              }
            [] T1.timeout { }                         // L4
      } } } }
    [] P1.receive(M3) {                               // L2
      setverdict(pass);                               // L3
      alt {                                           // ALT
        [] P2.receive(M4) {                           // L6
            setverdict(pass);                         // L7
            x := 7 + 5;                               // L9
          }
               [] Comp1.done {                        // L8
                  x := 7 + 5;                         // L9
      } } }
    [] T1.timeout {                                   // L4
      alt {                                           // ALT
        [] P2.receive(M4) {                           // L6
            setverdict(pass);                         // L7
            x := 7 + 5;                               // L9
          }
```

图 9（续）

```
            [] Compl.done {                                   // L8
                    x := 7 + 5;                               // L9
} }         } }          }
else {
    P3.call(MyProcTempl, 20E-3) {                             // BC(=BLOCKING CALL)
        [] P3.getreply(ReplyTempl) {                          // L10
            alt {                                             // ALT
                [] P2.receive(M5) {                           // L11
                    alt {                                     // ALT
                        [] P1.receive(M1} {                   // L1
                            alt {                             // ALT
                                [] P1.receive(M3) {           // L2
                                        setverdict(pass);     // L3
                                }
                                [] T1.timeout { }             // L4
                    } } } }
                [] P2.receive(M6) {                           // L12
                    alt {                                     // ALT
                        [] P1.receive(M1} {                   // L1
                            alt {                             // ALT
                                [] P1.receive(M3) {           // L2
                                        setverdict(pass);     // L3
                                }
                                [] T1.timeout { }             // L4
                    } } } }
                [] P1.receive(M1} {                           // L1
                    alt {                                     // ALT
                        [] P1.receive(M3) {                   // L2
                            setverdict(pass);                 // L3
                            alt {                             // ALT
                                [] P2.receive(M5) { }         // L11
                                [] P2.receive(M6) { }         // L12
                            } }
                        [] T1.timeout {                       // L4
                            alt {                             // ALT
                                [] P2.receive(M5) { }         // L11
                                [] P2.receive(M6) { }         // L12
                            } }
                        [] P2.receive(M5) {                   // L11
                            alt {                             // ALT
```

图 9（续）

```
                              [] P1.receive(M3) {          // L2
                                    setverdict(pass);      // L3
                                }
                              [] T1.timeout { }            // L4
                          } }
                      [] P2.receive(M6) {                  // L12
                          alt {                            // ALT
                              [] P1.receive(M3) {          // L2
                                    setverdict(pass);      // L3
                              }
                          [] T1.timeout { }                // L4
        } } } } } }
    [] P3.catch(timeout) {                                 // L13
        setverdict(fail);                                  // L14
        alt {                                              // ALT
            [] P1.receive(M1} {                            // L1
                alt {                                      // ALT
                    [] P1.receive(M3) {                    // L2
                          setverdict(pass);                // L3
                      }
                    [] T1.timeout { }                      // L4
            } } } } } } } }
```

图 9（续）

6.7 trigger 操作的替换

trigger 操作从指定端口上的一个消息流中过滤掉带有特定匹配标准的消息。**trigger** 操作的语义可以通过带有两个 **receive** 操作和一个 **goto** 语句的替换来描述。操作语义假设该替换在语法层面上进行。

示例 1：

```
// 以下 trigger 操作
   alt {
        [ ]MyCL.trigger (MyType:?) { }
}
// 应由如下语句替换
   alt {
        [ ]MyCL.receive (MyType:?) { }
        [ ]MyCL.receive {
                repeat
            }
        }
```

如果 **trigger** 语句用在更复杂的 **alt** 语句中，那么将以同样的方式进行替换。

示例 2：

```
// 以下 alt 语句包括一个 trigger 语句
```

```
alt {
    [ ]PCO2.receive {
            stop;
        }
    [ ]MyCL.trigger (MyType:?) { }
    [ ]PCO3.catch {
        setverdict(fail);
        stop;
    }
}
// 它将由如下语句替换
alt {
    [ ]PCO2.receive {
        stop;
    }
    [ ]MyCL.receive (MyType:?) { }
    [ ]MyCL.receive {
        repeat;
    }
    [ ]PCO3.catch {
        setverdict(fail);
        stop;
    }
}
```

6.8 select-case 语句替换

当比较一个值(在 **select** 关键字之后由一个 **select-expression** 定义的)和另一个值或另一些其他值(在 **case** 分支由模板实例定义)时,可以使用 **select-case** 语句来替换一组内嵌 **if-else** 语句。因此,**select-case** 语句的语义可以由它的一组内嵌 **if-else** 语句的替换来描述。为了避免 **select-expression** 产生多值,一组内嵌的 **if-else** 语句应被放到一个语句块里,并且应在语句块的开始时将表达式的值存在一个变量里。操作语义假设此替换在语法层面完成。

select-case 语句表示如下:

```
select (<expression>) {
    case (<templateInst1a>, …, <templateInst1n>)
        <statementblock1>
    case (<templateInst2a>, …, <templateInst2n>)
        <statementblock2>
    …
    case (<templateInstxa>, …, <templateInstxn>)
        <statementblockx>
    case else
        <statementblockx+1>
}
```

select-case 语句的内嵌 **if-else** 语句的语法替换如下所示:

```
{
```

```
var <expression>Type myTempVar := <expression>; // 存储表达式值的临时变量
if (match(myTempVar, <templateInst1a>) or … or match(myTempVar, <templateInst1n>))
  <statementblock1>
  else {
  if (match(myTempVar, <templateInst2a>) or … or match(myTempVar, <templateInst2n>))
  <statementblock2>
  else {
    …
      if (match (myTempVar, <templateInstxa>) or … or match (myTempVar, <templateInstxn>))
        <statementblockx>
      else
        <statementblockx+1>
      …
    }
  }
}
```

示例：

```
// 以下的 select-case 语句：
select (MyModulePar) { // where MyModulePar is of charstring type
  case ("firstValue") {
    log ("The first branch is selected");
  }
  case (MyCharstingVar, MyCharstringConst) {
    log ("The second branch is selected");
  }
  case else {
    log ("The else branch is selected");
  }
}
// 在语义上等同于：
{
  var charstring myTempVar := MyModulePar;
  if (match(myTempVar, "firstValue")) {
    log ("The first branch is selected");
  }
  else {
    if (match(myTempVar, MyCharstingVar) or match(myTempVar, MyCharstingConst)) {
      log ("The second branch is selected");
  }
  else {
      log ("The else branch is selected");
    }
  }
```

}

6.9 简单 break 语句的替换

简单 break 语句指用作离开循环、交叉语句和 alt 语句的 break 语句。这样的简单 break 语句被认为是使用一对 **goto-label** 语句的简短形式。对每个 **break** 语句，**label** 语句被加在循环、**alt** 语句或扩展的 **interleave** 语句之后。**label** 语句应有一个未使用的标签。**break** 语句被这个特定的标签的 **goto** 语句替换。

interleave 语句已被解释。因此，**goto** 语句不能在 **interleave** 语句中使用的限制不再有效。

注：8.6.2 定义了用于离开一个备选步的 **break** 语句的语义。

示例：

```
// 以下 break 语句的循环：
while (cond1) { // cond1 是一个监视循环的布尔值
  ...
  if(cond2) {
      break;
  };
  ...
}

// 在语义上等同于：
while (cond1) { // cond1 是一个监视循环的布尔值
  ...
  if(cond2) {
    goto break_12345; // break_12345 是一个独一无二的标签
  };
  ...
}
label break_12345;
```

6.10 continue 语句的替换

continue 语句是一对 **goto-label** 语句的简短形式。对每个 **continue** 语句，**label** 语句被加在循环体的最后。**label** 语句应有一个未使用的标签。**continue** 语句被这个特定标签的 **goto** 语句替换。

示例：

```
// 以下是有 continue 语句的循环
while (cond1) { // cond1 是一个监视循环的布尔值
  ...
  if(cond2) {
    continue;
    };
    ...
  }

//在语义上等同于：
while (cond1) { // cond1 是一个监视循环的布尔值
  ...
  if(cond2) {
```

```
    goto continue_12345; // continue_12345 是一个独一无二的标签
  };
  ...
label continue_12345;
}
```

6.11 添加默认参数到不带参数的 disconnect 和 unmap 操作

不带任何参数的 **disconnect** 或 **unmap** 操作的使用是带 **self** ：**all** 参数的操作的简短形式。它能使调用 **disconnect** 或 **unmap** 操作的组件的所有端口断开连接或取消映射。在操作语义上，应在所有出现不带参数的 **disconnect** 和 **unmap** 操作的地方添加参数 **self** ：**all port**。

示例：

```
// 每个
disconnect;
// 应用如下方式展开
disconnect(self:all port);
// 而且每个
unmap;
// 应用如下方式展开
unmap(self:all port);
```

6.12 添加参数的默认值

形式参数可能会有默认值。如果在一个具体调用中没有提供实参，那么默认值被加到实参列表里。如果实参列表中已经使用了列表记号，那么默认值将根据在形参列表中的顺序被插入。如果实参列表中已经使用了赋值符号，那么默认值被附加到实参，默认值的顺序与实参列表的顺序一致。

示例：

```
function f_comp (in integer p_int1, in integer p_int2 := 3) return integer {
    var integer v := p_int1 + p_int2;
    :
    return v;
}
// 每个
f_comp(1)
// 应被扩展为
f_comp(1, 3);
// 每个
f_comp(p_int1 := 1)
// 应被扩展为
f_comp(p_int1 := 1, p_int2 := 3);
```

7 TTCN-3 的流程图语义

7.1 流程图

7.1.1 概述

流程图是一个有向图，它由带有标签的节点和带有标签的边界组成。在表示行为描述的执行期间，遍历流程图描述了可能的控制流。

7.1.2 流程图框架

流程图应置于一个定义流程图边界的框架中。流程图的名称跟在关键字 **flow graph**(这些不是TTCN-3 核心语言的关键字)后,并应置于流程图的左上角。按照惯例,假定流程图的名称指的是由流程图所表示的 TTCN 行为描述。一个简单的流程图如图 10 所示。

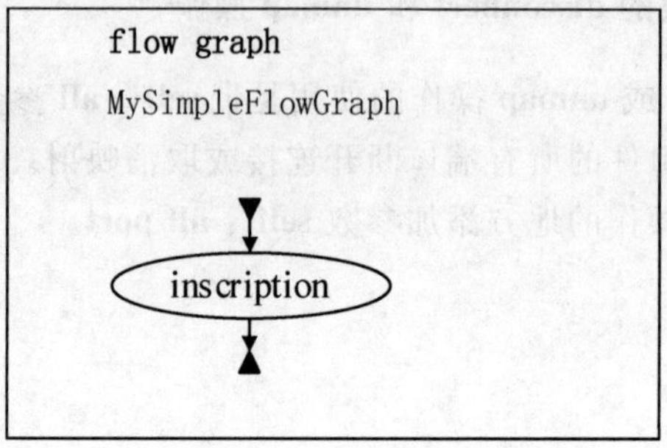

图 10 一个简单的流程图

7.1.3 流程图节点

7.1.3.1 概述

流程图由起始节点、结束节点、基本节点和引用节点组成。

7.1.3.2 起始节点

起始节点描述流程图的起始点。流程图应只有一个起始节点。起始节点如图 11a)所示。

a) 流程图起始节点	b) 流程图结束节点

图 11 起始节点和结束节点

7.1.3.3 结束节点

结束节点描述流程图的终点。一个流程图可以拥有几个结束节点,或者在闭环的情况下,没有结束节点。没有后继节点的基本节点(见 7.1.3.4)和引用节点(见 7.1.3.5),应与一个结束节点相连,以表示它们描述一个流程图路径的最后动作。结束节点如图 11b)所示。

7.1.3.4 基本节点

基本节点描述一个执行单元,即它在一步内执行。基本节点具有一种类型,并且取决于其类型,它可以具有一个相关的属性列表。图 12 给出了两个基本节点。

在基本节点的标注中,节点的属性跟在节点类型之后,并置于圆括号中。类型和属性用于确定在执行所表示的语言结构期间要执行的动作。属性描述将从相应的 TTCN-3 结构中获取信息。

属性拥有一些值,操作语义将通过引用属性名称来获取这些值。如果需要,允许通过使用赋值符号“:=”来为基本节点赋予一些明确的值。图 12 给出了一个示例。

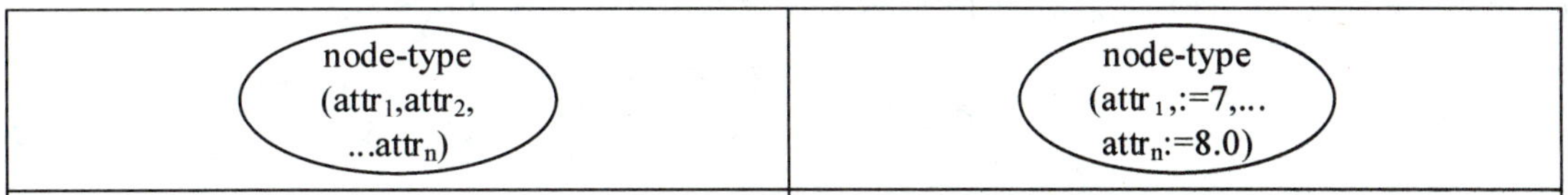

a) b)

图 12 带属性的基本节点

7.1.3.5 引用节点

7.1.3.5.1 概述

引用节点指的是作为子流程图的流程图片段(见 7.1.5)。引用节点可用流程图中的流程图片段替换。引用节点的节点标注为流程图片段提供了引用。引用节点如图 13a)所示。

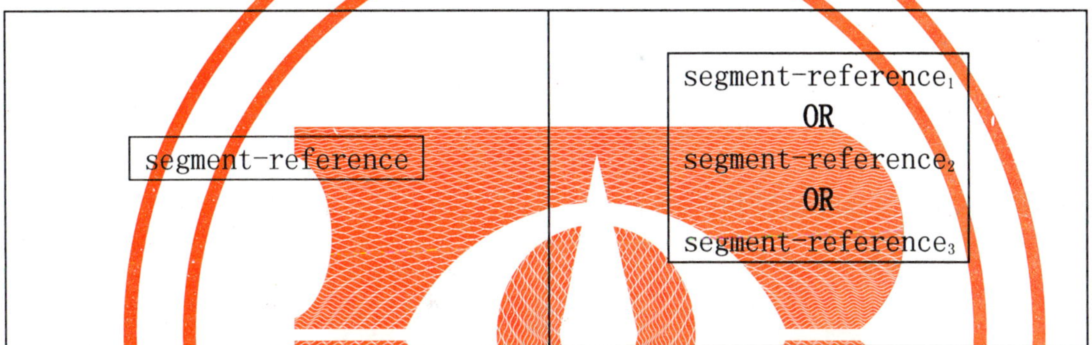

a) 单独引用节点 b) OR 组合三个引用节点

图 13 引用节点

7.1.3.5.2 引用节点的 OR 合并

某些情况下,一些流程图片段可以替换引用节点。对这些情况,OR 运算符可用来表示一些流程图片段[见图 13b)]。在表示模块控制、测试用例或函数的实际流程图中,由所表示的结构来确定一个选择项。

7.1.3.5.3 引用节点的多次出现

某些情况下,相同种类的引用节点可以在流程图中出现零次、一次或多次。在常规表述中,通过使用运算符符号' + '(一次或多次重复)和' * '(零次或多次重复),来描述常规表述中各部分可能的重复。如图 14 所示,通过引入带相关运算符符号的、加双外框的引用节点,这些运算符被应用到流程图中。一旦出现零次(使用带' * '运算符、加双外框的引用节点),单流程线(见 7.1.4)将替换引用节点。

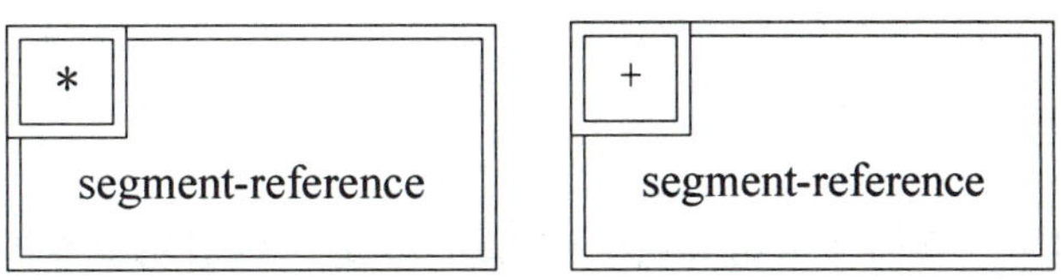

图 14 引用节点的重复

引用节点可能重复的最多次数可以以圆括号中的一个整数的形式来提供,该整数跟在加双外框的引用节点中‘*’或‘+’符号之后。图 15 所示的片段引用可以出现 0 次~5 次。

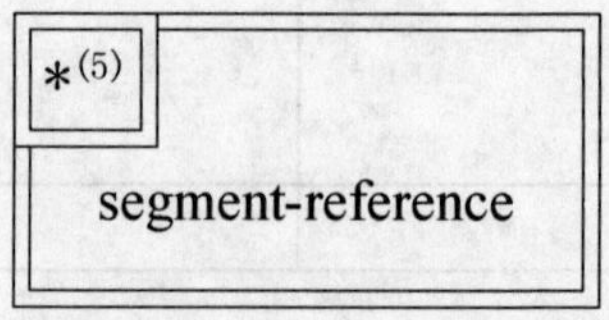

图 15　引用节点受限的重复

7.1.4　流程线

用箭头方式来表示流程线。流程线有一个真或假的标注，指明在解释流程图期间流程线的选择条件。作为一种简短记法，它允许省略真标注。

示例 1：

为支持将若干流程线连接成图形层面上的一条流程线，引入了一个特殊的连接节点。

示例 2：

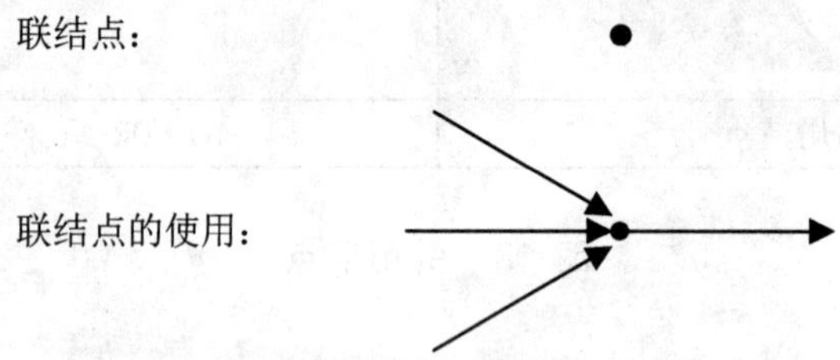

例如，对 TTCN-3 结构 **goto** 和 **label** 建模而言，在大图中画长流程线是必要的，但是不易使用。出于这一目的，可以使用向外和向内的流程线标签。

示例 3：

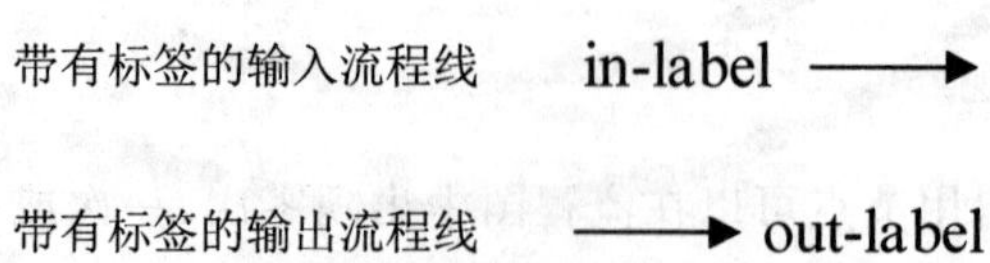

如果标签是相同的，那么带标签的向外流程线与带标签的向内流程线相连。向内流程线的流程线标签应是唯一的。如果存在若干条带相同标签的向外流程线，那么认为这是各条线连接至相同标签的向内流程线。

7.1.5　流程图片段

流程图片段是子流程图。它们在引用节点中被引用，并定义该引用节点的含义。流程图片段可包括进一步的引用节点。

如图 16 所示，流程图片段拥有精确的接口，这些接口由向内和向外流程线组成。只有一条不带标签的向内流程线，以及一条或零条不带标签的向外流程线。此外，可能存在一些带标签的向内流程线和向外流程线。例如,需要用带标签的向内流程线和向外流程线来描述 TTCN-3 语句 **goto** 和 **alt** 的含义。

流程图片段置于一个框架内,在框架左上角的位置是关键字 **segment**,流程图片段的名称应跟在关键字 **segment** 后。描述流程图片段接口的流程线应穿过流程图片段框架。

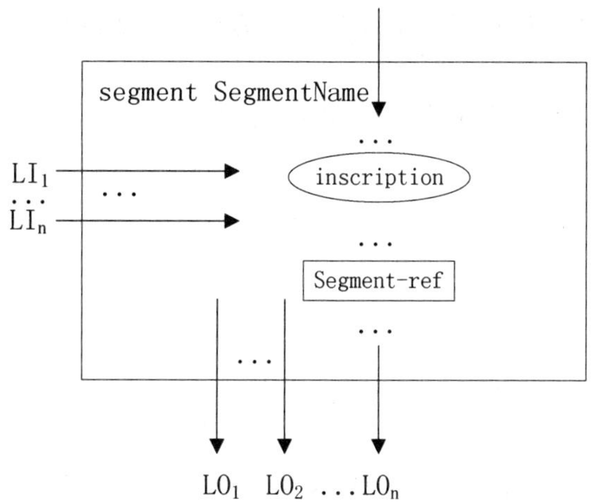

图 16　流程图片段描述的结构

7.1.6　注释

为改进可读性和一致性,可使用一个特殊的注释符号来将流程图节点和流程线的注释关联起来。注释符号及其用法如图 17 所示。

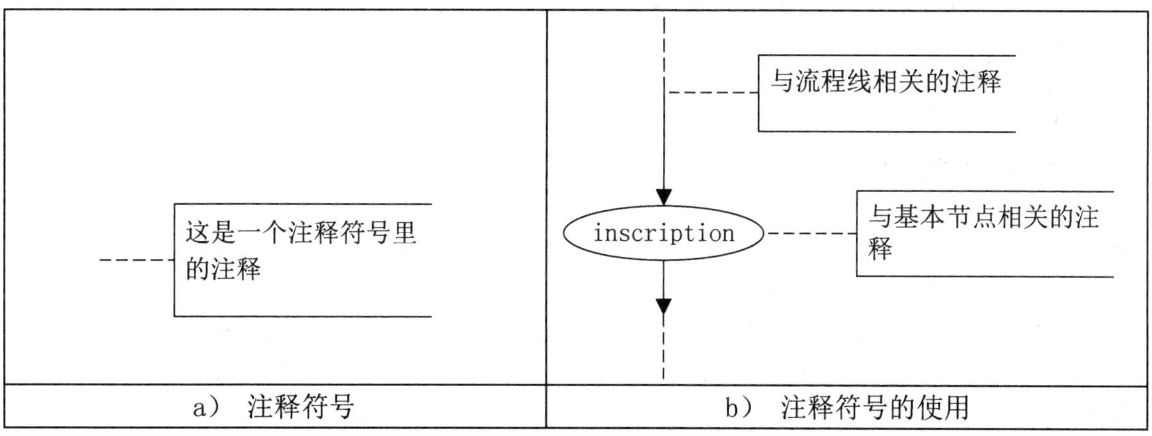

图 17　注释的流程图表示

7.1.7　流程图描述的处理

操作语义的计算过程只遍历包括基本节点的流程图,即所有引用节点都应通过相应的流程图片段定义加以扩展。应用*NEXT* 函数来支持这种遍历。*NEXT* 函数以如下方式进行定义:

actualNodeRef.*NEXT*(bool) := successorNodeRef 其中:

a)　actualNodeRef　　是对基本流程图节点的引用;

b)　successorNodeRef　　是对 actualNodeRef 所引用节点之后继节点的引用;

c)　bool　　是一个布尔值,用于指定是否返回真或假后继节点(见 7.1.4)。

7.2 TTCN-3 行为的流程图表示

7.2.1 概述

操作语义假设以一组流程图的形式给出 TTCN-3 的行为描述,即对每个 TTCN-3 行为描述,应构建一个单独的流程图。

操作语义将下列种类的 TTCN-3 定义解释为行为描述:

a) 模块控制;

b) 测试用例定义;

c) 函数定义;

d) 备选步定义;

e) 组件类型定义。

模块控制规定测试活动,即实际测试用例的执行次序(可能是重复的)。测试用例定义 MTC 的行为。函数构成行为。它们通过模块控制或通过测试组件来执行。备选步用做缺省行为的定义或以一种类似于函数的方式来构成行为。假定组件类型定义就是行为描述,因为在创建一个组件类型示例期间,它们规定端口、常量、变量和定时器的创建、声明和初始化。

7.2.2 流程图构建步骤

图 18～图 22 介绍的流程图和第 8 章中介绍的流程图片段,只是一些模板。包括应提供的信息占位符号,以便产生一个具体的流程图或流程图片段。占位符号用"＜"和"＞"括号来标记。TTCN-3 模块的流程图表示分 3 个步骤来构造:

a) 为模块控制、测试用例、备选步、函数和组件类型定义中的各 TTCN-3 语句构造一个具体的流程图片段。

b) 为模块控制和各测试用例、备选步、函数和组件类型定义,构建一个具体的流程图(带引用节点)。

c) 具体流程图中的所有引用节点逐步地用相应流程图片段定义予以替换,直至所有的流程图都只包括一个起始节点、结束节点和基本流程图节点。

注 1:基本流程图节点描述基本的不可分割的执行单元。TTCN-3 行为的操作语义基于对基本流程图节点的解释。6.6 只介绍基本流程图节点的执行方法。

用相应的流程图片段定义替换引用节点可能导致流程图中产生不相连的部分,即不能通过沿流程线遍历流程图的方法从起始节点到达的部分。操作语义将忽略流程图的不相连部分。

注 2:流程图的不相连部分是机械替换过程的结果。考虑 TTCN-3 语句的不同结合利于构造一个最佳的流程图表示。不过,本建议书的目的是提供一个正确和完整的语义,而非最佳流程图表示。

7.2.3 模块控制的流程图表示

TTCN-3 模块的语法结构为:

module ＜identifier＞ ＜module-definitions-part＞ **control** ＜statement-block＞

对于流程图行为表示,只有下列信息是相关的:

module ＜identifier＞ ＜statement-block＞

模块控制的流程图表示类似于函数的流程图表示(见 7.2.5)。语义将通过使用模块名称的方法来访问表示模块控制的流程图。

注:模块定义部分的含义超出了本操作语义的范围。模块参数定义为在运行时间时的全局常量。在语法层面上用具体的值来替换对模块参数的引用(见 7.3)。

图 18 给出了模块控制流程图表示的设计图。流程图名称 control 标识表示控制模块的流程图。流

程图的节点具有相关的注释,描述不同节点的含义。引用节点<stop-entity-op>包括了那些未规定明确 stop 操作的情况,即操作语义假定 stop 操作是隐性添加的。

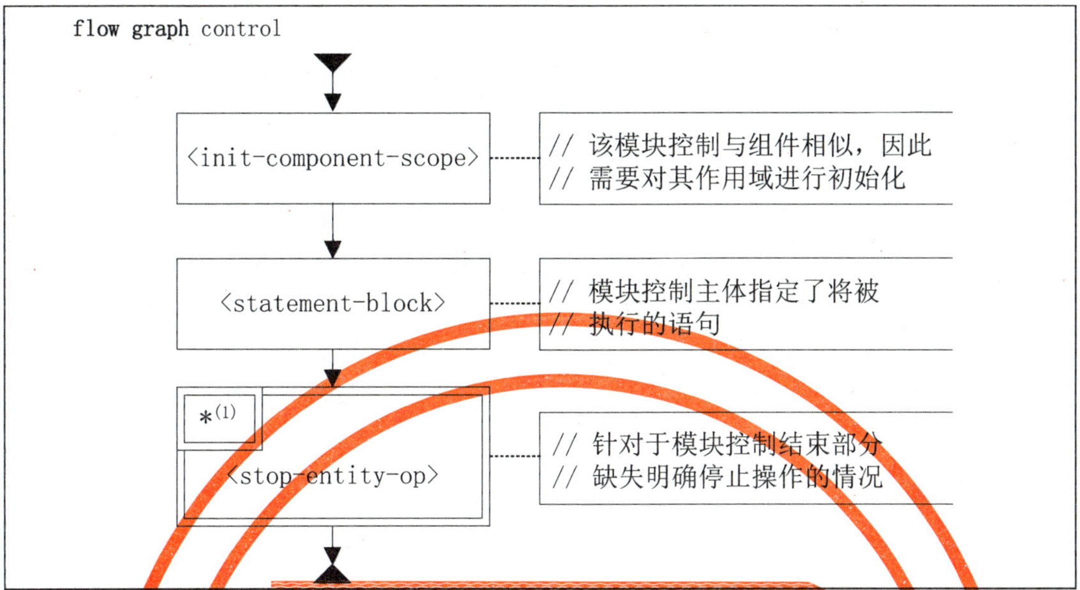

图 18 模块控制的流程图表示

7.2.4 测试用例的流程图表示

TTCN-3 测试用例定义的语法结构为:

testcase <identifier> (<parameter>) <testcase-interface> <statement-block>

以上的<testcase-interface>指的是测试用例定义中的(强制性的)**runs on** 和(可选的)**system** 子句。测试用例的流程图描述用于描述 MTC 的行为。由<testcase-interface>提供的信息与 MTC 不相关。它将由 **execute** 语句使用,但不必在测试用例的流程图表示中予以表示。因此,对流程图表示,只有下列信息是相关的:

testcase <identifier> (<parameter>) <statement-block>

图 19 显示了测试用例流程图表示的设计图。流程图名称<identifier>指的是所表示测试用例的名称。流程图节点具有描述不同节点含义的相关注释。引用节点<stop-entity-op>包括了那些对 MTC 未规定明确 **stop** 操作的情况,即操作语义假定 **stop** 是隐性地添加的。

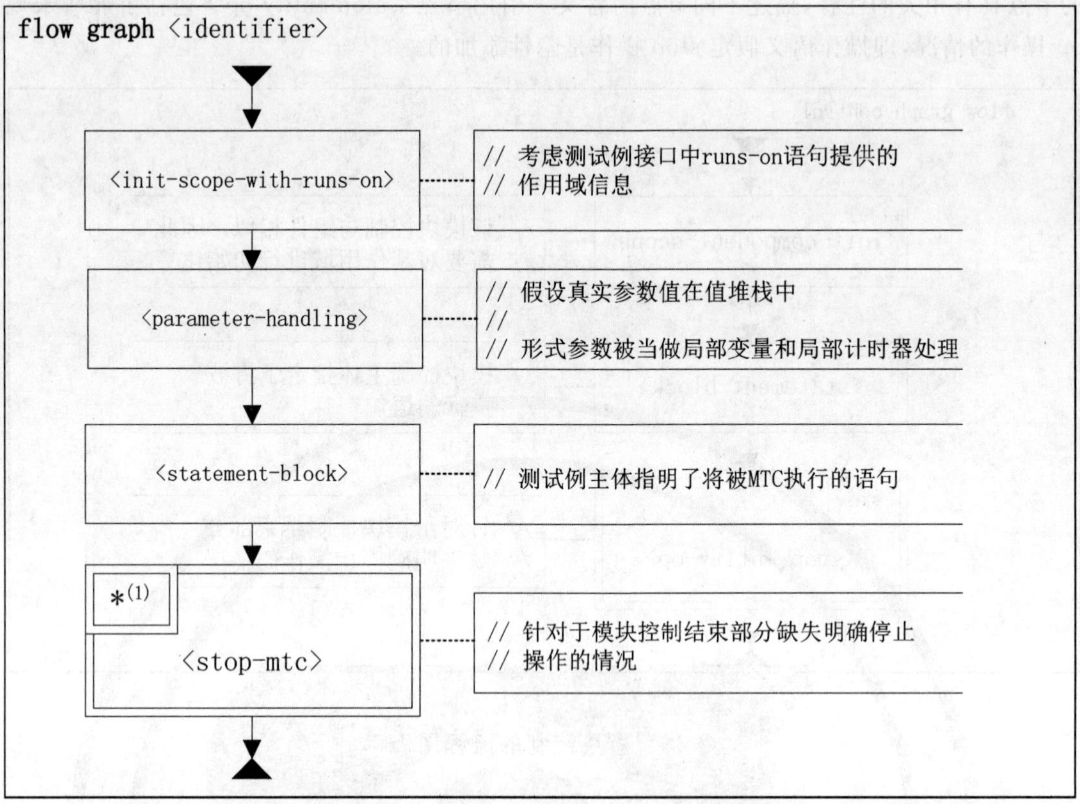

图 19　测试用例的流程图表示

7.2.5　函数的流程图表示

TTCN-3 函数的语法结构为：

function <identifier>（<parameter>）[<function-interface>]<statement-block>

以上可选的 <function-interface> 指的是在函数定义中的 **runs on** 和 **return** 子句 。<function-interface>提供的信息与行为描述是不相关的。它将用于静态语义检查，但不必在流程图中表示。因此，对于流程图表示，只有下列信息是相关的：

function <identifier>（<parameter>）<statement-block>

通过使用函数名称，语义将访问表示函数的流程图。

图 20 给出了函数流程图表示的设计图。流程图名称<identifier> 指的是所表示函数的名称。引用节点<return-without-value>包括了那些未规定明确 **return** 语句的情况，即操作语义假定 **return** 语句是隐性添加的。

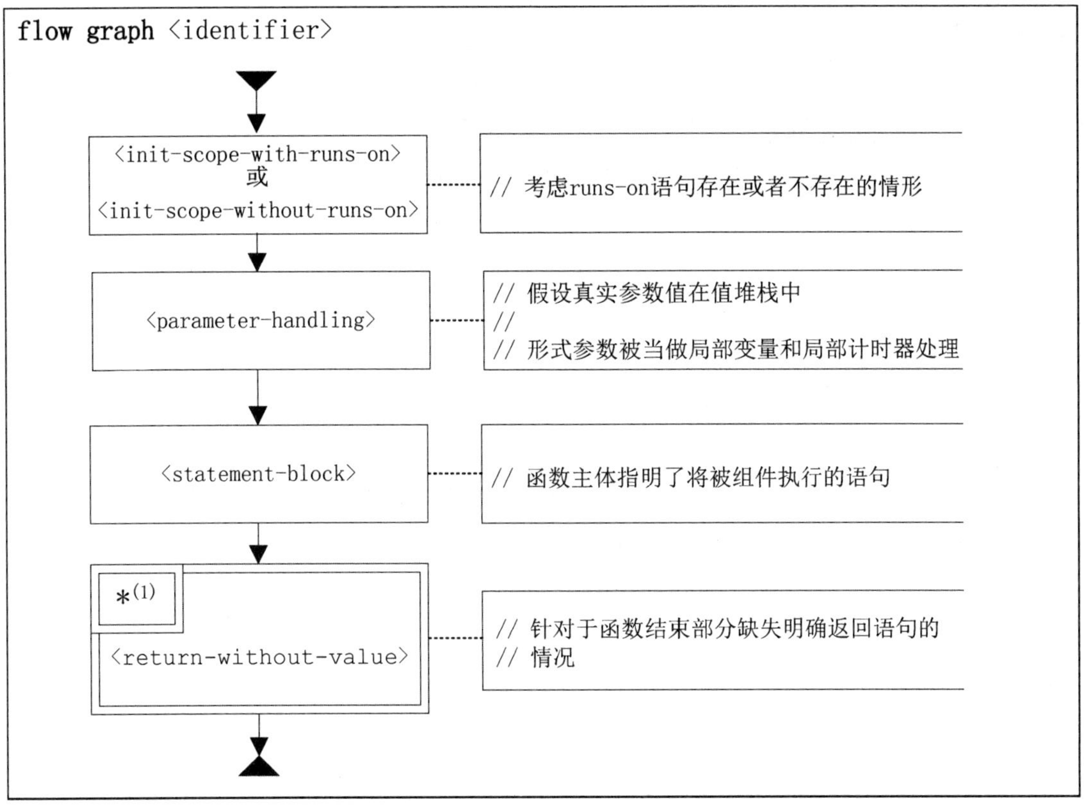

图 20 函数的流程图表示

7.2.6 备选步的流程图表示

TTCN-3 备选步的语法结构为：

altstep <identifier> (<parameter>) [<altstep-interface>]
<constant-variable-timer-declarations>
{ <receiving-branch> | <else-branch> } *

注：仅考虑第一 else 分支或相当于第一 else 分支的选项。第一 else 分支之后的分支是不可到达的。

以上可选的<altstep-interface>指的是在备选步定义中的 **runs on** 子句。

图 21 给出了备选步流程图表示的设计图。流程图名称<identifier>指的是所表示备选步的名称。在组件类型定义中定义的和声明的变量、计时器、常量和端口对于<function-interface>中的 **runs on** 子句函数内部都是可见的。丢失的 **runs on** 子句表示组件类型定义中的各个定义在函数范围内是未知的。操作语义通过引用节点<successful-altstep-termination>和<unsuccessful-altstep-termination>来对这两种情况进行区分。引用节点<return-without-value>包含没有指明 else 分支和没有选项可以选择的情况。

引用节点<successful-altstep-termination>包括了备选步在选择和执行一个选项后终止的情况。引用节点<unsuccessful-altstep-termination>规定了未执行任何备选步选择的情况。

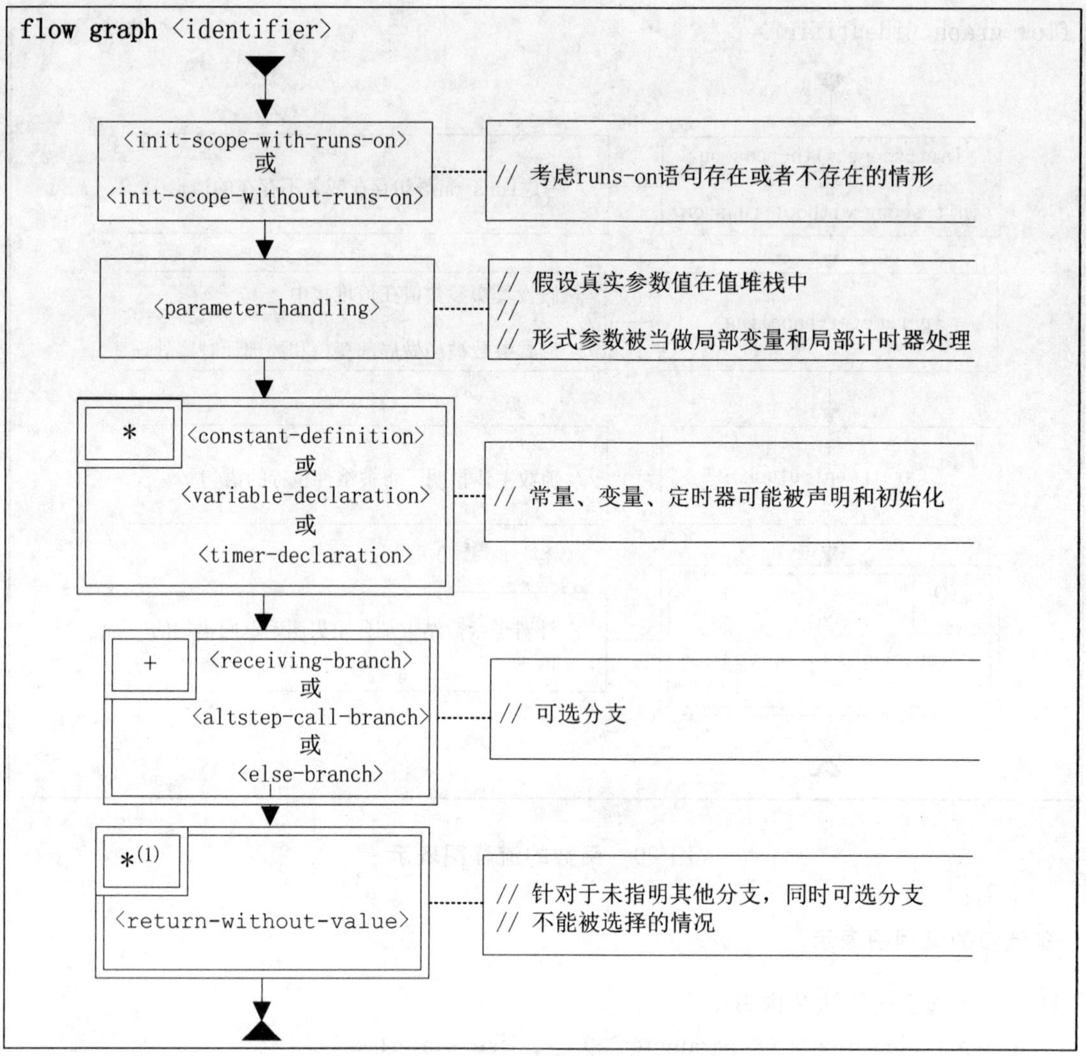

图 21　备选步的流程图表示

7.2.7　组件类型定义的流程图表示

TTCN-3 组件类型定义的语法结构为：

type component ＜identifier＞ ＜port-constant-variable-timer-declarations＞

语义将通过使用组件类型名称来访问表示类型的流程图。

图 22 显示了组件类型定义流程图表示的设计图。流程图名称＜identifier＞指的是所表示组件类型的名称。

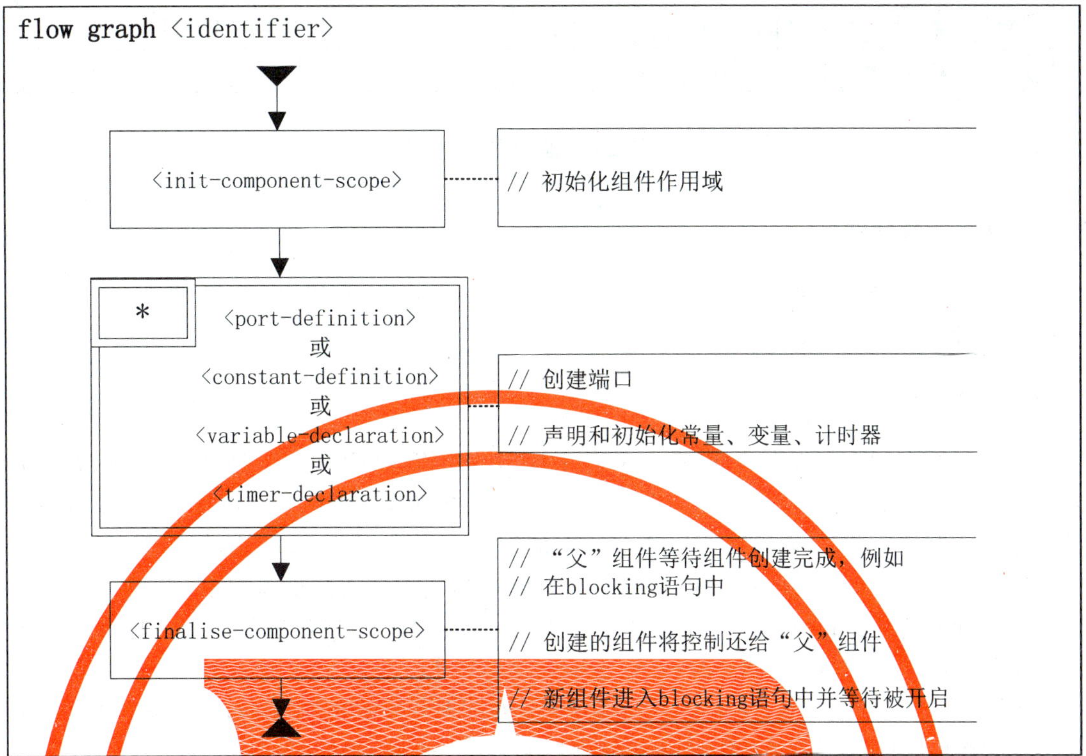

图 22 组件类型定义的流程图表示

7.2.8 获取流程图的起始节点

为了获取流程图的起始节点引用，需要以下函数：

The GET-FLOW-GRAPH function： GET-FLOW-GRAPH (flow-graph-identifier)

函数向流程图的起始节点返回一个引用，其名称为 *flow-graph-identifier*。*flow-graph-identifier* 指的是控制的模块名称、测试用例名称、函数名称和组件类型定义。

7.3 TTCN-3 模块的状态定义

7.3.1 概述

在解释表示 TTCN-3 行为的流程图过程中，要使用模块状态。模块状态是一个结构化的状态，由一些描述测试组件和端口状态的子状态组成。模块状态、组件状态和端口状态都在 7.3 中进行介绍。此外，还定义了一些函数，以便从状态中获取信息或使用状态。

7.3.2 模块状态

7.3.2.1 概述

从图 23 可以看出，模块状态可以分解为 *CONTROL* 和 *TEST-CONFIGURATION*。*CONTROL* 描述模块控制状态。处理模块控制的方式与处理一个测试组件的方式相似，即 *CONTROL* 是一个实体状态，如 7.3.3 中定义。*TEST-CONFIGURATION* 表示当 *CONTROL* 模块执行一个测试案例时，测试配置被实例化。

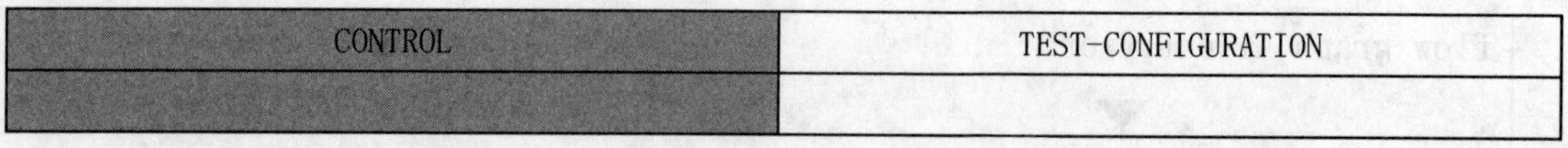

图 23　模块状态的结构

7.3.2.2　访问模块状态

模块状态的 *CONTROL* 和 *TEST-CONFIGURATION* 可以用它们的名字进行处理，即 *CONTROL* 和*TEST-CONFIGURATION*。

7.3.2.3　配置状态

如图 24 所示，模块状态可分解为*ALL-ENTITY-STATES*、*ALL-PORT-STATES*、*TC-VERDICT*、*DONE* 和*KILLED*。*ALL-ENTITY-STATES* 描述模块控制状态以及执行测试案例期间实例化测试组件的状态。*ALL-ENTITY-STATES* 的第一个元素引用 MTC 的测试配置。*ALL-PORT-STATES* 描述不同端口的状态。*TC-VERDICT* 保存测试用例实际的全局测试判定，*DONE* 是测试用例执行期间所有已停止测试组件的列表，*KILLED* 是在测试案例执行时的一系列的终止测试组件。

注 1：*TC-VERDICT* 更新的数量等同于已终止测试组件的数量。

注 2：活跃状态的测试组件被启动的时候会被放进*DONE* 列表中，而当其终止的时候就会被移出*DONE* 列表。当它被杀死的时候，它会被放到*KILL* 和*DONE* 列表中。

注 3：端口状态可认为是实体状态的一部分。通过 **connect** 和 **map**，端口对其他组件变得可见，因此，操作语义在进行配置状态时优先处理端口。

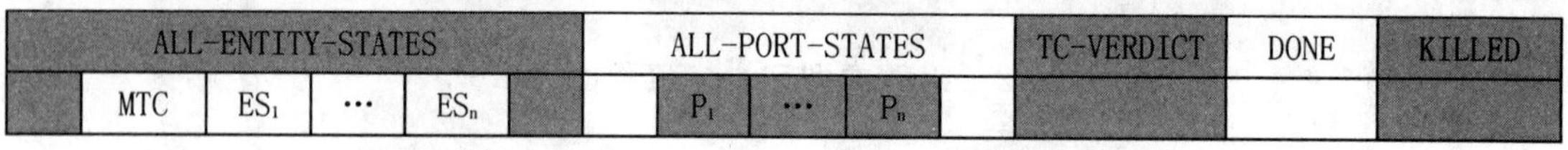

图 24　块状态的结构

7.3.2.4　访问配置状态

可以通过其同名变量对 *TC-VERDICT* 和*ALL-ENTITY-STATES*、*ALL-PORT-STATES*、*DONE*、*KILLED* 列表进行访问。

为处理*ALL-ENTITY-STATES*、*ALL-PORT-STATES* 和 *DONE* 列表，可使用*add*、*append*、*delete*、*member*、*first*、*length*、*next*、*random* 和*change* 操作列表。它们具有如下含义：

a）*myList*.*add*（*item*）在列表 *myList* 中加入 *item*，作为第一个元素；*myList*.*add*（*sublist*）把 *sublist* 加入到 *myList* 中，即*add* 被用来增加单一元素或者列表到列表。

b）*myList*.*append*（*item*）在列表 *myList* 中附加 *item*，作为最后一个元素；*myList*.*append*（*sublist*）把 *sublist* 附加到 *myList* 中，即*append* 被用来附加单一元素或者列表到列表。

c）*myList*.*delete*（*item*）从列表 *myList* 中删除 *item*。

d）*myList*.*member*（*item*）如果 *item* 是列表 *myList* 中的一个元素，那么 *myList*.*member*（*item*）返回 **true**，否则返回 **false**。

e）*myList*.*first*（）返回 *myList* 的第一个元素。

f）*myList*.*last*（）返回 *myList* 的最后一个元素。

g）*myList*.*length*（）返回 *myList* 的长度。

h）*myList*.*next*（*item*）返回 *myList* 中跟在 *item* 后的元素，或者如果 *item* 是 *myList* 中的最后元

素，那么返回 **NULL**。

i) *myList*.random(<*condition*>)随机返回 *myList* 的一个元素，如果 *myList* 的元素不满足<*condition*>，那么它满足布尔条件<*condition*>或 **NULL**。

j) MyList.change(<operation>)允许对 *myList* 的所有元素应用<operation>。

注：操作的随机和变化不是普通的列表操作。引入它们是为了解释 TTCN-3 操作中关键字 **all** 和 **any** 的含义。
此外，一个*copy* 操作是可以用的，一个*copy* 操作返回的是一个 *item* 而不是一个 *item* 的引用。
copy(item)返回的是一个 *item* 的副本。

7.3.3 实体状态

7.3.3.1 概述

实体状态用于描述模块控制和测试组件的实际状态。在模块状态中，*CONTROL* 是一个实体状态，在配置状态中，测试组件状态在*ALL-ENTITY-STATES* 列表中进行处理。实体状态的结构如图 25 所示。

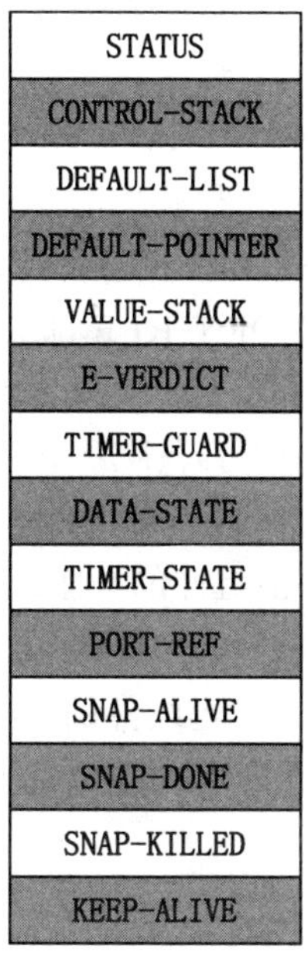

图 25 实体状态的结构

STATUS 描述模块控制或测试组件是否是 **ACTIVE**、**BREAK**、**SNAPSHOT**、**REPEAT** 或 **BLOCKED**。模块控制在测试用例执行期间是阻塞的。测试组件在其他测试组件创建期间可能是阻塞的，即在执行 **create** 操作期间。**SNAPSHOT** 状态表示组件是活动的，但是在快照的计算阶段，REPEAT 状态表示组件是活动的，在 **alt** 指令中应根据 **REPEAT** 状态对其进行重新计算。为了离开 **alt** 步骤而执行一个 **break** 语句时，启动 **BREAK** 状态。在此情况下，处于被直接或间接调用(即通过默认的机制)的 **alt** 状态中的 **altstep** 被立即弃用。

CONTROL-STACK 是一个流程图节点引用的栈。*CONTROL-STACK* 中的顶层元素是下一个要解释的流程图节点。要求栈以适当的方式来构建函数调用的模型。

DEFAULT-LIST 是一个激活缺省值的列表，即一个指针列表，指向激活缺省值的起始节点。列表按反向顺序激活，即第一个被激活的缺省值是列表的最后一个元素。

在缺省机制执行期间，如果实际的缺省值不是成功终止，那么 DEFAULT-POINTER 指向下一个要计算的缺省值。

VALUE-STACK 是一个所有可能类型值的栈，它允许中途保存操作、函数和语句的最终或中间结果。例如，一个表达式的计算结果或 mtc 操作的结果将推入*VALUE-STACK* 栈中。除了模块中已知的所有数据类型的值，我们还定义了特殊的值 MARK 作为设字母表的一部分。当离开一个空间单元时，**MARK** 用来清空*VALUE-STACK*。

E-VERDICT 保存测试组件实际的局部判定。当实体状态表示模块控制时，忽略*E-VERDICT*。

TIMER-GUARD 表示特殊的定时器，它是确保测试用例执行时间和调用操作持续时间所必须的。*TIMER-GUARD* 作为一个定时器绑定来建模(见 7.3.3.5 和图 28)。

DATA-STATE 被认为是变量绑定列表的一个列表。列表结构的列表反映了因内嵌函数调用而出现的内嵌空间单元。变量绑定列表列表中的每个列表描述已知的变量及其在一个确定空间单元中的值。进入或离开一个空间单元对应在*DATA-STATE* 中增加或删除一个变量绑定列表。实体状态*DATA-STATE* 部分的描述见 7.3.3.3。

TIMER-STATE 被认为是定时器绑定列表的一个列表。列表结构的列表反映了因内嵌函数调用而出现的内嵌空间单元。定时器绑定列表中的每个列表描述已知定时器及其在一个确定空间单元中的状态。进入或离开一个空间单元对应在定时器状态中增加或删除一个定时器状态列表。实体状态的定时器状态部分的描述见 7.3.3.5。

PORT-REF 被认为是端口绑定列表的一个列表。列表结构的列表反映了因内嵌函数调用而出现的内嵌空间单元。端口的嵌套空间单元是函数和调用的端口参数。端口绑定列表列表中的每个列表描述已知定时器及其在一个确定空间单元中的状态。进入或离开一个空间单元对应在*PORT-REF* 中增加或删除一个端口状态列表。实体状态的 PORT-REF 部分的描述见 7.3.3.7。

注：TTCN-3 语义在模型状态上全局的管理端口。由于端口参数化，一个测试组件访问一个端口通过用不同的名字在不同的空间上。实体状态的*PORT-REF* 部分被用来在模块状态上独特的定义端口状态。

SNAP-DONE 支持测试组件的快照语义。当照快照时，模块状态*DONE* 列表的一个拷贝将被赋给*SNAP-DONE*，即*SNAP-DONE* 是已停止组件的一个组件标识符列表。

SNAP-KILLED 支持测试组件的快照语义。当照快照时，模块状态*KILLED* 列表的一个拷贝将被赋给*SNAP-KILL*，即*SNAP-DONE* 是已停止组件的一个组件标识符列表。

KEEP-ALIVE 字段预示着实体能够被重启动在它终止或者没有的时候。它被设置为 true 如果实体能够被重启，否则被设置为 false。

7.3.3.2 访问实体状态

实体状态的*STATUS*、*DEFAULT-POINTER*、*E-VERDICT* 和*TIMER-GUARD* 部分当作全局可见的变量加以处理，即通过使用“点”记法，如 *myEntity*.*STATUS*、*myEntity*.*DEFAULT-POINTER* 和 *myEntity*.*E-VERDICT*，其中的 *myEntity* 指的是实体状态，可以获取或改变*STATUS*、*DEFAULT-POINTER* 和*E-VERDICT* 的值。

注：下面，我们假设能够通过使用引用和唯一的标识符来使用“点”记法。例如，在 *myEntity*.*STATUS* 中，*myEntityState* 可以是指向实体状态的指针，或者是<*identifier*>字段的值。

实体状态 *myEntity* 的 *CONTROL-STACK*、*DEFAULT-LIST* 和 *VALUE-STACK* 可通过使用“点”记法 *myEntity*.*CONTROL-STACK*、*myEntity*.*DEFAULT-LIST* 和 *myEntity*.*VALUE-STACK* 来访问。

通过使用 *push*、*pop*、*top*、*clear* 和 *clear-until* 等设操作，可以访问和使用 *CONTROL-STACK* 和*VALUE-STACK*。

设操作具有下列含义：

a) myStack.push(item)将条目推入 myStack；

b) myStack.pop()从 myStack 弹出条目；

c) myStack.top()如果 myStack 是空的,那么 myStack.top()返回 myStack 的顶层元素或NULL;

d) myStack.clear()清除 myStack,即从 myStack 弹出所有条目;

e) myStack.clear-until(item) 从 myStack 弹出条目,直至找到条目或 myStack 变空。

通过使用列表操作 *add*、*append*、*delete*、*member*、*first*、*length*、*next*、*random* 和 *change*,可以访问和使用 *DEFAULT-LIST*。这些列表操作的含义在 7.3.2.2 做了定义。

为了创建一个新的实体状态,假定 *NEW-ENTITY* 函数是可用的:

a) *NEW-ENTITY*(*flow-graph-node-reference*, *keep-alive*);

创建一个新的实体状态,并返回其引用。新的实体状态的组件拥有以下值:

b) *STATUS* 设为 **ACTIVE**;

c) *flow-graph-node-reference* 是 *CONTROL-STACK* 中唯一的(顶层)元素;

d) *DEFAULT-LIST* 是一个空列表;

e) *DEFAULT-POINTER* 拥有 **NULL** 值;

f) *VALUE-STACK* 是一个空设;

g) *E-VERDICT* 设为 **none**;

h) *TIMER-GUARD* 是一个带有 GUARD 名称、**IDLE** 状态且没有缺省持续时间的新的定时器绑定(见 7.3.3.5);

i) *DATA-STATE* 是一个空列表;

j) *TIMER-STATE* 是一个空列表;

k) *PORT-REF* 是一个空列表;

l) *SNAP-ALIVE* 是一个空列表;

m) *SNAP-DONE* 是一个空列表;

n) *SNAP-KILLED* 是一个空列表;

o) *KEEP-ALIVE* 被用来设置 *keep-alive* 的参数的值。

在遍历流程图期间,*CONTROL-STACK* 通常以相同的方式来改变其值:顶层元素从 *CONTROL-STACK* 中弹出,并将弹出节点的后继节点推入 *CONTROL-STACK*。这一系列设操作封装在 *NEXT-CONTROL* 函数中:

```
myEntity.NEXT-CONTROL(myBool) {
  successorNode := myEntity.CONTROL-STACK.NEXT(myBool).top();
  myEntity.CONTROL-STACK.pop();
  myEntity.CONTROL-STACK.push(successorNode);
}
```

7.3.3.3 数据状态和变量绑定

如图 26 所示,实体状态的数据状态 *DATA-STATE* 是一个变量绑定列表的列表。各变量绑定列表定义在特定范围单元内的变量绑定。增加一个新的变量绑定列表,对应输入一个新的范围单元,例如调用一个函数。删除一个变量绑定列表,对应留下一个范围单元,例如函数执行 **return** 语句。

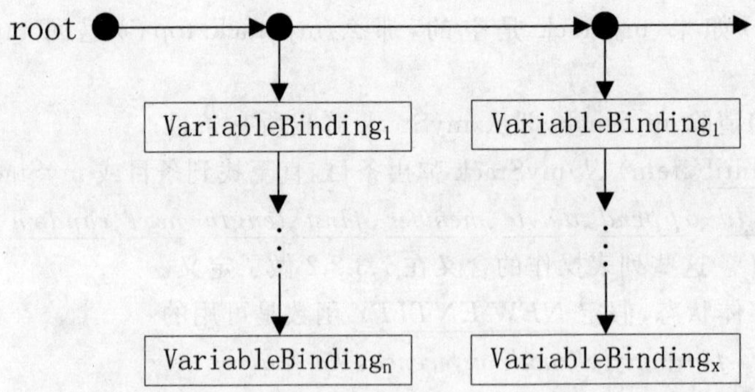

图 26　实体状态 *DATA-STATE* 部分的结构

变量绑定的结构如图 27 所示。变量拥有一个名称、一个＜*location*＞和一个 *VALUE*。*VAR-NAME* 确定范围单元内的一个变量。＜*location*＞是变量值存储位置的唯一标识符。变量绑定的 *VALUE* 部分描述变量的实际值。

注：当变量被声明时，应自动提供唯一的位置标识符。

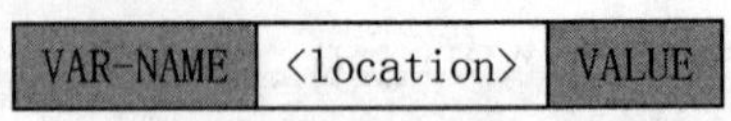

图 27　变量绑定的结构

区分变量名称与位置之间的差别，以便构建函数调用的模型，以及构建以适当方式用值和引用参数化来执行测试用例的模型：

a）　对通过值来传入的参数，当作一个新变量的声明来处理，即将一个新的变量绑定附加至所调用函数或所执行测试用例范围的变量绑定列表中。新的变量绑定使用正式的参数名称作为 *VAR-NAME*，接收一个新的位置，并获取传入函数或测试用例的值。

b）　通过引用来传入的参数也将导致在所调用函数或所执行测试用例范围中的新变量绑定。新变量绑定也使用正式的参数名称作为 *VAR-NAME*，但不接收新的位置和新的值。新变量绑定获得＜*location*＞的一个拷贝以及通过引用传入变量的 *VALUE*。

当更新一个变量值时，即在变量赋值的情况下，变量名称用于确定一个位置，并同时更新带有相同位置的所有变量绑定。因此，当留下范围单元时，属于该范围单元的变量列表可以在无需进一步更新的情况下予以删除。

由于这一更新程序，通过引用传入的变量将自动具有更正值。

7.3.3.4　访问数据状态

通过使用"点"记法 *myEntity.myVar.VALUE*，可以获取一个变量的值，当中，*myEntity* 指的是实体状态，*myVar* 指的是变量名称。

为处理变量和变量范围，考虑定义以下函数：

a）　*VAR-SET* 函数：*myEntity.VAR-SET*（*myVar*，*myValue*）

将实体 *myEntity* 实际范围中 *myVar* 变量的 *VALUE* 部分设为 *myVal*。此外，所有与变量 *myVar* 具有相同位置的变量的 *VALUE* 部分，都将设为 *myVal*。

b）　*INIT-VAR* 函数：*myEntity.INIT-VAR*（*myVar*，*myVal*）

为实体 myEntity 实际范围单元中带有初始值 myVal 的变量 myVar 创建一个新的变量绑定。与 myVal 一样使用关键字 **NONE** 意味着创建一个带有未定义初始值的变量。自动创建一个新的、唯一的＜*location*＞值。

c) *GET-VAR-LOC* 函数:*myEntity*.*GET-VAR-LOC*(*myVar*)

获取 *myEntity* 所拥有的变量 *myVar* 的位置。

d) *INIT-VAR-LOC* 函数:*myEntity*.*INIT-VAR-LOC*(*myVar*,*myLoc*)

为实体 *myEntity* 实际范围单元中带有位置 *myLoc* 的变量 *myVar* 创建一个新的变量绑定。变量将用带有位置 *myLoc* 的另一个变量值来初始化。

注:带有相同位置的变量是用引用进行参数化的结果。由于如 7.3.3.3 所述那样对引用参数进行处理,因此所有带有相同位置的变量都将在其生命周期期间拥有相同的值。

e) *INIT-VAR-SCOPE* 函数:*myEntity*.*INIT-VAR-SCOPE*()

初始化一个处于实体 *myEntity* 数据状态的新的变量范围,即在变量绑定列表列表中附加一个空列表,作为第一个列表。

f) *DEL-VAR-SCOPE* 函数:*myEntity*.*DEL-VAR-SCOPE*()

删除 *myEntity* 数据状态的变量范围,即删除变量绑定列表列表中的第一个列表。

7.3.3.5 定时器状态和定时器绑定

如图 28 和图 26 所示,实体状态的定时器状态 *TIMER-STATE* 和数据状态 *DATA-STATE* 是可比较的。它们都是绑定列表中的一个列表,各绑定列表定义特定范围中的有效绑定。增加一个新的列表对应输入一个新的范围单元,删除一个绑定列表对应离开一个范围单元。

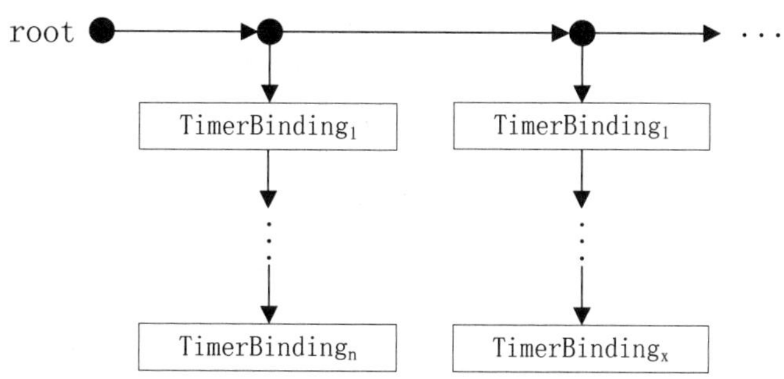

图 28 实体状态 TIMER-STATE 部分的结构

定时器绑定的结构如图 29 所示。*TIMER-NAME* 和<*location*>的含义类似于变量绑定的 *VAR-NAME* 和<*location*>的意义(见图 27)。

TIMER-NAME	<location>	STATUS	DEF-DURATION	ACT-DURATION	TIME-LEFT	SNAP-VALUE	SNAP-STATUS

图 29 定时器绑定的结构

STATUS 表示定时器是活动的、非活动的或者已超时。对应的 *STATUS* 值为 **IDLE**、**RUNNING** 和 **TIMEOUT**。*DEF-DURATION* 描述定时器的缺省持续时间。*ACT-DURATION* 用一个已经启动的运行定时器来存储实际的持续时间。*TIME-LEFT* 描述在定时器超时之前运行定时器需要运行的实际持续时间。

注:如果定时器声明不带缺省持续时间,那么 *DEF-DURATION* 是未定义的。如果定时器已停止或超时,那么 *ACT-DURATION* 和 *TIME-LEFT* 设为 0.0。如果不带持续时间的定时器已启动,那么 *DEF-DURATION* 的值拷贝至 *ACT-DURATION*。如果不带定义的持续时间的定时器已启动,那么将发生一个动态错误。

需要 *SNAP-VALUE* 和 *SNAP-STATUS* 支持 TTCN-3 的快照语义。照快照时,*SNAP-VALUE* 获得 *ACT-DURATION* - *TIME-LEFT* 的实际值。*SNAP-STATUS* 获得与 *STATUS* 相同的值。快照计算将只依据 *SNAP-VALUE* 和 *SNAP-STATUS* 中的值。

定时器只能通过引用传入函数中,即该机制类似于 7.3.3.3 中所述的变量机制。这意味着创建一个新的定时器绑定(带形式参数名称),它从通过引用传入的定时器那里获得＜*location*＞、*STATUS*、*DEF-DURATION*、*ACT-DURATION*、*TIME-LEFT*、*SNAP-VALUE* 和 *SNAP-STATUS* 的拷贝。当更新定时器时,所有带相同＜*location*＞值的定时器绑定都将同时得到更新。

7.3.3.6 访问定时器状态

通过使用"点"记法,可以获取定时器 *myTimer* 的 *STATUS*、*DEF-DURATION*、*ACT-DURATION*、*TIME-LEFT*、*SNAP-VALUE* 和 *SNAP-STATUS* 值:

a) myEntity.myTimer.STATUS;

b) myEntity.myTimer.DEF-DURATION;

c) myEntity.myTimer.ACT-DURATION;

d) myEntity.myTimer.TIME-LEFT;

e) myEntity.myTimer.SNAP-VALUE。

点记法中的 *myEntity* 指的是表示拥有定时器 *myTimer* 的测试组件或模块控制状态的实体状态。

为了改变定时器 *timer-name* 的 *STATUS*、*DEF-DURATION*、*ACT-DURATION*、*TIME-LEFT*、*SNAP-VALUE* 和 *SNAP-STATUS* 值,应使用通用的 *TIMER-SET* 操作。

示例:

a) *myEntity*.*TIMER-SET*(*myTimer*, *STATUS*, *myVal*).

将 *myEntity* 实际范围中定时器 *myTimer* 的 *STATUS* 值设为 *myVal*。此外,带有与定时器 *myTimer* 相同位置的所有定时器,其 *STATUS* 值也设为 *myVal*。*TIMER-SET* 函数还可用来改变 *DEF-DURATION*、*ACT-DURATION*、*TIME-LEFT*、*SNAP-VALUE* 和 *SNAP-STATUS* 的值。为了处理定时器、定时器范围和快照,应定义以下函数:

a) *INIT-TIMER* 函数:*myEntity*.*INIT-TIMER* (*myTimer*, *myDuration*)为实体 myEntity 实际范围中带有缺省持续时间 myDuration 的定时器 myTimer 创建一个新的定时器绑定。与 myDuration 一样使用关键字 NONE 意味着创建一个不带缺省持续时间的定时器。

b) *GET-TIMER-LOC* 函数:*myEntity*.*GET-TIMER-LOC*(*myTimer*)获取 myEntity 所拥有的定时器 myTimer 的位置。

c) *INIT-TIMER-LOC* 函数:*myEntity*.*INIT-TIMER-LOC* (*myTimer*, *myLocation*)为 myEntity 实际范围单元中带有位置 myLocation 的定时器 myTimer 创建一个新的定时器绑定。定时器将用带位置＜位置＞的另一个定时器的 *STATUS*、*DEF-DURATION*、*ACT-DURATION* 和 *TIME-LEFT* 值进行初始化。

注:带相同位置的定时器是用引用进行参数化的结果。由于按 7.3.3.4 中所述的那样来处理定时器引用参数,因此在其生命周期期间,带相同位置的所有定时器都将具有相同的 STATUS、DEF-DURATION、ACT-DURATION 和 TIME-LEFT 值。

d) *INIT-TIMER-SCOPE* 函数: *myEntity*. *INIT-TIMER-SCOPE* ( )初始化处于实体 myEntity 定时器状态的新定时器范围,即附加一个空列表,作为定时器绑定列表列表中的第一个列表。

e) *DEL-TIMER-SCOPE* 函数:*myEntity*.*DEL-TIMER-SCOPE* ()

删除实体 myEntity 定时器状态的定时器范围,即删除定时器绑定列表列表中的第一个列表。

f) *SNAP-TIMER* 函数:*myEntity*.*SNAP-TIMER* ()

更新 myEntity 所拥有的全部定时器中的 SNAP-VALUE 和 SNAP-STATUS,即:

myEntity.SNAP-TIMERS () {

for all myTimer **in** TIMER-STATE {

myEntity.myTimer.SNAP-VALUE := myEntity.myTimer.ACT-DURATION -

```
    myEntity.myTimer.TIME-LEFT;
    myEntity.myTimer.SNAP-STATUS := myEntity.myTimer.STATUS;
}
```

7.3.3.7 端口引用和端口绑定

如图 30、图 28 和图 26 所示，端口引用 PORT-REF，一个实体的时间状态 TIME-STATE 和日期状态 DATA-STATE 是可以兼容的。这三个都是绑定列表，每个绑定列表在一个范围内定义了一个可验证的绑定。增加一个新的列表与进入一个新的范围单元相关联，删除一个新的绑定列表与离开一个范围单元有关系。

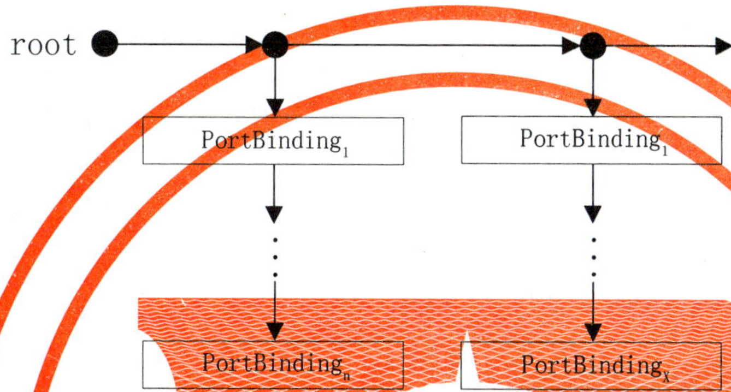

图 30 实体状态的 PORT-REF 部分的结构

在图 31 中现实的端口绑定的结构，一个端口拥有两个名字：PORT-NAME 定义了一个范围单元。COMP-PORT-NAME 是在组件类型和端口的名字。

图 31 端口绑定的结构

注：PORT-NAME 和 COMP-PORT-NAME 在创建组件以后是直接平等的。

端口只能通过引用函数和可选步的方式来进入，运行机制和在 7.3.3.3 中所描述的变量的运行机制很类似。一个新的端口绑定(用正式的参数的名字)被建立，它从被引用进入的端口处获取一个 COMP-PORT-NAME 副本。当访问一个被引用进入的端口，相对应的端口绑定被用来重新获取组件类型定义中声明的端口名称。

7.3.3.8 访问端口引用

COMP-PORT-NAME 的值可以通过应用点标记来重新获取：

myEntity.myport.COMP-PORT-NAME

点标记中的 myEntity 指一个实体状态，这个实体状态代表一个拥有端口 myPort 的测试组件。

为了处理端口参数和端口范围，应定义以下函数：

a) The *INIT-PORT* 函数：*myEntity.INIT-PORT* (*myPort*, *myCompPortName*)

   在 myEntitiy 的真实实体范围内，通过对 myCompPortName 赋值 *COMP-PORT-NAME*，为 myPort 端口创造一个端口绑定。

b) The *INIT-PORT-SCOPE* 函数：*myEntity.INIT-PORT-SCOPE* ()

   在实体 myEntitiy 的端口引用中初始化一个端口范围，也就是说一个空的列表在端口绑定的列表中被添加为第一个列表。

c) The *DEL-PORT-SCOPE* 函数:*myEntity.DEL-PORT-SCOPE* ()
删除一个实体端口引用的端口范围,也就是列表的端口绑定的第一个列表被删除。

7.3.4 端口状态

7.3.4.1 概述

端口状态用于描述端口的实际状态。在模块状态中,端口状态在 *ALL-PORT-STATES* 列表中进行处理(见图 23)。端口状态的结构如图 32 所示。*PORT-NAME* 指的是端口名称,它由拥有该端口的测试组件 *OWNER* 用来标识端口。*STATUS* 提供端口的实际状态。一个端口或者是 **STARTED** 的,或者是 **STOPPED**。

注:测试系统中的端口,由拥有测试组件的＜所有者＞及对＜所有者＞而言是本地的端口名称＜端口名称＞来唯一地确定。

端口状态的 *CONNECTIONS-LIST* 记录了测试系统中不同端口之间的连接。7.3.4.2 解释了这种机制。

处于端口状态的 *VALUE-QUEUE* 用于存储消息、调用、应答和异常,它们在该端口上被接收,但尚未被消耗。

SNAP-VALUE 支持 TTCN-3 的快照机制。当生成快照时,将 *VALUE-QUEUE* 中的第一个元素拷入 *SNAP-VALUE* 中。如果 *VALUE-QUEUE* 为空,或者 *STATUS* 为 **STOPPED**,那么 *SNAP-VALUE* 将获得值 **NULL**。

COMP-PORT-NAME	OWNER	STATUS	CONNECTIONS-LIST	VALUE-QUEUE	SNAP-VALUE

图 32 端口状态的结构

7.3.4.2 端口间连接的处理

通过 **connect** 操作连接两个测试组件的两个端口,可以实现两个测试组件之间的连接。因此,一个组件在此之后可以使用其本地端口名称来解决远程排队问题。如图 33 所示,处于连接状态的两个队列,可以用一对 *REMOTE-ENTITY* 和 *REMOTE-PORT-NAME* 来表示连接。*REMOTE-ENTITY* 是拥有远程端口的测试组件的唯一标识符。*REMOTE-PORT-NAME* 指的是由 *REMOTE-ENTITY* 用于解决排队问题的本地名称。TTCN-3 支持端口的一对多连接,因此,在列表中对端口的所有连接进行组织。

注 1:由 **map** 操作建立的连接也在连接列表中进行处理。**map** 操作:**map**(*PTC*1:*MyPort*, **system.***PCO*1) 能够在由 *PTC*1 拥有的 *MyPort* 端口状态中建立一个新的连接(**system**、*PCO*1)。与 *PCO*1 相连的远方一侧,驻留在 SUT 内。其行为超出了本语义的范围。

注 2:操作语义将关键字 **system** 作为一个符号地址来处理。端口连接列表中的连接(**system**、*myPort*)表示端口映射至测试系统接口中的端口 *myPort* 上。

REMOTE-ENTITY	REMOTE-PORT-NAME

图 33 连接的结构

7.3.4.3 端口状态的处理

通过使用已知的队列操作 *enqueue*、*dequeue*、*first* 和 *clear*,可以访问和处理端口状态中的值队列。使用 *GET-PORT* 或 *GET-REMOTE* 函数来引用应访问的队列。

注 1：队列操作 *enqueue*、*dequeue*、*first* 和 *clear* 具有如下含义：

a） *myQueue.enqueue*（条目）将条目作为最后一个条目加入到 *myQueue* 中；

b） *myQueue.dequeue*（）从 *myQueue* 中删除第一个条目；

c） 如果 *myQueue* 为空，那么 *myQueue.first*（）返回 *myQueue* 中的第一个条目或 **NULL**；

d） *myQueue.clear*（）从 *myQueue* 移去所有元素。

以下函数支持对端口状态的处理：

a） *NEW-PORT* 函数：*NEW-PORT*（*myEntity*，*myPort*）

建立一个新端口并返回其引用。新端口由 *myEntity* 拥有，并命名为 *myPort*，指的是由测试组件 *myEntity* 和端口名称 *myPort* 所确定的端口。新端口的状态为 **STARTED**。*CONNECTIONS-LIST* 和 *VALUE-QUEUE* 为空。*SNAP-VALUE* 的值为 **NULL**（即新端口的输入队列为空）。

b） *GET-PORT* 函数：*GET-PORT*（*myEntity*，*myPort*）

向由测试组件 *myEntity* 确定的端口返回一个引用，该测试组件拥有端口和端口名称 *myPort*。

c） *GET-REMOTE-PORT* 函数：*GET-REMOTE-PORT*（*myEntity*，*myPort*，*myRemoteEntity*）

向由测试组件 *myRemoteEntity* 拥有的端口返回引用，并与由 *myEntity* 和 *myPort* 确定的端口相连接。如果远程端口映射至测试系统接口的一个端口，那么返回符号地址 **SYSTEM**。

注 2：如果不存在远程端口，或者无法唯一确定远程端口，那么 *GET-REMOTE-PORT* 返回 **NULL**。如果远程实体是未知的或不需要，即对该端口只存在一对一连接，那么特殊的值 **NONE** 可用作 *myRemoteEntity* 参数的值。

d） 端口的 *STATUS* 当作一个变量来处理。它可通过带 *GET PORT* 调用的、符合条件的 *STATUS* 来解决：

GET-PORT（*myEntity*，*myPort*）.*STATUS*。

e） *ADD-CON* 函数：*ADD-CON*（*myEntity*，*myPort*，*myRemoteEntity*，*myRemotePort*）

向由 *myEntity* 拥有的端口 *myPort* 连接列表增加一个连接（*myRemoteEntity*、*myRemotePort*）。

f） *DEL-CON* 函数：*DEL-CON*（*myEntity*，*myPort*，*myRemoteEntity*，*myRemotePort*）

从由 *myEntity* 拥有的端口 *myPort* 连接列表中移去一个连接（*myRemoteEntity*、*myRemotePort*）。

g） *SNAP-PORTS* 函数：*SNAP-PORTS*（*myEntity*）

为 *myEntity* 拥有的所有端口更新 *SNAP-VALUE*，即：

```
SNAP-PORTS(myEntity) {
  for all ports p /* in the module state */ {
    if(p.OWNER == myEntity) {
        if(p.STATUS == STOPPED) {
          p.SNAP-VALUE := NULL;
        }
        else{
        if(p.STATUS == HALTED && p.first() == HALT-MARKER) {
          // Port is halted and halt marker is reached
          p.SNAP-VALUE := NULL;
          p.dequeue(); // Removal of halt marker
          p.STATUS := STOPPED;
        }
        else{
```

```
                p.SNAP-VALUE := p.first()
            }
          }
        }
      }
    }
```

注 3：SNAP-PORTS 函数处理的 HALT-MAKER 可能被 halt 端口放进一个端口的队列，如果这样的一个 maker 被找到了，则其会被删除，端口的 SNAP-VALUE 会被设置为 NULL，端口的状态被改变为 STOPPED。

7.3.5 用于模块状态处理的通用函数

操作语义假定存在以下函数，用于处理模块状态：

注 1：在解释 TTCN-3 模块期间，只存在一种模块状态。假定模块状态的组件存储在全局变量中，并不是在一个复杂的数据对象中。因此，假定下列函数对全局变量起作用，并不解决特定的模块状态对象。

a) *DEL-ENTITY* 函数：*DEL-ENTITY*（*myEntity*）删除带有唯一标识符 *myEntity* 的实体。删除操作包括：
   1） 删除 *myEntity* 的实体状态；
   2） 删除由 *myEntity* 拥有的所有端口；
   3） 删除涉及 *myEntity* 的所有连接。
b) *UPDATE-REMOTE-REFERENCES* 函数：
   UPDATE-REMOTE-REFERENCES（*source*，*target*）
   UPDATE-REMOTE-REFERENCES 更新两个实体中带相同位置的变量和定时器。将用于更新的值是 *source* 拥有的变量和定时器的值。

注 2：在测试用例终止期间，使用 *UPDATE-REMOTE-REFERENCES*。它允许对模块控制变量进行更新，该变量作为引用参数传给测试用例。

7.4 消息、程序调用、应答和异常

7.4.1 概述

测试组件之间以及测试组件与 SUT 之间的信息交换与消息、程序调用、程序调用应答和异常有关。出于通信的目的，应构建、编码和解码这些条目。具体的编码，即如何将 TTCN-3 数据类型映射至比特和字节，以及具体的解码，即如何将字节和比特映射至 TTCN-3 数据类型，均超出本操作语义的范围。在本部分中，只在概念层面上处理消息、程序调用、程序调用应答和异常。

7.4.2 消息

消息与基于消息的通信有关。所有（预定义的和用户定义的）数据类型的值都可以在通信的实体之间进行交换。如图 34 所示，操作语义将消息作为由发送方、类型和值部分组成的结构化对象来处理。*sender* 部分用于确定消息的发送方实体，*type* 部分用于规定消息的类型，*value* 部分用于定义消息的值。

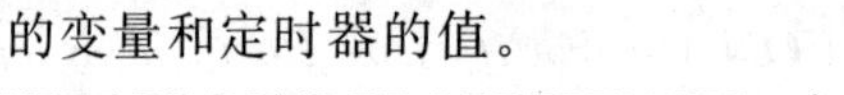

图 34 消息的结构

注：操作语义只介绍 TTCN-3 概念的一种模型。发送方信息是否发送与/或接收以及如何发送与/或接收，取决于测试系统的实现，例如，在某些情况下，发送方信息可以是消息"值部分"的一部分，因此，它不是消息结构的独立部分。

7.4.3 程序调用与应答

程序调用和程序应答与基于程序的通信有关。其定义方法与定义带有表示参数的组件的记录值的方法相似。操作语义处理程序调用和程序调用应答的方法与处理结构化类型中的值方法相似。图 35 和图 36 表示了程序调用的结构和应答的结构。

sender	procedure-reference	parameter-part		
		inout-or-out-parameter1	…	inout-or-out-parametern

图 35 程序调用的结构

sender	procedure-reference	parameter-part			value
		inout-or-out-parameter$_1$	…	inout-or-out-parameter$_n$	

图 36 程序调用应答的结构

在图 35 和图 36 中，*sender* 和 *procedure-reference* 部分具有相同的含义。*sender* 部分指的是调用或程序调用应答的发送方实体。*procedure-reference* 指的是调用和应答所属的程序。在图 35 中，程序调用的 *parameter-part* 指的是 **in** 参数和 **inout** 参数，在图 36 中，应答的 *parameter-part* 指的是调用与应答所属的 **inout** 参数和 **out** 参数。

此外，应答还有一个有关程序应答返回值的 *value* 部分。

注 1：与之前注释所阐述的那样，操作语义只介绍 TTCN-3 概念的一种模型。图 35 和图 36 中所述的信息是否发送与/或接收以及如何发送与/或接收，取决于测试系统的实现。

注 2：对程序调用，**out** 参数没有相关性，并在图 35 中被省略。对程序调用应答，**in** 参数没有相关性，并在图 36 中被省略。

注 3：参数类型和返回值类型可以总是一致地来自相关的签名定义。

7.4.4 异常

异常也涉及基于程序的通信。异常的结构如图 37 所示。它由四个部分组成。*sender* 部分用于确定异常的发送方；*procedure-reference* 部分指的是异常所属的程序，*type* 部分用于确定异常的类型，*value* 部分提供异常的值。在程序引用部分中提到的程序签名用于定义允许的异常类型列表。收到的异常应符合所列的类型之一。通常，它可以是任何预定义或用户定义的 TTCN-3 数据类型。

sender	procedure-reference	type	value

图 37 异常的结构

7.4.5 消息、程序调用、应答和异常的构建

用于发送消息、程序调用、程序调用应答或异常的操作是 **send**、**call**、**reply** 和 **raise**。所有这些发送操作都以相同的方式进行构建：

<port-name>.<sending-operation>(<send-specification>) [**to** <receiver>]

<port-name>和<sending-operation>定义用于发送一个条目的端口和操作。在一对多连接的情况下，需要规定<receiver>实体。通过使用<send-specification>，建立将要发送的条目。发送规范可使用具体的值、模板引用、可变值、常量、表达式、函数等，以建立和编码待发送的条目。

操作语义假设存在一个通用的 *CONSTRUCT-ITEM* 函数：

CONSTRUCT-ITEM(*myEntity*，＜sending-operation＞，＜send-specification＞)

依据＜sending-operation＞和＜send-specification＞(＜sending-operation＞和＜send-specification＞二者指的都是 TTCN-3 发送操作中的相应部分)返回消息、程序调用、程序调用应答或异常。实体引用 *myEntity* 是待发送条目的发送方。还假设该 *sender* 信息是待发送条目的一部分(图 34～图 37)。

7.4.6 消息、程序调用、应答和异常的匹配

用于接收消息、程序调用、程序调用应答或异常的操作是 **receive**、**getcall**、**getreply** 和 **catch**。所有这些接收操作都以相同的方式进行构建：

＜port-name＞.＜receiving-operation＞(＜matching-part＞) [**from** ＜sender＞] [＜assignment-part＞]

＜port-name＞和＜receiving-operation＞定义用于接收一个条目的端口和操作。在一对多连接的情况下，可以使用 **from** 子句来选择特定的发送方实体＜sender＞。待接收的条目应满足＜matching-part＞中规定的条件，即它应匹配。＜matching-part＞可使用具体的值、模板引用、可变值、常量、表达式、函数等，以推定匹配的条件。

操作语义假设存在一个通用的 *MATCH-ITEM* 函数：

MATCH-ITEM(*myItem*，＜matching-part＞，＜sender＞)

如果 *myItem* 满足＜matching-part＞的条件，如果＜sender＞已经发送 *myItem*，那么返回 **true**，否则返回 **false**。

7.4.7 从收到的项目中获取信息

来自接收到消息、程序调用、程序调用应答和异常的信息，可以在接收函数 **receive**、**getcall**、**getreply** 和 **catch** 的＜assignment-part＞(见 7.4.6)中获取。＜assignment-part＞描述程序调用和应答的参数如何返回在应答、消息、异常中编码的值，以及＜sender＞实体的标识符如何赋给各变量。操作语义假设存在一个通用的 *RETRIEVE-INFO* 函数：

RETRIEVE-INFO(*myItem*，＜assignment-part＞)

获取所有根据＜assignment-part＞要获取的值，并赋给赋值部分中所列的变量。通过 *VAR-SET* 操作来完成赋值，即带相同位置的变量同时得以更新。

7.5 函数、备选步和测试用例的调用记录

7.5.1 概述

根据其名称和实际参数列表，调用(或执行)函数、备选步和测试用例。实际参数为引用参数提供引用，并为值参数提供具体的值，这在函数或测试用例定义的形式参数中进行定义。操作语义通过使用图 38 中所示的调用记录来处理函数、备选步和测试用例的调用。*BEHAVIOUR-ID* 值是函数或测试用例的名称，值参数为形式参数＜$parId_1$＞…＜$parId_n$＞提供具体的值＜$\underline{parId}_1$＞…＜$\underline{parId}_n$＞。引用参数为现有变量和定时器的位置提供引用。在能够执行函数或测试用例之前，应建立适当的调用记录。

注：端口参数只能出现在被测试组件执行的函数和可选步里。

行为-id	值-参数					变量和计时器 引用-参数					端口 引用-参数				
		parId$_1$	…	parId$_m$			parId$_n$	…	parId$_r$			parId$_s$	…	parId$_z$	
		value$_1$	…	value$_m$			value$_n$	…	value$_r$			value$_s$	…	value$_z$	

图 38 调用记录的结构

7.5.2 调用记录的处理

函数或测试用例名称以及实际参数值，可以通过使用点记法来获取，例如 *myCallRecord.parIdn* 或 *myCallRecord.behaviour-id*，其中，*myCallRecord* 是指向调用记录的指针。

对于调用的结构，假设 *NEW-CALL-RECORD* 函数是可用的：

NEW-CALL-RECORD(myBehaviour)

为函数或测试用例 *myBehaviour* 创建一个新的调用记录，并返回一个指向新记录的指针。新调用记录的参数字段拥有未定义的值。

myEntity.INIT-CALL-RECORD(myCallRecord)

为在测试组件或模块控制 *myEntity* 的实际范围中值处理和参数引用创建变量和定时器。用调用记录中提供的相应值来初始化用于值参数处理的变量。处理引用参数的变量与定时器获得所提供的位置。此外，它们还获得组件另一个范围单元中现有变量或定时器的一个值，在该范围单元中创建调用记录。

7.6 TTCN-3 模块的计算程序

7.6.1 计算阶段

7.6.1.1 概述

TTCN-3 模块的计算程序结构上分成：

a) 初始化阶段；

b) 更新阶段；

c) 选择阶段；

d) 执行阶段。

在模块控制终止前，重复 b)、c)、d)阶段。通过综合非正式文本、伪代码和在之前各条中引入的函数，来描述计算程序。

7.6.1.2 阶段Ⅰ：初始化

初始化阶段包括下列动作：

a) 变量的声明和初始化：
   1) *INIT-FLOW-GRAPHS*()；// 流程图处理的初始化。
      //7.6.2 对 *INIT-FLOW-GRAPHS* 做了解释。
   2) *Entity* := **NULL**；// 将用于指实体状态的 *Entity*。实体状态或者表示。
      //模块控制，或者表示测试组件。
   3) *MTC* := **NULL**；//将用于指一个执行中的测试例的主要测试组件的实体状态。
      注：全局变量 MTC 在解释 TTCN-3 模块期间对模块状态进行处理中形成控制状态(见 7.3.2)
   4) ALL-ENTITY-STATES := **NULL**。
   5) ALL-PORT-STATES := **NULL**。
   6) *MTC* := **NULL**。
   7) *TC-VERDICT* := **none**。
   8) *DONE* := **NULL**。
   9) KILLED:=NULL。

b) 模块控制的创建和初始化：
   1) *CONTROL* := *NEW-ENTITY* (*GET-FLOW-GRAPH* (<*moduleId*>))；

//创建一个新的实体状态，并用表示名为

// <*moduleId*>的模块的控制行为的、流程图

//起始节点进行初始化。Boolean 类型的参数表示控制模块被

//停止后不能重启。

2） *CONTROL.INIT-VAR-SCOPE*()；// 新变量范围。

3） *CONTROL.INIT-TIMER-SCOPE*()；// 新定时器范围。

4） *CONTROL.VALUE-STACK.push*(**MARK**)；// 推入值堆栈的标记。

7.6.1.3 阶段Ⅱ：更新

更新阶段涉及超出本操作语义范围但影响 TTCN-3 模块解释的所有动作。更新阶段包括以下动作：

a） 时间进程：更新所有运行定时器，即(可能)降低运行定时器的 *TIME-LEFT* 值，如果因更新定时器到期，那么更新相应的定时器绑定，即 *TIME-LEFT* 设为 0.0，*STATUS* 设为 **TIMEOUT**。

注 1：定时器更新包括更新所有处于模块状态的运行 *TIMER-GUARD* 定时器。*TIMER-GUARD* 定时器用于保护测试用例的运行和调用操作。

b） **SUT** 的行为：将(可能)从 SUT 收到的消息、远程程序调用、对远程程序调用的应答，以及异常，都放入端口队列中，在该队列上将进行相应的接收。

注 2：本操作语义没有对时间进程和 SUT 行为做任何假设。

7.6.1.4 阶段Ⅲ：选择

选择阶段由以下两个动作组成：

a） 选择：选择一个非阻塞的实体，即具有 *STATUS* 值为 **ACTIVE** 或 **SNAPSHOT** 的实体；

b） 存储：存储在全局变量 *Entity* 中所选实体的标识符。

7.6.1.5 阶段Ⅳ：执行

执行阶段由以下两个动作组成：

a） 所选实体的执行步骤：执行 *Entity CONTROL-STACK* 中的顶层流程图节点；

b） 检查终止准则：如果模块控制已终止，即实体状态的列表为空，那么停止执行，否则继续阶段Ⅱ。

注：所选实体的执行步骤可视为程序调用。当执行步骤终止时，即返回控制，对终止准则进行检查。

7.6.2 全局函数

计算程序使用 *INIT-FLOW-GRAPHS* 和 *GET-UNIQUE-ID* 全局函数：

a） *INIT-FLOW-GRAPHS* 假设为初始化流程图处理的函数。处理可包括创建流程图、处理指向流程图指针和流程图节点。

下面各条中使用的、用于描述流程图节点执行的伪代码，使用 CONTINUE-COMPONENT、RETURN、*** **DYNAMIC ERROR***** 函数：

b） CONTINUE-COMPONENT：实际的测试组件用节点继续其执行，节点取决于控制设的顶层，即控制不会返回给本条中所描述的模块计算程序。

c） RETURN 将控制返回给本条中所描述的模块计算程序。RETURN 是计算阶段“选定实体的计算步骤”的最后动作。

d） *****DYNAMIC ERROR*****指的是发生一个动态错误。错误处理过程本身超出了本操作语义

的范围。如果发生一个动态错误，那么测试用例行为之后的所有行为意味着都是未加定义的。在这种情况下，应清除分配给测试用例的资源，并将 error 判定赋给测试用例。将控制提供给跟在发生了错误的执行语句之后的、控制部分中的语句。这通过流程图片段＜dynamic-error＞来建模（见 8.18.4）。

注：动态错误的出现与测试行为有关。操作语义规定的动态错误表示在 TTCN-3 使用上的问题，如错误使用或竞争条件。

e) APPLY-OPERATOR 当作通用函数使用，用于描述表达式中的运算符计算（如＋、*、/ 或－）（见 8.18.3）。

8 TTCN-3 构造的流程图片段

8.1 概述

操作语义以流程图的方式来表述 TTCN-3 行为。7.2 中对表述行为的流程图的构建算法进行了描述。它基于流程图和流程图片段模板，为构建 TTCN-3 模块中所定义的模块控制、测试用例、备选步、函数和组件类型定义的具体流程图，应使用这些流程图和流程图片段。可以在第 8 章中找到有关流程图片段模板的定义。它们按字母次序而不是按逻辑次序出现。

流程图片段定义以图的形式提供。流程图节点出现在图的左侧，节点相关的注释和流程线显示在图的右侧。以基本节点相关的伪代码形式来为引用节点和注释提供描述性注释。伪代码描述如何解释一个基本节点，即改变模块状态。对 TTCN-3 模块，伪代码利用第 7 章中定义的函数和 TTCN-3 模块计算过程中声明和初始化的全局变量（见 7.6）。在第 7 章中，对伪代码使用的所有函数和关键字做了综述。

8.2 Action 语句

action 语句的语法结构是：

action(＜informal description＞)

图 39 中的流程图片段＜action-stmt＞对 **action** 语句的执行过程进行定义：

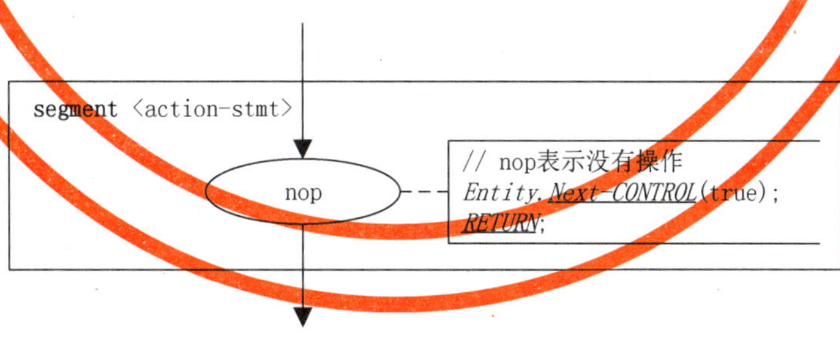

图 39 流程图片段＜action-stmt＞

注：**action** 语句的＜informal description＞参数对操作语义没有任何意义，因此未在流程图片段中予以表述。

8.3 Activate 语句

8.3.1 概述

activate 语句的语法结构是：

activate(＜**altstep**-name＞([＜act-par-desc$_1$＞, … , ＜act-par-desc$_n$＞]))

＜altstep-name＞表示备选步的名称，该备选步被激活作为缺省行为，＜act-par-descr$_1$＞，…，＜act-par-descr$_n$>描述在备选步被激活时的实际参数值。

假设对每个<act-par-desc$_1$>，对应的形参标识符<f-par-Id$_1$>是已知的，即可将上述语法结构扩展为：

activate(<**altstep**-name>((<f-par-Id$_1$>，<act-par-desc$_1$>)，**…**，(<f-par-Id$_n$>，<act-par-desc$_n$>)))

图 40 中的流程图片段<activate-stmt>对 **activate** 语句的执行过程进行定义。执行过程在结构上分为三个步骤。在第一个步骤中，创建备选步<function-name>的调用记录。在第二个步骤中，计算实际参数的值，并将其赋给调用记录中的对应字段。在第三个步骤中，将调用记录作为实体 *DEFAULT-LIST* 的第一个元素，该实体激活了缺省值。

注：对被激活为缺省行为的备选步，只允许使用值参数。在图 37 中，通过流程图片段<value-par-calculation>对值参数的处理情况进行描述，它在 8.25.2 中定义。

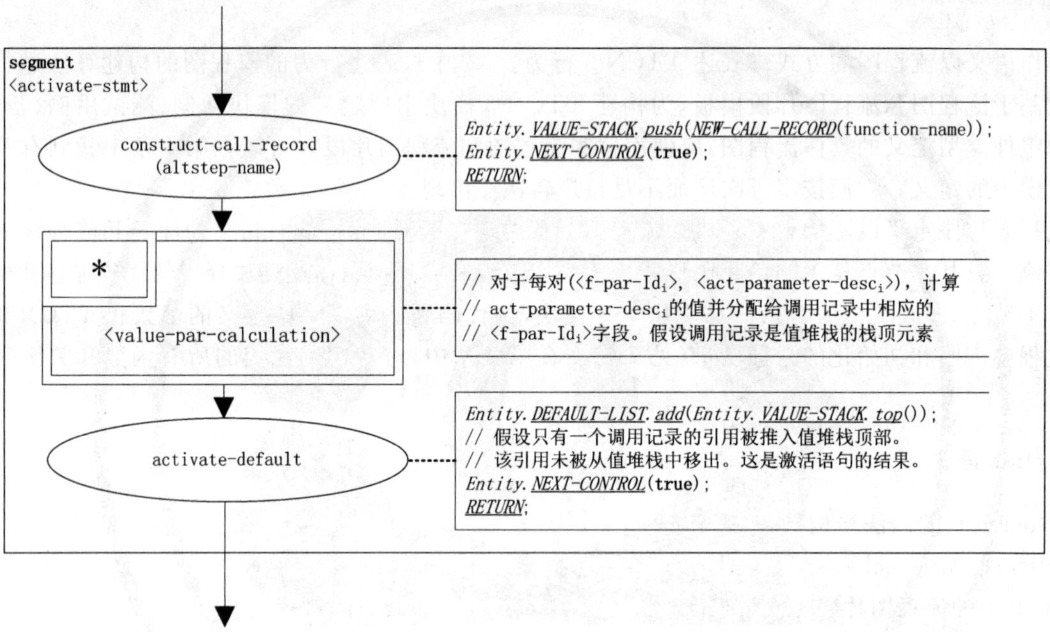

图 40 流程图片段<activate-stmt>

8.3.2 Alive 组件操作

8.3.2.1 概述

alive 组件操作的语义结构是：

<component-expression>**.alive**

alive 组件操作会检查一个组件是否已经被创造了、是否准备执行了，或者是否准备执行一个行为函数。被检查的组件被一个组件引用所定义，这个引用会以变量和值返回函数的形式提供，即是一个表达式。为了简化，关键词“all component”和“any component”被认为是特殊表达式。

alive 组件操作在 alt 语句或阻塞 call 操作的布尔防卫中的用法和在所有其他情形中的用法是不同的。如果被用在一个布尔防卫中，alive 组件操作的结果依据一个真实的快照。在所有其他的示例中，alive 组件操作直接评估模块状态信息。

alive 组件操作的结果被推送到调用它的实体的值栈中。

图 41 中的流程图片段<alive-comment-op>定义了运行组件操作的执行。

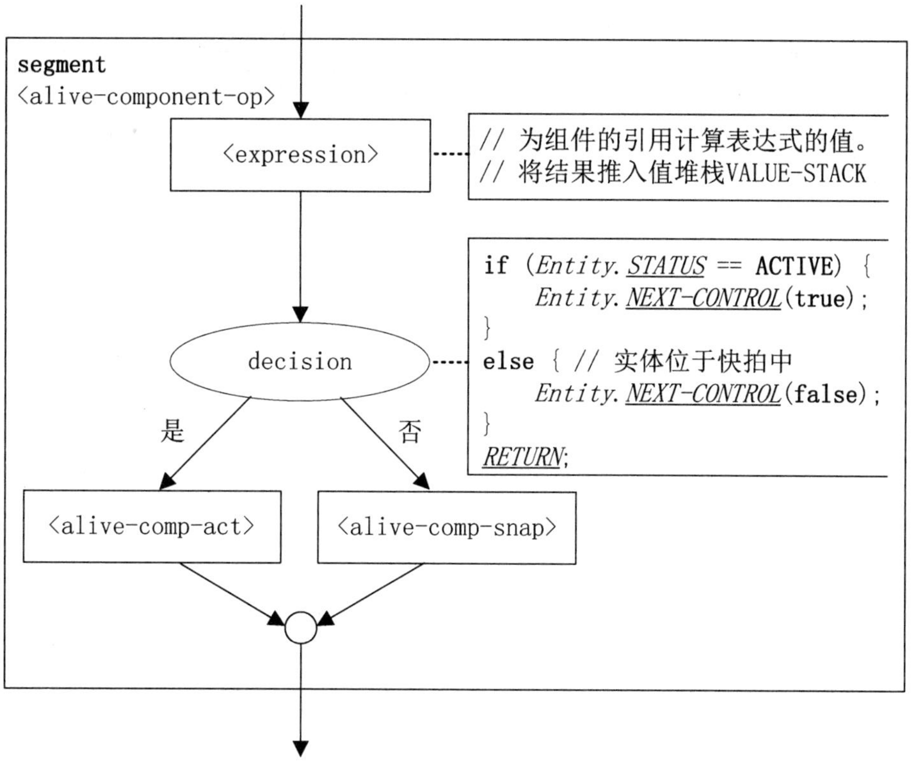

图 41　流程图片段<**alive-comment-op**>

8.3.2.2　流程图片段<**alive-comp-act**>

图 42 中的流程图片段<alive-comp-act>描述了一个在快照外部的 alive 组件操作的执行，即该实体处于 ACTIVE 状态。

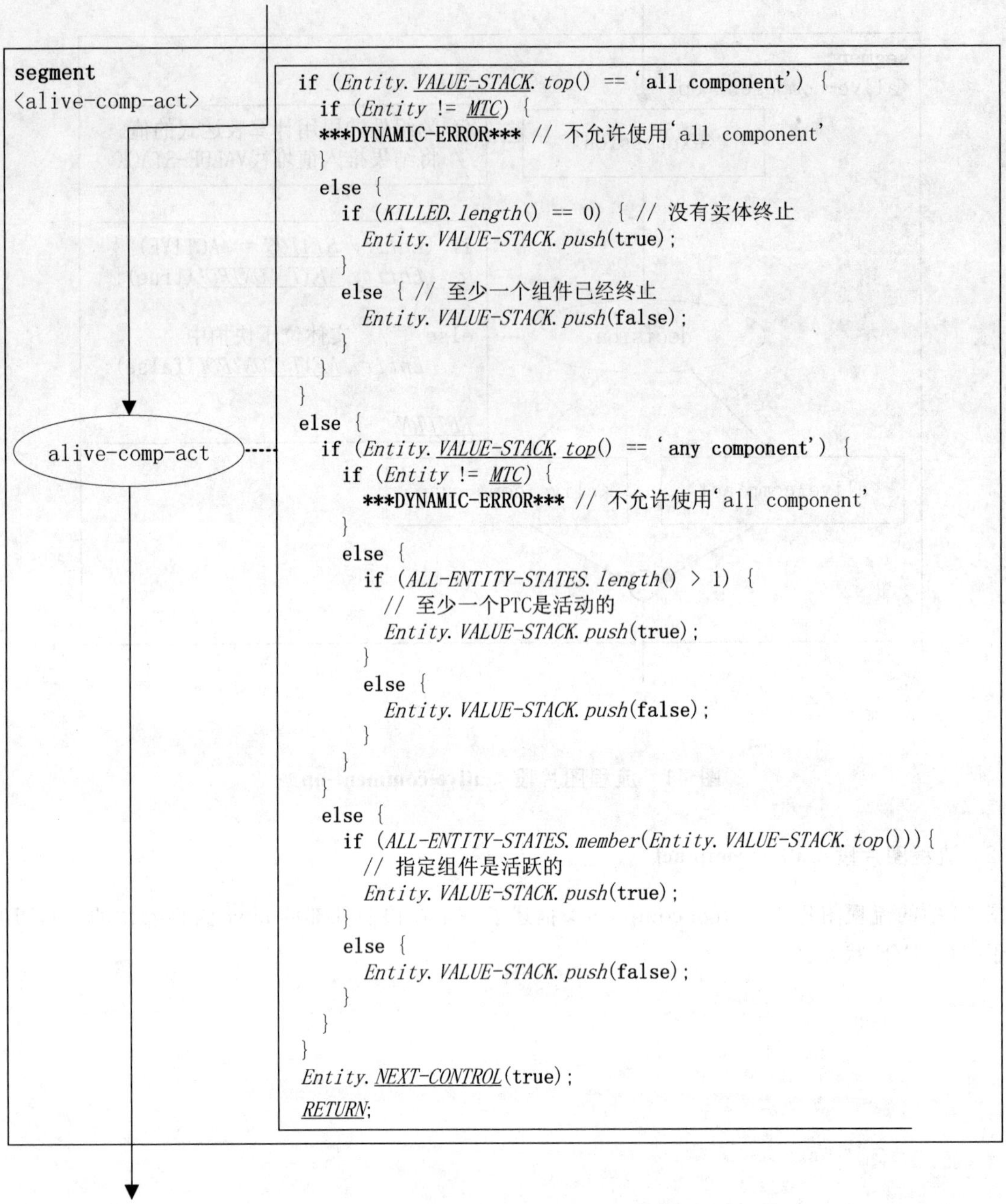

图 42　流程图片段<alive-comp-act>

8.3.2.3　流程图片段<alive-comp-snap>

图 43 中的流程图片段<alive-comp-snap>描述一个 alive 组件操作在一个快照评估过程中的执行，即该实体处于 SNAPSHOT 状态。

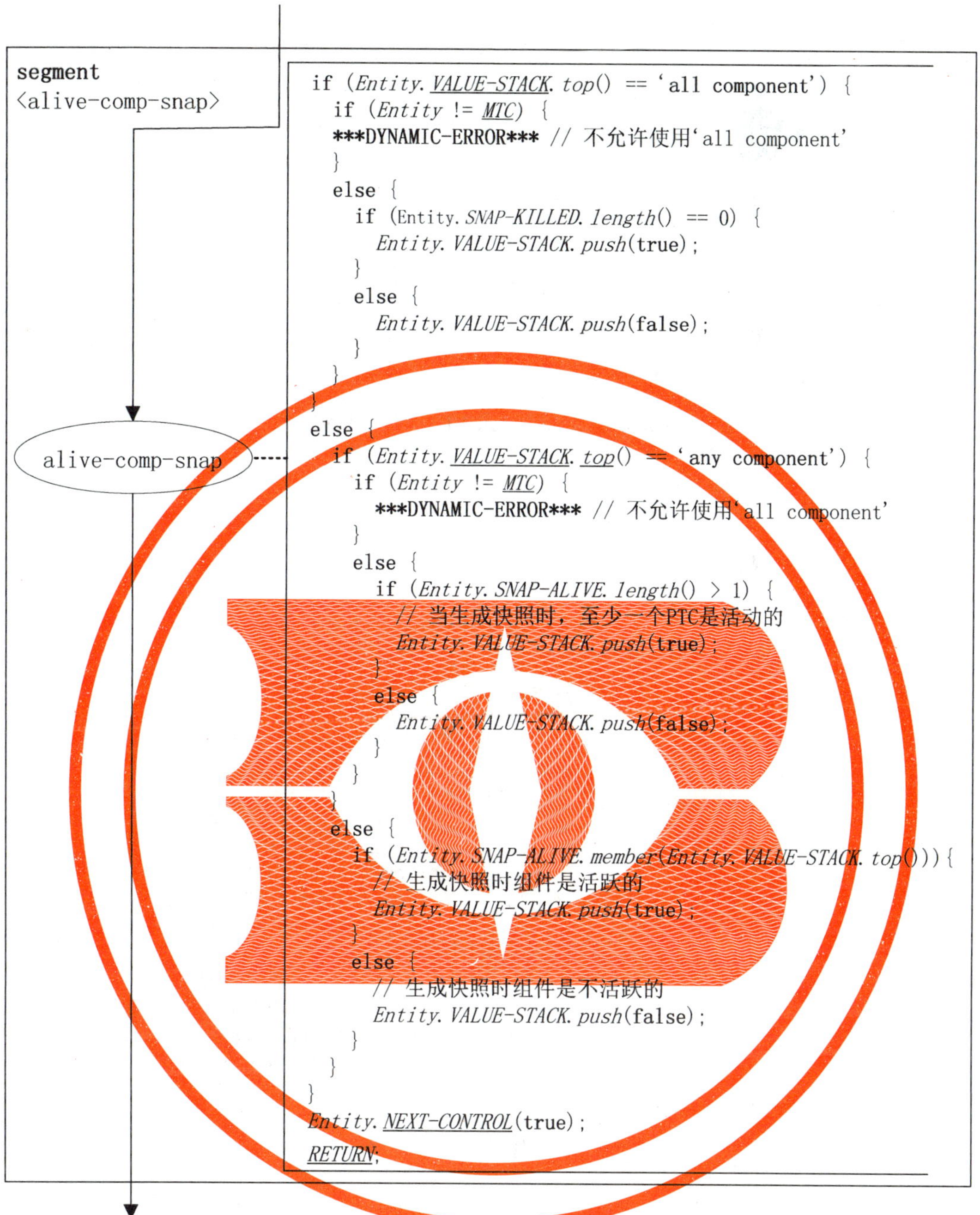

图 43　流程图片段<alive-comp-snap>

8.4　Alt 语句

8.4.1　概述

alt 语句是 TTCN-3 中最复杂和最重要的语句。它执行快照语义，并依据消息、应答、调用和异常的接收、超时的发生以及组件的终止规定分支情况。此外，TTCN-3 缺省机制的调用也与 **alt** 语句有关。

图 44 提供了 **alt** 语句的流程图表示。依据消息、应答、调用和异常接收、依据超时发生以及依据组件终止而不同的选项藏在流程图片段<receiving-branch>中。

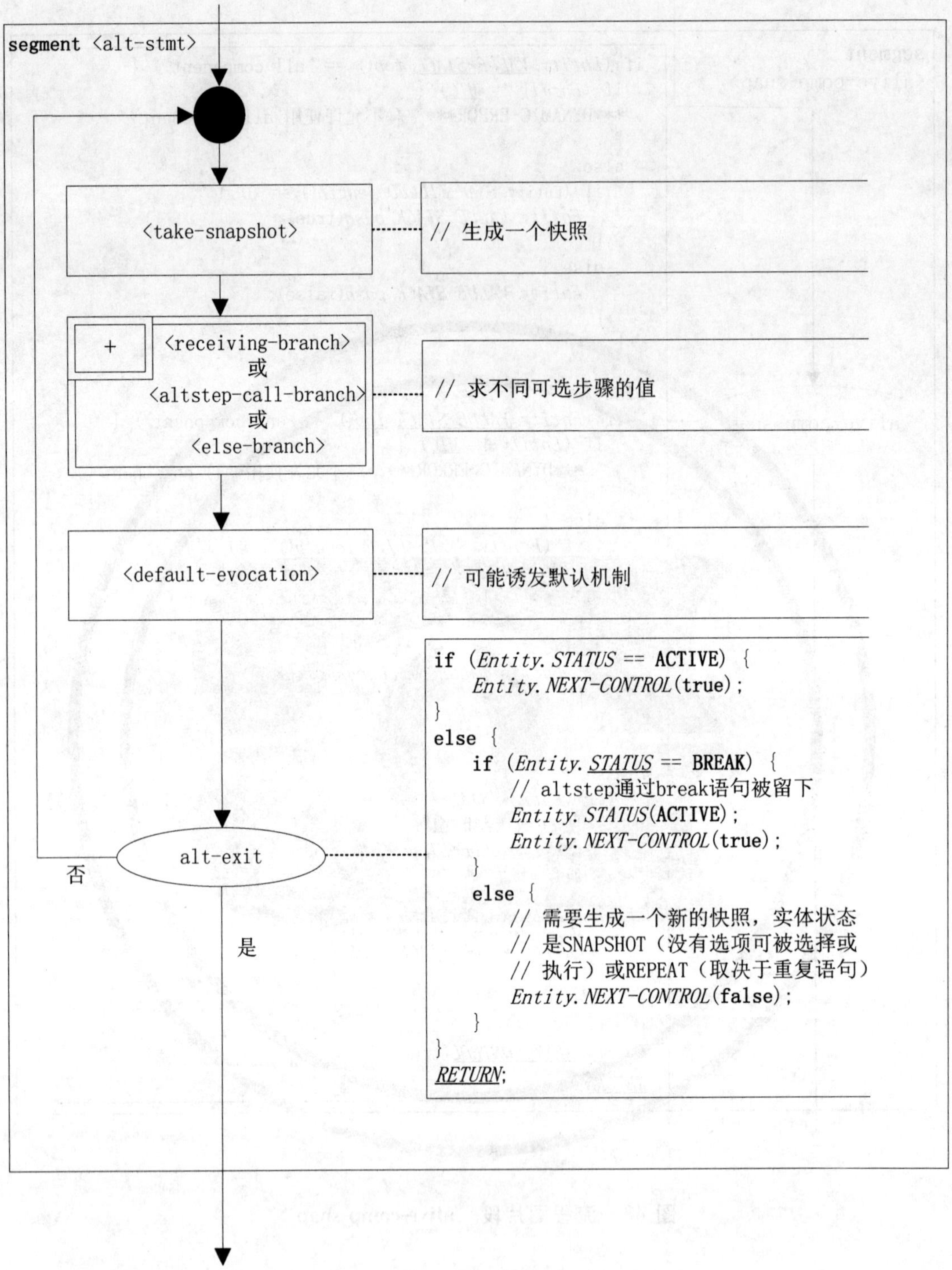

图 44　流程图片段<alt-stmt>

8.4.2　流程图片段 <take-snapshot>

图 45 中的流程图片段<take-snapshot>描述了快照的过程。快照记录端口、定时器和已停止组件的值。

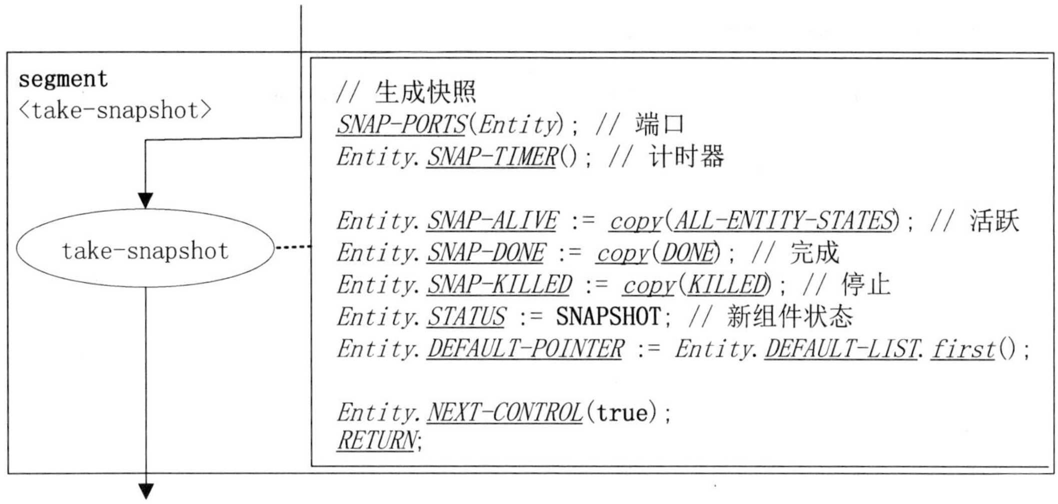

图 45　流程图片段<take-snapshot>

8.4.3　流程图片段<receiving-branch>

流程图片段<receiving-branch>的执行过程如图 46 所示。

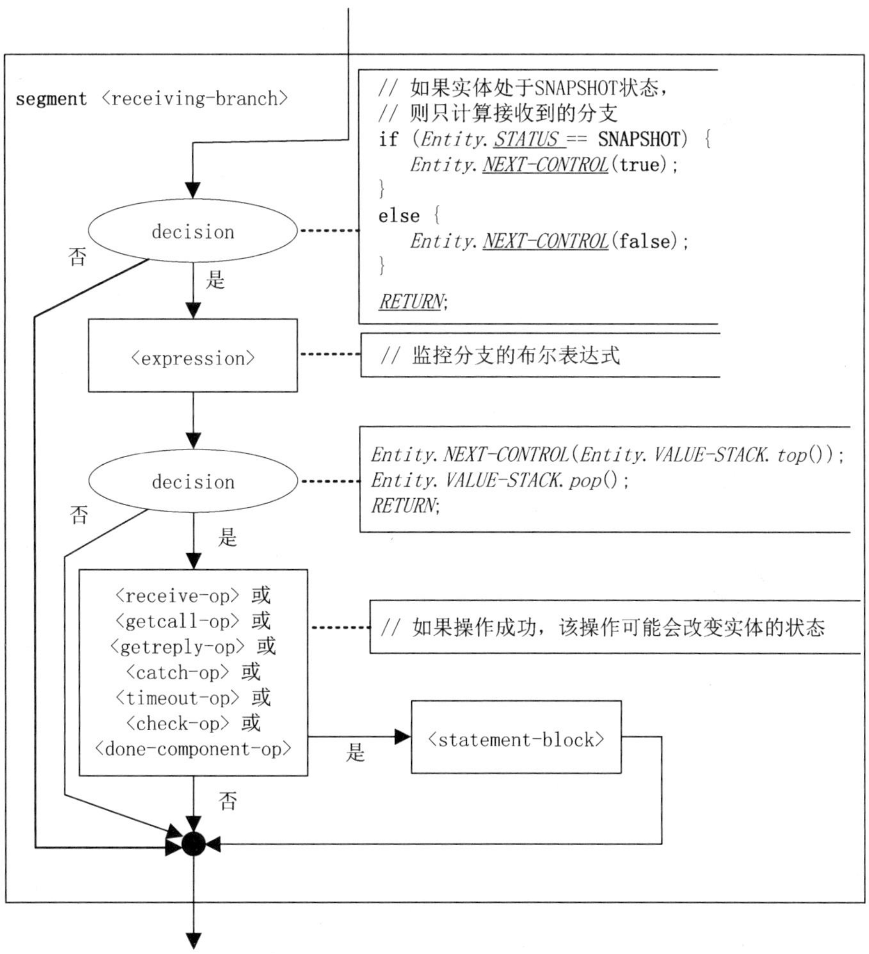

图 46　流程图片段<receiving-branch>

8.4.4 流程图片段<altstep-call-branch>

图 47 中的流程图片段<altstep-call-branch>对 **alt** 语句内备选步的调用进行描述。

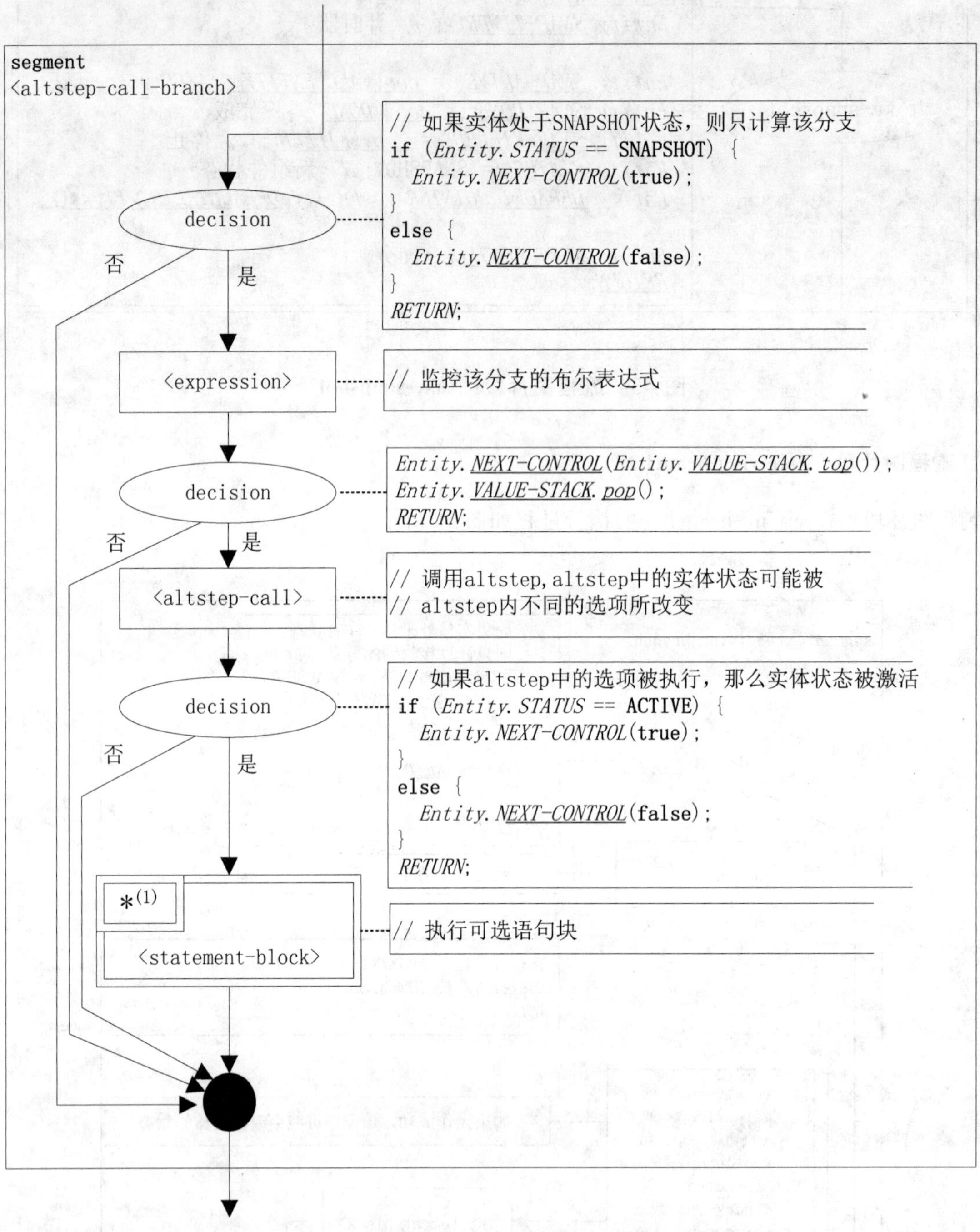

图 47 流程图片段<altstep-call-branch>

8.4.5 流程图片段<else-branch>

图 48 中的流程图片段<else-branch>对 **alt** 语句内 **else** 分支的执行过程进行描述。

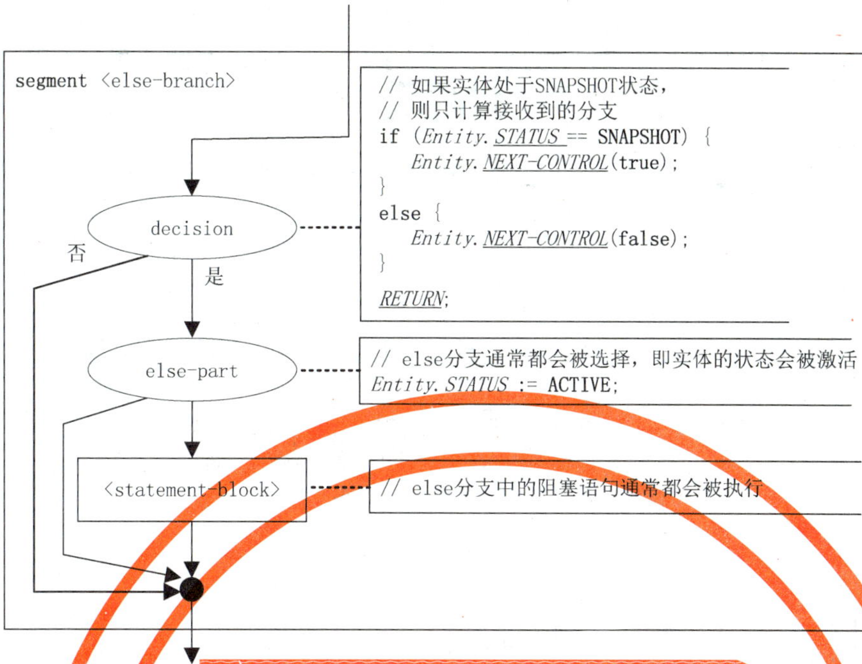

图 48 流程图片段＜else-branch＞

8.4.6 流程图片段＜default-evocation＞

图 49 中的流程图片段＜default-evocation＞对 **alt** 语句结尾处缺省行为的调用进行描述。

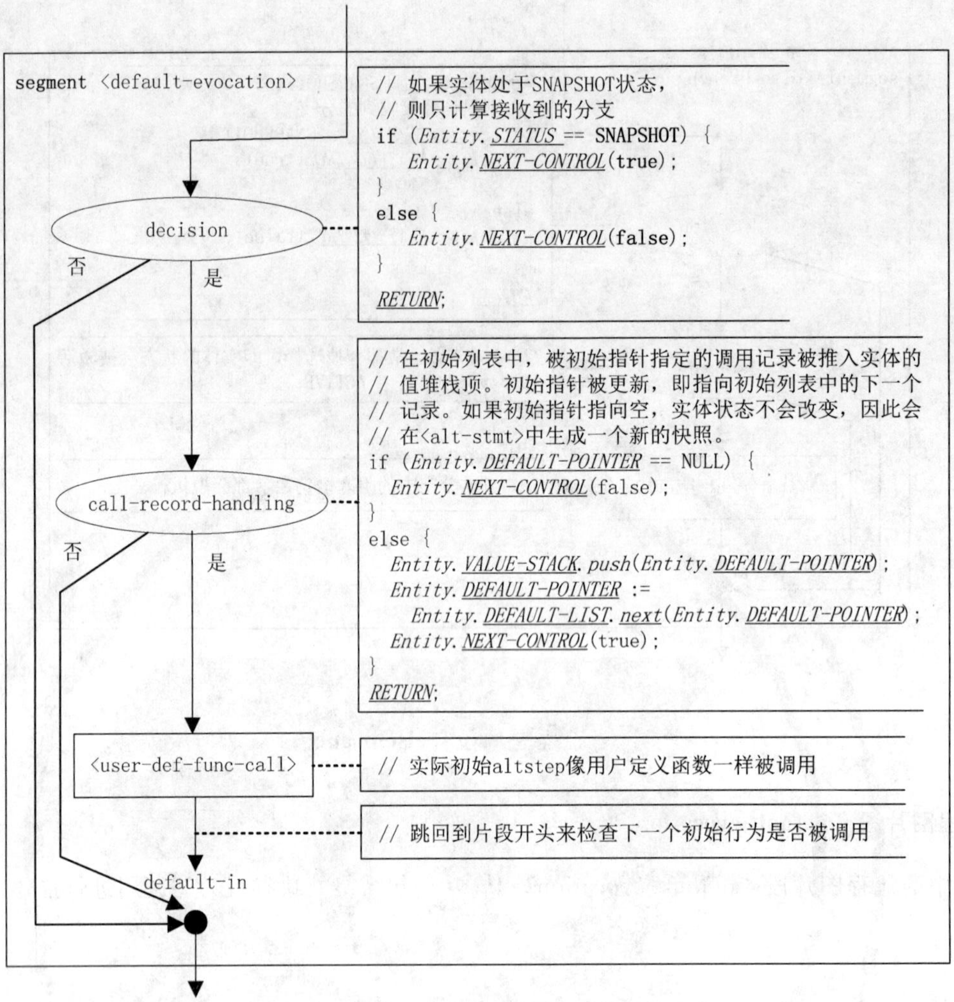

图 49 流程图片段＜**default-evocation**＞

8.5 备选步调用

如图 50 所示,处理一个备选步的调用与处理一个函数调用方法相似。

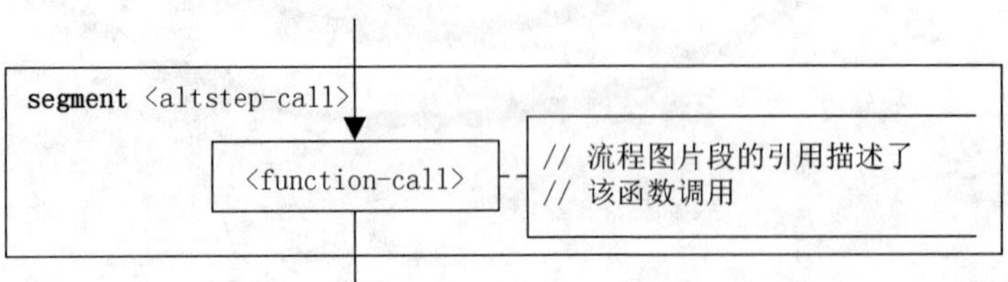

图 50 流程图片段＜**altstep-call**＞

8.6 Assignment 语句

8.6.1 概述

assignment 语句的语法结构是:

＜varId＞ :＝ ＜expression＞

表达式<expression>的值赋给变量<varId>。图 51 中的流程图片段<assignment-stmt>对 assignment 语句的执行过程进行定义：

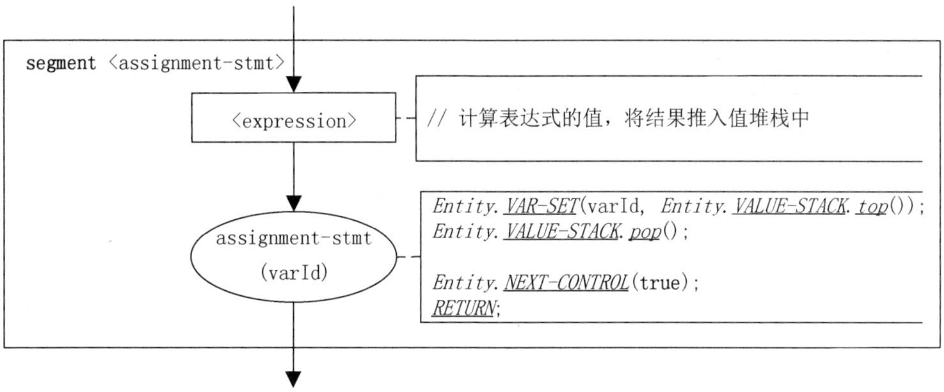

图 51　流程图片段<**assignment-stmt**>

8.6.2　备选步中的 break 语句

在一个备选步中，break 语句的语法结构是：

break

注：用于离开一个循环、一个 interleave 或一个 alt 语句的 break 语句语义，在 7.9 将其定义为使用一对 goto-label 语句的简写形式。

基本上，用于离开一个备选步 break 语句是没有返回值的返回语句，同时也将实体状态变为 BREAK。BREAK 状态阻止了已调用 alt 语句被重新调用，同时也阻止了 alt 语句中备选步调用后可选语句块的执行。break 语句也适用于被默认机制间接调用的备选步。在这个示例中，左边是调用了默认机制的 alt 语句。图 52 中的流程图片段<break-altstep-stmt>定义了离开备选步的 break 语句的执行过程。

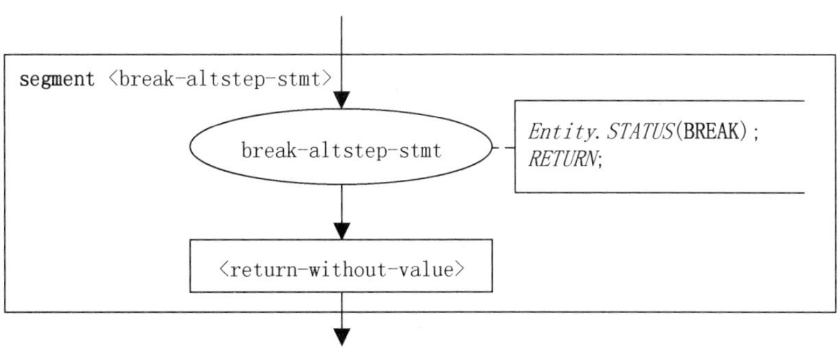

图 52　流程图片段<**break-altstep-stmt**>

8.7　Call 操作

8.7.1　概述

call 操作的语法结构是：

<portId>.call (<callSpec> [<blocking-info>]) [to <receiver-spec >] [<call-reception-part>]

可选的<blocking-info>由关键字 nowait 或超时异常的持续时间组成。to 子句中可选的

<receiver-spec>指的是接收方实体。在一对一通信的情况下，<receiver-spec>指的是单一的实体(包括 SUT 或者 SUT 中的一个实体)。在多播或广播通信的情况下，<receiver-spec>通过调用组件的指定端口连接指定一组或所有测试组件。可选的<call-reception-part>表示在阻塞 call 操作情况下的可选接收。

操作语义区分阻塞 call 操作和非阻塞 call 操作。如果在 call 操作中使用关键字 nowait，那么 call 操作是非阻塞的，或者如果所调用的过程是非阻塞的，那么通过关键字 noblock 进行定义。阻塞 call 操作有一个 <call-reception-part>。

图 53 中的流程图片段<call-op>对 call 操作的执行过程进行定义。它反映了阻塞调用与非阻塞调用之间的区别。

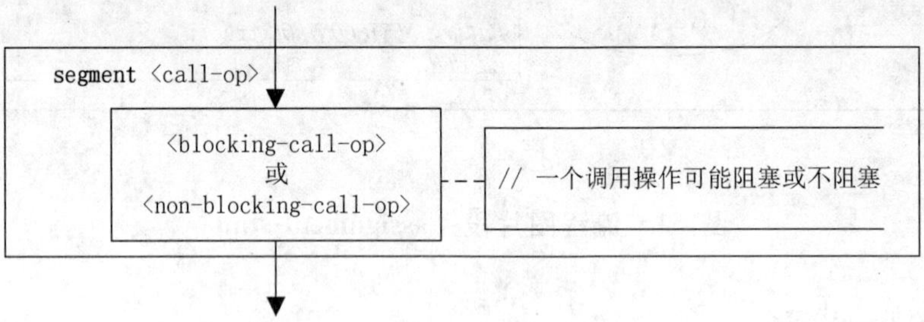

图 53　流程图片段<**call-op**>

对阻塞 call 操作和非阻塞 call 操作，可以以表达式的形式对接收方实体进行描述。其可能性如图 54 和图 55 所示。

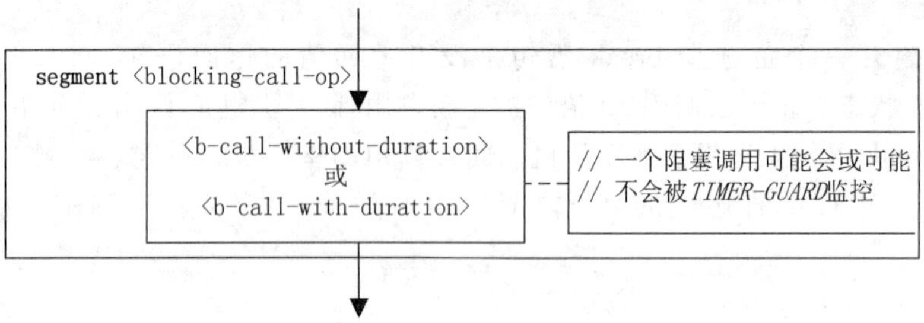

图 54　流程图片段<**blocking-call-op**>

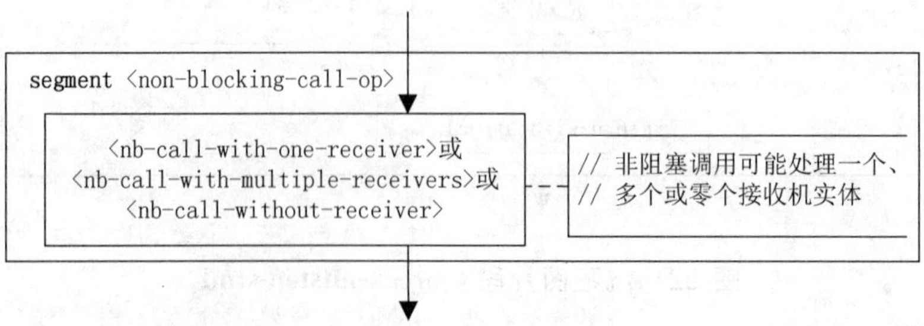

图 55　流程图片段<**non-blocking-call-op**>

8.7.2　流程图片段<nb-call-with-receiver>

8.7.2.1　概述

图 56 中的流程图片段<nb-call-with-receiver>对非阻塞 call 操作的执行过程进行定义，其中的接

收方以表达式的形式进行描述。

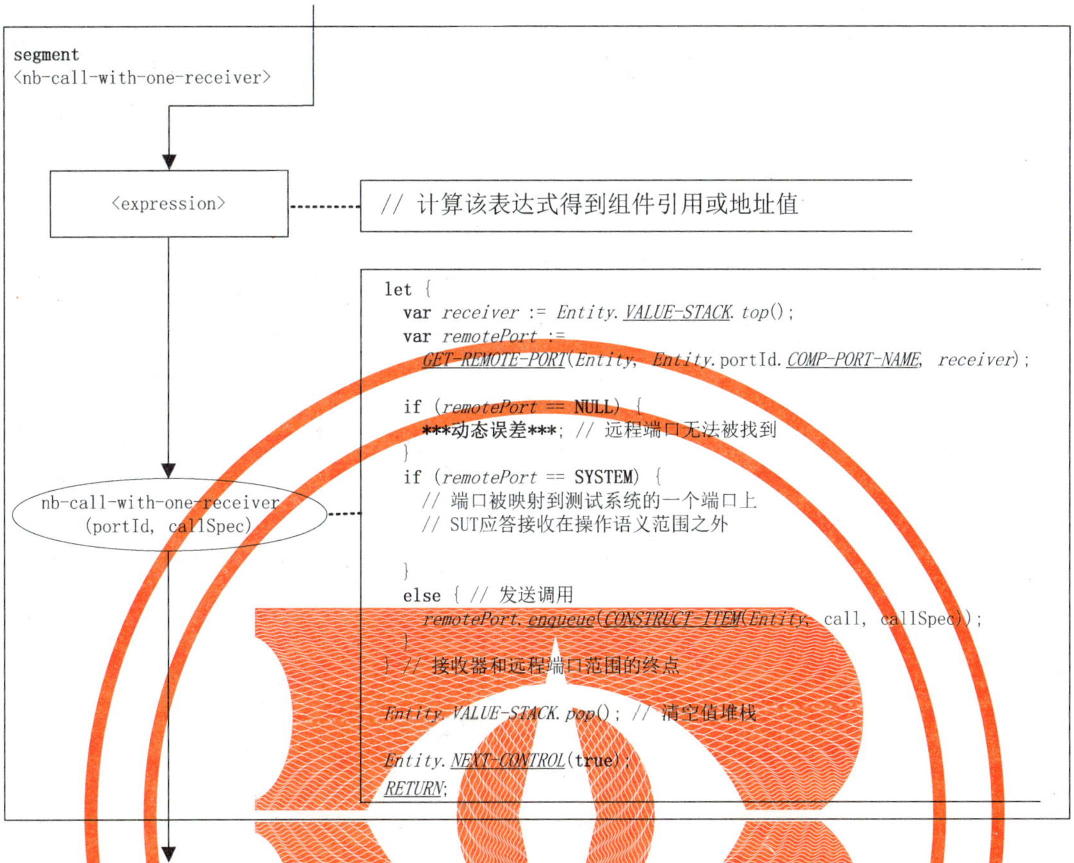

图 56　流程图片段<nb-call-with-receiver>

8.7.2.2　图片段<nb-call-with-multiple-receivers>

图 57 中的流程图片段<nb-call-with-multiple-receivers>定义了一个非阻塞的 call 操作的执行过程,解决了多个接收器的问题。在广播通信的情况下,关键字 all component 用作接收器规格。在多播通信的情况下,提供一个表达式列表评估组件引用或地址值。

已编址的实体(或关键字 all component)组件引用或地址值被推送到调用实体的值堆栈。值堆栈存放的引用或地址值个数被认为是已知的,也就是图 57 中基本流程图节点 nb-call-with-multiple-receivers 的 number 参数。在广播通信的情况下,参数 number 为 1,也就是关键字 all component 处于值堆栈的顶端。

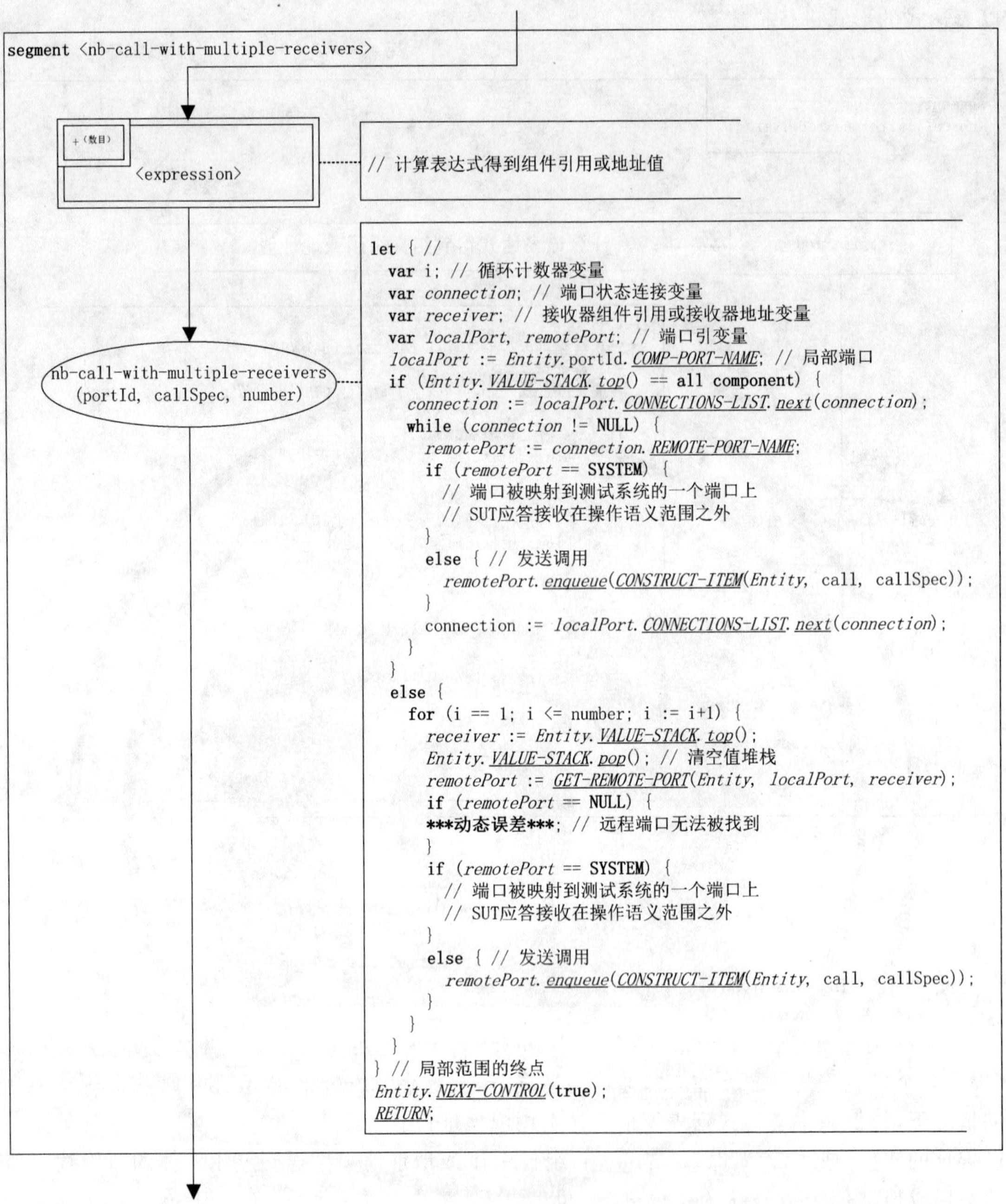

图 57　流程图片段 **<nb-call-with-multiple-receivers>**

8.7.3　流程图片段<**nb-call-without-receiver**>

图 58 中的流程图片段<nb-call-without-receiver>对不带 to 子句的非阻塞 call 操作的执行过程进行定义。

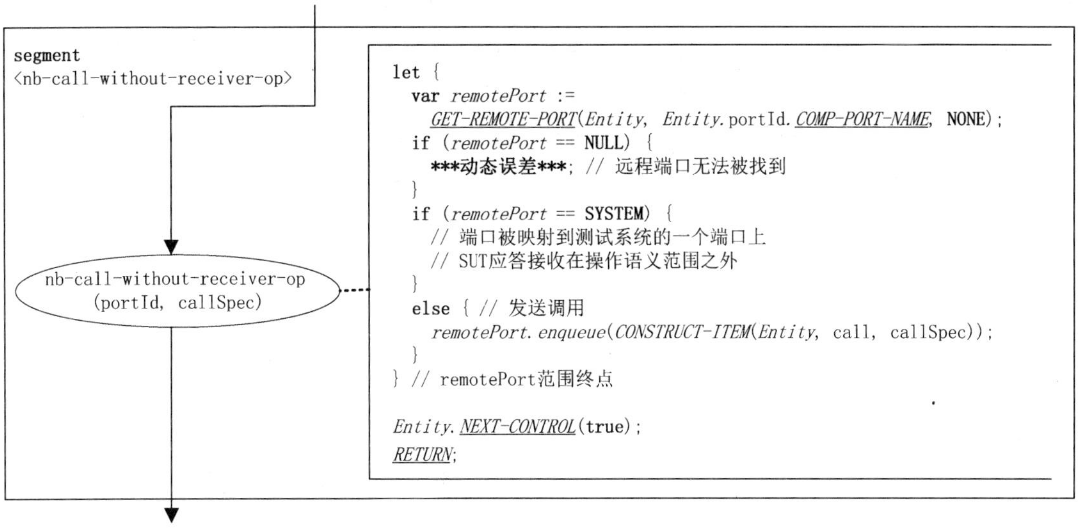

图 58 流程图片段<nb-call-without-receiver>

8.7.4 流程图片段<b-call-without-duration>

阻塞调用操作通过一个后跟调用主体的非阻塞调用操作来建模，它处理应答和异常。图 59 中的流程图片段<b-call-without-duration>对阻塞调用操作（它没有一个给定的持续时间作为时间防卫）的执行过程进行定义。

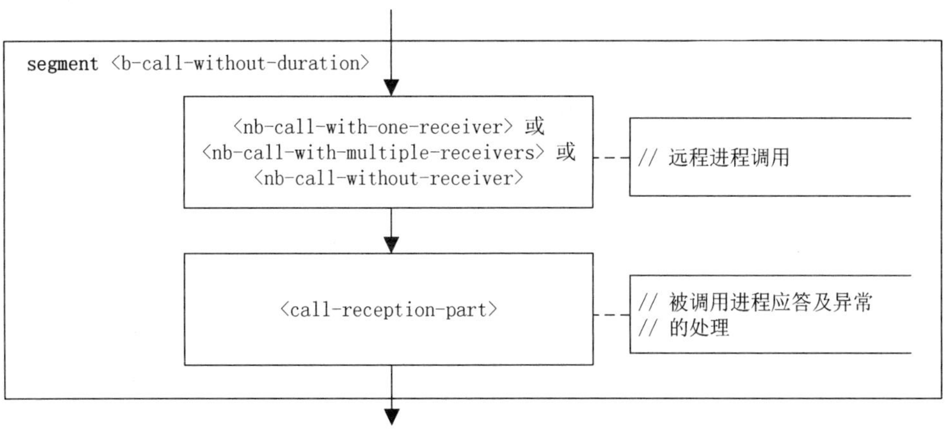

图 59 流程图片段<b-call-without-duration>

8.7.5 流程图片段<b-call-with-duration>

图 60 中的流程图片段<b-call-with-duration>对阻塞调用操作（它有一个持续时间作为时间防卫）的执行过程进行定义。

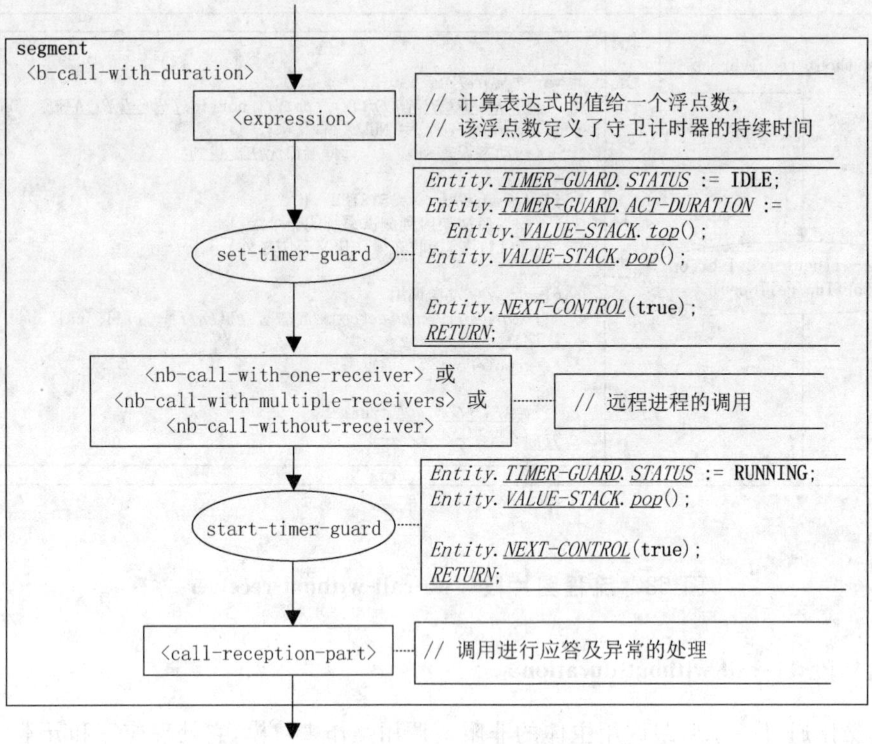

图 60 流程图片段＜**b-call-with-duration**＞

8.7.6 流程图片段＜call-reception-part＞

图 61 中的流程图片段＜call-reception-part＞对阻塞调用操作的应答、异常和超时异常处理过程进行描述。

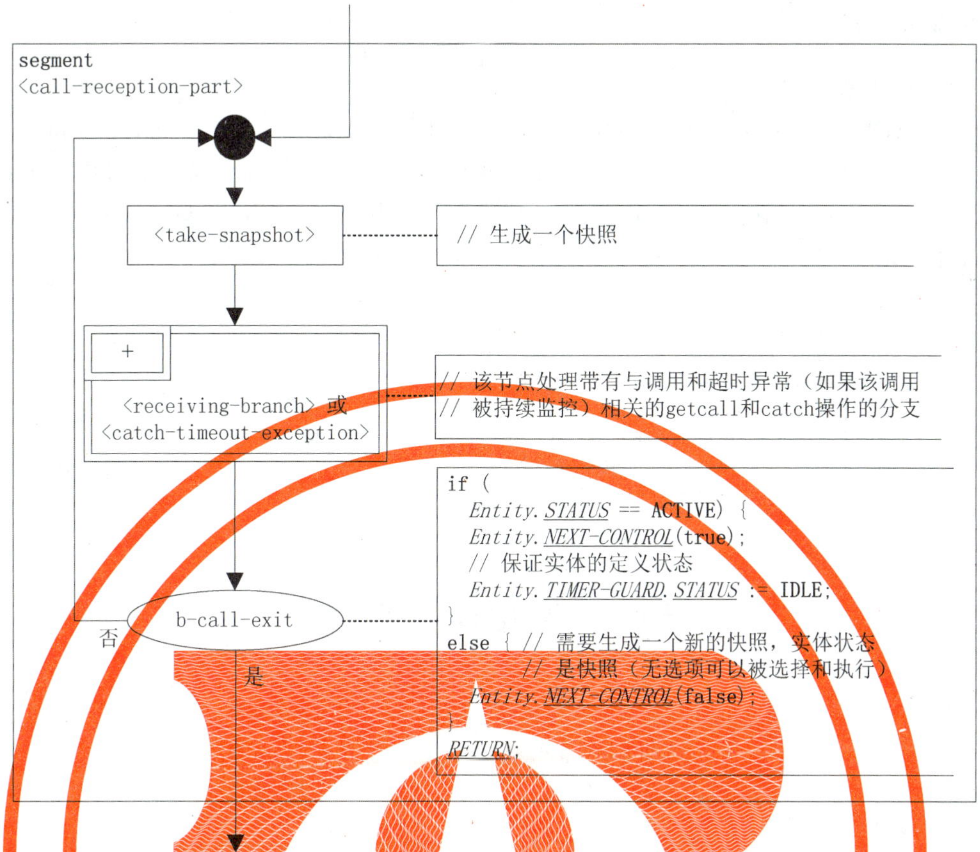

图 61　流程图片段<**call-reception-part**>

8.7.7　流程图片段<**catch-timeout-exception**>

图 62 的流程图片段<catch-timeout-exception>对阻塞调用操作(它通过一个持续时间来防卫)的超时异常处理过程进行描述。

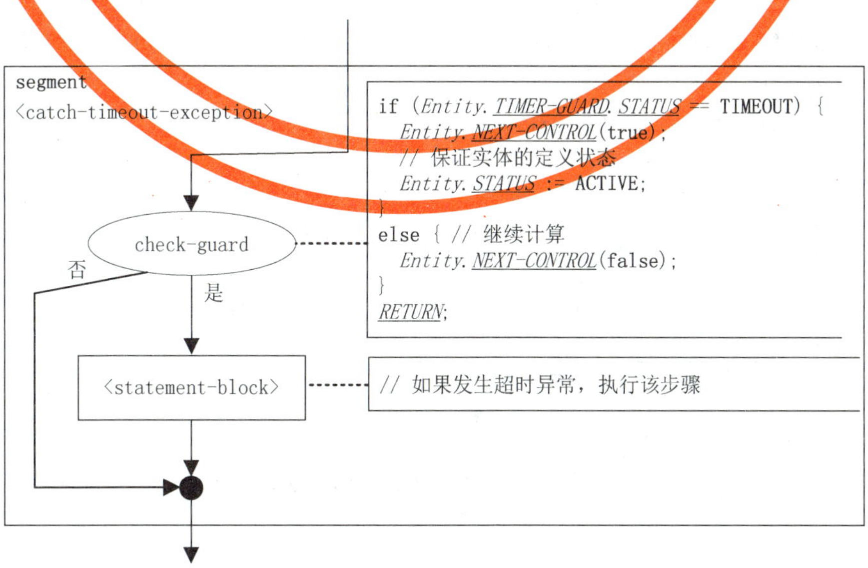

图 62　流程图片段<**catch-timeout-exception**>

8.8 Catch 操作

catch 操作的语法结构是：

＜portId＞.catch (＜matchingSpec＞) [from ＜component_expression＞] -＞ [＜assignmentPart＞]

除了关键字 catch，本语法结构与 receive 操作的语法结构等同。因此，操作语义以与 receive 操作相同的方式来处理 catch 操作。图 63 中的流程图片段＜catch-op＞也对 catch 操作的执行过程进行了定义。该图指的是与 receive 操作相关的流程图片段(见 8.38)。

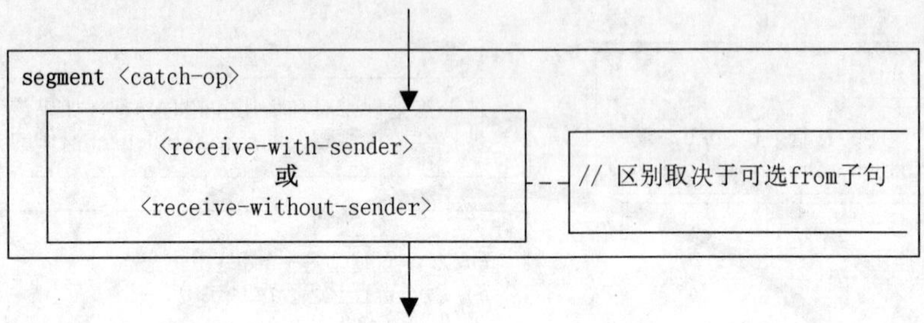

图 63 流程图片段＜catch-op＞

8.9 check 操作

8.9.1 概述

check 操作的语法结构是：

＜portId＞.check(receive|getcall|catch|getreply (＜matchingSpec＞)

[from ＜component-expression＞]) [-＞ ＜assignmentPart＞]

from 子句中可选的＜component-expression＞指的是发送方实体。它可以以变量值或函数返回值的形式来提供，即假设它是一个表达式。如果收到的信息匹配于匹配说明＜matchingSpec＞并匹配(可选的)from 子句，那么可选的＜assignmentPart＞表示接收到信息的赋值。

操作语义以相同的方式来处理 receive、getcall、catch 和 getreply 操作，即通过引用相同的流程图片段＜receive-with-sender＞ 和 ＜receive-without-sender＞来对它们进行描述。check 操作也以相同的方式来处理不同的操作。因此，图 64 中的流程图片段＜check-op＞对 check 操作的执行过程进行定义，也只引用两个流程图片段。流程图片段＜receive-with-sender＞和 ＜receive-without-sender＞唯一的不同之处是在匹配后不删除接收到的条目。

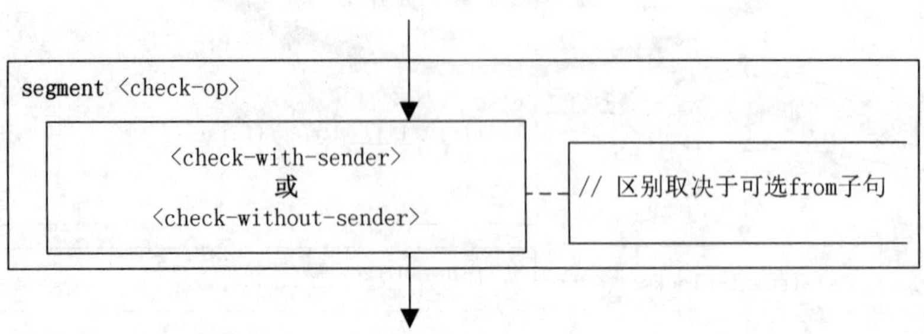

图 64 流程图片段＜check-op＞

8.9.2 流程图片段<check-with-sender>

图 65 中的流程图片段<check-with-sender>对 check 操作的执行过程进行定义，其中的发送方以表达式的形式进行描述。

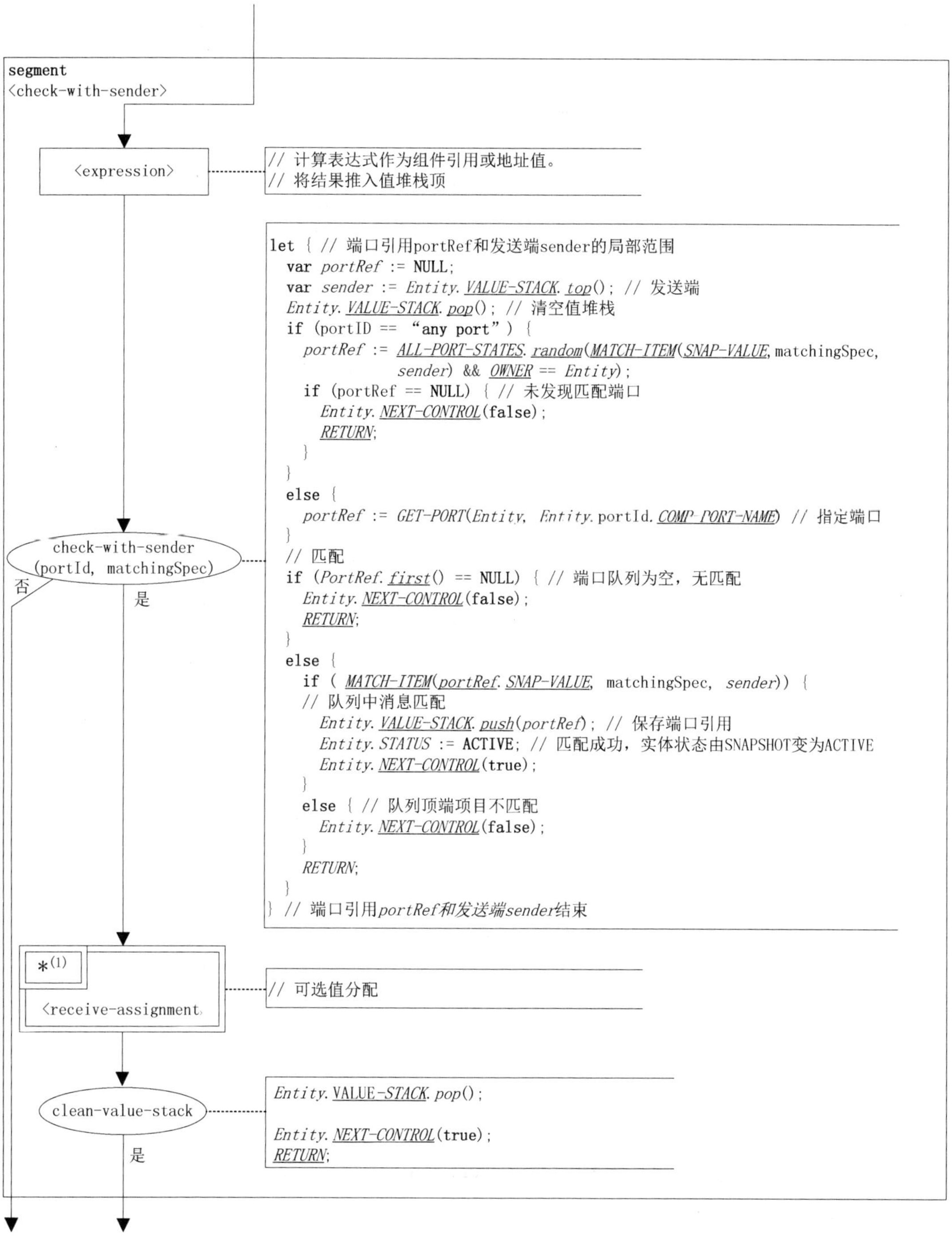

图 65　流程图片段<check-with-sender>

8.9.3 流程图片段<check-without-sender>

图 66 中的流程图片段<check-without-sender>对不带 from 子句的 check 操作的执行过程进行

定义。

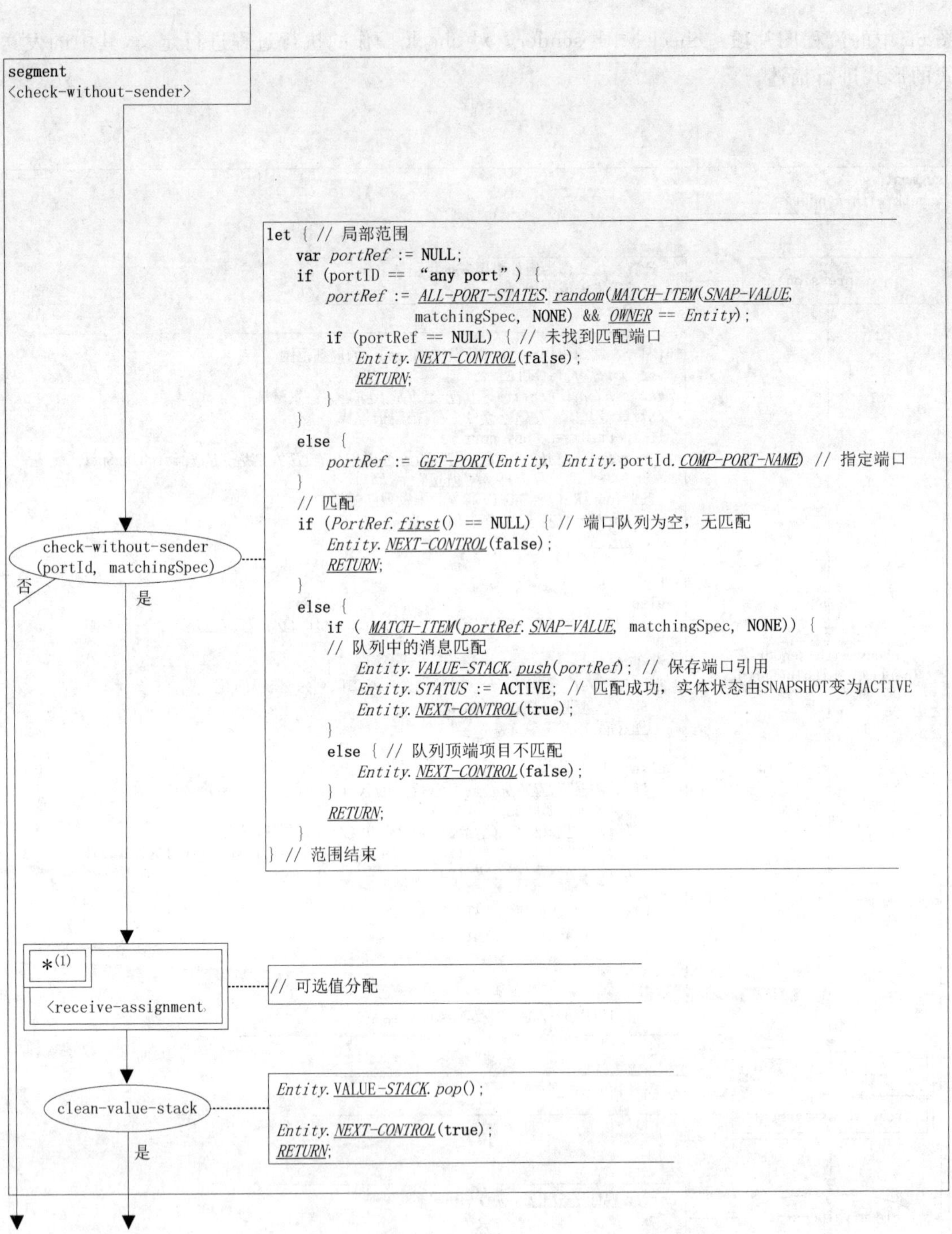

图 66　流程图片段<**check-without-sender**>

8.9.4　Checkstate 端口操作

8.9.4.1　概述

checkstate 端口操作的语法结构是：

<portId>.checkstate(<charstring-expression>)

checkstate 端口操作允许检查端口的状态。如果端口处于 charstring 参数指定的状态，checkstate 操作返回 true 布尔值。否则，checkstate 操作返回 false 布尔值。调用带有无效参数的 checkstate 操作会引起错误。简单起见，关键字“all port”和“any port”被看作是<portId>的特殊值。

checkstate 端口操作的结果被压入实体的值堆栈，这调用了该操作。

图 67 中的流程图片段<checkstate-port-op>定义了 running 组件操作的执行过程。

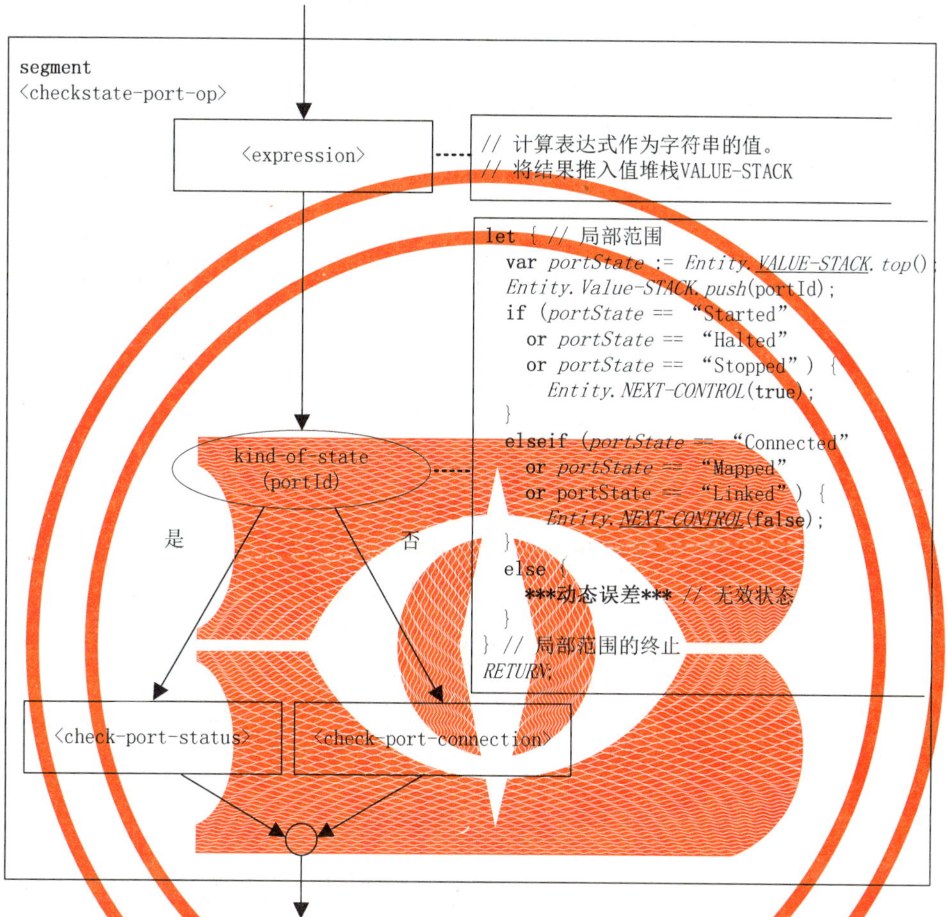

图 67 流程图片段<checkstate-port-op>

8.9.4.2 流程图片段<check-port-status>

图 68 中的流程图片段<check-port-status>通过检查端口状态的 STATUS 字段(7.3.4)描述了 checkstate 组件操作的执行过程。

```
let { // 局部范围
  var portId; // 存储portId
  var checkstate-par; // 待检查的检查状态参数
  var checkState; // 待检查的端口状态
  var result; // 中间结果的布尔值
  var port;
portId := Entity.VALUE-STACK.top();
Entity.VALUE-STACK.pop();

checkstate-par := Entity.VALUE-STACK.top();
Entity.VALUE-STACK.pop();

if (checkstate-par == "Started") checkState := STARTED;
if (checkstate-par == "Halted") checkState := HALTED;
if (checkstate-par == "Stopped") checkState := STOPPED;

 if (Entity.PORT-REF == NULL) { // 实体无端口
   result := false;
 }
 else if (portId == 'all port') {
   port := ALL-PORT-STATES.first();
   result := true;
   while (port != NULL and result == true) {
     if (port.OWNER == Entity) {
       if (port.STATUS != checkState) result := false;
     }
     port := ALL-PORT-STATES.next();
   }
 }
 else if (portId == 'any port') {
   port := ALL-PORT-STATES.first();
   result := false;
   while (port != NULL and result == false) {
     if (port.OWNER == Entity) {
       if (port.STATUS == checkState) result := true;
     }
     port := ALL-PORT-STATES.next();
   }
 }
 else {
   port := Entity.portId.COMP-PORT-NAME;
   if (port == NULL) {
     ***动态误差*** // 端口不能被检索
   }
   else{
     if (port.STATUS == checkState) result := true;
     if (port.STATUS != checkState) result := false
   }
 }

 Entity.VALUE-STACK.push(result);
 }
Entity.NEXT-CONTROL(true);
RETURN;
```

图 68 流程图片段<**check-port-status**>

8.9.4.3 流程图片段 <**check-port-connection**>

图 69 中的流程图片段<check-port-connection>通过调查端口状态的 CONNECTIONS-LIST (7.3.4)描述了 checkstate 组件作的执行过程。

segment
<check-port-connection>

check-port-connection

```
let { // 局部范围
  var portId; // 存储portId
  var checkstate-par; // 待检查的检查状态参数
  var result; // 中间结果的布尔值
  var isNotLinked := false; // 中间结果的布尔值
  var isMapped := false; // 中间结果的布尔值
  var isConnected := false; // 中间结果的布尔值
  var singleport := false; // 中间结果的布尔值
  var port;
portId := Entity.VALUE-STACK.top();
Entity.VALUE-STACK.pop();

checkstate-par := Entity.VALUE-STACK.top();
Entity.VALUE-STACK.pop();

  if (portId == 'any port' or portId == 'all port') {
    singleport := false;
    port := ALL-PORT-STATES.first();
  }
  else {
    singleport := true;
    port := Entity.portId.COMP-PORT-NAME;
  }
  while (port != NULL) {
    if (port.OWNER == Entity) {
      if (port.CONNECTIONS-LIST == NULL) {
        isNotLinked := true; // unlinked port
      }
      if (port.CONNECTIONS-LIST.length() == 1) {
        if (GET-REMOTE-PORT(Entity,port,NONE) == SYSTEM) {
          isMapped := true; // mapped port
        }
        else {
          isConnected := true; // connected port
        }
      }
      else { // more than one connection
        isConnected := true; // connected port
      }
    }
    if (singleport == false) port := ALL-PORT-STATES.next();
    if (singleport == true) port := NULL;
  }
  if (portId == 'any port') {
    if (checkstate-par == "Connected") result := isconnected;
    if (checkstate-par == "Mapped") result := ismapped;
    if (checkstate-par == "Linked") result := (ismapped or
isconnected);
  }
  else { // portId is a single port or 'all port'
    if (checkstate-par == "Connected") {
      result := (isconnected and not(ismapped or isNotLinked));
    }
    else if (checkstate-par == "Mapped") {
      result := (ismapped and not(isconnected or isNotLinked));
    }
    else { // checkstate-par == "Linked"
      result := (ismapped or isconnected) and not(isNotLinked);
    }
  }
  Entity.VALUE-STACK.push(result);
  }
Entity.NEXT-CONTROL(true);
RETURN;
```

图 69　流程图片段<check-port-connection>

8.10 Clear 端口操作

clear 端口操作的语法结构是：

＜portId＞**.clear**

图 70 中的流程图片段＜clear-port-op＞对 clear 端口操作的执行过程进行定义。

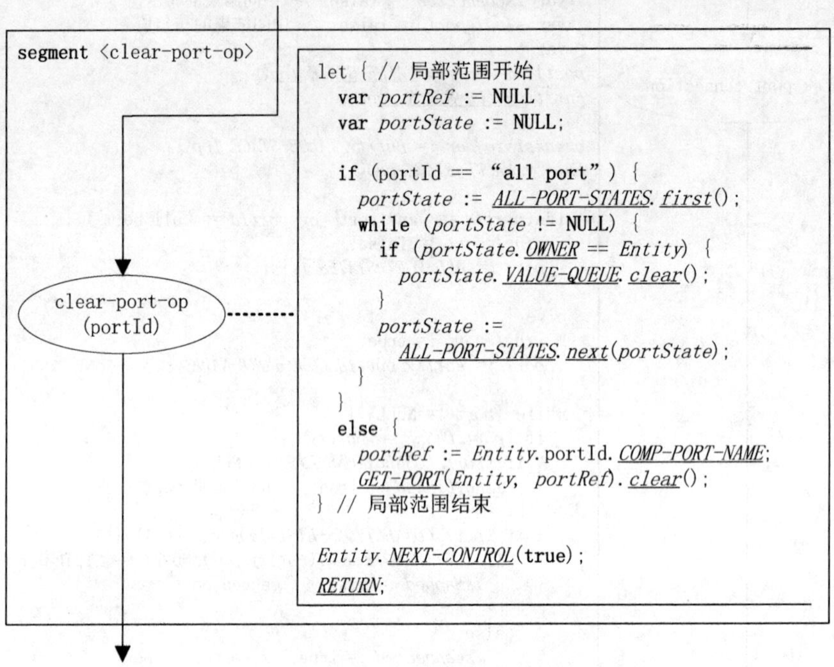

图 70 流程图片段＜clear-port-op＞

8.11 Connect 操作

connect 操作的语法结构是：

connect(＜component-expression$_1$＞:＜portId$_1$＞，＜component-expression$_2$＞:＜portId$_2$＞)

认为标识符＜portId$_1$＞和＜portId$_2$＞是对应测试组件的端口标识符。端口所属的组件通过组件引用＜component-expression$_1$＞和＜component-expression$_2$＞的方式来引用。引用可以保存在变量中，或通过函数来返回，即它们是计算为组件引用的表达式。值堆栈用于保存组件引用。

图 71 中的流程图片段＜connect-op＞对 connect 操作的执行过程进行定义。在流程图描述中，待计算的第一个表达式指的是＜component-expression$_1$＞，第二个表达式指的是＜component-expression$_2$＞，即当执行 connect-op 节点时，＜component-expression$_2$＞位于值堆栈的顶层。

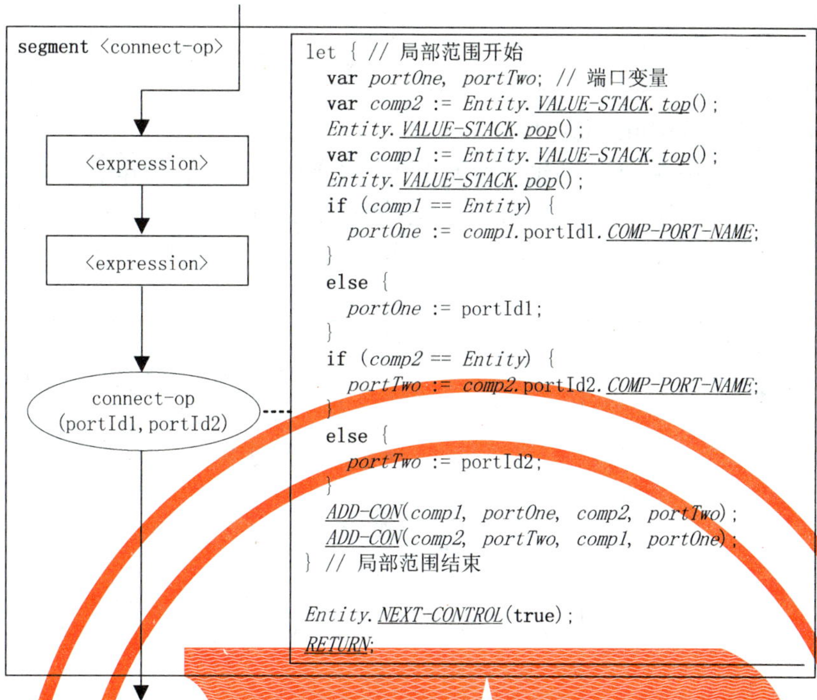

图 71 流程图片段＜connect-op＞

8.12 Constant 定义

constant 定义的语法结构是：

const ＜constType＞ ＜constId＞ ：＝ ＜constType-expression＞

认为一个常量的值是一个表达式，它计算得到一个常量类型的值。

注：在应用本语义之前，用预处理步骤中的值来替换全局常量(见 8.3)。处理局部常量与处理带初始化值的变量声明方法相似。常量的正确用法，即常量绝不得出现在赋值语句的左侧，将 TTCN-3 模块的静态语义分析期间进行检查。

图 72 中的流程图片段＜constant-definition＞对常量声明的执行过程进行定义，其中的常量值以表达式的形式来提供。

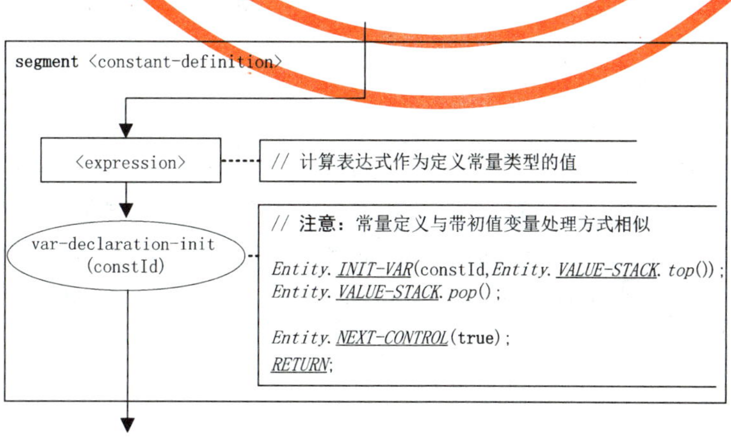

图 72 流程图片段＜constant-definition＞

8.13 Create 操作

create 操作的语法结构是：

<componentTypeId>**.create** [**alive**]

一个存在的 alive 子句表明，创建的组件在停止后可以重新启动。在操作语义中，alive 子句的存在以及缺失被看作是布尔标志处理(图 73 中所示基本流程图节点 create-op 的 alive 参数)。

图 73 中的流程图片段<create-op>对 create 操作的执行过程进行定义。

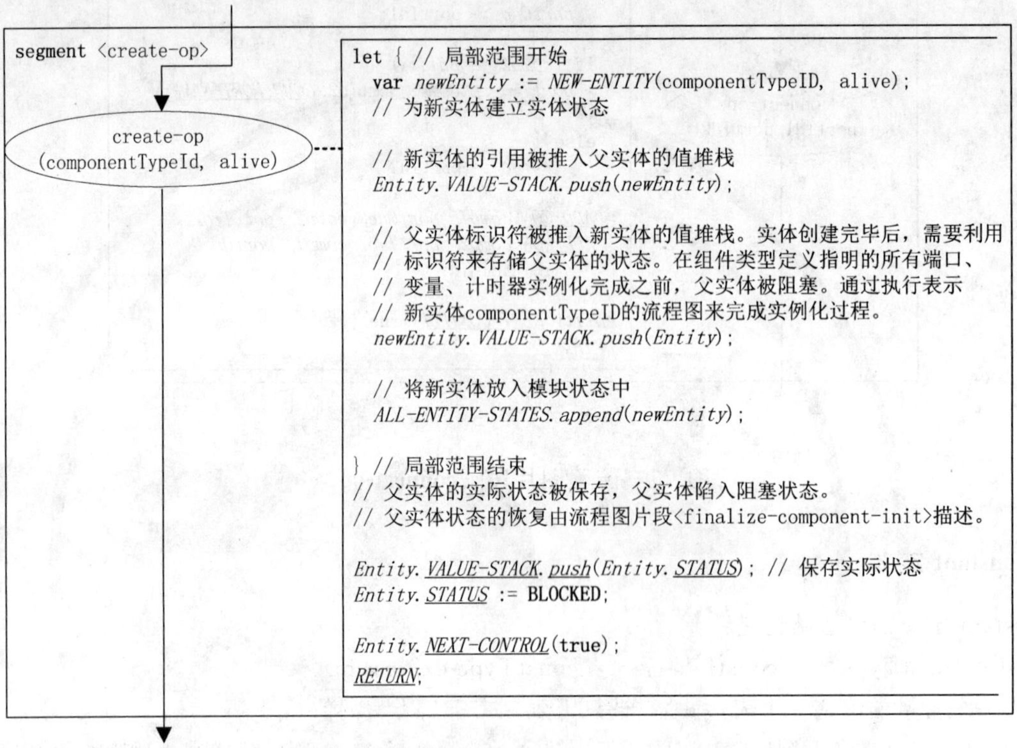

图 73　流程图片段<**create-op**>

8.14 Deactivate 语句

8.14.1 概述

deactivate 语句的语法结构是：

deactivate [(<default-expression>)]

deactivate 语句用于说明执行 deactivate 语句的实体的一个或所有活动缺省值的停用特性。如果一个缺省值应被停用，那么可选的<default-expression>应计算得到一个缺省的引用，它确定待停用的缺省值。调用不带<default-expression>的 deactivate 语句将停用所有活动的缺省值。

图 74 中的流程图片段<deactivate-stmt>对 deactivate 语句的执行过程进行定义。

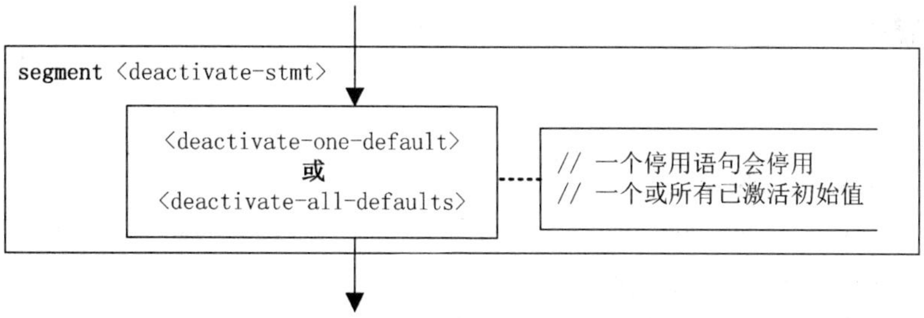

图 74　流程图片段＜deactivate-stmt＞

8.14.2　流程图片段＜deactivate-one-default＞

图 75 中的流程图片段＜deactivate-one-default＞用于说明一个活动缺省值的停用。表达式＜default-expression＞的值应计算得到一个缺省的引用。可以以一个变量值或值返回函数的形式来提供表达式。deactivate 语句从执行 deactivate 语句的实体 DEFAULT-LIST 中清除指定的缺省值。

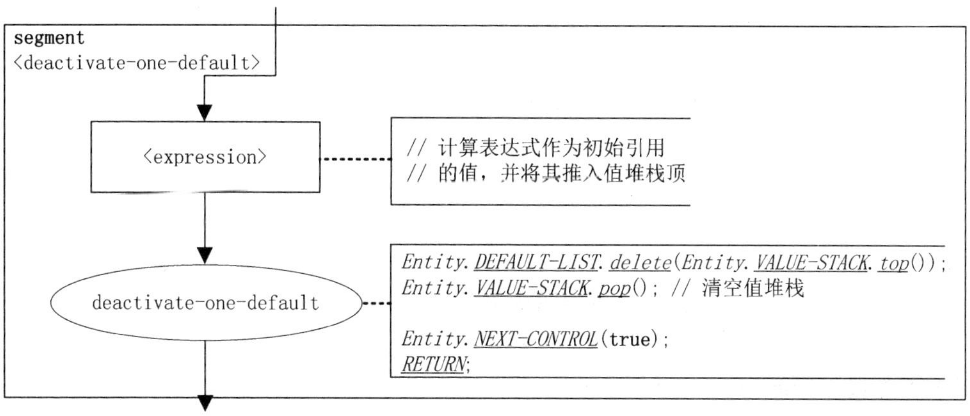

图 75　流程图片段＜deactivate-one-default＞

8.14.3　流程图片段＜deactivate-all-defaults＞

图 76 中的流程图片段＜deactivate-all-defaults＞用于说明所有活动缺省值的停用。deactivate 语句清除执行 deactivate 语句的、实体的 DEFAULT-LIST。

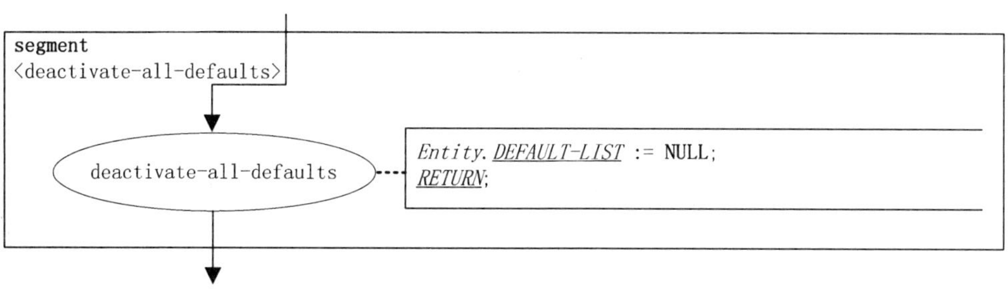

图 76　流程图片段＜deactivate-all-defaults＞

8.15 Disconnect 操作

8.15.1 概述

disconnect 操作的语法结构是：

disconnect(＜component-expression$_1$＞:＜portId1＞［,＜component-expression$_2$＞:＜portId2＞］)
＜component-expression$_2$＞:＜portId2＞)

认为标识符＜portId1＞和＜portId2＞是对应的测试组件的端口标识符。通过组件引用＜component-expression1＞和＜component-expression2＞的方式来引用端口所属的组件。引用可以保存在变量中或通过函数返回，即它们是表达式，将计算得到组件引用。值堆栈用于保存组件引用。

Disconnect 操作可以使用一对参数和两对参数。如果 MTC 对所有组件执行一个参数对的 disconnect 操作，可能会断开一个组件的连接。使用两对参数的 disconnect 操作允许断开特定的连接。

图 77 中的流程图片段＜disconnect-op＞区分了两种 disconnect 操作的使用，并对其执行过程进行定义。

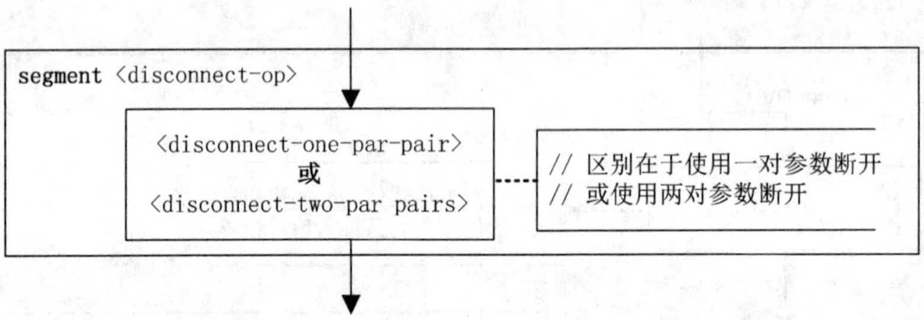

图 77 流程图片段＜disconnect-op＞

8.15.2 流程图片段＜disconnect-one-par-pair＞

图 78 中的流程图片段＜disconnect-one-par-pair＞定义了带有一对参数的 disconnect 操作的执行过程。此流程图片段的三种情况是有区别的：

a) mtc 断开了所有组件的连接；

b) 每个组件的所有连接是断开的；

c) 每个组件端口的所有连接是断开的。在流程图片段中，表达式的评估指＜component-expression1＞(见 8.15 中 disconnect 操作的语法结构)。

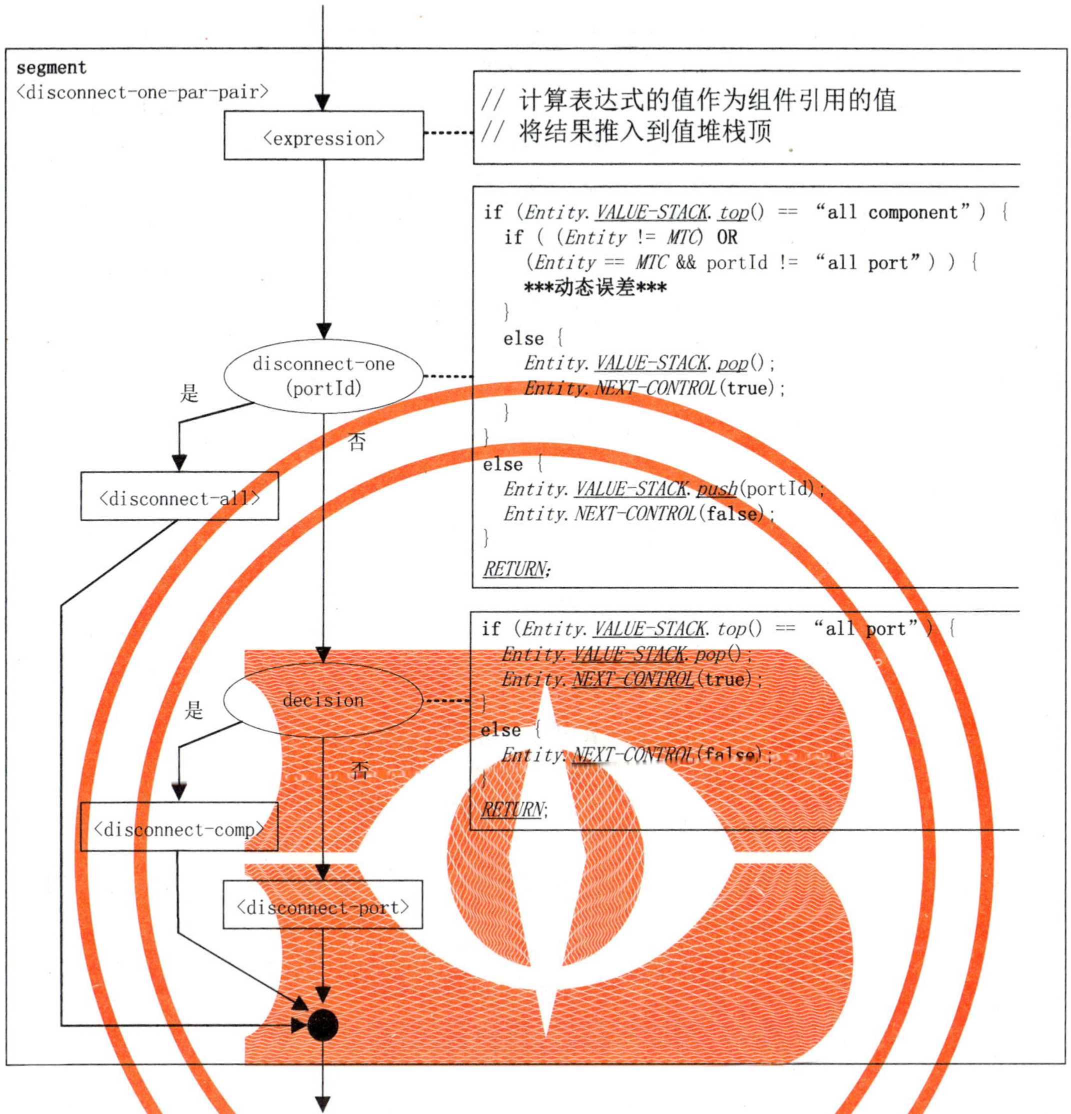

图 78　流程图片段<**disconnect-one-par-pair**>

8.15.3　流程图片段 <**disconnect-all**>

图 79 中的流程图片段<disconnect-all>定义了断开所有组件在所有连接端口处的连接。

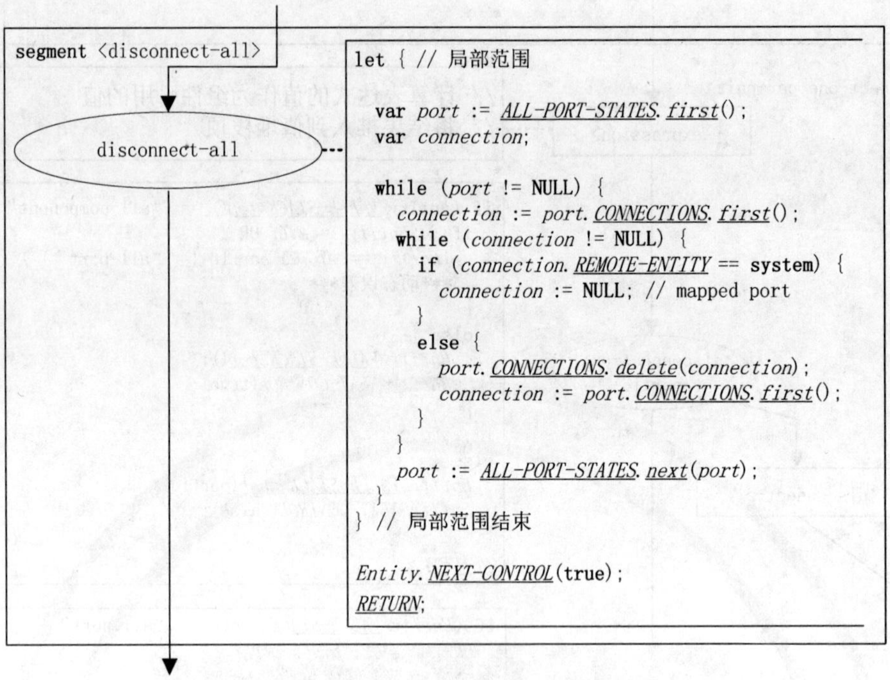

图 79　流程图片段 <**disconnect-all**>

8.15.4　流程图片段 <**disconnect-comp**>

图 80 中的流程图片段<disconnect-comp>定义了断开特定组件在所有连接端口处的连接。

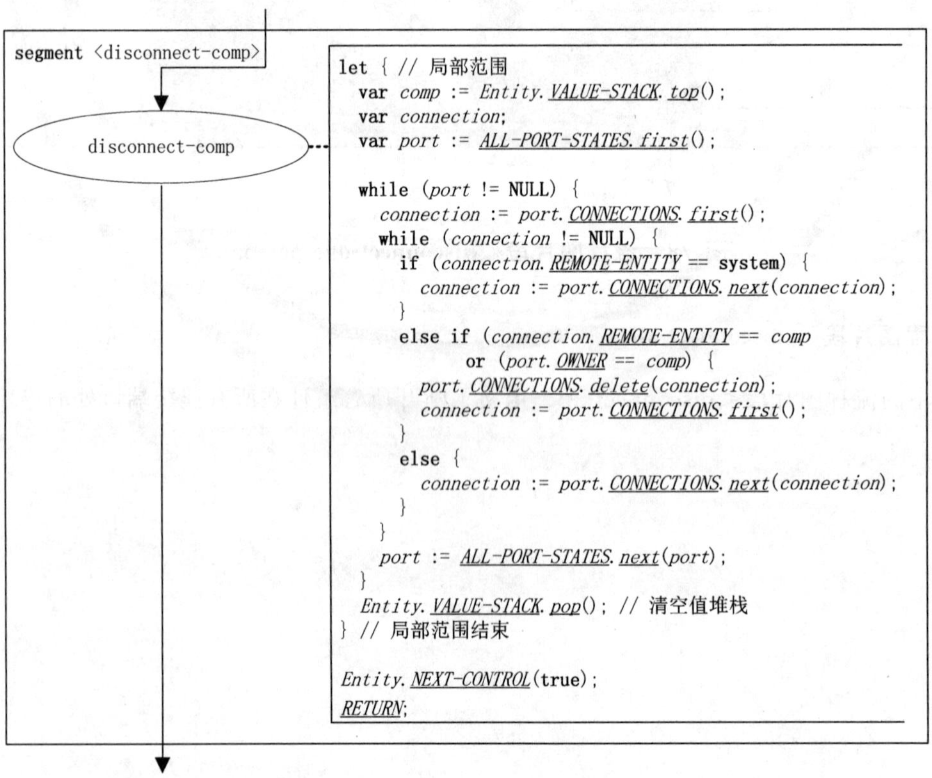

图 80　流程图片段 <**disconnect-comp**>

8.15.5 流程图片段<disconnect-port>

图 81 中的流程图片段<disconnect-port> 定义了一个特定端口的断开连接。

```
let { // 局部范围
  var portId, rPortId;
  var comp, rComp;
  var port;

  portId := Entity.VALUE-STACK.top();
  Entity.VALUE-STACK.pop();
  comp := Entity.VALUE-STACK.top();
  Entity.VALUE-STACK.pop();
  port := GET-PORT(comp, portId);

  var connection := port.CONNECTIONS.first();
  while (connection != NULL) {
    if (connection.REMOTE-ENTITY == SYSTEM) {
    ***动态误差*** // 端口不是已连接端口
    }
    else {
      rComp := connection.REMOTE-ENTITY;
      rPortId := connection.REMOTE-PORT-NAME;
      DEL-CON(comp, portId, rComp, rPortId);
      DEL-CON(rComp, rPortId, comp, portId);
      connection := port.CONNECTIONS.first();
    }
  }
} // 局部范围结束

Entity.NEXT-CONTROL(true);
RETURN;
```

图 81 流程图片段<disconnect-port>

8.15.6 流程图片段<disconnect-two-par-pairs>

如图 82 所示,数据流片段<disconnect-two-par-pairs> 定义了带有两对参数的 disconnect 操作断开特定连接的执行过程。在流程图片段中,第一个表达式的计算指<component-expression$_1$>(见 8.15 中 disconnect 操作的语法结构)以及第二个表达式指<component-expression$_2$>,即当 disconnect-two 节点执行后<component-expression$_2$>在值栈的顶部。

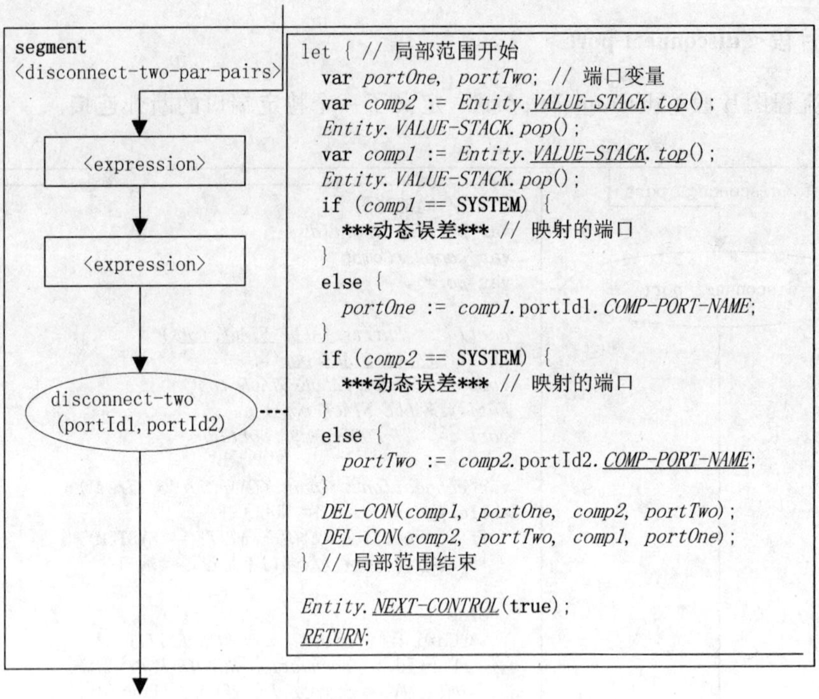

图 82　流程图片段<**disconnect-two-par-pairs**>

8.16　Do-while 语句

do-while 语句的语法结构是：

do <statement-block>

while (<boolean-expression>)

图 83 中的流程图片段<do-while-stmt>对 do-while 语句的执行过程进行定义：

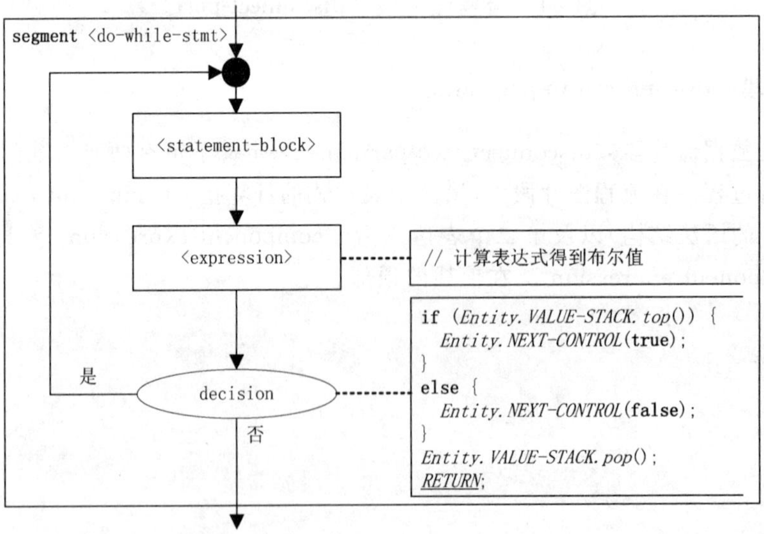

图 83　流程图片段<**do-while-stmt**>

8.17　Done 组件操作

done 组件操作的语法结构是：

<component-expression>**.done**

done 组件操作检查组件是正在运行还是已经停止。依据所检查的组件是正在运行还是已经停止，done 操作决定控制流如何继续进行。使用一个组件引用来确定要检查的组件。引用可以保存在变量中或通过函数返回，即它是一个表达式。为简化起见，认为关键字'all component'和'any component'是特殊的表达式。

图 84 中的流程图片段<done-op>对 done 组件操作的执行过程进行定义。

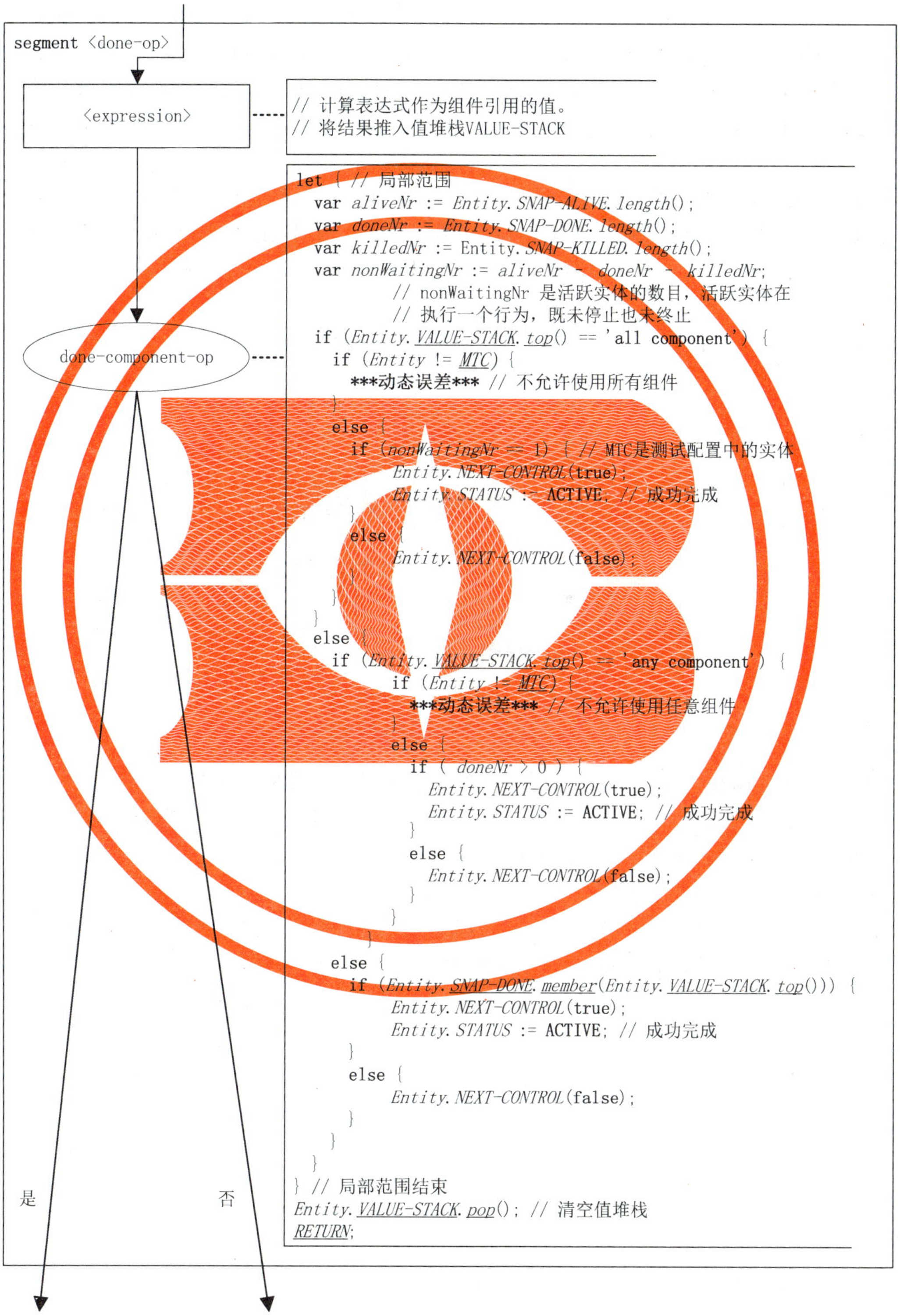

图 84　流程图片段<done-op>

8.18 Execute 语句

8.18.1 概述

execute 语句的语法结构是：

execute(＜testCaseId＞([＜act-par$_1$＞, …, ＜act-par$_n$＞)]) [, ＜float-expression＞])

execute 语句描述带(可选)实参＜act-par$_1$＞,…,＜act-par$_n$＞的测试用例＜testCaseId＞的执行。可选地,执行语句可以通过一个以表达式形式提供的持续时间来防卫,表达式计算得到一个 float。在指定的持续时间内,如果测试用例不返回一个判定,那么发生超时异常,测试用例停止并返回一个 error 判定。

注:操作语义通过 MTC 的停止来构建测试用例停止的模型。实际上,其他机制可能更合适。

如果未发生超时异常,那么创建 MTC,在测试用例终止之前,控制实例(表示 TTCN-3 模块的控制部分)阻塞,对进一步的测试用例执行,将为 MTC 提供控制流。当 MTC 终止时,将控制流还给控制实例。

图 85 中的流程图片段＜execute-stmt＞对 execute 语句的执行过程进行定义。

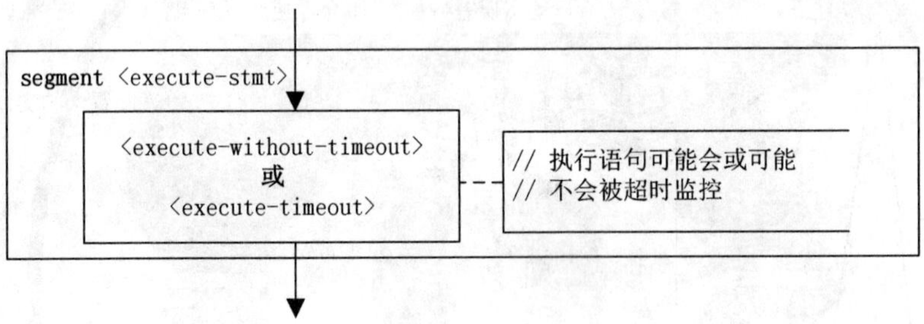

图 85 流程图片段＜execute-stmt＞

8.18.2 流程图片段＜execute-without-timeout＞

测试用例的执行以创建 mtc 开始。然后,以测试用例定义中定义的行为开始 mtc。之后,模块控制等待,直至测试用例终止。可以通过使用 create 和 start 语句来对 MTC 的创建和开始进行描述。

var mtcType MyMTC := mtcType.**create**;

MyMTC.**start**(TestCaseName(P1…Pn));

通过使用 create 和 start 操作的流程图片段,图 85 中的流程图片段＜execute-without-timeout＞对不会发生超时异常的 execute 语句的执行过程进行定义。

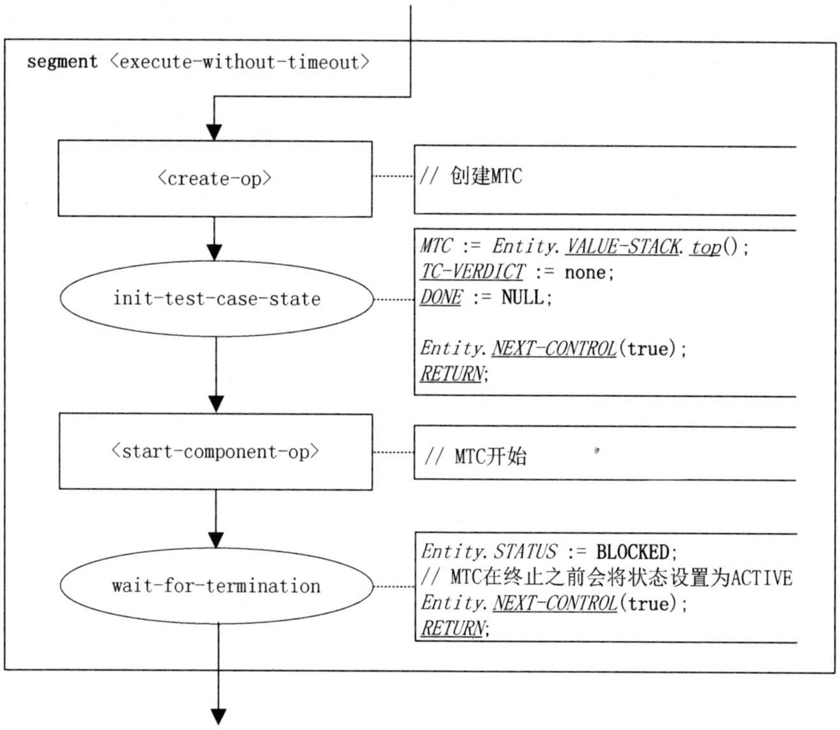

图 86 流程图片段<execute-without-timeout>

8.18.3 流程图片段<execute-timeout>

图 87 中的流程图片段<execute-timeout>对通过一个超时值来防卫的 execute 语句的执行过程进行定义。流程图片段还通过 create 和 start 操作来对 MTC 的创建和开始进行建模。另外，TIMER-GUARD 用于防卫终止。

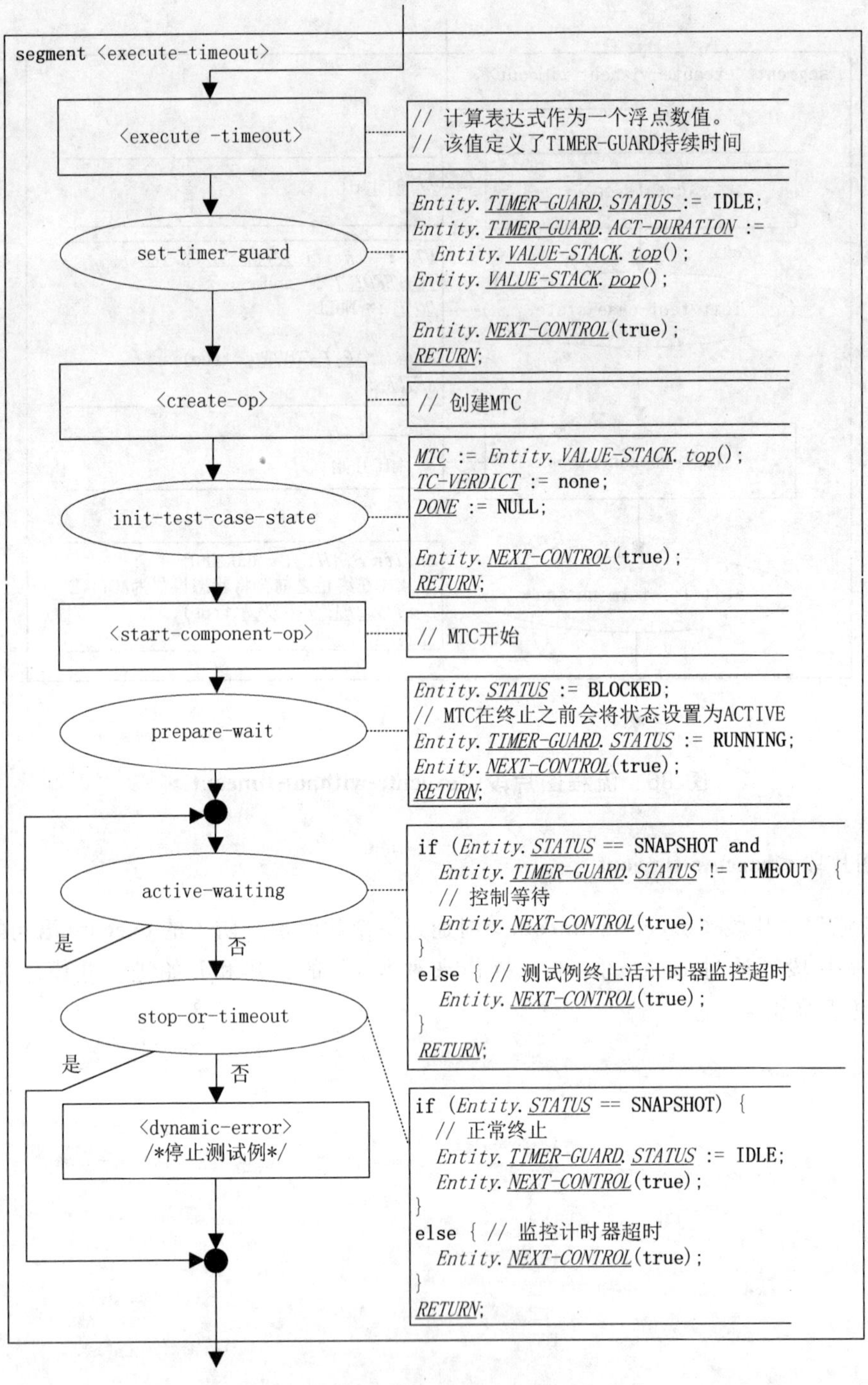

图 87 流程图片段<**execute-timeout**>

8.18.4 流程图片段<**dynamic-error**>

在发生动态错误的情况下，图 88 中的流程图片段<dynamic-error>被测试系统调用。此外，流程图片段<dynamic-error>也被用来描述测试例停止操作的行为（见 8.54.2）。清除分配给测试用例的所有资源，并将 error 判定指派给测试用例。将控制提供给控制部分中的语句，控制部分位于发生错误的执行语句之后。

假使测试用例不在规定的时间限度内终止（见 8.18.3），模块控制调用流程图片段<dynamic-error>。

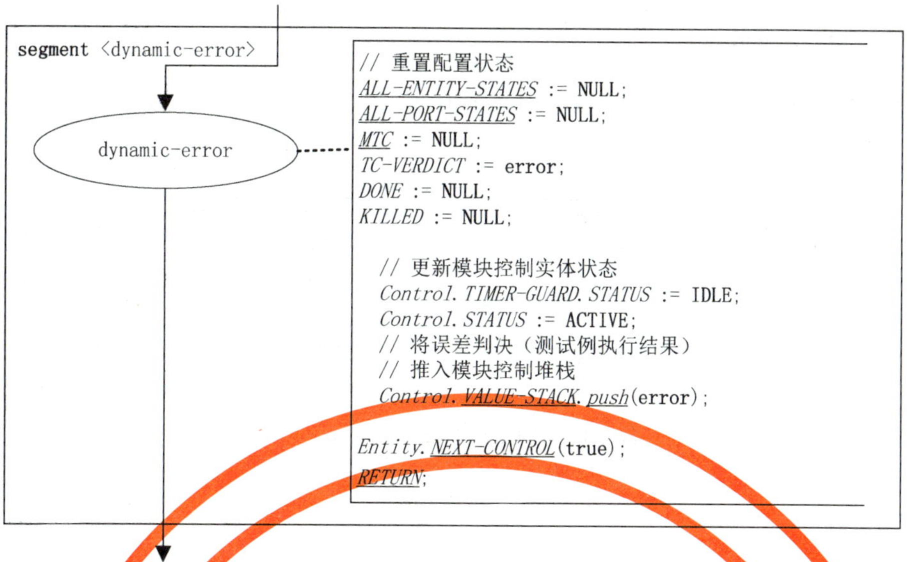

图 88　流程图片段<**dynamic-error**>

8.19　表达式

8.19.1　概述

对表达式的处理，应区别以下四种情况：

a)　表达式是一个文字值(或是一个常量)；

b)　表达式是一个变量；

c)　表达式是一个应用于一个或多个操作数的运算符；

d)　表达式是一个函数或操作调用。

表达式的语法结构是：

<lit-val> | <var-val> | <func-op-call> | <operand-appl>

其中：

<lit-val>表示一个文字值；

<var-val>表示一个变量值；

<func-op-call>表示一个函数或操作调用；

<operator-appl>表示算术运算符的应用，如＋、－、not 等。

图 89 中的流程图片段<expression>对表达式的执行过程进行定义。

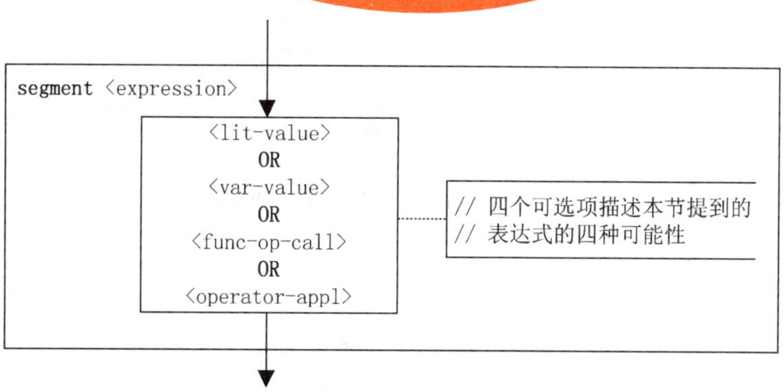

图 89　流程图片段<**expression**>

8.19.2 流程图片段＜lit-value＞

图 90 中的流程图片段＜lit-value＞将一个文字值推入一个实体的值堆栈。

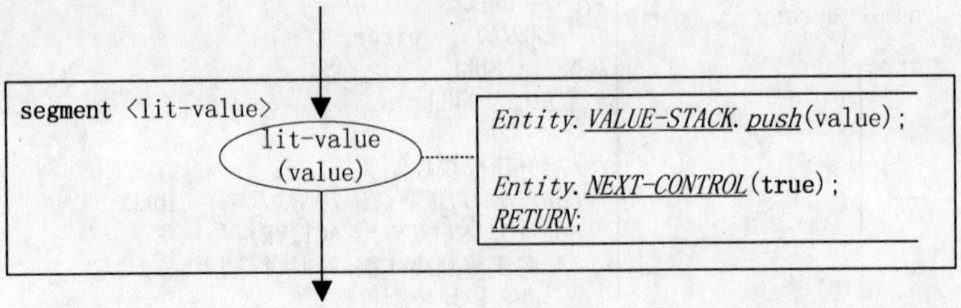

图 90 流程图片段＜lit-value＞

8.19.3 流程图片段＜var-value＞

图 91 中的流程图片段＜var-value＞将一个变量值推入一个实体的值堆栈。

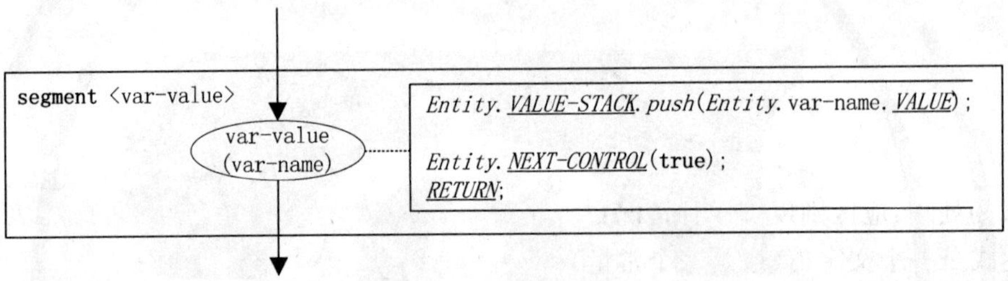

图 91 流程图片段＜var-value＞

8.19.4 流程图片段＜func-op-call＞

图 92 中的流程图片段＜func-op-call＞指的是调用函数和操作，它返回一个值，该值将推入一个实体的值堆栈。认为所有这些调用都是表达式。

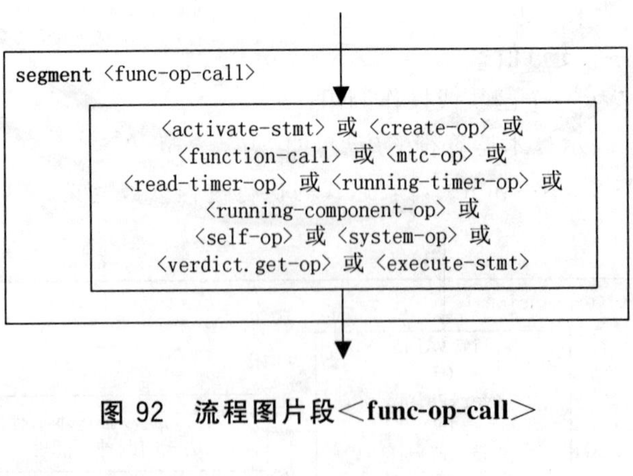

图 92 流程图片段＜func-op-call＞

8.19.5 流程图片段＜operator-appl＞

图 93 中的流程图直接指的是以下假设，即逆记法用于计算运算符表达式。对运算符的操作数进行计算，并推入计算值堆栈。为应用运算符，从计算值堆栈中弹出操作数，并应用运算符。运算符的应用结果最终将推入计算值堆栈。认为操作符弹出和计算值推入二者都是运算符应用［图 74 中的 Entity.

APPLY-OPERATOR(operator)语句]的一部分，即不通过操作语义来建模。

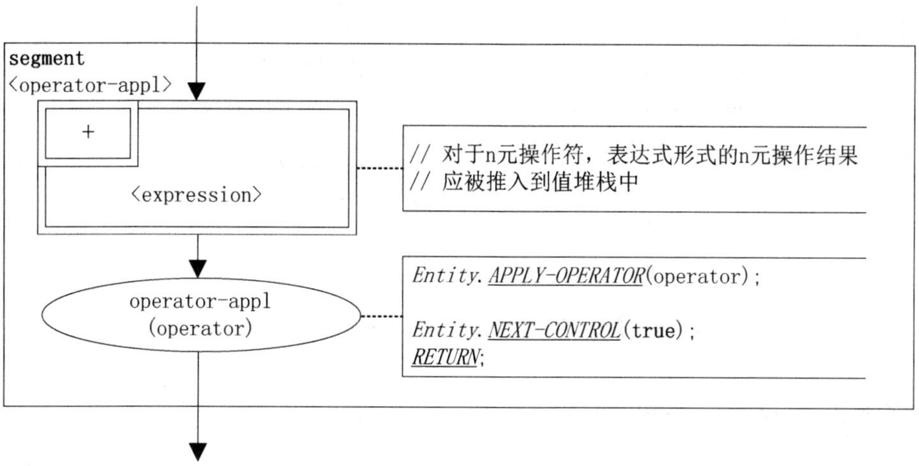

图 93　流程图片段<operator-appl>

8.20　流程图片段<finalize-component-init>

流程图片段<finalize-component-init>是描述组件类型定义的流程图的一部分。其执行过程在图 94中进行定义。

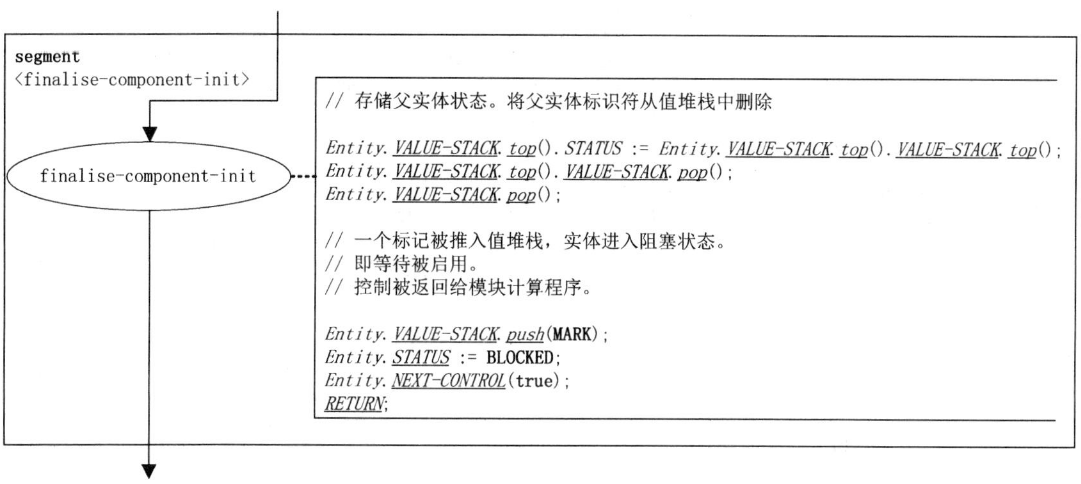

图 94　流程图片段<finalize-component-init>

8.21　流程图片段<init-component-scope>

8.21.1　概述

流程图片段<init-component-scope>是描述组件类型定义的流程图的一部分。其执行过程在图 95中进行定义。

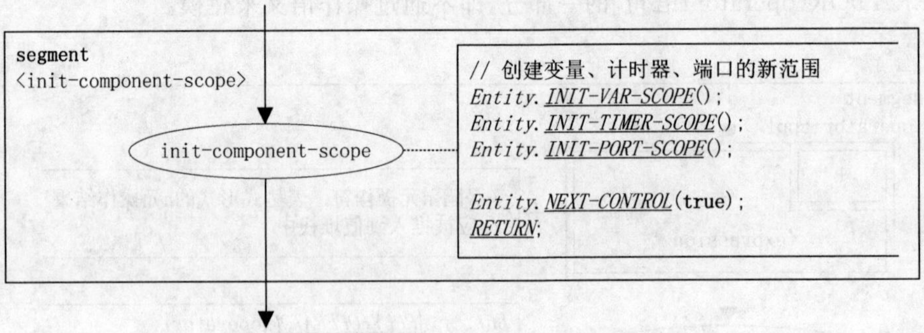

图 95　流程图片段＜**init-component-scope**＞

8.21.2　流程图片段＜**init-scope-with-runs-on**＞

流程图片段＜init-scope-with-runs-on＞是描述函数和备选步定义的流程图的一部分。它为变量、定时器和端口创建了新的范围,包括在 **runs on** 子句中提到的组件类型定义中声明的名字与值。该流程图片段的执行过程在图 96 中进行定义。

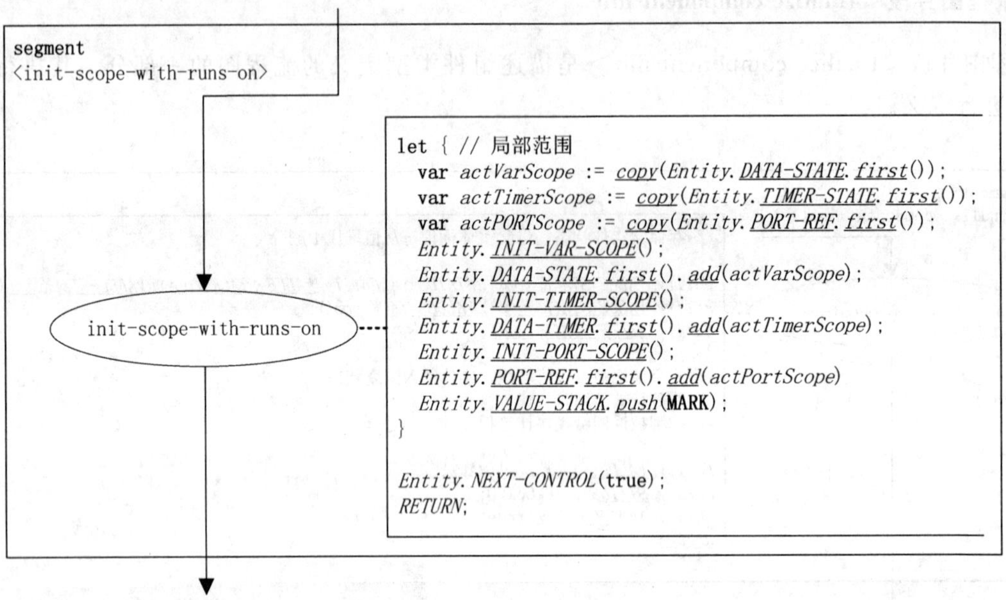

图 96　流程图片段＜**init-scope-with-runs-on**＞

8.21.3　流程图片段＜**init-scope-without-runs-on**＞

流程图片段＜init-scope-without-runs-on＞是描述函数和备选步定义的流程图的一部分。它为变量、定时器和端口创建了新的空的范围。没有 **runs on** 子句的函数与可选步无法获知在调用组件的组件类型定义中声明的名字与值。该流程图片段的执行过程在图 97 中进行定义。

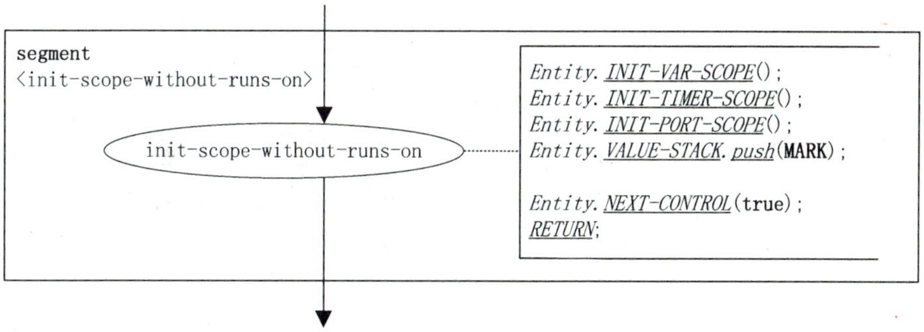

图 97 流程图片段<**init-scope-without-runs-on**>

8.22 流程图片段<parameter-handling>

流程图片段<parameter-handling>用在描述测试用例、备选步和函数的流程图之初。它初始化一个新的范围,并为参数处理创建变量和定时器。流程图片段<parameter-handling>假设被调用测试用例、备选步或函数的调用记录位于值堆栈的顶层。

流程图片段<parameter-handling>的执行过程如图 98 所示。

图 98 流程图片段<**parameter-handling**>

8.23 流程图片段<statement-block>

语句块的语法结构是:

{<statement1>; …; <statementn>}

一个语句块是一个范围单元。当进入一个范围单元时,应初始化新的变量、定时器和值堆栈范围。当离开一个范围单元时,应破坏该范围的所有变量、定时器和值堆栈。

注 1:语句块不是一个“正式的”TTCN-3 概念。语句块只能作为函数体、备选步、测试用例和模块控制出现,以及出现在符合语句中,如 **alt**、**if-else** 或 **do-while**。

注 2:接收操作和备选步调用不能出现在语句块中,它们嵌在 **alt** 语句或 **call** 操作中。

注 3:操作语义也处理像语句这样的操作和声明,即允许它们出现在语句块中。

注 4:认为一些 TTCN-3 函数是表达式,如 **system** 或 **self**,它们不能作为语句块中的单独语句。其流程图表示未列在图 78 中。

图 99 中的流程图片段<statement-block>对语句块的执行过程进行定义。

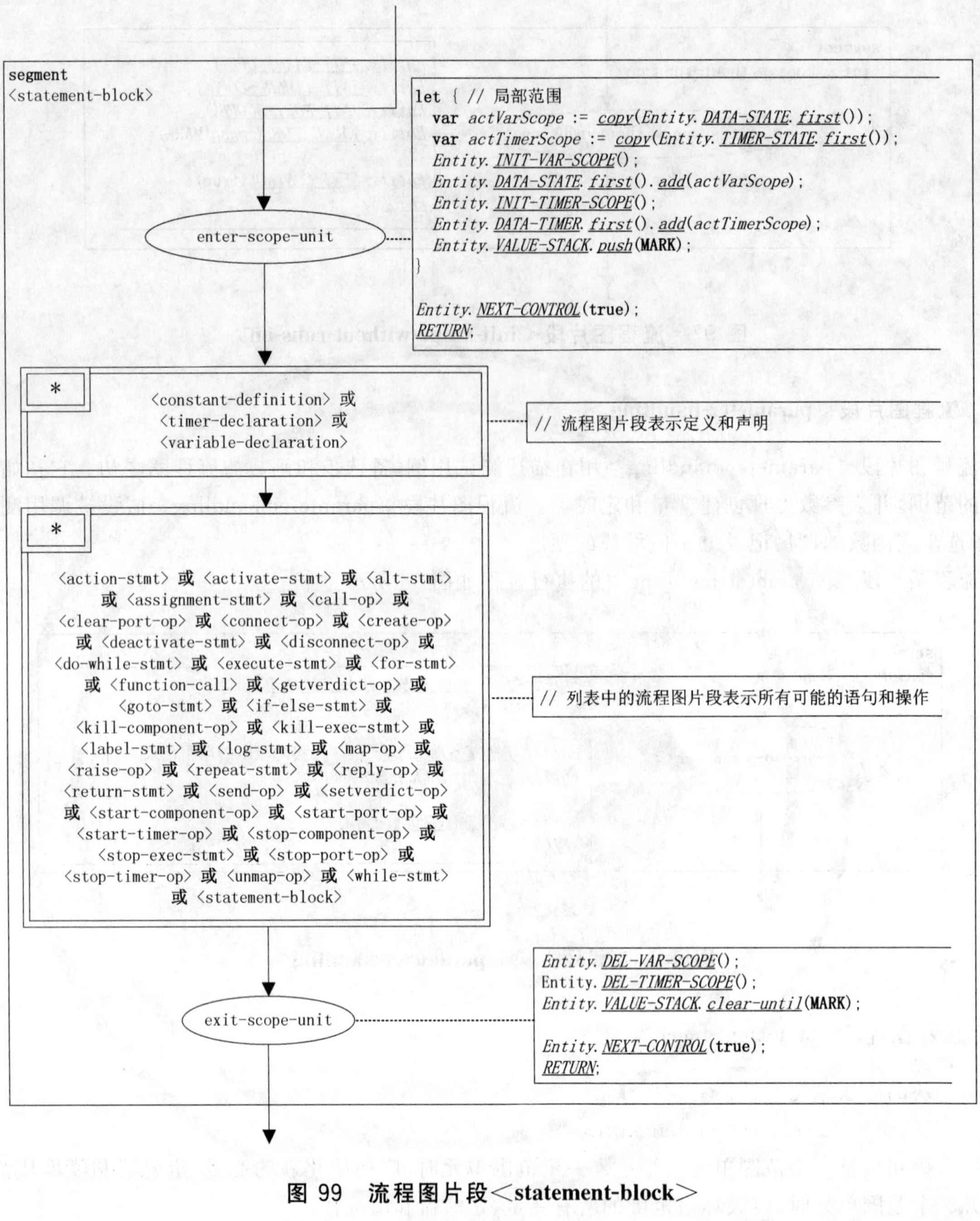

图 99　流程图片段＜statement-block＞

8.24　For 语句

for-statement 的语法结构是：

for(＜assignment＞|＜variable-declaration＞,＜boolean-expression＞,＜assignment＞) ＜statement-block＞

下标变量的初始化以及对应的下标变量处理认为是对下标变量的赋值。也允许在 **for-statement** 中直接声明和初始化下标变量。＜boolean-expression＞描述 **for-statement** 指定的循环终止准则，＜statement-block＞描述循环体。

图 100 中的流程图片段＜for-stmt＞对 **for-statement** 的执行过程进行定义。带赋值＜var-declaration-init＞的初始＜assignment＞或可选变量声明(见 8.58.2)描述下标变量的初始化。decision 节点

true 分支中的<assignment>描述对下标变量的处理。**for-statement** 是一个新声明的下标变量的范围单元，通过节点 enter-var-scope 和 exit-var-scope 来建模。

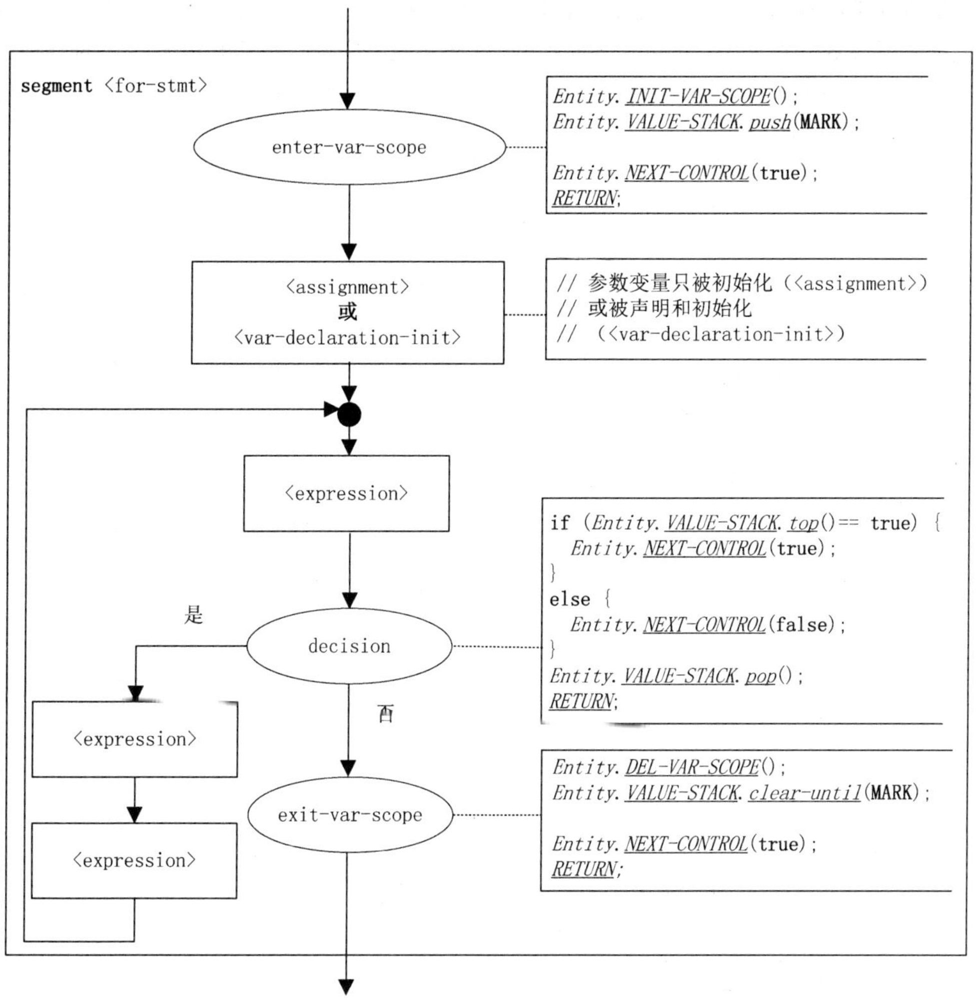

图 100　流程图片段<**for-stmt**>

8.25　函数调用

8.25.1　概述

函数调用的语法结构是：

<function-name>([<act-par-desc$_1$>, …, <act-par-desc$_n$>])

<function-name>表示一个函数的名称，<act-par-descr$_1$>,…,<act-par-descr$_n$>描述函数调用的实际参数值。

注 1：以相同的方式来处理函数调用和备选步调用。因此，备选步调用(见 7.4)指的是本条。

假设对每个<act-par-desc$_i$>，对应的形参标识符<f-par-Id$_i$>都是已知的，即可以将上述语法结构扩展为：

<function-name>((<f-par-Id$_1$>,<act-par-desc$_1$>), …, (<f-par-Id$_n$>,<act-par-desc$_n$>))

图 101 中的流程图片段<function-call>对函数调用的执行过程进行定义。执行过程分为三个步骤。在第一个步骤中，创建函数<function-name>的调用记录。在第二个步骤中，对实际的参数值进行计算，并将其赋给调用记录中的对应字段。在第三个步骤中，应区分两种情况：被调用的函数是一个

用户定义的函数(<user-def-func-call>),即对函数存在一个流程图表示,或者被调用的函数是一个预定义的函数或外部函数(<predef-ext-func-call>)。在用户定义函数调用的情况下,将控制提供给被调用的函数。在预定义或外部函数的情况下,假设调用函数可用于在一步骤中执行函数。由被调用的函数负责完成对引用参数和返回值(应推入值堆栈中)的正确处理,即超出了本操作语义的范围。

注 2:如果函数调用创建一个备选步调用的模型,那么只能选择<user-def-func-call>分支,原因是存在一个有关被调用备选步的流程图表示。

注 3:<function call>片段也可用于描述 **execute** 语句中 MTC 的开始。在这种情况下,构件一个有关测试用例的调用记录,并将只选择<user-def-func-call>分支。

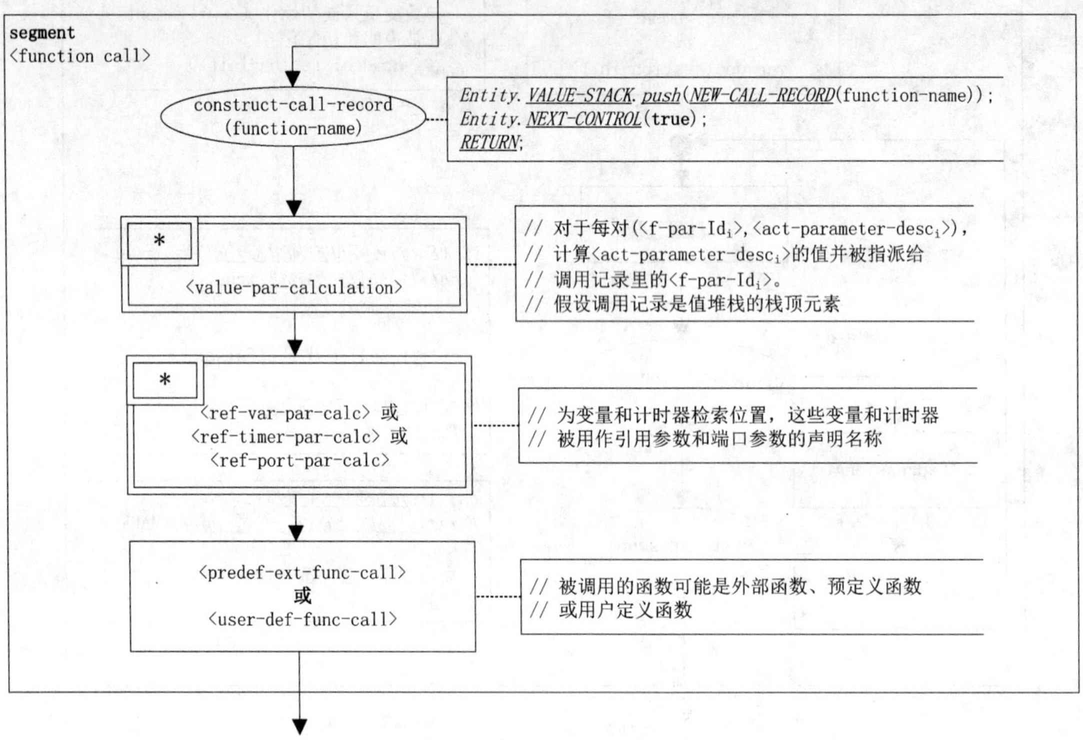

图 101 流程图片段<**function-call**>

8.25.2 流程图片段<**value-par-calculation**>

流程图片段<value-par-calculation>用于计算实际的参数值,并将其赋给有关函数、备选步和测试用例的调用记录中的对应字段。

假设调用记录是值堆栈的顶层元素,需要处理一对:

(<f-par-Id_i>, <act-parameter-$desc_i$>)

需要计算<act-parameter-$desc_i$>,<f-par-Id_i>为形参的标识符,它在值堆栈的调用记录中有一个对应的字段。

流程图片段<value-par-calculation>的执行过程如图 102 所示。

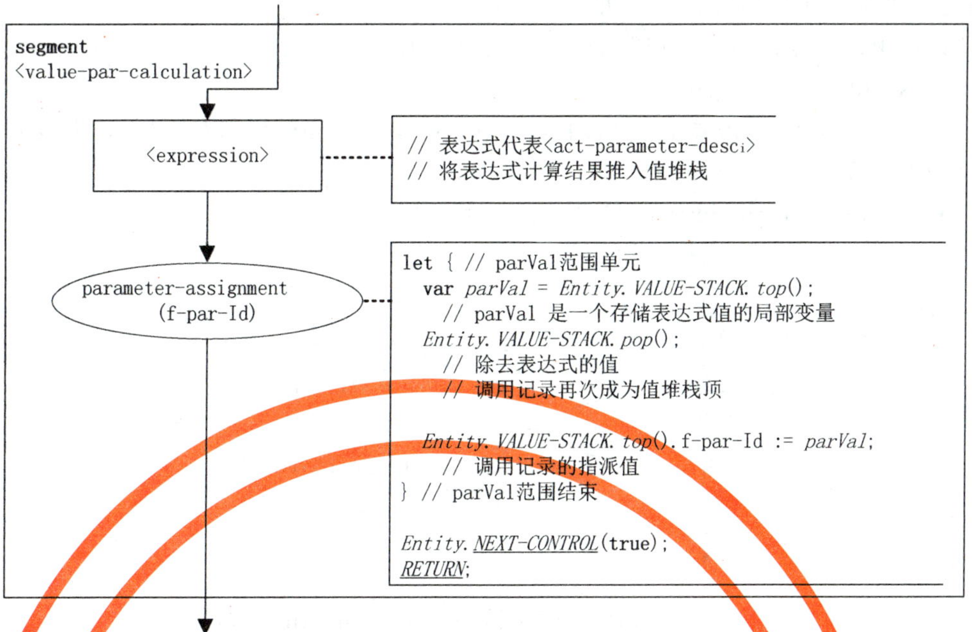

图 102 流程图片段<value-par-calculation>

8.25.3 流程图片段<ref-par-var-calc>

流程图片段<ref-par-var-calc>用于获取用作实际引用参数的变量的位置，并将之赋给有关函数、备选步和测试用例的调用记录中的对应字段。

假设调用记录是值堆栈的顶层元素，需要处理一对：

(<f-par-Id_i>，<act-par_i>)

<act-par_i>是实参，需要获取其位置，<f-par-Id_i>为形参的标识符，它在值堆栈的调用记录中有一个对应的字段。

流程图片段<ref-par-var-calc>的执行过程如图 103 所示。

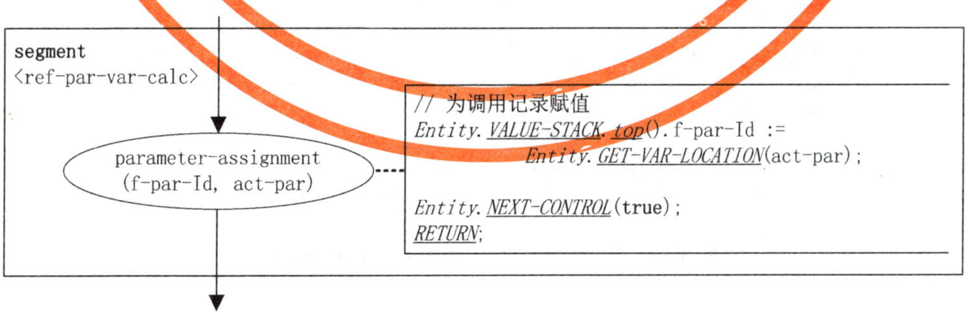

图 103 流程图片段<ref-par-var-calc>

8.25.4 流程图片段<ref-par-timer-calc>

8.25.4.1 概述

流程图片段<ref-par-timer-calc>用于获取用作实际引用参数的定时器的位置，并将其赋给有关函数、备选步和测试用例的调用记录中的对应字段。

假设调用记录是值堆栈的顶层元素,需要处理一对:

(<f-par-Id_i>, <act-par_i>)

<act-par_i>是实参,需要获取其位置,<f-par-Id_i>为形参的标识符,它在值堆栈的调用记录中有一个对应的字段。

流程图片段<ref-par-timer-calc>的执行过程如图 104 所示。

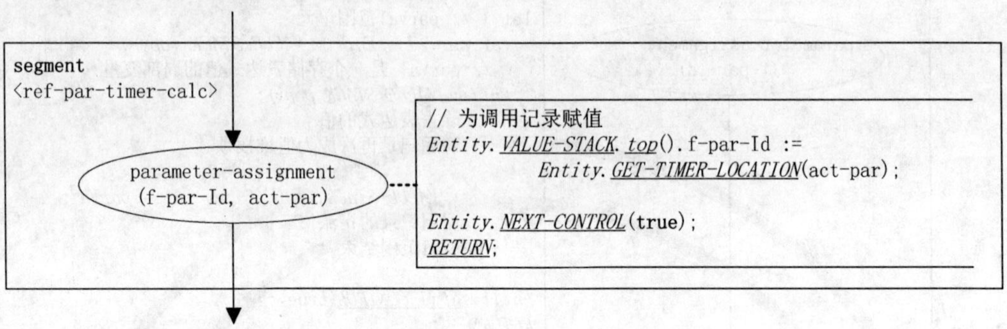

图 104 流程图片段<ref-par-timer-calc>

8.25.4.2 流程图片段<ref-par-port-calc>

流程图片段<ref-par-port-calc>用于获取在组件类型定义中用作端口声明的端口的名字,并将其赋给有关函数、备选步的调用记录中的对应字段。

假设调用记录是值堆栈的顶层元素,需要处理一对:

(<f-par-Id_i>, <act-par_i>)

<act-par_i>是实参,需要获取其位置,<f-par-Id_i>为形参的标识符,它在值堆栈的调用记录中有一个对应的字段。

流程图片段<ref-par-port-calc>的执行过程如图 105 所示。

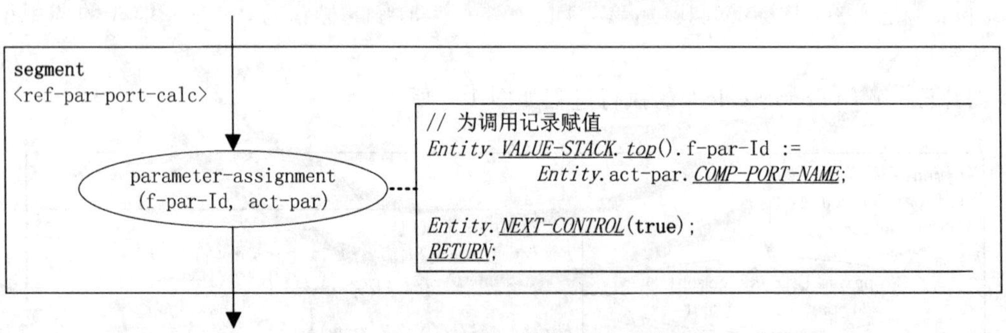

图 105 流程图片段<ref-par-port-calc>

8.25.5 流程图片段<user-def-func-call>

图 106 中的流程图片段<user-def-func-call>对控制转给被调用的用户定义函数过程进行描述。

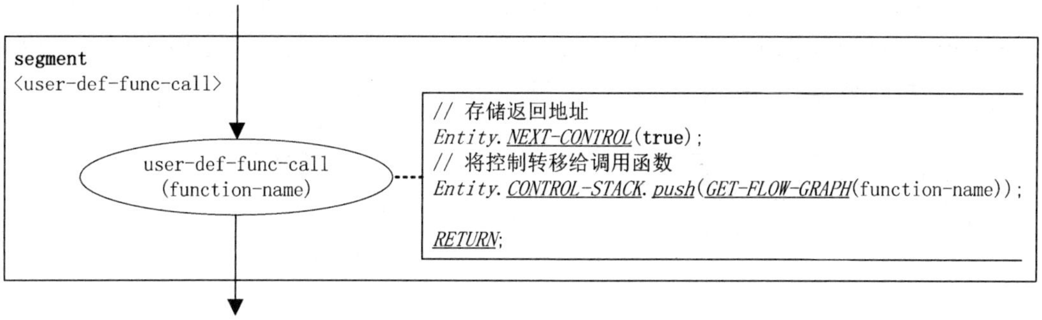

图 106 流程图片段<user-def-func-call>

8.25.6 流程图片段<predef-ext-func-call>

图 107 中的流程图片段<predef-ext-func-call>对预定义或外部函数的调用进行描述。

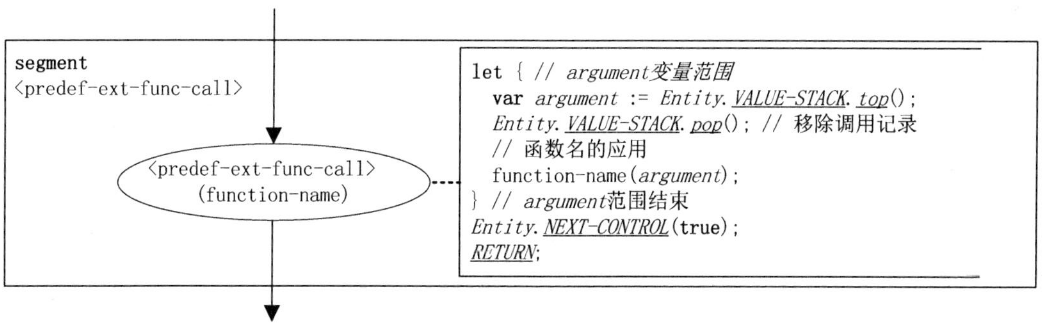

图 107 流程图片段<predef-ext-func-call>

8.26 Getcall 操作

getcall 操作的语法结构是：

<portId>.**getcall**(<matchingSpec>) [**from**<component_expression>] -> [<assignmentPart>]

除了关键字 **getcall**，本语法结构等同于 **receive** 操作的语法结构。因此，操作语义以与 **receive** 操作相同的方式来处理 **getcall** 操作。图 108 中的流程图片段<getcall-op>对 **getcall** 操作的执行过程进行了定义，该图指的是与 **receive** 操作(见 8.38)相关的流程图片段。

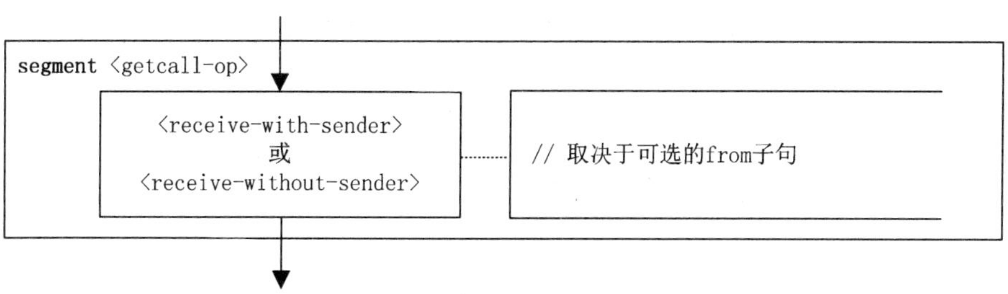

图 108 流程图片段<getcall-op>

8.27 Getreply 操作

getreply 操作的语法结构是：

<portId>.**getreply**(<matchingSpec>) [**from**<component-expression>] [-><assignmentPart>]

除了关键字 **getreply**,本语法结构等同于 **receive** 操作的语法结构。因此,操作语义以与 **receive** 操作相同的方式来处理 **getreply** 操作。图 109 中的流程图片段＜getreply-op＞对 **getreply** 操作的执行过程进行了定义,该图指的是与 **receive** 操作(见 8.38)相关的流程图片段。

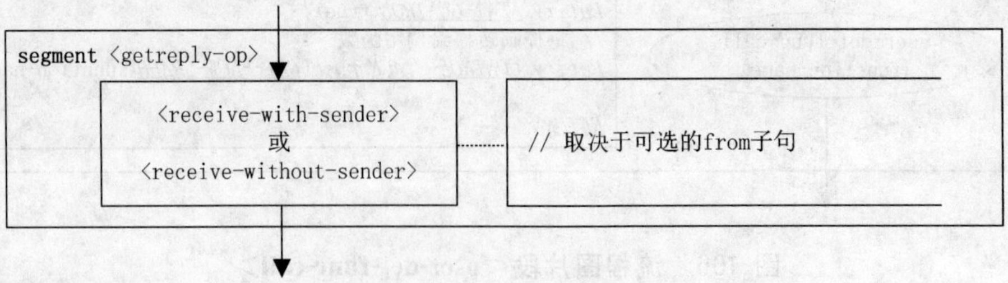

图 109 流程图片段＜getreply-op＞

8.28 Getverdict 操作

getverdict 操作的语法结构是:

getverdict

图 110 中的流程图片段＜getverdict-op＞对 **getverdict** 操作的执行过程进行定义。

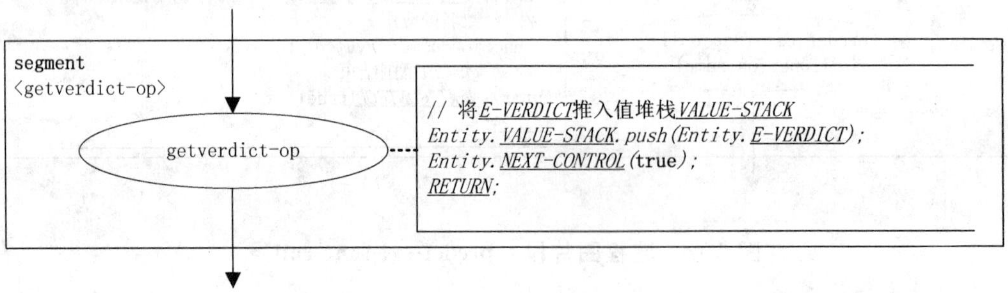

图 110 流程图片段＜getverdict-op＞

8.29 Goto 语句

8.29.1 概述

goto 语句的语法结构是:

goto＜labelId＞

图 111 中的流程图片段＜goto-stmt＞对 **goto** 语句的执行过程进行定义。

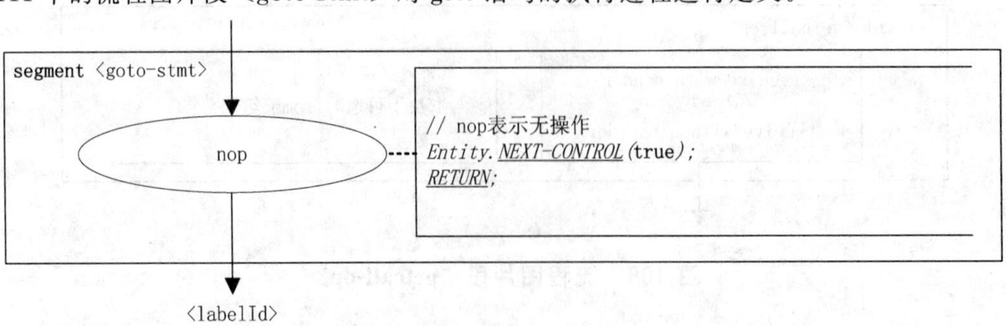

图 111 流程图片段＜goto-stmt＞

注:goto 语句的＜labelId＞参数表示将控制转至标签＜labelId＞所定义的位置(见 8.30)。

8.29.2 Halt 端口操作

halt 端口操作的语法结构是：

＜portId＞.**halt**

图 112 中的流程图片段＜halt-port-op＞对 **halt** 端口操作的执行过程进行定义。

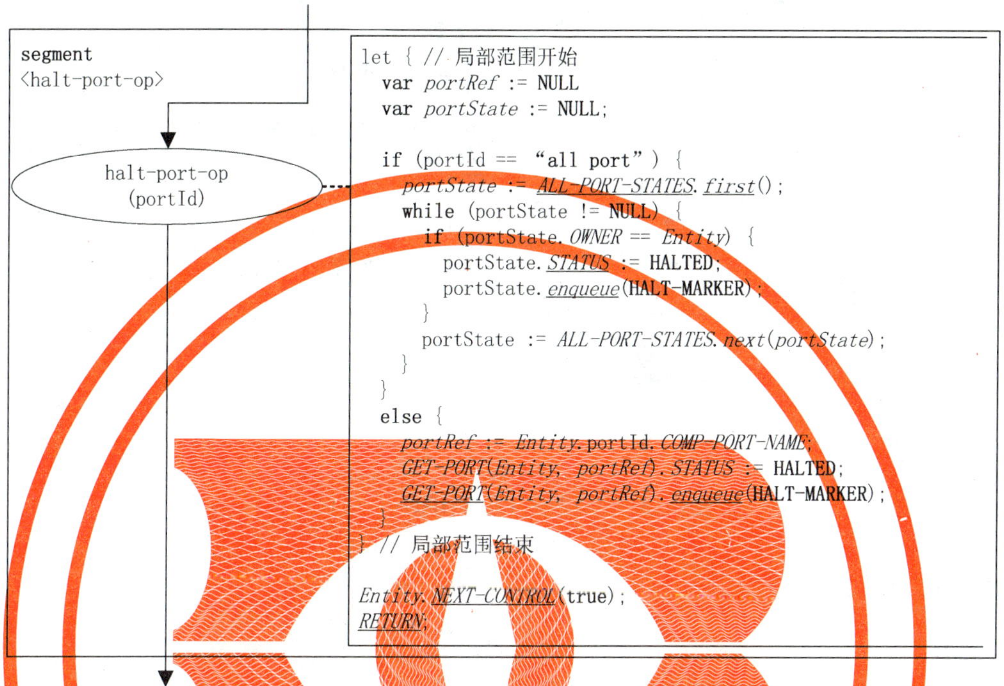

图 112 流程图片段＜halt-port-op＞

注：当一个标记到达时，被 **halt** 操作放入端口的队列的 **HALT-MARKER** 会被 *SNAP-PORTS* 函数移除（见 7.3.4.3），即在标记前的所有信息会被处理。当拍摄快照时，*SNAP-PORTS* 函数被调用。

8.30 If-else 语句

8.30.1 概述

if-else 语句的语法结构是：

if (＜boolean-expression＞) ＜statement-block$_1$＞

  [**ese** ＜statement-block$_2$＞]

if-else 语句的 else 部分是可选的。

图 113 中的流程图片段＜if-else-stmt＞对 **if-else** 语句的执行过程进行定义。

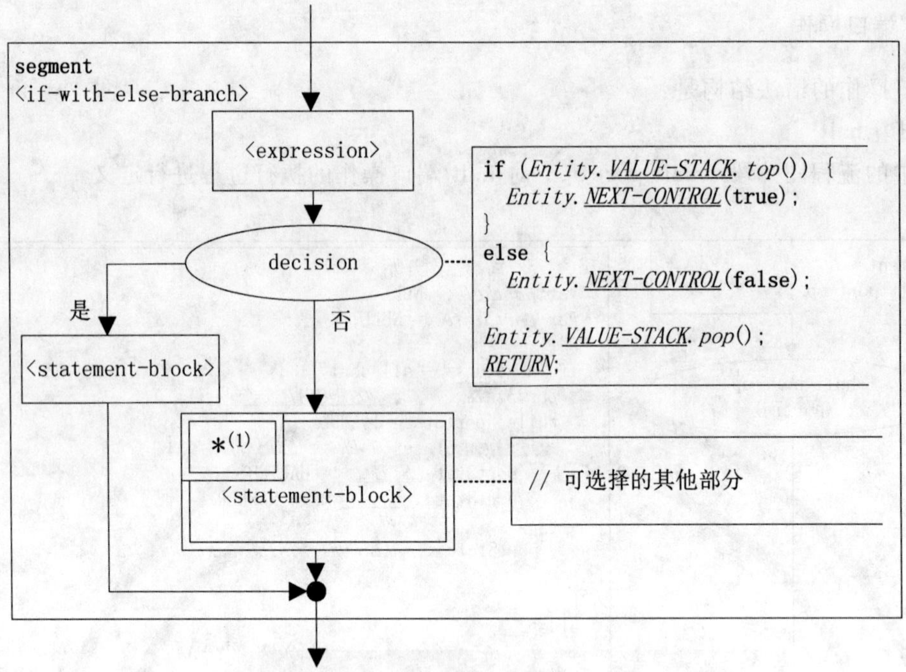

图 113　流程图片段＜**if-else-stmt**＞

8.30.2　Kill 组件操作

8.30.2.1　概述

kill 组件语句的语法结构是：

＜component-expression＞**.kill**

kill 组件操作阻止特定组件并将其从测试系统中移除。如果 MTC 被删除(例如 **mtc.kill**)或者自我删除(例如 **self.kill**)，那么所有的测试组件将会被阻止并从测试系统中移除，即测试例终止。MTC 通过使用关键字 **all** 可以删除所有并行的测试组件，即 **all component.kill**。

一个要被删除的组件被作为表达式提供的组件引用所标识，例如一个值或者值返回函数。为简便起见，关键字"**all component**"被认为是＜component-expression＞的特殊值。**mtc** 和 **self** 操作根据 8.34 和 8.44 被计算。

图 114 中的流程图片段＜kill-component-op＞对 **kill** 组件操作的执行过程进行定义。

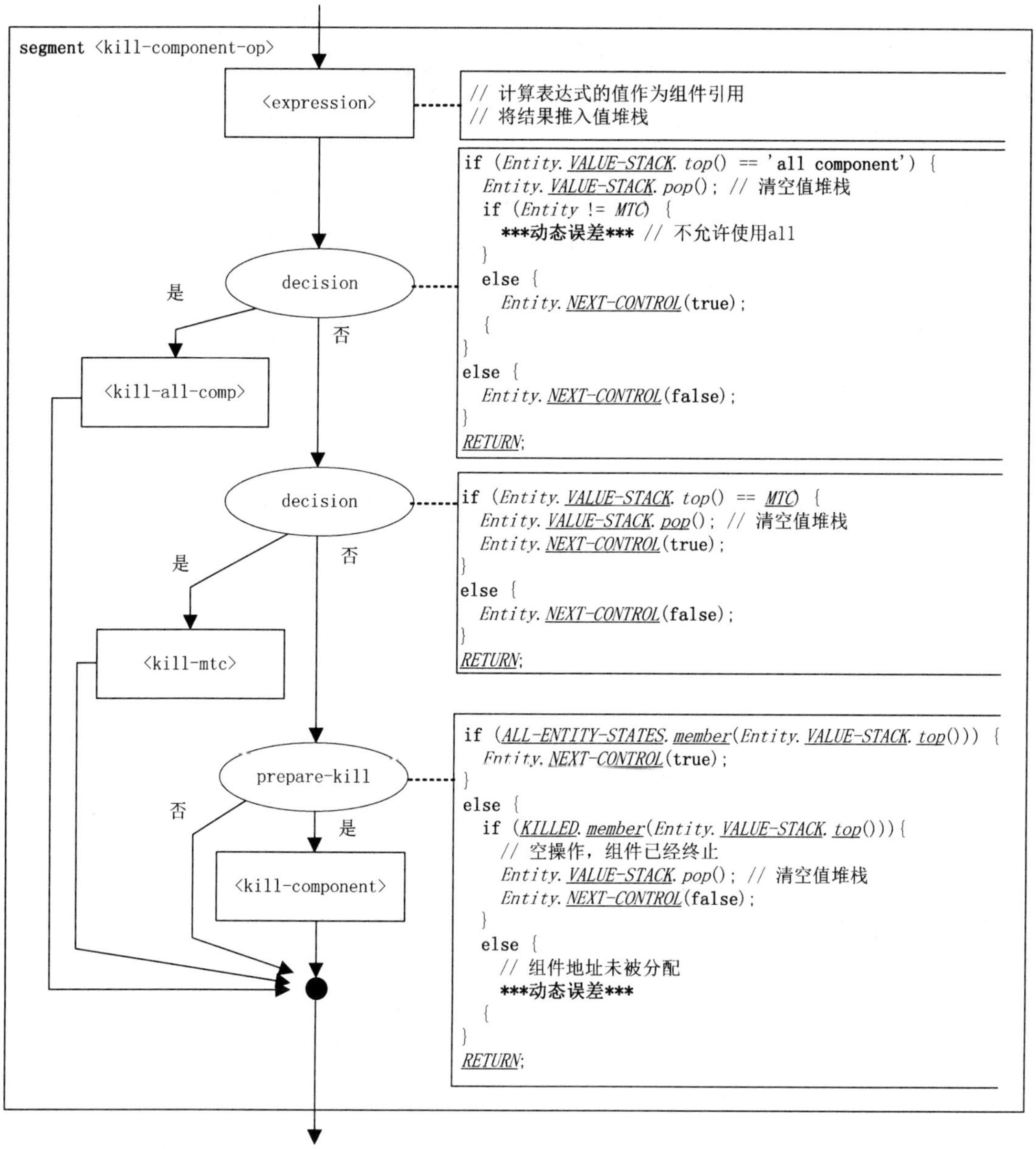

图 114　流程图片段<kill-component-op>

8.30.2.2　流程图片段<kill-mtc>

图 115 中的流程图片段<kill-mtc>描述了 MTC 的删除过程。其作用结果是测试例终止，即计算最后的判定，并将结果推入到模块控制的值堆中，所有的资源被释放，模块状态的*KILLED* 和*DONE* 列表被清空，并且所有的测试组件包括 MTC 将从测试系统中移除。

```
let { // 变量局部范围
  var myEntity := ALL-ENTITY-STATES.first();
  // 更新测试例结论和组件删除
  while (myEntity != NULL) {
    if (myEntitiy.E-VERDICT == fail or TC-VERDICT == fail) {
      TC-VERDICT := fail;
    }
    else {
      if (myEntity.E-VERDICT == inconc or TC-VERDICT == inconc) {
        TC-VERDICT := inconc;
      }
      else {
        if (myEntity.E-VERDICT == pass or TC-VERDICT == pass) {
          TC-VERDICT := pass;
        }
      }
    }
    myEntity := ALL-ENTITY-STATES.next(myEntity);
  }

  // TC-VERDICT是执行操作的结果
  CONTROL.VALUE-STACK.push(TC-VERDICT);

  // 更新测试例引用参数
  UPDATE-REMOTE-LOCATIONS(MTC, CONTROL);

  // 删除测试组件，释放资源，清空列表
  ALL-ENTITY-STATES := NULL; // 删除实体状态
  ALL-PORT-STATES := NULL;
  DONE := NULL;
  KILLED := NULL;
  TC-VERDICT := none;
  MTC := NULL; // 删除MTC最后引用

  CONTROL.STATUS := ACTIVE; // 继续控制
} // 局部范围结束
RETURN;
```

图 115　流程图片段<kill-mtc-op>

8.30.2.3　流程图片段<kill-component>

图 116 中的流程图片段<kill-component>描述了并行测试组件(即不是 MTC 或者模块控制)的停止以及其从测试系统移除的过程。其结果是测试例判定 *TC-VERDICT* 以及被停止并被删除的测试组件(*DONE* 和 *KILLED*)的列表被更新,并且该组件从模块状态中删除。流程图<kill-component>假定要被停止的组件的标识符处于执行该片段的组件的值堆的顶端。

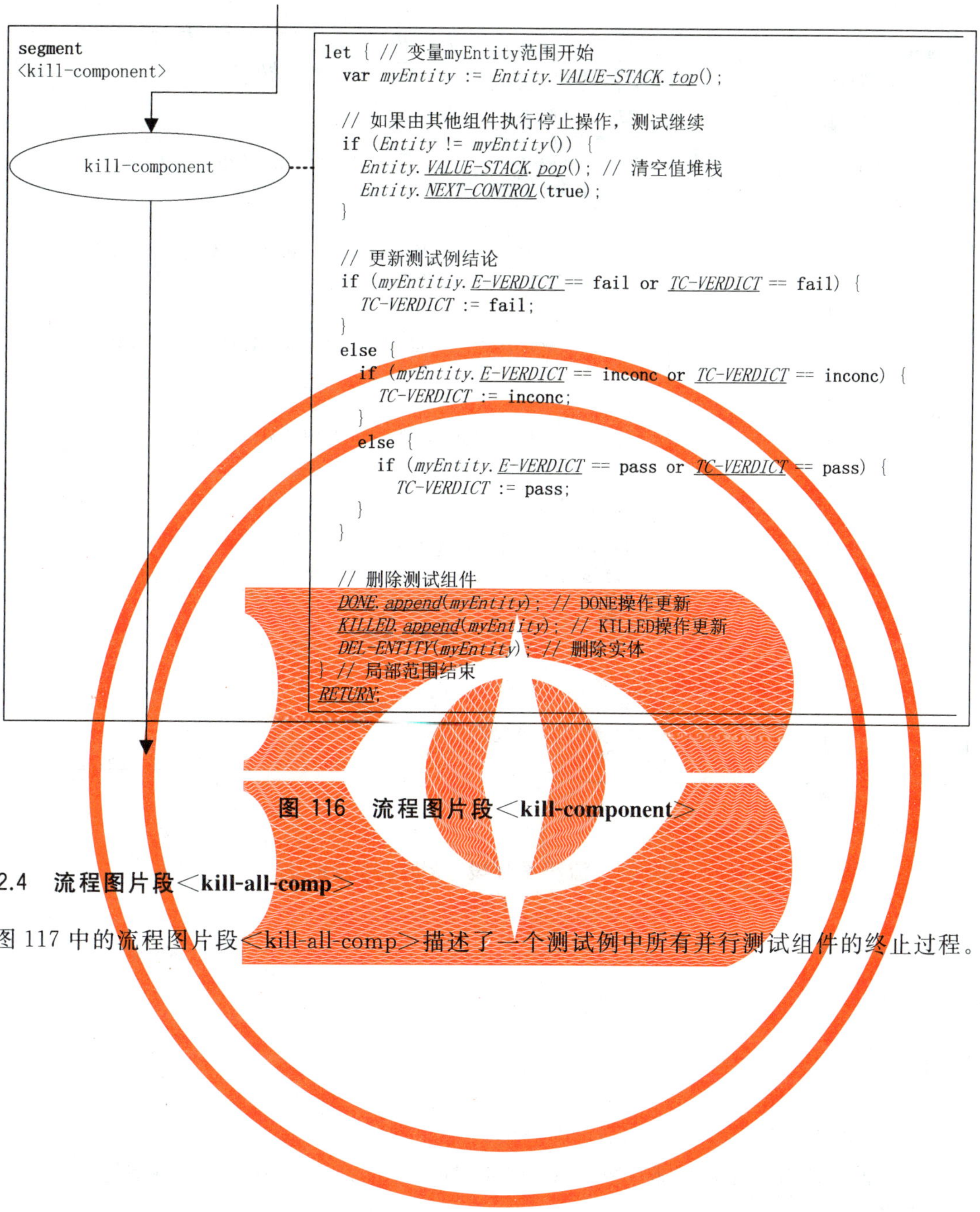

图 116　流程图片段<kill-component>

8.30.2.4　流程图片段<kill-all-comp>

图 117 中的流程图片段<kill-all-comp>描述了一个测试例中所有并行测试组件的终止过程。

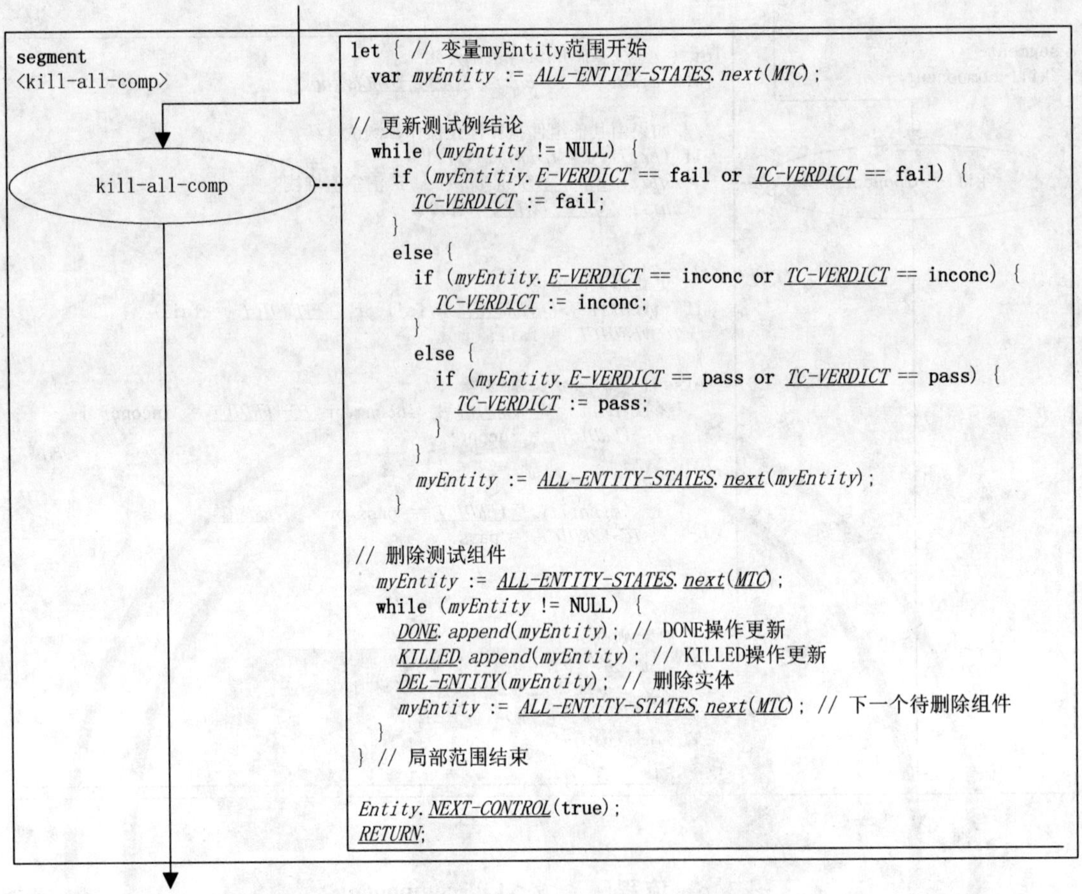

图 117　流程图片段＜kill-all-comp＞

8.30.3　Kill 执行语句

8.30.3.1　概述

kill 执行语句的语法结构是：

kill

kill 执行语句的结果依赖于执行 **kill** 语句的实体：

a) 如果模块控制执行 **kill**，那么测试活动结束，即所有的测试组件以及模块控制会从模块状态中消失。

b) 如果 MTC 执行了 **kill**，那么所有的并行测试组件以及 MTC 会停止执行。全局测试例判定被更新并被推入到模块控制的值堆中。最后，控制将被还给模块控制，MTC 终止。

c) 如果测试组件执行 **kill**，全局测试例判定 *TC-VERDICT* 以及全局 *DONE* 和 *KILLED* 列表被更新。随后该组件将从模块中消失。

图 118 中的流程图片段＜kill-exec-stmt＞描述了 kill 语句的执行过程。

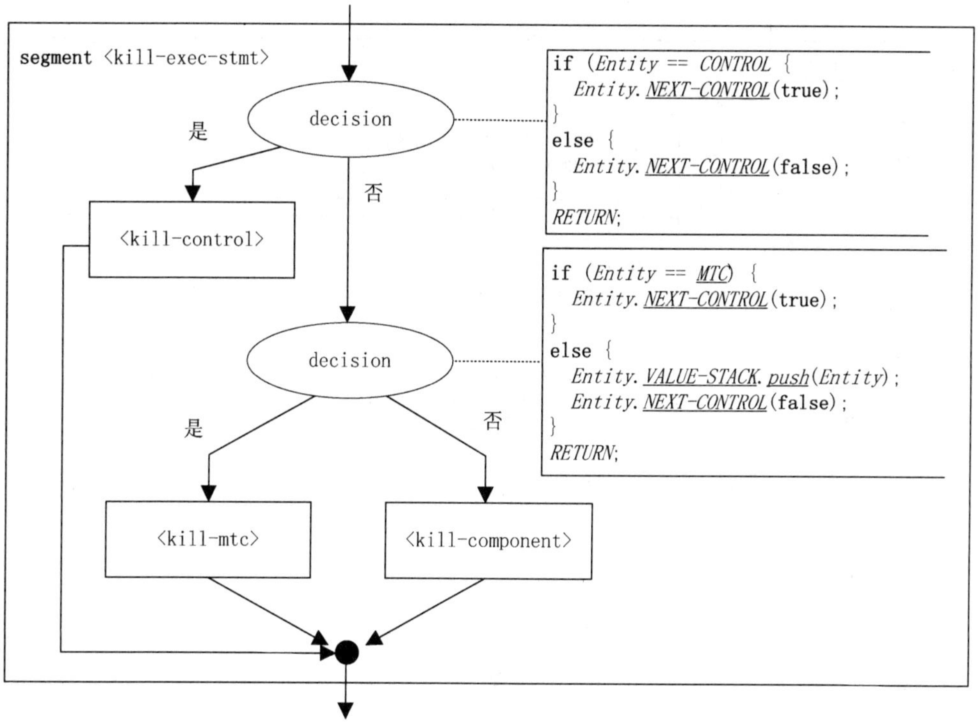

图 118　流程图片段<kill-exec-stmt>

8.30.3.2　流程图片段<kill-control>

图 119 中的流程图片段<kill-control>描述了模块控制的停止过程。其结果是*CONTROL* 被设为 **NULL**，即模块计算程序(见 7.6)的终止条件被满足。

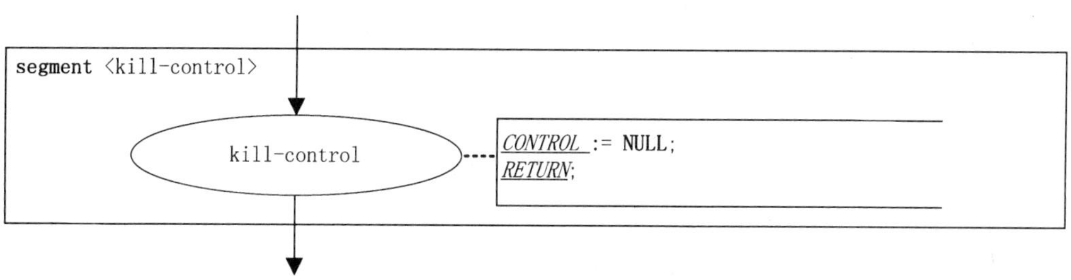

图 119　流程图片段<kill-control>

8.30.4　Killed 组件操作

killed 组件操作的语法结构是：

<component-expression>**.killed**

killed 组件操作检查一个组件是否存活或者已经从测试系统中移除。根据被检查组件的存活或者已经从测试系统中移除的情况，**killed** 操作决定控制流的走向。使用组件引用标识要被检查的组件。这个引用可能以变量形式存储或者被某个函数返回，即它是一个表达式。为简便起见，关键字“**all component**”和“**any component**”被认为是特殊的表达式。

图 120 中的流程图片段<killed-op>定义了 **killed** 组件操作的执行过程。

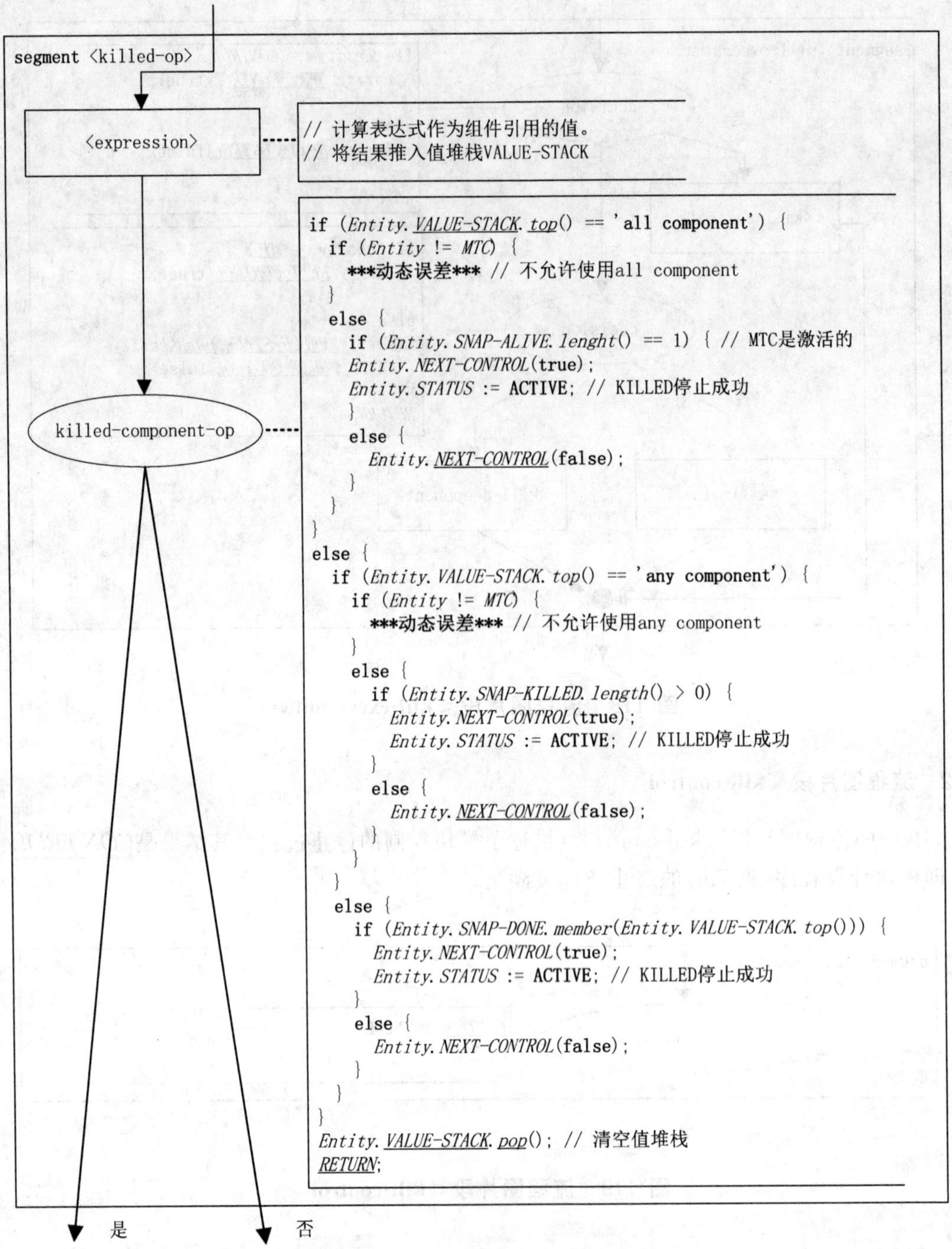

图 120 流程图片段<killed-op>

8.31 Label 语句

label 语句的语法结构是：

label<labelId>

图 121 中的流程图片段<label-stmt>对 **label** 语句的执行过程进行定义。

注：label 语句的<labelId>参数表示通过 **goto** 语句跳转至某个标签的可能性(也可参见 8.29)。

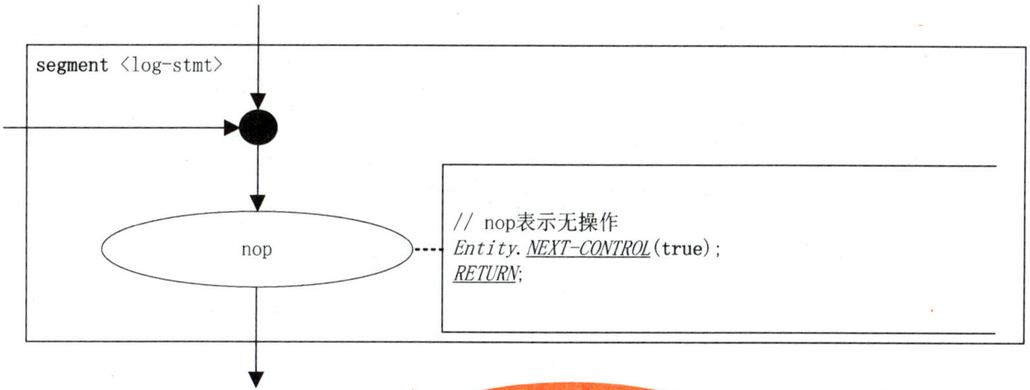

图 121 流程图片段<label-stmt>

8.32 Log 语句

log 语句的语法结构是：

log(<informal-description>)

图 122 中的流程图片段<log-stmt>对 **log** 语句的执行过程进行定义。

注：**log** 语句的<informal description>参数对操作语义没有任何意义，因此不在流程图片段中做描述。

图 122 流程图片段<log-stmt>

8.33 Map 操作

map 操作的语法结构是：

map(<component-expression>:<portId1>, **system**:<portId2>)

认为标识符<portId1>和<portId2>是对应测试组件和测试系统接口的端口标识符。通过组件引用<component-expression>的方式来引用<portId1>所属的组件。引用可以保存在变量中或通过函数返回，即它是一个表达式，将计算得到一个组件引用。值堆栈用于保存组件引用。

注：**map** 操作不在乎 **system**:<portId>语句是作为第一个参数还是第二个参数出现。为简化起见，假设它总为第二个参数。

图 123 中的流程图片段<map-op>对 **map** 操作的执行过程进行定义。

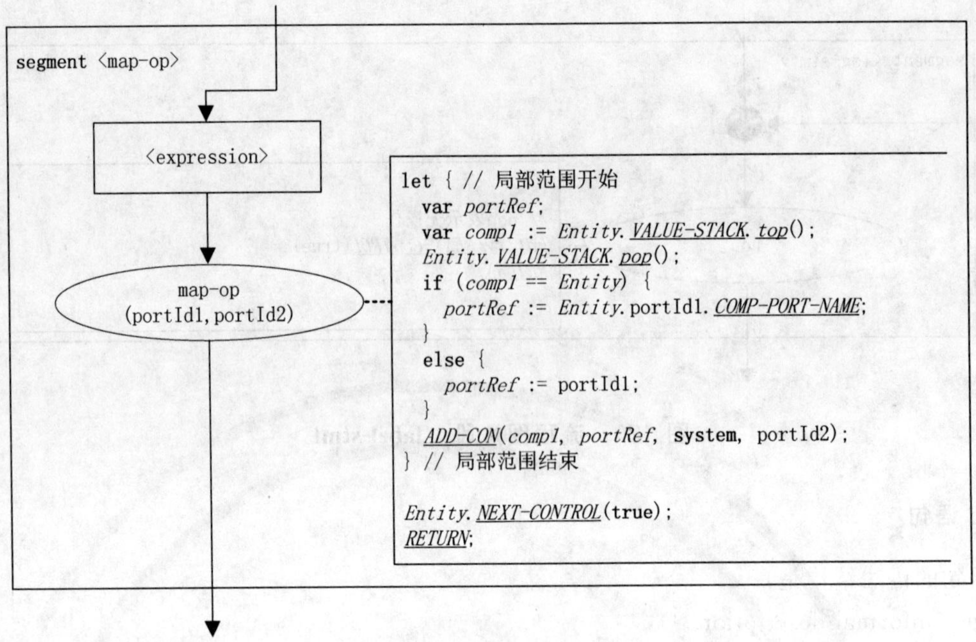

图 123 流程图片段＜map-op＞

8.34 Mtc 操作

mtc 操作的语法结构是：

mtc

图 124 中的流程图片段＜mtc-op＞对 **mtc** 操作的执行过程进行定义。

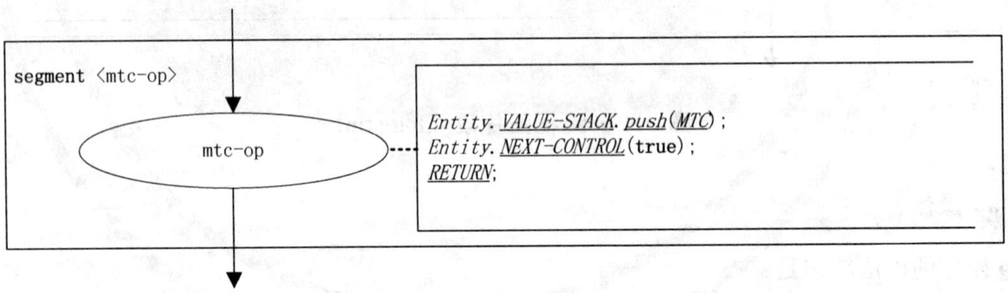

图 124 流程图片段＜mtc-op＞

8.35 Port 声明

port 声明的语法结构是：

＜portType＞ ＜portName＞

可以在组件类型定义中找到端口声明。端口声明的作用是在创建对应类型的一个新组件时创建一个新的端口。此外，在测试组件的实际范围中，一个端口引用会被创建。在新创建的端口引用中，*PORT-NAME* 值与*COMP-PORT-NAME* 值相等。图 125 中的流程图片段＜port-declaration＞对端口声明的执行过程进行定义。

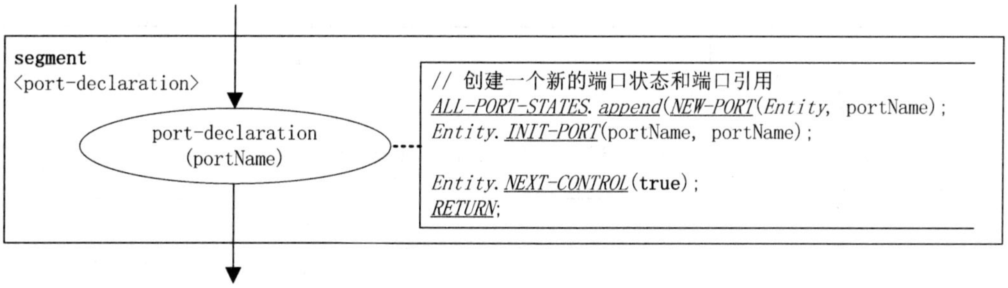

图 125 流程图片段<port-declaration>

8.36 Raise 操作

8.36.1 概述

raise 操作的语法结构是：

<portId>.**raise**(<exceptSpec>) [**to**<receiver-spec>]

to 子句中的可选<receiver-spec>指的是异常的接收方。在一对一通信的情况下，<receiver-spec>表示一个单个实体(包括 SUT 或者 SUT 里的某个实体)的地址。在多播和广播通信的情况下，<receiver-spec >详细指定了通过特殊端口与调用组件连接的一组或者所有测试组件。

图 126 中的流程图片段<raise-op>对 **raise** 操作的执行过程进行定义。

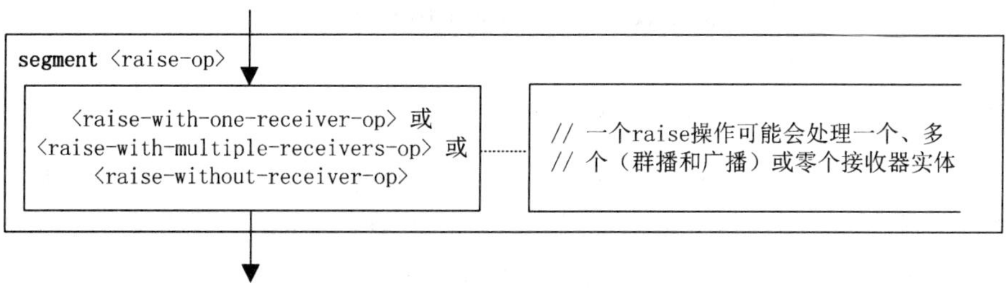

图 126 流程图片段<raise-op>

8.36.2 流程图片段<raise-with-receiver-op>

8.36.2.1 概述

图 127 中的流程图片段<raise-with-receiver-op>对 **raise** 操作的执行过程进行定义，其中接收器以一个表达式的形式来描述。

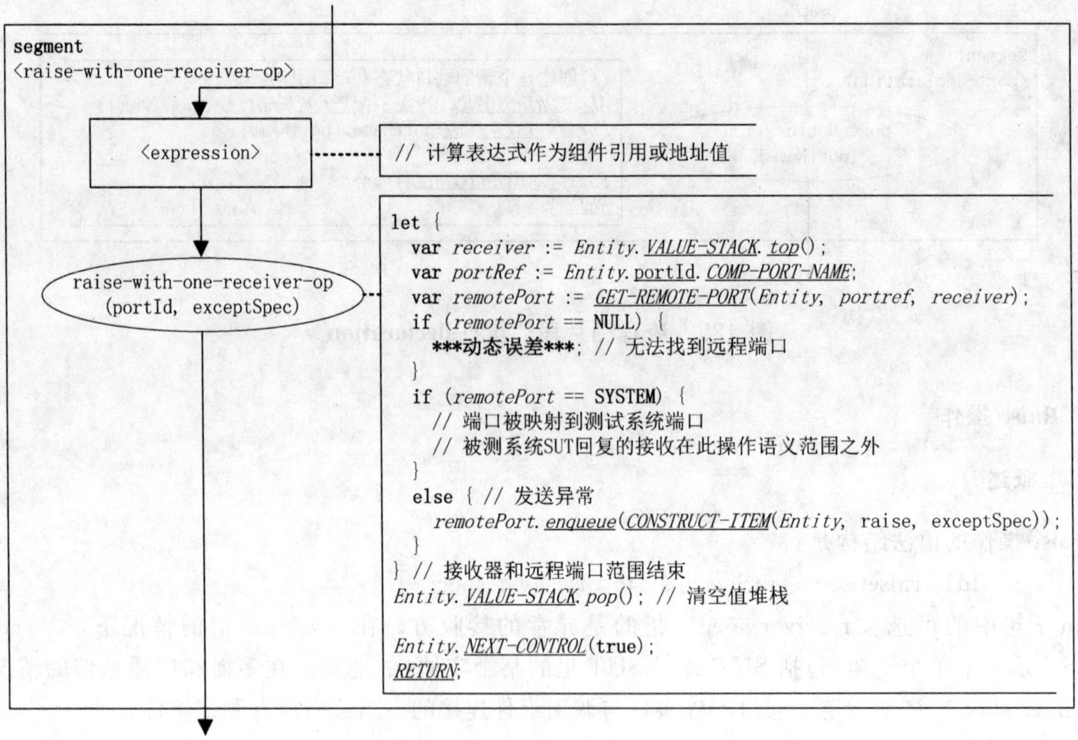

图 127　流程图片段＜raise-with-one-receiver-op＞

8.36.2.2　流程图片段＜raise-with-multiple-receivers-op＞

图 128 中的流程图片段＜raise-with-mutiple-receivers-op＞定义了当给出多个接收方地址时的 **raise** 操作的执行过程。在广播通信的情况下，用关键字 **all component** 作为接收方的详细说明。在多播通信的情况下，提供表达式列表用以计算组件引用或地址的值。

被定位的实体(或者关键字 **all component**)组件引用或者地址值会被推入到调用实体的值堆中。存储在值堆中的引用的数目被认为是已知的，即它是图 128 中基本流程图节点 raise-with-multiple-receivers-op 的参数 number。在广播通信的情况下，number 参数是 1，即关键字 **all component** 是值堆的堆顶元素。

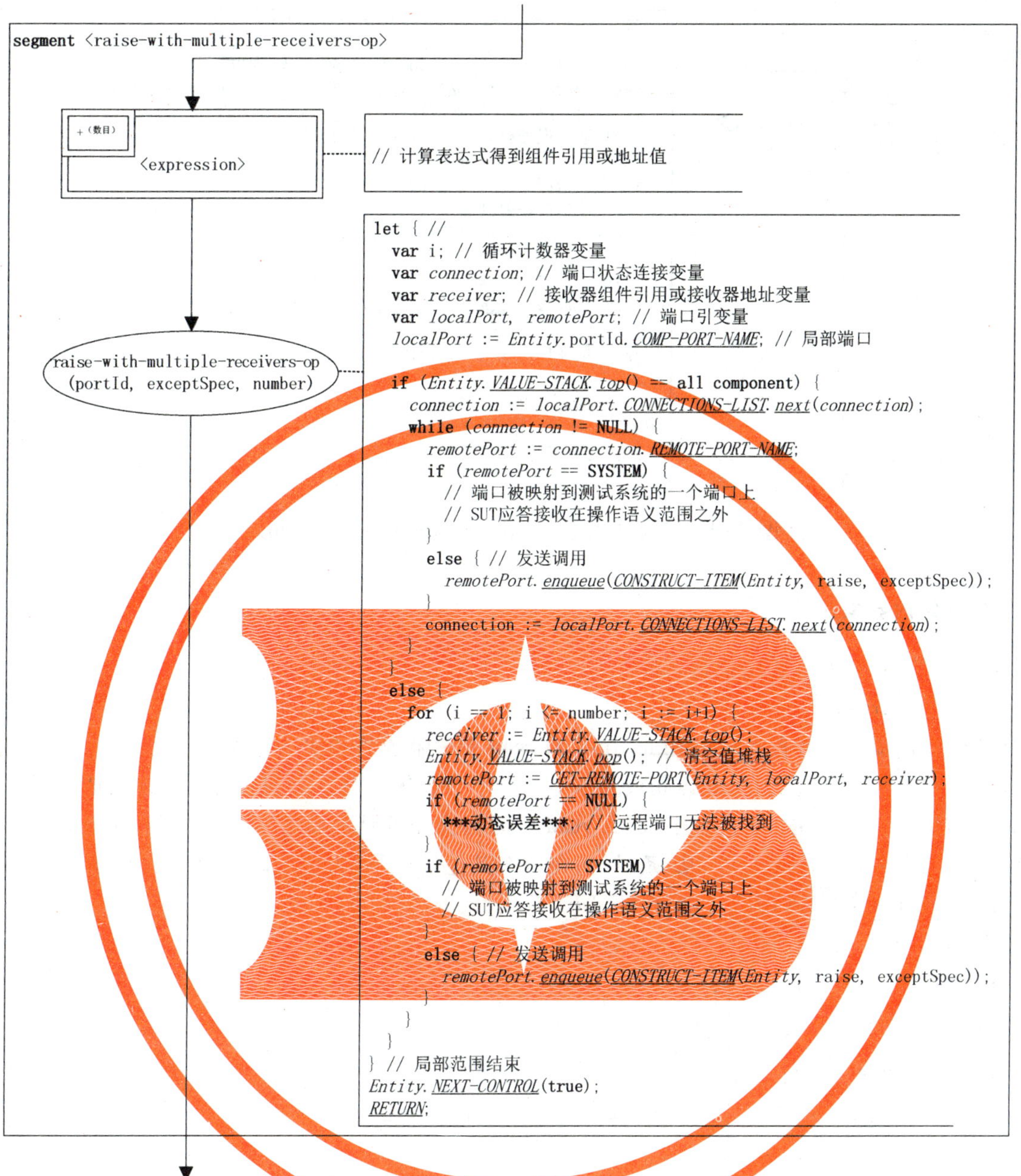

图 128　流程图片段<raise-with-multiple-receivers-op>

8.36.3　流程图片段<raise-without-receiver-op>

图 129 中的流程图片段<raise-without-receiver-op>对不带 **to** 子句的 **raise** 操作的执行过程进行定义。

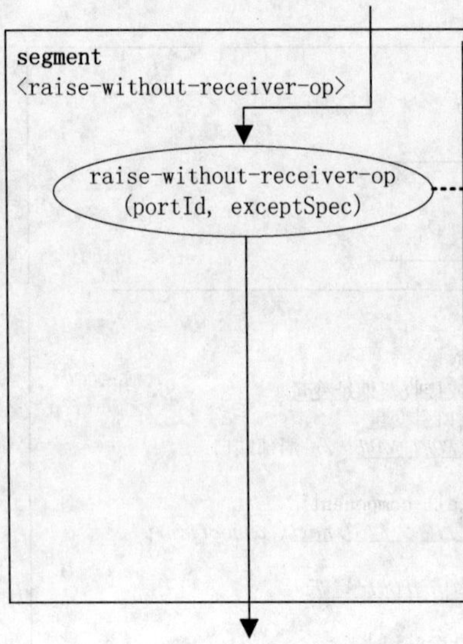


```
let {
  var portRef := Entity.portId.COMP-PORT-NAME;
  var remotePort := GET-REMOTE-PORT(Entity, portRef, NONE);
  if (remotePort == NULL) {
    ***动态误差***; // 未能找到远程端口
  }
  if (remotePort == SYSTEM) {
    // 端口被映射到测试系统端口
   // 被测系统SUT回复的接收在此操作语义范围之外
  }
  else { // 发送异常
    remotePort.enqueue(CONSTRUCT-ITEM(Entity, raise, exceptSpec));
  }
} // 远程端口remotePort范围结束

Entity.NEXT-CONTROL(true);
RETURN;
```

图 129 流程图片段<raise-without-receiver-op>

8.37 Read 定时器操作

read 定时器操作的语法结构是：

<timerId>**.read**

图 130 中的流程图片段<read-timer-op>对 **read** 定时器操作的执行过程进行定义。

read 定时器操作区分其在 **alt** 语句或阻塞 **call** 操作的布尔防卫中的用法与在所有其他情况中的用法之间的差别。如果用在布尔防卫中，那么 **read** 定时器操作的结果基于实际的快照，即定时器绑定的 *SNAP-STATUS* 和 *SNAP-VALUE* 条目，而在所有其他情况下，为用于确定操作结果的、定时器绑定的 *STATUS*、*ACT-DURATION* 和 *TIME-LEFT* 条目。

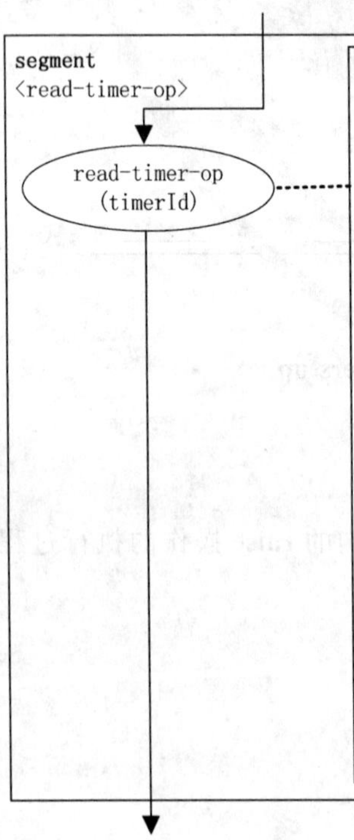


```
let { // 变量myValue局部范围
  var float myValue;

  if (Entity.STATUS == SNAPSHOT) {
    if (Entity.timerId.SNAP-STATUS == RUNNING) {
      myValue := Entity.timerId.SNAP-VALUE;
    }
    else {
      myValue := 0.0;
    }
  }
  else {
    if (Entity.timerId.STATUS == RUNNING) {
      myValue := Entity.timerId.ACT-DURATION - Entity.timerId.TIME-LEFT;
    }
    else {
      myValue := 0.0;
    }
  }
  Entity.VALUE-STACK.push(myValue);
} // 局部范围结束

Entity.NEXT-CONTROL(true);
RETURN;
```

图 130 流程图片段<read-time-op>

8.38 Receive 操作

8.38.1 概述

receive 操作的语法结构是：

＜portId＞.**receive**(＜matchingSpec＞)［**from**＜component-expression＞］［->＜assignmentPart＞］

from 子句中的可选＜component-expression＞指的是发送方实体。它可以以一个变量值的形式来提供，也可以以一个函数的形式来提供，即假设它是一个表达式。如果收到的信息匹配于匹配说明＜matchingSpec＞并匹配(可选的)**from** 子句，那么可选的＜assignmentPart＞表示接收到信息的赋值。

图 131 中的流程图片段＜receive-op＞对 **receive** 操作的执行过程进行定义。

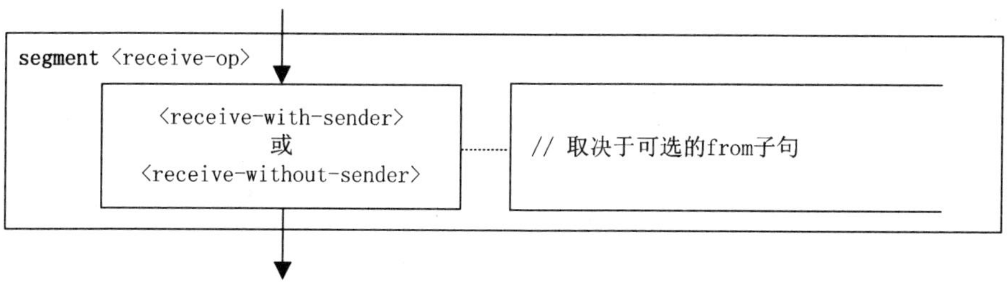

图 131 流程图片段＜receive-op＞

8.38.2 流程图片段＜receive-with-sender＞

图 132 中的流程图片段＜receive-with-sender＞对 **receive** 操作的执行过程进行定义，当中的发送方以一个表达式的形式来描述。

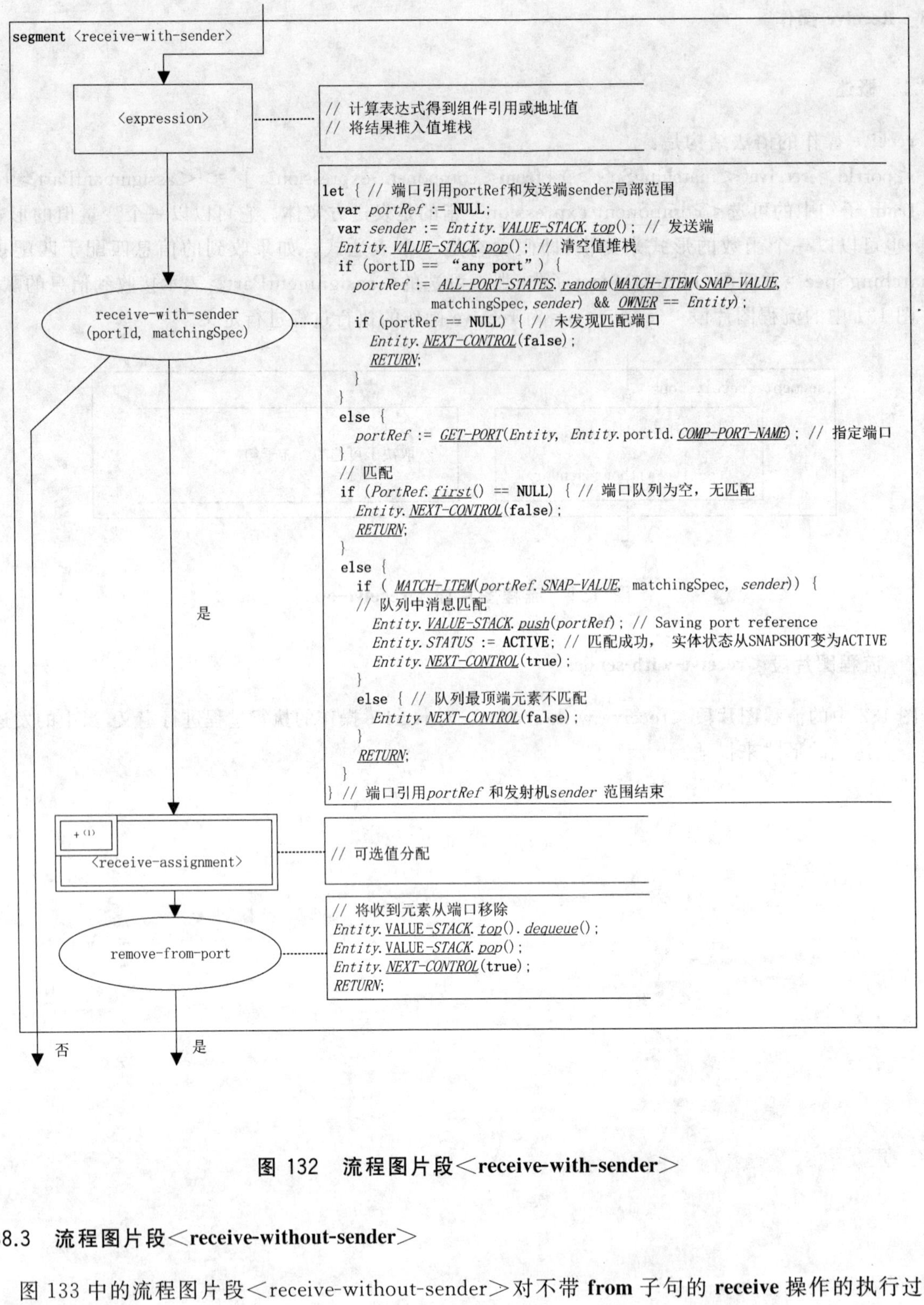

图 132　流程图片段<receive-with-sender>

8.38.3　流程图片段<receive-without-sender>

图 133 中的流程图片段<receive-without-sender>对不带 **from** 子句的 **receive** 操作的执行过程进行定义。

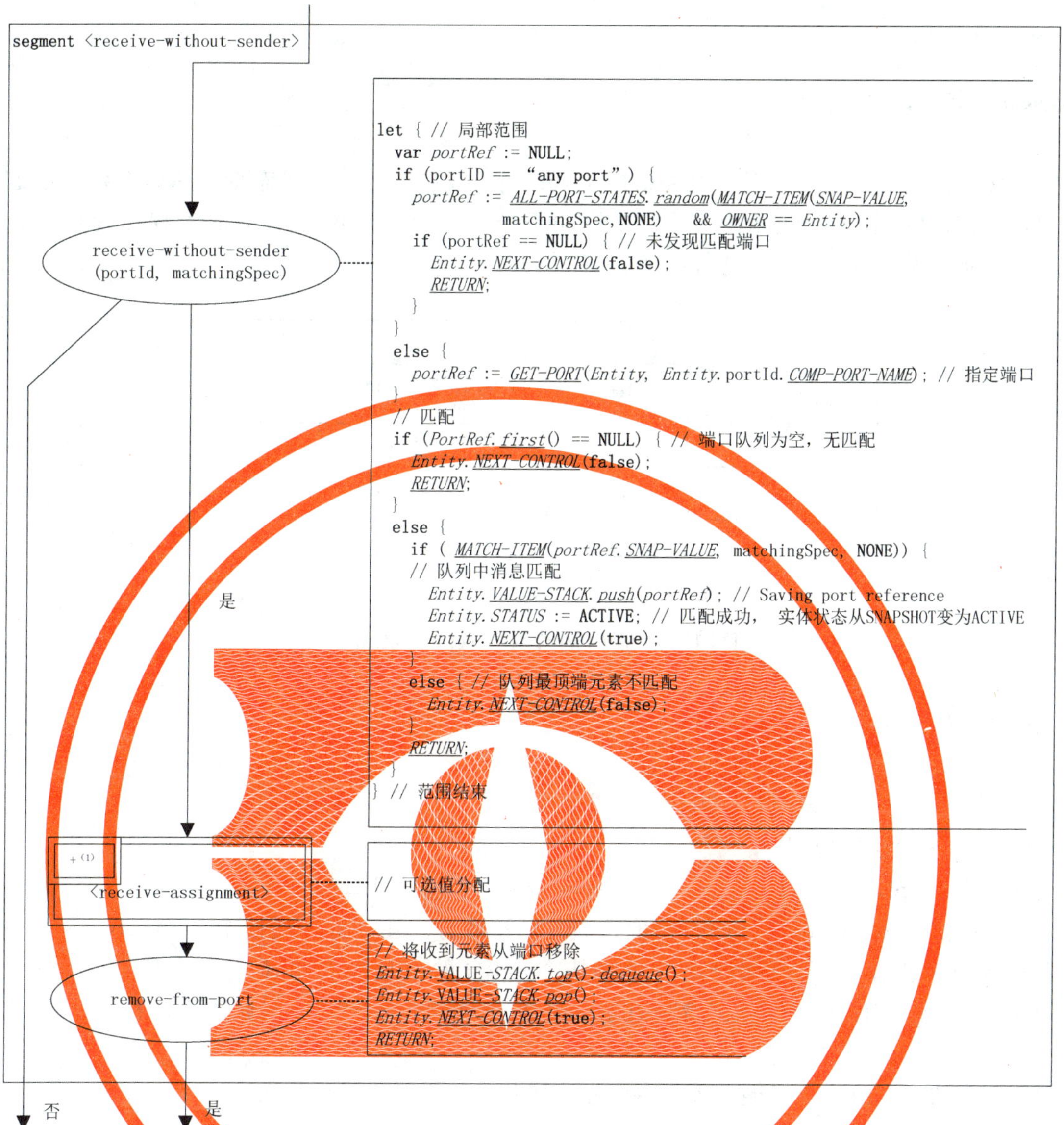

图 133　流程图片段<**receive-without-sender**>

8.38.4　流程图片段<**receive-assignment**>

图 134 中的流程图片段<receive-assignment>对从收到的消息获取信息及其对变量的赋值进行定义。

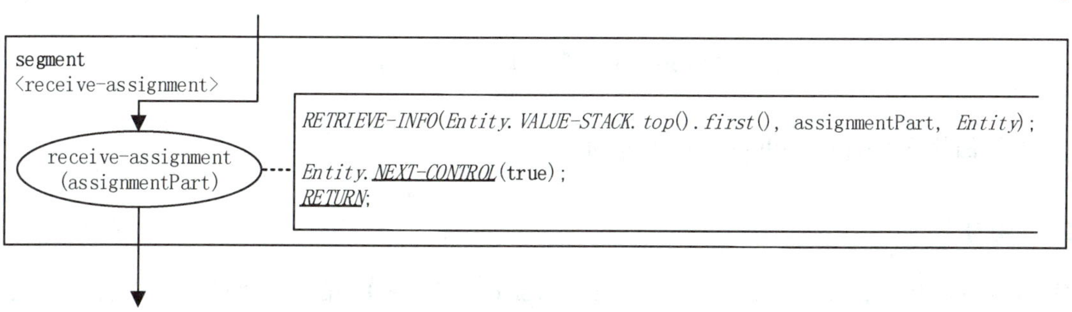

图 134　流程图片段<**receive-assignment**>

8.39 Repeat 语句

repeat 语句的语法结构是：

repeat

基本地，**repeat** 语句是一个不带返回值的 return 语句，它也将实体状态变为 **REPEAT**。状态 **REPEAT** 将强行对已执行 **repeat** 语句中的 **alt** 语句重新进行计算。图 135 中的流程图片段＜repeat-stmt＞对 **repeat** 语句的执行过程进行定义。

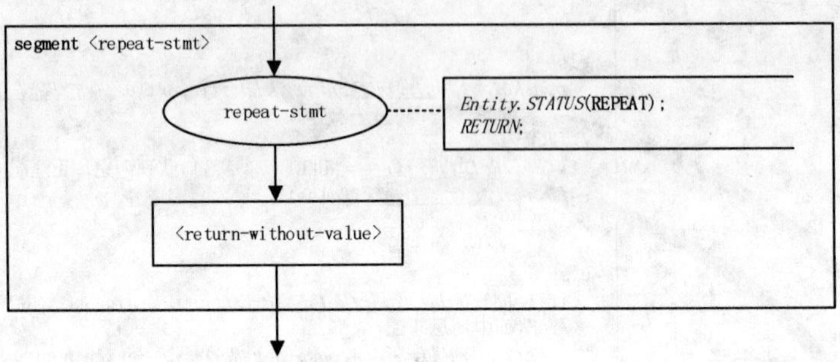

图 135　流程图片段＜repeat-stmt＞

8.40 Reply 操作

8.40.1 概述

reply 操作的语法结构是：

＜portId＞**.reply**(＜replySpec＞)［**to**＜receiver-spec＞］

to 子句中的可选＜receiver-spec＞指的是回复的接收方。在一对一通信中，＜receiver-spec＞表示一个单个实体（包括 SUT 或者 SUT 里的某个实体）的地址。在多播或者广播通信的情况下，＜receiver-spec＞详细说明了一组或者所有测试组件，或者通过特定端口与调用组件相连接的 SUT 里的实体。

图 136 中的流程图片段＜reply-op＞对 **reply** 操作的执行过程进行定义。

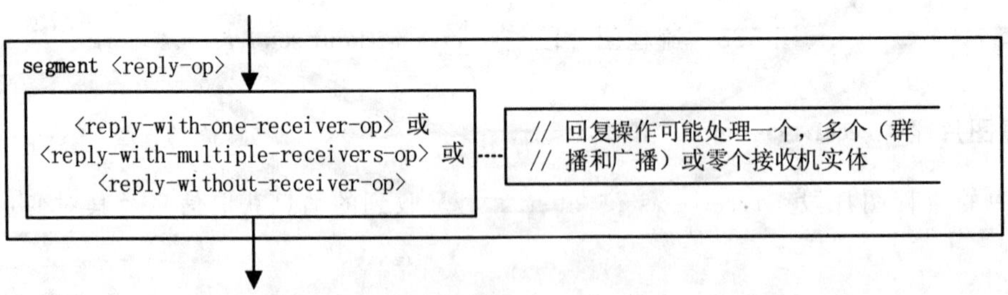

图 136　流程图片段＜reply-op＞

8.40.2 流程图片段＜reply-with-one-receiver-op＞

8.40.2.1 概述

图 137 中的流程图片段＜reply-with-one-receiver-op＞对 **reply** 操作的执行过程进行定义，当中的接收方以一个表达式的形式来描述。

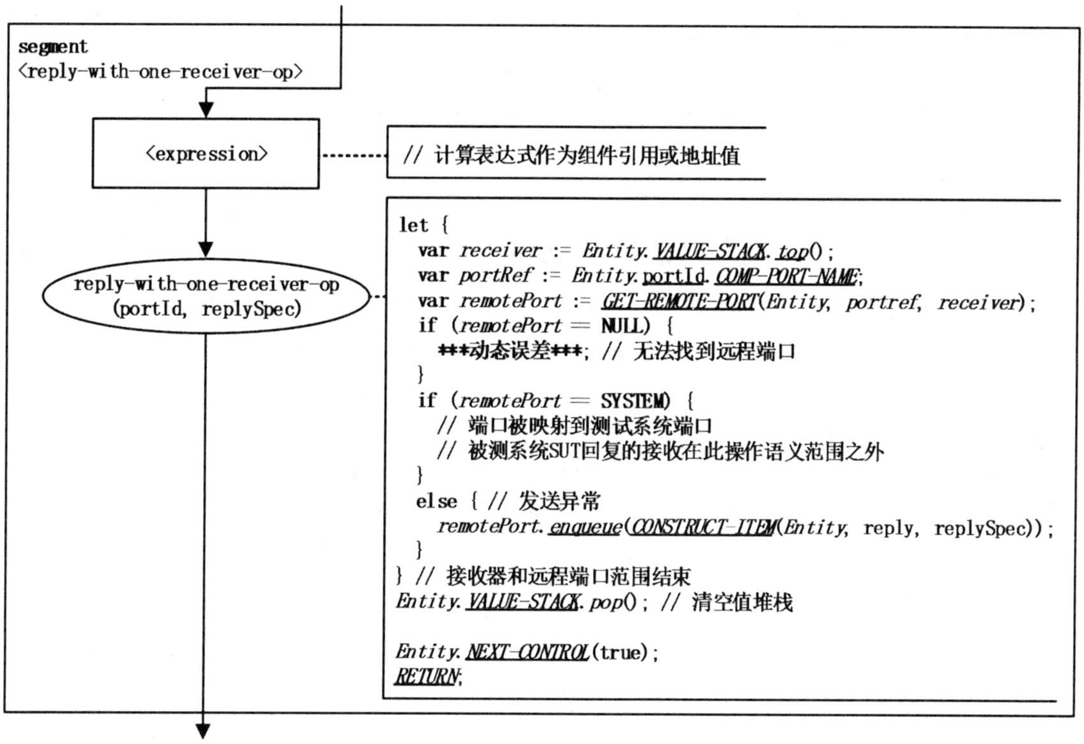

图 137　流程图片段<reply-with-one-receiver-op>

8.40.2.2　流程图片段<reply-with-multiple-receivers-op>

图 138 中的流程图片段<reply-with-multiple-receivers-op>定义了当给出多个接收方地址时的 **reply** 操作的执行过程。在广播通信的情况下，用关键字 **all component** 作为接收方的详细说明。在多播通信的情况下，提供表达式列表来计算组件引用或地址的值。

被定位的实体(或者关键字 **all component**)组件引用或者地址值会被推入到调用实体的的值堆栈中。存储在值堆栈中的引用的数目或地址值被认为是已知的，即它是图 138 中基本流程图节点 reply-with-multiple-receivers-op 的参数 number。在广播通信的情况下，number 参数是 1，即关键字 **all component** 是值堆栈的堆顶元素。

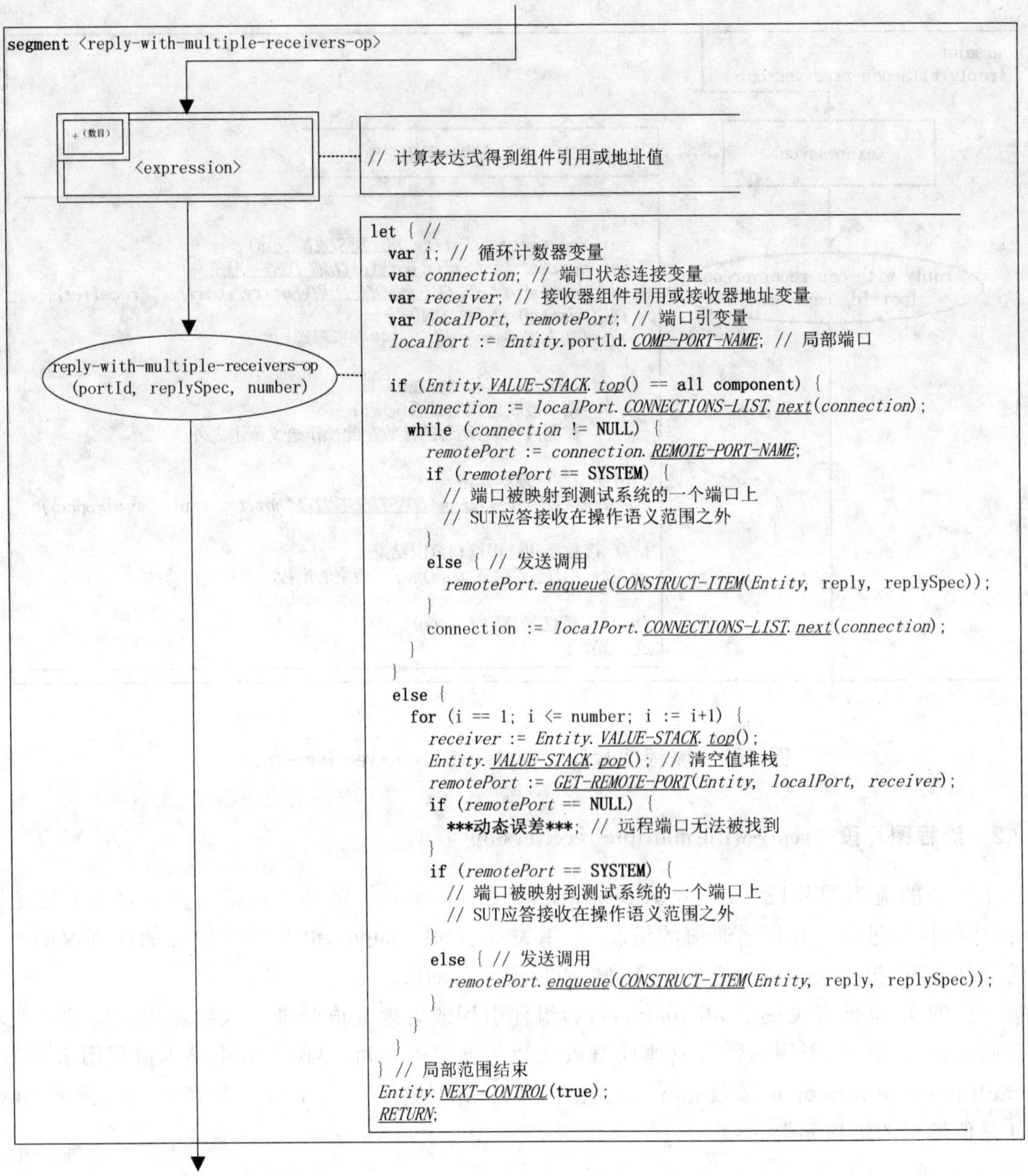

图 138　流程图片段＜reply-with-multiple-receivers-op＞

8.40.3　流程图片段＜reply-without-receiver-op＞

图 139 中的流程图片段＜reply-without-receiver-op＞对不带 **to** 子句的 **reply** 操作的执行过程进行定义。

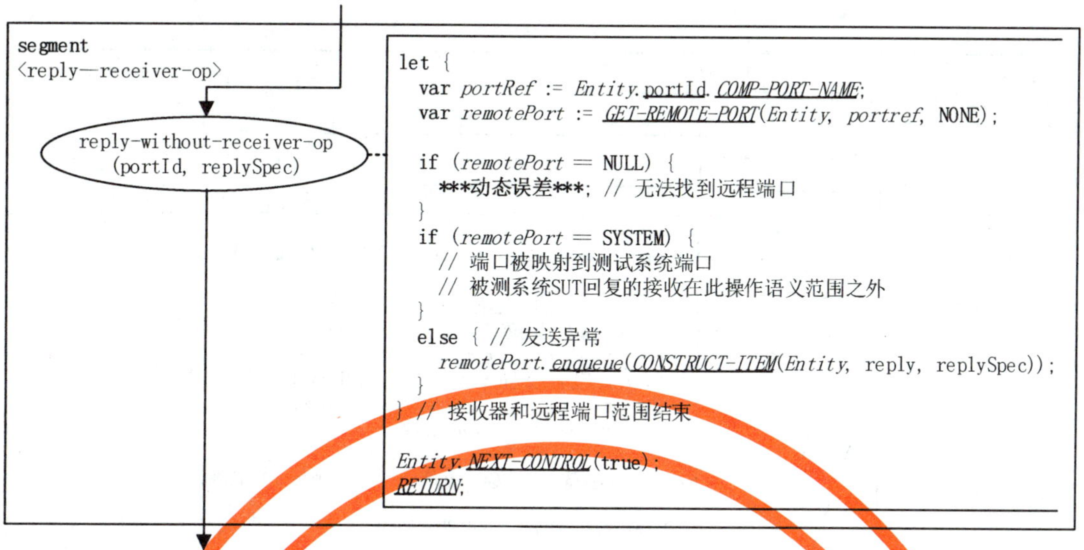

图 139　流程图片段<reply-without-receiver-op>

8.41　Return 语句

8.41.1　概述

return 语句的语法结构是：

return [<expression>]

可选<expression>描述一个可能的函数返回值。执行 **return** 语句意味着控制离开实际的范围单元，即应删除只有在本范围内才已知的变量和定时器，并应更新值堆栈。如果 **return** 语句是行为描述中的最后一个语句，那么它具有一个 **stop** 组件操作的作用。

注：测试用例和模块控制总以 **stop** 组件操作结束。这归因于其流程图描述(见 7.2)。只有其他测试组件可以用一个 **return** 语句来终止。

图 140 中的流程图片段<return-stmt>对 **return** 语句的执行过程进行定义。

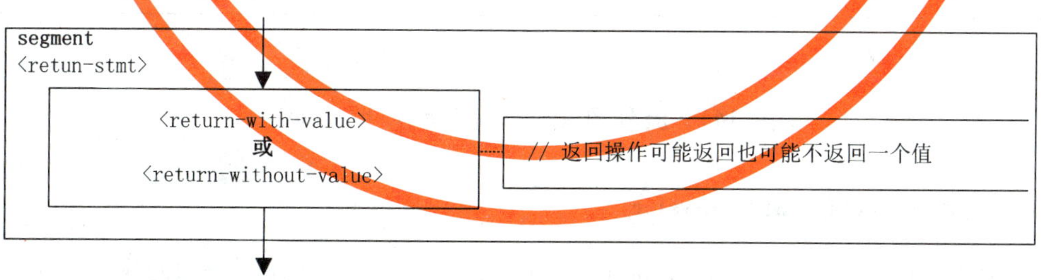

图 140　流程图片段<return-stmt>

8.41.2　流程图片段<return-with-value>

图 141 中的流程图片段<return-with-value>对以表达式形式返回一个指定值的 **return** 语句的执行过程进行定义。

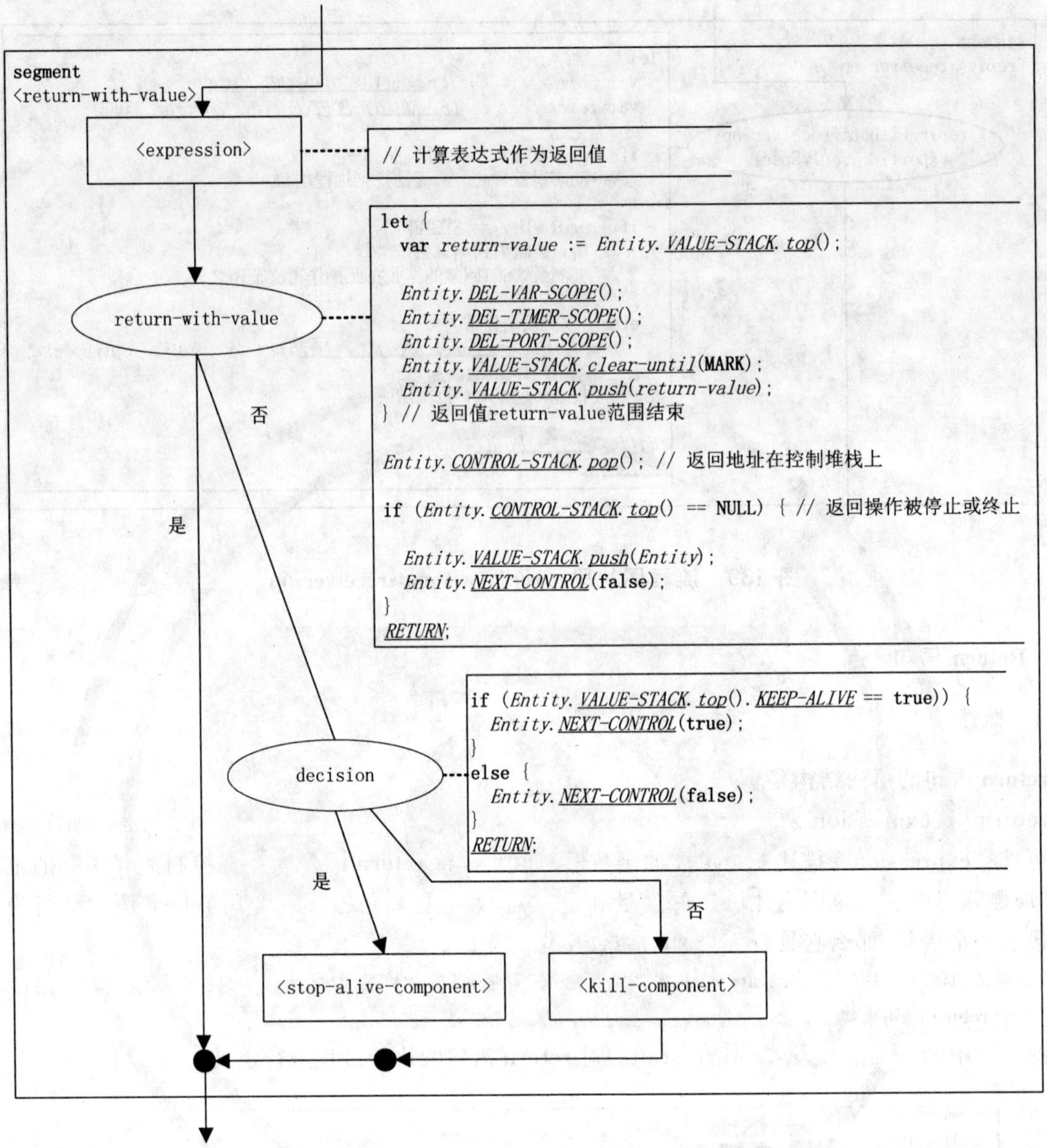

图 141 流程图片段<return-with-value>

8.41.3 流程图片段<return-without-value>

图 142 中的流程图片段<return-without-value>对无返回值的 **return** 语句的执行过程进行定义。

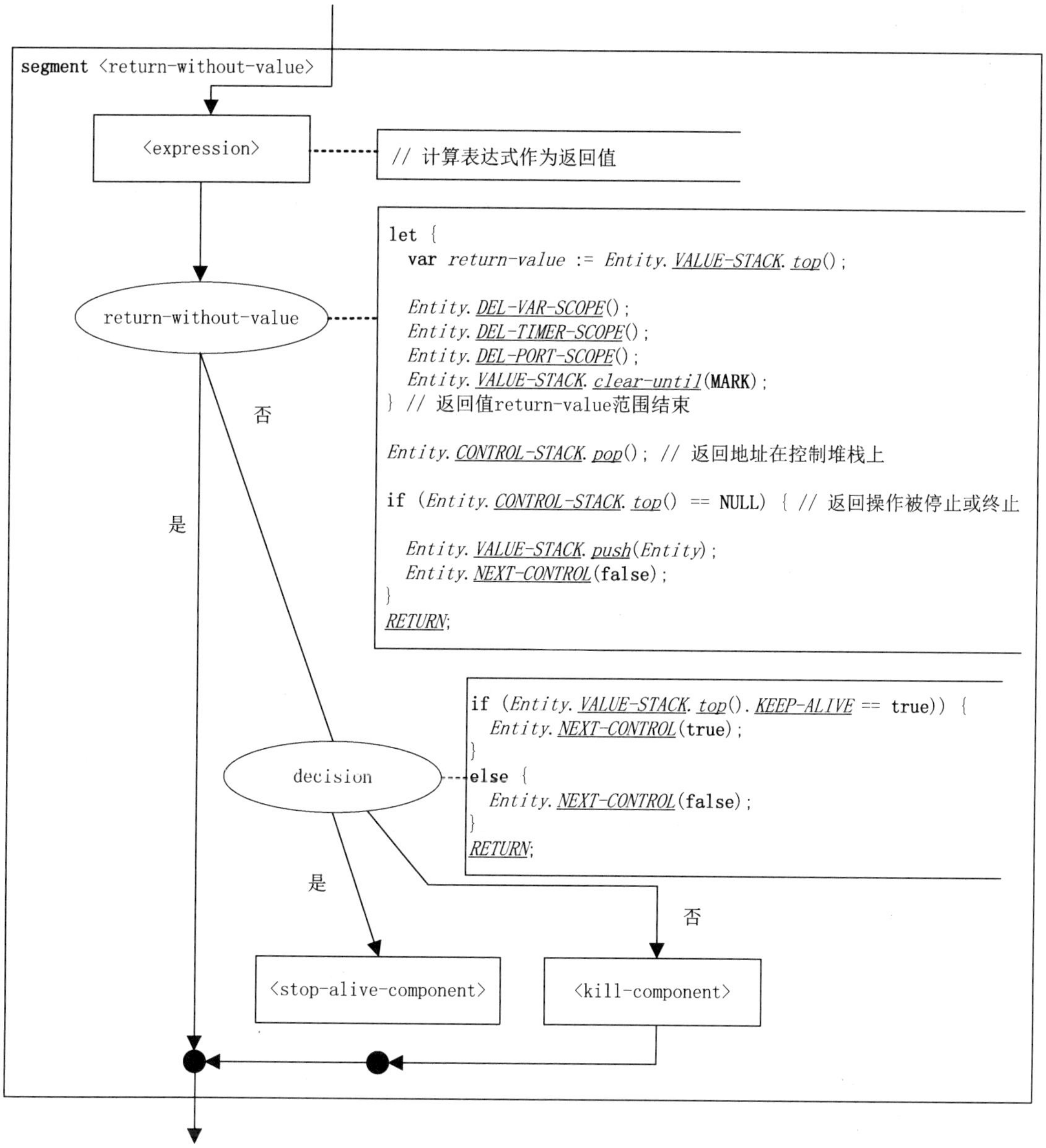

图 142 流程图片段<**return-without-value**>

8.42 Running 组件操作

8.42.1 概述

running 组件操作的语法结构是：

<component-expression>.running

running 组件操作检查组件是正在运行还是已经停止。使用一个组件引用来确定要检查的组件，它可以以一个变量或值返回函数的形式来提供，即它是一个表达式。为简化起见，认为关键字'**all component**'和'**any component**'是特殊的表达式。

running 组件操作区分其在 **alt** 语句或阻塞 **call** 操作的布尔防卫中的用法与在所有其他情况中的用法之间的差别。如果用在布尔防卫中，那么 **running** 组件操作的结果基于实际的快照，而在所有其他情况下，则直接计算状态信息。

将 **running** 组件操作的结果推入实体的值堆栈，称之为操作。

图 143 中的流程图片段＜running-component-op＞对 **running** 组件操作的执行过程进行定义。

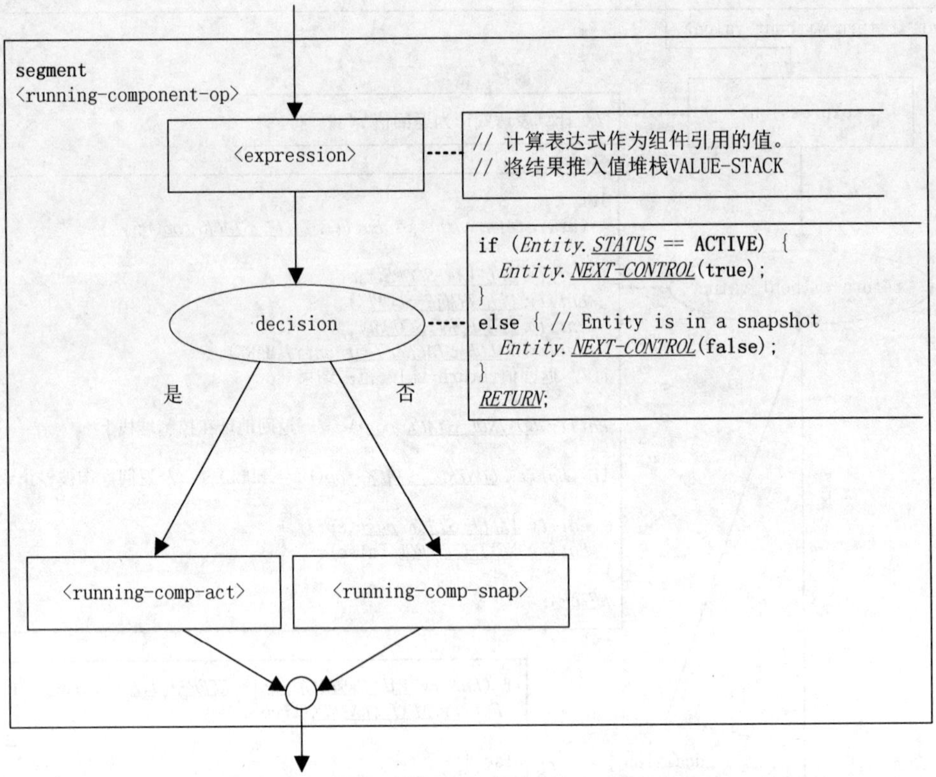

图 143 流程图片段＜running-component-op＞

8.42.2 流程图片段＜running-comp-act＞

图 144 中的流程图片段＜running-comp-act＞对快照之外的 **running** 组件操作的执行过程进行定义，即实体处于 **ACTIVE** 状态。

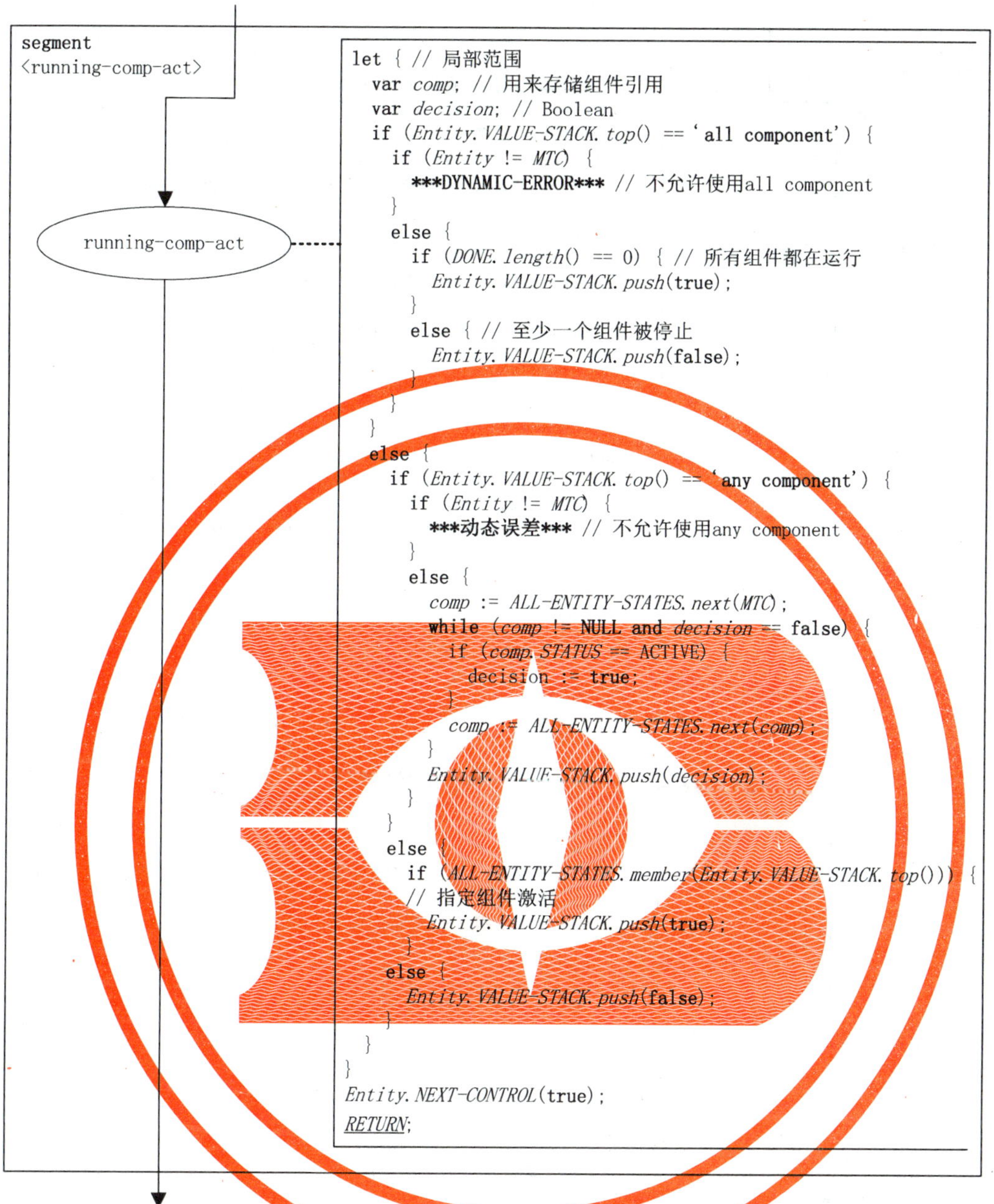


```
let { // 局部范围
  var comp; // 用来存储组件引用
  var decision; // Boolean
  if (Entity.VALUE-STACK.top() == 'all component') {
    if (Entity != MTC) {
      ***DYNAMIC-ERROR*** // 不允许使用all component
    }
    else {
      if (DONE.length() == 0) { // 所有组件都在运行
        Entity.VALUE-STACK.push(true);
      }
      else { // 至少一个组件被停止
        Entity.VALUE-STACK.push(false);
      }
    }
  }
  else {
    if (Entity.VALUE-STACK.top() == 'any component') {
      if (Entity != MTC) {
        ***动态误差*** // 不允许使用any component
      }
      else {
        comp := ALL-ENTITY-STATES.next(MTC);
        while (comp != NULL and decision == false) {
          if (comp.STATUS == ACTIVE) {
            decision := true;
          }
          comp := ALL-ENTITY-STATES.next(comp);
        }
        Entity.VALUE-STACK.push(decision);
      }
    }
    else {
      if (ALL-ENTITY-STATES.member(Entity.VALUE-STACK.top())) {
      // 指定组件激活
        Entity.VALUE-STACK.push(true);
      }
      else {
        Entity.VALUE-STACK.push(false);
      }
    }
  }
}
Entity.NEXT-CONTROL(true);
RETURN;
```

图 144 流程图片段<running-comp-act>

8.42.3 流程图片段<running-comp-snap>

图 145 中的流程图片段<running-comp-snap>对快照计算期间 **running** 组件操作的执行过程进行定义,即实体处于 **SNAPSHOT** 状态。

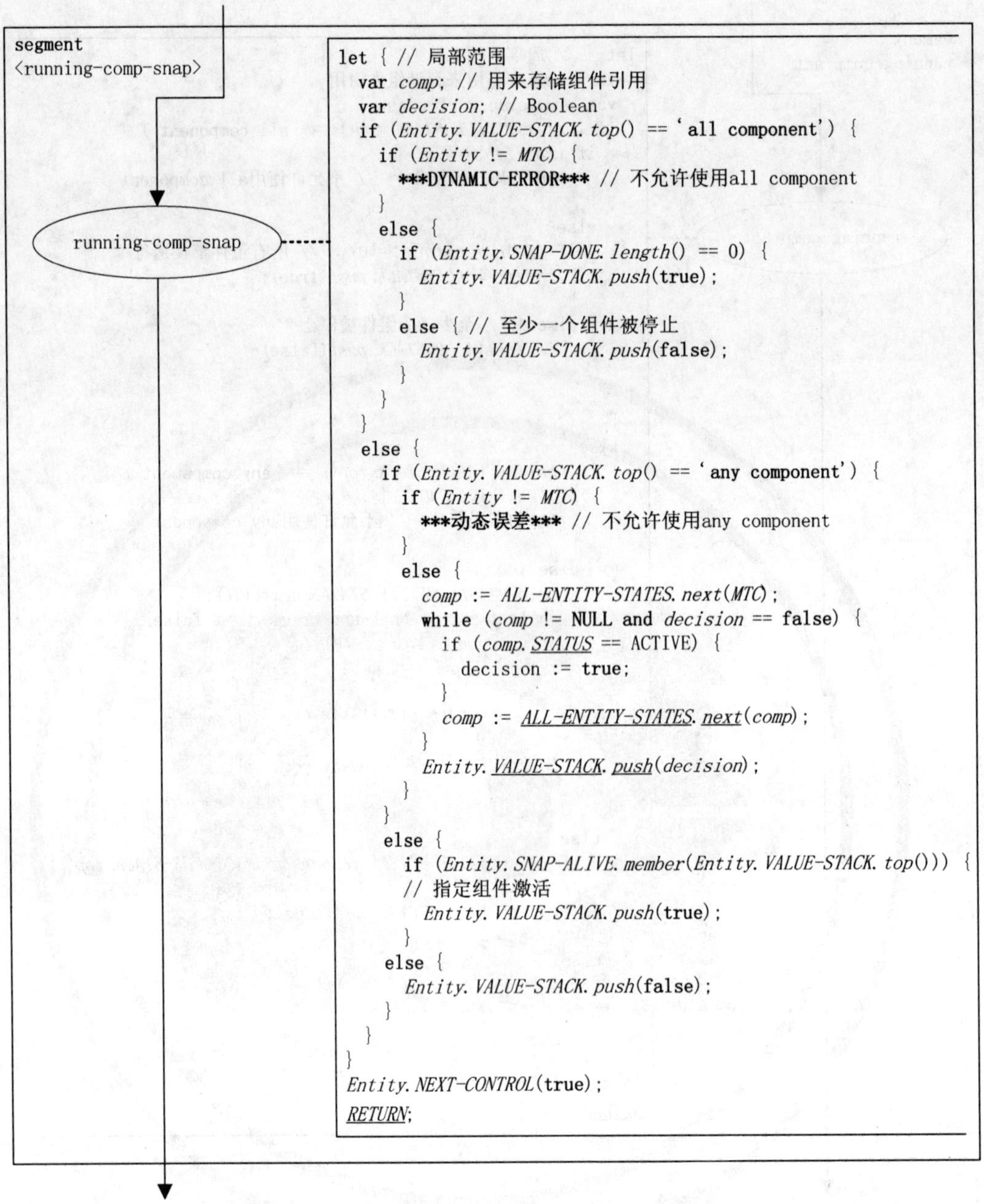

图 145 流程图片段＜running-comp-snap＞

8.43 Running 定时器操作

running 定时器操作的语法结构是：

＜timerId＞.running

图 146 中的流程图片段＜running-timer-op＞对 **running** 定时器操作的执行过程进行定义。

Running 定时器操作区分其在 **alt** 语句或阻塞 **call** 操作的布尔防卫中的用法与在所有其他情况中的用法之间的差别。如果用在布尔防卫中，那么 **running** 定时器操作的结果基于实际的快照，即定时器绑定的 <u>*SNAP-STATUS*</u> 条目，而在所有其他情况下，为用于确定操作结果的、定时器绑定的 <u>*STATUS*</u> 条目。

关键字 **any** 被当作 timerId 的一个特殊值来处理。

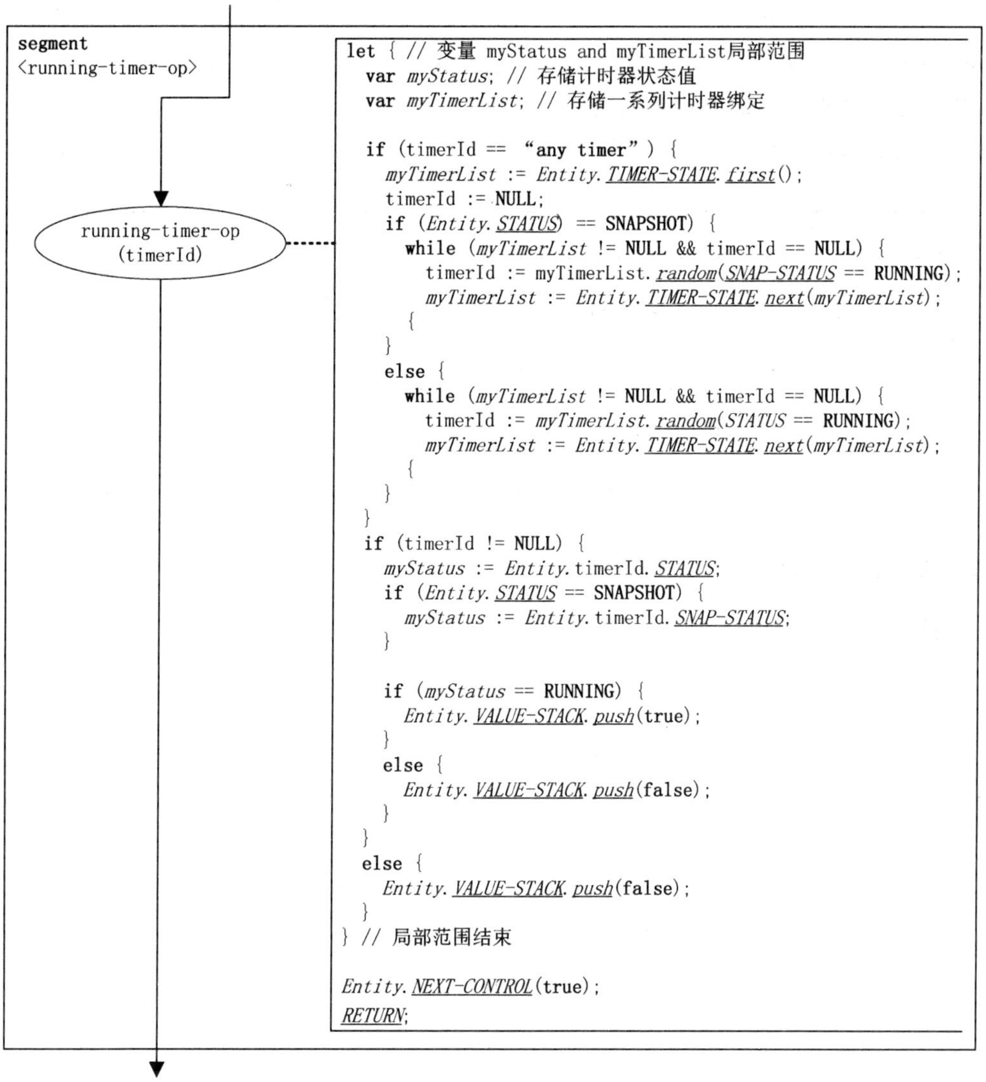

图 146　流程图片段<running-timer-op>

8.44　Self 操作

self 操作的语法结构是：

self

图 147 中的流程图片段<self-op>对 **self** 操作的执行过程进行定义。

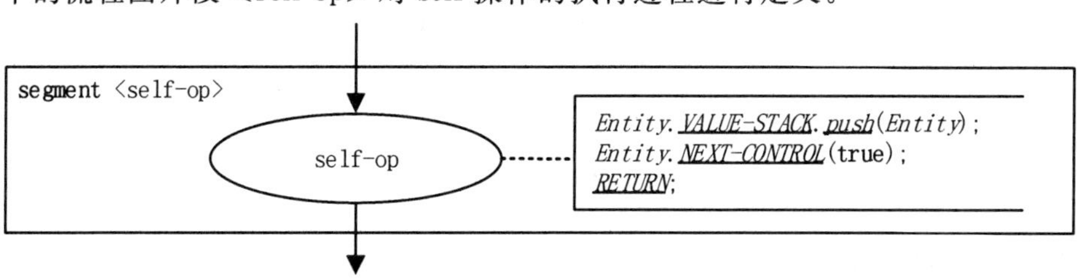

图 147　流程图片段<self-op>

8.45　Send 操作

8.45.1　概述

send 操作的语法结构是：

＜portId＞.send (＜send-spec＞) [to ＜component-expression＞]

to 子句中的可选＜component-expression＞指的是接收方实体。它可以以一个变量值的形式来提供，也可以以一个函数返回值的形式来提供。

图 148 中的流程图片段＜send-op＞对 **send** 操作的执行过程进行定义。

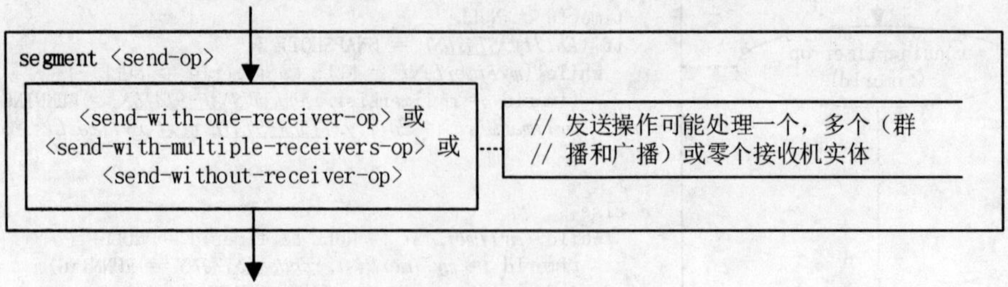

图 148　流程图片段＜send-op＞

8.45.2　流程图片段＜send-with-receiver-op＞

8.45.2.1　概述

图 149 中的流程图片段＜send-with-receiver-op＞对 **send** 操作的执行过程进行定义，当中的接收方以一个表达式的形式来描述。

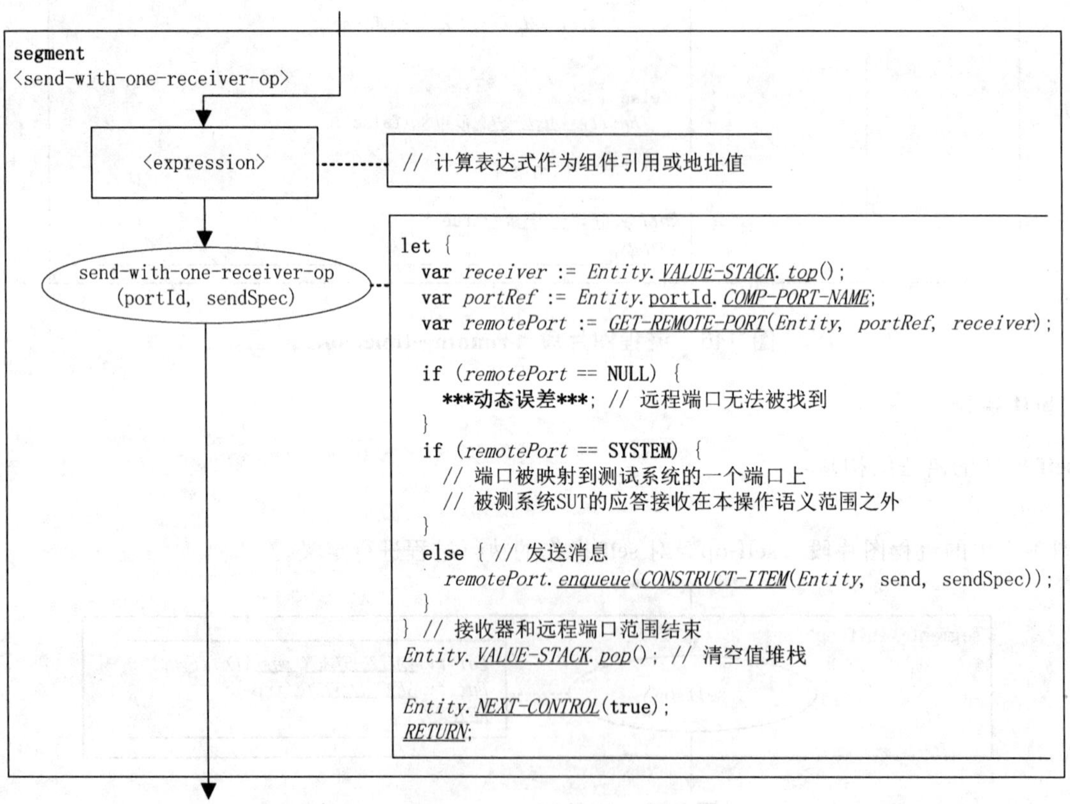

图 149　流程图片段＜send-with-receiver-op＞

8.45.2.2　流程图片段＜ send-with-multiple-receivers-op＞

图 150 中的流程图片段＜ send-with-multiple-receivers-op ＞对当有多个接收器时 **send** 操作的执

行过程进行了定义。在广播通信的情况下,关键字 **all component** 被用作接收器规范。在多播通信的情况下,需要提供一系列表达式,表达式结果为组建引用或者地址值。

编址实体(或关键字 all component)的组件引用或地址值被放到调用实体的值栈中。存储在值栈的引用的数量被认为是已知的,例如在图 150 中,基本流图节点 send-with-multiple-receivers-op 的参数 number。广播通信的情况下参数 number 的值为 1,例如关键字 **all component** 是值栈中的栈顶元素。

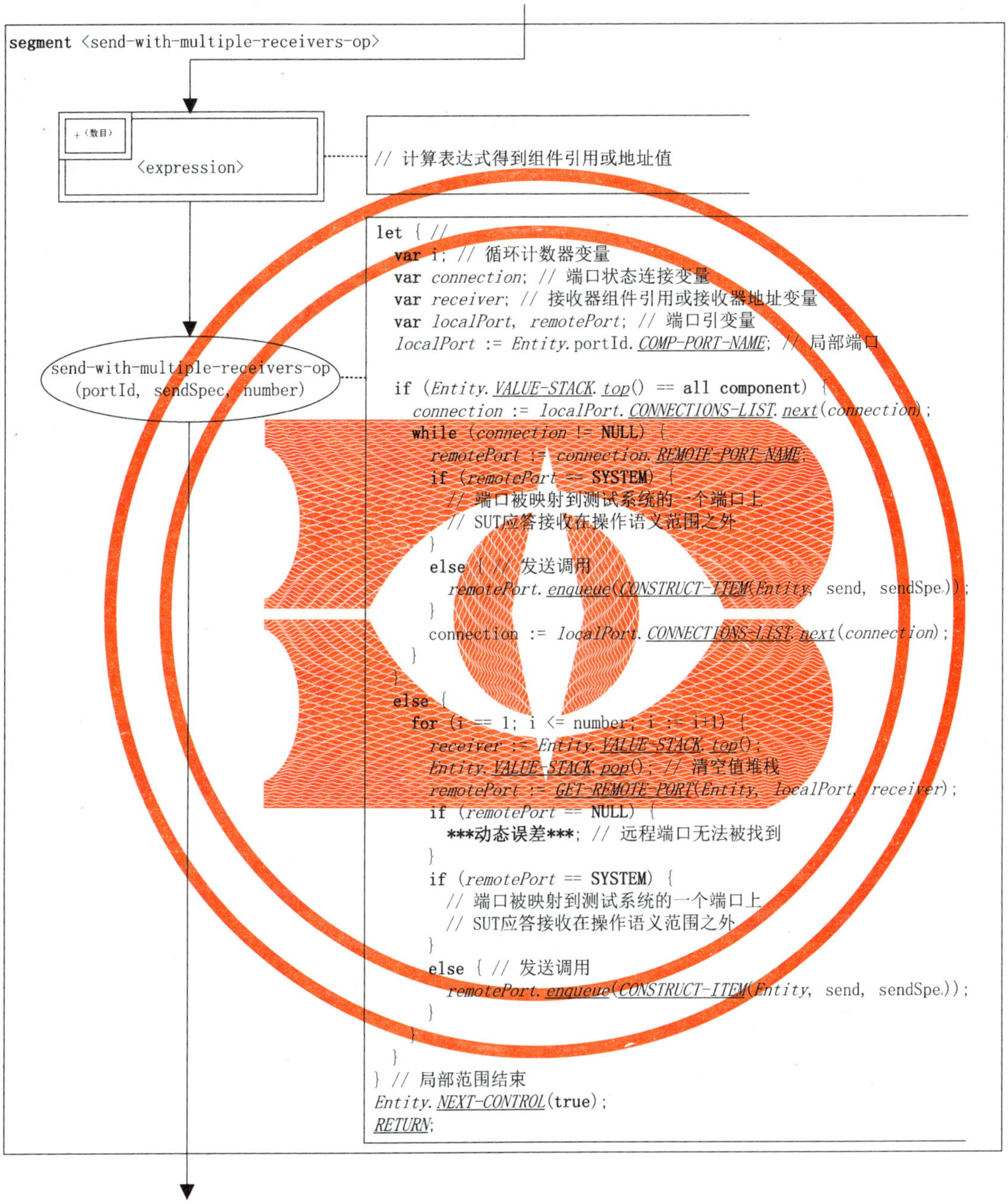

图 150 流程图片段< **send-with-multiple-receivers-op**>

8.45.3 流程图片段<**send-without-receiver-op**>

图 151 中的流程图片段<send-without-receiver-op>对不带 **to** 子句的 **send** 操作的执行过程进行定义。

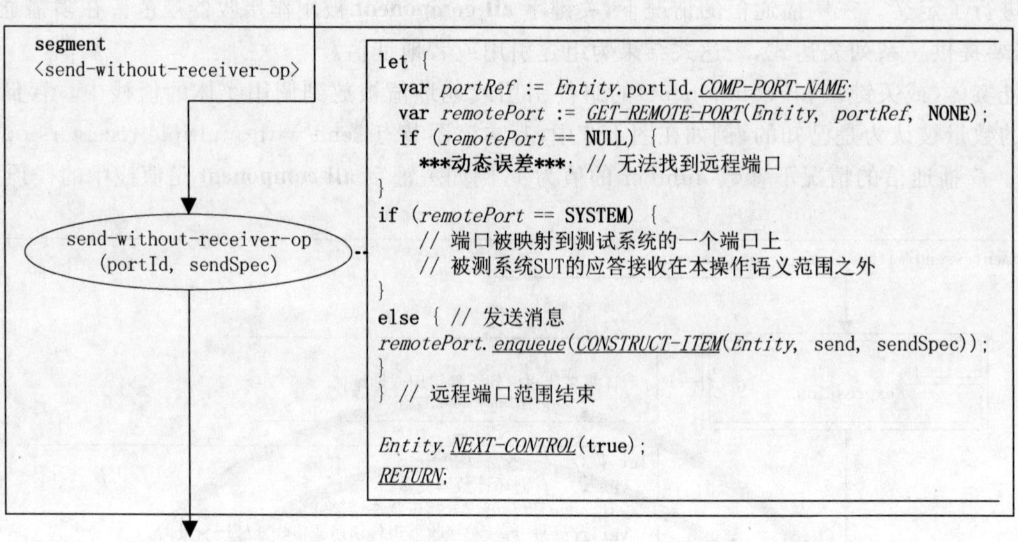

图 151　流程图片段＜**send-without-receiver-op**＞

8.46　Setverdict 操作

setverdict 操作的语法结构是：

setverdict(＜verdicttype-expression＞)

setverdict 操作的＜verdicttype-expression＞参数是一个表达式，它应计算得到一个 **verdicttype** 类型的值，即 **none**、**pass**、**inconc** 或 **fail**。在应用 **setverdict** 操作之前对表达式进行计算。

第二个可选参数允许指定设置判定的一个理由。这个原因不会对测试行为做出贡献，因此在操作语义中不予考虑。

图 152 中的流程图片段＜setverdict-op＞对 **setverdict** 操作的执行过程进行定义。

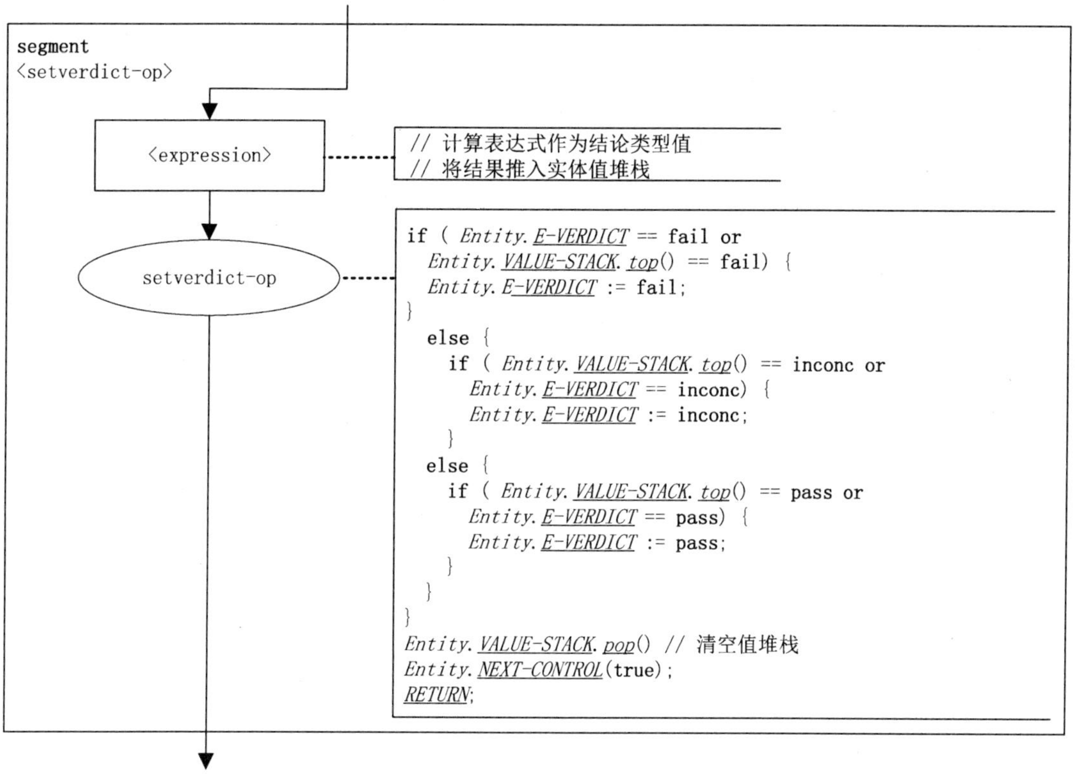

图 152　流程图片段<setverdict-op>

8.47　Start 组件操作

start 组件操作的语法结构是：

<component-expression>.start(<function-name>(<act-par-desc$_1$>,…, <act-par-desc$_n$>))

start 组件操作启动一个新创建的组件。使用组件引用来确定要启动的组件。引用可以保存在一个变量中或由一个函数来返回，即它是一个计算得到组件引用的表达式。

<function-name>表示用于定义新组件行为的函数名称，<act-par-descr$_1$>,…，<act-par-descr$_n$>用于描述<function-name>的实际的参数值。在 **start** 组件操作引用的函数中，只允许值参数。对实参的描述以表达式的形式来提供，在执行调用之前，应对表达式进行计算。对形式值参数和实际值参数的处理等同于函数调用中对它们的处理(见 8.25)。

图 153 中的流程图片段<start-component-op>对 **start** 组件操作的执行过程进行定义。**start** 组件操作分四个步骤执行。在第一个步骤中，创建一个调用记录。在第二个步骤中，计算实际的参数值。在第三个步骤中，获取要开始的组件引用。在第四个步骤中，将控制和调用记录提供给新的组件。

注：图 153 中的流程图片段包括对引用参数(<ref-var-par-calc>)的处理。需要引用参数来解释测试用例的引用参数。操作语义假设由 MTC 来处理这些参数。

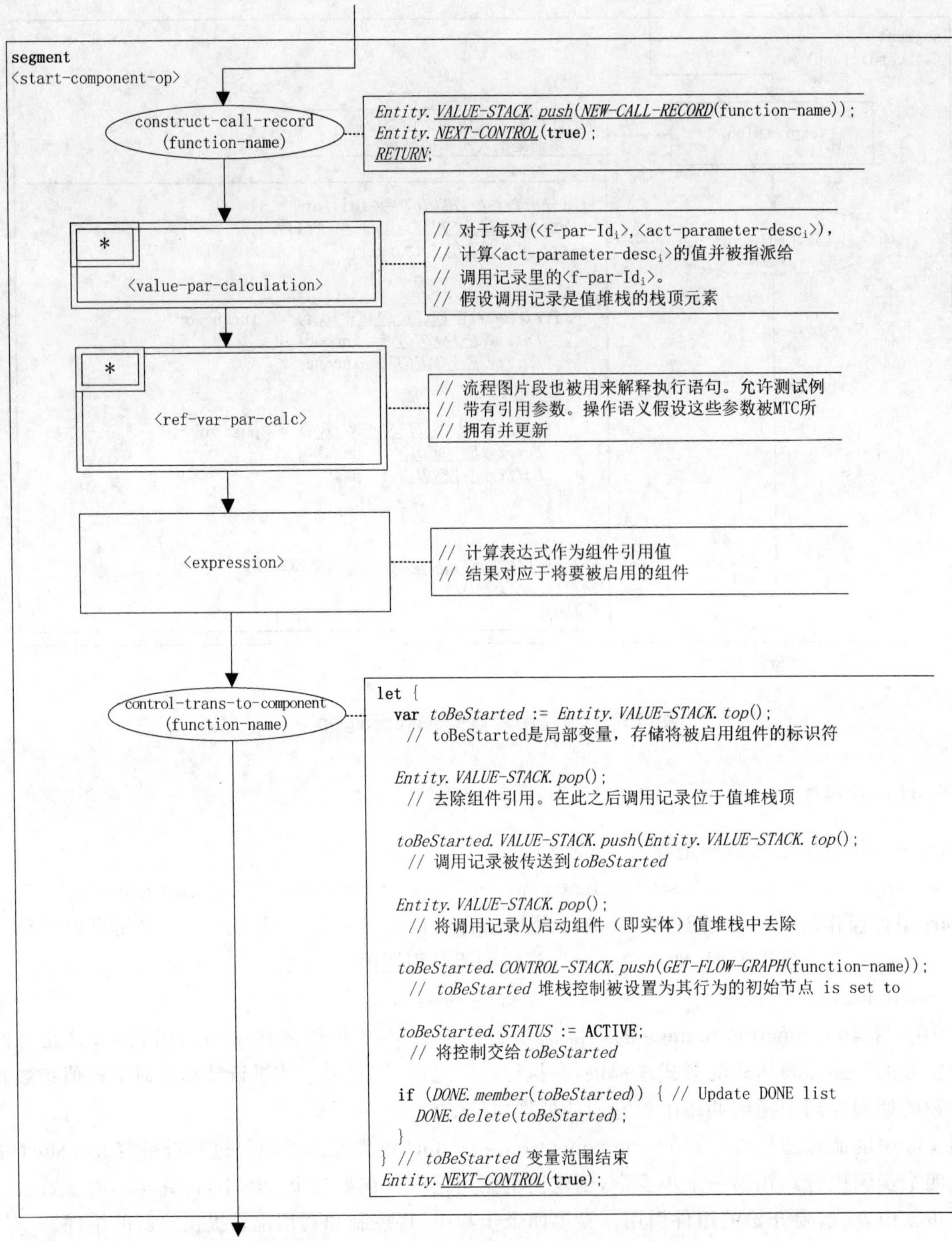

图 153　流程图片段＜start-component-op＞

8.48　Start 端口操作

start 端口操作的语法结构是：

＜portId＞.start

图 154 中的流程图片段＜start-port-op＞对 **start** 端口操作的执行过程进行定义。

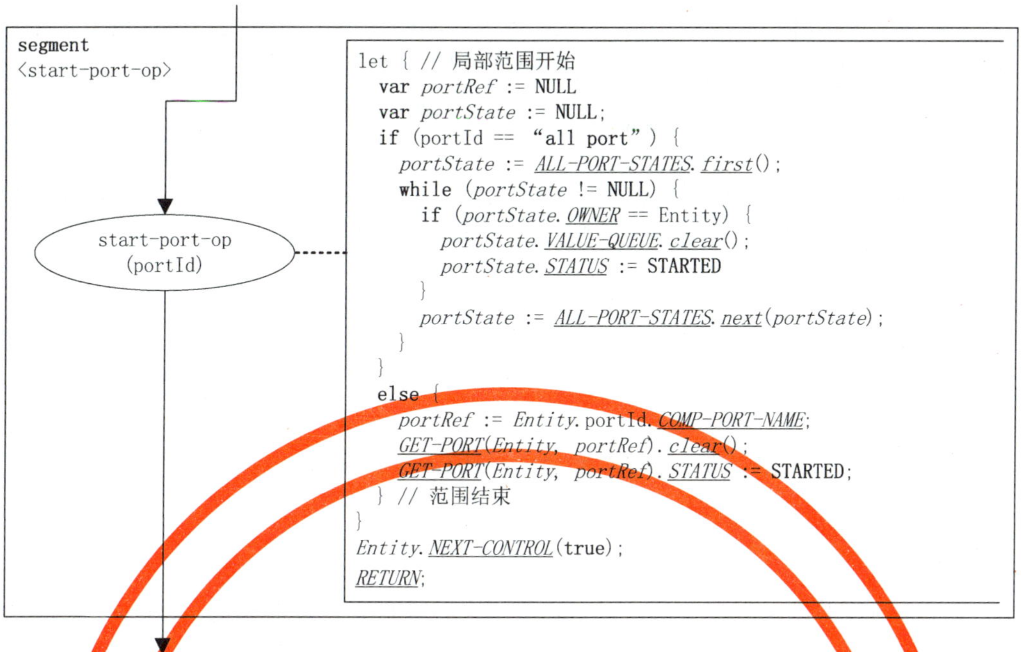

图 154 流程图片段<**start-port-op**>

8.49 Start 定时器操作

8.49.1 概述

start 定时器操作的语法结构是：

<timerId>.start [(<float-expression>)]

定时器 **start** 操作的可选<float-expression>参数表示定时器实际的持续时间。如果未提供<float-expression>参数，那么 **start** 操作将使用缺省的持续时间。表达式应计算得到一个 **float** 类型的值。如果提供了<float-expression>参数，那么在应用 **start** 操作之前对表达式进行计算。将计算结果推入实体的 *VALUE-STACK* 中。

图 155 中的流程图片段<start-timer-op>对 **start** 定时器操作的执行过程进行定义。

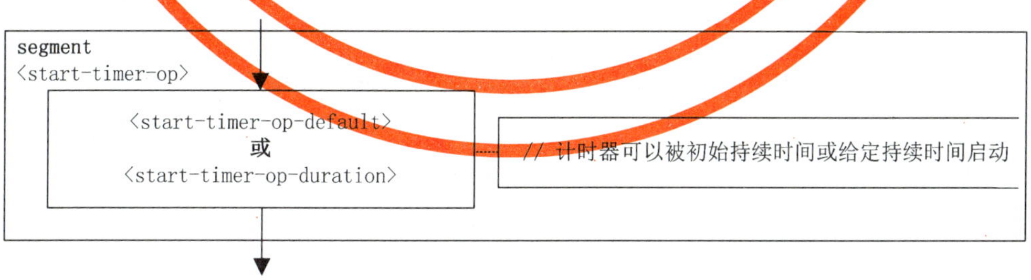

图 155 流程图片段<**start-timer-op**>

8.49.2 流程图片段<start-timer-op-default>

图 156 中的流程图片段<start-timer-op-default>对带缺省值的 **start** 定时器操作的执行过程进行定义。

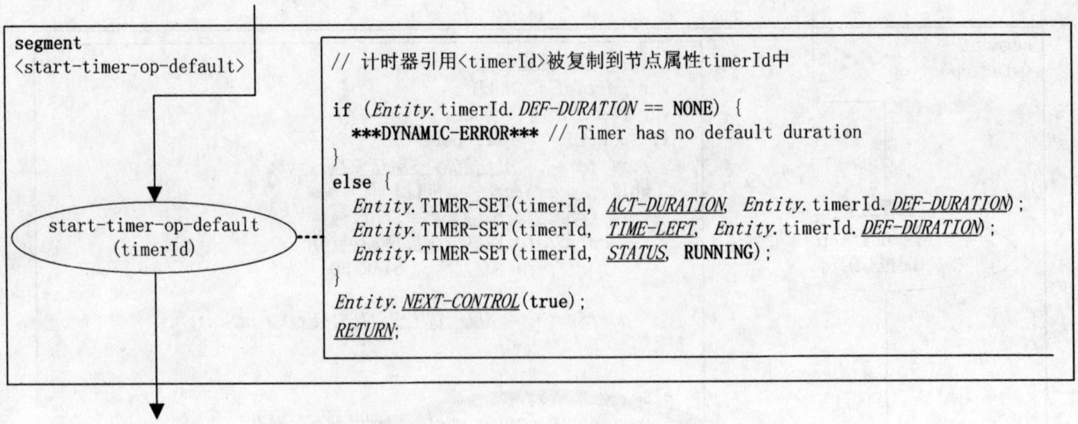

图 156 流程图片段＜**start-timer-op-default**＞

8.49.3 流程图片段＜start-timer-op-duration＞

图 157 中的流程图片段＜start-timer-op-duration＞对带指定持续时间的 **start** 定时器操作的执行过程进行定义。

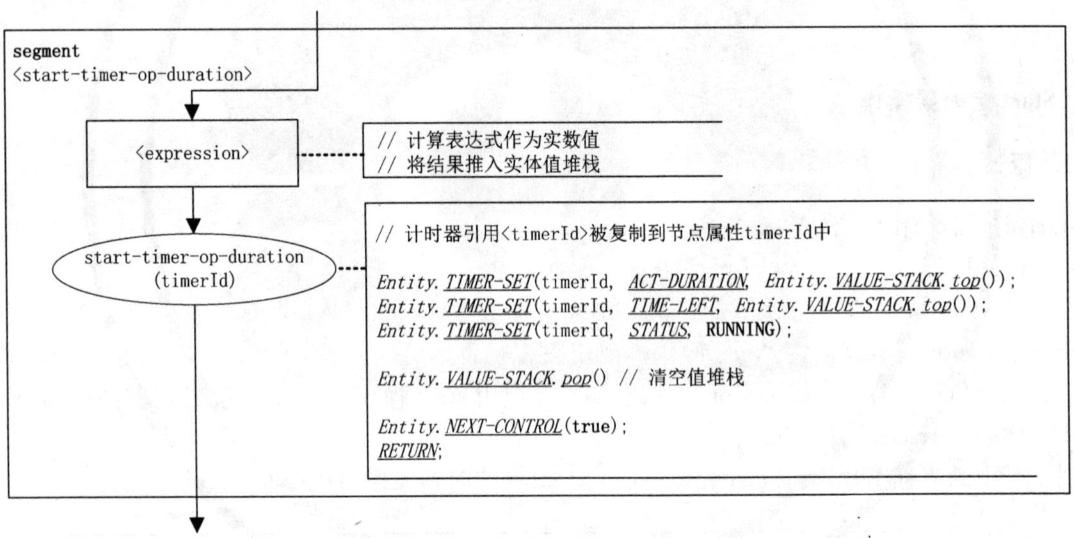

图 157 流程图片段＜**start-timer-op-duration**＞

8.50 Stop 组件操作

8.50.1 概述

stop 组件操作的语法结构是：

＜component-expression＞.stop

stop 组件操作停止指定的组件。如果停止 MTC(如 **mtc.stop**)或停止其自身(如 **self.stop**)，那么将停止所有的测试组件，即终止测试组件。通过使用关键字 **all**，即 **all component.stop**，MTC 可以停止所有的并行测试组件。

通过表达式指定的一个组件引用来确定要停止的组件，如一个值或值返回函数。为简化起见，认为关键字'all component'是＜component-expression＞的特殊值。依据 8.34 和 8.44 对 **mtc** 和 **self** 操作进行计算。

图 158 中的流程图片段<stop-component-op>对 **stop** 组件操作的执行过程进行定义。

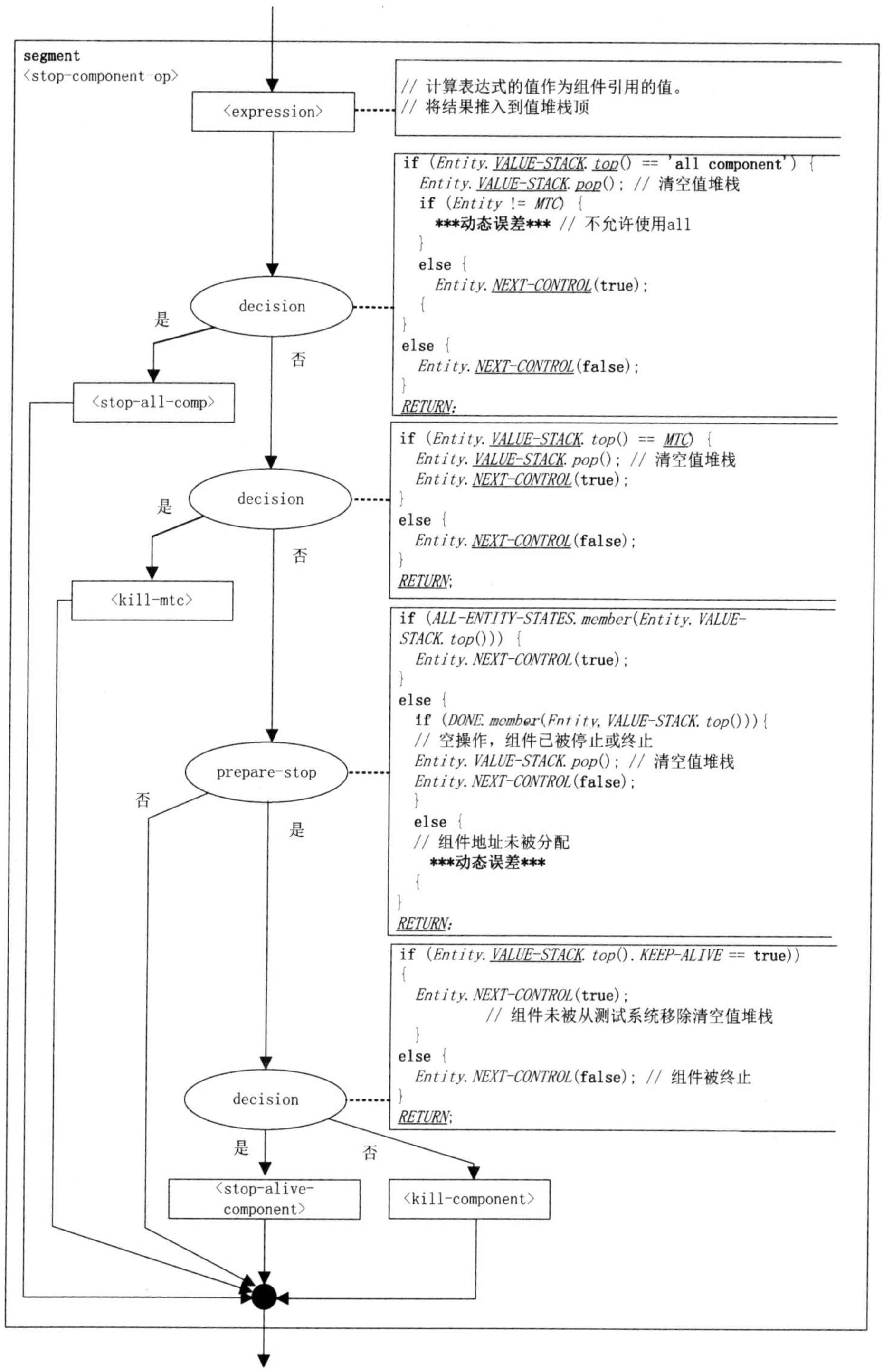

图 158 流程图片段<stop-component-op>

8.50.2 流程图片段<stop-alive-component>

图 159 中的流程图片段<stop-alive-component>对并行测试组件的停止进行描述，即不是由 **alive** 声明创建的 MTC 或模块控制。结果是测试用例判定 *TC-VERDICT* 以及已终止测试组件(*DONE*)的清单被更新，组建状态被更改为 BLOCKED。<stop-alive-component>流程图假设待停止组件的标识

符位于执行该片段的组件值堆栈的顶层。

```
segment
<stop-alive-component>

stop-alive-component

let { // 局部范围
  var myEntity := Entity.VALUE-STACK.top();
  var compVarScope := copy(myEntity.DATA-STATE.first());
  var compTimerScope := copy(myEntity.TIMER-STATE.first());
  var compPortScope := copy(myEntity.PORT-REF.first());

  // 如果另一个组件执行停止操作，则测试继续
  if (Entity != myEntity()) {
    Entity.VALUE-STACK.pop(); // 清空值堆栈
    Entity.NEXT-CONTROL(true);
  }
  // 更新测试例结论
  if (myEntitiy.E-VERDICT == fail or TC-VERDICT == fail) {
    TC-VERDICT := fail;
  }
  else {
    if (myEntity.E-VERDICT == inconc or TC-VERDICT == inconc) {
      TC-VERDICT := inconc;
    }
    else {
      if (myEntity.E-VERDICT == pass or TC-VERDICT == pass) {
        TC-VERDICT := pass;
      }
    }
    // 更新完成
    DONE.append(myEntity); // 更新完成

    // 更新组件状态
    myEntity.STATUS := BLOCKED;
    myEntity.CONTROL-STACK := NULL;
    myEntity.DEFAULT-LIST := NULL;
    myEntity.VALUE-STACK := NULL;
    myEntity.VALUE-STACK.push(MARK); // 组件范围
    myEntity.TIMER-GUARD.STATUS := IDLE;
    myEntity.DATA-STATE := NULL
    myEntity.DATA-STATE.add(compVarScope);
    myEntity.TIMER-STATE := NULL;
    myEntity.TIMER-STATE.add(compTimerScope);
    myEntity.PORT-REF := NULL
    myEntity.PORT-REF.add(compPortScope);
    myEntity.SNAP-ALIVE := NULL;
    myEntity.SNAP-DONE := NULL;
   myEntity.SNAP-KILLED := NULL;
} // 局部范围结束
RETURN;
```

图 159 流程图片段＜stop-alive-component＞

8.50.3 流程图片段＜stop-all-comp＞

图 160 中的流程图片段＜stop-all-comp＞对测试用例所有并行测试组件的停止进行描述。

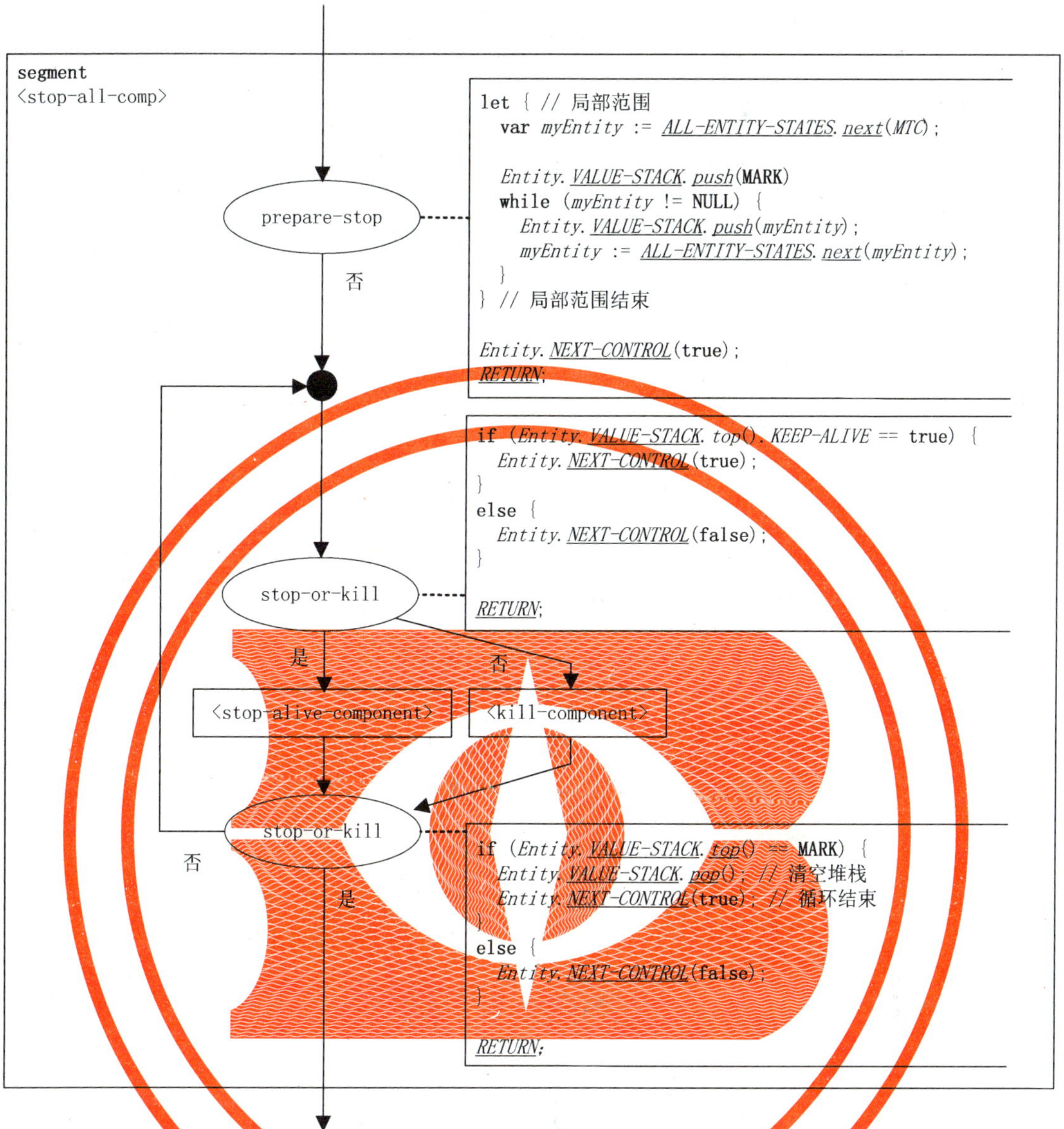

图 160　流程图片段<stop-all-comp>

8.51　Stop 执行语句

stop 执行语句的语法结构是：

stop

stop 执行语句的作用依赖于执行 **stop** 语句的实体：

a）如果由模块控制来执行 **stop**，那么测试过程结束，即所有测试组件和模块控制从模块状态消失。

b）如果由 MTC 来执行 **stop**，那么所有并行测试组件和 MTC 停止执行。对全局测试用例判定进行更新，并将其推入模块控制的值堆栈中。最后，将控制还给模块控制，MTC 终止。

c）如果由测试组件来执行 **stop**，那么对全局测试用例判定 *TC-VERDICT* 和全局 *DONE* 进行更新。然后组件彻底从模块中消失。

图 161 中的流程图片段<stop-exec-stmt>对 **stop** 语句的执行过程进行描述。

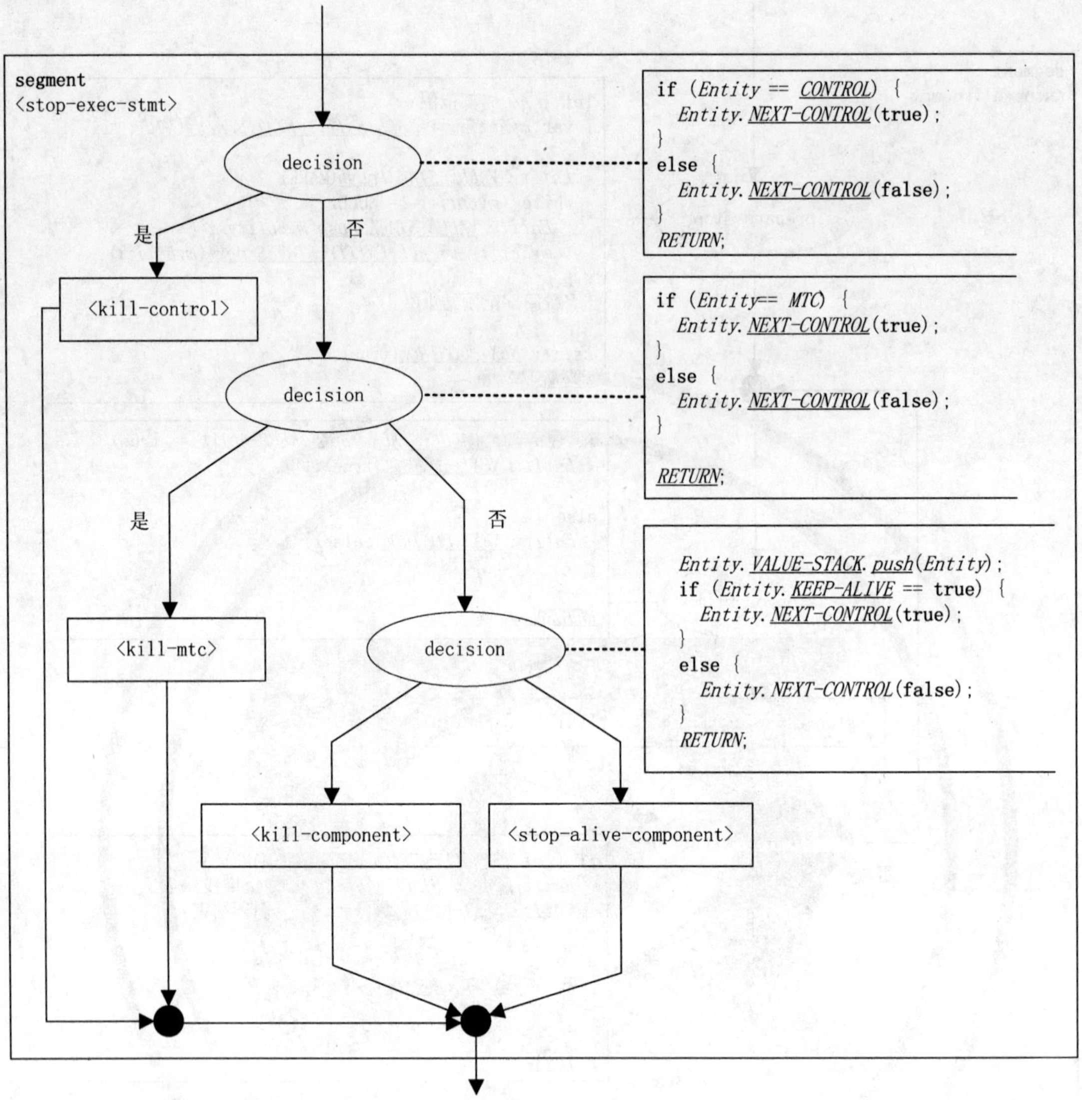

图 161　流程图片段＜**stop-exec-stmt**＞

8.52　Stop 端口操作

stop 端口操作的语法结构是：

＜portId＞**.stop**

图 162 中的流程图片段＜stop-port-op＞对 **stop** 端口操作的执行过程进行定义。

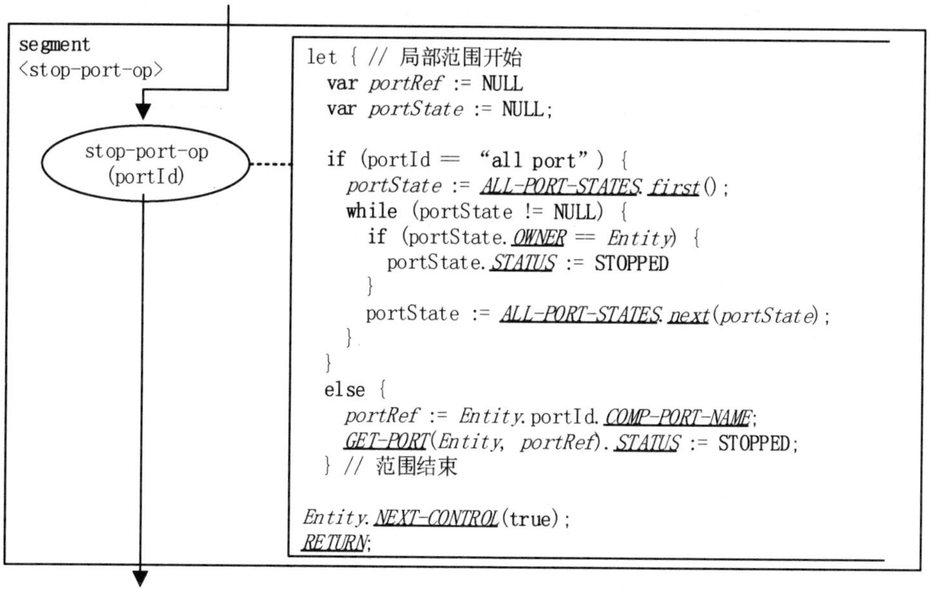

图 162 流程图片段<**stop-port-op**>

8.53 Stop 定时器操作

stop 定时器操作的语法结构是：

<timerId>**.stop**

图 163 中的流程图片段<stop-timer-op>对 **stop** 定时器操作的执行过程进行定义。

将关键字 **all** 作为 timerId 的一个特殊值来处理。

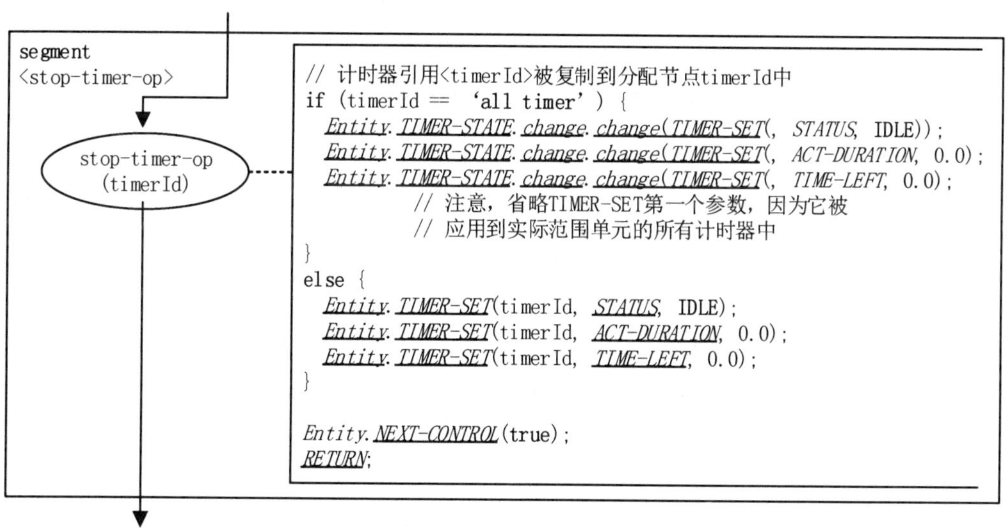

图 163 流程图片段<**stop-timer-op**>

8.54 System 操作

8.54.1 概述

system 操作的语法结构是：

system

图 164 中的流程图片段＜system-op＞对 **system** 操作的执行过程进行定义。

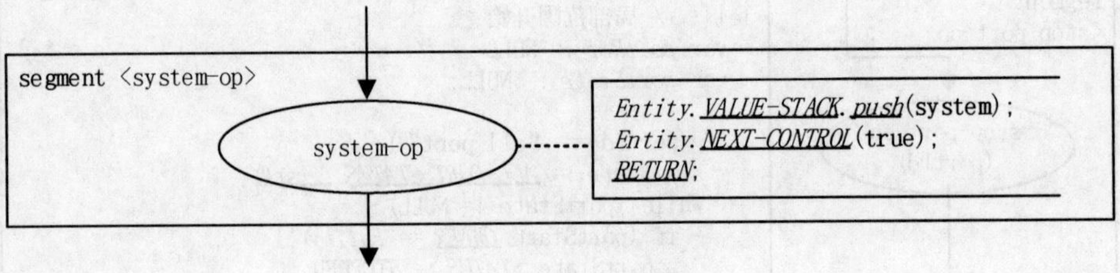

图 164　流程图片段＜system-op＞

8.54.2　测试用例 stop 操作

测试用例 stop 操作的语法结构是：

testcase.stop (＜informal-description＞)

测试用例 stop 操作的行为等同于动态误差(见 8.18.4)之后执行日志语句(见 8.32)。图 165＜ test-case-stop-op ＞流程图片段定义了测试用例 **stop** 操作的执行。

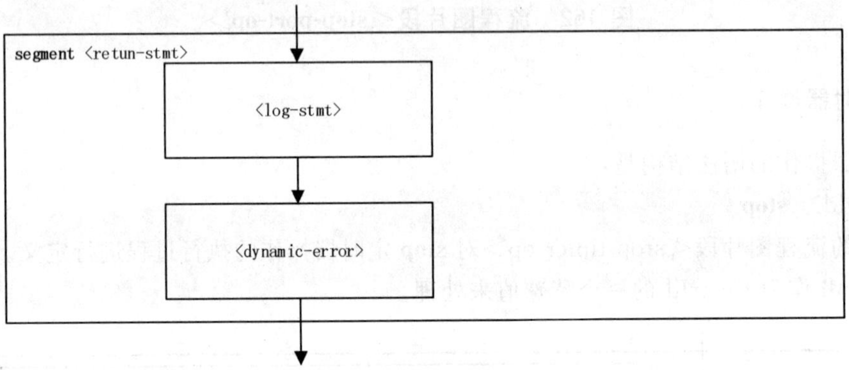

图 165　流程图片段＜test-case-stop-op＞

8.55　Timer 声明

8.55.1　概述

timer 声明的语法结构是：

timer ＜timerId＞ [:= ＜float-expression＞]

定时器声明的作用是创建一个新的定时器绑定。缺省持续时间的声明是可选的。认为缺省值是一个表达式，它计算得到一个 **float** 类型的值。

图 166 中的流程图片段＜timer-declaration＞对定时器声明的执行过程进行定义。

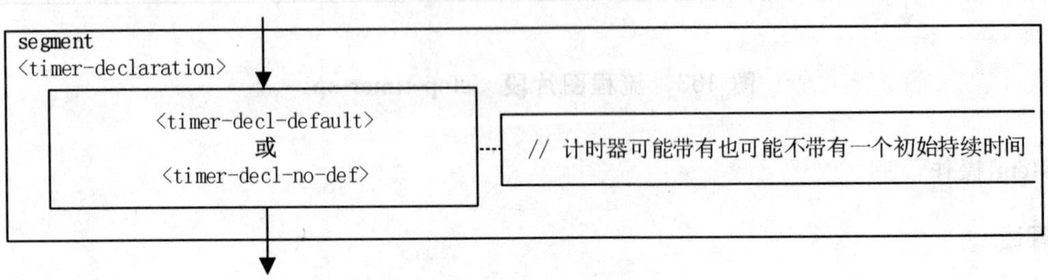

图 166　流程图片段＜timer-declaration＞

8.55.2 流程图片段<timer-decl-default>

图 167 中的流程图片段<timer-decl-default>对以表达式形式提供了缺省持续时间的定时器声明的执行过程进行定义。

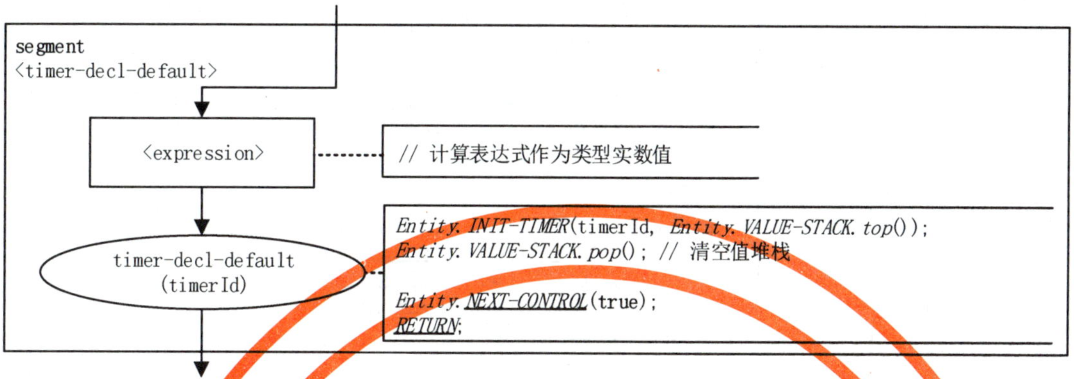

图 167 流程图片段<timer-decl-default>

8.55.3 流程图片段<timer-decl-no-def>

图 168 中的流程图片段<timer-decl-no-def>对未提供缺省持续时间的定时器声明的执行过程进行定义，即未定义定时器的缺省持续时间。

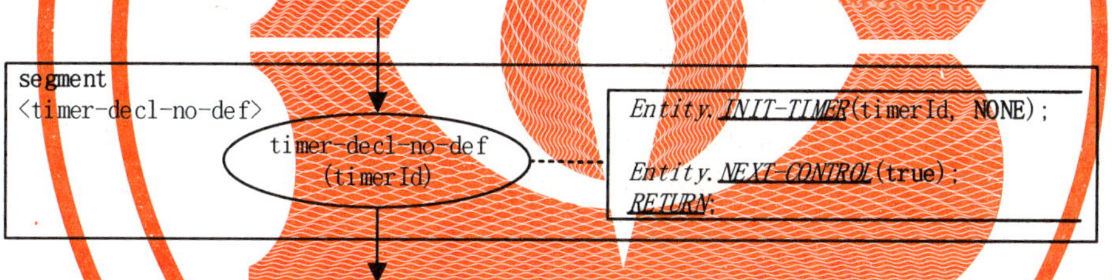

图 168 流程图片段<timer-decl-no-def>

8.56 Timeout 定时器操作

timeout 定时器操作的语法结构是：

<timerId>.timeout

图 169 中的流程图片段<timeout-timer-op>对 **timeout** 定时器操作的执行过程进行定义。

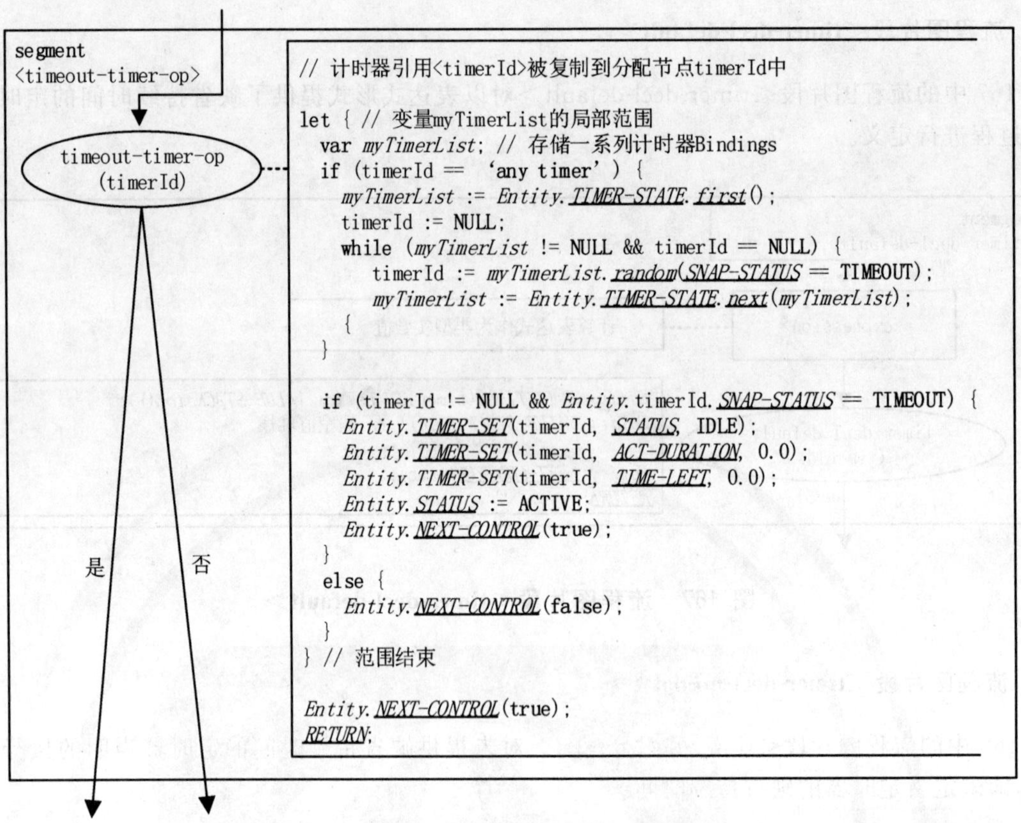

图 169 流程图片段<timeout-timer-op>

注 1：timeout 操作嵌入在一个 alt 语句中。其计算结果基于实际的快照，即依据定时器绑定中的 SNAP-STATUS 来做决定。如果 timeout 操作成功，也就是说 SNAP-STATUS==TIMEOUT，那么定时器设为 IDLE 状态，并且组件状态从 SANPSHOT 改为 ACTIVE。

注 2：当 timeout 计算得到 true 或 false 时，语句继续执行，后跟 timeout 操作(true 分支)，或者后跟待检查的 alt 语句中的下一个选项(false 选项)。

注 3：处理关键字 any 与处理 timerId 特殊值方法相似。

8.57 Unmap 操作

8.57.1 概述

unmap 操作的语法结构是：

unmap(<component_expression>:<portId_1>[,system:<portId_2>])

认为标识符<portId_1> 和 <portId_2>是对应测试组件和测试系统接口的端口标识符。通过组件引用<component-expression>的方式来引用<portId_1>所属的组件。引用可以保存在变量中或通过函数返回，即它是一个表达式，将计算得到一个组件引用。值堆栈用于保存组件引用。

unmap 操作可以使用一个参数对或两个参数对。使用一个参数对的 **unmap** 操作可能会为一个组件或者如果是由 MTC 执行的所有组件取消端口映射。使用有两个参数对的 **unmap** 操作允许取消一个特定的端口映射。

操作语义不对抽象测试系统接口的端口进行模拟。在此仅需要考虑确定组件(或者如果使用了关键字 **all component**，此处则为组件组)和相应的端口(或者如果使用了关键字 **all port**，此处则为端口组)的参数对。

下面的流程图片段中对三种情况进行了区分：

a) **mtc** 释放了所有组件的所有映射端口；

b) 释放了一个组件的所有映射端口；

c) 释放了一个组件的一个端口映射。

图 170 中的流程图片段<unmap-op>定义了 **unmap** 操作的执行过程。

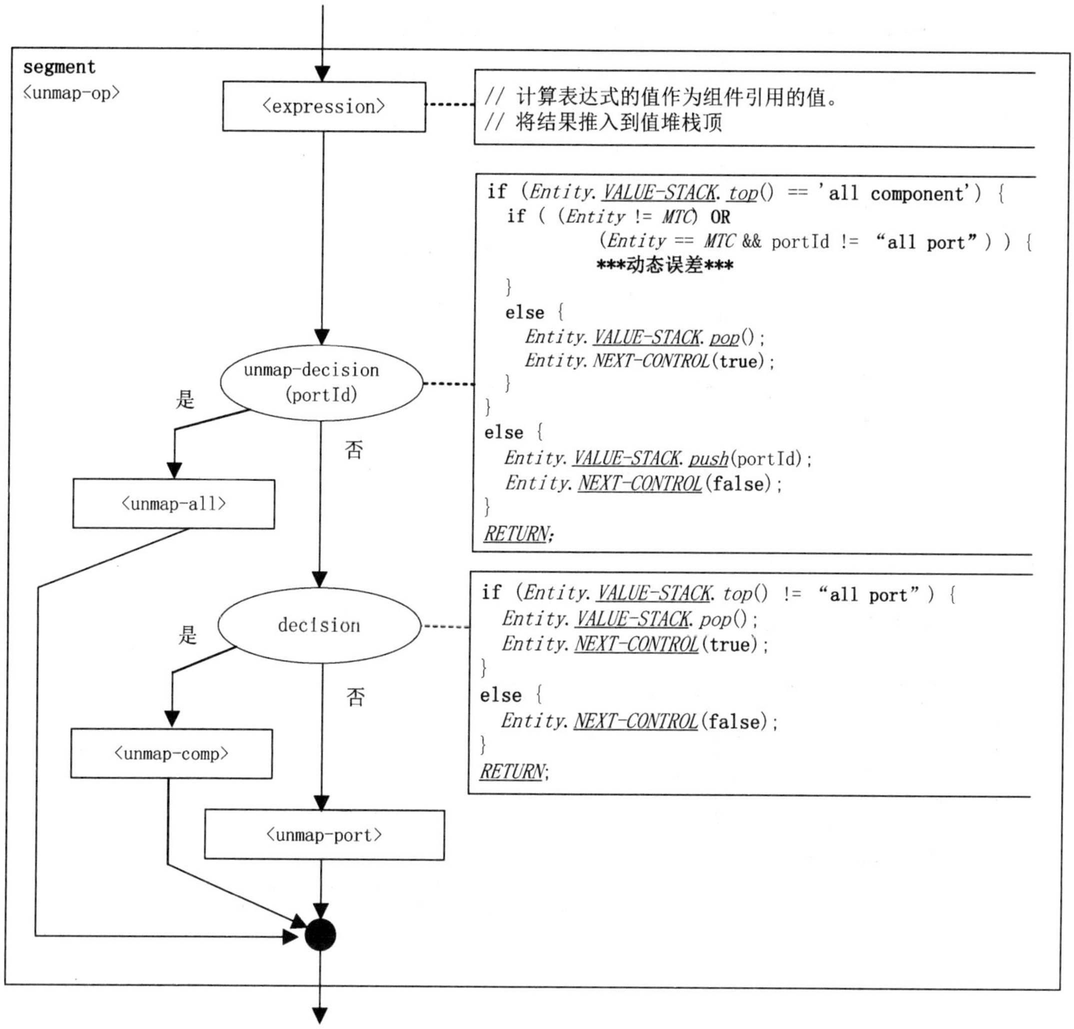

图 170 流程图片段<unmap-op>

8.57.2 流程图片段<unmap-all>

图 171 中的流程图片段<umap-all>对所有组件的所有映射端口定义了取消映射操作。

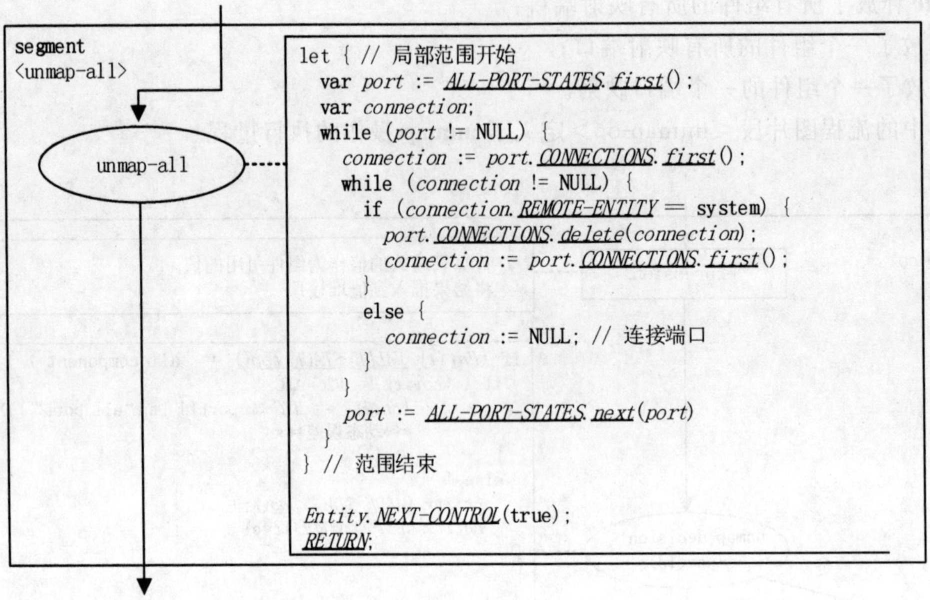

图 171　流程图片段< **unmap-all**>

8.57.3　流程图片段<**unmap-comp**>

图 172 中的流程图片段<umap-comp>对一个指定组件的所有映射端口定义了取消映射操作。

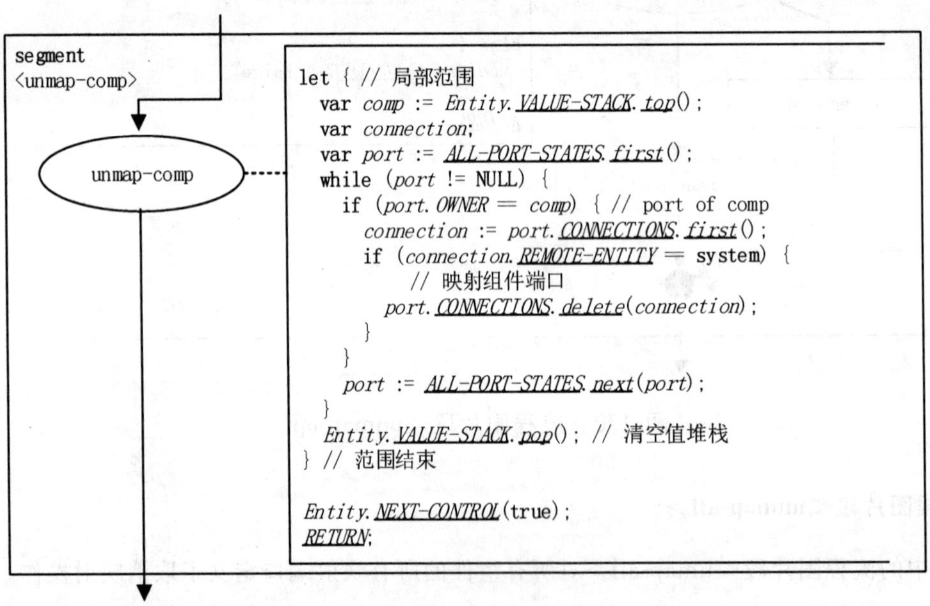

图 172　流程图片段<**unmap-comp**>

8.57.4　流程图片段< **unmap-port**>

图 173 中的流程图片段<umap-port>对一个指定映射端口定义了 **unmap** 操作。

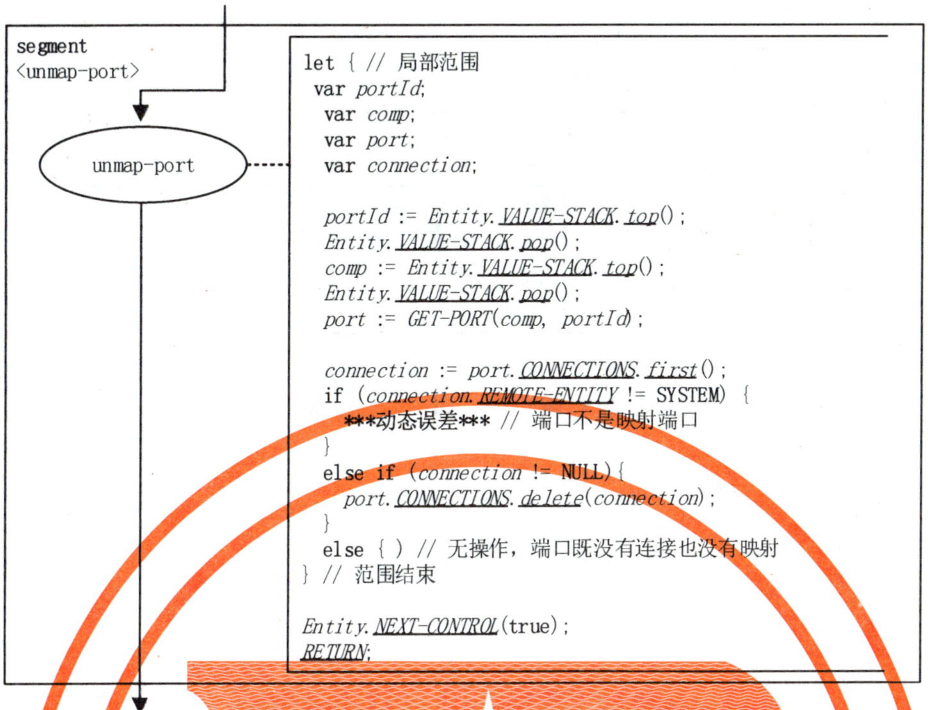

图 173 流程图片段<**unmap-port**>

8.58 Variable 声明

8.58.1 概述

variable 声明的语法结构是：

var<varType> <varId>[:= <varType-expression>]

通过提供一个初始值(以表达式形式)来对一个变量进行初始化是可选的。认为初始值是一个表达式，它计算得到一个变量类型的值。

图 174 中的流程图片段<variable-declaration>对变量声明的执行过程进行定义。

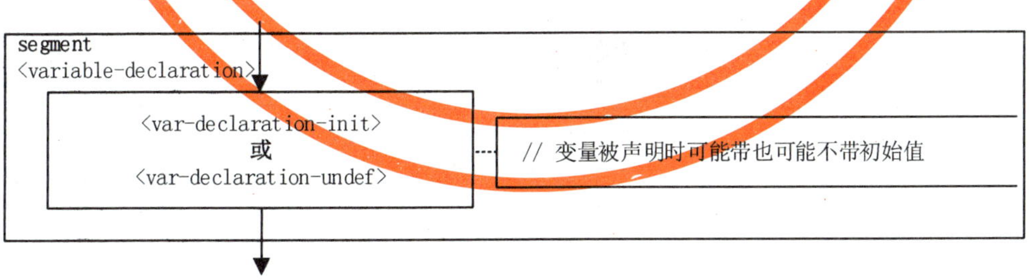

图 174 流程图片段<**variable-declaration**>

8.58.2 流程图片段<**var-declaration-init**>

图 175 中的流程图片段<var-declaration-init>对变量声明的执行过程进行定义，其中的初始值以表达式的形式提供。

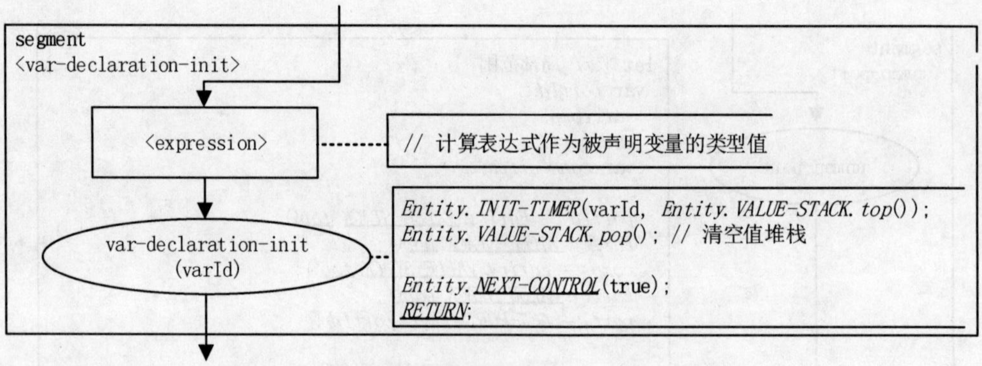

图 175　流程图片段<var-declaration-init>

8.58.3　流程图片段<var-declaration-undef>

图 176 中的流程图片段<var-declaration-undef>对未提供初始值的变量声明的执行过程进行定义,即未定义变量的值。

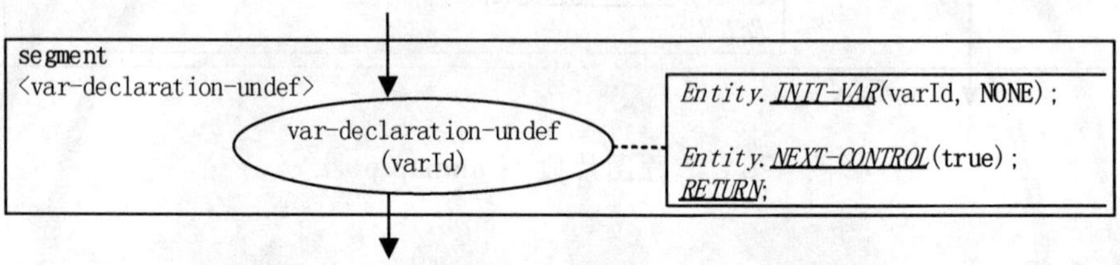

图 176　流程图片段<var-declaration-undef>

8.59　While 语句

while 语句的语法结构是:

while (<boolean-expression>) <statement-block>

通过图 177 中的流程图片段<while-stmt>对 **while** 语句的执行过程进行定义。

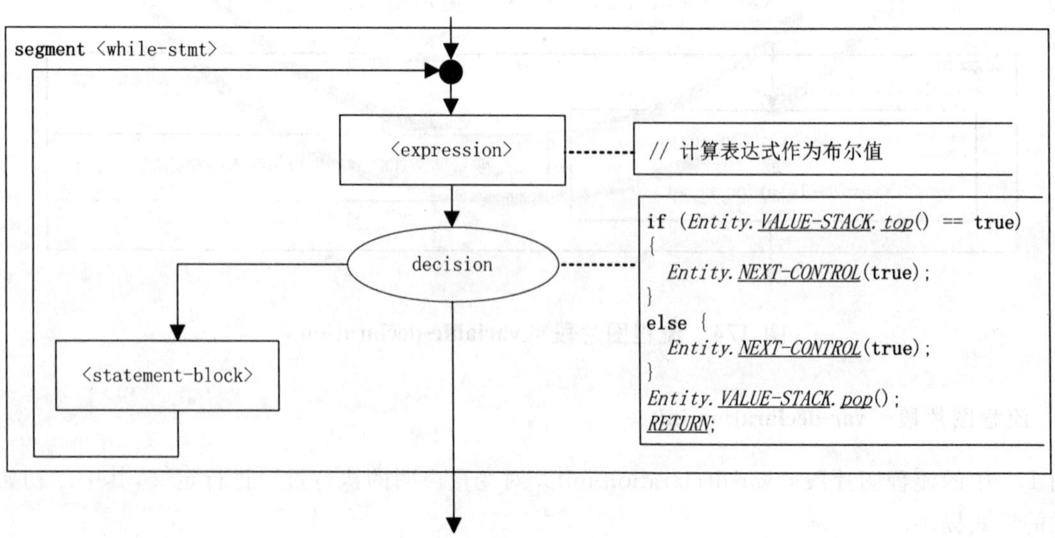

图 177　流程图片段<while-stmt>

9 操作语义组件列表

9.1 功能和状态

功能和状态类操作语义组件信息如表 1 所示。

表 1 功能和状态

名称	描述	章条号
ACT-DURATION	活动定时器处于启动状态的持续时间	7.3.3.5
add	列表操作:增加一个条目,作为列表的第一个元素	7.3.2.4
ADD-CON	增加一个到端口状态的连接	7.3.4.3
ALL-ENTITY-STATES	处于模块状态的组件状态	7.3.2.3
ALL-PORT-STATES	处于模块状态的端口状态	7.3.2.3
append	列表操作:添加一个条目,作为列表的最后一个元素	7.3.2.4
APPLY-OPERATOR	应用如＋、－ 或 /这样的运算符	7.6.2
change	列表操作:修改列表的所有元素	7.3.2.4
clear	堆栈操作“清除”:清除一个堆栈	7.3.3.2
clear	队列操作“清除”:从一个队列中移去所有元素	7.3.4.3
clear-until	堆栈操作“清除一直至”:弹出条目,直至特定条目为堆栈中的顶层元素	7.3.3.2
CONNECTIONS-LIST	列出一个端口的所有连接	7.3.4.1
CONSTRUCT-ITEM	构造一个待发送的条目	7.4.5
CONTINUE-COMPONENT	实际组件继续其执行过程	7.6.2
CONTROL-STACK	流程图节点堆栈,表示一个实体的实际控制状态	7.3.3.1
DATA-STATE	处于实体状态的数据状态	7.3.3.1
DEF-DURATION	定时器的缺省持续时间	7.3.3.5
DEFAULT-LIST	列出处于实体状态的所有活动的缺省状态	7.3.3.1
DEFAULT-POINTER	在计算缺省值期间指向实际的缺省值	7.3.3.1
DEL-CON	从一个端口状态删除一个连接	7.3.4.3
DEL-ENTITY	从一个模块状态删除一个实体	7.3.5
DEL-TIMER-SCOPE	删除一个定时器范围	7.3.3.6
DEL-VAR-SCOPE	删除一个变量范围	7.3.3.4
delete	列表操作:从一个列表删除一个条目	7.3.2.4
dequeue	队列操作:从一个队列删除第一个元素	7.3.4.3
DONE	已终止测试组件的标识符(模块状态的一部分)	7.3.2.3
E-VERDICT	测试组件的局部测试判定	7.3.3.1

表 1（续）

名称	描　　述	章条号
enqueue	队列操作:将一个条目放入队列,作为最后元素	7.3.4.3
first	队列操作“第一个”:返回队列的第一个元素	7.3.4.3
first	列表操作:返回列表的第一个元素	7.3.2.4
GET-FLOW-GRAPH	获取一个流程图的起始节点	7.2.8
GET-PORT	获取一个端口引用	7.3.4.3
GET-REMOTE-PORT	获取一个远程端口的引用	7.3.4.3
GET-TIMER-LOC	获取一个定时器的位置	7.3.3.6
GET-UNIQUE-ID	当调用时,返回一个新的、唯一的标识符	7.6.2
GET-VAR-LOC	获取一个变量的位置	7.3.3.4
INIT-CALL-RECORD	在测试组件的实际范围单元,为基于过程的通信的参数初始化变量	7.5.2
INIT-FLOW-GRAPHS	初始化流程图处理	7.6.2
INIT-TIMER	创建一个新的定时器绑定	7.3.3.6
INIT-TIMER-LOC	以一个现有的位置创建一个新的定时器绑定	7.3.3.6
INIT-TIMER-SCOPE	初始化一个新的定时器范围	7.3.3.6
INIT-VAR	创建一个新的变量绑定	7.3.3.4
INIT-VAR-LOC	以一个现有的位置创建一个新的变量绑定	7.3.3.4
INIT-VAR-SCOPE	初始化一个新的变量范围	7.3.3.4
length	列表操作:返回一个列表的长度	7.3.2.4
M-CONTROL	处于模块状态的模块控制标识符	7.3.2
MATCH-ITEM	检查一个接收到的消息、调用、应答或异常是否匹配一个接收操作	7.4.6
member	列表操作:检查一个条目是否为一个列表的元素	7.3.2.4
MTC	引用处于模块状态的 MTC	7.3.2
NEW-CALL-RECORD	为函数调用创建一个调用记录	7.5.2
NEW-ENTITY	创建一个新的实体状态	7.3.3.2
NEW-PORT	创建一个新的端口	7.3.4.3
NEXT	获取流程图中一个给定节点的后续节点	7.1.7
next	列表操作:返回列表中的下一个元素	7.3.2.4
NEXT-CONTROL	从控制堆栈弹出顶层流程图节点,并将下一个流程图节点推入控制堆栈	7.3.3.2
OWNER	端口的所有者	7.3.4.1
push	堆栈操作“弹出”:从堆栈弹出一个条目	7.3.3.2
PORT-NAME	端口名称	7.3.3.7
push	堆栈操作“推入”:将一个条目推入堆栈	7.3.3.2
random	列表操作:随机返回列表的一个元素	7.3.2.4

表 1（续）

名称	描　　述	章条号
REMOTE-ENTITY	处于端口状态的一个连接中的远程实体	7.3.4.2
REMOTE-PORT-NAME	处于端口状态的一个连接中的端口名称	7.3.4.2
RETRIEVE-INFO	从一个接收到的消息、调用、应答或异常中获取信息	7.4.7
RETURN	向模块估算过程返回控制	7.6.2
SNAP-DONE	当照快照时列出已终止的测试组件	7.3.3.1
SNAP-PORTS	提供快照功能，即更新 SNAP-VALUE	7.3.4.3
SNAP-STATUS	一个定时器的快照状态	7.3.3.5
SNAP-TIMER	提供快照功能，并更新 SNAP-VALUE 和 SNAP-STATUS	7.3.3.6
SNAP-VALUE	一个定时器的快照值	7.3.3.5
SNAP-VALUE	对快照语义，当照快照时予以更新	7.3.4.1
STATUS	模块控制或一个测试组件的状态(ACTIVE、SNAPSHOT、REPEAT 或 BLOCKED)	7.3.3.1
STATUS	一个定时器的状态(IDLE、RUNNING 或 TIMEOUT)	7.3.3.5
STATUS	一个端口的状态(STARTED 或 STOPPED)	7.3.4.1
TC-VERDICT	处于模块状态的测试用例判定	7.3.2
TIME-LEFT	在运行定时器到期之前，对留下来用于运行的运行定时器进行计时	7.3.3.5
TIMER-GUARD	用于防卫 execute 语句和 call 操作的定时器	7.3.3.1
TIMER-NAME	一个定时器的名称	7.3.3.5
TIMER-SET	设置一个定时器的值	7.3.3.6
TIMER-STATE	处于实体状态的定时器状态	7.3.3.1
top	堆栈操作“顶层”：从一个堆栈返回顶层条目	7.3.3.2
UPDATE-REMOTE-REFERENCES	以不同实体中的相同位置将定时器和变量更新为相同的值	7.3.5
VALUE	一个变量的值	7.3.3.3
VALUE-QUEUE	端口队列	7.3.4.1
VALUE-STACK	用于保存表达式、操作数、操作和函数结果的堆栈值	7.3.3.1
VAR-NAME	一个变量的名称	7.3.3.3
VAR-SET	设置一个变量的值	7.3.3.4
DYNAMIC ERROR	描述一个动态错误的发生	7.6.2
<identifier>	一个测试组件的唯一标识符	7.3.3.1
<location>	支持范围单元、引用和定时器参数。表示定时器和变量的保存位置	7.3.3.3 7.3.3.5

9.2 特殊关键字

特殊关键字类操作语义组件信息如表 2 所示。

表 2 特殊关键字

关键字	描述	章条号
ACTIVE	实体状态的 *STATUS*	7.3.3
BLOCKED	实体状态的 *STATUS*	7.3.3
BREAK	实体状态的 *STATUS*	7.3.3
HALTED	端口的 *STATUS*	7.3.4
HALT-MARKER	用作端口队列的标记	7.3.4，8.29.2
IDLE	定时器状态的 *STATUS*	7.3.3.5
MARK	用作 *VALUE-STACK* 的标记	7.3.3
NONE	用于描述一个未定义的值	7.3.3.4，7.3.3.6，7.3.4.3
NULL	指针和指针类类型的符号值，指示未对任何寻址	7.3.2.4，7.3.3.2，7.3.4，7.3.4.3，7.6.1.2
REPEAT	实体状态的 *STATUS*	7.3.3
RUNNING	定时器状态 *STATUS*	7.3.3.5
SNAPSHOT	实体状态的 *STATUS*	7.3.3
STARTED	端口的 *STATUS*	7.3.4
STOPPED	端口的 *STATUS*	7.3.4
TIMEOUT	定时器状态的 *STATUS*	7.3.3.5

9.3 TTCN-3 行为描述的流程图

TTCN-3 行为描述引用信息如表 3 所示。

表 3 TTCN-3 行为描述的流程图

行为描述	引用	
	图号	章条号
模块控制	18	7.2.3
测试用例	19	7.2.4
函数	20	7.2.5
备选步	21	7.2.6
组件类型定义	22	7.2.7

9.4 流程图片段

流程图片段信息如表 4 所示。

表 4 流程图片段

标　识　符	相关的 TTCN-3 构件	引用	
		图号	章条号
＜action-stmt＞	action 语句	39	8.2
＜activate-stmt＞	activate 语句	40	8.3.1
＜alive-component-op＞	alive 组件操作	41	8.3.2.1
＜alive-comp-act＞	alive 组件操作	42	8.3.2.2
＜alive-comp-snap＞	alive 组件操作	43	8.3.2.3
＜alt-stmt＞	alt 语句	44	8.4.1
＜altstep-call＞	调用一个备选步	50	8.5
＜altstep-call-branch＞	alt 语句	47	8.4.4
＜assignment-stmt＞	赋值	51	8.6.1
＜b-call-with-duration＞	call 操作	60	8.7.5
＜b-call-without-duration＞	call 操作	59	8.7.4
＜blocking-call-op＞	call 操作	54	8.7.1
＜break-altstep-stmt＞	break 语句(离开备选步)	52	8.6.2
＜call-op＞	call 操作	53	8.7.1
＜call-reception-part＞	call 操作	61	8.7.6
＜catch-op＞	catch 操作	63	8.8
＜catch-timeout-exception＞	call 操作	62	8.7.7
＜check-op＞	check 操作	64	8.9.1
＜check-with-sender＞	check 操作	65	8.9.2
＜check-without-sender＞	check 操作	66	8.9.3
＜checkstate-port-op＞	checkstate 操作	67	8.9.4.1
＜check-port-status＞	checkstate 操作	68	8.9.4.2
＜check-port-connection＞	checkstate 操作	69	8.9.4.3
＜clear-port-op＞	clear 端口操作	70	8.10
＜connect-op＞	connect 操作	71	8.11
＜constant-definition＞	constant 定义	72	8.12
＜create-op＞	create 操作	73	8.13
＜deactivate-all-defaults＞	deactivate 语句	76	8.14.3
＜deactivate-one-default＞	deactivate 语句	75	8.14.2
＜deactivate-stmt＞	deactivate 语句	74	8.14.1
＜default-evocation＞	alt 语句	49	8.4.6
＜disconnect-op＞	disconnect 操作	77	8.15.1
＜disconnect-one-par-pair＞	disconnect 操作	78	8.15.2

表 4（续）

标识符	相关的 TTCN-3 构件	引用	
		图号	章条号
<disconnect-all>	disconnect 操作	79	8.15.3
<disconnect-comp>	disconnect 操作	80	8.15.4
<disconnect-port>	disconnect 操作	81	8.15.5
<disconnect-two-par-pairs>	disconnect 操作	82	8.15.6
<do-while-stmt>	do-while 语句	83	8.16
<done-op>	done 组件操作	84	8.17
<dynamic-error>	execute 语句	88	8.18.4
<else-branch>	alt 语句	48	8.4.5
<execute-stmt>	execute 语句	85	8.18.1
<execute-timeout>	execute 语句	87	8.18.3
<execute-without-timeout>	execute 语句	86	8.18.2
<expression>	表达式	89	8.19.1
<finalize-component-init>	用在组件类型定义中	94	8.20
<for-stmt>	for 语句	100	8.24
<func-op-call>	表达式	92	8.19.4
<function-call>	调用一个函数	101	8.25.1
<getcall-op>	getcall 操作	108	8.26
<getreply-op>	getreply 操作	109	8.27
<getverdict-op>	getverdict 操作	110	8.28
<goto-stmt>	goto 语句	111	8.29.1
<halt-port-op>	halt port 操作	112	8.29.2
<if-else-stmt>	if-else 语句	113	8.30.1
<init-component-scope>	用在组件类型定义中	95	8.21.1
<init-scope-with-runs-on>	用在函数和备选步定义中	96	8.21.2
<init-scope-without-runs-on	用在函数和备选步定义中	97	8.21.3
<kill-all-comp>	kill 组件操作	117	8.30.2.4
<kill-component>	kill 组件操作	116	8.30.2.3
<kill-component-op>	kill 组件操作	114	8.30.2.1
<kill-control>	kill 执行语句	119	8.30.3.2
<kill-exec-stmt>	kill 执行语句	118	8.30.3.1
<kill-mtc>	kill 组件操作	115	8.30.2.2
<killed-op>	killed 组件操作	120	8.30.4
<label-stmt>	label 语句	121	8.31

表 4（续）

标　识　符	相关的 TTCN-3 构件	引用	
		图号	章条号
＜lit-value＞	表达式	90	8.19.2
＜log-stmt＞	log 语句	122	8.32
＜map-op＞	map 操作	123	8.33
＜mtc-op＞	mtc 操作	124	8.34
＜nb-call-without-receiver＞	call 操作	58	8.7.3
＜nb-call-with-one-receiver＞	call 操作	56	8.7.2.1
＜nb-call-with-multiplereceiver＞	call 操作	57	8.7.2.2
＜non-blocking-call-op＞	call 操作	55	8.7.1
＜operator-appl＞	表达式	93	8.19.5
＜parameter-handling＞	处理函数、备选步和测试用例的参数	98	8.22
＜port-declaration＞	端口声明	125	8.35
＜predef-ext-func-call＞	调用一个函数（调用一个预定义或外部函数）	107	8.25.6
＜raise-op＞	raise 操作	126	8.36.1
＜raise-with-one-receiver-op＞	raise 操作	127	8.36.2.1
＜raise-with-multiple-receiversop＞	raise 操作	128	8.36.2.2
＜raise-without-receiver-op＞	raise 操作	129	8.36.3
＜read-timer-op＞	read 定时器操作	130	8.37
＜receive-assignment＞	receive 操作	134	8.38.4
＜receive-op＞	receive 操作	131	8.38.1
＜receive-with-sender＞	receive 操作	132	8.38.2
＜receive-without-sender＞	receive 操作	133	8.38.3
＜receiving-branch＞	alt 语句	46	8.4.3
＜ref-par-port-calc＞	调用一个函数（处理端口参数）	105	8.25.4.2
＜ref-par-timer-calc＞	调用一个函数（处理定时器参数）	104	8.25.4.1
＜ref-par-var-calc＞	调用一个函数（处理一个引用参数）	103	8.25.3
＜repeat-stmt＞	repeat 语句	135	8.39
＜reply-op＞	reply 操作	136	8.40.1
＜reply-with-one-receiver-op＞	reply 操作	137	8.40.2.1
＜reply-with-multiple-receiversop＞	reply 操作	138	8.40.2.2
＜reply-without-receiver-op＞	reply 操作	139	8.40.3
＜return-stmt＞	return 语句	140	8.41.1
＜return-with-value＞	return 语句	141	8.41.2

表 4（续）

标 识 符	相关的 TTCN-3 构件	引用	
		图号	章条号
＜return-without-value＞	return 语句	142	8.41.3
＜running-component-op＞	组件 running 操作	143	8.42.1
＜running-comp-act＞	组件 running 操作	144	8.42.2
＜running-comp-snap＞	组件 running 操作	145	8.42.3
＜running-timer-op＞	定时器 running 操作	146	8.43
＜self-op＞	self 操作	147	8.44
＜send-op＞	send 操作	148	8.45.1
＜send-with-one-receiver-op＞	send 操作	149	8.45.2.1
＜send-with-multiple-receiversop＞	send 操作	150	8.42.2.2
＜send-without-receiver-op＞	send 操作	151	8.45.3
＜setverdict-op＞	setverdict 操作	152	8.46
＜start-component-op＞	start 组件操作	153	8.47
＜start-port-op＞	start 端口操作	154	8.48
＜start-timer-op＞	start 定时器操作	155	8.49.1
＜start-timer-op-default＞	start 定时器操作	156	8.49.2
＜start-timer-op-duration＞	start 定时器操作	157	8.49.3
＜statement-block＞	复合语句中的语句块	99	8.23
＜stop-component-op＞	stop 组件操作	158	8.50.1
＜stop-alive-component＞	stop 组件操作	159	8.50.2
＜stop-all-comp＞	stop 组件操作(停止所有组件)	160	8.50.3
＜stop-exec-stmt＞	Stop 执行语句	161	8.51
＜stop-port-op＞	stop 端口操作	162	8.52
＜stop-timer-op＞	stop 定时器操作	163	8.53
＜system-op＞	system 操作	164	8.54.1
＜take-snapshot＞	alt 语句	45	8.4.2
＜test-case-stop-op＞	测试例停止操作	165	8.54.2
＜timer-declaration＞	定时器声明	166	8.55.1
＜timer-decl-default＞	定时器声明	167	8.55.2
＜timer-decl-no-def＞	定时器声明	168	8.55.3
＜timeout-timer-op＞	timeout 操作	169	8.56
＜unmap-op＞	unmap 操作	170	8.57.1
＜unmap-all＞	unmap 操作	171	8.57.2
＜unmap-comp＞	unmap 操作	172	8.57.3

表 4（续）

标　识　符	相关的 TTCN-3 构件	引用	
		图号	章条号
<unmap-port>	unmap 操作	173	8.57.4
<user-def-func-call>	调用一个函数(调用一个用户定义的函数)	106	8.25.5
<value-par-calculation>	调用一个函数(处理值参数)	102	8.25.2
<var-declaration-init>	变量声明	175	8.58.2
<var-declaration-undef>	变量声明	176	8.58.3
<var-value>	表达式	91	8.19.3
<variable-declaration>	变量声明	174	8.58.1
<while-stmt>	while 语句	177	8.59

参考文献

[1] ETSI ES 201 873-4(V4.4.1) Methods for Testing and Specification (MTS); The Testing and Test Control Notation version 3; Part 4: TTCN-3 Operational Semantics

ICS 53.060
J 83

中华人民共和国国家标准

GB/T 26949.3—2018/ISO 22915-3:2014
代替 GB/T 26949.3—2013

工业车辆　稳定性验证
第3部分:前移式和插腿式叉车

Industrial trucks—Verification of stability—
Part 3:Reach and straddle trucks

(ISO 22915-3:2014,IDT)

2018-05-14 发布　　　　2018-12-01 实施

国家市场监督管理总局
中国国家标准化管理委员会　发布

前　言

GB/T 26949《工业车辆　稳定性验证》已经或计划发布以下部分：

——第1部分：总则；

——第2部分：平衡重式叉车；

——第3部分：前移式和插腿式叉车；

——第4部分：托盘堆垛车、双层堆垛车和操作者位置起升高度不大于1 200 mm的拣选车；

——第5部分：侧面式叉车(单侧)；

——第7部分：两向和多向运行叉车；

——第8部分：在门架前倾和载荷起升条件下堆垛作业的附加稳定性试验；

——第9部分：搬运6 m及其以上长度货运集装箱的平衡重式叉车；

——第10部分：在由动力装置侧移载荷条件下堆垛作业的附加稳定性试验；

——第11部分：伸缩臂式叉车；

——第12部分：搬运6 m及其以上长度货运集装箱的伸缩臂式叉车；

——第13部分：带门架的越野叉车；

——第14部分：越野型伸缩臂式叉车；

——第15部分：带铰接转向的平衡重式叉车；

——第16部分：步行式车辆；

——第17部分：货物及人员载运车；

——第20部分：在载荷偏置条件下作业的附加稳定性试验；

——第21部分：操作者位置起升高度大于1 200 mm的拣选车；

——第22部分：操作者位置可或不可起升的三向堆垛式叉车；

——第24部分：越野型回转伸缩臂式叉车。

本部分为GB/T 26949的第3部分。

本部分按照GB/T 1.1—2009给出的规则起草。

本部分代替了GB/T 26949.3—2013《工业车辆　稳定性验证　第3部分：前移式和插腿式叉车》。本部分与GB/T 26949.3—2013相比，主要技术变化如下：

——修改了对各类脚轮的描述(见4.2.3，2013年版的4.2.3)。

本部分使用翻译法等同采用ISO 22915-3:2014《工业车辆　稳定性验证　第3部分：前移式和插腿式叉车》。

与本部分中规范性引用的国际文件有一致性对应关系的我国文件如下：

——GB/T 6104.1—2018　工业车辆　术语和分类　第1部分：工业车辆类型(ISO 5053-1:2015，IDT)

——GB/T 26949.1—2012　工业车辆　稳定性验证　第1部分：总则(ISO 22915-1:2008，IDT)

本部分由中国机械工业联合会提出。

本部分由全国工业车辆标准化技术委员会(SAC/TC 332)归口。

本部分负责起草单位：杭叉集团股份有限公司、北京起重运输机械设计研究院。

本部分参加起草单位：安徽合力股份有限公司、林德(中国)叉车有限公司、宁波如意股份有限公司、诺力机械股份有限公司、龙合智能装备制造有限公司、郑州嘉晨电器有限公司。

本部分主要起草人：谢国生、王丹、包剑南、王墨洋、倪景忠、李颖新、叶建波、罗家福、杨静、姚欣。

本部分所代替标准的历次版本发布情况为：

——GB/T 5142—1985、GB/T 5142—2005；

——GB/T 26949.3—2013。

工业车辆 稳定性验证 第3部分:前移式和插腿式叉车

1 范围

GB/T 26949的本部分规定了验证带有倾斜或不可倾斜门架或货叉,额定起重量不大于5 000 kg的前移式叉车(带可伸缩门架或货叉)和插腿式叉车的稳定性的试验方法。

本部分也适用于相同作业条件下装有载荷搬运属具的同类型叉车。

2 规范性引用文件

下列文件对于本文件的应用是必不可少的。凡是注日期的引用文件,仅注日期的版本适用于本文件。凡是不注日期的引用文件,其最新版本(包括所有的修改单)适用于本文件。

ISO 5053 工业车辆 术语和分类(Industrial trucks—Terminology and classification)

ISO 22915-1 工业车辆 稳定性验证 第1部分:总则(Industrial trucks—Verification of stability—Part 1:General)

3 术语和定义

ISO 5053和ISO 22915-1界定的术语和定义适用于本文件。

4 试验条件

4.1 总则

见ISO 22915-1。

4.2 车辆在倾斜平台上的位置

4.2.1 载重桥和驱动/转向桥

图1定义了车辆的载重桥和驱动/转向桥。

4.2.2 试验1、试验2、试验6、试验7和试验8

车辆应放置在倾斜平台上,其驱动/转向桥 $B—B$ 和载重桥 $C—C$ 应平行于倾斜平台的倾斜轴线 $X—Y$,见表1。

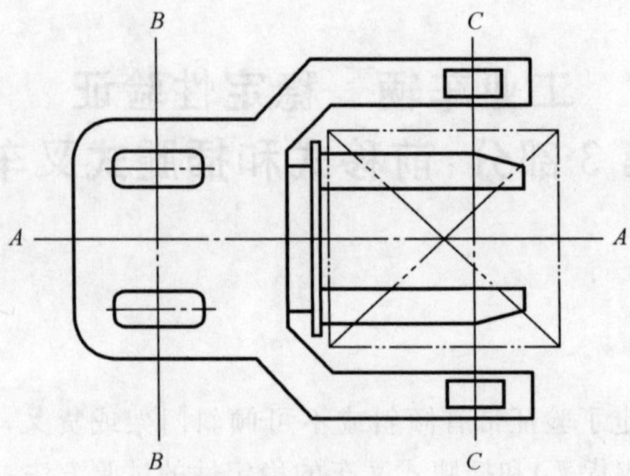

说明：

A—A——车辆纵向中心平面；

B—B——驱动/转向桥；

C—C——载重桥。

图 1　载重桥和驱动/转向桥

4.2.3　试验 3、试验 4 和试验 5

车辆应放置在倾斜平台上，使 $M-N$ 线平行于倾斜平台的倾斜轴线 $X-Y$，见表 1。

M 点的定义如下：

a) 对于具有单个非铰接驱动(转向)轮的车辆：M 点是驱动(转向)轮轮轴中心线与驱动轮轮宽中心面的交点在倾斜平台上的垂直投影。

b) 对于具有刚性支撑的脚轮的车辆：

  1) 当在车辆的脚轮一侧进行试验时，M 点是脚轮轮轴中心线与单个脚轮轮宽中心面或双联脚轮的两车轮之间中心面的交点在倾斜平台上的垂直投影，同时刚性支撑的脚轮轮轴的中心线应靠近车辆中心平面；

  2) 当在车辆的驱动(转向)轮一侧进行试验时，M 点是驱动(转向)轮轮轴中心线与驱动轮轮宽中心面的交点在倾斜平台上的垂直投影。

c) 对于驱动/转向桥铰接在车架上、且铰接点位于车辆中心平面内的车辆：M 点是铰接架横向轴线与车辆纵向中心平面 $A—A$ 的交点在倾斜平台上的垂直投影。

d) 对于具有一个非刚性支撑的脚轮和单个刚性支撑的驱动(转向)轮的车辆：M 点是驱动轮轮轴中心线与驱动轮轮宽中心面之间的交点在倾斜平台上的垂直投影，同时驱动轮轴线与倾斜轴线垂直。

e) 对于具有非铰接双轮驱动(转向)单元装在回转底座上的车辆：M 点是驱动桥中心线与靠近倾斜轴线的驱动轮轮宽中心面的交点在倾斜平台上的垂直投影，同时驱动轮轮轴与倾斜轴线垂直。

f) 对于底盘具有非铰接、刚性支撑脚轮的车辆：M 点是脚轮轮宽中心面与靠近车辆中心平面的刚性支撑脚轮轮轴中心线的交点在倾斜平台上的垂直投影。

g) 对于具有位于中心平面 $A—A$ 上的单个非铰接驱动(转向)轮，并具有非刚性支撑脚轮的车辆：M 点是驱动轮轮轴中心线与驱动轮轮宽中心面的交点在倾斜平台上的垂直投影，同时驱动轮轮轴中心线应与倾斜轴线垂直。距倾斜轴线最近的脚轮应与倾斜轴线垂直，且脚轮轮轴应靠近车辆中心平面。

如表 1 所示，N 点定义为最靠近倾斜轴线 $X—Y$ 的载重轮在倾斜平台上的接触面中心点。

4.3 载荷基准点的位置

4.3.1 一般要求

进行试验 1 时，当货叉从低位起升后，载荷基准点 E 的水平位置不应变动，如图 2 所示。

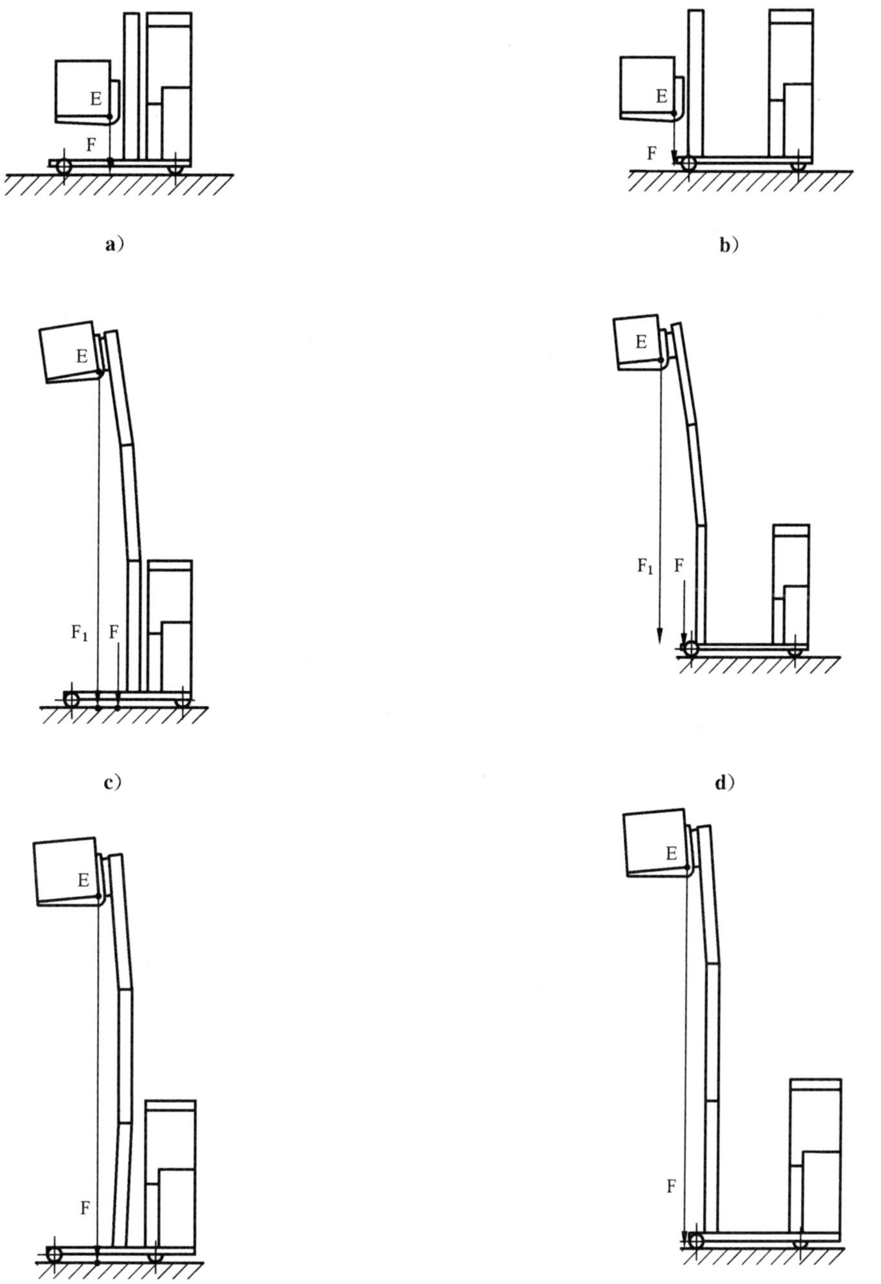

a) b) c) d)

e) 插腿式车辆 f) 前移式车辆

图 2 载荷基准点的位置

使门架垂直，将规定的试验载荷起升至距倾斜平台上方约 300 mm 处。货叉垂直段前表面垂直，由于货叉或货叉架与试验载荷的质心有固定关系，则可在货叉或货叉架上设立 E 点，如图 2 中 a)和 b)所示。E 点应作为倾斜平台 F 点的参考基准。当门架起升时，在倾斜平台上可能会产生一个新的 F_1 点，如图 2 中 c)和 d)所示。可使新的 F_1 点重新回到初始位置 F 点，如图 2 中 e)和 f)所示。

对于带可倾斜门架的车辆，应可在其设计值允许范围内调整门架倾角来改变 F_1 点的位置，如图 2 中 a)、c)和 e)所示。

对于带不可倾斜门架的车辆，F_1 点的位置应符合区域性要求。

4.3.2 带不可倾斜门架的车辆的区域性要求

4.3.2.1 北美和澳大利亚

仅在门架倾角允许调整的情况下，F_1 点的位置才可调整，否则不应调整。

4.3.2.2 其他区域

F_1 点的位置可通过在车辆设计值允许范围内调整货叉或货叉架倾斜度、让货叉架缩回(如有配装)或门架缩回进行更改，如图 2 中 b)、d)和 f)所示。

4.4 模拟运行试验的起升高度

进行模拟运行试验(试验 2、试验 5 和试验 8)时，从货叉根部开始测量，货叉上表面应高于倾斜平台 300 mm。

5 稳定性验证

车辆稳定性应根据表 1 进行验证。

表 1　稳定性试验

试验要求		试验 1	试验 2	试验 3	试验 4	试验 5	试验 6	试验 7	试验 8
试验方向	纵向	√	√				√	√	√
	横向			√	√	√			
载荷搬运装置的方向	载荷靠近倾斜轴线方向	√	√						
	载荷远离倾斜轴线方向						√	√	√
操作类型	运行		√			√			√
	堆垛/拆垛	√		√	√		√	√	
载荷情况	有	√	√	√			√		
	无				√	√		√	√
起升高度	最大	√		√	√		√	√	
	运行		√			√			√
承载装置位置	外伸	√[a]							
	缩回		√	√	√	√	√	√	√
门架位置	垂直	√		[b]	[b]	[b]			
	最大后倾		√	[b]	[b]	[b]			
倾斜平台倾斜度		4%	18%	6%	8%	(15+1.1v)% 或最大值为 50%	14%	14%	(15+0.5i+1.55v)% 最大值为(40+0.5i)%
车辆在倾斜平台上的位置		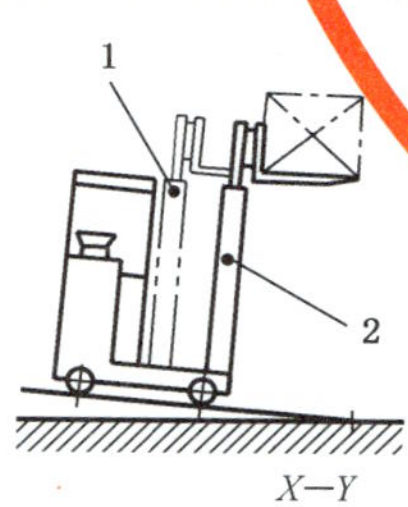					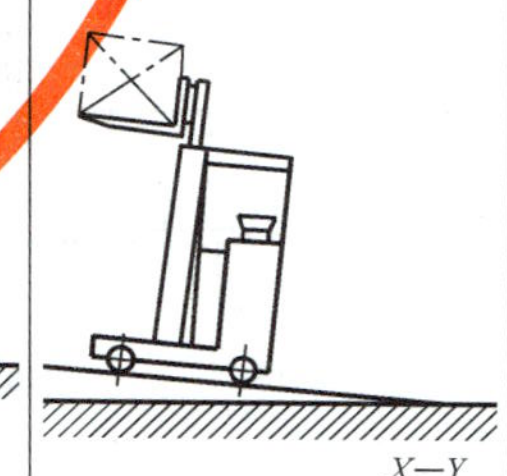		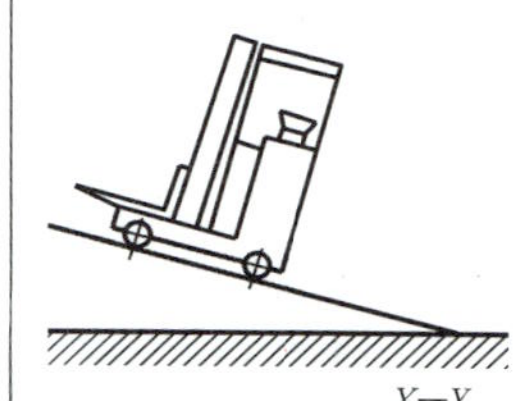

1——插腿式车辆的位置；
2——外伸(对前移式车辆)；
v——空载车辆的最大运行速度，单位为 km/h；
i——空载车辆运行时以百分比表示的最大爬坡度。

表 1（续）

试验要求	试验 1、试验 2、试验 6、试验 7 和试验 8
车辆在倾斜平台上的位置	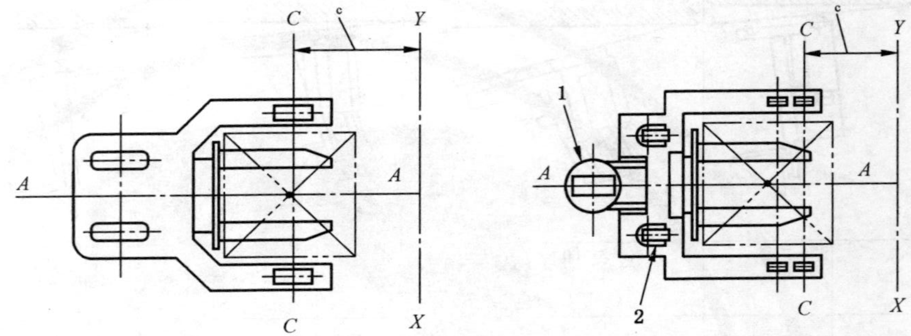 根据 4.2.2——试验 1 和试验 2 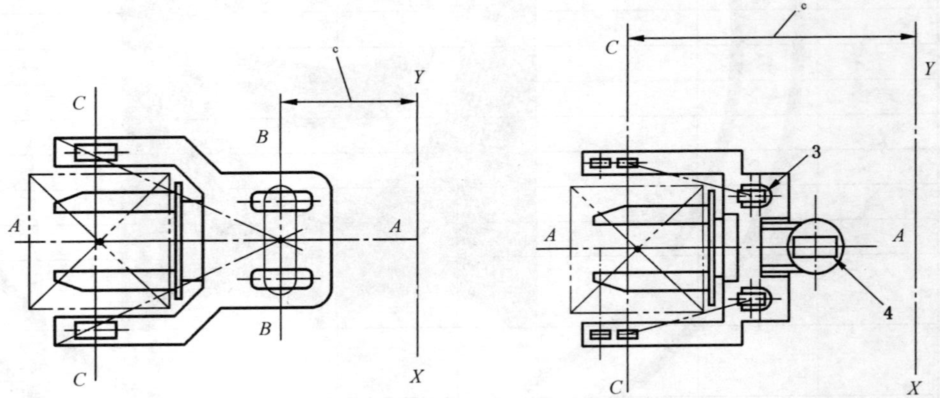 根据 4.2.2——试验 6、试验 7 和试验 8 说明： 1——铰接转向和驱动桥(任意位置)； 2——非铰接、刚性支撑脚轮(任意位置)； 3——非铰接、刚性支撑脚轮向载荷一侧转动； 4——铰接转向和驱动桥(纵向方向)。

表 1（续）

<table>
<tr><th>试验要求</th><th>试验 3、试验 4 和试验 5(点 M 和点 N)</th></tr>
<tr><td>车辆在倾斜平台上的位置</td><td>
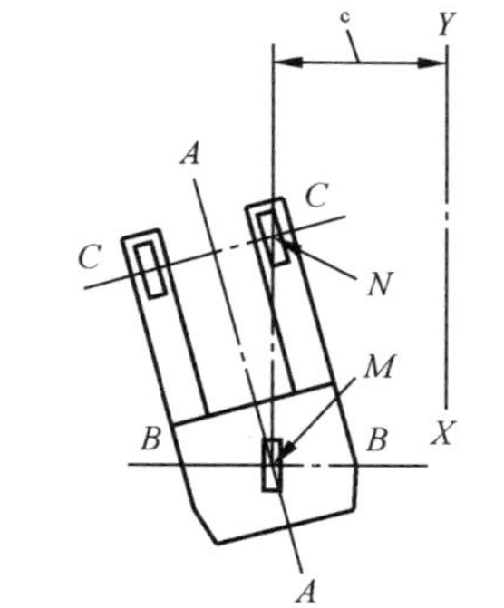

根据 4.2.3 a)

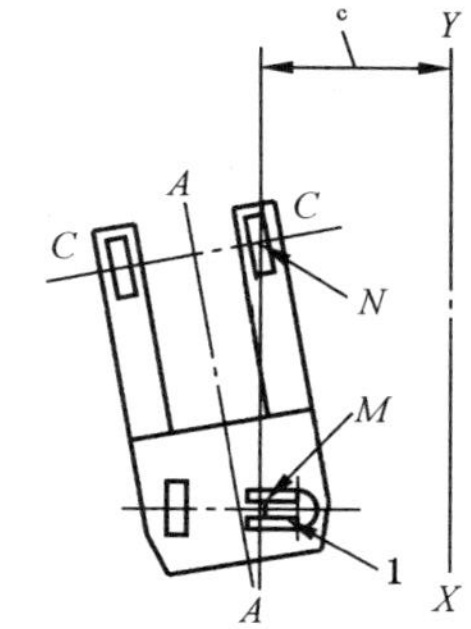

根据 4.2.3 b) 1)

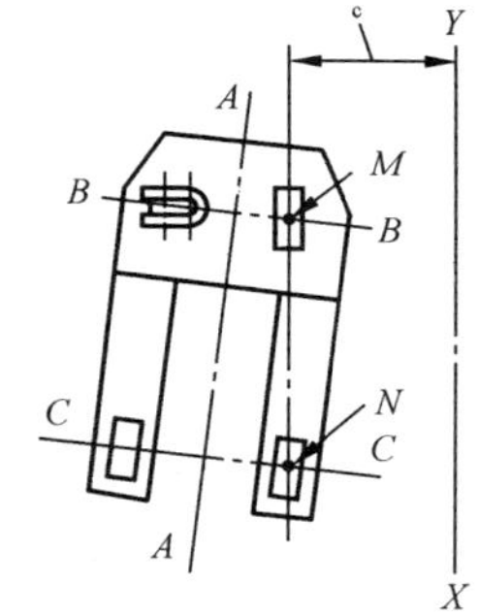

根据 4.2.3 b) 2)

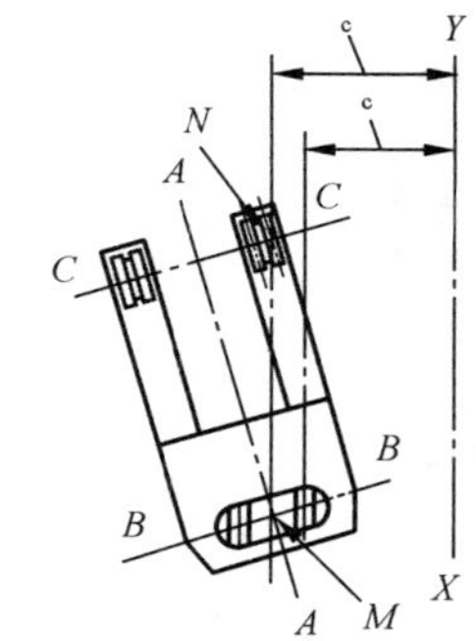

根据 4.2.3 c)

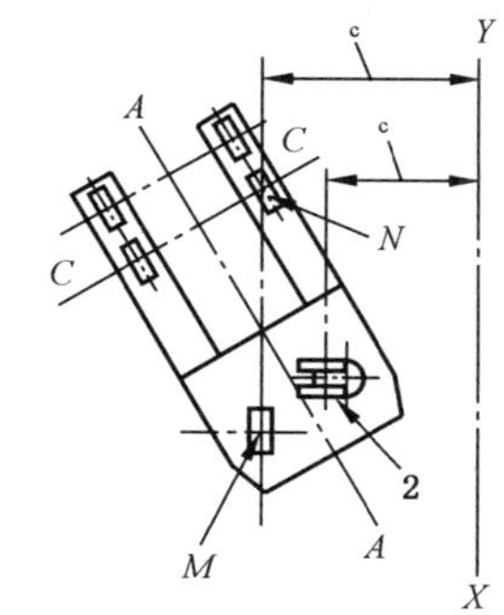

根据 4.2.3 d)

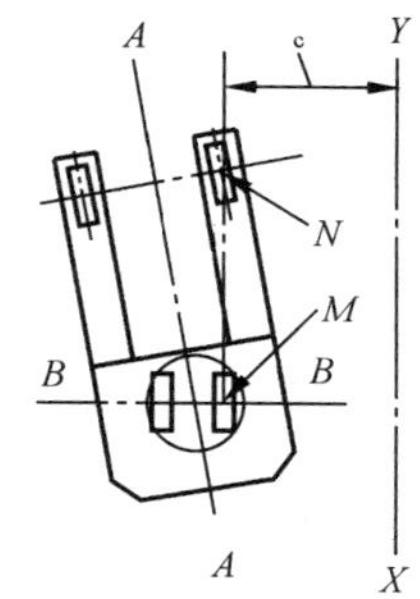

根据 4.2.3 e)

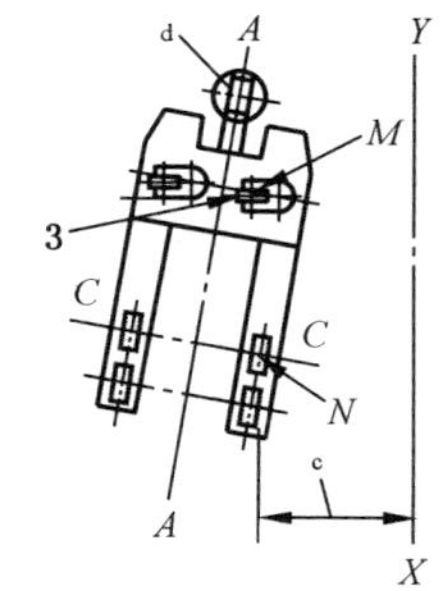

根据 4.2.3 f)

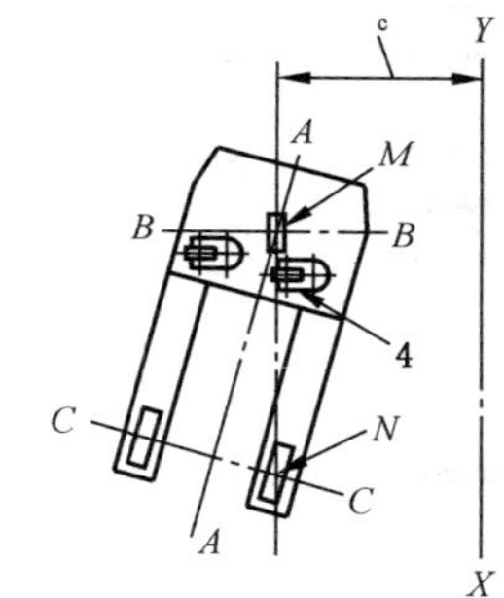

根据 4.2.3 g)

说明：
1——刚性支撑脚轮；2——支承轮非刚性支撑脚轮；3——非铰接、刚性支撑脚轮向车辆中心线转动；4——非刚性支撑脚轮向车辆中心线转动。
</td></tr>
<tr><td colspan="2">[a] 只适用于前移式车辆；
[b] 具有倾斜门架或货叉的车辆，门架和货叉应当处在车辆具有最小稳定性的位置；
[c] 平行；
[d] 任意位置。</td></tr>
</table>

ICS 53.060
J 83

中华人民共和国国家标准

GB/T 26949.5—2018/ISO 22915-5:2014
代替 GB/T 26946.1—2011

工业车辆 稳定性验证
第5部分:侧面式叉车(单侧)

Industrial trucks—Verification of stability—Part 5:Single-side-loading trucks

(ISO 22915-5:2014,IDT)

2018-05-14 发布 2018-12-01 实施

国家市场监督管理总局
中国国家标准化管理委员会 发布

前　言

GB/T 26949《工业车辆　稳定性验证》已经或计划发布以下部分：

——第 1 部分：总则；

——第 2 部分：平衡重式叉车；

——第 3 部分：前移式和插腿式叉车；

——第 4 部分：托盘堆垛车、双层堆垛车和操作位置起升高度不大于 1 200 mm 的拣选车；

——第 5 部分：侧面式叉车(单侧)；

——第 7 部分：两向和多向运行叉车；

——第 8 部分：在门架前倾和载荷起升条件下堆垛作业的附加稳定性试验；

——第 9 部分：搬运 6 m 及其以上长度货运集装箱的平衡重式叉车；

——第 10 部分：在由动力装置侧移载荷条件下堆垛作业的附加稳定性试验；

——第 11 部分：伸缩臂式叉车；

——第 12 部分：搬运 6 m 及其以上长度货运集装箱的伸缩臂式叉车；

——第 13 部分：带门架的越野叉车；

——第 14 部分：越野型伸缩臂式叉车；

——第 15 部分：带铰接转向的平衡重式叉车；

——第 16 部分：步行式车辆；

——第 17 部分：货物及人员载运车；

——第 20 部分：在载荷偏置条件下作业的附加稳定性试验；

——第 21 部分：操作者位置起升高度大于 1 200 mm 的拣选车；

——第 22 部分：操作者位置可或不可起升的三向堆垛式叉车；

——第 23 部分：卡车携带式叉车；

——第 24 部分：越野型回转伸缩臂式叉车。

本部分为 GB/T 26949 的第 5 部分。

本部分按照 GB/T 1.1—2009 给出的规则起草。

本部分代替 GB/T 26946.1—2011《侧面式叉车　第 1 部分：稳定性试验》，与 GB/T 26946.1—2011 相比主要技术变化如下：

——增加了"术语和定义"(见第 3 章)；

——修改了"试验目的""稳定性试验"和"装有属具叉车的稳定性试验"的叙述方式，部分内容改为引用 ISO 22915-1，其余部分调整到"第 4 章　试验条件"和"第 5 章　稳定性验证"中(见第 4 章和第 5 章，GB/T 26946.1—2011 的第 3 章、第 4 章和第 5 章)。

本部分使用翻译法等同采用 ISO 22915-5:2014《工业车辆　稳定性验证　第 5 部分：侧面式叉车(单侧)》。

与本部分中规范性引用的国际文件有一致性对应关系的我国文件如下：

——GB/T 6104.1—2018　工业车辆　术语和分类　第 1 部分：工业车辆类型(ISO 5053-1:2015，IDT)

——GB/T 10827.1—2014　工业车辆　安全要求和验证　第 1 部分：自行式工业车辆(除无人驾驶车辆、伸缩臂式叉车和载运车)(ISO 3691-1:2011，IDT)

——GB/T 26949.1—2012　工业车辆　稳定性验证　第 1 部分：总则(ISO 22915-1:2008，IDT)

本部分由中国机械工业联合会提出。

本部分由全国工业车辆标准化技术委员会(SAC/TC 332)归口。

本部分负责起草单位:安徽合力股份有限公司、北京起重运输机械设计研究院。

本部分参加起草单位:中国合格评定国家认可中心、郑州嘉晨电器有限公司。

本部分主要起草人:张莉、王丹、朱铭、王墨洋、潘锋、姚欣。

本部分所代替标准的历次版本发布情况为:

——GB/T 26946.1—2011。

工业车辆　稳定性验证
第5部分:侧面式叉车(单侧)

1　范围

GB/T 26949的本部分规定了验证带有可倾斜或不可倾斜的门架或货叉的侧面式叉车(单侧)稳定性的试验方法。

本部分适用于装有货叉和/或属具的叉车。

2　规范性引用文件

下列文件对于本文件的应用是必不可少的。凡是注日期的引用文件,仅注日期的版本适用于本文件。凡是不注日期的引用文件,其最新版本(包括所有的修改单)适用于本文件。

ISO 3691-1　工业车辆　安全要求和验证　第1部分:自行式工业车辆(除无人驾驶车辆、伸缩臂式叉车和载运车)(Industrial trucks—Safety requirements and verification—Part 1: Self-propelled industrial trucks,other than driverless trucks,variable-reach trucks and burden-carrier trucks)

ISO 5053　工业车辆　术语和分类(Industrial trucks—Terminology and classification)

ISO 22915-1　工业车辆　稳定性验证　第1部分:总则(Industrial trucks—Verification of stability—Part 1:General)

3　术语和定义

ISO 5053和ISO 22915-1界定的以及下列术语和定义适用于本文件。

3.1

运行中正常工作条件　normal operating conditions when travelling

运行时门架或货叉后倾(如具有该功能),载荷收回并处于较低(运行)位置,或载荷静置于载货平台上。

4　试验条件

4.1　总则

见ISO 22915-1。

4.2　车辆在倾斜平台上的位置

铰接转向桥用其中心线来表示,位置如图1所示。

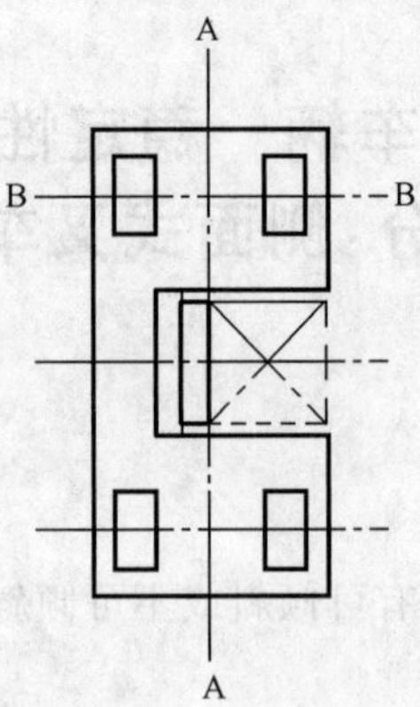

说明：

A-A ——车辆纵向中心平面；

B-B ——铰接转向桥。

图 1 铰接转向桥及纵向中心平面

车辆应放置在倾斜平台上，其 M-N 线应平行于倾斜平台的倾斜轴线 X-Y。

N 点是倾斜平台表面与非铰接轮或稳定器底板接触面的中心点。M 点定义如下：

a) 对于装有铰接转向桥 B-B，且铰接点近似在车辆的纵向中心平面处的车辆：M 点是指车辆纵向中心平面 A-A 与铰接转向桥轴线（见图 1）的交点在倾斜平台上的投影。

b) 对于没有安装铰接转向桥或使用桥锁或稳定器的车辆：M 点是指倾斜平台表面与另一个车轮或稳定器底板接触面的中心点。

当车辆的承载能力与使用稳定器、桥锁等有关时，试验中应使用这些装置来进行测试。如果车辆在使用过程中可以不采用上述装置，应进行该工况下的附加试验。

4.3 载荷基准点的位置

进行试验 1 和试验 5 时，当载荷从低位起升后，载荷基准点 E 的水平位置应保持不变，如图 2、图 3 和图 4。

通过铅垂线或其他合适装置的校正使门架垂直。将货叉及规定的试验载荷起升至距倾斜平台上方约 300 mm 处。货叉垂直段前表面垂直，由于货叉或货叉架与试验载荷的质心有固定的关系，则可在货叉或货叉架上设立 E 点。E 点应作为倾斜平台 F 点的参考基准。当门架起升时，在倾斜平台上可能会产生一个新的 F_1 点，如图 3 所示。通过进行下述调整，可以使新点 F_1 与 F 点的初始位置重合。

对于具有可倾斜门架的车辆，应通过改变门架在其设计值允许范围内的倾角来改变 F_1 点位置。

对于不具有可倾斜门架或货叉架的车辆，不能进行调整。不准许以门架收回方式进行校正。

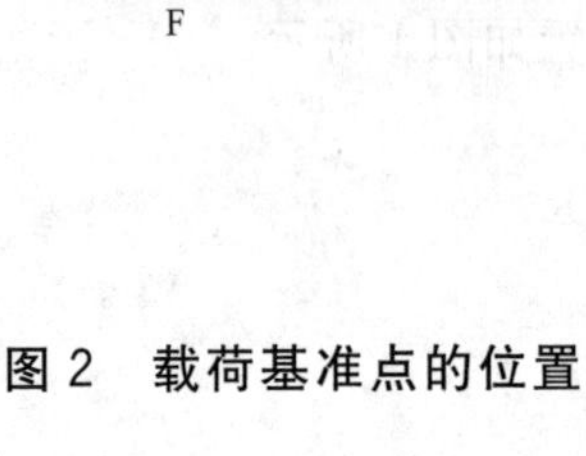

说明：

E ——货叉叉根内侧上的一点；

F ——倾斜平台上的参考点。

图 2 载荷基准点的位置

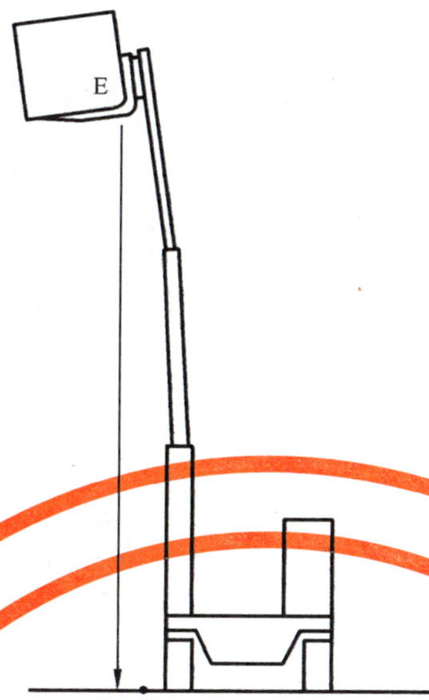

说明：

F_1——倾斜平台上的新点。

图3 载荷基准点的位置

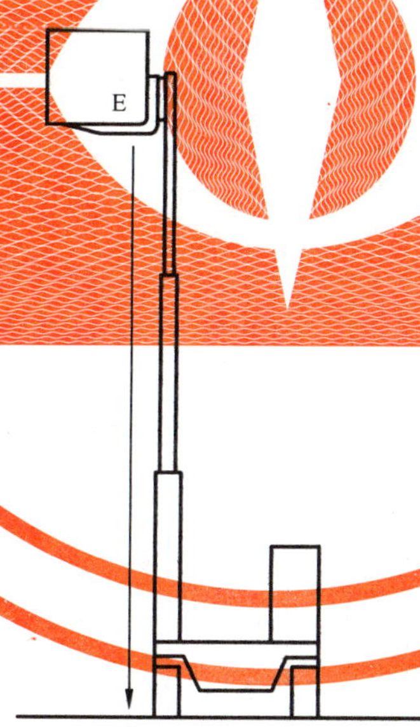

图4 载荷基准点的位置

5 稳定性验证

车辆的稳定性应根据表1进行验证。

表 1 稳定性验证

试验要求		试验 1	试验 2	试验 3	试验 4	试验 5
试验方向	横向	√	√	√	√	√
操作类型	运行			√	√	
	堆垛	√	√			√
载荷情况	有	√	√			
	无			√	√	√
起升高度	最大	√	√			√
	运行			√(见 3.1)	√(见 3.1)	
承载装置位置	缩回		√	√	√	√
	外伸	√				
门架位置	垂直	√(见 4.3)		使车辆在稳定性最差的位置		√(见 4.3)
	最大后倾		√			
额定载荷下倾斜平台倾斜度	<5 000 kg	4%	(8+0.62v)% (最大 14%)	(18+0.62v)% (最大 35%)[a]	(18+0.62v)% (最大 35%)[a]	(8+0.62v)% (最大 14%)
	≥5 000 kg	3.5%				
车辆在倾斜平台上的位置		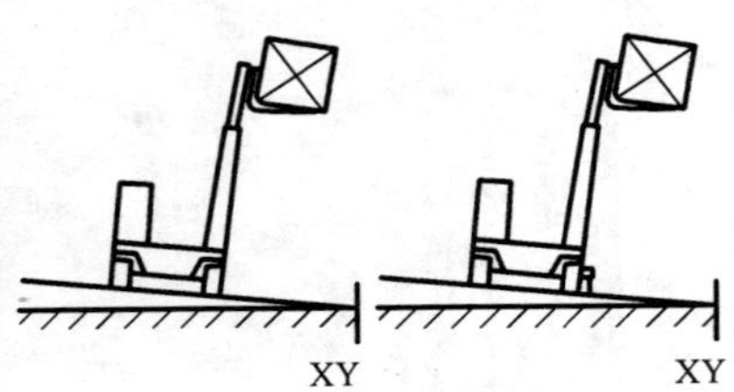		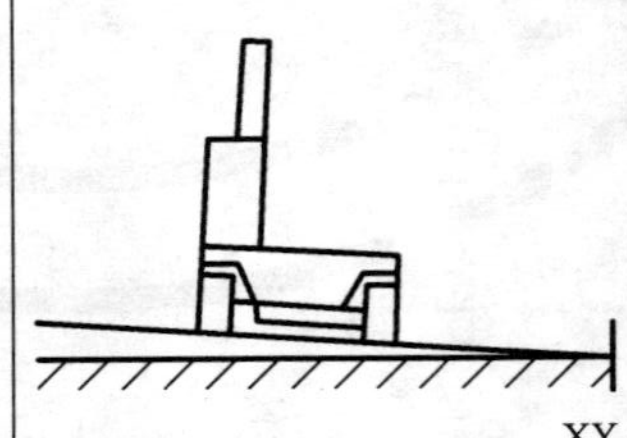		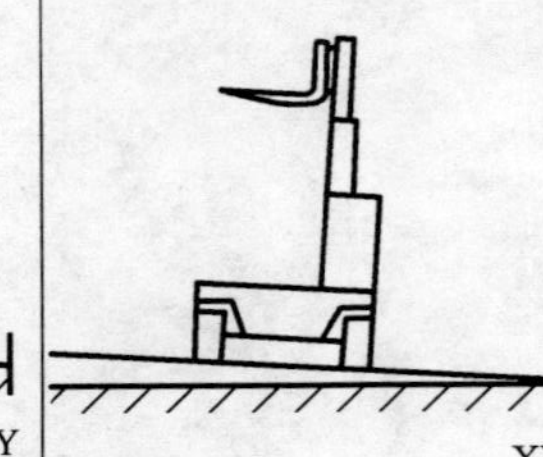

表 1（续）

试验要求	试验 1	试验 2	试验 3	试验 4	试验 5
车辆在倾斜平台上的位置	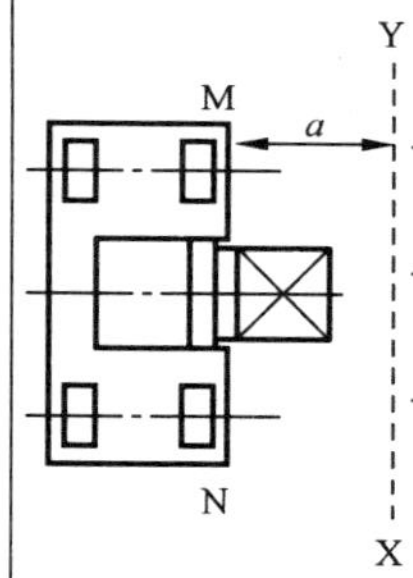 按照 4.2 b) 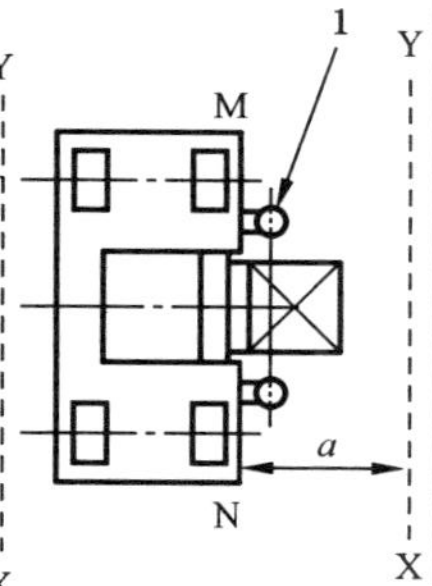 按照 4.2 b)	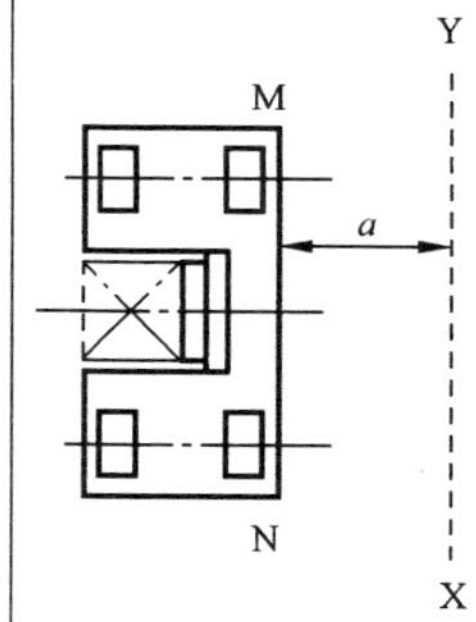 按照 4.2 a)	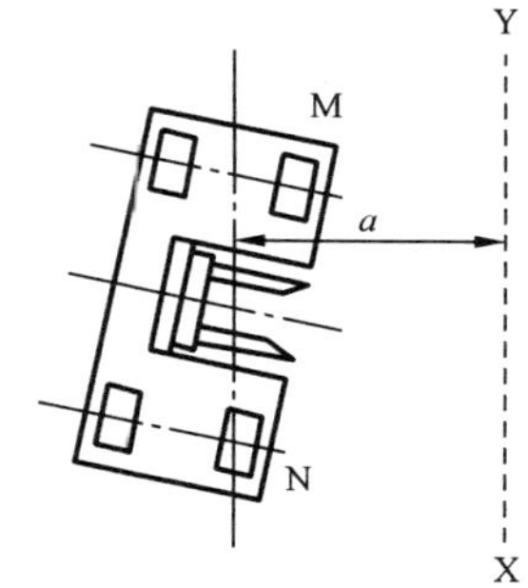 按照 4.2 a)	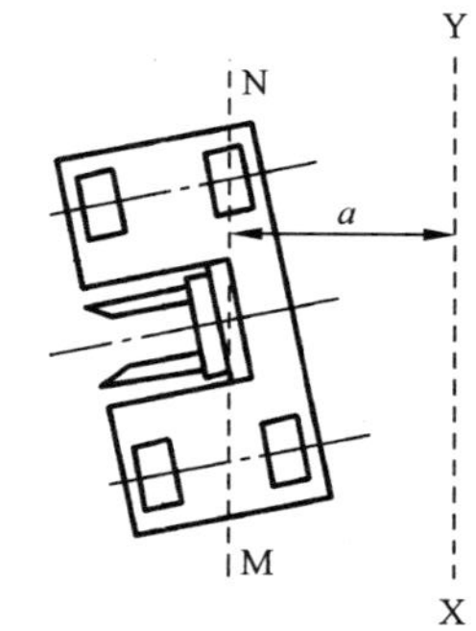 按照 4.2 a)	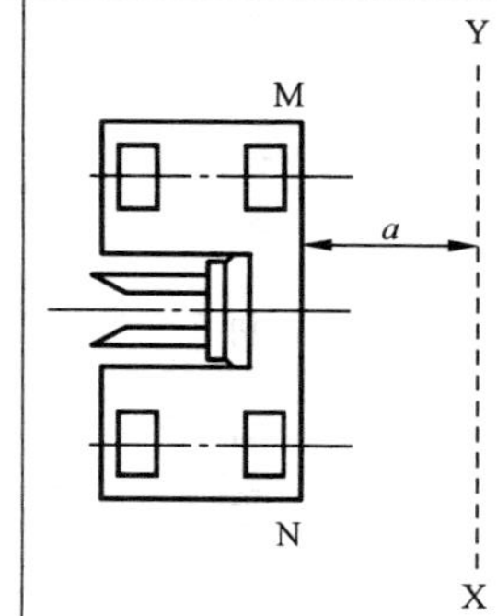 按照 4.2 a)
车辆在倾斜平台上的位置	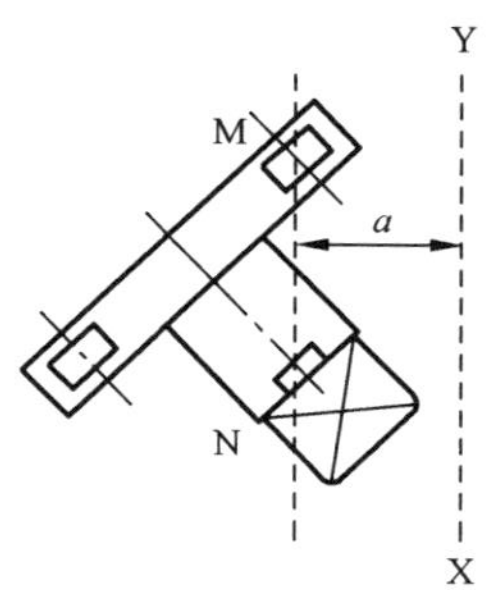 按照 4.2 b)	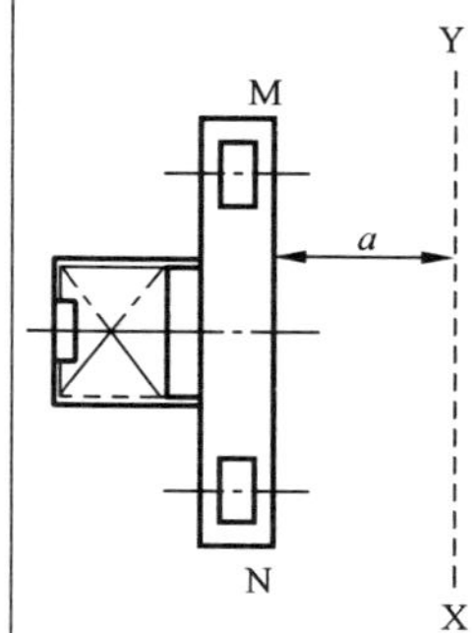 按照 4.2 b)	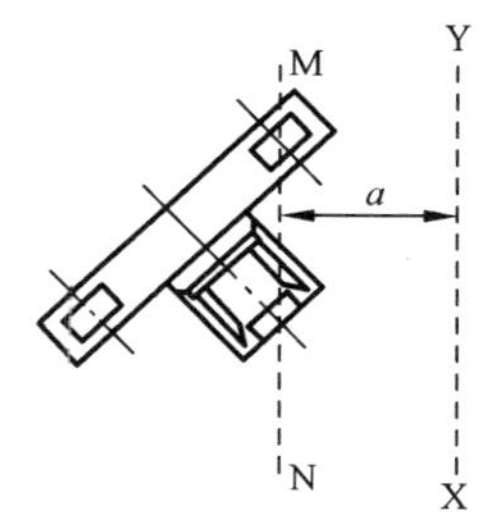 按照 4.2 b)	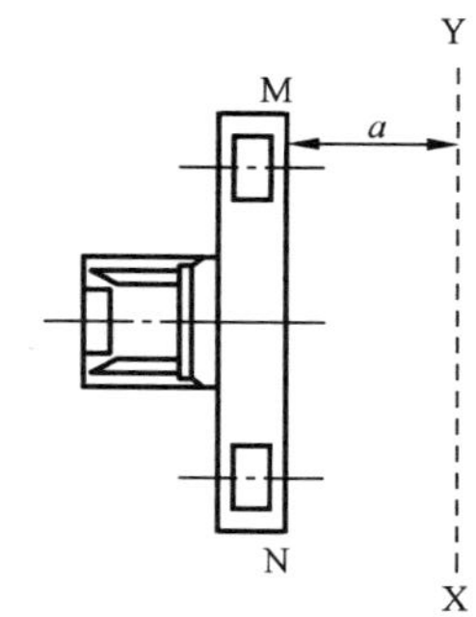 按照 4.2 b)	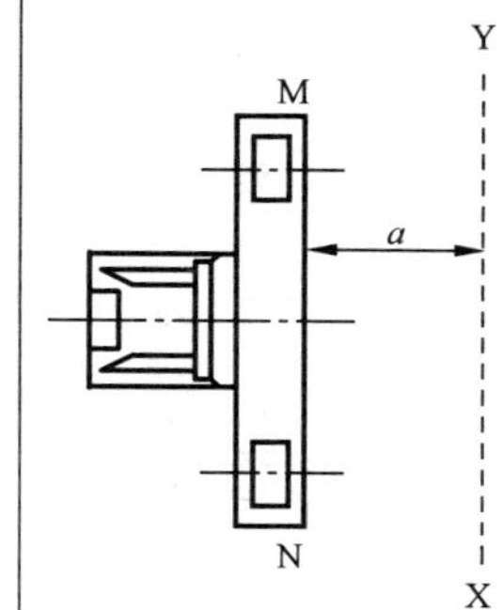 按照 4.2 b)

v ——空载车辆在光滑水平路面上的最大运行速度，单位为 km/h；
a ——平行；
1 ——稳定器。

[a] 针对日本的区域要求，额定载荷下试验 3 和试验 4 的倾斜平台倾斜度：$(15+1.1v)$%（额定载荷＜5 000 kg 的车辆，最大 40%；额定载荷≥5 000 kg 的车辆，最大 50%）。

6 标记

在装有或不安装稳定器和/或桥锁的工况下,通过稳定性试验所测定的起重量,应按 ISO 3691-1 的规定标注于操作者在正常操作位置可以目及的铭牌上。

ICS 53.060
J 83

中华人民共和国国家标准

GB/T 26949.9—2018/ISO 22915-9:2014
代替 GB/T 26561—2011

工业车辆 稳定性验证 第9部分：搬运6 m及其以上长度货运集装箱的平衡重式叉车

Industrial trucks—Verification of stability—Part 9:Counterbalanced trucks with mast handling freight containers of 6 m length and longer

(ISO 22915-9:2014,IDT)

2018-07-13 发布 2019-02-01 实施

国家市场监督管理总局
中国国家标准化管理委员会 发布

前　言

GB/T 26949《工业车辆　稳定性验证》已经或计划发布以下部分：

——第1部分：总则；

——第2部分：平衡重式叉车；

——第3部分：前移式和插腿式叉车；

——第4部分：托盘堆垛车、双层堆垛车和操作位置起升高度不大于1 200 mm的拣选车；

——第5部分：侧面式叉车(单侧)；

——第7部分：两向和多向运行叉车；

——第8部分：在门架前倾和载荷起升条件下堆垛作业的附加稳定性试验；

——第9部分：搬运6 m及其以上长度货运集装箱的平衡重式叉车；

——第10部分：在由动力装置侧移载荷条件下堆垛作业的附加稳定性试验；

——第11部分：伸缩臂式叉车；

——第12部分：搬运6 m及其以上长度货运集装箱的伸缩臂式叉车；

——第13部分：带门架的越野型叉车；

——第14部分：越野型伸缩臂式叉车；

——第15部分：带铰接转向的平衡重式叉车；

——第16部分：步行式车辆；

——第17部分：货物及人员载运车；

——第20部分：在载荷偏置条件下作业的附加稳定性试验；

——第21部分：操作者位置起升高度大于1 200 mm的拣选车；

——第22部分：操作者位置可或不可起升的三向堆垛式叉车；

——第23部分：卡车携带式叉车；

——第24部分：越野型回转伸缩臂式叉车。

本部分为GB/T 26949的第9部分。

本部分按照GB/T 1.1—2009给出的规则起草。

本部分代替GB/T 26561—2011《搬运6 m及其以上长度货运集装箱的平衡重式叉车　附加稳定性试验》，与GB/T 26561—2011相比主要技术变化如下：

——增加了“术语和定义”(见第3章)；

——修改了“试验要求”“试验方法”和“试验列表”章节的叙述方式，部分内容改为引用ISO 22915-1，其余部分调整到“第4章 作业条件”“第5章　试验条件”和“第6章　稳定性验证”中(见第4章、第5章和第6章，2011年版的第3章、第4章和第5章)。

本部分使用翻译法等同采用ISO 22915-9:2014《工业车辆　稳定性验证　第9部分：搬运6 m及其以上长度货运集装箱的带门架的平衡重式车辆》。

与本部分中规范性引用的国际文件有一致性对应关系的我国文件如下：

——GB/T 1413—2008　系列1集装箱　分类、尺寸和额定质量(ISO 668:1995，IDT)

——GB/T 6236—2008　农林拖拉机和机械　驾驶座标志点(ISO 5353:1995，MOD)

——GB/T 7392—1998　系列1集装箱的技术要求和试验方法　保温集装箱(ISO 1496-2:1996，IDT)

——GB/T 26949.1—2012　工业车辆　稳定性验证　第1部分：总则(ISO 22915-1:2008，IDT)

——GB/T 26949.10—2011 工业车辆 稳定性验证 第10部分:在由动力装置侧移载荷条件下堆垛作业的附加稳定性试验(ISO 22915-10:2008,IDT)

——GB/T 26949.20—2016 工业车辆 稳定性验证 第20部分:在载荷偏置条件下作业的附加稳定性试验(ISO 22915-20:2008,IDT)

本部分还做了下列编辑性修改:

——为符合我国行业内的习惯称谓,将标准名称改为"工业车辆 稳定性验证 第9部分:搬运6 m及其以上长度货运集装箱的平衡重式叉车"。

本部分由中国机械工业联合会提出。

本部分由全国工业车辆标准化技术委员会(SAC/TC 332)归口。

本部分负责起草单位:安徽合力股份有限公司、北京起重运输机械设计研究院有限公司。

本部分参加起草单位:林德(中国)叉车有限公司、浙江省特种设备检验研究院。

本部分主要起草人:王英、杨馨蕾、钟海见、王丹、王墨洋、李颖新、马溢坚。

本部分所代替标准的历次版本发布情况为:

——GB/T 26561—2011。

工业车辆　稳定性验证　第9部分：搬运 6 m及其以上长度货运集装箱的平衡重式叉车

1　范围

GB/T 26949的本部分规定了验证带门架、搬运6 m及其以上长度空载或满载货运集装箱的平衡重式叉车稳定性的试验方法。

本部分适用于装有货叉、吊具(顶部起升和侧面起升)或其他载荷搬运装置，用来搬运集装箱的叉车。

本部分不适用于搬运有可移动重心的集装箱的叉车(见GB/T 17382—2008)。

2　规范性引用文件

下列文件对于本文件的应用是必不可少的。凡是注日期的引用文件，仅注日期的版本适用于本文件。凡是不注日期的引用文件，其最新版本(包括所有的修改单)适用于本文件。

GB/T 10827.1—2014　工业车辆　安全要求和验证　第1部分：自行式工业车辆(除无人驾驶车辆、伸缩臂式叉车和载运车)(ISO 3691-1:2011,IDT)

GB/T 17382—2008　系列1集装箱　装卸和栓固(ISO 3874:1997,IDT)

ISO 668　系列1集装箱　分类、尺寸和额定质量(Series 1 freight containers—Classification, dimensions and ratings)

ISO 1496-2:2008　系列1集装箱　技术要求和试验方法　第2部分：保温集装箱(Series 1 freight containers—Specification and testing—Part 2: Thermal containers)

ISO 5353:1995　土方机械、牵引车和农林机械　座椅标定点(Earth-moving machinery, and tractors and machinery for agriculture and forestry—Seat index point)

ISO 22915-1　工业车辆　稳定性验证　第1部分：总则(Industrial trucks—Verification of stability—Part 1:General)

ISO 22915-10　工业车辆　稳定性验证　第10部分：在由动力装置侧移载荷条件下堆垛作业的附加稳定性试验(Industrial trucks—Verification of stability—Part 10: Additional stability test for trucks operating in the special condition of stacking with load laterally displaced by powered devices)

ISO 22915-20　工业车辆　稳定性验证　第20部分：在载荷偏置条件下作业的附加稳定性试验(Industrial trucks—Verification of stability—Part 20: Additional stability test for trucks operating in the special condition of offset load, offset by utilization)

3　术语和定义

ISO 22915-1界定的术语和定义适用于本文件。

4 作业条件

4.1 概述

除 ISO 22915-1 外,还应满足以下条件。

在风速不大于 12.2 m/s 的环境下操作叉车(在货运集装箱位于正常运行高度时运行和堆垛)。

4.2 集装箱部分起升

运行时起升集装箱,使集装箱底部高于 ISO 5353 所定义的座椅标定点(SIP)的距离不大于 900 mm。

注:起升的集装箱允许车辆上处于低位的操作者看到集装箱的底部。

5 试验条件

5.1 概述

见 ISO 22915-1。

试验时应考虑 GB/T 17382—2008 所规定的集装箱通常的偏载程度。

当搬运如 ISO 1496-2 所规定的带有整体制冷单元(冰箱)的冷藏集装箱空箱时,应符合 ISO 22915-20 所规定的载荷偏置要求。

5.2 盛行风

试验不应在盛行风时进行,否则对试验结果影响很大。

5.3 风力

5.3.1 纵向试验

纵向试验中,作用在货运集装箱上的风力应按式(1)计算:

$$F=\frac{\rho}{2}\times h\times L\times v_{\mathrm{w}}^{2}\times C_{f1} \qquad (1)$$

式中:

F ——风力,单位为牛(N);

ρ ——空气密度,$\rho=1.225\ \mathrm{kg/m^3}$(15 ℃时);

h ——货运集装箱高度,$h=2.90$ m(9 ft 6 in);

L ——货运集装箱长度(车辆设计的集装箱最大长度),单位为米(m);

v_{w} ——额定风速,$v_{\mathrm{w}}=12.2$ m/s;

C_{f1} ——形状系数,$C_{f1}=1.3$。

对于预期在比额定风速 12.2 m/s 更大的风速中使用的车辆,v_{w} 应换成实际风速。

注:参考资料(如起重和建筑标准)证实,对于作用方向垂直于货运集装箱纵轴的风,C_{f1} 值为 1.3 是合适的。

5.3.2 横向试验

横向稳定性试验中风力的影响只有在搬运集装箱时比较明显。横向试验中,作用在货运集装箱上的风力应按式(2)计算(见图 1):

$$F=\frac{\rho}{2}\times v_{\mathrm{w}}^{2}\times C_{f2}\times h\times(L\sin\alpha+w\cos\alpha) \qquad (2)$$

式中：

C_{f2}——形状系数，$C_{f2}=0.8$；

α ——叉车横向倾翻轴线与纵向轴线之间的角度，单位为度(°)；

w ——集装箱宽度，$w=2.44$ m。

对于预期在比额定风速 12.2 m/s 更大的风速中使用的车辆，v_w 应换成实际风速。

注：参考资料(如起重和建筑标准)证实，对于作用方向垂直于搬运货运集装箱的平衡重式叉车横向倾翻轴线的风，C_{f2} 值为 0.8 是合适的。

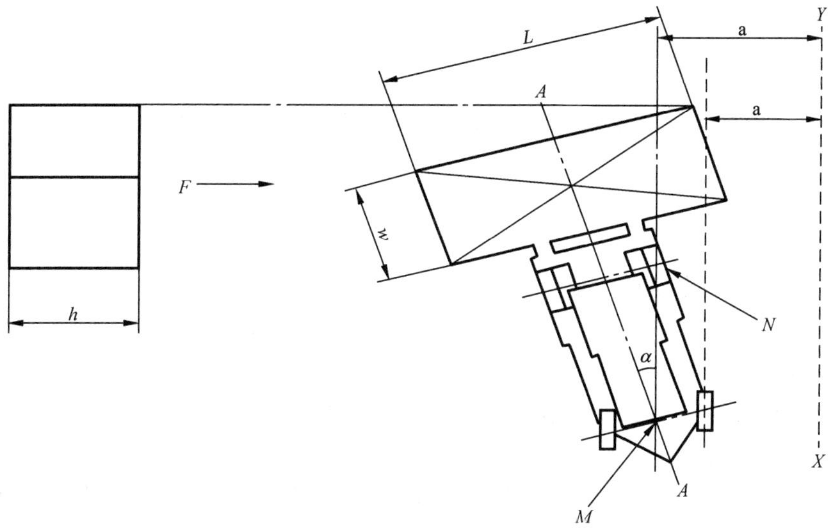

说明：

F ——风力；

a ——平行。

图 1 横向试验的风力

5.4 车辆在倾斜平台上的位置

车辆应按表 1 的规定放置在倾斜平台上。载重桥和转向桥用其中心线表示。图 2 定义了载重桥和转向桥的位置。

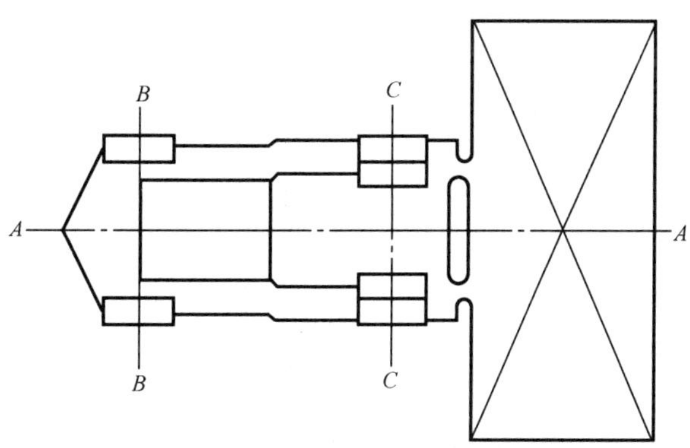

说明：

A-A——车辆纵向中心平面；

B-B——转向桥；

C-C——载重桥。

图 2 纵向中心平面和桥

试验 1 和试验 2(见表 1),车辆应放置在倾斜平台上,其载重桥 *C-C* 应平行于倾斜平台的倾斜轴线 *X-Y*。

试验 3、4 和试验 5(见表 1),车辆应处于转向位置放置在倾斜平台上,使 *M-N* 线平行于倾斜平台的倾斜轴线 *X-Y*。最靠近倾斜轴线的转向轮应与倾斜轴线 *X-Y* 平行。

M 点定义为车辆纵向中心平面 *A-A* 与铰接转向桥轴线的交点在倾斜平台上的投影。

N 点是倾斜平台表面与最靠近倾斜轴线的载重轮之间接触面的中心点。

5.5 试验载荷

5.5.1 概述

试验载荷应包括一个相当于集装箱质量的基本载荷和一个模拟风作用在集装箱上的载荷或力。

5.5.2 基本载荷

基本载荷应相当于一个 2.90 m(9 ft 6 in)高的(满载或空载的)集装箱(见 ISO 668),其质量等于制造商规定的额定起重量,且作用点位于质心上。

当使用货叉搬运集装箱时,基本载荷的质心应作用在与货叉垂直段前表面水平距离为 1 220 mm、2.90 m(9 ft 6 in)高的集装箱的高度方向的中点上。

当使用顶部起升、侧面起升或其他载荷搬运装置时,质心的位置应由其与基本载荷的连接点来确定,如旋锁与角件的接触点。

如果载荷搬运装置相对于车辆纵向中心线有横向位置调节功能,则应符合 ISO 22915-10 的规定。

如果载荷搬运装置除了门架的倾斜外,在车辆的纵向中心线方向有位置调节功能,则在调节范围的两个极限位置上均应进行试验。

5.5.3 风力

在试验中可以用下列方法之一来模拟风力的影响:

a) 将力沿着垂直于叉车横向倾翻轴线的方向水平地作用在试验载荷的重心上;

b) 试验中当倾斜平台倾斜度达到规定的倾角时,除试验载荷外再另加一个倾覆力矩相当于风力作用的垂直载荷。

5.6 起升高度

5.6.1 模拟堆垛试验时的起升高度

进行试验 1(见表 1)时,当取物装置从低位起升后,载荷基准点(如点 E)的水平位置不应变动[见图 3a)、图 3b)和图 3c)]。

使门架垂直,将规定的试验载荷起升至距倾斜平台上方约 300 mm 处。利用货叉垂直段前端面或取物装置建立点 E[见图 3a)],货叉或取物装置与试验载荷质心有固定关系。E 点应作为倾斜平台 F 点的参考基准。当门架起升时,在倾斜平台上可能会产生一个新的 F_1 点[见图 3b)]。通过进行下述调整,可使新的 F_1 点重新回到初始位置 F 点[见图 3c)]。

应在车辆的设计范围内,通过调节门架的倾角来校正 F_1 点的位置变化。

a）

b）

c）

图 3　基准点位置

5.6.2　模拟带集装箱运行试验时的起升高度

模拟带集装箱运行试验时，试验载荷的质心应位于 ISO 5353 所定义的座椅标定点(SIP)上方2 350 mm。

注：该起升高度不适用于无需将集装箱升高就能在运行方向获得足够视野的车辆，如高位操作者位置或向后运行(集装箱后置)。这些情况下，载荷可位于制造商规定的实际位置。

5.6.3　模拟不带集装箱运行试验时的起升高度

模拟不带集装箱运行试验时，从货叉叉根处开始测量，对于额定起重量不大于 10 t 的车辆，货叉上表面应高于倾斜平台 300 mm;对于额定起重量大于 10 t 的车辆,货叉上表面应高于倾斜平台 500 mm。

载荷搬运装置非货叉时,载荷搬运装置的底部应定位在 ISO 5353 所定义的座椅标定点(SIP)上方 900 mm 处。

注:该起升高度不适用于无需将载荷搬运装置升高就能在运行方向获得足够视野的车辆,如高位操作者位置。这些情况下,载荷可位于制造商规定的实际位置。

6 稳定性验证

车辆的稳定性应根据表 1 进行验证。

当进行试验 4 和试验 5 时,车轮不应与倾斜平台或任何结构部件失去接触,车辆的任何部位也不应与倾斜平台接触。

7 标记

稳定性试验所测定的集装箱搬运的实际起重量应按照 GB/T 10827.1—2014 中 6.3 的规定标注在标牌上。

当 5.3 中用来计算的风速大于额定风速 12.2 m/s 时,应标注计算用的实际风速。

表 1 稳定性验证

试验要求		试验 1	试验 2	试验 3	试验 4	试验 5
试验方向	纵向	√	√			
	横向			√	√	√
操作模式	运行		√		√	√
	堆垛/取回	√		√		
试验载荷（集装箱）	有	√	√	√	√	
	无					√
风力	有	√	√	√	√	
	无					√
起升高度	最大	√		√		
	运行		√		√	√
门架位置	垂直	√				
	最大后倾		√	√	√	√
额定载荷下倾斜平台倾斜度		3.5%	20%	6%	(5+1.1v)% (最大值为 20%)	(15+1.4v)% (最大值为 40%)
车辆在倾斜平台上的位置					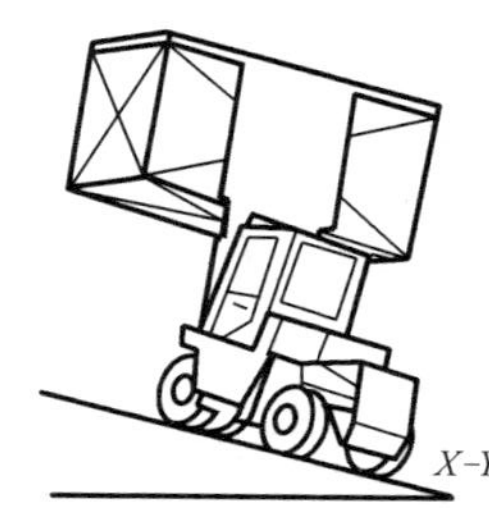	
v——最大速度，单位为千米每时(km/h)。						

表 1(续)

<table>
<tr><th>试验要求</th><th>试验 1</th><th>试验 2</th><th>试验 3</th><th>试验 4</th><th>试验 5</th></tr>
<tr><td>车辆在倾斜平台上的位置</td><td colspan="2">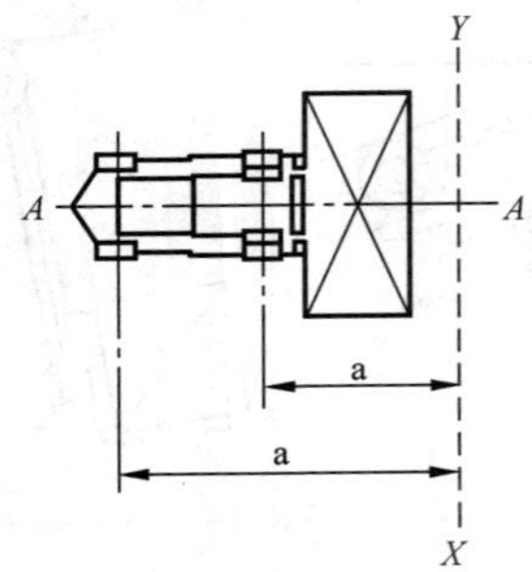
根据 5.4</td><td colspan="3">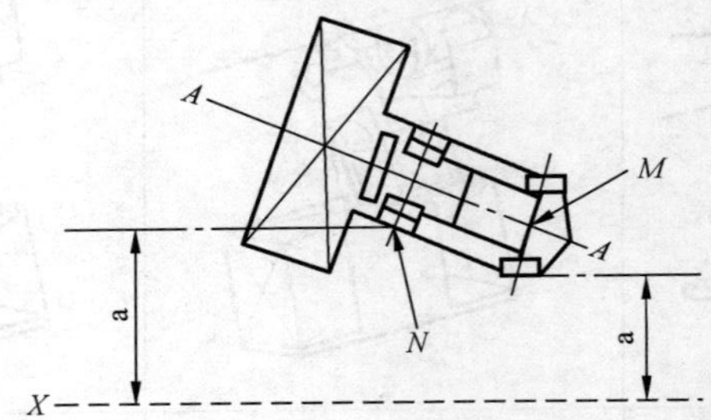
根据 5.4</td></tr>
<tr><td colspan="6">a 为平行。</td></tr>
</table>

ICS 53.060
J 83

中华人民共和国国家标准

GB/T 26949.16—2018/ISO 22915-16:2014

工业车辆　稳定性验证　第16部分:步行式车辆

Industrial trucks—Verification of stability—Part 16: Pedestrian-propelled trucks

(ISO 22915-16:2014,IDT)

2018-07-13 发布　　2019-02-01 实施

国家市场监督管理总局
中国国家标准化管理委员会　发布

前言

GB/T 26949《工业车辆　稳定性验证》已经或计划发布以下部分：

——第1部分：总则；

——第2部分：平衡重式叉车；

——第3部分：前移式和插腿式叉车；

——第4部分：托盘堆垛车、双层堆垛车和操作者位置起升高度不大于1 200 mm的拣选车；

——第5部分：侧面式叉车（单侧）；

——第7部分：两向和多向运行叉车；

——第8部分：在门架前倾和载荷起升条件下堆垛作业的附加稳定性试验；

——第9部分：搬运6 m及其以上长度货运集装箱的平衡重式叉车；

——第10部分：在由动力装置侧移载荷条件下堆垛作业的附加稳定性试验；

——第11部分：伸缩臂式叉车；

——第12部分：搬运6 m及其以上长度货运集装箱的伸缩臂式叉车；

——第13部分：带门架的越野型叉车；

——第14部分：越野型伸缩臂式叉车；

——第15部分：带铰接转向的平衡重式叉车；

——第16部分：步行式车辆；

——第17部分：货物及人员载运车；

——第20部分：在载荷偏置条件下作业的附加稳定性试验；

——第21部分：操作者位置起升高度大于1 200 mm的拣选车；

——第22部分：操作者位置可或不可起升的三向堆垛式叉车；

——第23部分：卡车携带式叉车；

——第24部分：越野型回转伸缩臂式叉车。

本部分为GB/T 26949的第16部分。

本部分按照GB/T 1.1—2009给出的规则起草。

本部分使用翻译法等同采用ISO 22915-16:2014《工业车辆　稳定性验证　第16部分：步行式车辆》。

与本部分中规范性引用的国际文件有一致性对应关系的我国文件如下：

——GB/T 6104.1—2018　工业车辆　术语和分类　第1部分：工业车辆类型（ISO 5053-1:2015，IDT）

——GB/T 10827.5—2013　工业车辆　安全要求和验证　第5部分：步行式车辆（ISO 3691-5:2009，IDT）

——GB/T 26949.1—2012　工业车辆　稳定性验证　第1部分：总则（ISO 22915-1:2008，IDT）

本部分由中国机械工业联合会提出。

本部分由全国工业车辆标准化技术委员会（SAC/TC 332）归口。

本部分负责起草单位：诺力智能装备股份有限公司、北京起重运输机械设计研究院有限公司。

本部分参加起草单位：厦门市产品质量监督检验院[国家场（厂）内机动车辆质量监督检验中心]、宁波如意股份有限公司、林德（中国）叉车有限公司、龙合智能装备制造有限公司、安徽合力股份有限公司。

本部分主要起草人：刘杰、王丹、周晓静、王墨洋、陈良、冯振礼、李颖新、廖燕丽、杨馨蕾。

工业车辆　稳定性验证
第16部分:步行式车辆

1　范围

GB/T 26949的本部分规定了验证步行式车辆稳定性的试验方法。

本部分适用于:

——起重量不大于1 000 kg的手动或以蓄电池为起升动力的插腿式、托盘式和平台堆垛式车辆;

——起升高度不大于1 000 mm和额定起重量不大于1 000 kg的手动或以蓄电池为起升动力的剪叉式托盘搬运车辆;

——平台车辆。

本部分也适用于在相同作业条件下装有载荷搬运属具的车辆。

本部分不适用于带有可伸缩装置(如可伸缩门架或可伸缩货叉)的车辆。

2　规范性引用文件

下列文件对于本文件的应用是必不可少的。凡是注日期的引用文件,仅注日期的版本适用于本文件。凡是不注日期的引用文件,其最新版本(包括所有的修改单)适用于本文件。

ISO 3691-5:2014　工业车辆　安全要求和验证　第5部分:步行式车辆(Industrial trucks—Safety requirements and verification—Part 5: Pedestrian-propelled trucks)

ISO 5053　工业车辆　术语和分类(Industrial trucks—Terminology and classification)

ISO 22915-1　工业车辆　稳定性验证　第1部分:总则(Industrial trucks—Verification of stability—Part 1:General)

3　术语和定义

ISO 5053和ISO 22915-1界定的术语和定义适用于本文件。

4　试验条件

4.1　总则

见ISO 22915-1。

4.2　车辆在倾斜平台上的位置

如车辆配有脚轮和万向轮,在进行试验时应安装脚轮和万向轮,并使之位于最小稳定性位置方向(见表1、表2和表3)。

4.2.1　载重桥和转向桥

图1定义了车辆的载重桥和转向桥。

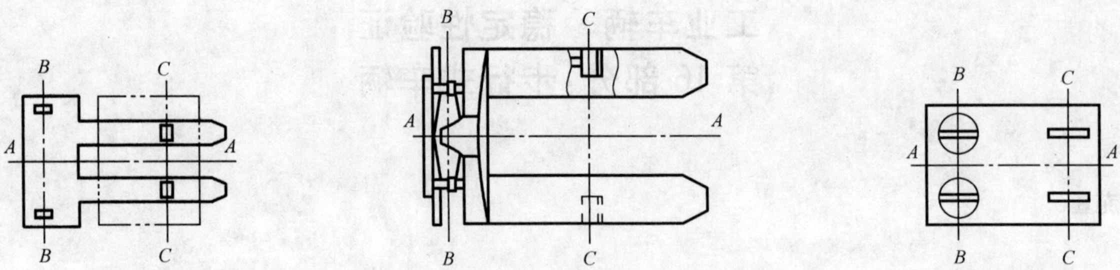

堆垛车辆　　　　剪叉式起升车辆　　　　平台车辆

说明：

A-A——车辆纵向中心平面；

B-B——转向桥；

C-C——载重桥。

图 1　载重桥和转向桥

4.2.2　试验 1、试验 2、试验 4 和试验 7～试验 10 进行的纵向稳定性试验

车辆应放置在倾斜平台上，其转向桥 *B-B* 和载重桥 *C-C* 应平行于倾斜平台的倾斜轴线 *X-Y*。

4.2.3　试验 3、试验 5、试验 6 和试验 7～试验 10 进行的横向稳定性试验

车辆应放置在倾斜平台上，使 *M-N* 线平行于倾斜平台的倾斜轴线 *X-Y*。

M 点定义如下：

a)　对于具有单个或多个刚性支撑脚轮的车辆，*M* 点是脚轮轴中心线与脚轮轮宽中心面交点在倾斜平台上的垂直投影，同时刚性支撑脚轮轴中心线与倾斜平台的倾斜轴线 *X-Y* 平行或位于(任意位置)最小稳定性的位置。

b)　对于具有非铰接双联轮转向的车辆，*M* 点是转向桥轴中心线与两转向轮全宽度中心面交点在倾斜平台上的垂直投影，同时转向轮轴中心线与倾斜平台的倾斜轴线 *X-Y* 平行或位于(任意位置)最小稳定性的位置。

c)　对于配有稳定器的车辆，*M* 点是稳定器接触面对称点在倾斜平台上的垂直投影。

N 点是最靠近倾斜轴线 *X-Y* 的载重轮在倾斜平台上的接触面中心点。

5　稳定性验证

5.1　动态试验——平台车辆

该动态试验仅适用于平台车辆。

推动空载车辆以(1±0.1)m/s 的稳定速度移动，直至单个车轮或两个车轮同时接触到垂直高度 20 mm的障碍块。推动车辆的力应在车辆碰到障碍块时停止。推动车辆移动的力应作用在底层平台(见图 2)。该试验应在(推和拉)两个方向进行。

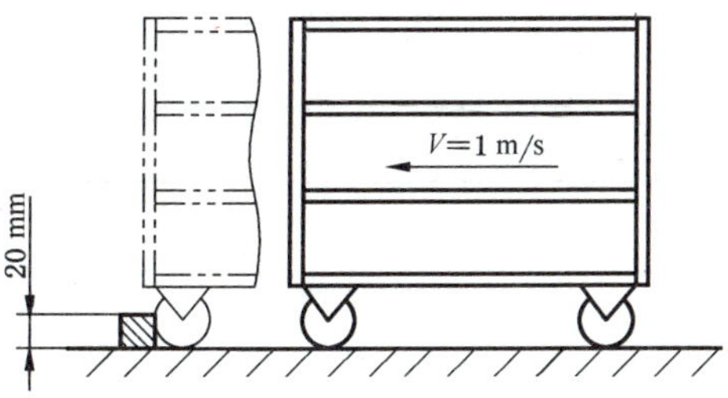

图 2　动态试验

空载车辆接触障碍块后不应倾翻。

5.2　倾斜平台试验

车辆的稳定性应根据表 1、表 2 或表 3 进行验证。

表 1　稳定性验证——堆垛车辆

试验要求		试验 1	试验 2	试验 3
试验方向	纵向	√	√	
	横向			√
载荷搬运装置的方向	载荷靠近倾斜轴线方向	√		
	载荷远离倾斜轴线方向		√	
操作类型	运行			
	堆垛/拆垛	√	√	√
载荷情况	有	√ 见 ISO 3691-5:2014 中表 B.1		√ 见 ISO 3691-5:2014 中表 B.1
	无		√	
起升高度	最大	√	√	√
倾斜平台倾斜度		4%	14%	3.5%
车辆在倾斜平台上的位置		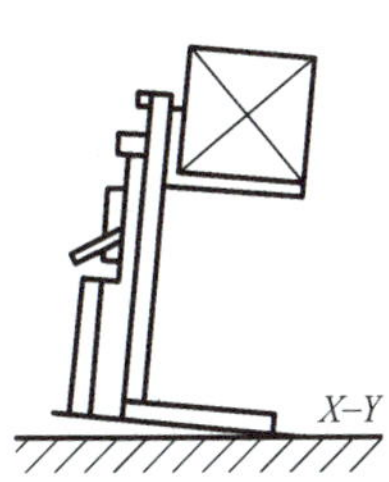	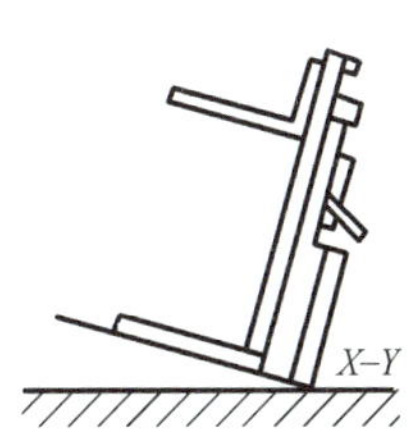	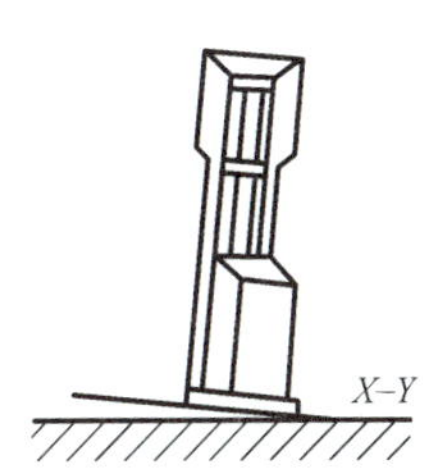

表 1（续）

<table>
<tr><th>试验要求</th><th>试验 1</th><th>试验 2</th><th>试验 3</th></tr>
<tr><td>车辆在倾斜平台上的位置</td><td colspan="2">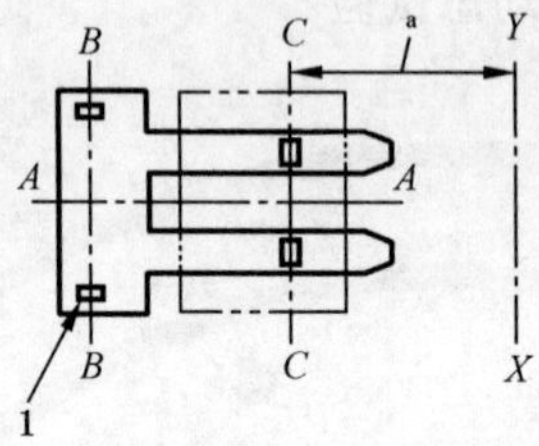 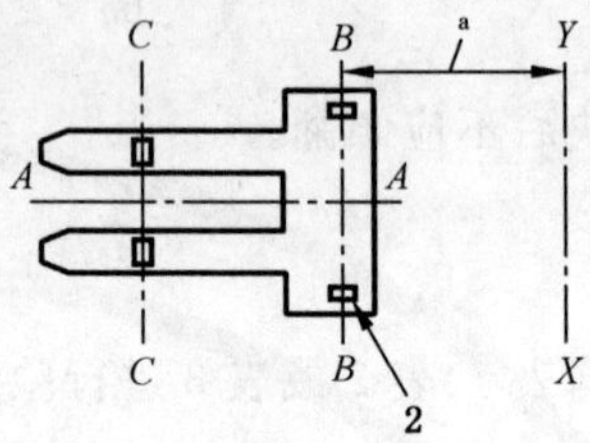
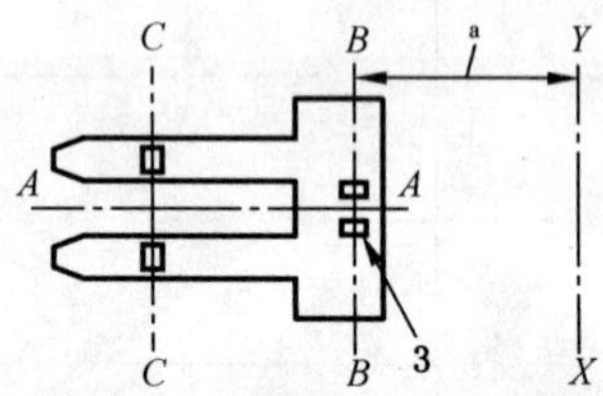
1——非铰接、刚性支撑脚轮(任意位置)；
2——非铰接、刚性支撑脚轮向载重桥轴中心线 C-C 方向转动；
3——双联转向轮轴中心线平行于倾斜轴线 X-Y。</td><td>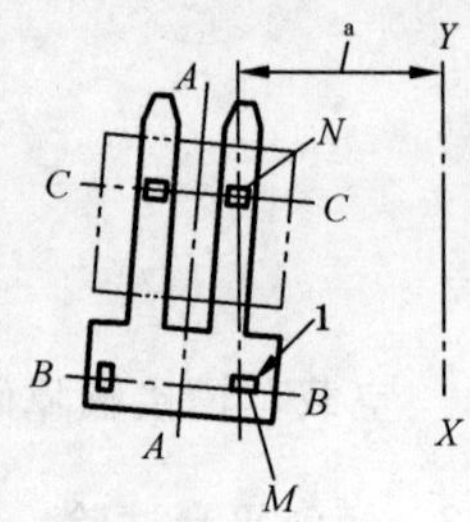
根据 4.2.3 a)
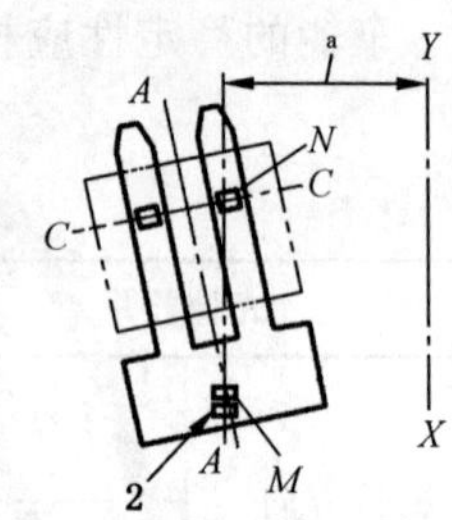
根据 4.2.3 b)
1——非铰接、刚性支撑脚轮轴线平行于 X-Y 或转向角位于最小稳定性的位置；
2——非铰接双联转向轮轴中心线平行于倾斜轴线 X-Y。</td></tr>
<tr><td colspan="4">[a] 平行。</td></tr>
</table>

表 2 稳定性验证——剪叉式起升车辆

试验要求		试验 4	试验 5	试验 6
试验方向	纵向	√		
	横向		√	√
载荷搬运装置的方向	载荷靠近倾斜轴线方向	√	√	
	载荷远离倾斜轴线方向			
操作类型	运行	√	√	√
载荷情况	有	√	√	√
	无			
起升高度	最大	√		√
	最大(运行状态下稳定器不起作用时)		√	
倾斜平台倾斜度	全起升状态下不可运行的车辆	10%	6%	6%
	全起升状态下可运行的车辆	12%		
车辆在倾斜平台上的位置		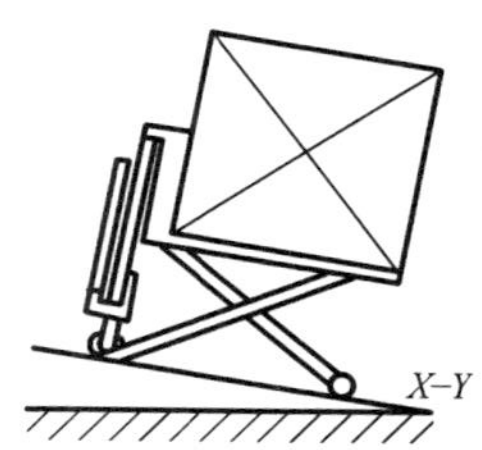	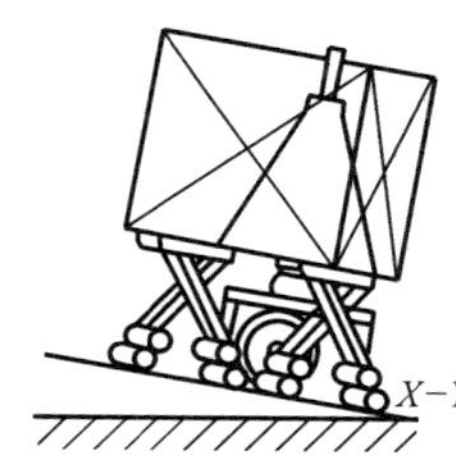	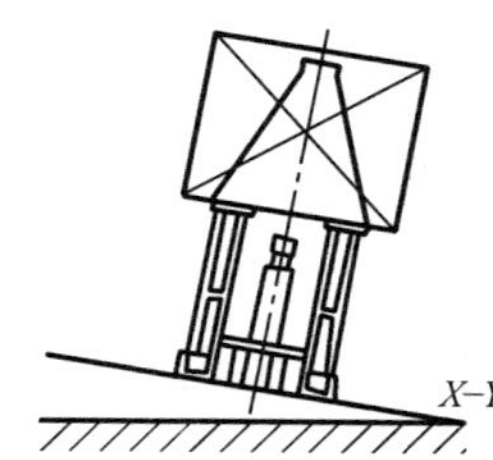

表 2（续）

试验要求	试验 4	试验 5	试验 6
车辆在倾斜平台上的位置	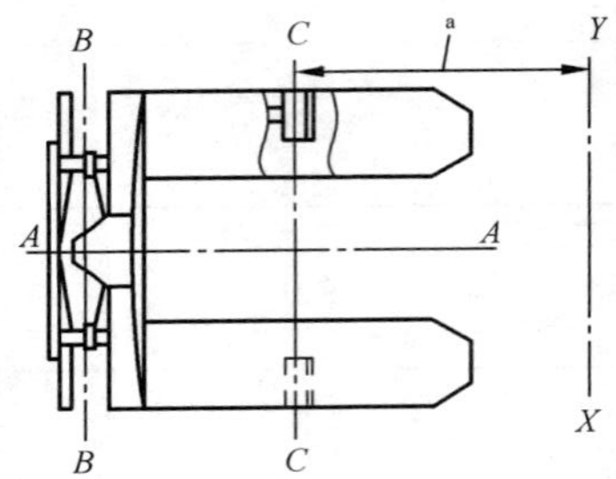	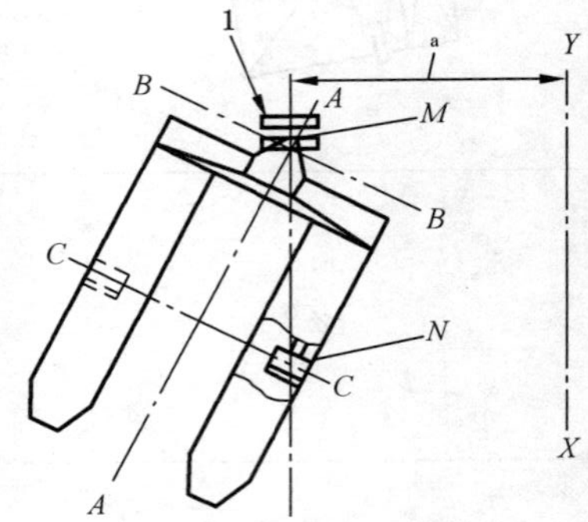 根据 4.2.3 b) 1——非铰接双联转向轮轴中心线平行于倾斜轴线 X-Y。	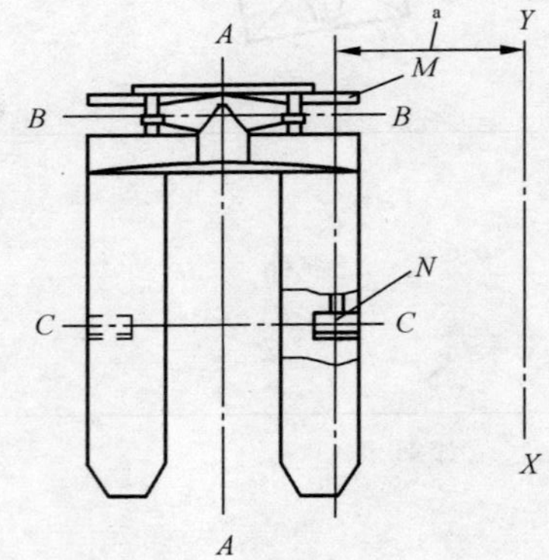 根据 4.2.3 c)

[a] 平行。

表 3　稳定性验证——平台车辆

<table>
<tr><th colspan="2">试验要求</th><th>试验 7</th><th>试验 8</th><th>试验 9</th><th>试验 10</th></tr>
<tr><td rowspan="2">试验方向</td><td>纵向</td><td>√</td><td>√</td><td>√</td><td>√</td></tr>
<tr><td>横向</td><td>√</td><td>√</td><td>√</td><td>√</td></tr>
<tr><td>载荷搬运装置的方向</td><td>载荷中心</td><td></td><td>√</td><td>√</td><td>√</td></tr>
<tr><td>操作类型</td><td>运行</td><td>√</td><td>√</td><td>√</td><td>√</td></tr>
<tr><td rowspan="4">载荷情况</td><td>无</td><td>√</td><td></td><td></td><td></td></tr>
<tr><td>额定载荷在顶层台面上</td><td></td><td>√</td><td></td><td></td></tr>
<tr><td>额定载荷均布在所有台面上</td><td></td><td></td><td>√</td><td></td></tr>
<tr><td>仅顶层台面上放置被台面数量均分后的额定载荷(其他台面为空载)</td><td></td><td></td><td></td><td>√</td></tr>
<tr><td rowspan="2">倾斜平台倾斜度</td><td>纵向</td><td>36%</td><td>18%</td><td>27%</td><td>18%</td></tr>
<tr><td>横向</td><td>23%</td><td>18%</td><td>23%</td><td>18%</td></tr>
<tr><td colspan="2">车辆在倾斜平台上的位置
(选择适用的车辆类型)</td><td colspan="2">纵向
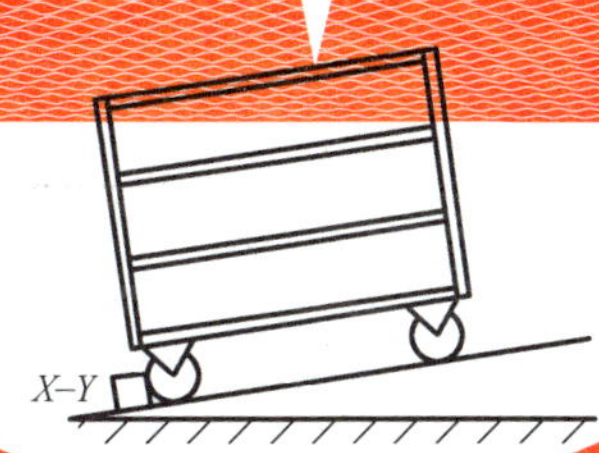
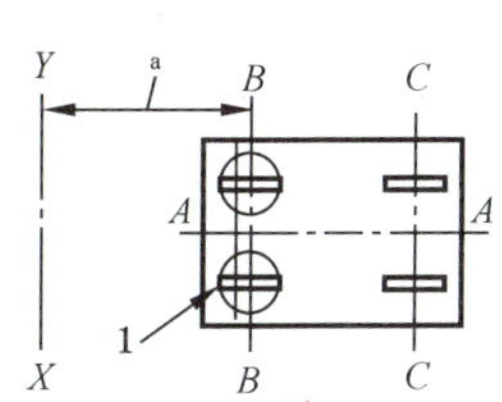
1——非铰接,刚性支撑脚轮向载重桥轴中心线 C-C 方向转动,且使其轮轴中心线平行于 C-C。</td><td colspan="2">横向

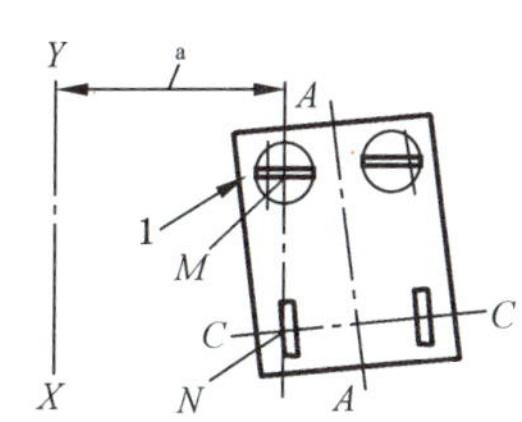
1——非铰接,刚性支撑脚轮轴中心线向 A-A 方向转动,且使其平行于 X-Y,或转向角位于最小稳定性的位置。</td></tr>
</table>

表 3（续）

<table>
<tr><th>试验要求</th><th>试验 7</th><th>试验 8</th><th>试验 9</th><th>试验 10</th></tr>
<tr><td>车辆在倾斜平台上的位置
（选择适用的车辆类型）</td><td colspan="2">纵向
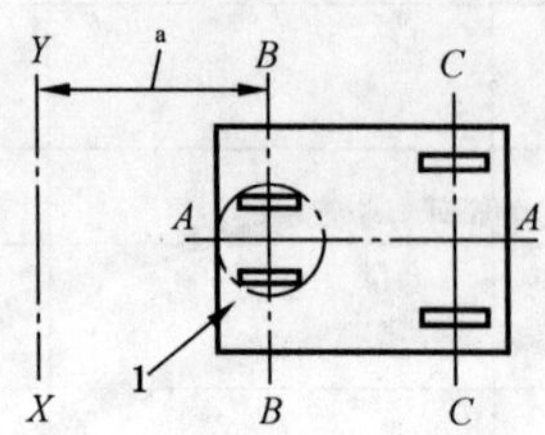
1——转向桥 B-B 平行于倾斜轴线 X-Y。
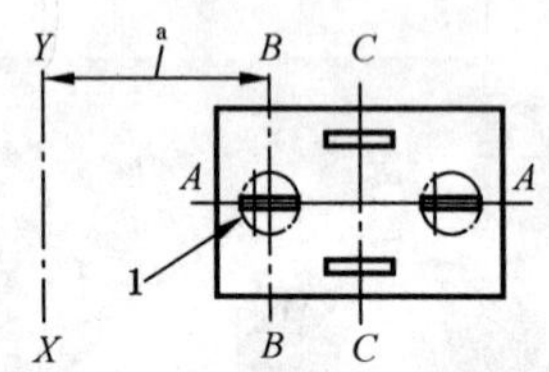
1——非铰接、刚性支撑脚轮向载重桥轴中心线 C-C 方向转动，且使其轮轴中心线平行于 C-C。</td><td colspan="2">横向
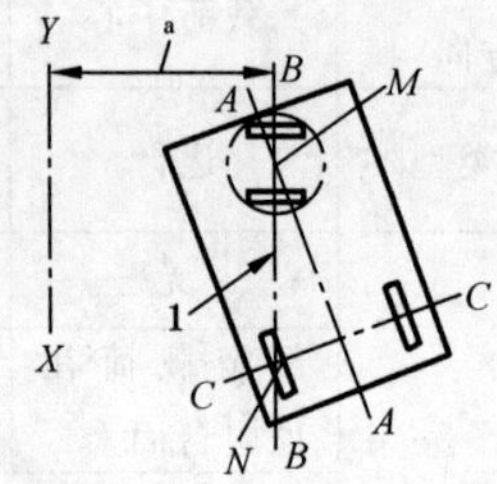
1——转向桥 B-B 平行于倾斜轴线 X-Y。
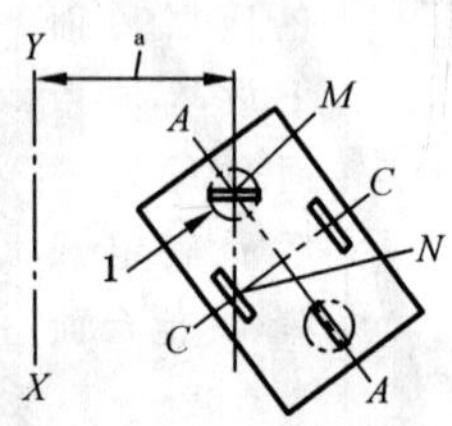
1——非铰接，刚性支撑脚轮轴中心线向载重桥 C-C 方向转动，且使其平行于 X-Y。</td></tr>
<tr><td colspan="5">[a] 平行。</td></tr>
</table>

ICS 75.040
E 21

中华人民共和国国家标准

GB/T 26985—2018
代替 GB/T 26985—2011

原油倾点的测定

Standard test method for pour point of crude oils

2018-12-28 发布 2019-07-01 实施

国家市场监督管理总局
中国国家标准化管理委员会 发布

前　言

本标准按照 GB/T 1.1—2009 给出的规则起草。

本标准代替 GB/T 26985—2011《原油倾点的测定》，与 GB/T 26985—2011 相比，除编辑性修改外主要技术内容变化如下：

——增加了规范性引用文件 GB/T 27867(见第 2 章)；

——删除了氯化钙晶体(见 2011 年版的 5.8)；

——增加了对电子温度计的选择(见 6.1.2)；

——修改了表 2 常用混合制冷剂的内容(见表 2，2011 年版的表 2)；

——删除了质量保证和控制(见 2011 年版的第 11 章)；

——修改附录 A 为规范性附录。

本标准由全国石油天然气标准化技术委员会(SAC/TC 355)提出并归口。

标准起草单位：中国石油天然气股份有限公司管道分公司管道科技研究中心、中石化长输油气管道检测有限公司、中石化石油化工科学研究院、塔里木油田分公司质量检测中心、大庆油田工程有限公司。

本标准主要起草人：张双凤、穆承广、顾佰忠、蔺玉贵、殷惠珍、赵中福、程磊。

本标准所代替标准的历次版本发布情况为：

——GB/T 26985—2011。

原油倾点的测定

警示——使用本标准的人员应有正规实验室工作的实践经验。本标准并未指出所有可能的安全问题。使用者有责任采取适当的安全和健康措施,并保证符合国家有关法规规定的条件。

1 范围

本标准规定了原油倾点的测定方法,包括最高(上)倾点和最低(下)倾点的测定。

本标准适用于倾点不低于−36 ℃、水含量(质量分数或体积分数)不大于0.5%的原油。

2 规范性引用文件

下列文件对于本文件的应用是必不可少的。凡是注日期的引用文件,仅注日期的版本适用于本文件。凡是不注日期的引用文件,其最新版(包括所有的修改单)适用于本文件。

GB/T 514 石油产品试验用玻璃液体温度计技术条件

GB/T 4756 石油液体手工取样法

GB/T 27867 石油液体管线自动取样法

3 术语和定义

下列术语和定义适用于本文件。

3.1

倾点 pour point

在本试验条件下观察到的试样流动的最低温度。

3.2

最高(上)倾点 maximum (upper) pour point

试样经过旨在增进蜡晶胶凝及试样凝固的特定处理后观察到的倾点。

3.3

最低(下)倾点 minimum (lower) pour point

试样经过旨在延缓蜡晶胶凝及试样凝固的特定处理后观察到的倾点。

4 方法原理

试样经预热后,按规定的速度冷却,并每间隔3 ℃观察试样流动特性。将观察到试样能够流动的最低温度值记录为该试样的倾点。

5 试剂或材料

警示——5.1～5.4试剂易燃,可能导致火灾,蒸汽有害。

5.1 丙酮:工业级。

5.2 乙醇:工业级。

5.3 甲醇:工业级。

5.4 石脑油:工业级。

5.5 干冰:工业级。

警示——极冷(−78.5 ℃)。

5.6 氯化钠晶体:工业级。

6 测试装置

6.1 倾点测试装置(见图1)

6.1.1 试管

透明玻璃制品,平底圆柱形,外径为33.2 mm～34.8 mm,高度为115 mm～125 mm。试管内径可为30.0 mm～32.4 mm,壁厚不应超过1.6 mm。应标有试样高度为距试管内底面(54±3)mm的刻度线。试管侧壁(直到刻度线处)应清洁透明无划痕。

单位为毫米

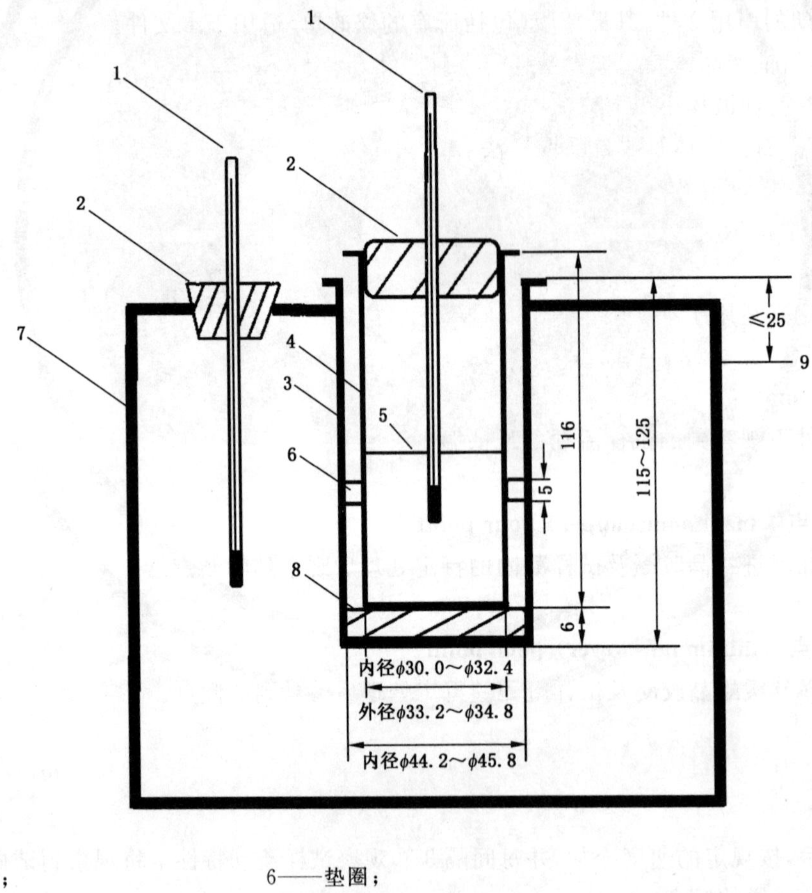

说明:

1——温度计;
2——软木塞;
3——套管;
4——试管;
5——样品液面;
6——垫圈;
7——冷浴;
8——圆盘;
9——冷浴液面。

图1 倾点测试装置

6.1.2 温度计

一般可用玻璃液体温度计，其适用温度范围见表 1。也可使用精度等同或性能优于玻璃液体温度计的电子温度计。玻璃液体温度计应符合 GB/T 514 的要求。

表 1 温度计类型与温度范围

温度计编号	温度计名称	适用温度范围 ℃
GB-36	倾点 1 号	−80～20
GB-37	倾点 2 号	−38～50
GB-34	熔点	32～127

6.1.3 软木塞

与试管配套，中心带有插温度计的圆孔。

6.1.4 套管

玻璃或金属制品，平底圆筒形，不应漏水，深度为(115±3) mm，内径为 44.2 mm～45.8 mm。在冷浴(见 6.1.7)中保持垂直位置，并使其露出冷浴液面的部分不超过 25 mm。确保套管内部清洁干净。

6.1.5 圆盘

软木或毛毡制品，厚度约 6 mm，塞入或粘在套管内部，与套管底紧贴。

6.1.6 垫圈

环形，由橡胶、皮革或其他适当的材料制成，有一定的弹性。应能紧贴试管外壁，且套管内壁保持宽松。还应具有足够的硬度，以保持其形状。

6.1.7 冷浴

应使套管能够稳定地保持在垂直位置。使用制冷剂或混合制冷剂保持冷浴的温度，控温精度为 ±1.5 ℃。常用的混合制冷剂见表 2。如果使用电子制冷设备，也应满足表 2 对冷浴温度的要求。

表 2 常用混合制冷剂和浴温

序号	混合制冷剂名称	浴温 ℃
1	冰水混合物	0±1.5
2	碎冰和氯化钠或丙酮或石脑油或甲醇或乙醇加干冰	−18±1.5
3	丙酮或石脑油或甲醇或乙醇加干冰	−33±1.5
4	丙酮或石脑油或甲醇或乙醇加干冰	−51±1.5
5	丙酮或石脑油或甲醇或乙醇加干冰	−69±1.5

6.2 水浴

配备有支架，应使试管浸没在水浴中的深度大于试管中试样的高度，能使试管稳定地保持在垂直位置。控温精度为±1 ℃。

6.3 试验容器

不锈钢制品，焊接结构，并能承受 700 kPa 的气密性试验压力，结构及尺寸见图 2 所示。

单位为毫米

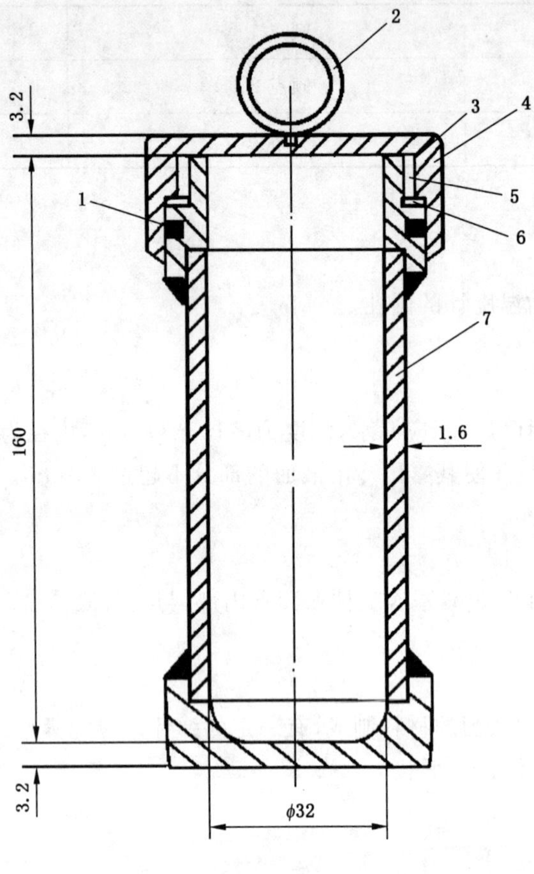

说明：

1——不含硫合成橡胶垫圈；

2——拉环；

3——压力泄放凹槽；

4——带凸边的容器盖子；

5——螺纹；

6——关闭容器时保护垫圈的盖的内侧面；

7——不锈钢筒。

图 2 试验容器

6.4 油浴或真空干燥箱

6.4.1 油浴

应配备有支架，使试验容器能够稳定地保持垂直位置，并使试验容器浸没在油浴中的深度大于试验容器中试样的高度。控温精度为±2 ℃。

6.4.2 真空干燥箱

温度范围为室温～200 ℃，控温精度为±2 ℃。内置高度应能自由存取垂直放置于真空干燥箱内的试验容器(见6.3)。

6.5 秒表

最大允许误差为±0.2 s。

7 取样

7.1 取样方法

按GB/T 4756或GB/T 27867要求取得实验室样品。

7.2 样品准备

应保证样品中微量高熔点蜡全部熔化。易挥发样品不能通过加热使高熔点蜡完全熔化时，按附录A进行，应保证高熔点蜡均匀悬浮在样品中。检查样品储存容器内壁，确保未粘存高熔点物质。

8 测试步骤

8.1 最高(上)倾点的测试

8.1.1 将试样装入试管并达到液位刻度线。必要时将试样按7.2要求在水浴中重新加热到至少高于预期倾点20 ℃，但不应高于60 ℃。

8.1.2 立即用带有倾点2号温度计的软木塞盖紧试管。如果预计倾点高于36 ℃，则：

a) 使用熔点温度计；

b) 且温度计与试管同轴，并保证玻璃液体温度计的液泡与毛细管起点位置浸没到试样表面以下3 mm的深度。

8.1.3 将装有试样的试管在室温下放置至少24 h。

8.1.4 分以下两种状态对试样进行处理：

a) 如果预计倾点高于36 ℃，保持水浴温度高于预计倾点12 ℃，将试样加热到高于预计倾点9 ℃。

b) 如果预计倾点低于36 ℃，保持水浴温度为(48±1)℃，将试样加热到(45±1)℃。

8.1.5 当试样加热到8.1.4要求的温度时，立即将带有温度计的软木塞打开，用搅拌棒轻轻搅拌试样，然后按8.1.2要求将软木塞放回原来的位置并塞紧。

8.1.6 将圆盘置于套管的底部。圆盘和套管在冷却介质中至少放置10 min，空套管冷却过程中可使用套管盖。将试管从水浴中取出并用布擦干。垫圈套在距试管中试样液面以下25 mm处。将试管放入温度保持在21 ℃的第一个冷浴中的套管内并开始观察。不可将试管直接放在冷却介质中。

8.1.7 不应扰动试样整体，不准许温度计在试样中移动。

8.1.8 当试样温度达到预计倾点以上9 ℃(估算为3 ℃的倍数)时开始检查试样。从套管中取出试管，倾斜试管直至看出试管中的试样是否发生流动。当观察到试样有发生流动时，立即将试管放回套管。取出及放回的操作应在3 s内完成。以后每间隔3 ℃检查一次。如试管外壁有潮气影响观察时，可用沾有酒精的干净布擦拭试管表面后观察。取出、擦拭及放回的操作应在3 s内完成。

8.1.9 如果试样温度达到30 ℃时仍发生流动，则将试管转移至下一级更低温度的冷浴中，按以下条件选择冷浴：

a) 如果试样温度处于 30 ℃，移至 0 ℃的冷浴；

b) 如果试样温度处于 9 ℃，移至 −18 ℃的冷浴；

c) 如果试样温度处于 −9 ℃，移至 −33 ℃的冷浴；

d) 如果试样温度处于 −24 ℃，移至 −51 ℃的冷浴。

当属于 d)情况时，更换为倾点 1 号温度计。

8.1.10 当倾斜试管而试样不发生流动时，立即将试管保持水平状态 5 s(用秒表计时)，并仔细观察试样液面。如果在这 5 s 期间试样发生任何流动，立即更换新试样，并按 8.1.1～8.1.9 重新操作，并在下一观察温度(降低 3 ℃时)重复进行试验。

8.1.11 连续试验后，若：

a) 试管保持水平 5 s 而试样不发生流动时，记录此时的温度数据。

b) 如果试样达到 −36 ℃时仍发生流动，应停止试验。

8.2 最低(下)倾点的测试

8.2.1 将 50 g 试样倒入清洁的试验容器。必要时，将试样按 7.2 要求重新加热至预计倾点以上 20 ℃，但不超过 60 ℃。检查橡胶垫圈并且拧紧盖子。

8.2.2 用油浴或真空干燥箱将试验容器加热至(105±2)℃，并保持此温度至少 30 min。

8.2.3 轻摇试验容器使试样均匀，并将试验容器在室温下放置 20 min，待冷却后操作。

8.2.4 小心打开试验容器，将试样倒入试管达到液位刻度线，试管在(48±1)℃的水浴中预热。

8.2.5 立即用带有倾点 2 号温度计的软木塞盖紧试管。调整软木塞和温度计的位置保证塞紧。按 8.1.2 b)的要求进行操作。

8.2.6 按 8.1.6～8.1.11 进行测试。

9 试验结果

9.1 按 8.1 要求进行操作，将记录的温度值再加 3 ℃，为试样的最高(上)倾点；按 8.2 要求进行操作，将记录的温度值再加 3 ℃，为试样的最低(下)倾点。记录的温度值保留至整数位。

9.2 如果试验出现 8.1.11 b)的情况，则记录温度值为倾点小于或等于 −36 ℃。

10 精密度

10.1 重复性

在同一实验室，由同一操作者使用同一装置，按本方法对同一样品进行的连续两次独立测试结果的测定值之差，最高(上)倾点不应大于 3 ℃，最低(下)倾点不应大于 6 ℃(95%置信水平)。

10.2 再现性

不同操作者在不同的实验室使用不同装置，按本方法对同一样品进行的两次独立测试结果的测定值之差，最高(上)倾点不应大于 18 ℃，最低(下)倾点不应大于 22 ℃(95%置信水平)。

11 试验报告

试验报告至少应给出以下几个方面的内容：

——识别被试的样品所需的全部资料；

——所使用的标准(本标准编号,包括版本号);
——所使用的方法;
——试验结果;
——与规定的测试步骤的差异;
——在试验中出现的异常现象;
——试验日期;
——试验测试人员及审核人员。

附 录 A
（规范性附录）
样品的处置

A.1 概述

A.1.1 样品的处置方法与测定样品的目的有关。如果样品的处置方法与使用的测定方法的操作步骤存在矛盾（如测定原油的蒸汽压时），则应分别采样，并对每一样品使用合适的处置方法。

A.1.2 原油采样时，应注意：

a） 原油含有易挥发成分，因此可能发生蒸发损耗。

b） 原油含有水、沉积物或两者兼有，它们有在容器中沉降的趋势。

c） 如果不保持足够高的温度，蜡即会在容器内壁沉积或出现结晶。

A.1.3 配制混合样品时，应注意不造成轻组分损失，并确保配制的样品均匀性。

A.1.4 若需要测试原油的蒸汽压、密度或进行任何与轻组分有关的其他试验，应首先留出用于这些试验的子样品，再按其他的处置方法再次分出另外试验（例如倾点）的样品。

A.1.5 不得将需要再次分样的原油放在塑料容器或任何其他不能保存气体或轻组分物质以及加热会变形的容器中。

A.2 样品的加热

A.2.1 为彻底将蜡溶解，将原油样品加热到析蜡点以上的温度。通常将原油样品加热到高于预计倾点20 ℃以上的温度一般能满足析蜡点的要求。

A.2.2 大多数原油即使在环境温度下也具有很大的蒸汽压。静止的原油的饱和蒸压一般稳定在50 kPa 或更低。然而，也有高蒸汽压原油（80 kPa）。试验前不应将原油加热超过 60 ℃或达到泡点温度以上（蒸汽压≥100 kPa）。根据经验，温度每提高 20 ℃，蒸汽压将增加一倍。

A.3 样品处置

A.3.1 使用桶（15 L～20 L）盛装样品时，将桶放在温度为 40 ℃～60 ℃的室内滚架上混合桶内原油样品，保持静置 48 h；或将桶的温度保持在高于预计倾点 20 ℃以上 48 h，并在取样前至少滚动油桶15 min。如果不可能把桶加热，则应不停地滚动油桶 30 min 以使蜡及蜡颗粒尽可能扩散。在进行加热、混合程序（或两者）之前，确保桶和塞能够承受预计达到的压力，并且在处置过程中不会发生泄漏。如果试验所用样品不多，为了避免混合大容器内样品的繁琐程序，可抽取足够数量的子样品于较小的容器中处置。

A.3.2 使用听（1 L～15 L）盛装样品时，在能保持合适温度的水浴中，以高于预计倾点 20 ℃以上的温度存放听，或是将听存放于防爆烘箱内，要记住局部表面温度可能比显示的烘箱温度高许多。溶解蜡所需的时间与蜡的类型以及听大小有关。对于 1 L 的小听，2 h 即可；对于较大的听，则需要更长的时间。加热时应将听拧紧，建议大约 30 min 以后，轻轻地释放超出的压力再继续加热。摇振使样品混合均匀。

A.3.3 使用瓶子盛装样品时，按照 A.3.2 要求操作。对盖有木塞或橡胶塞的瓶子加热时应小心，加热产生的压力有可能顶开瓶塞,应采取措施加以避免。

A.3.4 不宜使用塑料容器盛装原油样品。如果使用时,应将塑料容器放置于合适温度的水浴中,将其加热至高于预计倾点 20 ℃以上的温度。应避免局部高温而造成容器薄弱部分的破裂。

ICS 03.120.10
A 00

中华人民共和国国家标准

GB/T 27021.4—2018/ISO/IEC TS 17021-4:2013

合格评定 管理体系审核认证机构要求 第4部分:大型活动可持续性管理体系审核和认证能力要求

Conformity assessment—Requirements for bodies providing audit and certification of management systems—Part 4:Competence requirements for auditing and certification of event sustainability management systems

(ISO/IEC TS 17021-4:2013,IDT)

2018-12-28 发布　　　　2019-07-01 实施

国家市场监督管理总局
中国国家标准化管理委员会 发布

前　言

GB/T 27021《合格评定　管理体系审核认证机构要求》包括以下几部分：

——第1部分：要求；

——第2部分：环境管理体系审核认证能力要求；

——第3部分：质量管理体系审核认证的能力要求；

——第4部分：大型活动可持续性管理体系审核和认证能力要求；

——第5部分：资产管理体系审核和认证能力要求。

本部分为GB/T 27021的第4部分。

本部分按照GB/T 1.1—2009给出的规则起草。

本部分使用翻译法等同采用ISO/IEC TS 17021-4:2013《合格评定　管理体系审核认证机构要求　第4部分：大型活动可持续性管理体系审核和认证能力要求》。

本部分由全国认证认可标准化技术委员会(SAC/TC 261)提出并归口。

本部分起草单位：中国合格评定国家认可中心、认证认可协会、中国船级社质量认证公司、华夏认证中心有限公司、兴原认证中心、中国质量认证中心、中国标准化研究院、方圆标志认证集团、泰尔认证中心。

本部分主要起草人：史新波、杨哲、王琅、蔡露敏、黄学良、夏芳、肖定生、李明、陈元桥、黄俊峰、陈勇。

引 言

本部分等同采用的 ISO/IEC TS 17021-4:2013 是对 ISO/IEC 17021:2011 的补充。它特别规定了对具有大型活动可持续性管理体系(ESMS)认证职能(ISO/IEC 17021:2011,附录 A 所列出的)的人员能力的要求。

ISO/IEC 17021:2011 第 4 章中的指导原则是本部分要求的基础。

认证机构有责任向相关方(包括其客户和管理体系获证组织的客户)确保仅允许具备相应能力的审核员进行 ESMS 审核。

本部分的目的是所有 ESMS 审核员具有 ISO/IEC 17021:2011 规定的通用能力和审核组具有本标准规定的 ESMS 特定能力。

认证机构需要识别每个 ESMS 审核范围所需的审核组成员的特定能力。ESMS 审核组成员的选择取决于多种因素,包括大型活动可持续性议题、客户组织和可持续性议题出现的场所。

本部分也规定了参与认证活动的其他人员的能力要求。

认证机构也可参与非第三方的认证方案的实施。这种情况下,认证方案所有者可能规定附加的能力要求。认证机构参与任何这样的方案需考虑所有这样的要求。

本部分规定的能力要求,可结合 ISO 19011 作为指南供相关方使用,以制定一套内部审核员或供应链审核员的能力准则。

本部分中,使用如下助动词形式:

——“应”表示要求;

——“宜”表示建议;

——“可”表示允许;

——“能”表示可能性或能力。

详见 ISO/IEC 导则 第 2 部分。

合格评定　管理体系审核认证机构要求 第4部分:大型活动可持续性管理体系审核和认证能力要求

1 范围

GB/T 27021 的本部分等同采用的 ISO/IEC TS 17021-4:2013 是对 ISO/IEC 17021:2011 的补充。它规定了参与大型活动可持续性管理体系(Event Sustainability Management Systems,简写为 ESMS)审核和认证过程的人员的特定能力要求。

2 规范性引用文件

下列文件对于本文件的应用是必不可少的。凡是注日期的引用文件,仅注日期的版本适用于本文件。凡是不注日期的引用文件,其最新版本(包括所有的修改单)适用于本文件。

GB/T 31598—2015　大型活动可持续性管理体系　要求及使用指南(ISO 20121:2012,IDT)

ISO/IEC 17021:2011　合格评定　管理体系审核与认证机构的要求(Conformity assessment—Requirements for bodies providing audit and certification of management systems)

3 术语和定义

ISO/IEC 17021:2011 和 GB/T 31598—2015 界定的以及下列术语和定义适用于本文件。

3.1

审核　audit

为获得审核证据并对其进行客观的评价,以确定满足审核准则的程度所进行的系统的、独立的并形成文件的过程。

注 1:审核可以是内部审核(第一方)或外部审核(第二方或第三方),也可以是结合审核(两个或多个领域的审核同时进行)。

注 2:有关"审核证据"和"审核准则"的进一步指南见 GB/T 19011。

[GB/T 31598—2015,定义 3.36]

3.2

审核员　auditor

实施审核(3.1)的人员。

[ISO/IEC 17021:2011,定义 3.6]

3.3

能力　competence

应用知识和技能以实现预期结果的本领。

[GB/T 31598—2015,定义 3.30]

3.4

大型活动管理周期　event management cycle

大型活动(包括所涉及的产品和服务)的各阶段,包括从研究、构想和策划,到实施、评审和大型活动的后续活动。

[GB/T 31598—2015,定义 3.9]

3.5

相关方　interested party

能够影响决策或活动,受到或自认为受到决策及活动影响的个人或组织(3.7)。

注 1:可以是与组织的决策或活动有利益关系的个人或团体。

[GB/T 31598—2015,定义 3.16]

3.6

监视　monitoring

确定体系、过程或活动的状态。

[修改 GB/T 31598—2015,定义 3.34]

3.7

组织　organization

为实现目标而在职责、权限和关系方面具有自身职能的个人或团体。

注 1:组织的概念包括但不限于:代理商、公司、集团公司、商行、企业、主管部门、合伙企业、慈善机构或研究机构,或者上述主体的部分或组合,无论其是否具有法人资格,国营或私营。

注 2:对于拥有一个以上运行单位的组织,可以把一个运行单位定为一个组织。

[GB/T 31598—2015,定义 3.1]

3.8

供应链　supply chain

为组织(3.7)提供产品或服务的各项活动或各方所构成的序列。

[GB/T 31598—2015,定义 3.23]

3.9

可持续发展　sustainable development

既满足当代人需求又不损害后代人满足其需求的能力的发展。

[GB/T 31598—2015,定义 3.3。修改处:删除了“注 1”及“注 2”]

4　ESMS 通用能力要求

4.1　总则

从事 ESMS 认证活动的人员应具有相应的能力,包括 ISO/IEC 17021:2011 所要求的通用能力和本部分表 1 中所要求的 ESMS 知识。

注:审核组中每个审核员不必具有相同的能力,然而审核组的整体能力需要足以实现审核目标。这种方法也可以应用于其他的认证职能。

表 1 和 4.2～4.11 是对 ISO/IEC 17021:2011 附录 A 中知识和技能的补充。表 1 明确了认证机构应规定的针对特定认证职能的 ESMS 特定知识。表中的标记“X”指认证机构应确定知识的准则和深度。所需知识的范围和深度因涉及的认证职能不同而有所不同。

表 1 明确了必要的能力要求,包括认知和了解大型活动行业、大型活动管理周期、大型活动所需要的过程及其相互作用,以及其在不同领域、各种大型活动类型的应用。这些知识包括对现有的良好实践的理解。

表 1 ESMS 认证职能所要求的知识

知识	认证职能		
	实施申请评审,以确定审核组所需要的能力,选择审核组成员,并确定审核时间	评审审核报告并做出认证决定	审核
大型活动和大型活动可持续性术语(4.2)	X	X	X
可持续性背景(4.3)	X	X	X
可持续发展原则(4.4)		X	X
大型活动可持续性的设计、策划和开展(4.5)			X
可持续性发展议题的识别及其重要性评价的技术(4.6)	X	X	X
法律法规和其他要求(4.7)		X	X
场所特征(4.8)	X		X
运行控制(4.9)			X
大型活动可持续性度量、测量和监视技术(4.10)			X
大型活动可持续性绩效评价(4.11)		X	X

4.2 大型活动和大型活动可持续性术语

参与 ESMS 认证职能的人员应具有与大型活动可持续性议题相关术语、定义和概念方面的知识。

4.3 可持续性背景

参与 ESMS 认证职能的人员应具有组织经营大型活动的背景知识,包括相关方对大型活动的需求和期望。

4.4 可持续发展原则

复核审核报告和做出认证决定的人员以及参与 ESMS 审核的人员,应具有应用于大型活动的相关活动可持续发展原则方面的知识。

4.5 大型活动可持续性的设计、策划和开展

参与 ESMS 审核的人员应了解大型活动管理周期及其为实现 ESMS 预期结果的应用(如:大型活动行业运作知识)。

4.6 可持续性发展议题的识别及其重要性评价的技术

参与 ESMS 认证职能的人员应具有大型活动可持续发展议题的知识及其识别和评价技术。

注:申请评审人员需充分理解可持续性发展议题,以考虑决定审核范围和审核组组成的复杂性。

4.7 法律法规和其他要求

复核审核报告和做出认证决定的人员以及参与ESMS审核的人员应具备能够确定组织是否识别和评价了对所有适用法律法规和其他要求的符合性的知识。

注1：法律法规可以称作法定要求。

注2：其他要求可以包括与大型活动可持续发展报告相关的国家、国际和领域自愿性的特定协议。

4.8 场所特征

负责确定审核组能力要求、选派审核组、确定审核时间的认证申请评审人员，以及参与ESMS审核的人员应具有场所特征(室内，室外和虚拟)的知识，场所特征会影响组织设计、策划和开展大型活动的相关活动。场所特征可包括：场所位置；公共交通和其他交通的进出方式；毗邻的社区；适宜的劳动力；大型活动对周边地区、经济、生态和社区的短期和长期潜在影响。

4.9 运行控制

参与ESMS认证审核的人员应具有应用与组织重要可持续性发展议题相一致的运行控制的知识，包括使用供应链(见3.8)实现目标和指标的知识。

4.10 大型活动可持续性度量、测量和监视技术

参与ESMS认证审核的人员应具有可持续性度量、分析方法、大型活动测量和监视技术方面的知识。

4.11 大型活动可持续性绩效评价

复核审核报告和做出认证决定的人员以及参与ESMS审核的人员应了解绩效评价，包括绩效评价指标，这些指标应足以确定组织大型活动可持续性绩效是否符合其管理层制定的目标。

注：ISO 14031提供了更多关于环境绩效评价(EPE)的信息。

5 审核组的特定能力要求

5.1 总则

认证机构应指派审核组。审核组由审核员(必要时包括技术专家)组成，并应具有经认证机构识别的与认证范围相一致的本章所要求的全部能力。审核组应了解大型活动管理周期，包括供应链(见3.8)。

审核组中的单个审核员可能不具备足够的知识去审核每个经济、社会和环境议题，但应了解大型活动可持续性议题及其相关影响。

5.2～5.4中增加的部分或全部大型活动特定能力的要求应在第二阶段审核之前确定。

注1：许多议题同时涉及经济、社会和环境多个领域。这些议题可能包括食品和饮料、管理、运输、场所选择、供方选择、可获得性、动物福利、腐败和产品责任等。

注2：风险和复杂性是决定这些职能所需专业知识水平时需要考虑的其他因素。

注3：附录A包含典型的大型活动的职能活动示例。

5.2 环境

5.2.1 总则

审核组应具有大型活动之前、期间和之后的活动引发的环境议题的知识，包括资源利用、材料选择、排放物产生和释放。

5.2.2 对陆地、空气或水的排放和释放

审核组应具有大型活动的相关活动引发的对陆地、空气或水的排放和释放及其潜在影响，以及相应控制的知识(包括：运输车尾气排放对当地空气质量的影响、垃圾排放到垃圾场、资源消耗、污水排放降低水质、临时排水、便携式厕所的使用、噪声对人类健康的影响)。

5.2.3 资源利用

审核组应具有开展大型活动的资源需求以及如何高效(节约)或有效利用这些资源的知识，包括：能源和红外激活照明、使用废水冲洗厕所、运输和使用低能耗车(电力、燃气、柴油、生物燃料)、仅供个人卫生使用的饮用水、盛放食品和饮料的服务餐具的材料选择、噪声和光污染造成的动植物生物多样性的改变。

5.2.4 监视和测量

审核组应具有环境议题监视技术的知识，包括每运行小时的能源消耗、废物分离和再回收利用、产品标签和生命周期、连续或抽样的噪声监测、空气采样和分析等。

5.3 经济

5.3.1 总则

审核组应具有大型活动之前、期间和之后的活动引发的经济议题的知识，包括对当地社区的经济影响、相关方潜在的投资回报、大型活动中使用创新、与大型活动相关的直接和间接经济影响。

5.3.2 经济影响

审核组应具有直接和间接影响，包括投资回报或大型活动给当地经济和相关方带来益处的知识，包括：给相关方、组织者和承包商带来的金融和其他收益；长期资产的注入(如修建一个全新足球场)或为当地经济带来短期现金流，包括当地的就业刺激或对当地供应商造成的潜在经济损失等)。

5.3.3 监视和测量

审核组应具有经济议题监视技术的知识，包括人均资源消耗、消费能力提高等的成本效益分析和交易量增长。

5.4 社会

5.4.1 总则

审核组应具有大型活动之前、期间和之后的活动引发的社会议题的知识，包括劳动标准、公共和职业健康安全、社会公正、包容、原住民权利、传统、文化和宗教敏感性。

5.4.2 运行标准和规范

审核组应具有在开展大型活动中，国家和当地在劳动力、性别平等、人权和原住民权利、包容、公民自由、社会公正、准入权利、健康和安全方面的规范和标准的知识(包括：工资和工作时间；适宜的工作环境；禁止使用童工；与社会公正、劳动力、机械装置、轮椅通道、电梯盲文按钮和非歧视性政策等相关的规范和标准)。

5.4.3 社区

审核组应具有当地社区和劳动力的需求、期望和关注点的知识，包括传统、文化风俗和宗教敏感性（如交通拥堵、深夜噪音、潜在暴力、仅提供不含酒精的饮料等）。

5.4.4 监视和测量

审核组应具有社会议题监视技术，如劳动标准、工资水平、劳动合同、因伤误工标准、机会平等和抱怨处理等知识。

附 录 A
（资料性附录）
大型活动中的相关职能活动典型示例

表A.1是资料性信息，给出了大型活动中的相关职能活动典型示例及其描述。

表A.1 大型活动中的相关职能活动典型示例

职能活动	职能描述
沟通和营销	宣传册、标牌、相关方（内部和外部）的参与、新媒体的使用、新闻和广播的参与等
运输和物流	人员、商品、基础设施和设备的运送，包括参与者和劳动力
目的地/场所/住宿地	从位置、资质证明、设施、规格及可获得性等方面进行选择
货源及供应链管理（采购）	大型活动所有组成部分的评价和采购，包括商品和服务
劳动力	对直接或间接参与开展大型活动的个人进行管理和培训，包括志愿者、承包商和员工
大型活动的实施	包括安装、开展以及对大型活动的主要目标进行分解等过程（如体育比赛、贸易展览会、音乐节等）
食品和饮料	为大型活动参与者提供食品和饮料
场地或设施管理	大型活动基础设施的管理（如设备管理、清洁、折旧等）
零售商/特许经销商/参展商/摊贩/赞助商的活动	发生在大型活动中的商业和非商业活动（如商品定点销售、信息服务、展台、赞助营销等）
大型活动服务	为大型活动受众提供服务（如票务、医疗、向导等）
安全	安全方针和程序（包括在设计应急疏散系统时尊重残疾人的特殊需求）以及人权

注1：通常会有一个整体的运行控制职能，其名称和内容因大型活动以及该职能所存在的场合的不同而不同（例如，职能名称包括场地管理、运营团队、办公室等）。

注2：紧急服务等应急计划通常由运营控制团队进行管理。

参 考 文 献

[1] GB/T 19011—2013 管理体系审核指南

[2] GB/T 23331—2012 能源管理体系 要求

[3] GB/T 24001—2016 环境管理体系 要求及使用指南

[4] GB/T 24004—2004 环境管理体系 原则、体系和支持技术通用指南

[5] GB/T 24031—2001 环境管理 环境表现评价 指南

[6] GB/T 24040—2008 环境管理 生命周期评价 原则与框架

[7] GB/T 24062—2009 环境管理 将环境因素引入产品的设计和开发

[8] GB/T 24353—2009 风险管理 原则与实施指南

[9] GB/T 36000—2015 社会责任指南

[10] ISO 14064:2006(all parts) Greenhouse gases

[11] ISO 14065:2013 Greenhouse gases—Requirements for greenhouse gas validation and verification bodies for use in accreditation or other forms of recognition

[12] ISO 14066:2011 Greenhouse gases—Competence requirements for greenhouse gas validation teams and verification teams

[13] ISO/TR 14069:2013 Greenhouse gases—Quantification and reporting of greenhouse gas emissions for organizations—Guidance for the application of ISO 14064-1

ICS 03.120.10
A 00

中华人民共和国国家标准

GB/T 27021.5—2018/ISO/IEC TS 17021-5:2014

合格评定 管理体系审核认证机构要求 第5部分:资产管理体系审核和认证能力要求

Conformity assessment—Requirements for bodies providing audit and certification of management systems—Part 5:Competence requirements for auditing and certification of asset management systems

(ISO/IEC TS 17021-5:2014,IDT)

2018-12-28 发布 2019-07-01 实施

国家市场监督管理总局
中国国家标准化管理委员会 发布

前　言

GB/T 27021《合格评定　管理体系审核认证机构要求》包括以下几部分：

——第1部分：要求；

——第2部分：环境管理体系审核认证能力要求；

——第3部分：质量管理体系审核认证的能力要求；

——第4部分：大型活动可持续性管理体系审核和认证能力要求；

——第5部分：资产管理体系审核和认证能力要求。

本部分为GB/T 27021的第5部分。

本部分按照GB/T 1.1—2009给出的规则起草。

本部分使用翻译法等同采用ISO/IEC TS 17021-5:2014《合格评定　管理体系审核认证机构要求　第5部分：资产管理体系审核和认证能力要求》。

与本部分中规范性引用的国际文件有一致性对应关系的我国文件如下：

——GB/T 27000　合格评定　词汇和通用原则(GB/T 27000—2006,ISO/IEC 17000:2004,IDT)

——GB/T 33172　资产管理　综述、原则和术语(GB/T 33172—2016,ISO 55000:2014,IDT)

——GB/T 33173　资产管理　管理体系　要求(GB/T 33173—2016,ISO 55001:2014,IDT)

——GB/T 33174　资产管理　管理体系　GB/T 33173应用指南(GB/T 33174—2016,ISO 55002:2014,IDT)

本部分由全国认证认可标准化技术委员会(SAC/TC 261)提出并归口。

本部分起草单位：中国合格评定国家认可中心、中国质量认证中心、赛西认证中心、西安市质量技术监督局、中大华远认证中心、方圆标志认证集团、必维认证(北京)有限公司、北京军友诚信认证有限公司、泰尔认证中心、中国船级社质量认证公司、北京三星九千认证中心等。

本部分主要起草人：盖红星、杨哲、张泽晗、潘英、刘钢、倪文静、关养利、乔梁、李明、黄敏、黄自颖、赵欣欣、张瑜、马志刚。

引　言

ISO/IEC TS 17021-5:2014 是对 ISO/IEC 17021:2011 的补充，明确了 ISO/IEC 17021:2011 附录 A 所规定的参与认证过程人员的能力要求。

ISO/IEC 17021:2011 第 4 章中的指导原则是本部分要求的基础。

认证机构对利益相关方(包括认证机构的客户和管理体系获证组织的顾客)负有确保仅允许能够证实其具有相关能力的审核员进行资产管理审核的责任。

本部分的目的是所有资产管理体系的审核员具有 ISO/IEC 17021:2011 中描述的通用能力，以及本部分描述的特定资产管理体系能力。

认证机构需要识别每个资产管理体系审核范围所需审核组的特定能力。资产管理体系审核组的选择取决于多种因素，包括客户的产品、服务和资产类型。

复杂的多场所或大型组织的审核要求充分的能力资源来确保审核结果的一致和适度。

本部分还规定了报告复核人员、认证决定人员和参与认证活动的其他人员的能力要求。

在本部分中，使用以下助动词形式：

——“应”表示要求；

——“宜”表示推荐；

——“可”表示允许；

——“能”表示可能性或能力。

详见 ISO/IEC 导则　第 2 部分。

合格评定 管理体系审核认证机构要求 第5部分:资产管理体系审核和认证能力要求

1 范围

GB/T 27021的本部分等同采用的ISO/IEC TS 17021-5:2014是对ISO/IEC 17021:2011的补充。它规定了参与资产管理体系认证过程中人员特定的能力要求。

2 规范性引用文件

下列文件对于本文件的应用是必不可少的。凡是注日期的引用文件,仅注日期的版本适用于本文件。凡是不注日期的引用文件,其最新版本(包括所有的修改单)适用于本文件。

ISO/IEC 17000 合格评定 词汇和通用原则(Conformity assessment—Vocabulary and general principles)

ISO/IEC 17021:2011 合格评定 管理体系审核与认证机构的要求(Conformity assessment—Requirements for bodies providing audit and certification of management systems)

ISO 55000 资产管理 综述、原则和术语(Asset management—Overview, principles and terminology)

ISO 55001 资产管理 管理体系 要求(Asset management—Management systems—Requirements)

ISO 55002 资产管理 管理体系 ISO 55001应用指南(Asset management—Management systems—Guidelines for the application of ISO 55001)

3 术语和定义

ISO 55000、ISO/IEC 17000以及ISO/IEC 17021:2011界定的术语和定义适用于本文件。

4 通用能力要求

参与资产管理认证活动的人员应具有ISO/IEC 17021:2011所要求的通用能力和本部分第5章和第6章中所要求的资产管理知识。

注1:审核组中每一位审核员不必具有同样的能力,但是审核组的整体能力需要足以实现审核目标。

注2:ISO 55000给出了知识的概念(即资产管理原则所需知识的相关概念)。ISO 55001给出了资产管理体系要求所需知识的相关概念。ISO 55002给出了ISO 55001应用所需知识的相关概念。

5 资产管理体系审核组、审核报告复核人员和认证决定人员的能力要求

5.1 资产管理体系术语、定义和原则

审核组、审核报告复核人员和认证决定人员应具有并理解以下知识:

——ISO 55000 中所包含的术语、定义和资产管理原则及其应用；
——财务决策和非财务决策(包括技术的)的相互作用；
——资产管理相关的财务管理原则的应用。

5.2 资产管理实践、活动和方法

审核组、审核报告复核人员和认证决定人员应具有并理解与资产管理实践、活动和方法相关的知识及其应用。

注：资产管理实践、活动和方法通常涉及技术、非财务和财务方面的平衡，可包括：

a) 资产登记实践；
b) 决策和确定优先次序的过程；
c) 资产管理相关的工具和方法；
d) 寿命周期成本法；
e) 风险管理方法；
f) 资本、运营和维护的策划及实施；
g) 统计抽样技术。

5.3 资产管理体系标准和规范性文件

审核组、审核报告复核人员和认证决定人员应具有并理解以下知识：

a) 认证过程和各类审核中使用的资产管理体系相关标准(如 ISO 55000、ISO 55001)和其他规范性文件；
b) 相关资产管理体系标准的应用，包括：ISO 55002；
c) 资产管理体系标准条款和其他相关文件的相互关系。

5.4 业务管理实践

适宜时，审核组、审核报告复核人员和认证决定人员应具有并理解以下知识：

a) 确定组织资产价值的方法；
b) 外包[1)]。

5.5 客户业务领域

适宜时，审核组、审核报告复核人员和认证决定人员应具有和理解客户业务领域特定的术语、过程、技术和资产类型的知识及其应用。

5.6 客户产品和服务、过程和组织

适用时，审核组、审核报告复核人员和认证决定人员应具有并理解客户的以下知识：

a) 法律、法规及法定要求；
b) 主要的合同要求或其他利益相关方要求；
c) 资产管理活动及其与组织的其他活动的关系；
d) 绩效监视和测量。

注：预期在第一阶段审核获得上述要求的特定知识。

6 其他人员能力要求

其他人员应具有和理解客户领域特定的产品、服务和资产类型的知识。

注：其他人员是指实施申请评审以确定所需的审核组能力、选择审核组成员并确定审核时间的人。

---

1) ISO 37500 将提供更多信息。

参 考 文 献

[1] ISO 31000 风险管理 原则与实施指南(Risk management—Principles and guidelines)
[2] ISO 37500 外包指南(Guidance on outsourcing)

ICS 17.020
A 50

中华人民共和国国家标准

GB/T 27419—2018/ISO/IEC Guide 98-3/Suppl.1:2008

测量不确定度评定和表示　补充文件1：基于蒙特卡洛方法的分布传播

Guide to the evaluation and expression of uncertainty in measurement—Supplement 1: Propagation of distributions using a Monte Carlo method

(ISO/IEC Guide 98-3/Suppl.1:2008, Uncertainty of measurement—Part 3: Guide to the expression of uncertainty in measurement (GUM:1995)—Supplement1: Propagation of distributions using a Monte Carlo method, IDT)

2018-05-14 发布　　2018-12-01 实施

国家市场监督管理总局
中国国家标准化管理委员会　发布

前言

本标准按照 GB/T 1.1—2009 给出的规则起草。

本标准使用翻译法等同采用 ISO/IEC Guide 98-3/Suppl.1：2008《测量不确定度　第 3 部分：测量不确定度表示指南(GUM:1995)　补充文件 1:基于蒙特卡洛方法的分布传播》。

本标准与 ISO/IEC Guide 98-3/Suppl.1：2008 相比，做了下列编辑性修改：

——修改了标准名称。

本标准由全国认证认可标准化技术委员会(SAC/TC 261)提出并归口。

本标准起草单位：中国计量大学、中国计量科学研究院、浙江省计量科学研究院、上海市计量测试研究院、广州计量检测技术研究院、杭州质量技术监督检测院、滨州学院、陕西省计量科学研究院、中检国测(北京)检验检测科学研究院。

本标准主要起草人：宋明顺、高蔚、邵力、徐生坚、方兴华、周伦彬、童俊、黄乐富、王伟、张俊亮、殷志军。

引　言

0.1　概述

本标准是“测量不确定度表示指南”(GUM)的补充文件，主要是通过建立测量模型，运用蒙特卡洛方法(简称：MCM)执行概率分布传播，进行测量不确定度评定[ISO/IEC Guide 98-3:2008,3.1.6]。该方法应用于多个输入量和单个输出量的模型。

以下两种情况用 MCM 代替 GUM 不确定度框架进行不确定度评定是有价值的[ISO/IEC Guide98-3:2008,3.4.8]：

a) 非线性模型；

b) 输出量的概率密度函数(PDF)明显地背离正态分布或 t 分布，如分布显著的不对称。

在 a)中，用 GUM 不确定度框架中的方法得到输出量的估计值及其标准不确定度可能会不可靠；在 b)中，用 GUM 不确定度框架中的方法得到输出量的包含区间(即 GUM 不确定度框架中的“扩展不确定度”)可能不切实际。

GUM[ISO/IEC Guide 98-3:2008, 3.4.8]“……提供了不确定度评定的方法……”，是基于不确定度传播律[ISO/IEC Guide 98-3:2008,第 5 章]和用正态分布或 t 分布表征输出量[ISO/IEC Guide 98-3:2008, G.6.2, G.6.4]。在该方法中，不确定度传播律提供了通过模型传播不确定度的方法。具体地，在下述条件下，它给出了输出量的最佳估计值及标准不确定度：

a) 各输入量的最佳估计值；

b) 各输入量估计值的标准不确定度；

c) 可能时，与这些标准不确定度相关联的自由度；

d) 各输入量之间的非零协方差。

在该方法中，通过输出量的 PDF，给出输出量特定包含概率下的包含区间。

最佳估计值、标准不确定度、协方差和自由度是输入量可获得的信息。本标准中的方法，输入量的可获得信息是输入量 PDFs，通过输入量 PDFs 的传播得到输出量的 PDF。

鉴于 GUM 不确定度框架存在局限性，分布传播总是可以获得与输入量 PDFs 一致的输出量的 PDF。输入量的 PDFs 描述了输入量的知识，根据这些输入量知识所确定的输出量 PDF 描述了输出量的知识。一旦获得输出量的 PDF，输出量就可以用它的期望，即其最佳估计值，以及它的标准差，即标准不确定度来概括；并且可以根据 PDF 得到给定包含概率下输出量的包含区间。

本标准中 PDFs 的运用与隐含在 GUM 中的概念相一致。一个量的 PDF 表示该量的知识状态，即它定量反映基于可获得信息赋予该量量值的可信程度。这些可获得信息通常包括原始的统计数据、测量结果或者其他相关的科学说明以及专业判断。

为了构建一个量的 PDF，可以基于该量的一系列观测值应用贝叶斯理论进行构建[27,33]；当可获得关于系统效应的恰当信息时，可以用最大信息熵原理确定一个适当的 PDF[51,56]。

分布传播比 GUM 不确定度框架有更广泛的应用范围。它利用了比最佳估计值和标准不确定度(适当时还有有效自由度和协方差)更多的信息。

小数点符号：小数点符号在英语版用文中的点表示，在法语版中用文中的句号表示。(见 4.12)

附录 A 给出了基于历史的一些观点。

注 1：GUM 给出了线性化不充分时的一种方法[ISO/IEC Guide 98-3:2008, 5.1.2 注]。这个方法的缺陷是：仅用了模型泰勒级数展开式中的主要非线性项，并且输入量被认为是正态分布。

注 2：严格地，GUM 是用 t 分布表征变量 $(Y-y)/u(y)$ 的统计特性，其中 Y 是输出量，y 为 Y 的估计值，$u(y)$ 为估计值 y 的标准不确定度[ISO/IEC Guide 98-3:2008，G.3.1]。这个特性在本标准中也适用。[实际上，GUM 中变量为 $(y-Y)/u(y)$。]

注 3：一个量的 PDF 不能理解为频率密度。

注 4："不确定度评定既不是程序性工作也不是纯粹的数学问题，它取决于被测量的属性、使用的测量方法和程序等详尽知识。因此，测量结果引用的不确定度的质量和效用取决于对评定有贡献的信息的理解、严格的分析及其完整性。"[17]

0.2 JCGM 背景信息

从 1993 年开始制定"测量不确定度表示指南"(Guide to the expression of uncertainty in measurement，GUM)和"国际通用计量学基本术语"(International vocabulary of basic and general terms in metrology，VIM)的 7 个国际组织，在 1997 年创立了计量学指南联合委员会(Joint Committee for Guides in Metrology，JCGM)，由国际计量局(Bureau International des Poids et Mesures，BIPM)局长任主席。JCGM 从 ISO 的第四技术咨询组(TAG4)接手对这两项标准的制定。

该联合委员会由 BIPM 联合国际电工委员会(International Electrotechnical Commission，IEC)、国际临床化学联合会(International Federation of Clinical Chemistry and Laboratory Medicine，IFCC)、国际实验室认可合作组织(International Laboratory Accreditation Cooperation，ILAC)、国际标准化组织(International Organization for Standardization，ISO)、国际理论与应用化学联合会(International Union of Pure and Applied Chemistry，IUPAC)、国际理论与应用物理联合会(International Union of Pure and Applied Physics，IUPAP)以及国际法制计量组织(International Organization of Legal Metrology，OIML)等组织组成。

JCGM 有两个工作组。第一工作组为"测量不确定度表示工作组"，任务是推进 GUM 的使用和制定补充文件以及其他 GUM 拓展应用的文件。第二工作组为"国际通用计量学基本术语(VIM)工作组"，任务是修订和推进 VIM 的应用。关于 JCGM 活动的更多信息，见 www.bipm.org.

增添包括本标准在内的 GUM 补充文件，目的是通过提供在 GUM 中未明确涉及的不确定度评定方面的指导，增强 GUM 的价值。这些补充的指南将尽可能地与 GUM 中通用的概率基础保持一致。

测量不确定度评定和表示　补充文件1：基于蒙特卡洛方法的分布传播

1　范围

本标准为测量不确定度评定提供了一种通用的数值方法，这种数值方法与GUM广义原则是一致的[ISO/IEC Guide 98-3:2008, G.1.5]。适用于具有多个可由具体的PDFs表征的输入量和单一输出量的模型[ISO/IEC Guide 98-3:2008, G.1.4, G.5.3]。

同GUM中一样，本标准主要涉及具有明确定义的物理量——即可以用唯一的值表征的被测量的不确定度的表示方法[ISO/IEC Guide 98-3:2008, 1.2]。

本标准也为不满足或者不能确定是否满足GUM不确定度框架条件[ISO/IEC Guide 98-3:2008, G.6.6]的不确定度评定提供了指南。它可用于诸如模型的复杂性等造成GUM不确定度框架难以适用的情况。本标准给出了适用于计算机执行的方法指南。

本标准可获得输出量的PDF，并由此确定下列参数：

a)　输出量的估计值；

b)　估计值的标准不确定度；

c)　与给定包含概率相对应的输出量的包含区间。

已知(i)输入量与输出量之间的关系模型，(ii)输入量PDFs，那么输出量有唯一的PDF。通常输出量的PDF不能通过解析法确定。因此，本标准提出这种方法的目的是：在不引入非量化近似的前提下，在规定的数值容差内确定上述a)、b)和c)。

对于一个给定的包含概率，本标准可用于确定相应的包含区间，包括概率对称的包含区间和最短的包含区间。

本标准适用于两类输入量，一类为所有输入量相互独立、并且可以各自用一个适当的PDF来表征；另一类为输入量相互不独立，即这些输入量的一部分或全部可以用一个联合PDF来表征。

本标准适用于评定以下典型情况的不确定度问题：

——各不确定度分量的大小不相近[ISO/IEC Guide 98-3:2008, G.2.2]；

——应用不确定度传播律时，计算模型的偏导数很困难或不方便[ISO/IEC Guide 98-3:2008，第5章]；

——输出量的PDF不是正态分布或t分布[ISO/IEC Guide 98-3:2008, G.6.5]；

——输出量的估计值与其标准不确定度大小近似相同[ISO/IEC Guide 98-3:2008, G.2.1]；

——模型具有复杂性[ISO/IEC Guide 98-3:2008, G.1.5]；

——各输入量的PDFs不对称[ISO/IEC Guide 98-3:2008, G.5.3]。

本标准提供了一个验证方法以检查GUM不确定度框架是否适用。在GUM不确定度框架明显适用的情况下，其仍然是不确定度评定的主要方法。

通常不确定度报告保留一位或者两位有效数字就足够了。本标准给出了计算指南，合理保证依据提供信息所报告的有效数字是正确的。

本标准提供了详细的案例说明。

本标准是GUM的补充，应与GUM联合使用。也可采用与GUM基本一致的其他方法替代。本标准的使用者与GUM的使用者相同。

注1：本标准未考虑不是单一输出量的模型的情况(例如，涉及二次方程的解，没有指定取哪个根的情况)。

注2：本标准未考虑输出量先验PDF可获得的情形，但本标准的处理方法适用于这种情况[16]。

2 规范性引用文件

下列文件对于本文件的应用是必不可少的。凡是注日期的引用文件，仅注日期的版本适用于本文件。凡是不注日期的引用文件，其最新版本(包括所有的修改单)适用于本文件。

ISO/IEC Guide 98-3：2008 测量不确定度 第3部分：测量不确定度表示指南(GUM：1995)[Uncertainty of measurement—Part 3：Guide to the expression of uncertainty in measurement (GUM：1995)]

ISO/IEC Guide 99：2007 国际计量学词汇 基本和通用概念及相关术语(VIM)[International vocabulary of metrology—Basic and general concepts and associated terms (VIM)]

3 术语和定义

除非有另外说明，本标准采用 ISO/IEC Guide 98-3 和 ISO/IEC Guide 99 中的术语和定义。其中采用上述文件中与本标准最相关的定义在下面给出(见4.2)。更多的定义也在下面给出，包括从其他领域采用的并且对本标准重要的定义。

主要符号汇总表见附录G。

3.1

概率分布 probability distribution

给出随机变量取任意给定值或取值于给定集合的概率的(随机变量)函数。

注：随机变量取集合中所有值的概率等于1。

[引自 ISO 3534-1：1993 1.3；ISO/IEC Guide 98-3:2008，C.2.3]

注1：当概率分布与单个(标量)随机变量有关时，称为单变量概率分布；如果概率分布与多个随机变量有关时，称为多变量概率分布。多变量概率分布也可称为联合分布。

注2：一个概率分布可以采用分布函数或者概率密度函数的形式。

3.2

分布函数 distribution function

对于每个值 ξ，给出了随机变量 X 取值小于或等于 ξ 的概率的函数，该函数为：

$$G_X(\xi)=\Pr(X\leqslant\xi)$$

[引自 ISO 3534-1:1993 1.4；GUM:1995 C.2.4]

3.3

概率密度函数 probability density function

分布函数的导数，若导数存在，该函数为：

$$g_X(\xi)=\mathrm{d}G_X(\xi)/\mathrm{d}\xi$$

注：$g_X(\xi)\mathrm{d}\xi$ 为“概率单元”。

$g_X(\xi)\mathrm{d}\xi=\Pr(\xi<X<\xi+\mathrm{d}\xi)$

[引自 ISO 3534-1：1993 1.5；ISO/IEC Guide 98-3:2008，C. 2.5]

3.4

正态分布 normal distribution

连续随机变量 X 的概率分布，其概率密度函数为：

$$g_X(\xi)=\frac{1}{\sigma\sqrt{2\pi}}\exp\left[-\frac{1}{2}\left(\frac{\xi-\mu}{\sigma}\right)^2\right],\quad -\infty<\xi<\infty$$

注：μ 为随机变量 X 的期望，σ 为随机变量 X 的标准差。

[引自 ISO 3534-1：1993 1.37；ISO/IEC Guide 98-3:2008，C.2.14]

注：正态分布也称为高斯分布。

3.5

t 分布　t-distribution

连续随机变量 X 的概率分布，其概率密度函数为：

$$g_X(\xi)=\frac{\Gamma((\nu+1)/2)}{\sqrt{\pi\nu}\,\Gamma(\nu/2)}\left(1+\frac{\xi^2}{\nu}\right)^{-(\nu+1)/2}$$

其中，$-\infty<\xi<\infty$，ν 为分布的自由度，取正整数，Gamma 函数为：

$$\Gamma(z)=\int_0^\infty t^{z-1}\mathrm{e}^{-t}\mathrm{d}t,\ z>0$$

3.6

期望　expectation

随机变量的特性。对于 PDF 用 $g_X(\xi)$ 表征的连续随机变量 X，其期望为：

$$E(X)=\int_{-\infty}^{\infty}\xi g_X(\xi)\mathrm{d}\xi$$

注 1：不是所有的随机变量都有期望值。

注 2：对于给定函数 $F(X)$，随机变量 $Z=F(X)$ 的期望为：

$$E(Z)=E(F(X))=\int_{-\infty}^{\infty}F(\xi)g_X(\xi)\mathrm{d}\xi。$$

3.7

方差　variance

随机变量的特性。对于 PDF 用 $g_X(\xi)$ 表征的连续随机变量 X，其方差为：

$$V(X)=\int_{-\infty}^{\infty}[\xi-E(X)]^2 g_X(\xi)\mathrm{d}\xi$$

注：不是所有的随机变量都有方差。

3.8

标准差　standard deviation

方差的正平方根 $[V(X)]^{1/2}$。

3.9

r 阶矩　moment of order r

随机变量 r 次幂的期望，即：

$$E(X^r)=\int_{-\infty}^{\infty}\xi^r g_X(\xi)\mathrm{d}\xi$$

注 1：r 阶中心距为随机变量 $Z=[X-E(X)]^r$ 的期望。

注 2：期望 $E(X)$ 为一阶矩，方差 $V(X)$ 为二阶中心矩。

3.10

协方差　covariance

两个随机变量的特性。对于联合(多元)PDF 为 $g_{\boldsymbol{X}}(\boldsymbol{\xi})$ 的两个连续随机变量 X_1 和 X_2，其中 $\boldsymbol{X}=(X_1,X_2)^{\mathrm{T}}$，$\boldsymbol{\xi}=(\xi_1,\xi_2)^{\mathrm{T}}$，其协方差为：

$$\mathrm{Cov}(X_1,X_2)=\int_{-\infty}^{\infty}\int_{-\infty}^{\infty}[\xi_1-E(X_1)][\xi_2-E(X_2)]g_{\boldsymbol{X}}(\boldsymbol{\xi})\mathrm{d}\xi_1\mathrm{d}\xi_2$$

注：不是所有变量之间都有协方差。

3.11

不确定度矩阵　uncertainty matrix

$N\times N$ 维矩阵，其对角线上的元素为 N 维向量中各分量估计值标准不确定度的平方，其他非对角线上的元素为两个估计值之间的协方差。

注 1：N 维向量 $\boldsymbol{X}$ 估计值 $\boldsymbol{x}$ 的 $N\times N$ 维不确定度矩阵 $\boldsymbol{U}_x$ 可表示为：

$$\boldsymbol{U}_x=\begin{bmatrix} u(x_1,x_1) & \cdots & u(x_1,x_N) \\ \vdots & \ddots & \vdots \\ u(x_N,x_1) & \cdots & u(x_N,x_N) \end{bmatrix}$$

式中，$u(x_i,x_i)=u^2(x_i)$ 为 x_i 的方差（标准不确定度的平方），$u(x_i,x_j)$ 为 x_i 与 x_j 的协方差。若 $\boldsymbol{X}$ 的分量 X_i 与 X_j 不相关，则 $u(x_i,x_j)=0$。

注 2：协方差又称为相互不确定度。

注 3：不确定度矩阵又称为协方差矩阵或者方差-协方差矩阵。

3.12

包含区间　coverage interval

基于可获得的信息，在给定概率下某量的取值区间。

注 1：包含区间有时称为可信区间或贝叶斯区间。

注 2：一般情况下，在给定的概率下存在一个以上的包含区间。

注 3：包含区间不应该被称为‘置信区间’，以免与统计学概念混淆[ISO/IEC Guide 98-3:2008，6.2.2]。

注 4：本定义与 ISO/IEC Guide 99:2007 中的定义有区别，因为本标准未使用‘真值’的概念，其原因在 GUM 中已给出[ISO/IEC Guide 98-3:2008，E.5]。

3.13

包含概率　coverage probability

在规定的包含区间内，包含某量的值的概率。

注：包含概率有时称为“置信度”[ISO/IEC Guide 98-3:2008，6.2.2]。

3.14

包含区间长度　length of a coverage interval

在一个包含区间内，最大值减去最小值。

3.15

概率对称包含区间　probabilistically symmetric coverage interval

一个量的包含区间，其取值小于区间中最小值的概率与取值大于区间最大值的概率相等。

3.16

最短包含区间　shortest coverage interval

在具有相同包含概率的一个量的所有包含区间中，具有最短包含区间长度的包含区间。

3.17

分布传播　propagation of distribution

从输出量所依赖的各输入量的概率分布中确定输出量概率分布的方法。

注：这种方法可以是解析的或数值的，准确的或近似的。

3.18

GUM 不确定度框架　GUM uncertainty framework

应用不确定度传播律和把输出量用正态分布或 t 分布表征以确定包含区间。

3.19

蒙特卡洛方法　Monte Carlo method

通过从概率分布中随机抽样而进行分布传播的方法。

3.20

数值容差　numerical tolerance

包含所有数值的最短区间的半宽，这些数值能用规定的有效位数表示。

例：所有大于 1.75 和小于 1.85 的数都可以用两位有效数字 1.8 表示，数值容差为 $(1.85-1.75)/2=0.05$。

注：计算数值容差的方法见 7.9.2。

4 约定和符号

下列约定和符号适用于本文件。

4.1 单变量(标量)测量的数学模型[ISO/IEC Guide 98-3:2008, 4.1]可以由函数关系 f 表示:

$$Y=f(\boldsymbol{X}) \tag{1}$$

式中:Y 为单个(标量)输出量,$\boldsymbol{X}$ 表示 N 个输入量$(X_1,\cdots,X_N)^{\mathrm{T}}$。$X_i$ 为随机变量,其可能取值为 ξ_i,期望为 x_i。Y 为随机变量,其可能取值为 η,期望为 y。

注 1:相同的符号可以用于表示物理量以及用来表征该物理量的随机变量(参见[GUM:1955,4.1.1 注 1])。

注 2:大多数测量模型可以用式(1)表示,表示 $\boldsymbol{X}$,Y 更通用的隐函数形式为:$h(Y,\boldsymbol{X})=0$。在任何情况下,只要 Y 能用 $\boldsymbol{X}$ 表示,就可以应用蒙特卡洛方法。

4.2 本标准中用不同的符号表示常用到的"PDF"和"分布函数"[24]。GUM 中用 f 代表模型和 PDF,这一表示方法在 GUM 中引起了一些混淆。本标准的表示方法与 GUM 的不同。模型、PDF 和分布函数的概念是实施本标准的核心。因此,本标准中采用 g 和 G 分别表示 PDF 和分布函数,代替 f 和 F,符号 f 被保留用于表示模型。

注:第 3 章中的 PDFs 和分布的定义已经相应地采用了这些符号。

4.3 在本标准中,一个变量有一个确定的 PDF,这个变量可以是一个单量、标量 X 或向量 $\boldsymbol{X}$。对于标量 X,其 PDF 记为 $g_X(\xi)$,ξ 表示 X 可能的取值,X 被认为是具有期望 $E(X)$、方差 $V(X)$ 的随机变量(见 3.6 和 3.7)。

4.4 对于向量 $\boldsymbol{X}$,其 PDF 记为 $g_{\boldsymbol{X}}(\boldsymbol{\xi})$,$\boldsymbol{\xi}=(\xi_1,\cdots,\xi_N)^{\mathrm{T}}$ 表示 $\boldsymbol{X}$ 可能的取值向量。$\boldsymbol{X}$ 被认为是具有期望 $E(\boldsymbol{X})$、协方差矩阵 $V(\boldsymbol{X})$ 的随机向量变量。

4.5 表示超出一个输入量的 PDF 称作联合 PDF,即使各个输入量独立。

4.6 当 $\boldsymbol{X}$ 中各 X_i 相互独立时,X_i 的 PDF 记为 $g_{X_i}(\xi_i)$。

4.7 Y 的 PDF 记为 $g_Y(\eta)$,其分布函数记为 $G_Y(\eta)$。

4.8 在本标准中,随机变量用大写字母表示,随机变量的期望值或估计值用小写字母表示。如随机变量 Y 的期望值或估计值可以表示为 y。这种表示方法不适用于物理量,因为有的字母有其固定用法,如 T 表示温度,而 t 代表时间。因此,在一些案例中(第 9 章),用了不同的符号。为不造成混淆,本标准采用另外的表示方法,随机变量还是用习惯的表示方法,但在期望值或估计值的表示符号中加"帽",如在量块校准的例子中(见 9.5),长度偏移量用 δL 表示,其估计值用 $\widehat{\delta L}$ 表示。

注:在统计文献中,加"帽"的符号通常表示估计值。

4.9 在本标准中,术语"不确定度传播律"用于用一阶泰勒级数展开式近似的模型。该术语相应地也适用于采用高阶近似的场合。

4.10 在本标准中,合成标准不确定度的下标"c"[ISO/IEC Guide 98-3:2008, 5.1.1]是多余的。因此,与输出量 Y 的最佳估计 y 相关联的标准不确定度可记作 $u(y)$,但为了强调它是合成标准不确定度也可以使用 $u_c(y)$。"合成"一词在本标准文本中也是多余的,可以省略。"$u(y)$"中"y"已表示与标准不确定度相关的估计值。此外,当一个或多个不确定度评定的结果作为后续不确定度评定的输入量时,下标"c"和"合成"一词的使用是不合适的。

4.11 本标准通篇使用"包含区间"和"包含概率"这两个术语,GUM 使用"置信度"作为包含概率的同义词,区别于"置信水平"[ISO/IEC Guide 98-3:2008, 6.2.2],因为后者在统计学中有其特定的含义。由于在某些语言中,把这两个术语的英文翻译成同一词,这里加以区分。

4.12 根据 22 届 CGPM 大会(2003 年)的 10 号决议"……小数点符号既可用'.',也可用','……"。JCGM 决定在其发布的英文文献中使用"."。

例外地,小数点符号在 ISO Guide 98 系列中,已经规定在英语版用文中的点表示,在法语版中用文中的句号表示。

4.13 除非有特殊的说明限制,数值必须标明有意义的有效数字位数。

例:数值 0.060,0.60,6.0 和 60 表示有两位有效数字。数值 0.06,0.6,6 和 6×10^1 表示有一位有效数字。而把 6×10^1 写成 60 是不对的,因为 60 有两位有效数字。

4.14 本标准中,有些符号表达的不止一个意思。附录 G 对各种符号的用途进行了分类。

4.15 本标准使用下列缩略语:

CGPM 国际计量大会

IEEE 美国电气与电子工程师学会

GUF GUM 不确定度框架

JCGM 计量学指南联合委员会

GUM 测量不确定度表示指南

MCM 蒙特卡洛方法

PDF 概率密度函数

VIM 国际通用计量学基本术语

5 基本原则

5.1 不确定度评定的主要阶段

5.1.1 不确定度评定的主要阶段包括公式确定、分布传播和结果报告:

a) 公式确定:

1) 定义输出量 Y,一般为被测量;

2) 确定影响 Y 的输入量 $\boldsymbol{X}=(X_1,\cdots,X_N)^{\mathrm{T}}$;

3) 建立连接 Y 和 $\boldsymbol{X}$ 的模型;

4) 根据已有的知识确定输入量 X_i 的 PDFs——正态分布、矩形分布(均匀分布)等。对于相互不独立的输入量 X_i,确定它们的联合 PDF。

b) 分布传播:将 X_i 的 PDFs,通过模型传播得到 Y 的 PDF。

c) 结果报告:利用 Y 的 PDF 得到:

1) Y 的期望值,其估计值为 y;

2) Y 的标准差,作为与最佳估计值 y 相关联的标准不确定度 $u(y)$[ISO/IEC Guide 98-3:2008,E.3.2];

3) 给定概率(包含概率)条件下 Y 的包含区间。

注 1:期望值并不是所有场合都可作为被测量的估计值(参见[ISO/IEC Guide 98-3:2008,4.1.4])。

注 2:有一些分布描述的统计量,如柯西分布,它们没有期望值或标准差,但是输出量的包含区间也是可以获取的。

5.1.2 GUM 不确定度框架没有明确涉及输入量的 PDFs 的确定问题,然而[ISO/IEC Guide 98-3:2008,3.3.5]指出:"……A 类标准不确定度由概率密度函数得到……从观测值频率分布导出……;而 B 类标准不确定度由假定的概率密度函数得到,该函数取决于事件发生的可信程度……,两种方法都对概率进行了解释。"

注:在 B 类不确定度评定中概率分布的应用具有贝叶斯推断的特点[21,27]。关于用韦尔奇-萨特思韦特(Welch-Satterthwaite)公式计算标准不确定度自由度的有效性边界问题的研究仍在持续进行[22]。

5.1.3 公式确定阶段的步骤由计量学家完成,有时需要专家的协助。5.1.1 a)步骤(第 4 步),给出了本标准一些常见情形下 PDFs 确定的建议(见 6.4)。在分布传播和结果报告阶段,5.1.1 中 b)和 c)给出了建议,这两个阶段不需要更多的计量信息,并且原则上对任何给定的数值容差都适用,这些数值容差涉及的问题在公式确定阶段就已指定。

注:一旦 5.1.1 中 a)公式确定阶段得以运行,输出量的 PDF 就可以从数学上完全确定,但期望值、标准差和包含区

间的计算通常需要用带有一定近似程度的数值方法。

5.2 分布传播

在本标准中，需要考虑一种通用的有效方法（一种数值近似方法）确定 Y 的分布函数：

$$G_Y(\eta)=\int_{-\infty}^{\eta} g_Y(z)\mathrm{d}z$$

该方法就是基于蒙特卡洛方法（MCM）实现分布传播（见 5.9）。

注：Y 的 PDF 的正式定义为[9]：

$$g_Y(\eta)=\int_{-\infty}^{\infty}\cdots\int_{-\infty}^{\infty} g_{\boldsymbol{X}}(\boldsymbol{\xi})\delta(\eta-f(\boldsymbol{\xi}))\mathrm{d}\xi_N\cdots\mathrm{d}\xi_1,$$

式中：δ(·)是狄拉克德尔塔（Dirac delta）函数。由于多重积分一般难以通过解析法计算，可以用数值积分法近似得到 $g_Y(\eta)$，但这不是一种有效的方法。

5.3 获取报告信息

5.3.1 Y 的最佳估计 y 为其期望 $E(Y)$。y 的标准不确定度 $u(y)$ 由 Y 的标准差给出，其值等于 Y 的方差 $V(Y)$ 的正平方根。

5.3.2 Y 的包含区间可由 $G_Y(\eta)$ 确定。设 α 表示为 $(0,1-p)$ 区间的任意一个数，p 为给定的包含概率。Y 的包含区间 $100p\%$ 端点为 $G_Y^{-1}(\alpha)$ 和 $G_Y^{-1}(p+\alpha)$，即 $G_Y(\eta)$ 的 α－和 $(p+\alpha)$－分位点。

5.3.3 在 $100p\%$ 概率对称包含区间中，$\alpha=(1-p)/2$ 由 $(1-p)/2$－和 $(1+p)/2$－分位点确定。

注：当 Y 的 PDF 关于估计值 y 对称时，包含区间为 $y\pm U_p$，其中扩展不确定度[ISO/IEC Guide 98-3:2008, 2.3.5] U_p 由标准不确定度 $u(y)$ 以及与 PDF 相关联的包含因子得到，该 PDF 通常不能用解析法得到。

5.3.4 若 Y 的 PDF 不对称，$\alpha\neq(1-p)/2$ 可能更适合。在这种情况下可以用包含概率为 $100p\%$ 最短包含区间。对于单峰 PDF，这个区间包含了 Y 最可能的取值。如果 $g_Y(\eta)$ 单峰，α 可由 $g_Y[G_Y^{-1}(\alpha)]=g_Y[G_Y^{-1}(p+\alpha)]$ 得到，原则上，α 可由 $G_Y^{-1}(p+\alpha)-G_Y^{-1}(\alpha)$ 的最小值得到。

5.3.5 在对称的 PDF 中，$100p\%$ 概率对称包含区间与包含概率为 $100p\%$ 最短包含区间相同，如在 GUM 不确定度框架中的正态分布和 t 分布。因此，GUM 不确定度框架与其他方法比较时，可以使用任一个包含区间。

5.3.6 图 1 给出了 PDF 不对称的分布函数 $G_Y(\eta)$，垂直的虚线表示 95% 概率对称包含区间，水平的虚线表示相应的概率点，即 0.025 和 0.975。类似地，实线表示最短 95% 包含区间的端点和在此情形下相应的概率点，即 0.006 和 0.956。在这两种情况下，95% 包含区间的长度分别为 1.76 单位和 1.69 单位。

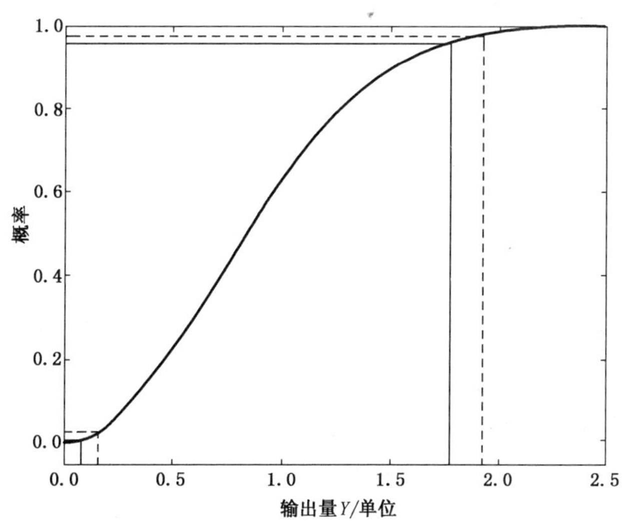

图 1 PDF 不对称的分布函数 $G_Y(\eta)$ 的概率对称区间和 95% 包含概率的最短包含区间（5.3.6），“单位”为任意单位

5.4 分布传播的实施

5.4.1 分布传播有以下几种实施方法：

a) 解析法，即可给出 Y 的 PDF 数学表达式的方法；

b) 不确定度传播律——用一阶泰勒级数展开式近似代替模型进行不确定度传播[ISO/IEC Guide 98-3:2008，5.1.2]；

c) 如 b)，但还包括了泰勒级数展开近似中有贡献的高阶项[ISO/IEC Guide 98-3:2008，5.1.2 注]；

d) 数值法[GUM:1995,G.1.5]实施分布传播，主要使用 MCM(见 5.9)。

注 1：解析法是最理想的，它不引入任何的近似，但只能在简单条件下才适用，使用方法和案例参见[8，13]。这些方法在本标准中不做进一步的讨论，除了第 9 章中用于比较的案例外。

注 2：本标准使用的 MCM 方法，是获取输出量离散分布的一种手段，而不是讨论仿真的问题本身。不确定度评定传播阶段的内容中，要解决的问题是确定的，不存在对随机物理过程的仿真。

5.4.2 在 GUM 中，除 GUM 不确定度框架之外，其他不确定度评定方法也是允许使用的[ISO/IEC Guide 98-3:2008，G.1.5]。本标准倡导的基于分布传播的方法是通用的。对于线性或可线性化的模型和输入量 PDFs 为正态分布，这种方法得到的结果与 GUM 不确定度框架得到的结果是一致的。然而，对于不满足 GUM 不确定度框架条件的情况(见 5.7 和 5.8)，本标准中的方法通常可以得到所期望的而且是有效的不确定度结果。

5.4.3 在传播阶段要选择合适的方法。若经确认，满足应用 GUM 不确定度框架得到有效结果的必要条件，可采用 GUM 不确定度框架。若 GUM 不确定度框架无效，则要使用其他方法。第三种情形就是很难确定 GUM 不确定度框架是否有效。对于上述三种情形，MCM 提供了一种实用(备选)的方法。对第一种情形，像计算灵敏系数有时比较困难的情形，使用 MCM 可能会更容易[ISO/IEC Guide 98-3:2008，5.1.3]；对第二种情形，由于没有进行近似的假设，MCM 可给出有效的结果；对第三种情形，MCM 既可直接用来求结果，也可以用来评价 GUM 不确定度框架给出结果的质量。

5.4.4 图 2 展示了将输入量 X_i 的 PDFs$g_{X_i}(\xi_i)$，$i=1,\cdots,N$，通过模型传播得到输出量 Y 的 PDF$g_Y(\eta)$的过程，其中 $N=3$，表示有 3 个独立的输入量 X_i。图 2 可与图 3 的不确定度传播律对比。在图 2 中，X_i 的 PDF$g_{X_i}(\xi_i)$，$i=1,2,3$，分别为正态分布、三角分布和正态分布。输出量 Y 的 PDF$g_Y(\eta)$是不对称的，一般是由于模型不可线性化或 $g_{X_i}(\xi_i)$不对称而引起的。

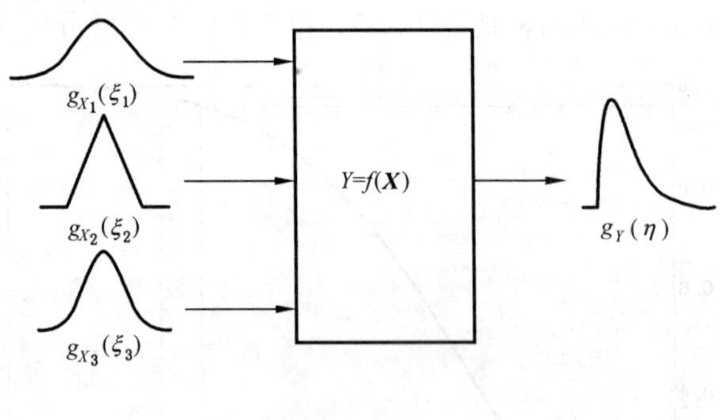

图 2 $N=3$ 个独立输入量的分布传播图示(5.4.4)

5.4.5 实际上，只在简单情形下实施分布传播时无需近似。GUM 不确定度框架是一种近似方法，MCM 是另一种近似方法。对于少数但是很重要的问题，GUM 不确定度框架能得到准确的评定结果。MCM 从未得到准确的结果，但是对于大多数问题，MCM 远比 GUM 不确定度框架有效。

5.5 报告结果

5.5.1 根据分布传播的用途，对下列项目进行报告：

a) 输出量 Y 的最佳估计值 y；

b) y 的标准不确定度 $u(y)$；

c) 规定的包含概率 $100p\%$(如 95%)；

d) Y 的 $100p\%$包含区间(如 95%包含区间)的端点值；

e) 任何其他相关信息，如包含区间是概率对称的包含区间还是最短的包含区间。

5.5.2 报告 Y 的 y、$u(y)$和 $100p\%$包含区间端点时，都应报告数字的位数。其有效数字的末位相对于小数点的位置应与 $u(y)$保留的小数点位置相同[ISO/IEC Guide 98-3:2008, 7.2.6]。$u(y)$通常保留 1～2 位有效数字。

注 1：每项报告的数值可以通过大于有效数字位数的数值修约得到。

注 2：影响选择一位或两位有效数字的因素是 $u(y)$有效数字的首位数字。若首位数字为 1 或 2，$u(y)$的报告数值与修约前的数值的偏差是很大的，若首位数字为 9，偏差相对较小。

注 3：若报告结果要用于后续进一步的计算，需要考虑是否应该多保留几位有效数字。

例：结果报告 $u(y)$有两位有效数字，y 的包含区间不对称，其报告结果为：

$$y=1.024\text{V}, u(y)=0.028\text{V}$$

$$95\%\text{最短包含区间}=[0.983, 1.088]\text{V}$$

若 $u(y)$只保留一位有效数字报告同样的结果，则有：

$$y=1.02\text{V}, u(y)=0.03\text{V}$$

$$95\%\text{最短包含区间}=[0.98, 1.09]\text{V}$$

5.6 GUM 不确定度框架

5.6.1 如 5.1.1 所述，GUM 为不确定度评定阶段的许多方面提供了通用指南。在分布传播和结果报告的过程中也涉及了 GUM 不确定度框架。GUM 不确定度框架已得到很多组织的认同并广泛使用，并把它作为测量不确定度评定的标准、指南，也编写了软件。

5.6.2 GUM 不确定度框架包括以下阶段：用期望和标准差来表征模型的输入量，如同给出输入量 X_i 的 PDF [ISO/IEC Guide 98-3:2008, 4.1.6]。期望值作为 X_i 的最佳估计值 x_i，标准差作为 x_i 的标准不确定度 $u(x_i)$。这些信息通过一阶或高阶泰勒级数展开式得到模型的近似式，并运用不确定度传播律获得[ISO/IEC Guide 98-3:2008, 5.1.2]：

a) 输出量 Y 的估计值 y；

b) y 的标准不确定度 $u(y)$。

估计值 y 通过将输入量 x_i 代入模型计算得到。Y 的包含区间可通过正态分布的 PDF 得到，或当 $u(y)$自由度为有限时，Y 的包含区间可通过 t 分布得到[ISO/IEC Guide 98-3:2008, 附录 G]。

注：适当时，X_i 的结果还包括 $u(x_i)$的自由度[ISO/IEC Guide 98-3:2008, 4.2.6]，同时适当时也包括 x_i 之间的协方差[ISO/IEC Guide 98-3:2008, 5.2.5]。

5.6.3 GUM 不确定度框架的传播及报告阶段[即 5.1.1 中的 b)和 c)阶段]包括下列计算步骤：

a) 从各输入量 $\boldsymbol{X}=(X_1,\cdots,X_N)^{\text{T}}$ 的 PDFs 得到期望 $\boldsymbol{x}=(x_1,\cdots,x_N)^{\text{T}}$ 和标准差(标准不确定度)$\boldsymbol{u}(x)=[u(x_1),\cdots,u(x_N)]^{\text{T}}$，若 X_i 之间不独立(即它们具有非零的协方差)，用 $\boldsymbol{X}$ 的联合 PDF 代替；

b) 确定 $u(x_i)$的自由度(无穷或有限)；

c) 若 X_i 和 X_j 不独立，由 X_i 和 X_j 的联合 PDF 得到与 x_i 和 x_j 相关的协方差(相互不确定度)$u(x_i,x_j)$；

d) 求模型 $f(\boldsymbol{X})$关于输入量 $\boldsymbol{X}$ 的一阶偏导数；

e) $\boldsymbol{X}=\boldsymbol{x}$ 时，通过模型计算 y；

f) 在上述偏导数 $\boldsymbol{X}=\boldsymbol{x}$ 处，计算模型的灵敏系数[ISO/IEC Guide 98-3:2008, 5.1.3]；

g) 由 $\boldsymbol{u}(\boldsymbol{x})$、$u(x_i,x_j)$和模型的灵敏系数的合成得到 $u(y)$ [ISO/IEC Guide 98-3:2008, 式(10)

和式(13)];

h) 用韦尔奇-萨特思韦特公式[ISO/IEC Guide 98-3:2008,式(G.2b)]计算 $u(y)$ 的有效自由度 ν_{eff};

i) 把 Y 当作随机变量,$(Y-y)/u(y)$ 的分布服从标准正态分布($\nu_{\text{eff}}=\infty$)或 t 分布($\nu_{\text{eff}}<\infty$),通过形成 $u(y)$ 的倍数,就可以得到扩展不确定度 U_p 以及给定包含概率条件下 y 的包含区间。

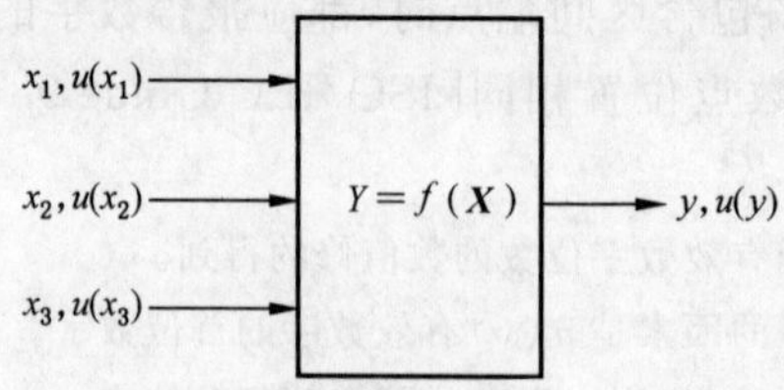

图 3 $N=3$ 个独立的输入量的不确定度传播律图示(5.4.4,5.6.3)

图 3 展示了模型有 $N=3$ 个独立输入量[$\boldsymbol{X}=(X_1,X_2,X_3)^{\text{T}}$]时的不确定度传播律,其中估计值为 x_i,标准不确定度为 $u(x_i)$,$i=1,2,3$。输出量 Y 的估计值为 y,标准不确定度为 $u(y)$。

5.7 GUM 不确定度框架有效用于线性模型的条件

5.7.1 对线性模型(关于 X_i 模型是线性的)可以有效利用不确定度传播律,不需要条件。

5.7.2 包含区间可根据 GUM 在下列条件下提供的信息确定:

a) 若某个或某些 $u(x_i)$ 存在有限的自由度,韦尔奇-萨特思韦特公式就可用于计算 $u(y)$ 的有效自由度 ν_{eff}[ISO/IEC Guide 98-3:2008, G.4.1];

b) 与标准不确定度 $u(x_i)$ 相关联的自由度有限时,各 X_i 之间相互独立;

c) 输出量 Y 的 PDF 可以用正态分布或 t 分布适当地近似。

注 1:条件 a)是为了使 Y 可用 t 分布表示。

注 2:条件 b)是必要的,因为 GUM 没有限定 X_i 是具有确定自由度的非独立变量。

注 3:当各个 X_i 服从正态分布时,条件 c)满足,当中心极限定理成立时[ISO/IEC Guide 98-3:2008, G.2],条件 c)也满足。

注 4:当变量 X_i 不服从正态分布且其不确定度贡献量在对应的 $u(y)$ 占优时,GUM 不确定度框架可能不适用。

5.7.3 如果 5.7.2 的条件满足,用 GUM 不确定度框架对线形模型的不确定度评定结果是有效的,这些条件适用于很多情形。

5.8 GUM 不确定度框架有效用于非线性模型的条件

5.8.1 当下列条件满足时,不确定度传播律可有效用于非线性模型:

a) 模型 f 在 X_i 的最佳估计值 x_i 附近关于 X_i 连续可导;

b) 条件 a)对于各阶偏导数都适用;

c) $f(\boldsymbol{X})$高阶泰勒级数展开近似式中的输入量 X_i 相互独立;

d) $f(\boldsymbol{X})$高阶泰勒级数展开近似式中的输入量 X_i 服从正态分布;

e) 没有包含在 $f(\boldsymbol{X})$泰勒级数展开近似式的高阶项是可以忽略的。

注 1:若 f 的非线性不是很显著[ISO/IEC Guide 98-3:2008, 5.1.2],用不确定度传播律对一阶泰勒级数展开近似式对 $f(\boldsymbol{X})$进行不确定度评定时,条件 a)必须满足。

注 2:当基于较高阶泰勒级数展开近似式对 $f(\boldsymbol{X})$应用不确定度传播律进行不确定度评定时,条件 b)必须满足[ISO/IEC Guide 98-3:2008, 5.1.2]。对于包含更高阶数的重要项泰勒级数展开式,GUM 给出了表述[ISO/IEC Guide 98-3:2008, 5.1.2 注]。

注 3:条件 c)涉及 GUM [ISO/IEC Guide 98-3:2008, 5.1.2 注]中所关注的显著非线性模型且 X_i 相互独立时的情

况，但 GUM 未考虑 X_i 之间不相互独立的情况。

注 4：对于 GUM［ISO/IEC Guide 98-3:2008，5.1.2 注］中关于应用高阶形式的泰勒级数展开式执行不确定度传播是基于 X_i 的对称 PDFs 的陈述，条件 d)包含了对这种陈述的纠正[19,27]。

注 5：当模型非线性化非常显著，且需要给出高阶导数，但用解析法求解高阶导数又非常困难或者易算错，此时可用适当的计算机软件来计算。或者，这些高阶导数可用有限差分近似得到[5]。(GUM 提供了求解一阶偏导数的有限差分方程［ISO/IEC Guide 98-3:2008，5.1.3 注 2］。)但必须十分谨慎，因为在模型数值相近时，差分可能会造成负面的效应。

5.8.2 利用 5.7.2 中 a)、b)和 c)，并把 5.7.2 中注 3 的信息替换为“条件 c)是必要的，为了能从这些分布中确定包含区间”，就可以根据 GUM 中提供的信息得到包含区间。

5.8.3 若 5.8.1 和 5.8.2 中的条件满足，则利用 GUM 不确定度框架得到的非线性模型不确定度的结果可视为有效，这些条件可适用于很多情形。

5.9 基于蒙特卡洛方法的分布传播和结果报告

5.9.1 MCM 提供一种通用方法来获得 Y 的分布函数 $G_Y(\eta)$ 的数值近似 $\boldsymbol{G}$[32，75页]。这种方法的关键在于对输入量 X_i 的 PDFs 重复抽样并通过模型得到每个计算结果。

5.9.2 因为 $G_Y(\eta)$ 包含了 Y 的所有已知信息，Y 的任何特性如期望、方差和包含区间可以用 $\boldsymbol{G}$ 近似得到，这些计算结果的质量会随着从 PDFs 抽样次数的增加而改进。

5.9.3 期望和方差(及高阶矩)可直接由一组模型值得到，确定包含区间需要把这些模型值进行排序。

5.9.4 若 y_r，$r=1,\cdots,M$，代表 M 个从 Y 的概率分布中独立抽取的模型值，则期望 $E(Y)$ 和方差 $V(Y)$ 可用 y_r 近似得到。原则上，Y 的矩［包括 $E(Y)$ 和 $V(Y)$］由抽取的模型值近似计算得到。设 M_{y_0} 表示 y_r 的任意指定的数，且 $y_r \leqslant y_0$，概率 $\Pr(Y \leqslant y_0)$ 可近似等于 M_{y_0}/M。通过这种方法，y_r 提供了一个阶梯函数(类似于直方图)近似得到分布函数 $G_Y(\eta)$。

5.9.5 每个 y_r 都是从各个输入量 X_i 的 PDFs 随机抽样并根据这些抽样值通过模型计算得到的。$\boldsymbol{G}$ 作为 MCM 的输出值，由按严格递增顺序排列的 y_r 构成。

注：y_r 存在相同值的可能性很小，若出现相等的情况，增加适当的微小扰动可使 y_r 严格按递增的顺序进行排列，见 7.5.1。

5.9.6 MCM 作为实施分布传播的方法如图 4 所示，M 事先给定(否则见 7.9)。MCM 可看作一个逐步实现的过程：

a) 选择蒙特卡洛试验次数 M(见 7.2)；

b) 从输入量(N 个)X_i 确定的 PDFs 中抽样产生 M 个向量(见 7.3)；

c) 对每一个向量通过模型计算得出输出量 Y 相应的值，生成 M 个模型值(见 7.4)；

d) 把 M 个模型值按严格递增顺序排列，用排列后的模型值组成 $\boldsymbol{G}$(见 7.5)；

e) 由 $\boldsymbol{G}$ 得到 Y 的最佳估计 y 及 y 的标准不确定度 $u(y)$(见 7.6)；

f) 对应给定的包含概率 p，由 $\boldsymbol{G}$ 给出 Y 的合适的包含区间(见 7.7)。

注 1：6.4 和附录 C 给出了从概率分布中抽样的信息。

注 2：在数学上，M 个模型值的平均是数学期望为 $E(Y)$、方差为 $V(Y)/M$ 的随机变量，因此，M 个模型值的平均值与 $E(Y)$ 的一致性程度可认为与 $M^{-1/2}$ 成比例。

注 3：在过程 e)中可用未排序的 Y 的 M 个模型值执行，在过程 f)中确定包含区间时需要对 M 个模型值进行排序。

5.9.7 用 MCM 确定 Y 的最佳估计值 y、标准不确定度 $u(y)$ 和包含区间的有效性取决于使用充分大的 M 值［5.9.6 步骤 a)］，合理选择 M 值和执行 MCM 的指导方法可从文献［7］中获取，也可见 7.2 和 7.9。

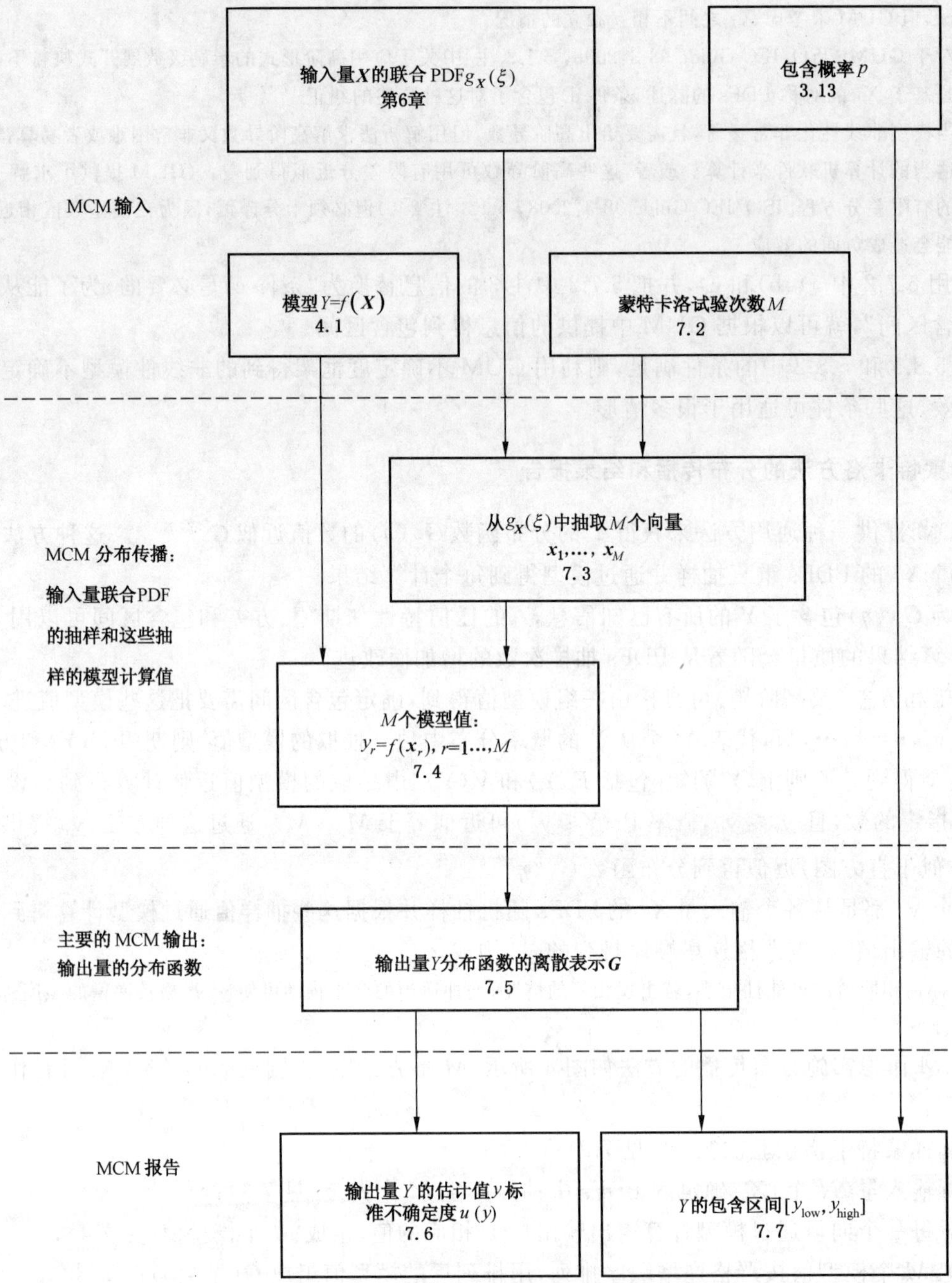

图 4　利用 **MCM** 实施分布传播不确定度评定的传播和报告阶段(5.9.6，7.1)

5.10　有效利用 MCM 的条件

5.10.1　在下列条件下，使用本标准给出的方法，可以有效利用 MCM 实施分布传播，后续要求的信息也能确定，包括：

a)　模型函数 f 在 X_i 的最佳估计值 x_i 附近关于 X_i 连续；

b)　Y 的分布函数连续且严格递增；

c)　Y 的 PDF 要满足：

1)　在区间内连续，且在此区间内 PDF 严格为正；

2)　单峰；

3) 在 PDF 的峰值左侧严格递增(或为 0),在峰值右侧严格递减(或为 0);

d) $E(Y)$和 $V(Y)$存在;

e) M 值要足够大。

注 1:关于条件 a),f 的导数不需要条件。

注 2:条件 a)和条件 b)保证分布函数的反函数的唯一性,以确定包含区间。如果不需要确定包含区间,则只需要条件 a)。

注 3:条件 c)只有在确定最短包含区间时才需要,这个条件对保证给定的包含概率与最短包含区间的唯一性是必要的。这种情形可能会出现在包含区间的端点及在包含区间 PDF 严格为正的情况下,此时 3)中的两个条件中的一个没有意义。

注 4:当试验次数 M 增加时,条件 d)用于保证 MCM 的(随机)收敛(见 7.2)。

注 5:条件 e)对于保证所报告信息的可靠性是必要的(见 8.2)。

5.10.2 若 5.10.1 中的条件满足,根据 MCM 实施分布传播得到的结果被认为是有效的。这些条件比 GUM 不确定评定框架所需的限制条件(见 5.7 和 5.8)要少。

5.11 GUM 不确定度框架与蒙特卡洛方法的比较

5.11.1 本条款旨在比较基于 GUM 不确定度框架和基于 MCM 实施分布传播方法的原理,并给出在不明确 GUM 不确定度框架是否适用的情形下利用 MCM 的动因。

5.11.2 为了比较 GUM 不确定度框架和 MCM,有必要回顾 GUM 中 A 类和 B 类不确定度评定。A 类评定,GUM 是从被测量一组独立观测值中分别求出平均值和相应的标准差作为最佳估计值及标准不确定度。B 类评定,GUM 是通过 PDF 和有关量的先验信息得到最佳估计值及标准不确定度。GUM 表明,两类评定方法都是基于概率分布[ISO/IEC Guide 98-3:2008, 3.3.4],并且都对概率进行了公认的解释[ISO/IEC Guide 98-3:2008, 3.3.5]。在 GUM 中,PDFs 为不确定度评定的基础:不确定度传播律明确指出输入量和输出量可描述并且可以用概率分布表征[ISO/IEC Guide 98-3:2008, G.6.6],也可见 5.1.2。

5.11.3 GUM 不确定度框架没有明确输出量 PDF 的确定。然而,GUM 用于表征输出量的概率分布在本标准中有时会涉及,并称之为是从 GUM 不确定度框架中“给出”或“引用”的。

5.11.4 本标准力图尽可能地提供一种与 GUM 保持一致的方法,尤其是涉及所有变量的 PDFs 的使用,但是在某些场合也存在明显的差异,这些差异包括:

a) 根据所有输入量 X_i 的有关信息,要确定其明确的 PDFs(而不是 X_i 的估计值 x_i 的标准不确定度),不需要将不确定度评定分为 A 类和 B 类;

b) 灵敏系数不是本方法专门阐述的内容[ISO/IEC Guide 98-3:2008, 5.1.3],因而不涉及模型对 X_i 的偏导数的计算或数值近似计算内容。然而,在需要考虑模型泰勒级数展开式的全部高阶项时,可得到灵敏系数的近似值(附录 B);

c) 通过模型和输入量 X_i 的 PDFs 可以完全确定输出量 Y 的分布函数的离散形式,而不必限制输出量的分布为正态分布或 t 分布;

d) 由于输出量 Y 的 PDF 通常不对称,输出量 Y 的包含区间不一定以其最佳估计值为中心。故需要考虑如何选择在给定包含概率条件下的包含区间。

5.11.5 由于 GUM 不确定度框架仅明确使用了输入量的最佳估计值 x_i 及其不确定度(必要时还有协方差和自由度),因此它所提供有关 Y 的信息受到限制。基本上,它局限于提供 Y 的最佳估计值 y 及其标准不确定度 $u(y)$,可能还包括其自由度(有效自由度)。如果关于 X 的模型是线性的,y 和 $u(y)$的结果是有效的。使用诸如输出量 Y 服从正态分布或 t 分布等假设,可获取 Y 的其他信息,如包含区间。

5.11.6 MCM 的特点如下:

a) 对复杂模型或非线性模型,降低了分析的难度,尤其是不需要求解不确定度传播律中用来获得灵敏系数的一阶或高阶偏导数;

b) 非线性模型时，通常能改善 Y 的估计[参见 ISO/IEC Guide 98-3:2008, 4.1.4]；

c) 非线性模型时，尤其是输入量 X_i 服从非正态分布(如不对称)的 PDFs 时，无需求解高阶导数即可改善 Y 的估计值的标准不确定度[ISO/IEC Guide 98-3:2008, 5.1.2 注]；

d) 当 Y 的 PDF 不能充分地用正态分布或 t 分布近似，即无法应用中心极限定理时[ISO/IEC Guide 98-3:2008, G.2.1, G.6.6]，可提供给定包含概率下的包含区间。引起这种不充分近似的场合有：(1) 一个占主导地位的 X_i 的 PDF 不是正态分布或 t 分布；(2)模型非线性；(3)用韦尔奇-萨特思韦特公式计算有效自由度时，产生的近似误差不能忽略；

e) 确定包含区间时不需要包含因子[ISO/IEC Guide 98-3:2008, 2.3.6]。

6 输入量的概率密度函数

6.1 概述

6.1.1 本条款给出了一些常见情况下不确定度评定模型阶段确定输入量 X_i 的 PDFs 的指南。如可以根据贝叶斯理论[20]或最大信息熵原理确定 PDFs[8, 26, 51, 56]。

注：在某些条件下，其他确定 PDF 的方法可能是有用的。总之，无论按哪种科学方法，必须记录所选择方法的理由。

6.1.2 一般地，输入量 $\boldsymbol{X}=(X_1,\cdots,X_N)^{\mathrm{T}}$ 的联合 PDF 表达式为 $g_{\boldsymbol{X}}(\boldsymbol{\xi})$，见 6.4.8.4 注 2。

6.1.3 当输入量 X_i 独立时，PDFs$g_{X_i}(\xi_i)$可以分别通过 X_i 观测列信息得到(A 类不确定度评定)或用历史数据、校准及专家判断等信息通过科学判断得到(B 类不确定度评定)[50][ISO/IEC Guide 98-3:2008, 3.3.5]。

6.1.4 若有一部分 X_i 相互独立，可确定这些输入量各自的 PDFs，剩余的用联合 PDF。

注：可以通过用更基础的独立输入量来重新表示这些相关输入量，可部分或完整消除相关性问题，原输入量依赖于这些独立输入量[ISO/IEC Guide 98-3:2008, F.1.2.4, H.1.2]。这种变换可以使不确定度传播律和分布传播律的应用分别得到简化，详细的内容和案例可在文献中获取[15]。

6.1.5 GUM 中包含了确定 X_i 的 PDFs 的相关信息[ISO/IEC Guide 98-3:2008, 4.3]。

6.1.6 确定各个 X_i 的 PDFs 或者联合分布的综合性指南不在本标准的范围之内。这些 PDFs 的确定涉及计量专家构建模型的知识和经验，他们对最终结果的质量负责。

6.1.7 概率分布的标准文献是 Evans, Hastings 和 Peacock[18]。

6.2 贝叶斯理论

6.2.1 假设输入量 X 信息包含观测列，用于获取独立、分布明确且可用给定的 PDF 表征的随机变量，但期望和方差未知。当 X 被视为具有相等且未知的均值的随机变量时，X 的 PDF 可根据贝叶斯理论来计算。计算过程分为两步：首先，用无信息联合先验(先验数据)PDF 表征未知的期望和方差，根据贝叶斯理论，更新联合先验分布 PDF，通过观测列提供的信息得到这两个未知参数的后验(后验数据)分布。然后，未知均值理想的后验分布通过边际 PDF 在方差可能取值范围上的积分得到(见 6.4.9.2)。

6.2.2 根据贝叶斯理论，通过似然函数和先验 PDF 的乘积对分布进行更新[20]。若各观测值是独立获得的，似然函数是多个函数的乘积，每个观测值对应一个函数，且函数的形式都相同，如都为正态分布且期望值等于观测值，方差等于未知方差。后验 PDF 可由在方差所有可能的取值范围内对先验 PDF 和似然函数乘积进行积分得到，并把结果的表示标准化。

注 1：在有些情况中(如 6.4.11)，用观测值来确定随机变量值时，随机变量的 PDF 仅有一个特征值。在这样的情况下，无信息先验 PDF 用来表征随机变量的未知期望，X 的后验分布可以由贝叶斯理论直接给出，不需要条件概率。

注 2：贝叶斯理论也可以用于其他情形，如期望和标准差未知且相等的情况。

6.3 最大信息熵原理

6.3.1 当应用 Jaynes 提出的最大信息熵原理时[25]，在所有可能的 PDFs 中有唯一确定的 PDF，这些 PDFs 具有一些给定的特性，如有给定的不同阶的中心矩或者是非零 PDF 的给定区间。这种方法尤其在确定难以获得观测列或无法精确测量的量的 PDFs 时适用。

6.3.2 根据输入量 X 的已知信息，利用最大熵原理确定 PDF$g_X(\xi)$的公式为：

$$S[g]=-\int g_X(\xi)\ln g_X(\xi)\mathrm{d}\xi$$

由 Shannon 提出的“信息熵”是在已知信息约束下的最大化[48]。

6.4 常见条件下的概率密度函数的确定

6.4.1 概述

6.4.2 至 6.4.11 提供了基于量的各种信息确定其 PDFs 的方法，对每个 PDF$g_X(\xi)$假设有：

a) X 的期望和方差的计算公式；

b) 从 $g_X(\xi)$抽样的方法。

表 1 方便了这些条款的使用并对相应的 PDFs 进行了说明。

注：表中 PDFs 的图没有按比例绘制。多元正态分布的 PDF 的图没有绘制。

表 1 可获得的信息以及由此确定的 PDF(6.4.1，C.1.2)

可获得的信息	确定的 PDF	图示(未按比例绘制)	所在条款
下界和上界分别为 a，b	矩形分布：R(a，b)		6.4.2
下界和上界不确定：$a\pm d$，$b\pm d$	曲线梯形分布： CTrap(a，b，d)	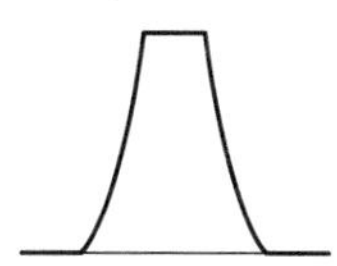	6.4.3
两个服从矩形分布变量的和，两个矩形的下界和上界分别为 a_1，b_1 和 a_2，b_2	梯形分布： Trap(a，b，β)， $a=a_1+a_2$ $b=b_1+b_2$ $\beta=\lvert(b_1-a_1)-(b_2-a_2)\rvert/(b-a)$	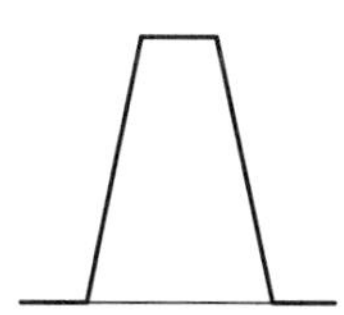	6.4.4
两个服从等宽矩形分布变量的和，两个矩形的下界和上界分别为 a_1，b_1 和 a_2，b_2，半宽为($b_1-a_1=b_2-a_2$)	三角分布： T(a，b)， $a=a_1+a_2$， $b=b_1+b_2$	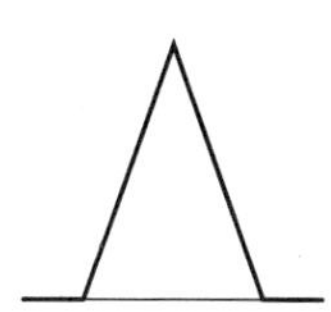	6.4.5
下界和上界之间正弦周期变化，下界和上界分别为 a，b	反正弦分布(U 形分布)： U(a，b)	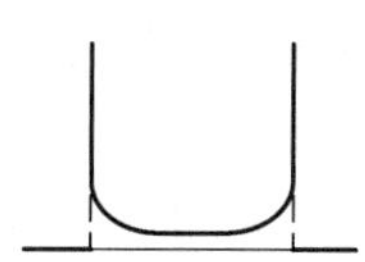	6.4.6

表 1（续）

可获得的信息	确定的 PDF	图示（未按比例绘制）	所在条款
最佳估计值 x 及其标准不确定度 $u(x)$	正态分布： $N[x,u^2(x)]$	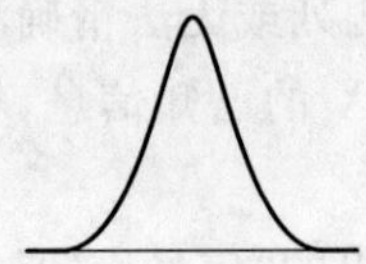	6.4.7
最佳估计值向量 $\boldsymbol{x}$ 及其标准不确定度矩阵 $\boldsymbol{U}_x$	多元正态分布： $N(\boldsymbol{x},\boldsymbol{U}_x)$		6.4.8
从期望和方差未知的正态分布中独立抽取的观测列 $x_1,\cdots,x_n$	t 分布： $t_{n-1}(\bar{x},s^2/n)$, $\bar{x}=\sum_{i=1}^{n}x_i/n$ $s^2=\sum_{i=1}^{n}(x_i-\bar{x})^2/(n-1)$	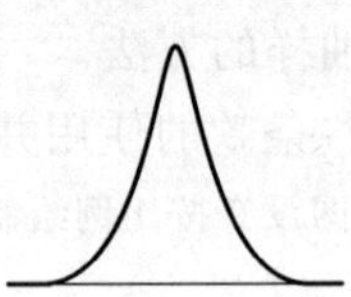	6.4.9.2
最佳估计 x、扩展不确定度 U_p、包含因子 k_p 和有效自由度 ν_{eff}	按比例伸缩且平移的 t 分布： $t_{\nu_{\text{eff}}}(x,(U_P/k_p)^2)$	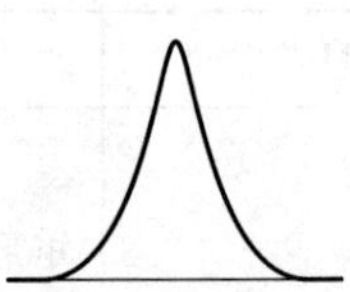	6.4.9.7
非负变量的最佳估计 x	指数分布： $\text{Ex}(1/x)$	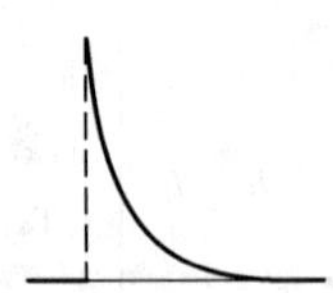	6.4.10
目标计数值 q	Gamma 分布（伽玛分布）： $G(q+1,1)$	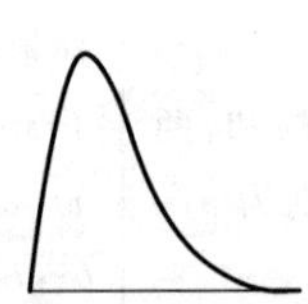	6.4.11

6.4.2 矩形分布

6.4.2.1 若关于 X 已知的信息只有其下界 a 和上界 b，且 $a<b$，根据最大信息熵原理，则 X 在区间[a,b]上服从矩形分布 $R(a,b)$。

6.4.2.2 X 的 PDF 为：$g_X(\xi)=\begin{cases}1/(b-a), & a\leqslant\xi\leqslant b\\ 0 & \text{其他}\end{cases}$

6.4.2.3 X 的期望和方差分别为：

$$E(X)=(a+b)/2,\quad V(X)=(b-a)^2/12 \qquad \cdots\cdots(2)$$

6.4.2.4 从分布 $R(a,b)$ 中抽样，需要从标准矩形分布 $R(0,1)$ 中抽取随机变量 r（见 C.3.3），并有

$$\xi=a+(b-a)r$$

6.4.3 界值不确定的矩形分布

6.4.3.1 已知 $X \in (A,B)(A<B)$，区间的中点 $(A+B)/2$ 是固定的，区间长度 $B-A$ 不确定，且 $A \in (a-d,a+d)$，$B \in (b-d,b+d)$，$a+d<b-d$，$d>0$。若关于 X、A 和 B 没有其他信息，根据最大信息熵原理可以确定 X 服从"曲线梯形"分布(界值不确定的矩形分布)。

6.4.3.2 X 的 PDF 为：

$$g_X(\xi)=\frac{1}{4d}\begin{cases}\ln[(\omega+d)/(x-\xi)], & a-d \leqslant \xi \leqslant a+d \\ \ln[(\omega+d)/(\omega-d)], & a+d<\xi<b-d \\ \ln[(\omega+d)/(\xi-x)], & b-d \leqslant \xi \leqslant b+d \\ 0, & 其他\end{cases} \qquad \cdots\cdots(3)$$

式中 $x=(a+b)/2$，$\omega=(b-a)/2$ 分别为中点和区间 $[a,b]$ 的半宽[ISO/IEC Guide 98-3:2008，4.3.9 注 2]。此 PDF 为"曲线梯形"，即形状像梯形而侧面不是直线。

注：式(3)可以写成

$$g_X(\xi)=\frac{1}{4d}\max\left(\ln\frac{\omega+d}{\max(|\xi-x|,\omega-d)},0\right)$$

以便于计算机计算。

6.4.3.3 X 的期望和方差分别为：

$$E(X)=\frac{a+b}{2},V(X)=\frac{(b-a)^2}{12}+\frac{d^2}{9} \qquad \cdots\cdots(4)$$

注 1：式(4)中的方差通常会比具有明确界限的梯形分布公式(2)中的方差大，即当 $d=0$。

注 2：GUM 把 6.4.3.1 中 X 的信息用 X 最佳估计值标准不确定度的自由度来表示[ISO/IEC Guide 98-3:2008，G.4.2]。

6.4.3.4 从分布 $\mathrm{CTrap}(a,b,d)$ 中抽样，需要从标准矩形分布 $R(0,1)$ 中抽取两个独立的 r_1 和 r_2(见 C.3.3)，并有

$$a_s=(a-d)+2dr_1, b_s=(a+b)-a_s$$

且

$$\xi=a_s+(b_s-a_s)r_2$$

注：a_s 是从临界值为 $a \pm d$ 的矩形分布中抽取，b_s 是用于确保 a_s 和 b_s 的中点为 $x=(a+b)/2$。

示例：校准证书给出电压 X 的值在 10.0V±0.1V 的区间内。除了认为区间的端点值是经过一些数值圆整的结果，没有其他关于 X 的信息(见 3.20)。以此为基础，每个落在(0.05,0.15)区间的点的值圆整为一位有效数字，即都是 0.1。因此，区间的位置就可以认为是固定的，但宽度不确定。X 的最佳估计值为 $x=10.0$V，根据 $a=9.9$V，$b=10.1$V 和 $d=0.05$V，应用公式(4)可以求出标准不确定度 $u(x)$ 为

$$u^2(x)=\frac{(0.2)^2}{12}+\frac{(0.05)^2}{9}=0.0036$$

因此，$u(x)=(0.003\ 6)^{1/2}=0.060$ V，与 $d=0$ 时 $0.2/\sqrt{12}=0.058$ V 比较。区间端点值确定时的 $u(x)$ 值比区间端点值不确定的情形小 4%。与此相关的不同点需要在应用时予以考虑。

6.4.4 梯形分布

6.4.4.1 GUM 中讨论了确定某量服从对称梯形分布的情形[ISO/IEC Guide 98-3:2008，4.3.9]。设 X 定义为两个独立量 X_1 和 X_2 的和。假设，$i=1$ 和 $i=2$，X_i 服从下界为 a_i、上界为 b_i 的矩形分布 $R(a_i,b_i)$，则 X 服从对称梯形分布 $\mathrm{Trap}(a,b,\beta)$，下界为 a、上界为 b，参数 β 为梯形的上底半宽与下底半宽的比值。梯形分布的参数和矩形分布的参数有如下关系：

$$a=a_1+a_2, b=b_1+b_2, \beta=\frac{\lambda_1}{\lambda_2} \qquad \cdots\cdots(5)$$

式中：
$$\lambda_1=\frac{|(b_1-a_1)-(b_2-a_2)|}{2},\quad \lambda_2=\frac{b-a}{2} \qquad \cdots\cdots(6)$$

且
$$0\leqslant\lambda_1\leqslant\lambda_2。$$

6.4.4.2 利用卷积[42, 93页]得到 X 的 PDF(图 5)为：

$$g_X(\xi)=\begin{cases}(\xi-x+\lambda_2)/(\lambda_2^2-\lambda_1^2), & x-\lambda_2\leqslant\xi<x-\lambda_1\\ 1/(\lambda_1+\lambda_2), & x-\lambda_1\leqslant\xi\leqslant x+\lambda_1\\ (x+\lambda_2-\xi)/(\lambda_2^2-\lambda_1^2), & x+\lambda_1<\xi\leqslant x+\lambda_2\\ 0, & \text{其他}\end{cases} \qquad \cdots\cdots(7)$$

式中 $x=(a+b)/2$。

注：式(7)可表示为

$$g_X(\xi)=\frac{1}{\lambda_1+\lambda_2}\min\left(\frac{1}{\lambda_2-\lambda_1}\max(\lambda_2-|\xi-x|,0),1\right)$$

以便于计算机计算。

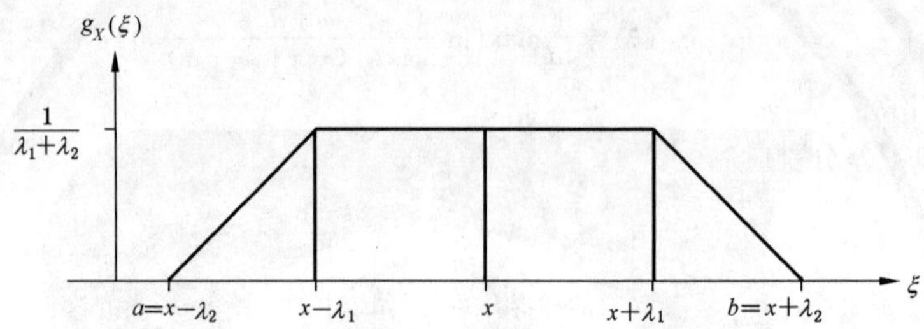

图 5 $X=X_1+X_2$ 的梯形 PDF，其中 X_1，X_2 为矩形 PDFs(6.4.4.2)

6.4.4.3 X 的期望和方差分别为：

$$E(X)=\frac{(a+b)}{2},V(X)=\frac{(b-a)^2}{24}(1+\beta^2)$$

6.4.4.4 从分布 Trap(a,b,β)中抽样，需要从标准矩形分布 R(0,1)中抽取两个独立的 r_1 和 r_2(见 C.3.3)，并有

$$\xi=a+\frac{(b-a)}{2}[(1+\beta)r_1+(1-\beta)r_2]$$

6.4.5 三角分布

6.4.5.1 设量 X 定义为两个服从矩形分布独立量的和(见 6.4.4)，但具有相等的半宽，即 $b_1-a_1=b_2-a_2$。根据式(5)和式(6)，有 $\lambda_1=0,\beta=0$，则 X 服从梯形分布 Trap$(a,b,0)$，简称为区间$[a,b]$上的(对称的)三角分布 T(a,b)。

6.4.5.2 X 的 PDF 为：

$$g_X(\xi)=\begin{cases}(\xi-a)/\omega^2, a\leqslant\xi\leqslant x\\ (b-\xi)/\omega^2, x<\xi\leqslant b\\ 0,\text{其他}\end{cases} \qquad \cdots\cdots(8)$$

式中 $x=(a+b)/2$，　$\omega=\lambda_2=(b-a)/2$。

注：式(8)可表示为

$$g_X(\xi)=\frac{2}{b-a}\max\left(1-\frac{2|\xi-x|}{b-a},0\right)$$

以便于计算机计算。

6.4.5.3 X 的期望和方差分别为：

$$E(X)=(a+b)/2, V(X)=(b-a)^2/24$$

6.4.5.4 从分布 T(a,b)中抽样，需要从标准矩形分布 R(0,1)中抽取两个独立的 r_1 和 r_2(见 C.3.3)，并有

$$\xi=a+\frac{b-a}{2}(r_1+r_2)$$

6.4.6 反正弦(U 形)分布

6.4.6.1 若已知 X 以正弦曲线形式在给定的 a 和 b 之间循环，$a<b$，且相位角 Φ 未知，根据最大信息熵原理，Φ 服从矩形分布 R$(0,2\pi)$。X 服从反正弦分布 U(a,b)[18]，变换后可得：

$$X=\frac{a+b}{2}+\frac{b-a}{2}\sin\Phi$$

其中 Φ 服从矩形分布 R$(0,2\pi)$。

6.4.6.2 X 的 PDF 为：

$$g_X(\xi)=\begin{cases}(2/\pi)\left[(b-a)^2-(2\xi-a-b)^2\right]^{-1/2}, a<\xi<b\\0, \text{其他}\end{cases}$$

注：U(a,b)与标准反正弦分布 U(0,1)的关系为：

$$g_Z(z)=\begin{cases}\left[z(1-z)\right]^{-1/2}/\pi, \ 0<z<1\\0, \quad \text{其他}\end{cases} \qquad \cdots\cdots(9)$$

对变量 Z，通过线性变换

$$X=a+(b-a)Z$$

Z 的期望为 1/2，方差为 1/8。式(9)的分布是反正弦分布，因为相应的分布函数为：

$$G_Z(z)=\frac{1}{\pi}\arcsin(2z-1)+\frac{1}{2}$$

这是 β 分布的一种特殊形式，即两个参数都等于 1/2。

6.4.6.3 X 的期望和方差分别为：

$$E(X)=(a+b)/2, \quad V(X)=(b-a)^2/8$$

6.4.6.4 从分布 U(a,b)中抽样，需要从标准矩形分布 R(0,1)中抽取 r(见 C.3.3)，并有

$$\xi=\frac{a+b}{2}+\frac{b-a}{2}\sin 2\pi r$$

6.4.7 正态分布

6.4.7.1 若关于 X 只知其最佳估计 x 和其标准不确定度 $u(x)$，根据最大信息熵原理，X 服从正态分布 N$(x,u^2(x))$。

6.4.7.2 X 的 PDF 为：

$$g_X(\xi)=\frac{1}{\sqrt{2\pi}u(x)}\exp\left(-\frac{(\xi-x)^2}{2u^2(x)}\right) \qquad \cdots\cdots(10)$$

6.4.7.3 X 的期望和方差分别为：

$$E(X)=x, \quad V(X)=u^2(x)$$

6.4.7.4 从分布 N$(x,u^2(x))$中抽样，需要从标准正态分布 N(0,1)中抽取 z(见 C.4)，并有：

$$\xi=x+u(x)z$$

6.4.8 多元正态分布

6.4.8.1 关于 N 维变量 $\boldsymbol{X}=(X_1,\cdots,X_N)^{\mathrm{T}}$，6.4.7.1 给出了一个可比较的结果。若只知 $\boldsymbol{X}$ 的最佳估计

$\boldsymbol{x}=(x_1,\cdots,x_N)^{\mathrm{T}}$ 和其(严格)正定不确定度矩阵

$$\boldsymbol{U}_x=\begin{bmatrix} u^2(x_1) & u(x_1,x_2) & \cdots & u(x_1,x_N) \\ u(x_2,x_1) & u^2(x_2) & \cdots & u(x_2,x_N) \\ \vdots & \vdots & \ddots & \vdots \\ u(x_N,x_1) & u(x_N,x_2) & \cdots & u^2(x_N) \end{bmatrix}$$

则 $\boldsymbol{X}$ 服从多元正态分布 $\mathrm{N}(\boldsymbol{x},\boldsymbol{U}_x)$。

6.4.8.2 $\boldsymbol{X}$ 的联合 PDF 为：

$$g_{\boldsymbol{X}}(\boldsymbol{\xi})=\frac{1}{[(2\pi)^N\det\boldsymbol{U}_x]^{1/2}}\exp\left(-\frac{1}{2}(\boldsymbol{\xi}-\boldsymbol{x})^{\mathrm{T}}\boldsymbol{U}_x^{-1}(\boldsymbol{\xi}-\boldsymbol{x})\right) \quad\cdots\cdots\cdots\cdots(11)$$

6.4.8.3 $\boldsymbol{X}$ 的期望和协方差矩阵分别为：

$$\boldsymbol{E}(\boldsymbol{X})=\boldsymbol{x},\quad \boldsymbol{V}(\boldsymbol{X})=\boldsymbol{U}_x$$

6.4.8.4 从分布 $\mathrm{N}(\boldsymbol{x},\boldsymbol{U}_x)$ 中抽样，需要从标准正态分布 N(0,1)中抽取 N 个独立的 $z_i,i=1,\cdots,N$(见 C.4)，并有

$$\boldsymbol{\xi}=\boldsymbol{x}+\boldsymbol{R}^{\mathrm{T}}\boldsymbol{z}$$

其中 $\boldsymbol{z}=(z_1,\cdots,z_N)^{\mathrm{T}}$，$\boldsymbol{R}$ 为由 Cholesky 分解 $\boldsymbol{U}_x=\boldsymbol{R}^{\mathrm{T}}\boldsymbol{R}$ 得到的上三角矩阵(见 C.5)。

注 1：除了 Cholesky 分解 $\boldsymbol{U}_x=\boldsymbol{R}^{\mathrm{T}}\boldsymbol{R}$，任何此形式的矩阵分解都可以使用。

注 2：本标准唯一明确考虑的联合 PDFs 为多元正态分布，在实际中经常被用到。从多元正态分布中抽样的数值程序如上所示(也可见 C.5)。如果用到其他的多元分布，需要提供从中抽样的方法。

注 3：若没有协方差的影响，式(11)中的多元正态分布 PDF 可简化为 N 个单变量正态分布 PDFs 的乘积。在此情况下

$$\boldsymbol{U}_x=\mathrm{diag}(u^2(x_1),\cdots,u^2(x_N))$$

因为

$$g_{\boldsymbol{X}}(\boldsymbol{\xi})=\prod_{i=1}^{N}g_{X_i}(\xi_i)$$

式中：

$$g_{X_i}(\xi_i)=\frac{1}{\sqrt{2\pi}u(x_i)}\exp\left(-\frac{(\xi_i-x_i)^2}{2u^2(x_i)}\right)$$

6.4.9 *t* 分布

6.4.9.1 t 分布主要来自两种情形：评估观测列(见 6.4.9.2)和校准证书的说明(见 6.4.9.7)。

6.4.9.2 假设有一列从正态分布 $\mathrm{N}(\mu_0,\sigma_0{}^2)$ 独立得到的 n 个观测值 $x_1,\cdots,x_n$，期望 μ_0 和方差 $\sigma_0{}^2$ 未知。输入量 X 理想值等于 μ_0，根据 μ_0 和 $\sigma_0{}^2$ 的无信息联合先验分布和贝叶斯原理，X 的边缘 PDF 为 t 分布 $t_\nu(\bar{x},s^2/n)$，自由度 $\nu=n-1$，观测值的均值和方差分别为[20]：

$$\bar{x}=\frac{1}{n}\sum_{i=1}^{n}x_i,\ s^2=\frac{1}{n-1}\sum_{i=1}^{n}(x_i-\bar{x})^2$$

6.4.9.3 X 的 PDF 为：

$$g_X(\xi)=\frac{\Gamma(n/2)}{\Gamma((n-1)/2)\sqrt{(n-1)\pi}}\times\frac{1}{s/\sqrt{n}}\left(1+\frac{1}{n-1}\left(\frac{\xi-\bar{x}}{s/\sqrt{n}}\right)^2\right)^{-n/2} \quad\cdots\cdots\cdots\cdots(12)$$

式中：$\Gamma(z)=\int_0^\infty t^{z-1}\mathrm{e}^{-t}\mathrm{d}t\,(z>0)$ 为 Gamma 函数。

6.4.9.4 X 的期望和方差分别为：

$$E(X)=\bar{x},\ V(X)=\frac{n-1}{n-3}\frac{s^2}{n}$$

其中，只有当 $n>2$ 时，$E(X)$ 的计算公式才成立；同样只有当 $n>3$ 时，$V(X)$ 的计算公式才成立。当 $n>3$ 时，X 的最佳估计值及其标准不确定度为：

$$x=\bar{x},\quad u(x)=\sqrt{\frac{n-1}{n-3}}\frac{s}{\sqrt{n}} \qquad \cdots\cdots(13)$$

注 1：在 GUM 中[ISO/IEC Guide 98-3:2008，4.2]，n 个独立观测值的平均值的标准不确定度计算公式为 $u(x)=s/\sqrt{n}$，而不是用式(13)计算标准不确定度，自由度 $n-1$ 用来估计 $u(x)$ 的可靠性。以此类推，B 类不确定度评定的自由度是基于对可靠性的主观判断[ISO/IEC Guide 98-3:2008，G.4.2](见 6.4.3.3 注 2)。应用韦尔奇-萨特思韦特公式，可以从已知的不确定度分量 $u(x_i)$ 的自由度得到不确定度 $u(y)$ 的有效自由度 ν_{eff}。

注 2：在本标准的贝叶斯部分，诸如不确定度的可靠性或其不确定性的概念是不必要的。因此，A 类不确定度中自由度不再是可靠性的度量，B 类评定的自由度也不存在。

6.4.9.5　从分布 $t_\nu(\bar{x},s^2/n)$ 中抽样，需要从自由度为 $\nu=n-1$ 的 t 分布 t_ν 中抽取 t [ISO/IEC Guide 98-3:2008，G.3](也可见 C.6)，并有

$$\xi=\bar{x}+\frac{s}{\sqrt{n}}t$$

6.4.9.6　若把从单个观测列计算得到的标准偏差 s 用从 Q 个观测列得到的自由度为 ν_{p} 的合并标准差 s_{p} 代替，其中

$$s_{\text{p}}^2=\frac{1}{\nu_{\text{p}}}\sum_{j=1}^{Q}\nu_j s_j{}^2,\quad \nu_{\text{p}}=\sum_{j=1}^{Q}\nu_j$$

X 服从 t 分布的自由度 $\nu=n-1$ 需要用合并标准差 s_{p} 的自由度 ν_{p} 代替。因而，式(12)需要用下列公式代替

$$g_X(\xi)=\frac{\Gamma((\nu_{\text{p}}+1)/2)}{\Gamma(\nu_{\text{p}}/2)\sqrt{\nu_{\text{p}}\pi}}\times\frac{1}{s_{\text{p}}/\sqrt{n}}\left[1+\frac{1}{\nu_{\text{p}}}\left(\frac{\xi-\bar{x}}{s_{\text{p}}/\sqrt{n}}\right)^2\right]^{-(\nu_{\text{p}}+1)/2}$$

式(13)需要用下列公式代替

$$x=\bar{x}=\frac{1}{n}\sum_{i=1}^{n}x_i,\ u(x)=\sqrt{\frac{\nu_{\text{p}}}{\nu_{\text{p}}-2}}\frac{s_{\text{p}}}{\sqrt{n}}\quad(\nu_{\text{p}}\geqslant 3)$$

6.4.9.7　如果 X 的信息来源于校准证书[ISO/IEC Guide 98-3:2008，4.3.1]，并且最佳估计 x、扩展不确定度 U_p、包含因子 k_p 和有效自由度 ν_{eff} 已标明，则可认为 X 服从自由度 $\nu=\nu_{\text{eff}}$ 的 t 分布 $t_\nu(x,(U_p/k_p)^2)$。

6.4.9.8　若 ν_{eff} 声明无穷大或不确定，这种情况是由于缺少其他信息而被看作无穷大，X 服从正态分布 $\mathrm{N}(x,(U_p/k_p)^2)$(见 6.4.7.1)。

注：此正态分布是当 ν 趋于无穷时的 t 分布 $t_\nu(x,(U_p/k_p)^2)$ 的极限情况。

6.4.10　指数分布

6.4.10.1　对非负的 X，若只知其最佳估计 $x>0$，则根据最大信息熵原理可认为 X 服从指数分布 $\mathrm{Ex}(1/x)$。

6.4.10.2　X 的 PDF 为：

$$g_X(\xi)=\begin{cases}\exp(-\xi/x)/x, & \xi\geqslant 0,\\ 0, & \text{其他}\end{cases}$$

6.4.10.3　X 的期望和方差分别为：

$$E(X)=x,\ V(X)=x^2$$

6.4.10.4　从分布 $\mathrm{Ex}(1/x)$ 中抽样，需要从标准矩形分布 $\mathrm{R}(0,1)$ 中抽取 r(见 C.3.3)，并有：

$$\xi=-x\ln r$$

注：更多的关于确定非负量 PDFs 的信息可方便地获取[14]。

6.4.11 Gamma 分布

6.4.11.1 假设输入量 X 为容量确定的样本中出现的目标平均数(如从干净房间抽取空气样本中的平均粒子数,或在规定时间间隔内放射的平均光子数),假设 q 为样本中的目标数,且该目标数是具有未知期望的量,该期望服从泊松分布。根据贝叶斯理论,在确定了期望的固定的先验分布后,X 服从 $\mathrm{G}(q+1,1)$。

6.4.11.2 X 的 PDF 为:

$$g_X(\xi)=\begin{cases}\xi^q\exp(-\xi)/q!, & \xi\geqslant 0\\ 0,\text{其他}\end{cases} \qquad\cdots\cdots(14)$$

6.4.11.3 X 的期望和方差分别为:

$$E(X)=q+1,\ V(X)=q+1 \qquad\cdots\cdots(15)$$

6.4.11.4 从分布 $\mathrm{G}(q+1,1)$ 中抽样,需要从标准矩形分布 $\mathrm{R}(0,1)$ 中抽取 $q+1$ 个独立的 r_i,$i=1,\cdots,q+1$(见 C.3.3),并有[18]

$$\xi=-\ln\prod_{i=1}^{q+1}r_i$$

注 1:如果对几个样本(服从相同的泊松分布)进行计数,q_i 表示样本量为 S_i 的第 i 个样本的目标数,在总样本量大小为 $S=\sum_i S_i$ 中目标数的平均值的分布为 $\mathrm{G}(\alpha,\beta)$,其中 $\alpha=1+\sum_i q_i$ 且 $\beta=1$,式(14)和式(15)中应用了 $q=\sum_i q_i$ 。

注 2:Gamma 分布是 χ^2 分布的一般化,用于表征方差的相关信息。

注 3:6.4.11.4 中特定的 Gamma 分布是一个 Erlang 分布,为 $q+1$ 个参数为 1 的指数分布的和[18]。

6.5 从先前不确定度计算中确定概率分布

先前不确定度计算可得到输出量的概率分布,该输出量将作为下一步不确定度计算的输入量。此概率分布能用解析方法以公认的分布形式方便地得到,如作为正态 PDF。如可以用先前应用 MCM 得到该量近似的分布函数。诸如此类获取量的分布函数的具体方法详见 7.5.1 和 D.2。

7 蒙特卡洛方法的计算

7.1 概述

本条款主要介绍 MCM 实施分布传播的信息,实施程序在 5.9.6 中给出并详见图 4。

7.2 蒙特卡洛试验次数

7.2.1 需要合理选择蒙特卡洛试验次数 M,即测量模型的计算次数。在没有对 MCM 提供的数值结果的质量进行直接控制的情况下,可以预先设定一个值。在规定的数值容差下,MCM 提供的结果所需要的试验次数取决于输出量分布的“形状”以及要求的包含概率。由于基于随机抽样,这种计算在本质上也是随机的。

注:试验次数 $M=10^6$ 通常会为输出量提供 95%包含区间,并适用于该包含区间长度保留 1~2 位有效数字。

7.2.2 M 取值应大于 $1/(1-p)$,如:M 至少应大于 $1/(1-p)$ 的10^4 倍。此时,在 Y 的 $100p$%包含区间内,$\boldsymbol{G}$ 可被认为能提供 $G_Y(\eta)$ 的合理离散集合。

7.2.3 由于不能保证这种或任何预先确定的 M 的值能满足要求,因此可以使用确定 M 的自适应程序,即试验次数累计增加的方法。可方便的获取这方面的指南[2]。7.9 就提供了这种自适应程序,该自适应程序具有下列特性:所使用的试验次数能经济地与所期望的数值容差保持一致。

注：如果模型复杂，如涉及有限元计算的模型，由于需要大量的计算时间，用足够大的试验次数 M 来获得输出量充分的分布知识可能是不现实的。在这种情况下，可以近似认为 $g_Y(\eta)$是正态分布(如同 GUM)并按下列方法执行。可以选用一个相对较小的 M 值，如 50 或 100。Y 的 M 个模型值的平均值和标准差分别为 y 和 $u(y)$。基于此信息，可以用正态分布 $g_Y(\eta)=\mathrm{N}(y,u^2(y))$来表征 Y 的知识(见 6.4.7)，并且 Y 的特定的包含区间也能计算。在没有对 Y 的 PDF 进行近似时，与大的 M 值计算的结果相比，尽管用小 M 值的结果其可靠性不可避免地降低，但这种方法的确考虑了模型的非线性。

7.3 从概率分布中抽样

在执行 MCM 时，分别从 N 个输入量 X_i 的 PDFs$g_{X_i}(\xi_i)$中抽取 M 个向量 $\boldsymbol{x}_r$，$r=1,\cdots,M$(见 7.2)。适当时，要从联合(多元)PDF$g_{\boldsymbol{X}}(\boldsymbol{\xi})$中抽样。附录 C 给出了从最常用分布中进行抽样方法的建议，如矩形分布、正态分布、t 分布和多元正态分布，也可见 6.4。可以从其他任何分布中随机抽样，见附录 C.2。这些分布中，一些分布可作为由先前不确定度计算得到的蒙特卡洛结果的近似分布(见 6.6、7.5，以及附录 D)。

注：由于 MCM 的结果要进行统计验证，用于从所要求的分布中抽样的伪随机数发生器应具有适当的特性。C.3.2 介绍了检验发生器产生随机数的随机性的一些方法。

7.4 模型的计算

7.4.1 模型值由从 N 个输入量 X_i 的 PDFs 中抽取的 M 个值来估计。具体地，$\boldsymbol{x}_1,\boldsymbol{x}_2,\cdots,\boldsymbol{x}_M$ 为 M 次抽样，第 r 次抽样 $\boldsymbol{x}_r$ 包括 $x_{1,r},\cdots,x_{N,r}$。$x_{i,r}$为从输入量 X_i 的 PDF 中抽取的抽样值，则模型值为

$$y_r=f(\boldsymbol{x}_r),r=1,\cdots,M$$

7.4.2 如果有些输入量 X_i 之间相互不独立，并由此需要确定它们的联合 PDF，必须对 7.4.1 模型值计算方法进行修改。

注：在应用不确定度传播律时，需要对模型值和导数进行计算，使用输入量最佳估计值处的准确的导数。应用不确定度传播律时，模型值计算只有在用数值近似(有限差分法)求导时才能进行。如果 GUM 的推荐方法[ISO/IEC Guide 98-3:2008，5.1.3 注 2]被采用，这些计算在输入量最佳估计值处及其±标准不确定度范围内的点处依次进行。应用 MCM，模型值的计算在这些最佳估计值邻域进行，即在距离这些最佳估计值几倍的标准不确定度的点处进行。事实上根据使用的方法在不同点进行模型计算时，可能会引起一些有关模型计算所用的数值程序问题，如：保证数值的收敛性(当使用迭代方案时)和数值的稳定性。适当时，使用者应该保证用于计算 f 的数值方法在包含这些最佳估计值的足够大的区域内有效。上述方面只有在少数条件下才被认为是至关重要的。

7.5 输出量分布函数的离散表示

7.5.1 输出量 Y 的分布函数 $G_Y(\eta)$的离散表示 $\boldsymbol{G}$ 可采用如下步骤获得：

a) 将 MCM 得到的模型值 y_r，$r=1,\cdots,M$ 按非递减的顺序排列，排序后的模型值记为 $y_{(r)}$，$r=1,\cdots,M$；

b) 如有必要，对所有重复的模型值 $y_{(r)}$进行微小的数值扰动，使 $y_{(r)}$，$r=1,\cdots,M$ 的集合形成严格递增的序列[参见 5.10.1 中的条件 b)]；

c) 将 $\boldsymbol{G}$ 设为集合 $y_{(r)}$，$r=1,\cdots,M$。

注 1：关于步骤 a)，应采用数值运算次数与 $M\ln M$ 成正比的排序算法[47]，低效算法的计算时间正比于 M^2，使计算的时间无谓地变长，见 7.8。

注 2：在步骤 a)中，应用术语“非递减”而不是“递增”，是因为模型值 y_r 可能相等。

注 3：关于步骤 b)，只有施加微小的数值扰动才可确保 $y_{(r)}$的统计特性不变。

注 4：在步骤 b)中，因为模型值而引起的大量不同的浮点数，数值扰动是非常不必要的，这些模型值由随机数发生器产生的输入量抽样值获得。然而，一个可靠的软件运算可成为适用的规范。

注 5：关于步骤 c)，从 $\boldsymbol{G}$ 中可以派生出大量的信息。特别地，可以获取关于对期望和标准差的一些补充信息，如偏

度和峰度的估计，以及其他统计量如众数和中位数。

注 6：如果 Y 成为后续不确定度评定的输入量，从其概率分布中的抽样，可以容易地从 $y_{(r)}$，$r=1,2,\cdots,M$，等概率随机抽样实现（见 6.5）。

7.5.2　将 $y_{(r)}$（或 y_r）以合适的子区间间隔绘制成直方图，得到频率分布，归一化处理使得面积为单位 1，由此得到近似的 Y 的 PDF 为 $g_Y(\eta)$。但是计算结果不能从直方图中得到，因为直方图的分辨力与直方图的子区间宽度有关，计算结果只能从分布函数 $\boldsymbol{G}$ 中得出。但是，直方图有助于理解 PDF 的本质，如非对称性的程度。详见 7.8.3 中注 1 有关大数值 M 的用法。

7.5.3　对 $G_Y(\eta)$ 的连续近似有时是有益的，附录 D 包含了获取这种近似的方法。

7.6　输出量的估计值及其标准不确定度

输出量 Y 的估计值 y 为平均值 $\tilde{y}$：

$$\tilde{y}=\frac{1}{M}\sum_{r=1}^{M}y_r \qquad (16)$$

标准差作为最佳估计值 y 的标准不确定度 $u(\tilde{y})$：

$$u^2(\tilde{y})=\frac{1}{M-1}\sum_{r=1}^{M}(y_r-\tilde{y})^2 \qquad (17)$$

注 1：应用式(17)，而不是下列数学意义上的等价公式：

$$u^2(\tilde{y})=\frac{M}{M-1}\left(\frac{1}{M}\sum_{r=1}^{M}y_r^2-\tilde{y}^2\right)$$

在计量学领域的许多情况下，$u(y)$ 比 $|y|$ 小很多（这种情况下 y_r 中主要的数字都相同），后者计算标准差的公式受由于计算结果是负数而取消（当平均值的平方小于平方的平均值时）的困扰。它会产生严重的后果，因不确定度评定准确的有效数字太少而使评定的结果无效[4]。

注 2：在一些特殊情况中，如其中一个输入量服从自由度小于 3 的 t 分布时，PDF 为 $g_Y(\eta)$ 的 Y 的期望和标准差可能不存在。式(16)和式(17)计算的结果可能没有意义。然而，Y 的包含区间（见 7.7）可以确定，因为 $\boldsymbol{G}$ 有意义并且可以确定。

注 3：因为对于非线性模型 $f(\boldsymbol{X})$，一般情况下 $\tilde{y}$ 不等于模型在各输入量最佳估计值处的值，即 $E(Y)=E(f(\boldsymbol{X}))\neq f(E(\boldsymbol{X}))$（参见[ISO/IEC Guide 98-3:2008，4.1.4]）。无论 f 是线性或非线性，当 M 趋向于无穷大时，如果 $E(f(\boldsymbol{X}))$ 存在，$\tilde{y}$ 趋向于 $E(f(\boldsymbol{X}))$。

7.7　输出量的包含区间

7.7.1　类似于 5.3.2 中已知 $G_Y(\eta)$ 时的情况，Y 的包含区间可由 $G_Y(\eta)$ 的离散表示 $\boldsymbol{G}$ 得到。

7.7.2　若 pM 为整数，令 $q=pM$，否则 q 取 $pM+1/2$ 的整数部分。则 $[y_{\text{low}},\ y_{\text{high}}]$ 为 Y 的 $100p\%$ 包含区间，对于任意的 $r=1,\cdots,M-q$，则 $y_{\text{low}}=y_{(r)}$，$y_{\text{high}}=y_{(r+q)}$。如果 $(M-q)/2$ 为整数，取 $r=(M-q)/2$；否则，r 取 $(M-q+1)/2$ 的整数部分，可得概率对称的 $100p\%$ 包含区间。若分布不对称，通过确定 r^* 求 $100p\%$ 最短包含区间，使得 $r=1,\cdots,M-q$，$y_{(r^*+q)}-y_{(r^*)}\leqslant y_{(r+q)}-y_{(r)}$。

注：由于 MCM 的随机性，一些长度为 $M-q$ 的区间可能会比平均长度短，有时会比平均长度长。因此，通过选择这些区间长度的最小值，近似 $100p\%$ 最短包含区间趋向于比 $G_Y(\eta)$ 计算得到的偏短一点，因而包含概率也比 $100p\%$ 小。对于大的 M 值，这个包含概率略少于 $100p\%$，其差值是可忽略的。

例：在区间[0,1]服从矩形分布的伪随机数发生器上抽取 10^5 个随机数，通过上述方法确定 95% 最短包含区间。计算了 1 000 次，平均的包含概率为 94.92%，其标准差为 0.06%。

7.8　计算时间

7.8.1　MCM 的计算时间主要由以下三步所需的时间决定：

a）从每个输入量 X_i 的 PDF 中（或者 $\boldsymbol{X}$ 的联合 PDF）抽取 M 个样本；

b）计算 M 个模型值；

c) 把 M 个结果值以非递减顺序排列。

7.8.2 以上三步所用的时间直接与 a) M、b) M 和 c) $M\ln M$ 成正比(如果使用一种有效的排序方法[47])。

7.8.3 若模型简单且输入量相互独立,c)步所用的时间预期为主要的时间,在几 GHz 的个人计算机上运行 $M=10^6$ 次总共需要几秒钟的时间。否则,令 T_1 为从输入量的 PDFs 中抽样一次的时间,T_2 为一次模型值计算的时间,则总共所需的时间为 $M\times(T_1+T_2)$,当模型复杂时主要的时间为 MT_2。

注 1:如果模型简单而且 M 很大,如10^8 或10^9,排序的时间可能会超过计算 M 个模型值的时间。在这种情形下,可以用基于 y_r 的合适的直方图对 $g_Y(\eta)$的近似方法来替代。

注 2:应用 MCM 所需计算时间的示例如下,假设模型是一个由 5 个输入量构成的加法模型:

$$Y=\cos X_1+\sin X_2+\tan^{-1}X_3+\exp(X_4)+X_5^{1/3}$$

各输入量 X_i 用正态分布 PDF 表征,MCM 试验次数 $M=10^6$。相应的计算时间主要包括三方面:a)产生 $5M$ 个正态分布随机数,b)计算 M 个模型值以及 c)把 M 个模型值排序,这三方面所需的计算时间分别占总计算时间的 20%、20%和 60%,在具有几 GHz 的个人电脑上运算,总的计算时间需要几秒钟。

7.9 自适应蒙特卡洛程序

7.9.1 概述

在执行自适应蒙特卡洛程序的基本过程中,蒙特卡洛试验次数不断增加,直到所需要的各种结果达到统计意义上的稳定。如果与数值结果相关联的两倍标准差小于标准不确定度 $u(y)$要求的数值容差(见 7.9.2),则认为数值结果是稳定的。

7.9.2 与一个数值有关的数值容差

令 n_{dig}表示数值 z 有效数字的位数,与 z 有关的数值容差 δ 按下列方式给出:

a) 把 z 表示为 $c\times10^{\ell}$ 的形式,同时 c 为 n_{dig}位的整数,ℓ 为整数。

b) 数值容差取:

$$\delta=\frac{1}{2}10^{\ell} \qquad\qquad (18)$$

示例 1:标称值 100g 的标准砝码[ISO/IEC Guide 98-3:2008, 7.2.2]的输出量估计值为 $y=100.021\ 47$g,标准不确定度 $u(y)=0.000\ 35$g,这两个有效数字都是有意义的。因此,$n_{\text{dig}}=2$,$u(y)$可以表示为 $u(y)=35\times10^{-5}$g,此时,$c=35$,$\ell=-5$,因而,$\delta=\frac{1}{2}\times10^{-5}g=0.000\ 005$g。

示例 2:如果在例 1 中 $u(y)$只有一位有效数字。因此,$n_{\text{dig}}=1$,$u(y)=0.000\ 4$g$=4\times10^{-4}$g,此时,$c=4$,$\ell=-4$,因而,$\delta=\frac{1}{2}\times10^{-4}g=0.000\ 05$g。

示例 3:在温度测量中,$u(y)=2$K,那么 $n_{\text{dig}}=1$,$u(y)=2\times10^0$K,此时,$c=2$,$\ell=0$,因而,$\delta=\frac{1}{2}\times10^0K=0.5$K。

7.9.3 自适应程序的目的

7.9.4 给出的自适应程序是为了获得:

a) Y 的估计值 y;

b) 相关的标准不确定度 $u(y)$;

c) 给定包含概率下 Y 的包含区间的端点值 y_{low}和 y_{high},使以上四个值满足数值容差的要求。

注 1:由于随机特性,自适应程序并不能保证可以得到这样的区间。

注 2:针对相应的蒙特卡洛试验次数,y 和 $u(y)$的"收敛"速度通常比 y_{low}和 y_{hifh}要快。

注 3:通常地,包含概率越大,使 y_{low}和 y_{high}达到所规定数值容差要求的蒙特卡洛仿真次数也越大。

7.9.4 自适应程序

一个包含连续使用 MCM 的实用方法如下：

a) 设 n_{dig} 为一个适当小的正整数(见 7.9.2)；

b) 设 $M = \max(J, 10^4)$，

式中，J 为大于或等于 $100/(1-p)$ 的最小整数；

c) 设 $h=1$，即序列中第一次使用 MCM；

d) 如 7.3 和 7.4 所述，运行 M 次蒙特卡洛试验；

e) 根据 7.5 至 7.7，用得到的 M 个模型值 $y_1, \cdots, y_M$，计算得到序列中的第 h 个 $y^{(h)}$，$u(y^{(h)})$，$y_{\text{low}}^{(h)}$ 和 $y_{\text{high}}^{(h)}$ 分别作为 Y 的估计值、标准不确定度以及 $100p\%$ 包含概率下的包含区间的左右端点。

f) 若 $h=1$，令 $h=h+1$，返回步骤 d)；

g) 得到与 $y^{(1)}, \cdots, y^{(h)}$ 的平均值相关联的标准偏差 s_y

$$s_y^2 = \frac{1}{h(h-1)} \sum_{r=1}^{h} (y^{(r)} - y)^2$$

式中：

$$y = \frac{1}{h} \sum_{r=1}^{h} y^{(r)}$$

h) 计算 $u(y)$，y_{low}，y_{high} 所对应的统计量；

i) 用所有 $h \times M$ 个模型值计算 $u(y)$；

j) 依据 7.9.2，计算 $u(y)$ 的数值容差 δ；

k) 若 $2s_y$，$2s_{u(y)}$，$2s_{y_{\text{low}}}$，$2s_{y_{\text{high}}}$ 中的任何一个大于 δ，令 $h=h+1$，返回步骤 d)；

l) 若整个计算过程已稳定，依据 7.5 至 7.7，用得到的所有 $h \times M$ 个模型值计算 y、$u(y)$ 和 $100p\%$ 包含区间。

注 1：一般条件下步骤 a) 中的 n_{dig} 取 1 或 2。

注 2：步骤 b) 中 M 的选择是主观的，但在实际应用中是适宜的。

注 3：步骤 g) 中，y 可以认为是实际中标准差为 s_y 的一个随机变量。

注 4：步骤 g) 和步骤 h) 中得到的标准差的减小幅度趋向于与 $h^{-1/2}$ 成正比(参见 5.9.6 注 2)。

注 5：在不要求包含区间的情况下，步骤 k) 计算稳定性的判断可以只基于 $2s_y$ 和 $2s_{u(y)}$。

注 6：步骤 k) 中若认为平均值是正态变量，包含因子可以取 2，此时相应的包含概率近似为 95%。

注 7：一种替代的非自适应程序确定 95% 概率对称包含区间可以用二项分布统计量[10]，具体如下：选择蒙特卡洛试验次数 $M=10^5$ 或 $M=10^6$。若 $M=10^5$，则 $r=2\,420$，$s=97\,581$；或若 $M=10^6$，则 $r=24\,747$，$s=975\,254$；形成包含区间为 $[y_{(r)}, y_{(s)}]$。这个区间是 95% 统计包含区间，其置信度为 0.99[ISO/IEC Guide 98-3:2008，C.2.30][55]，即该包含概率不小于 95%，应用 MCM 至少为 99%。这个结果可以应用二项分布的统计量估计[10]。这类包含区间的平均包含概率为 $(s-r)/(M+1)$，此概率大于 95%，并且随着 M 的增加与 95% 的差异会减小，即 $M=10^5$，概率为 95.16%；$M=10^6$，概率为 95.05%。(r，s 有其他的可能性，而不需要加总到 $M+1$。一个充分条件是 $s-r$ 要满足：

$$\sum_{j=s-r}^{M} {}^{M}C_j p^j (1-p)^{M-j} < 1 - 0.99$$

式中：

$${}^{M}C_j = \frac{M!}{j!\,(M-j)!}$$

当上述不等式满足时，就可以得到 r，s 的最好结果[10, 2.6部分]。)这些结果可以扩展到其他的包含概率(以及其他 M 的选择)。

8 结果的验证

8.1 用蒙特卡洛方法验证 GUM 不确定度框架

8.1.1 虽然 GUM 不确定度框架在很多情况下被认为是非常适用的，但是确定其适用的条件是否得到满足并不总是那么容易（见 5.7 和 5.8）。事实上，假如有合适的软件可获得的情况下[8]，判断 GUM 不确定度框架使用的条件与使用 MCM 要求相比，通常前者的难度要大的多。因此，鉴于这些适用的条件并不容易检验，任何有疑问的情况都需要经过验证。由于 MCM 比 GUM 不确定度框架的验证范围要广，因此建议同时使用两种方法，并对结果进行比较。如果比较结果较好，则 GUM 不确定度框架适用于此场合及今后足够类似的情形。否则，应考虑采用 MCM 或者其他合适的替代方法。

8.1.2 特别推荐采用下面两个步骤并执行后面的比较过程：

a） 应用 GUM 不确定度框架（可能应用基于高阶泰勒级数展开近似式的不确定度传播律）（见 5.6）得到输出量的 $100p\%$ 包含区间 $y \pm U_p$，此处 p 为给定的包含概率；

b） 利用自适应蒙特卡洛程序（见 7.9.4）获得输出量（近似）标准不确定度 $u(y)$ 和给定包含概率为 $100p\%$ 条件下的（概率对称或最短）包含区间的端点 y_{low} 和 y_{high}，也可见 8.2。

8.1.3 比较过程的目的是：确定由 GUM 不确定度框架和 MCM 得到的包含区间在规定的数值容差下是否一致。此数值容差根据包含区间端点来评定，且与不确定度 $u(y)$ 的有效数字的有效位数相关（比较 7.9.2）。具体过程如下：

a） 根据 7.9.2 确定 $u(y)$ 的数值容差 δ；

b） 对 GUM 不确定度框架和 MCM 得到的包含区间进行比较，确定是否能获得 GUM 不确定度框架提供的包含区间中正确有效数字的所需位数，特别要确定

$$d_{low} = |y - U_p - y_{low}| \qquad \cdots\cdots(19)$$

$$d_{high} = |y + U_p - y_{high}| \qquad \cdots\cdots(20)$$

即两个包含区间各自端点的绝对差值。如果 d_{low} 和 d_{high} 均不大于 δ，比较结果是合理的，GUM 不确定度框架可通过验证。

注：$100p\%$ 包含区间的选择会影响比较的结果。因此，只有在规定的包含概率 p 条件下才能对结果进行验证。

8.2 基于验证目的蒙特卡洛方法结果的获取

为达到 8.1 中验证的目的，在获取 MCM 的结果过程中应采用足够大的蒙特卡洛试验次数 M（见 7.2）。当应用 MCM 来验证 GUM 不确定度框架时，n_{dig} 表示为 $u(y)$ 所需的有效数字的位数（见 7.9.1）。δ 表示 $u(y)$ 的数值容差（见 7.9.2）。本标准建议采用自适应蒙特卡洛程序（见 7.9.4）得到数值容差为 $\delta/5$ 时的 MCM 结果。在自适应程序步骤 k）中用 $\delta/5$ 替代 δ，可获得此结果。

注：可以预期数值容差为 $\delta/5$ 时的 M 值会比数值容差为 δ 时大 25 倍。对某些计算机，如此大的 M 在计算 M 维向量时会出现效率问题。在这样的情况下，作为替代，可以用基于 y_r 的直方图对 $g_Y(\eta)$ 的近似计算法，直方图中的组频数随着蒙特卡洛计算的进行得到更新，参见 7.8.3 注 1。

9 案例

9.1 本标准有关方面的说明

9.1.1 本部分的案例对本标准的许多方面进行阐释。它们展示了应用 GUM 不确定度框架时，考虑和不考虑高阶泰勒级数展开项对模型方程近似的两种情况。同时，还展示了以下方法得到的相应结果：

a） 应用预先设定蒙特卡洛试验次数 M 的 MCM；

b） 自动确定 M 值的自适应蒙特卡洛程序（见 7.9.4）；

c） 或同时应用以上两种方法。

9.1.2　有些案例进一步展示了用 9.1.1 中 b)得到的 MCM 结果验证 GUM 不确定度框架得到结果的有效性。选择合理 $u(y)$ 的数值容差 δ(见 7.9.2)用于对 MCM 与 GUM 不确定度框架的比较。b)中 MCM 结果是使用数值容差为 $\delta/5$ 时得到的(见 8.2)。在一些案例中,用解析的方法对结果作进一步比较。

9.1.3　结果报告通常采用 5.5 中的方式。然而,为了便于多种方法得到结果的比较,有效数字位数比建议的 1 位或 2 位有效位数要多。

9.1.4　矩形分布伪随机数用 Mersenne Twister 发生器[34]生成(见 C.3),从矩形分布中抽样的伪随机数通过了综合测试[30](见 C.3.2),并且通过 MATLAB 可方便得到这些随机数[36],同时也给出了得到这种结果的程序运行环境。

9.1.5　第一个案例(见 9.2)构建了一个加法模型。它证明当满足 GUM 不确定度框架的条件时(见 5.7),用 MCM 和 GUM 不确定度框架所得到的结果是一致的。同样的模型,但输入量的 PDFs 不同,也会因 GUM 不确定度框架的条件不完全满足而产生一定的偏差。

9.1.6　第二个案例(见 9.3)是质量计量的校准问题。这个案例证明了仅当包含高阶泰勒级数展开项的模型近似式,GUM 不确定度框架得到的结果才有效。

9.1.7　第三个案例(见 9.4)关于电气测量问题。它展示了输出量的 PDF 可能是显著的不对称,即使考虑了高阶泰勒级数展开项,GUM 不确定度框架也能产生无效的结果。此案例讨论了各输入量相互独立和相互不独立的两种情况。

9.1.8　第四个案例(见 9.5)是 GUM 中所关注的量块校准的问题[ISO/IEC Guide 98-3:2008, H.1]。该案例中对给定的与模型输入量相关的信息进行了解释,相应地也赋予了各输入量的 PDFs,并对 GUM 不确定度框架的结果和 MCM 得到的结果进行了比较。此外,也对原模型和近似模型这两种 GUM 结果进行了比较。

9.2　加法模型

9.2.1　公式

本案例考虑加法模型:

$$Y = X_1 + X_2 + X_3 + X_4 \qquad \cdots\cdots(21)$$

本模型为 GUM 中典型的线性模型,输入量 X_i 用三组不同的 PDFs$g_{X_i}(\xi_i)$来表征,并且各输入量相互独立。在第一组,各 $g_{X_i}(\xi_i)$服从标准正态分布(X_i 的数学期望为 0,标准差为 1);在第二组,各 $g_{X_i}(\xi_i)$服从矩形分布,同样地,X_i 的数学期望为 0,标准差为 1;第三组,除了 $g_{X_4}(\xi_4)$的标准差为 10,其他条件与第二组情况相同。

注:关于加法模型的更多信息,如模型(21),当 PDFs 为正态分布、矩形分布,或者是两者的联合分布等情况,可见文献[13]。

9.2.2　输入量服从正态分布

9.2.2.1　各输入量 X_i 的 PDF 用标准正态分布表征,X_i 的数学期望 $x_i=0$,标准不确定度 $u(x_i)=1$,$i=1,2,3,4$。

9.2.2.2　表 2 中前 5 列给出了结果的汇总,为了便于相互间比较,报告的结果保留三位有效数字(见 9.1.3)。

注:由于在这组情况中 Y 的 PDF 是已知对称的,因此 95%概率对称包含区间是确定的,如同本例中所考虑的其他组情况(见 9.1.3)。

9.2.2.3　应用不确定度传播律[ISO/IEC Guide 98-3:2008, 5.1.2]得到 Y 的估计值 $y=0.0$ 和标准不确定度 $u(y)=2.0$,$u(y)$保留两位有效数字,数值容差为 $\delta=0.05$(见 5.5)。当包含因子为 1.96 时,Y 的 95%概率对称的包含区间为[-3.9, 3.9]。

9.2.2.4　应用 MCM(第 7 章),$M=10^5$ 时,得到 Y 的估计值 $y=0.0$,$u(y)=2.0$,95%概率对称包含区间为[-3.9, 3.9]。当 $M=10^6$ 时,重复使用这种方法两次,两次得到的结果在数值容差内一致。这两次重复试验(抽取 PDFs 的随机样本不同)是为了验证所获得结果的差异性。第四次和第五次试验的 M (1.23×10^6,1.02×10^6)是两次应用自适应蒙特卡洛程序(见 7.9)中的试验次数,相应的数值容差为 $\sigma/5$(见 8.2)。

9.2.2.5 通过解析法得到 Y 的 PDF 是数学期望为 0、标准差为 2 的正态分布 PDF。

9.2.2.6 图 6 给出了 GUM 不确定度框架得到的 Y 的 PDF(正态分布)。它同时显示了利用 MCM 得到的离散值 $\boldsymbol{G}$(见 7.5)对 PDF 的近似[利用 Y 的 $M=10^6$ 个模型值得到的频率分布(直方图)]。用两种方法得到的 95%概率对称包含区间的端点用垂直线表示。在本例中,PDF 和其近似的分布及各自的包含区间在图上难以区分(对于足够大的 M),因为本例中应用 GUM 不确定度框架的所有的条件都满足(见 5.7)。

表 2 输入量为正态分布时应用 GUM 不确定度框架(GUF)、MCM 和解析法得到的结果(9.2.2.2,9.2.2.7,9.2.3.4)

方法	M	y	$u(y)$	95%概率对称包含区间	d_{low}	d_{high}	GUF 验证结果($\delta=0.05$)?
GUF		0.00	2.00	[−3.92, 3.92]			
MCM	10^5	0.00	2.00	[−3.94, 3.92]			
MCM	10^6	0.00	2.00	[−3.92, 3.92]			
MCM	10^6	0.00	2.00	[−3.92, 3.92]			
自适应 MCM	1.23×10^6	0.00	2.00	[−3.92, 3.93]	0.00	0.01	有效
自适应 MCM	1.02×10^6	0.00	2.00	[−3.92, 3.92]	0.00	0.00	有效
解析法		0.00	2.00	[−3.92, 3.92]			

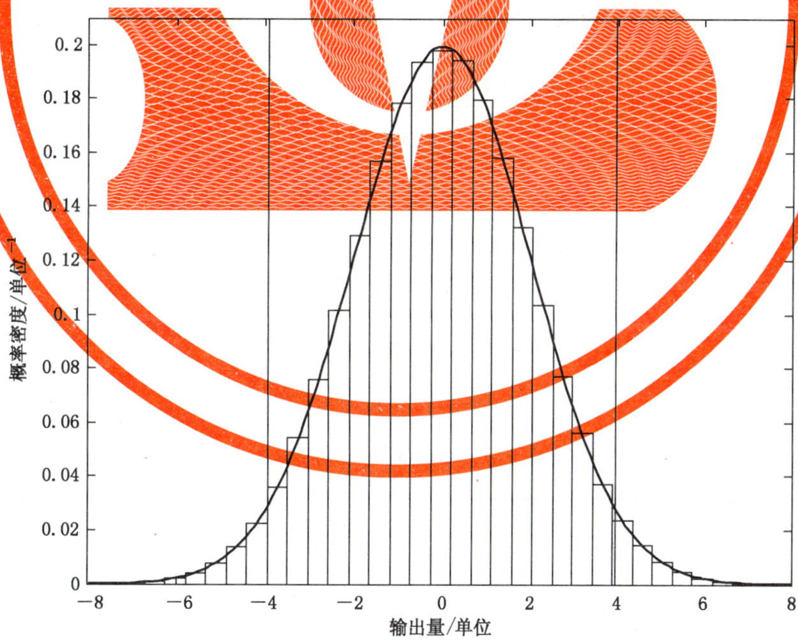

图 6 当各输入量 X_i 为标准正态分布 PDF,应用 a)GUM 不确定度框架,b)MCM 对模型(21)的近似(9.2.2.6,9.2.3.3)

9.2.2.7 表 2 中第 6～8 列表示应用 8.1 和 8.2 中验证程序得到的结果。应用 7.9.2 中的方法，因为 $u(y)$保留两位有效数字，则 $n_{dig}=2$，因此 $u(y)=2.0=20\times10^{-1}$，得 $c=20$，$l=-1$。根据 7.9.2，数值容差为：

$$\delta=\frac{1}{2}\times10^{-1}=0.05$$

表 2 中列出了两次应用自适应蒙特卡洛程序得到的端点偏差值 d_{low} 和 d_{high}[见式(19)和式(20)]。也列出了在 $\delta=0.05$ 时 GUM 不确定度框架是否得到验证的结果。

9.2.2.8 图 7 给出了从 $\boldsymbol{G}$ 中确定 Y 的 95%包含区间的长度为 $y_{high}-y_{low}$（见 7.7），作为左侧端点的概率函数。由于认为 PDF 是对称的，关于数学期望对称的区间为最短区间。

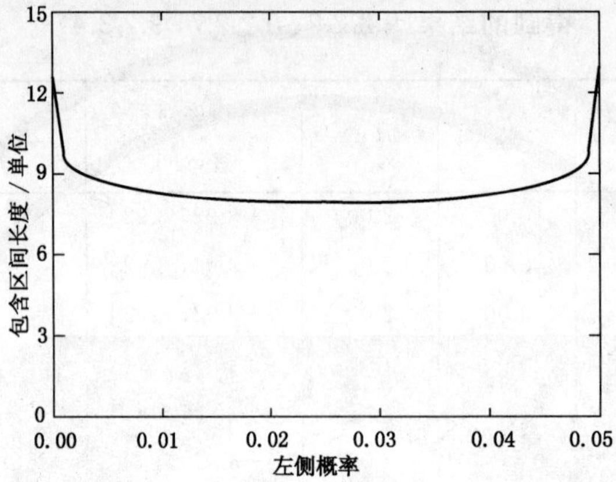

图 7 利用 MCM 得到模型(21)离散分布函数 95%包含区间长度作为左侧端点的概率函数(9.2.2.8，9.4.2.2.11)

9.2.2.9 9.4 给出了 PDF 不对称的例子，其中最短包含区间与概率对称的包含区间有明显的差异。

9.2.3 输入量服从相同宽度的矩形分布

9.2.3.1 各输入量 X_i 服从矩形 PDF，且 X_i 的数学期望为 0，标准差为 1(与 9.2.2.1 正态分布进行对比)。因此，X_i 的最佳估计值为 $x_i=0$，标准不确定度 $u(x_i)=1$，$i=1,2,3,4$。

9.2.3.2 按照类似于 9.2.2.3～9.2.2.5 中的步骤，得到表 3 中的结果。解析法得到的 95%概率对称包含区间的端点值为 $\pm2\sqrt{3}[2-(3/5)^{1/4}]\approx\pm3.88$，具体的算法见附录 E。

表 3 除了 X_i 具有相同期望和标准差的矩形分布 PDFs，其他如表 2(9.2.3.2，9.2.3.3，9.2.3.4)

方法	M	y	$u(y)$	95%概率对称包含区间	d_{low}	d_{high}	GUF 验证结果($\delta=0.05$)?
GUF		0.00	2.00	[−3.92, 3.92]			
MCM	10^5	0.00	2.01	[−3.90, 3.89]			
MCM	10^6	0.00	2.00	[−3.89, 3.88]			
MCM	10^6	0.00	2.00	[−3.88, 3.88]			
自适应 MCM	1.02×10^6	0.00	2.00	[−3.88, 3.89]	0.04	0.03	有效
自适应 MCM	0.86×10^6	0.00	2.00	[−3.87, 3.87]	0.05	0.05	无效
解析法		0.00	2.00	[−3.88, 3.88]			

9.2.3.3 图 8 显示与图 6 相对应的结果，通过与图 6 比较可以看出，在 PDFs 的近似表示之间存在细微的差异。无论 X_i 服从正态分布还是矩形分布，GUM 不确定度框架得到完全相同的 PDF，因为在这两种情形中，输入量的数学期望、标准差是一致的。在数学期望的附近和分布的拖尾处，用 MCM 获得的 PDF 要比用 GUM 不确定度框架得到的小一些；而在分布的两侧，MCM 获得的 PDF 要比用 GUM 不确定度框架得到的稍微大一些。两种方法得到的包含区间端点的差异在图 6 中无法区分，但在表 3 中体现了微小差异。

9.2.3.4 在本例中，基于 GUM 不确定度框架得到的 95% 概率对称包含区间比用解析法得到的包含区间稍显保守。像各输入量为正态分布的情形，对 GUM 不确定度框架得到的结果进行了验证(见表 3 第 6～8 列)。与前面一样，$n_{dig}=2$，$u(y)=20\times10^{-1}$，$c=20$，$l=-1$ 及 $\delta=0.05$，端点差值 d_{low} 和 d_{high} 比正态分布的量要大(表 2)。在两次应用自适应蒙特卡洛程序中，第一次应用自适应蒙特卡洛程序时，GUM 不确定度框架通过了验证；第二次应用时，没有通过验证，虽然 d_{low} 和 d_{high} 接近于数值容差 $\delta=0.05$(如果考虑有效数字位数比表 3 的多)。这些不同的验证结果是由蒙特卡洛方法所具有的随机特性偶尔造成的，特别是本例的这种情况。

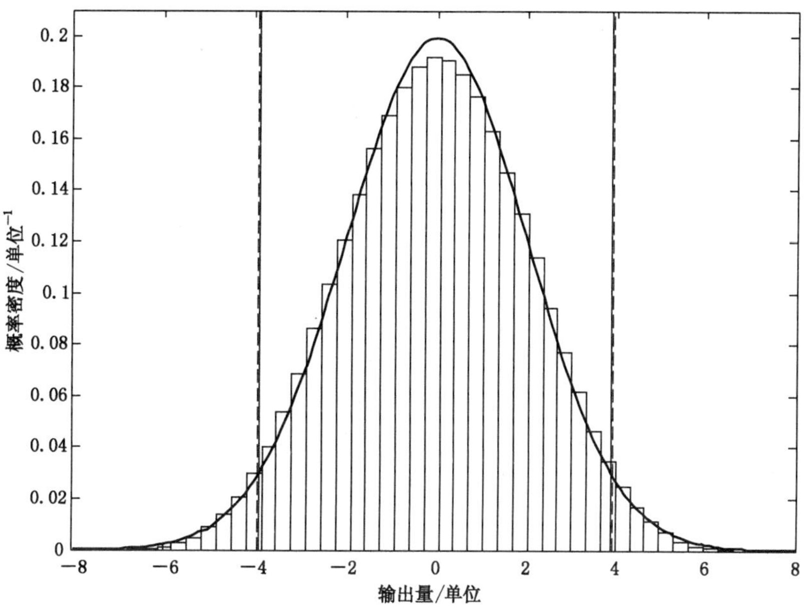

图 8 当各输入量 X_i 为矩形分布时应用 GUM 不确定度框架和 MCM 对模型(21)的近似(9.2.3.3)

9.2.4 输入量服从不同宽度的矩形分布

9.2.4.1 同 9.2.3 中的案例，除了将 X_4 的标准差从 1 改为 10 之外，其他条件都相同。表 4 给出了所得到的结果。

9.2.4.2 自适应程序中所取的蒙特卡洛试验次数 $M(0.03\times10^6$ 和 $0.08\times10^6)$ 远小于此例中前两种情形。主要的原因是在本例中 $\delta=0.5$，是前面数值容差的 10 倍，与前面的要求相同，此数值容差是按 $u(y)$ 保留两位有效数字的要求确定。如果使用前面的数值容差，M 的值要大 100 倍。

表 4 除了第 4 个输入量的标准差为 10,其他如表 3,并且没有解析算法(9.2.4.1,9.2.4.5)

方法	M	y	$u(y)$	95%概率对称包含区间	d_{low}	d_{high}	GUF 验证结果($\delta=0.5$)?
GUF		0.0	10.1	[−19.9, 19.9]			
MCM	10^5	0.0	10.2	[−17.0, 17.0]			
MCM	10^6	0.0	10.2	[−17.0, 17.0]			
MCM	10^6	0.0	10.1	[−17.0, 17.0]			
自适应 MCM	0.03×10^6	0.1	10.2	[−17.1, 17.1]	2.8	2.8	无效
自适应 MCM	0.08×10^6	0.0	10.1	[−17.0, 17.0]	2.9	2.9	无效

9.2.4.3 图 9 给出了对输出量 Y 的 PDF 的两种近似,两者差异很明显。X_4 的 PDF 主导性地位是明显的。Y 的 PDF 与 X_4 的 PDF 非常相似,但分布的两侧反映了其他输入量 X_i 的 PDFs 的影响。

9.2.4.4 图 9 同时也给出了由这些近似计算得到的 Y 的 95%概率对称包含区间的端点。图中内侧的两条垂直实线表示由 MCM 得到的 95%概率对称包含区间的端点;外侧的两条垂直虚线表示由 GUM 不确定度框架得到的包含区间的端点,包含因子 $k=1.96$。

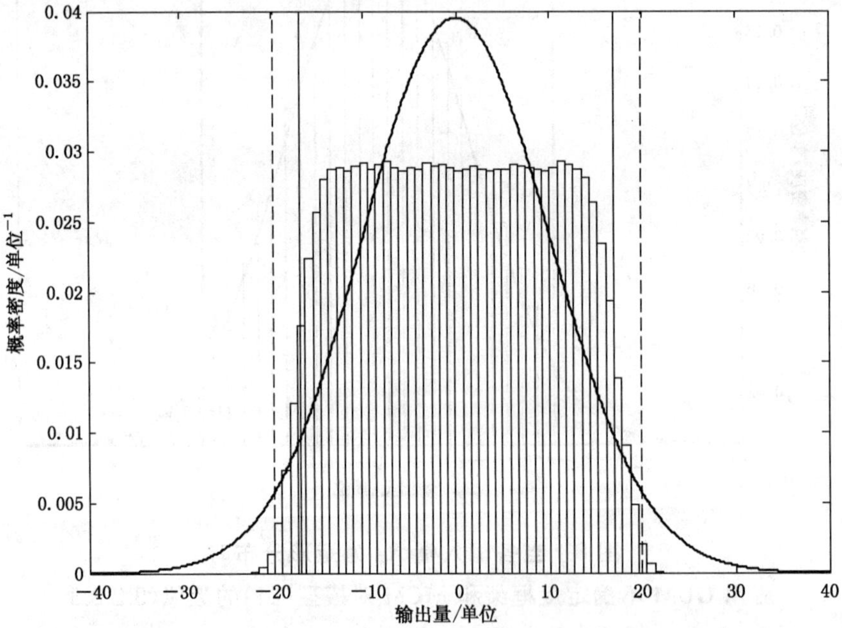

图 9 除了第 4 个输入量标准差为 10,其他如图 8(9.2.4.3,9.2.4.4)

9.2.4.5 在本例中,用 GUM 不确定度框架得到的 95%概率对称包含区间比用 MCM 得到的包含区间要保守一些。再次应用验证程序(见表 4 第 6~8 列)。此处,$n_{dig}=2$,$u(y)=1.0\times10^1=10\times10^0$,$c=10$,$l=0$ 及 $\delta=1/2\times10^0=0.5$。两次使用自适应蒙特卡洛程序,GUM 不确定度框架均未通过验证。如果 $u(y)$ 为一位有效数字,即 $n_{dig}=1$,则 $\delta=5$,表 4 中两种情况都能通过验证,此时 95%的包含区间为 [-2×10^1, 2×10^1],见 4.13。

注:因为 X_4 服从的矩形 PDF 起了主导作用(见 5.7.2),应用中心极限定理的条件在此处的情形下并不能很好地满足[ISO/IEC Guide 98-3:2008, G.6.5]。然而,在实际中经常假设满足这些条件,尤其是应用软件进行不确定度评定时(参见 9.4.2.5 注 3),本条款基于比较的目的,假设中心极限定理成立,即假设 Y 具有正态分布 PDF 的性质。

9.3 砝码校准

9.3.1 公式

9.3.1.1 考虑用质量密度为 ρ_R 的参考砝码 R 校准质量密度为 ρ_W 的砝码 W，两者有相同的标称质量，需要在密度为 ρ_a 的空气中实现平衡操作[39]。通常 ρ_W 和 ρ_R 不同，因此需要考虑浮力的影响，采用阿基米德原理，模型可以用以下形式表示：

$$m_W(1-\rho_a/\rho_W)=(m_R+\delta m_R)(1-\rho_a/\rho_R) \quad \cdots\cdots(22)$$

其中：δm_R 为增加给砝码 R 上的密度为 ρ_R 的小砝码质量，以使其与 W 平衡。

9.3.1.2 以上模型通常按折算质量的方式计算，砝码 W 的折算质量 $m_{W,c}$ 是在密度为 $\rho_{a0}=1.2\ \mathrm{kg/m^3}$ 的空气中平衡密度为 $\rho_0=8\ 000\ \mathrm{kg/m^3}$（假设的）砝码的质量，因此

$$m_W(1-\rho_{a_0}/\rho_W)=m_{W,c}(1-\rho_{a_0}/\rho_0)$$

9.3.1.3 以折算质量 $m_{W,c}$，$m_{R,c}$ 和 $\delta m_{R,c}$ 为变量，则模型(22)变为：

$$m_{W,c}(1-\rho_a/\rho_W)(1-\rho_{a_0}/\rho_W)^{-1}=(m_{R,c}+\delta m_{R,c})(1-\rho_a/\rho_R)(1-\rho_{a_0}/\rho_R)^{-1} \quad \cdots\cdots(23)$$

为使模型更实用，对式(23)进行充分近似，得到

$$m_{W,c}=(m_{R,c}+\delta m_{R,c})\left[1+(\rho_a-\rho_{a_0})\left(\frac{1}{\rho_W}-\frac{1}{\rho_R}\right)\right]$$

设 $\delta m=m_{W,c}-m_{nom}$，为 $m_{W,c}$ 与标称质量的偏差，其中 $m_{nom}=100\ \mathrm{g}$。

本例中的模型可以表示为：

$$\delta m=(m_{R,c}+\delta m_{R,c})\left[1+(\rho_a-\rho_{a_0})\left(\frac{1}{\rho_W}-\frac{1}{\rho_R}\right)\right]-m_{nom} \quad \cdots\cdots(24)$$

注：由于计算偏导数的复杂性，对“准确的”模型(23)利用不确定度传播律会很困难，而应用直接计算模型值的 MCM 会比较简单。

9.3.1.4 关于 $m_{R,c}$ 和 $\delta m_{R,c}$ 仅可获得的信息是每个量的最佳估计值和相应的标准不确定度。因此，根据 6.4.7.1，每个量服从正态分布，最佳估计值为该量的数学期望，标准不确定度为标准差。关于 ρ_a，ρ_W 和 ρ_R 的仅有信息是变量上下限，因此根据 6.4.2.1，各输入量可以用矩形分布表征，分布区间的端点为区间的上下界端点。表 5 概括了各输入量以及对应的 PDFs。在表中，分别给出了正态分布 $N(\mu,\sigma^2)$ 的数学期望 μ 和标准差 σ 的值，矩形分布 $R(a,b)$ 的端点值为 $a,b(a<b)$，给出了其分布的数学期望为 $(a+b)/2$、半宽为 $(b-a)/2$ 的值。

注：在砝码校准的模型(24)中，将不含不确定度的值 $1.2\ \mathrm{kg/m^3}$ 赋予 ρ_{a0}。

表 5 砝码校准模型(24)中各输入量及其服从的 PDFs(9.3.1.4)

X_i	分布	参数			
		期望 μ	标准差 σ	期望 $x=(a+b)/2$	半宽度 $(b-a)/2$
$m_{R,c}$	$N(\mu,\sigma^2)$	100 000.000 mg	0.050 mg		
$\delta m_{R,c}$	$N(\mu,\sigma^2)$	1.234 mg	0.020 mg		
ρ_a	$R(a,b)$			$1.20\ \mathrm{kg/m^3}$	$0.10\ \mathrm{kg/m^3}$
ρ_W	$R(a,b)$			$8\times10^3\ \mathrm{kg/m^3}$	$1\times10^3\ \mathrm{kg/m^3}$
ρ_R	$R(a,b)$			$8.00\times10^3\ \mathrm{kg/m^3}$	$0.05\times10^3\ \mathrm{kg/m^3}$

9.3.2 传播与报告结果

9.3.2.1 分别将GUM不确定度框架(GUF)和自适应蒙特卡洛程序(见7.9)用于确定 δm 的估计值 $\widehat{\delta m}$、相应的标准不确定度 $u(\widehat{\delta m})$ 以及 δm 的95%最短包含区间。表6给出了获得的结果,其中 GUF_1 表示基于一阶泰勒级数展开式的GUM不确定度框架,MCM表示自适应蒙特卡洛程序,GUF_2 表示基于高阶泰勒级数展开式的GUM不确定度框架。

9.3.2.2 本例中自适应蒙特卡洛程序的抽样次数为 0.72×10^6,数值容差为 $\delta/5$(见8.2),δ 根据 $u(\widehat{\delta m})$ 的一位有效数字来确定(见9.3.2.6)。

9.3.2.3 图10给出了基于一阶泰勒级数展开式的GUM不确定度框架和MCM获得的 δm 的PDF近似,图中,连续曲线的正态分布PDF是通过GUM不确定度框架得到的,内侧的一对垂直线(虚线)是基于这个PDF得到的 δm 95%最短包含区间;直方图是通过MCM获得的对PDF近似的频率分布,外侧的一对垂直线(实线)是基于这个频率分布得到的 δm 的95%最短包含区间(如7.5)。

表6 砝码校准模型(24)的计算结果(9.3.2.1,9.3.2.6)

方法	$\widehat{\delta m}$/mg	$u(\widehat{\delta m})$/mg	95%最短包含区间/mg	d_{low}/mg	d_{high}/mg	GUF验证结果 ($\delta=0.005$)?
GUF_1	1.234 0	0.053 9	[1.128 5, 1.339 5]	0.045 1	0.043 0	无效
MCM	1.234 1	0.075 4	[1.083 4, 1.382 5]			
GUF_2	1.234 0	0.075 0	[1.087 0, 1.381 0]	0.003 6	0.001 5	有效

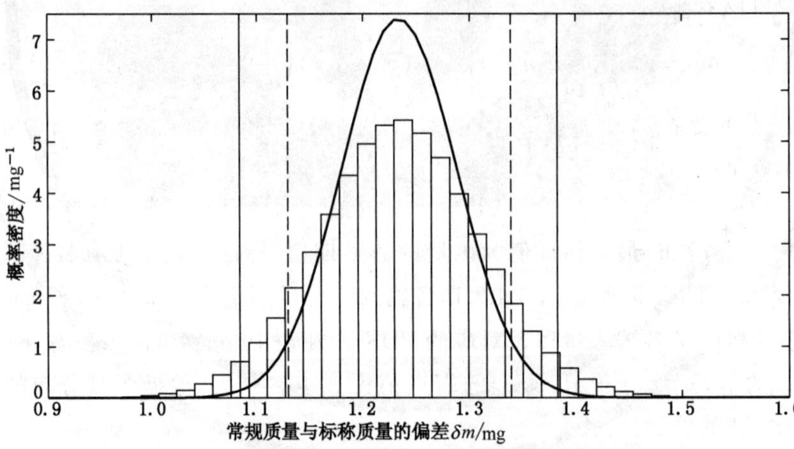

图10 应用一阶泰勒级数展开式的GUM不确定度框架和MCM得到输出量 δm 的PDF的近似(9.3.2.3)

9.3.2.4 结果表明,尽管基于一阶泰勒级数展开式的GUM不确定度框架和MCM对 δm 的估计具有较好一致性,但是相应的标准不确定度值有明显的差别。MCM得到 $u(\widehat{\delta m})$ 的数值(0.075 4mg)比基于一阶泰勒级数展开式的GUM不确定度框架得到 $u(\widehat{\delta m})$ 的数值(0.053 9mg)大了40%。因此,在这个方面后者有点高估。MCM得到的 $u(\widehat{\delta m})$ 与基于高阶泰勒级数展开式的GUM不确定度框架得到的 $u(\widehat{\delta m})$(0.075 0mg)具有较好的一致性。

9.3.2.5 表7包含模型(24)中各输入量的一阶偏导数以及相应的灵敏系数,即在各输入量最佳估计值处得到的偏导数。应用一阶泰勒级数展开式的GUM不确定度框架,这些偏导数显示该例的模型可以用加法模型代替:

$$\delta m = m_{R,c} + \delta m_{R,c} - m_{nom}$$

MCM 没有对模型作上述的近似。

表 7　砝码校准模型(24)各输入量的灵敏系数(9.3.2.5)

X_i	偏导数	灵敏系数
$m_{R,c}$	$1+(\rho_a-\rho_{a_0})(1/\rho_W-1/\rho_R)$	1
$\delta m_{R,c}$	$1+(\rho_a-\rho_{a_0})(1/\rho_W-1/\rho_R)$	1
ρ_a	$(m_{R,c}+\delta m_{R,c})(1/\rho_W-1/\rho_R)$	0
ρ_W	$-(m_{R,c}+\delta m_{R,c})(\rho_a-\rho_{a_0})/\rho_W^2$	0
ρ_R	$(m_{R,c}+\delta m_{R,c})(\rho_a-\rho_{a_0})/\rho_R^2$	0

9.3.2.6　表 6 最右边的三列给出了应用 8.1 和 8.2 中验证程序的结果，在此例中 $u(\widehat{\delta m})$ 被认为一位有效数字有意义，由于 $u(\widehat{\delta m})$ 的数值容差中要求一位有效数字，根据定义，$n_{dig}=1$。因此，$u(\widehat{\delta m})=0.08=8\times10^{-2}$，根据 7.9.2 $c=8$，$l=-2$，因而 $\delta=1/2\times10^{-2}=0.005$。$d_{low}$ 和 d_{high} 分别表示式(19)和式(20)中的端点差，其中 y 与 $\widehat{\delta m}$ 对应。表 6 的最后一列中显示在 $u(\widehat{\delta m})$ 只有一位有效数字的情况下，结果是否得到验证。如果仅考虑一阶泰勒级数展开式，GUM 不确定度框架不能通过验证。如果考虑高阶泰勒级数展开式的情形[ISO/IEC Guide 98-3:2008, 5.1.2 注]，GUM 不确定度框架能通过验证。因此，非线性模型仅考虑一阶泰勒级数展开式是不充分的。

9.4　微波功率计校准的比较损失

9.4.1　公式

9.4.1.1　校准微波功率计时，功率计与标准功率计依次连接在一个稳定信号发生器上，由于输入电压反射系数(为复数)不同，每个仪器吸收的功率一般不相等。被校准功率计吸收的功率 P_M 与标准功率计吸收的功率 P_S 之比的比值 Y 为[43]：

$$Y=\frac{P_M}{P_S}=\frac{1-|\Gamma_M|^2}{1-|\Gamma_S|^2}\times\frac{|1-\Gamma_S\Gamma_G|^2}{|1-\Gamma_M\Gamma_G|^2} \qquad (25)$$

其中：Γ_G 为信号发生器的电压反射系数，Γ_M 为被校准功率计的电压反射系数，Γ_S 为标准功率计的电压反射系数。此功率之比是"比较损失"的一个实例[1,28]。

9.4.1.2　如果标准功率计和信号发生器无反射，即：$\Gamma_S=\Gamma_G=0$，被校准功率计的电压反射系数为一个复数，由实部 X_1 和虚部 X_2 组成，则：$\Gamma_M=X_1+jX_2$，其中 $j^2=-1$，由于 $|\Gamma_M|^2=X_1^2+X_2^2$，式(25)就变成：

$$Y=1-X_1^2-X_2^2 \qquad (26)$$

9.4.1.3　通过测量得到 X_1 和 X_2 的最佳估计值为 x_1，x_2，标准不确定度为 $u(x_1)$ 和 $u(x_2)$，X_1 和 X_2 通常不独立，x_1、x_2 的协方差为 $u(x_1,x_2)$，$u(x_1,x_2)=r(x_1,x_2)u(x_1)u(x_2)$[ISO/IEC Guide 98-3:2008, 5.2.2]，$r=r(x_1,x_2)$ 为协方差系数[ISO/IEC Guide 98-3:2008, 5.2.2]。

注：在实际中，电气工程师有时可能难以量化协方差。在这样的情况下，为了研究其影响，不确定度评定可重复使用相关系数的不同试验数值。这个案例是由相关系数 0 和 0.9 的计算得到的(参见 9.4.1.7)。

9.4.1.4　根据 6.4.8.1，向量 $\boldsymbol{X}=(X_1,X_2)^T$ 的 PDF 为 X_1 和 X_2 的二元正态 PDF，其中期望和协方差矩阵分别表示为：

$$\begin{bmatrix}x_1\\x_2\end{bmatrix},\quad\begin{bmatrix}u^2(x_1) & ru(x_1)u(x_2)\\ ru(x_1)u(x_2) & u^2(x_2)\end{bmatrix} \qquad (27)$$

9.4.1.5　由于在模型(26)中，与单位 1 相比，X_1 和 X_2 的实际数值都比较小，因此 Y 的值也与单位 1 很接近，因此该量的测量模型可以用以下形式表示：

$$\delta Y = 1 - Y = X_1^2 + X_2^2 \qquad (28)$$

根据其物理性质可知：$0 \leqslant Y \leqslant 1$，因此，$0 \leqslant \delta Y \leqslant 1$。

9.4.1.6 δY 的最佳估计值 δy、标准不确定度 $u(\delta y)$ 及给定包含概率下 δY 的包含区间由输入量 x_1，x_2，$u(x_1)$，$u(x_2)$ 及 $r(x_1,x_2)$ 确定，并且所有的量都是一维的。

9.4.1.7 在本例考虑的六种情况中，每种情况 x_2 都为零，且 $u(x_1)=u(x_2)=0.005$。前三种情况，x_1 的取值分别为 0，0.010 和 0.050，$r(x_1,x_2)=0$。其他三种情况 x_1 的取值与前三种情况相同，但是 $r(x_1,x_2)=0.9$。x_1 取不同的值（与实际发生的数值类似）是为了研究应用所考虑方法所得结果的差异程度。

9.4.1.8 当 $r=r(x_1,x_2)=0$ 时，式(27)协方差矩阵就简化为 $\mathrm{diag}(u^2(x_1),u^2(x_2))$，相应的联合概率分布就是两个单变量 X_i 的正态分布乘积，其中这两个变量的期望和标准差分别为 x_i，$u(x_i)(i=1,2)$。

9.4.2 传播与报告结果：零协方差

9.4.2.1 概述

9.4.2.1.1 应用分布传播进行不确定度评定，包括：

a) 解析法（为了比较的目的）；

b) 用 GUM 不确定度框架；

c) 用 MCM。

注：以上这些方法没有约束 δY 的 PDF 不大于单位 1。然而像这里对于足够小的不确定度 $u(x_1)$ 和 $u(x_2)$，δY 的 PDF 可用 δY 非负取值上的更简单的 PDF 定义进行充分的近似。贝叶斯推断是一种严密的方法，该方法可以不考虑 $u(x_1)$ 和 $u(x_2)$ 的大小，但超过了本标准的范围。也可见第 1 章注 2。

9.4.2.1.2 当 δY 可以用 PDF 表征时，δy 和 $u(\delta y)$ 通常可以用解析法得到，作为 δY 的期望和标准差，见 F.1。当 $x_1=0$ 时，δY 的 PDF 可以通过解析法得到，尤其可用于确定包含概率为 95% 最短包含区间的端点，见 F.2。

9.4.2.1.3 在不相关情况下，基于一阶泰勒级数展开式和高阶泰勒级数展开式的 GUM 不确定度框架应用于 x_1 三种估计值的情况，见 F.3。每种情况中[ISO/IEC Guide 98-3:2008，4.1.4]，δY 的估计值 δy 可以从下列计算式中得出：

$$\delta y = x_1^2 + x_2^2$$

9.4.2.1.4 每个例子中 MCM 的试验次数为：$M=10^6$。

9.4.2.2 输入量估计值 $x_1=0$

9.4.2.2.1 当输入量估计值 $x_1=0$，应用不确定度传播律必须考虑高阶项。因为，当 $x_1=x_2=0$ 时，δY 对 X_1 和 X_2 的偏导在 $X_1=x_1$ 及 $X_2=x_2$ 处的值均为零。因此，不确定度传播律仅使用一阶泰勒级数展开式，标准不确定度将被错误地计算为零。

注：当 x_1 接近于 0 时，也会有类似问题。

9.4.2.2.2 图 11 给出通过以下途径由分布传播得到的 δY 的 PDFs。

a) 解析法（当 $\delta Y \geqslant 0$ 时，为递减指数曲线，其余为 0）；

b) 为得到输出量为正态分布（钟形曲线），基于高阶泰勒级数展开式的 GUM 不确定度框架；

c) 用 MCM（频率分布）。

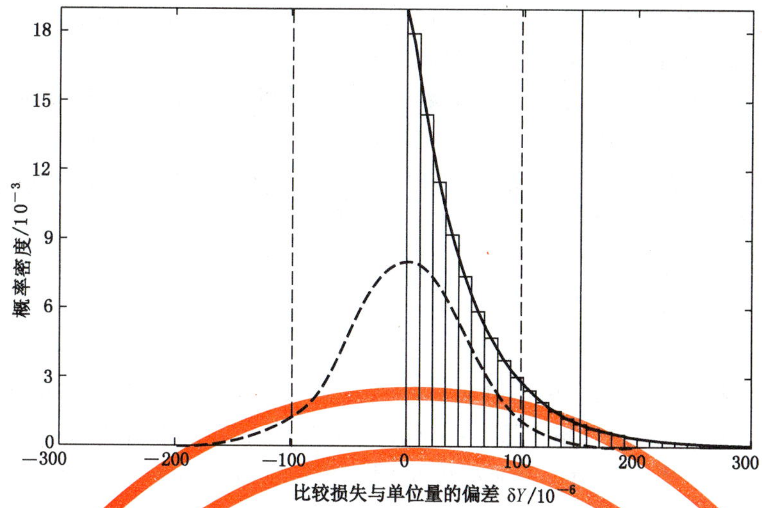

图 11　功率计校准比较损失模型的结果[$x_1=x_2=0, u(x_1)=u(x_2)=0.005, r(x_1,x_2)=0$](9.4.2.2.2，9.4.2.2.6，9.4.2.2.9，9.4.2.2.11)

9.4.2.2.3　从图中可以看出，为了用正态分布表征输出量 PDF 而使用基于高阶泰勒级数展开式的 GUM 不确定度框架得到的 PDF，与解析法得到的 PDF 有很大的区别，解析法得到的分布为典型的 χ^2 分布——两个标准正态分布的平方和(见 F.2)。

9.4.2.2.4　由于模型(28)中高于二阶项的偏导数都为零，解决方案考虑所有的泰勒级数展开项，即针对完全非线性问题。因此，如此确定的特定正态分布是最佳的，通过 GUM 不确定度框架用这个分布表征输出量是可能的。

9.4.2.2.5　解析法和 GUM 不确定度框架的结果存在偏差，原因在于 GUM 不确定度框架确定输出量的分布为正态分布。但是实际上没有一个正态 PDF 能在此情况下足够表示解析法的结果。

9.4.2.2.6　从图 11 也可以看出，用 MCM 得到的 PDF 与解析法一致。

9.4.2.2.7　表 8 中 $x_1=0.000$ 行对应的第 2～4 列给出了分别用 a) 解析法、b) GUM 不确定度框架、c) MCM 得到的 PDFs 确定 δY 的估计值 δy，第 5～8 列给出了用基于一阶泰勒级数展开式 GUM 不确定度框架(G_1)和高阶泰勒级数展开式 GUM 不确定度框架(G_2)得到的标准不确定度 $u(\delta y)$。

表 8　功率计校准比较损失基于解析法(A)、一阶泰勒级数展开式的 GUM 不确定度框架(G_1)、高阶泰勒级数展开式的 GUM 不确定度框架(G_2)和 MCM(M)得到的结果(协方差为零)(9.4.2.2.7，9.4.2.2.10，9.4.2.3.4，9.4.2.4.2)

x_1	估计值 δy/10^{-6}			标准不确定度 $u(\delta y)/10^{-6}$				δY 的 95%最短包含区间/10^{-6}			
	A	G	M	A	G_1	G_2	M	A	G_1	G_2	M
0.000	50	0	50	50	0	50	50	[0, 150]	[0, 0]	[−98, 98]	[0, 150]
0.010	150	100	150	112	100	112	112	—	[−96, 296]	[−119, 319]	[0, 367]
0.050	2 550	2 500	2 551	502	500	502	502	—	[1 520, 3 480]	[1 515, 3 485]	[1 590, 3 543]

9.4.2.2.8　在输入量估计值处，通过计算模型得到 $\delta y=0$ 是无效的：当 $\delta Y<0$ 时，δY 正确的 PDF(解析法得到)为零；这个估计值位于函数非零部分的边界。用 MCM 得到的估计值与解析法得到的结果相同。用基于一阶泰勒级数展开式的不确定度传播律得到 $u(\delta y)=0$ 是错误的，基于高阶泰勒级数展开式的不确定度传播法得到 $u(\delta y)=50\times10^{-6}$ 与 MCM 得到的结果一致。

注：重复 MCM 几次，得到的结果都在 50×10^{-6} 处波动。当应用更大的仿真次数 M 进行重复实验时，结果也在 50

$\times 10^{-6}$处波动，但是离散的范围减小了。这是所期望的离散效果，也出现在其他的蒙特卡洛计算中。报告结果有必要多保留几位有效数字位数，以便发现实际的数值差异。

9.4.2.2.9　图 11 还给出了 δY 相应近似分布函数的 95%最短包含区间。在图中虚垂直线表示的是用 GUM 不确定度框架得到 95%包含区间，是不切实际的：该区间基于 $\delta Y=0$ 对称，因此暗含了 δY 为负数的概率为 50%，这是错误的。实垂直线表示的 95%最短包含区间的端点由解析法得到，见 F.2。应用 MCM 得到的 95%最短包含区间与解析法得到的结果在图上无法区分。

9.4.2.2.10　与表 8 中 $x_1=0.000$ 行对应第 5～8 列中标准不确定度相关的最短包含区间的端点在该表的 9～12 列。

9.4.2.2.11　图 12 显示了图 11 中用 MCM 给出的近似 PDF 的 95%包含区间的长度(见 7.7)，即为左侧端点概率值的函数。在本例中，关于期望值对称的 95%的包含区间并不是最短的包含区间。事实上，最短包含区间与概率对称包含区间相差甚远，最短包含区间左边和右边的截尾概率分别为 0%和 5%，而不是 2.5%和 2.5%。该图可以与 9.2 加法模型例子中(图 7)Y 的 PDF 基于期望对称的情况进行比较。

9.4.2.3　输入量估计值 $x_1=0.010$

9.4.2.3.1　当输入量估计值 $x_1=0.010$，相关系数 $r(x_1,x_2)=0$ 时，图 13 给出了仅用一阶泰勒级数展开式的 GUM 不确定度框架、高阶泰勒级数展开式的 GUM 不确定度框架以及 MCM 得到的 PDFs。

9.4.2.3.2　尽管分布图形在零点处截尾，应用 MCM 得到的 PDF 仍显示了适中的左侧面，即 δY 的最小可能值。再者，与 $x_1=0$ 情况相比，用 GUM 不确定度框架得到的分布与正态分布更接近。这些正态分布依次彼此都很接近，δY 的数学期望为 1.0×10^{-4}，相应的标准差分别为 1.0×10^{-4} 和 1.1×10^{-4}。

9.4.2.3.3　图 13 也给出了由三种方法得到的 95%最短包含区间。实垂直线表示用 MCM 得到的区间端点，虚垂直线表示基于一阶泰勒级数展开式的 GUM 不确定度框架得到的结果，点垂直线表示基于高阶泰勒级数展开式的 GUM 不确定度框架得到的结果。与 MCM 得到的 95%最短包含区间相比，基于 GUM 不确定度框架得到的区间向左偏移了。因此，基于 GUM 不确定度框架得到的区间同样也包含了 δY 不切实际的值。偏移量大约为标准不确定度的 70%。MCM 区间左侧端点值为零，是 δY 最小的可能值。

9.4.2.3.4　相应的结果在表 8 的倒数第二行中。

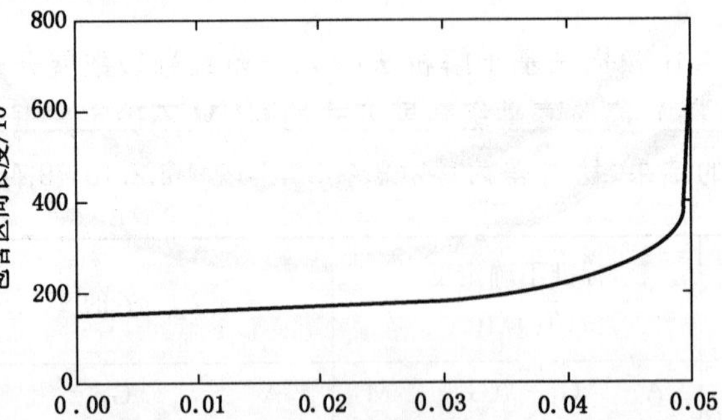

图 12　MCM 得到的模型(28)分布函数的 95%的包含区间作为左侧端点的概率函数(9.4.2.2.11)

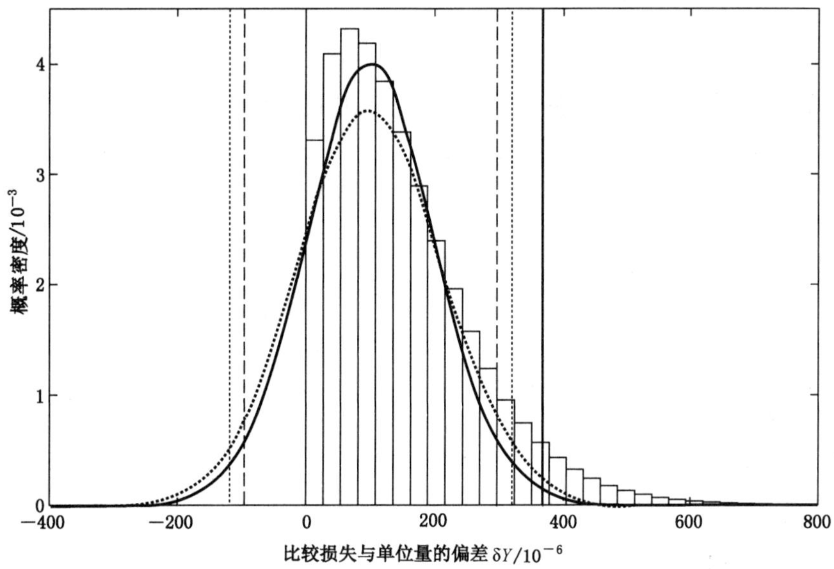

图 13　除了 $x_1=0.010$,其他如图 11,基于 GUM 不确定度框架的一阶泰勒级数展开式得到的 PDF(高峰曲线)和高阶泰勒级数展开式得到的 PDF(低峰曲线)(9.4.2.3.1,9.4.2.3.3,9.4.2.4.1,9.4.3.3)

9.4.2.4　输入量估计值 $x_1=0.050$

9.4.2.4.1　图 14 与图 13 相似,但 $x_1=0.050$。这里,用 GUM 不确定度框架的两种形式得到的 PDFs 在图上无法区分。再者,它们此时与 MCM 得到的 PDF 也更接近。由 MCM 得到的 PDF 在尾部的区域有一定的偏度。用 GUM 不确定度框架得到的两种区间几乎一样,但是与 MCM 得到的区间相比有一定的偏移,偏移量为标准不确定度的 10%,GUM 不确定度框架得到的区间此时是可行的。

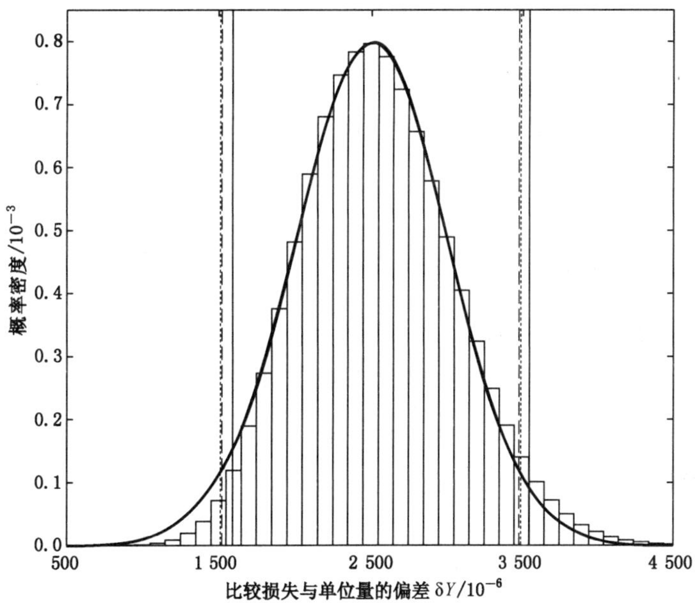

图 14　除了 $x_1=0.005$,其他如图 13(9.4.2.4.1,9.4.3.3)

9.4.2.4.2　相应的结果在表 8 的最后一行中。

9.4.2.5 讨论

当 x_1 的值从零逐渐增大时，用基于一阶泰勒级数展开式和高阶泰勒级数展开式的 GUM 不确定度框架得到的结果与 MCM 得到的结果越来越接近。

注 1：数值 $x_1=x_2=0$ 落在电气工程师感兴趣区域的中心，与功率计校准中所谓的"匹配"条件相对应，而非极端的条件。

注 2：由于模型关于 X_1 和 X_2 具有对称性，用 x_2 取代 x_1 同样也会产生相同的效果。

注 3：在实际中，GUM 不确定度框架仅用一阶泰勒级数展开式的原因之一是利用软件很容易得到它的结果，这个结果有时会毫无置疑地被接受。在 $x_1=x_2=0$ 情况中(见图 11)，这种评定方法的危险性是显而易见的，因为此时标准不确定度的计算值 $u(\delta y)=0$，因此任意包含概率条件下 δY 的包含区间的计算值也为 0。当 $x_1\neq 0$(或 $x_2\neq 0$)时，$u(\delta y)$ 和 δY 的包含区间都不为 0，所以没有 $u(\delta y)$ 和包含区间长度近似值的先验信息，也不会得到警告。因此，基于 GUM 不确定度框架应用软件计算时有一个危险：对 x_1、x_2 偏离 0 的检查并不能发现这个问题，尽管这样，在实际中对于很小的 x_1、x_2 的值，最后的评定结果可能无效，却被毫无疑问地接受了。

9.4.3 传播与报告结果：非零协方差

9.4.3.1 概述

9.4.3.1.1 之前的三种方法应用于 X_i 之间不相关的情况(见 9.4.2)，现在应用这三种方法解决 X_i 之间相关的情况，且相关系数 $r(x_1,x_2)=0.9$。然而，仅使用基于一阶泰勒级数展开式的 GUM 不确定度框架。不同于 X_i 之间不相关的情况，此处不使用高阶泰勒级数展开式的 GUM 不确定度框架，当 x_i 具有非零协方差时，GUM 不确定度框架没有对应的包含高阶泰勒级数展开的公式。其他方面与 9.4.2 的对应。

9.4.3.1.2 应用一阶泰勒级数展开式的 GUM 不确定度框架，当 $x_2=0$ 时，F.3.2 式(F.7)中 $u(\delta y)$ 的表达式为

$$u^2(\delta y)=4x_1^2u^2(x_1)$$

因此，$u(\delta y)$ 的计算并不依赖 $r(x_1,x_2)$，基于一阶泰勒级数展开式的 GUM 不确定度框架得到的结果与 9.4.2 中得到的结果一致，特别是对于 $x_1=0$，如 9.4.2.2.1，$u(\delta y)$ 计算结果为 0，这是不正确的。

9.4.3.1.3 使用 C.5 中的程序，通过对给定期望和协方差矩阵[式(27)]的二元正态分布 PDF 表征的 $\boldsymbol{X}$ 中随机抽样以实施 MCM。

注：除了从多变量分布中抽样的要求外，输入量之间相关条件下应用 MCM 并不比输入量不相关的条件下复杂。

9.4.3.2 输入量估计值 $x_1=0$, 0.010 和 0.050

9.4.3.2.1 表 9 给出了得到的结果。MCM 得到的结果显示，尽管 δy 不受变量 X_i 之间相关性的影响，但 $u(\delta y)$ 还是受影响，对于较小的 x_1 更是如此。相应地也影响到 95%的包含区间。

表 9 用解析法、GUM 不确定度框架(GUF)和 MCM 得到的功率计校准比较损失结果[协方差不为零的情况，$r(x_1,x_2)=0.9$](9.4.3.2.1)

x_1	估计值 $\delta y/10^{-6}$			标准不确定度 $u(\delta y)/10^{-6}$			$\delta Y/10^{-6}$ 的 95%最短包含区间		
	解析法	GUF	MCM	解析法	GUF	MCM	解析法	GUF	MCM
0.000	50	0	50	67	0	67	—	[0,0]	[0,185]
0.010	150	100	150	121	100	121	—	[−96,296]	[13,398]
0.050	2 550	2 500	2 551	505	500	504	—	[1 520,3 480]	[1 628,3 555]

9.4.3.2.2 图 15 和图 16 显示在 $x_1=0.010$ 和 $x_1=0.050$ 条件下，分别用基于一阶泰勒级数展开式的 GUM 不确定度框架（钟形曲线）和 MCM（频率分布）得到的 PDFs。同样也在图中显示两种方法得到的 95％包含区间的端点，虚垂直线表示 GUM 不确定度框架得到的区间端点，实垂直线表示 MCM 得到的区间端点。

注：严格地，在这种情况下，用正态分布 PDF 表征 δY 不满足 GUM 不确定度框架的应用条件（见 5.8）[ISO/IEC Guide 98-3:2008, G.6.6]。然而，此处给出了正态分布的 PDF 以及相应 95％的包含区间的端点，因为这些表征被普遍应用。

9.4.3.3 讨论

当 $x_1=0.010$ 时（如图 15 所示），变量之间的相关性明显地影响了 MCM 得到的分布结果（与图 13 相比），不仅（近似）PDF 的形状发生了改变，而且相应包含区间的左侧端点也不再等于零。当 $x_1=0.050$ 时（如图 16 所示），输入量之间相关与不相关情况下得到的结果的差异并不明显（与图 14 比较）。

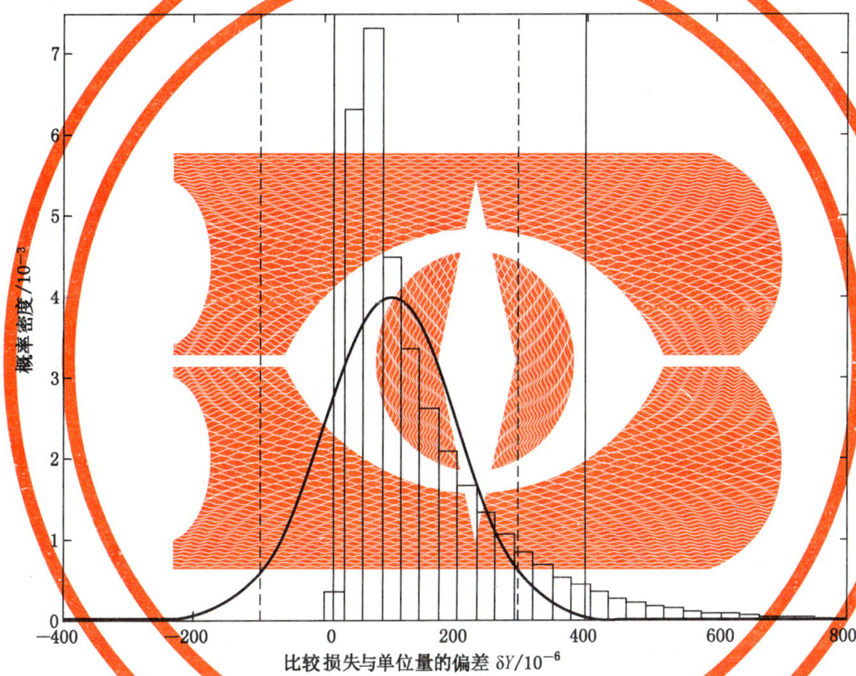

图 15 功率计校准比较损失模型的结果 $[x_1=0.010, x_2=0, u(x_1)=u(x_2)=0.005, r(x_1,x_2)=0.9]$（9.4.3.2.2，9.4.3.3）

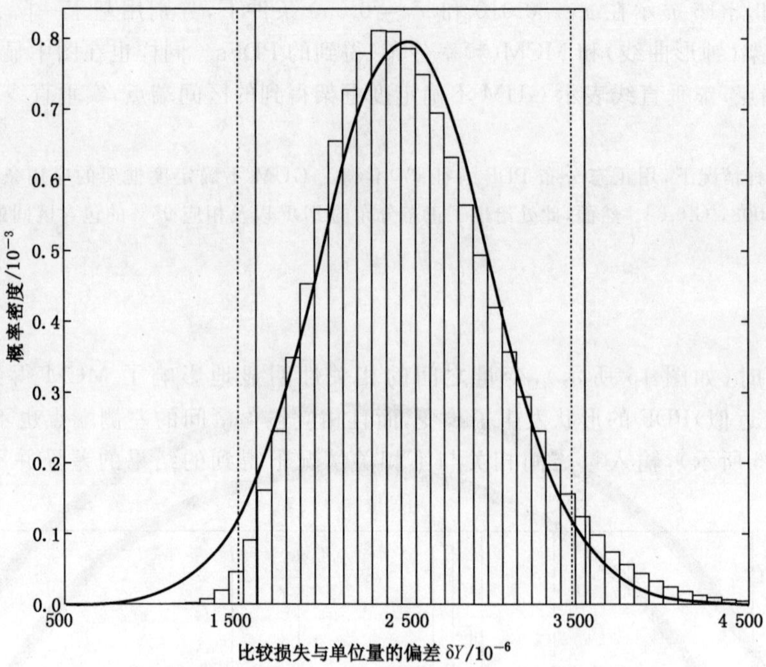

图 16　除了 $x_1=0.050$，其他如图 15(9.4.3.2.2，9.4.3.3)

9.5　量块校准

9.5.1　公式

9.5.1.1　标称值为 50 mm 的量块，通过与已知相同长度的标准量块进行比较，确定其长度，两个量块比较的直接输出是它们的长度差 d，可以用以式(29)表示：

$$d=L(1+\alpha\theta)-L_s(1+\alpha_s\theta_s) \qquad (29)$$

其中，L 为被校准量块在 20 ℃时的长度，L_s 为由校准证书给出的标准量块在 20 ℃时的长度，α 和 α_s 分别为被校准量块和标准量块的热膨胀系数，θ 和 θ_s 分别为被校准量块和标准量块的温度与参考温度20 ℃的差值。

注 1：GUM 提到的量块为端度量块。

注 2：本标准中量块的长度用 L 表示，代替 GUM 中该量的表示符号 l。

9.5.1.2　从式(29)得到输出量 L 的公式为

$$L=\frac{L_s(1+\alpha_s\theta_s)+d}{1+\alpha\theta} \qquad (30)$$

基于实际使用的目的，可以把上述公式充分近似为：

$$L=L_s+d+L_s(\alpha_s\theta_s-\alpha\theta) \qquad (31)$$

如果被校准量块和标准量块之间的温度差表示为 $\delta\theta=\theta-\theta_s$，它们之间的热膨胀系数的差为 $\delta\alpha=\alpha-\alpha_s$，式(30)和式(31)分别变成：

$$L=\frac{L_s[1+\alpha_s(\theta-\delta\theta)]+d}{1+(\alpha_s+\delta\alpha)\theta} \qquad (32)$$

$$L=L_s+d-L_s(\theta\delta\alpha+\alpha_s\delta\theta) \qquad (33)$$

9.5.1.3　被校准量块与参考标准量块的长度差为 d，是用比较仪独立测量 5 次的平均值。d 可以表示为：

$$d=D+d_1+d_2 \qquad (34)$$

其中，D 为 5 次观测实际值的平均，d_1 和 d_2 分别表示使用比较仪的随机影响量和系统影响量。

9.5.1.4 θ 表示被校准量块的温度与 20 ℃的差值，可以表示为：

$$\theta=\theta_0+\Delta \qquad (35)$$

其中 θ_0 表示被校准量块的温度与 20 ℃的平均温度差，Δ 表示与温度 θ_0 的周期性差值。

9.5.1.5 将式(34)和式(35)分别代入式(32)和式(33)中，则 L 与量块标称长度 $L_{\text{nom}}=50$ mm 差值 δL 可表示为：

$$\delta L=\frac{L_s[1+\alpha_s(\theta_0+\Delta-\delta\theta)]+D+d_1+d_2}{1+(\alpha_s+\delta\alpha)(\theta_0+\Delta)}-L_{\text{nom}} \qquad (36)$$

以及

$$\delta L=L_s+D+d_1+d_2-L_s[\delta\alpha(\theta_0+\Delta)+\alpha_s\delta\theta]-L_{\text{nom}} \qquad (37)$$

作为测量模型。

9.5.1.6 此处，应用式(36)和式(37)表示测量问题，该模型中输出量为 δL，输入量为 L_s，D，d_1，d_2，α_s，θ_0，Δ，$\delta\alpha$ 和 $\delta\theta$。与 GUM 给出的 H.1 的例子不同，在 GUM 中，以上模型(34)和(35)被认为是(32)和(33)的分模型，即 GUM 不确定度框架应用于模型(34)和(35)，所得到的结果提供模型(32)和(33)输入量 d 和 θ 的信息。该方法避免了分模型(34)和(35)必须使用 MCM 的结果以获得模型(32)和(33)所需要的输入量 d 和 θ 的分布信息。

9.5.2 公式：分布的确定

9.5.2.1 概述

在以下的条款中，给出了式(36)和式(37)中各输入量的信息。这些信息引自 GUM 的描述，每项被引用的信息在 GUM 中都得到了确认。同时给出了对各输入量的信息用确定分布的形式表述，表 10 中总结了各输入量分布的确定信息。

表 10 量块校准模型(36)和(37)中基于可获得信息的各输入量分布的确定(9.5.2.1)。表 1 提供了这些 PDFs 的通用信息

变量	分布	参数					
		μ	σ	υ	a	b	d
L_s	$t_\nu(\mu,\sigma^2)$	50 000 623 nm	25 nm	18			
D	$t_\nu(\mu,\sigma^2)$	215 nm	6 nm	24			
d_1	$t_\nu(\mu,\sigma^2)$	0 nm	4 nm	5			
d_2	$t_\nu(\mu,\sigma^2)$	0 nm	7 nm	8			
α_s	R(a,b)				9.5×10^{-6} ℃$^{-1}$	13.5×10^{-6} ℃$^{-1}$	
θ_0	N(μ,σ^2)	−0.1 ℃	0.2 ℃				
Δ	U(a,b)				−0.5 ℃	0.5 ℃	
$\delta\alpha$	CTrap(a,b,d)				-1.0×10^{-6} ℃$^{-1}$	1.0×10^{-6} ℃$^{-1}$	0.1×10^{-6} ℃$^{-1}$
$\delta\theta$	CTrap(a,b,d)				−0.050 ℃	0.050 ℃	0.025 ℃

9.5.2.2 标准长度 L_s

9.5.2.2.1 信息

校准证书给出的标准长度在 20 ℃为 $\widehat{L_s}=50.000\ 623$ mm [ISO/IEC Guide 98-3:2008，H.1.5]。标准量块长度的扩展不确定度为 $U_p=0.075$ μm，包含因子 $k_p=3$[ISO/IEC Guide 98-3:2008，H.1.3.1]。校准证书给出了合成标准不确定度相关的有效自由度为 $\nu_{\text{eff}}(u(\widehat{L_s}))=18$，利用该有效自由度获得扩展

不确定度[ISO/IEC Guide 98-3:2008, H.1.6]。

9.5.2.2.2 说明

若 L_s 用 t 分布表征,即 $t_\nu(\mu,\sigma^2)$[见 6.4.9.7],则

$$\mu=50\ 000\ 623\ \text{nm},\ \sigma=\frac{U_p}{k_p}=\frac{75}{3}\ \text{nm}=25\ \text{nm},\ \nu=18$$

9.5.2.3 平均长度差 D

9.5.2.3.1 信息

被校准量块与标准量块长度差的 5 次观测平均值 $\widehat{D}$ 为 215 nm[ISO/IEC Guide 98-3:2008, H.1.5]。用于表征两个量块长度 L 和 L_s 之差的合成实验标准差是通过对 25 次独立观测值计算得到的,其值为 13 nm[ISO/IEC Guide 98-3:2008, H.1.3.2]。

9.5.2.3.2 说明

D 用 t 分布表征,即 $t_\nu(\mu,\sigma^2)$(见 6.4.9.2 和 6.4.9.6),

$$\mu=215\ \text{nm},\ \sigma=\frac{13}{\sqrt{5}}\text{nm}=6\ \text{nm},\ \nu=24$$

9.5.2.4 比较仪随机影响量 d_1

9.5.2.4.1 信息

根据用于比较 L 和 L_s 之差的比较仪的校准证书,其相应随机影响量在包含概率为 95%时的不确定度为 0.01 μm,这是通过 6 次独立观测得到的[ISO/IEC Guide 98-3:2008, H.1.3.2]。

9.5.2.4.2 说明

d_1 用 t 分布表征,即 $t_\nu(\mu,\sigma^2)$(见 6.4.9.7),

$$\mu=0\ \text{nm},\ \sigma=\frac{U_{0.95}}{k_{0.95}}=\frac{10}{2.57}\ \text{nm}=4\ \text{nm},\ \nu=5$$

此处,$k_{0.95}$ 由 GUM 中表 G.2 给出,相应的自由度 $\nu=5$,概率 $p=0.95$。

9.5.2.5 比较仪系统影响量 d_2

9.5.2.5.1 信息

校准证书上给出比较仪由系统因素影响量的不确定度在"三西格玛"处为 0.02 μm[ISO/IEC Guide 98-3:2008, H.1.3.2],该不确定度的可信度为 25%,因此自由度为 $\nu_{\text{eff}}(u(\widehat{d_2}))=8$ [ISO/IEC Guide 98-3:2008, H.1.6]。

9.5.2.5.2 说明

d_2 用 t 分布表征,即 $t_\nu(\mu,\sigma^2)$(见 6.4.9.7),

$$\mu=0\ \text{nm},\ \sigma=\frac{U_p}{k_p}=\frac{20}{3}\ \text{nm}=7\ \text{nm},\nu=8$$

9.5.2.6 热膨胀系数 $\boldsymbol{\alpha}_s$

9.5.2.6.1 信息

标准量块的热膨胀系数可取$\widehat{\alpha_s}=11.5\times10^{-6}$ ℃$^{-1}$，该量可能的取值用临界值为$\pm2\times10^{-6}$ ℃$^{-1}$的矩形分布表征[ISO/IEC Guide 98-3:2008，H.1.3.3]。

9.5.2.6.2 说明

α_s 服从矩形分布 R(a,b)(见 6.4.2)，其界限为：

$$a=9.5\times10^{-6}\ ℃^{-1},\ b=13.5\times10^{-6}\ ℃^{-1}$$

注：由于没有关于分布界限的可信度等信息，该量可以用具有界限确定的矩形分布表征。关于分布界限的可信度信息的表述可能在 GUM 中省略了，因为相应的相关系数为零，在基于只有一阶泰勒级数展开式的 GUM 不确定度框架中该量对不确定度评定没有贡献。

9.5.2.7 平均温度差 $\boldsymbol{\theta}_0$

9.5.2.7.1 信息

试验台的温度报告为(19.9±0.5) ℃，平均温度差$\widehat{\theta_0}=-0.1$ ℃，由于试验台温度的不确定性，平均温度差的标准差为$u(\widehat{\theta_0})=0.2$ ℃ [ISO/IEC Guide 98-3:2008，H.1.3.4]。

9.5.2.7.2 说明

θ_0 服从正态分布，即 N(μ,σ^2)(见 6.4.7)，

$$\mu=-0.1\ ℃,\sigma=0.2\ ℃$$

注：由于没有不确定度评定来源的信息，因此用正态分布来表征，关于此信息，也可见 9.5.2.6.2 注。

9.5.2.8 周期性温度差 $\boldsymbol{\Delta}$ 影响量

9.5.2.8.1 信息

试验台的温度报告为(19.9±0.5) ℃，在温度调节系统中，Δ 的最大抵消幅度 0.5 ℃用于表示近似周期性温度差的幅度，周期性温度差的结果服从 U 形(反正弦)分布[ISO/IEC Guide 98-3:2008，H.1.3.4]。

9.5.2.8.2 说明

Δ 服从反正弦分布 U(a,b)(见 6.4.6)，相应的界限为：

$$a=-0.5\ ℃,\ b=0.5\ ℃$$

注：由于没有分布界限可靠性的信息，因此用已知确定界限的 U 形分布来表征，同 9.5.2.6.2，此信息可能已经在 GUM 中省略。

9.5.2.9 膨胀系数差 $\boldsymbol{\delta\alpha}$

9.5.2.9.1 信息

$\delta\alpha$ 变化的估计边界为$\pm1\times10^{-6}$ ℃$^{-1}$，$\delta\alpha$ 在这个区间内的取值概率都相等[ISO/IEC Guide 98-3:2008，H.1.3.5]，这些边界值估计的可信度被认为 10%，自由度$\nu(u(\widehat{\delta\alpha}))=50$ [ISO/IEC Guide 98-3:2008，H.1.6]。

9.5.2.9.2 说明

$\delta\alpha$ 用界限不确定的矩形分布表征：

$$a=-1.0\times10^{-6}\ ^{\circ}\mathrm{C}^{-1},\ b=1.0\times10^{-6}\ ^{\circ}\mathrm{C}^{-1},\ d=0.1\times10^{-6}\ ^{\circ}\mathrm{C}^{-1}$$

估计边界的可靠性为10%，为 d 值的确定提供了基础。

9.5.2.10 温度差 $\delta\theta$

9.5.2.10.1 信息

标准量块和被校准量块具有相同的温度，但温度差 $\delta\theta$ 可能会以相同的概率出现在估计区间 -0.05 ℃到0.05 ℃之间[ISO/IEC Guide 98-3:2008，H.1.3.6]，温度差取值的可信度仅为50%，得到自由度 $\nu(u(\widehat{\delta\theta}))=2$[ISO/IEC Guide 98-3:2008，H.1.6]。

9.5.2.10.2 说明

$\delta\theta$ 用界限不确定的矩形分布(见6.4.3)表征：

$$a=-0.050\ ^{\circ}\mathrm{C},\ b=0.050\ ^{\circ}\mathrm{C},\ d=0.025\ ^{\circ}\mathrm{C}$$

50%的可靠性是 d 值确定的基础。

9.5.3 传播与报告结果

9.5.3.1 应用GUM不确定度框架基于

——一阶泰勒级数展开式对模型式(36)或式(37)的近似；
——用韦尔奇-萨特思韦特公式计算由不确定度传播律得到不确定度的有效自由度(舍掉小数部分)；
——输出量用服从自由度为上述有效自由度的 t 分布表征。

9.5.3.2 蒙特卡洛方法

应用MCM基于：

——要求从矩形分布(见6.4.2.4和C.3.3)、正态分布(见6.4.7.4和C.4)、t 分布(见6.4.9.5和C.6)、U形分布(见6.4.6.4)以及界限不确定的矩形分布(见6.4.3.4)中抽样；
——执行自适应MCM(见7.9)，设置数值容差($\delta=0.5$)以给出标准不确定度中 $n_{\mathrm{dig}}=2$ 位有效数字。

9.5.4 结果

9.5.4.1 表11给出了应用表10中的信息对模型(37)近似的结果，图17显示了应用GUM不确定度框架(实曲线)和MCM(频率分布)得到 δL 的PDFs，由GUM不确定度框架得到的是自由度 $\nu=16$ 的 t 分布。由这些PDFs获得的 δL 的99%最短包含区间的端点是不可区分的，在图上用垂直线标明。

9.5.4.2 自适应程序中蒙特卡洛试验次数为 1.26×10^{6}，同时在蒙特卡洛试验次数为 0.53×10^{6} 时计算了95%的包含区间。

表 11　应用表 10 中的信息对模型(37)近似的结果(9.5.4.1,9.5.4.3)

方法	$\widehat{\delta L}$/nm	$u(\widehat{\delta L})$/nm	δL/nm 的 99%最短包含区间
GUF	838	32	[745, 931]
MCM	838	36	[745, 932]

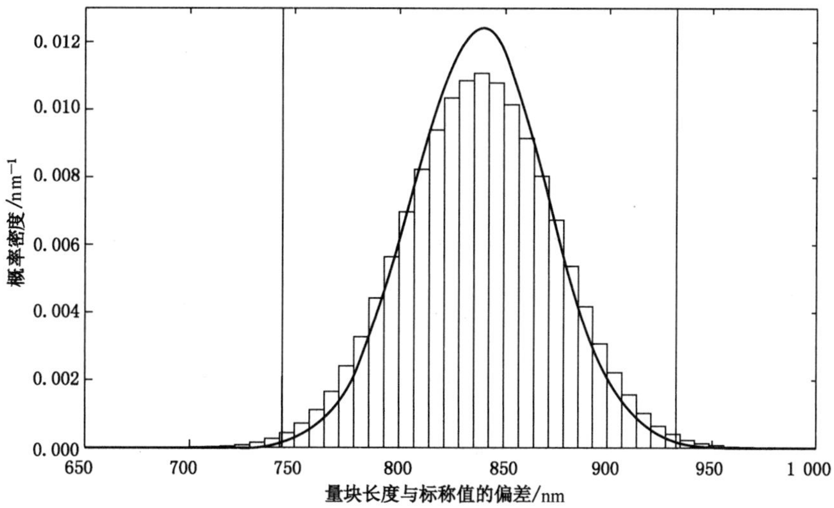

图 17　根据表 10 的信息,应用 GUM 不确定度框架对模型(37)近似得到的 δL 的 PDF(连续的钟形曲线)和 MCM 对模型(37)近似得到 δL 的 PDF(直方图)(9.5.4.1)

9.5.4.3　在给定的小数位数情况下,非线性模型(36)得到的结果与表 11 中的结果一致。

9.5.4.4　两种方法得到的结果有微小的差异,应用 MCM 得到的 $u(\widehat{\delta L})$ 比 GUM 不确定度框架得到的结果大 4 nm,δL 的 99%的包含区间要大 1 nm,这些结果适用于非线性和近似模型。这些差异是否重要需根据结果的具体用途来判断。

附 录 A
（资料性附录）
历史观点

A.1 GUM是一个内容丰富的文件，涵盖了不确定度评定的很多方面。虽然它没有明确地指出应用了蒙特卡洛方法，但在起草GUM的过程中也意识到了蒙特卡洛方法的作用。由ISO/TAG 4/WG 3于1992年6月制定的ISO/IEC/OIML/BIPM草案（第一版）中指出[G.1.5]：

如果Y和它的输入量为非线性关系，或如果表征X_i概率的参数（期望、方差、高阶矩）的数值只是估计而且它们也是由概率分布表征，且该非线性关系的一阶泰勒级数展开近似式不可接受，则Y的分布不能由卷积表达。在这种情况下，通常需要数值方法（如蒙特卡洛计算），并且评定计算会更困难。

A.2 在GUM已发布的版本中，此条款被修改为：

如果Y和输入量的函数关系是非线性的，且该函数的一阶泰勒级数展开近似式不可接受（见5.1.2和5.1.5），则Y的分布函数不能由输入量分布的卷积得到。在这种情况下，需要其他解析法或数值法。

A.3 这里对修改为"其他解析法或数值法"的解释包括其他任何合适的方法。本解释与美国国家技术标准研究院（National Institute of Standards and Technology，NIST）的解释一致[50]：

［6.6］NIST政策给出了以下例外情况（见附录C）：

众所周知：任何在现有条件下从技术上被证实为有效的统计方法可以用来确定u_i、u_c或U的值。再者，NIST作为一个组织，意识到国际的、国家的组织或合同条款偶尔可能会与NIST的政策有偏差。在这两种情况下，不确定度报告必须标明做了什么和为什么这么做。

附 录 B
（资料性附录）
灵敏系数和不确定度贡献量

B.1 分布传播及其用MCM加以实施都不需要灵敏系数[GUM:1995 5.1.3]。然而，只保持一个输入变量，其他所有输入量固定在其最佳估计值处并保持不变，则MCM可被用于确定该输入量为变量的模型的输出量PDF[8]。模型结果的标准差[参见7.6]与相应输入量最佳估计值的标准不确定度的比值可作为灵敏系数。这个比值相当于考虑模型泰勒级数展开式中所有高阶项得到。此方法可看作GUM中偏导数公式[ISO/IEC Guide 98-3:2008，5.1.3 注2]的广义近似。灵敏系数和每个输入量对输出量最佳估计值不确定度的贡献通常与GUM得到的不同。

B.2 在很多测量中，通常列出不确定度分量 $u_i(y)=|c_i|u(x_i)$，$i=1,\cdots,N$，其中 c_i 为第 i 个灵敏系数，$u(x_i)$ 为第 i 个输入量 x_i 的标准不确定度，它们对标准不确定度 $u(y)$ 有贡献。通常把它们列在一个表格中，为“不确定度预算”，这种做法有益于识别输出量最佳估计值 $u(y)$ 的主要贡献量。然而，在(有效应用)分布传播方法更合适的情况下，不确定度预算法应被视为一种定性工具。

附　录　C
（资料性附录）
从概率分布中抽样

C.1　概述

C.1.1　此附录提供了有关从概率分布中抽样的技术信息。这些抽样构成了作为实施分布传播的 MCM 的核心部分。也可参考数学函数的数字库[38]和相关软件库[37]。

C.1.2　从原则上讲，任何分布的发生器，如 6.4 中考虑的分布（也可见表 1），都可以结合使用矩形分布发生器从如 C.2 所述的分布函数得到。C.3.3 中给出了矩形分布发生器。对一些分布，如正态分布和 t 分布，使用特定的发生器会更有效，如本附录中提供的那些发生器。6.4 也给出了从概率分布中抽样的建议。

注：除本附录中给出的发生器之外，其他发生器也可以使用，在用之前要检验它们的统计质量。矩形分布伪随机数发生器的检验设备是可以得到的。见 C.3.2。

C.2　一般分布

通过对从矩形分布的抽样做变换，可实现从任何严格递增、单变量连续的分布函数 $G_X(\xi)$ 中抽样：

a)　从矩形分布 R(0,1) 中抽取随机数 ρ；

b)　找到满足 $G_X(\xi)=\rho$ 的 ξ。

注 1：要求 b) 中的反函数，即 $\xi=G^{-1}{}_X(\rho)$，可以通过解析法得到。除此之外，也可以用数值法获得。

示例：作为求反函数解释式的例子，考虑 X 为指数分布，期望为 $x(>0)$，即

$$g_X(\xi)=\begin{cases}\exp(-\xi/x)/x, \xi\geqslant 0\\ 0, \text{其他}\end{cases}\qquad (\text{见 } 6.4.10)$$

然后通过积分得到 $G_X(\xi)=1-\exp(-\xi/x)$，$\xi\geqslant 0$；其他均为 0。故 $\xi=-x\ln(1-\rho)$。基于以下事实，这个结果可以被稍加简化，若变量 Q 服从矩形分布，则 $1-Q$ 也服从矩形分布，则可以简化为 $\xi=-x\ln\rho$。

注 2：数值上，ξ 一般可由解决“零函数”问题 $G_X(\xi)-\rho=0$ 得到。ξ 的下界和上界很容易得到，在这种情况下，被认可的“托架”算法，如对分法或更有效的线性插值与对分法结合的方法[11]，可以用来确定 ξ。

注 3：若以矩形分布伪随机发生器作为产生另一种分布随机数的基础，$\rho=0$ 或 1 的抽样会使随机发生器失效，指数分布就是一例（见 6.4.10）。关于 $\rho=0$ 或 1 的情况，它的 PDF[式(9)]没有被定义。使用 C.3.3 中给出的发生器不会产生如上所述的失效。

C.3　矩形分布

C.3.1　概述

C.3.1.1　从矩形分布中产生伪随机数的能力是其基本的功能，也是利用合适的算法或公式产生其他分布伪随机数的基础（见 C.2，C.4 和 C.6）。对后一种情形，从非矩形分布产生随机数的质量取决于矩形分布产生的数和所用算法的性质。因此，从非矩形分布产生的数的质量被认为与从矩形分布产生的数的质量相关。只有好的算法并与能产生可靠的矩形分布数的发生器相结合才能组合产生可靠的非矩形分布随机数的发生器。

C.3.1.2　生成矩形分布数基础设备的合理性非常重要[31]。除非发生器通过充分检验，使用者确定它可用，否则不能使用该发生器，以免发生误导性的结果，建议使用全面的检验工具[30]。C.3.3 给出了产生

矩形分布数的程序,它能很好地通过这些检验,并可以直接使用。

C.3.1.3 表 C.1 定义了从矩形分布 R(0,1)产生伪随机数程序函数的有关方面,详述了输入、输入-输出和输出参数及其确定。

注 1:通过设置表 C.1 中先前使用的"种子",可得到相同的随机数序列。作为软件回归检验,这样做很重要,可用来判定软件得到的结果与先前版本中的结果的一致性。

注 2:一些伪随机数字发生器的每个命令给出了单个抽样值,其他给出了多个抽样值。

表 C.1 从矩形分布产生伪随机数(C.3.1.3,C.3.2.2)

输入参数
q 生成的矩形伪随机数的个数
输入-输出参数
t 作为输入量的参数列向量,作为计算的一部分可改变。这些量接下来的值对用户来说一般并非立即需要考虑。需要这些参数帮助控制生成伪随机数的过程。它们可看作全局变量,故不作为程序参数明显显现。其若干个可作为种子,用来生成由程序成功的命令产生的随机序列
输出参数
z 从矩形分布 R(0,1)中抽取 q 个样本组成的列向量

C.3.1.4 从 R(a,b)上抽出的伪随机数 x 可由 $a+(b-a)z$ 得到,其中 z 为从 R(0,1)抽取的伪随机数。

C.3.2 随机性检验

C.3.2.1 使用任何伪随机数发生器都必须满足:

a) 有良好的统计特性;

b) 便于任何程序语言执行;

c) 给出相同的种子时,在任何计算机上得出相同结果。

同样地,简洁也很重要,便于直接应用。Wichmann 和 Hill 给出了一个几乎同时满足这些要求的发生器[52,53]。它已经用于很多领域,包括不确定度计算。然而,它的循环长度(在序列重复前生成的随机数数量)为 2^{31},不适用于现在的一些问题。而且,并不是它的所有统计特性都通过了检验[35]。再者,此发生器是为 16 位计算机设计的,而现在用的几乎全是 32 位和 64 位计算机。

注:伪随机数发生器产生的序列数的周期,是未被重复使用序列中连续数的个数。

C.3.2.2 任何发生器统计特性的全面检验都由检验组套 TestU01[30]进行。TestU01 包很详细,有很多独立检验,包括所谓的 Big Crush。Wichmann 和 Hill 列出了几个通过 Big Crush 检验的发生器[54]。一个加强的 Wichmann-Hill 发生器(见 C.3.3)也通过了检验,并有下列特性[54]:

a) 在任何程序语言中都可直接编码,不依赖于其他发生器使用的位操作;

b) 语句(发生器在命令间保存的信息量)简短,便于操作(参见表 C.1 的参数 t);

c) 易于生成高度并行的应用程序所需的多维序列,有可能成为未来很多不确定度计算的特点;

d) 有不同的发生器,适用于 32 位和 64 位计算机。

C.3.3 生成矩形分布伪随机数的程序

C.3.3.1 类似于先前的发生器,加强的 Wichmann-Hill 发生器是合适的发生器的组合。新发生器结合了 4 个这样的发生器，而先前的版本结合了 3 个。新发生器的循环长度为 2^{121}，对任何可能的应用都适用。

C.3.3.2 表 C.2 定义了加强的 Wichmann-Hill 发生器在 32 位计算机上从 R(0,1)产生伪随机数的程序。

C.3.3.3 对 64 位计算机，图 C.2 中"计算"阶段的步骤 a)，包括(i)和(ii)，可由下列简化步骤代替：

a) 对 $j=1,\cdots,4,i_j=(a_j\times i_j)\bmod d_j$。

表 C.2 区间(0,1)上矩形分布的加强 Wichmann-Hill 伪随机数(C.3.3.2，C.3.3.3)发生器的程序，$[\omega]$代表不大于 ω 的最大整数，$i_j \bmod b_j$ 代表 i_j 除 b_j 的余数

输入参数
无
输入-输出参数
i_1，作为输入量且程序可改变的整数参数，在第一个命令前设介于整数 1 和 i_2，2147483647 间。在命令间不被打断。这些量接下来的值用户通常不关注 i_3，这些参数是产生伪随机数的基础。它们可看作全局变量，故不作为程序 i_4，参数明显显现
常数
$\boldsymbol{a}$，　4 维整常数向量，$\boldsymbol{a}=(a_1,\cdots,a_4)$等，由以下给出： $\boldsymbol{b}$，　$\boldsymbol{a}=(11\ 600,47\ 003,23\ 000,33\ 000)$， $\boldsymbol{c}$，　$\boldsymbol{b}=(185\ 127,45\ 688,93\ 368,65\ 075)$， $\boldsymbol{d}$，　$\boldsymbol{c}=(10\ 379,10\ 479,19\ 423,8\ 123)$， $\boldsymbol{d}=2\ 147\ 483\ 123\times(1,1,1,1)+(456,420,300,0)$。不要在命令期间打断
输出参数
r　0 和 1 之间的矩形随机数
计算
a) 对 $j=1,2,3,4$： ⅰ) $i_j=a_j\times(i_j \bmod b_j)-c_j\times[i_j/b_j]$， ⅱ) 若 $i_j<0$，用 i_j+d_j 代替 i_j b) 令 $\omega=\sum_{j=1}^{4} i_j/d_j$ c) 令 $r=\omega-[\omega]$

C.4 正态分布

表 C.3 中提供了一种利用 Box-Muller 变换从标准正态分布 N(0,1)抽样的程序[3]。通过 $\mu+\sigma z$ 从正态分布 $N(\mu,\sigma^2)$中抽样，其中 z 为从 N(0,1)抽样的随机数。

表 C.3　Box-Muller 正态伪随机数发生器(C.4)

输入参数
无
输出参数
z_1,从标准正态分布得到的两个独立抽样值 z_2
计算
a)　从矩形分布 R(0,1)得到的独立随机抽样值 r_1 和 r_2; b)　令 $z_1=\sqrt{-2\ln r_1}\cos 2\pi r_2$,$z_2=\sqrt{-2\ln r_1}\sin 2\pi r_2$

C.5　多元正态分布

C.5.1　最重要的多元分布是多元(或联合)正态分布 N($\boldsymbol{\mu}$,$\boldsymbol{V}$),其中 $\boldsymbol{\mu}$ 为维度 $n\times 1$ 的期望值向量、$\boldsymbol{V}$ 为维度 $n\times n$ 的协方差矩阵。

C.5.2　用表 C.4 中的程序可从这个多元(或联合)正态分布 N($\boldsymbol{\mu}$,$\boldsymbol{V}$)[45,49]中抽样。

注 1:若 $\boldsymbol{V}$ 是正定的(即它的所有特征值都为严格意义上的正数),Cholesky 因子 $\boldsymbol{R}$ 唯一[23,204页]。

注 2:若 $\boldsymbol{V}$ 不是正定的,可能是由于数值修约误差或其他原因造成的,$\boldsymbol{R}$ 则可能不存在。再者,在 $\boldsymbol{V}$ 的一个或几个特征值很小(但为正)的情况下,因为浮点误差的影响,用软件执行 Cholesky 分解算法可能得不到 $\boldsymbol{R}$。不管以上哪种情况出现,建议"修正"$\boldsymbol{V}$,即把 $\boldsymbol{V}$ 做尽量小的变化使得可以很好地定义修正后矩阵的 Cholesky 因子 $\boldsymbol{R}$。对数值上接近原来 $\boldsymbol{V}$ 的协方差矩阵,结果因子是准确的。在此目的下,可用简单的修正程序[49,322页],它包含在 MULTNORM 发生器中[45]。

注 3:若 $\boldsymbol{V}$ 是半正定的,可得到特征值分解 $\boldsymbol{V}=\boldsymbol{Q}\boldsymbol{\Lambda}\boldsymbol{Q}^{\mathrm{T}}$,$\boldsymbol{Q}$ 为正交矩阵,$\boldsymbol{\Lambda}$ 为对角矩阵。则 $\boldsymbol{\Lambda}^{1/2}\boldsymbol{Q}^{\mathrm{T}}$ 可用于从 N(0,$\boldsymbol{V}$)抽样,即使 $\boldsymbol{V}$ 不是满秩的。

表 C.4　多元正态伪随机数字发生器(C.5.2)

输入参数
n　多元正态分布的维数 $\boldsymbol{\mu}$　维度为 $n\times 1$ 的期望向量 $\boldsymbol{V}$　维度为 $n\times n$ 的协方差矩阵 q　生成的多元正态伪随机数数目
输出参数
$\boldsymbol{X}$　维度为 $n\times q$ 的矩阵,其第 j 列为多元正态分布的抽样
计算
a)　形成 $\boldsymbol{V}$ 的 Cholesky 因子 $\boldsymbol{R}$,如上三角矩阵满足 $\boldsymbol{V}=\boldsymbol{R}^{\mathrm{T}}\boldsymbol{R}$。(为得到 q 个伪随机数,有必要只做一次矩阵分解) b)　生成一个标准正态变量 $n\times p$ 矩阵 $\boldsymbol{Z}$ c)　构建 $\boldsymbol{X}=\boldsymbol{\mu}\boldsymbol{1}^{\mathrm{T}}+\boldsymbol{R}^{\mathrm{T}}\boldsymbol{Z}$,$\boldsymbol{1}$ 为有 q 个 1 的列向量

C.5.3　图 C.1 给出了用 MULTNORM 发生器[45]从 N($\boldsymbol{\mu}$,$\boldsymbol{V}$)抽样生成的 200 个点,变量的期望列向量和协方差矩阵为:

$$\boldsymbol{\mu}=\begin{bmatrix}2.0\\3.0\end{bmatrix},\boldsymbol{V}=\begin{bmatrix}2.0 & 1.9\\1.9 & 2.0\end{bmatrix}$$

即在此情况下两个变量被看作是正相关的。在其他情况也可以用类似的发生器[12]。

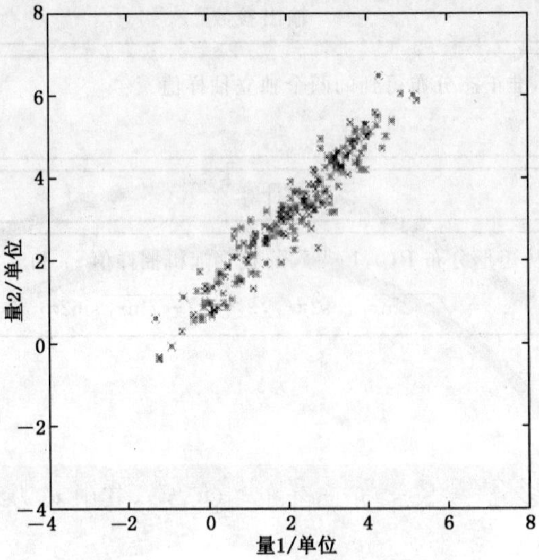

图 C.1　从二元正态分布抽取的正相关的点(C.5.3, C.5.4)

C.5.4　在图 C.1 中,点分散为细长有角的椭圆。若 $\boldsymbol{V}$ 的非对角线上元素由 0 代替,点将分散为圆。若让对角线上元素不相等,非对角线上元素为 0,点分散为椭圆,且它的轴与图形的轴平行。若对角线上元素为负数,则考虑的量为负相关,椭圆的主要轴将有负斜度而不是正斜度。

C.6　t 分布

表 C.5 中的程序提供了一种生成自由度为 ν 的 t 分布值的方法[29],[44, 63页]。

表 C.5　t 分布伪随机数字发生器(C.6)

输入参数
ν　自由度
输出参数
t　从自由度为 ν 的 t 分布抽样
计算
a)　从矩形分布 R(0,1)得到两个独立抽样 r_1 和 r_2; b)　若 $r_1<1/2$,令 $t=1/(4r_1-1)$,$\nu=r_2/t^2$;否则 $t=4r_1-3$,$\nu=r_2$; c)　若 $\nu<1-\lvert t\rvert/2$ 或 $\nu<(1+t^2/\nu)^{-(\nu+1)/2}$,接受 t 是 t 分布的一个抽样,否则重复 a)抽样

注:根据 t 分布对自由度 ν 的定义,ν 必须大于 2。

附 录 D
（资料性附录）
输出量分布函数的连续近似

D.1 有时需要使用输出量 Y 的近似连续分布函数 $\tilde{G}_Y(\eta)$，而不是 7.5 中给出的离散型分布函数 $\boldsymbol{G}$。

注：使用近似的连续分布函数意味着，比如：

a) 可以从分布中抽样，无需在离散情况下数值修约；

b) 可用需要连续运行条件的数值方法确定最短的包含区间。

D.2 为了得到 $\tilde{G}_Y(\eta)$，考虑 7.5.1 中 $G_Y(\eta)$ 的离散表示 $\boldsymbol{G}=\{y_{(r)},r=1,\cdots,M\}$，在按照 7.5.1 步骤 b) 重排模型值 $y_{(r)}$ 之后，执行以下步骤：

a) 确定 $y_{(r)}$ 的相同间隔累积概率 $p_r=(r-1/2)/M,r=1,\cdots,M$[8]。$p_r,r=1,\cdots,M$，为 $(0,1)$ 上 M 个宽度为 $1/M$ 的相连概率区间的中点值；

b) 令 $\tilde{G}_Y(\eta)$ 为联合 M 个点 $(y_{(r)},p_r)$ 的（连续的）严格递增线的分段线性函数，$r=1,\cdots,M$：

$$\tilde{G}_Y(\eta)=\frac{r-1/2}{M}+\frac{\eta-y_{(r)}}{M(y_{(r+1)}-y_{(r)})},y_{(r)}\leqslant\eta\leqslant y_{(r+1)},r=1,\cdots,M-1 \qquad \text{(D.1)}$$

注：式(D.1)为下一步从 $\tilde{G}_Y(\eta)$ 抽样进行不确定度评定提供了基础，从分布函数中相反地抽样见 C.2。一些软件实验室和软件包为线性分段插值提供了方便。因为 $\tilde{G}_Y(\eta)$ 分段线性，故其反函数也是分段线性的，这些性质可以容易地应用。

D.3 图 D.1 表示利用 MCM 从 Y 的数学期望为 3、标准差为 1 的正态分布 PDF $g_Y(\eta)$ 中抽取 $M=50$ 样本得到的 $\tilde{G}_Y(\eta)$ 示意图。

D.4 考虑 $\tilde{g}_Y(\eta)=\tilde{G}'_Y(\eta)$，给定 $\tilde{G}_Y(\eta)$ 如表达式(D.1)所示。函数 $\tilde{g}_Y(\eta)$ 为分段连续函数，在 $\eta=y_{(1)},\cdots,y_{(M)}$ 处有间断点。由 $\tilde{g}_Y(\eta)$ 确定的 Y 的期望 $\tilde{y}$ 和标准偏差 $u(\tilde{y})$ 分别看作 Y 的估计 y 及其标准不确定度 $u(y)$。$\tilde{y}$ 和 $u(\tilde{y})$ 分别由下列公式给出：

$$\tilde{y}=\frac{1}{M}\sum_{r=1}^{M}{}''y_{(r)} \qquad \text{(D.2)}$$

$$u^2(\tilde{y})=\frac{1}{M}\left(\sum_{r=1}^{M}{}''(y_{(r)}-\tilde{y})^2-\frac{1}{6}\sum_{r=1}^{M-1}(y_{(r+1)}-y_{(r)})^2\right) \qquad \text{(D.3)}$$

求和号处的双上标表示和式中的第一项和最后一项需加权 1/2。

注：对充分大的 M（10^5 或更大），用式(D.2)和式(D.3)得到的最佳估计值和标准不确定度与由式(16)和式(17)得到的值在实际应用中通常没有区别。

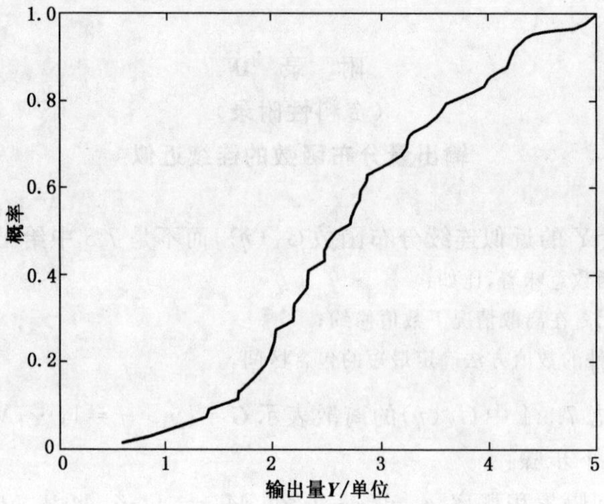

图 D.1　分布函数 $G_Y(\eta)$ 的近似

$\widetilde{G}_Y(\eta)$ (D.3),"单位"表示任意单位

D.5　若 α 代表$(0,1-p)$区间中的任意一个值,其中 p 为要求的包含概率(如 0.95)。那么 $100p\%$的包含区间的端点值可用反线性插值法从 $\widetilde{G}(\eta)$得到。确定包含区间的下端点 y_{low}以使 $\alpha=\widetilde{G}_Y(y_{\mathrm{low}})$,确定指数 r 使点$(y_{(r)},p_r)$和$(y_{(r+1)},p_{r+1})$满足:

$$p_r \leqslant \alpha < p_{r+1}$$

然后,通过反线性插值:

$$y_{\mathrm{low}}=y_{(r)}+(y_{(r+1)}-y_{(r)})\frac{\alpha-p_r}{p_{r+1}-p_r}$$

同样地,确定包含区间的上端点 y_{hign}以使 $p+\alpha=\widetilde{G}_Y(y_{\mathrm{high}})$,可以由以下公式计算得到:

$$y_{\mathrm{hign}}=y_{(s)}+(y_{(s+1)}-y_{(s)})\frac{p+\alpha-p_s}{p_{s+1}-p_s}$$

其中指数 s 使点$(y_{(s)},p_s)$和$(y_{(s+1)},p_{s+1})$满足:

$$p_s \leqslant p+\alpha < p_{s+1}$$

D.6　选择 $\alpha=0.025$,给出的包含区间由 0.025-分位数和 0.975-分位数确定。这样的选择给出了 Y 的 95%概率对称包含区间。

D.7　最短包含区间一般从 $\widetilde{G}_Y(\eta)$得到,通过确定 α 使 $\widetilde{G}_Y^{-1}(p+\alpha)-\widetilde{G}_Y^{-1}(\alpha)=H(\alpha)$最小。最直接地确定 $H(\alpha)$最小的数值方法是:构造 α 位于$(0<\alpha<1-p)$的大量均等排列的集合$\{\alpha_k\}$,从集合$\{\alpha_k\}$选择 α_l,其在集合$\{H(\alpha_k)\}$中产生最小值。

D.8　若 pM 为整数,将更易计算包含区间。然后,使得 $H(\alpha)$最小的 $\alpha=r^*/M$,其中 r^* 为使区间长度 $y_{(r+pM)}-y_{(r)}$最小的 r 值,$r=1,\cdots,(1-p)M$。

附 录 E
(资料性附录)
矩形分布的四重卷积包含区间

E.1 在 9.2.3.2 中,给出了解释法的结果:

$$\pm 2\sqrt{3}\left[2-(3/5)^{1/4}\right] \approx \pm 3.88 \qquad \cdots\cdots (E.1)$$

它构成了输出量 Y 的 95%概率对称包含区间的端点,该输出量为一加法模型,由 4 个期望为 0、标准差为 1、PDFs 为相同矩形分布的输入量构成。结果列于本附录。

E.2 矩形分布 $R(a,b)$(见 6.4.2)当 $a \leqslant \rho \leqslant b$ 时取常数值 $(b-a)^{-1}$,其他情况下取值为 0。$R(0,1)$ 的 n 重卷积为 n 阶 B-样条 $B_n(\rho)$(自由度为 $n-1$)[46],节点为 $0,\cdots,n$。表达式为:

$$B_n(\rho)=\frac{1}{(n-1)!}\sum_{r=0}^{n} {}^{n}C_r\,(-1)^r\,(\rho-r)_+^{\;n-1}$$

式中:

$${}^{n}C_r=\frac{n!}{r!\,(n-r)!},\ z_+=\max(z,0)$$

特别地,

$$B_4(\rho)=\frac{1}{6}\rho^3,\ 0\leqslant\rho\leqslant 1$$

[在邻近节点的其他区间,$B_4(\rho)$ 为不同的三次多项式],因此

$$\int_0^1 B_4(\rho)\,\mathrm{d}\rho=\left[\frac{1}{24}\rho^4\right]_0^1=\frac{1}{24}\approx 0.0417$$

E.3 95%概率对称包含区间的左端点 y_{low} 取值在 0 和 1 之间,由于

$$0.025=\frac{1}{40}<\frac{1}{24}$$

PDF 下的面积位于端点 y_{low} 的左侧,它可以通过下式给出:

$$\int_0^{y_{\text{low}}} B_4(\rho)\,\mathrm{d}\rho=\frac{1}{24}y_{\text{low}}^4=\frac{1}{40}$$

即

$$y_{\text{low}}=(3/5)^{1/4}$$

根据对称,右端点为

$$y_{\text{high}}=4-(3/5)^{1/4}$$

因而,95%概率对称包含区间为

$$\left[(3/5)^{1/4},4-(3/5)^{1/4}\right]\equiv 2\pm\left(2-(3/5)^{1/4}\right)$$

矩形分布 PDF$R(-\sqrt{3},\sqrt{3})$(期望为 0,标准差为 1)的四重卷积的相应包含区间由此结果平移 2 个单位并按 $2\sqrt{3}$ 个单位缩放比例给出,即表达式(E.1)。

附 录 F
（资料性附录）
比较损失问题

本附录关注比较损失问题的一些细节（见 9.4）。F.1 给出了 δy 的期望和标准差（见 9.4.2.1.2）。F.2给出了当 $x_1=x_2=r(x_1,x_2)=0$ 时，用解析法得到的 δy 的 PDF（见 9.4.2.1.2）。F.3 给出了当各输入量相关和不相关时，GUM 不确定度框架的应用（见 9.4.2.1.3 和 9.4.3.1.1）。

F.1 解析法获得期望和标准差

F.1.1 X 的方差可以由期望表示为[42,124页]：

$$V(X)=E(X^2)-[E(X)]^2$$

因而，

$$E(X^2)=[E(X)]^2+V(X)=x^2+u^2(x)$$

式中，x 为 X 的最佳估计，$u(x)$为 x 的标准不确定度。因此对模型(28)，即 $\delta Y=1-Y=X_1^2+X_2^2$，

$$\delta y=E(\delta Y)=x_1^2+x_2^2+u^2(x_1)+u^2(x_2)$$

此结果可应用于以下两种情况：

a) 不论 X_1，X_2 服从什么分布；

b) 不论 X_1，X_2 独立与否。

F.1.2 与 δy 关联的标准不确定度可由下式给出：

$$u^2(\delta y)=u^2(x_1^2)+u^2(x_2^2)+2u(x_1^2,x_2^2)$$

其中，当 $i=1,2$ 时，$u^2(x_i{}^2)=V(X_i^2)$，$u(x_1^2,x_2^2)=\mathrm{Cov}(X_1^2,X_2^2)$。然后对正态分布应用 Price 定理[40,41]，得

$$u^2(\delta y)=4u^2(x_1)x_1^2+4u^2(x_2)x_2^2+2u^4(x_1)+2u^4(x_2)+4u^2(x_1,x_2)+8u(x_1,x_2)x_1x_2 \quad \cdots\cdots(\mathrm{F.1})$$

当 $x_2=0$ 且 $u(x_2)=u(x_1)$时，用 $r(x_1,x_2)u^2(x_1)$代替 $u(x_1,x_2)$，得

$$u(\delta y)=2\{x_1^2+[1+r^2(x_1,x_2)]u^2(x_1)\}^{1/2}u(x_1)$$

F.1.3 若 X_1，X_2 不相关，即 $u(x_1,x_2)=0$，表达式(F.1)变为：

$$u^2(\delta y)=4u^2(x_1)x_1^2+4u^2(x_2)x_2^2+2u^4(x_1)+2u^4(x_2) \quad \cdots\cdots(\mathrm{F.2})$$

表达式(F.2)可用 GUM 中的公式(10)[ISO/IEC Guide 98-3:2008，5.1.2]及紧接着它的 GUM 公式[ISO/IEC Guide 98-3:2008，5.1.2 注]修正。

F.2 具有零协方差电压反应系数的零估计值的解析算法

F.2.1 当 $x_1=x_2=r(x_1,x_2)=0$ 且 $u(x_1)=u(x_2)$时，Y 的 PDF$g_Y(\eta)$可由解析法得到。这种解法对进一步验证结果的目的很有价值。在上述情况下，

$$\delta Y=u^2(x_1)[X_1^2/u^2(x_1)+X_2^2/u^2(x_2)]$$

F.2.2 方括号中的两个独立变量的平方和用 Z 表示，每个变量服从标准正态分布，因而该平方和服从自由度为 2 的卡方分布[42, 177页]，因此

$$\delta Y=u^2(x_1)Z$$

其中 Z 的 PDF 为：

$$g_Z(z)=\chi_2^2(z)=\mathrm{e}^{-z/2}/2$$

F.2.3 PDF$g_Y(\eta)$是变量(这里为 Z)可微且严格递减的函数，变量有确定的 PDF，$g_Y(\eta)$的通用公式[42, 57~61页]为

$$g_Y(\eta)=\frac{1}{u^2(x_1)}\chi_2^2(\eta/u^2(x_1))=\frac{1}{2u^2(x_1)}\exp(-\eta/2u^2(x_1)),\eta\geqslant 0$$

F.2.4 δY 的期望为

$$\delta y=E(\delta Y)=\int_0^{\infty}\eta g_Y(\eta)\mathrm{d}\eta=2u^2(x_1)$$

方差为

$$u^2(\delta y)=V(\delta Y)=\int_0^{\infty}(\eta-y)^2 g_Y(\eta)\mathrm{d}\eta=4u^4(x_1)$$

即标准偏差为 $2u^2(x_1)$，与 F.1 中的结果一致。

F.2.5 通过积分可得相应的分布函数

$$G_Y(\eta)=1-\exp(-\eta/2u^2(x_1)),\eta\geqslant 0 \qquad\cdots\cdots(\text{F.3})$$

F.2.6 设 δy_α 为式(F.3)中的 η 值，根据 $G_Y(\eta)=\alpha$，对于任意 α 满足 $0\leqslant\alpha<1-p$，则：

$$\delta y_\alpha=-2u^2(x_1)\ln(1-\alpha)$$

δY 的 $100p$%包含区间(见 7.7)为：

$$[\delta y_\alpha,\delta y_{p+\alpha}]=[-2u^2(x_1)\ln(1-\alpha),-2u^2(x_1)\ln(1-p-\alpha)] \qquad\cdots\cdots(\text{F.4})$$

长度为：

$$H(\alpha)=-2u^2(x_1)\ln\left(1-\frac{p}{1-\alpha}\right)$$

F.2.7 $100p$%最短包含区间可由使 $H(\alpha)$最小的 α 给出(见 5.3.4)。由于当 $0\leqslant\alpha\leqslant 1-p$ 时 $H(\alpha)$为 α 的严格递增函数，故当 $\alpha=0$ 时 $H(p)$最小。因此，δY 的 $100p$%最短包含区间为：

$$[0,\ -2u^2(x_1)\ln(1-p)]$$

对于 $u(x_1)=0.005$，95%最短包含区间为：

$$[0,0.000\ 149\ 8]$$

F.2.8 δY 的 95%概率对称包含区间通过设定 $\alpha=(1-p)/2$(见 5.3.3)给出：

$$[-2u^2(x_1)\ln 0.975,\ -2u^2(x_1)\ln 0.025]=[0.000\ 001\ 3,0.000\ 184\ 4]$$

比 95%最短包含区间长 20%。

注：上述分析展示了解析法可以处理这种类型的问题。在这种特殊情况下，由于 $g_Y(\eta)$严格递增且最短包含区间一般都在最高密度区域，实际上可以更直接地得到结果。

F.3 GUM 不确定度框架在比较损失问题中的应用

F.3.1 输入量不相关

F.3.1.1 9.4 中考虑的比较损失问题的测量模型为

$$\delta Y=f(\boldsymbol{X})=f(X_1,X_2)=X_1^2+X_2^2$$

式中，X_1 和 X_2 服从正态分布，期望分别为 x_1 和 x_2，方差分别为 $u^2(x_1)$和 $u^2(x_2)$。

F.3.1.2 应用 GUM 中 5.1.1，得到

$$\delta y=x_1^2+x_2^2$$

作为 δY 的最佳估计。当 $i=1,2$ 时，模型仅有的重要且非零偏导数为

$$\partial f/\partial X_i = 2X_i,\ \partial^2 f/\partial X_i{}^2 = 2$$

F.3.1.3　应用 GUM 中 5.1.2,基于 $f(\boldsymbol{X})$的一阶泰勒级数展开式近似给出标准不确定度 $u(\delta y)$为

$$u^2(\delta y) = [(\partial f/\partial X_1)^2 u^2(x_1) + (\partial f/\partial X_2)^2 u^2(x_2)]|_{\boldsymbol{X}=\boldsymbol{x}} = 4x_1^2 u^2(x_1) + 4x_2^2 u^2(x_2) \quad \text{(F.5)}$$

如果 f 的非线性显著[ISO/IEC Guide 98-3:2008, 5.1.2 注],则

$$\frac{1}{2}(\partial^2 f/\partial X_1^2 + \partial^2 f/\partial X_2^2)|_{\boldsymbol{X}=\boldsymbol{x}} u^2(x_1) u^2(x_2)$$

需附加到式(F.5),这样式(F.5)变成

$$u^2(\delta y) = 4x_1^2 u^2(x_1) + 4x_2^2 u^2(x_2) + 4u^2(x_1) u^2(x_2) \quad \text{(F.6)}$$

F.3.1.4　当 δY 为正态 PDF 时,δY 的 95%包含区间为:

$$\delta y \pm 2u(\delta y)$$

F.3.2　输入量相关

F.3.2.1　当输入量相关时,与各输入量最佳估计值相关的不确定度矩阵在式(27)已给出。

F.3.2.2　应用 GUM 中 5.2.2 得到:

$$\begin{aligned} u^2(\delta y) &= [(\partial f/\partial X_1)^2 u^2(x_1) + (\partial f/\partial X_2)^2 u^2(x_2) + 2(\partial f/\partial X_1)(\partial f/\partial X_2) r(x_1, x_2) u(x_1) u(x_2)]_{\boldsymbol{X}=\boldsymbol{x}} \\ &= 4x_1^2 u^2(x_1) + 4x_2^2 u^2(x_2) + 8r(x_1, x_2) x_1 x_2 u(x_1) u(x_2) \end{aligned} \quad \text{(F.7)}$$

附　录　G
（资料性附录）
主要符号汇总表

A	随机变量，表示界限不确定时给定的矩形分布的下限
a	一个随机变量所在区间的下限
a	界限不确定时给定的矩形分布下限 A 所在区间的中点
B	随机变量，表示界限不确定时给定的矩形分布的上限
b	一个随机变量所在区间的上限
b	界限不确定时给定的矩形分布上限 B 所在区间的中点
$\mathrm{CTrap}(a,b,d)$	界限不确定时给定(曲线梯形分布)的矩形分布，其参数为 a，b 和 d
$\mathrm{Cov}(X_i,X_j)$	两个随机变量 X_i 和 X_j 的协方差
c	n_{dig}位小数整位数
c_i	第 i 个灵敏系数，测量模型 f 对第 i 个输入变量 X_i 在向量输入量 $\boldsymbol{X}$ 的估计值 x 处的偏导数
d	界限不确定时给定的矩形分布下限 A 和上限 B 所在区间的半宽度
d_{high}	分别由 GUM 不确定度框架和蒙特卡洛方法提供的包含区间的右端点之差的绝对值
d_{low}	分别由 GUM 不确定度框架和蒙特卡洛方法提供的包含区间的左端点之差的绝对值
$E(X)$	随机变量 X 的期望
$E(\boldsymbol{X})$	向量随机变量 $\boldsymbol{X}$ 的向量期望
$E(X^r)$	随机变量 X 的 r 阶矩
$\mathrm{Ex}(\lambda)$	参数为 λ 的指数分布
f	表示输出量 Y 和与 Y 有关的输入量 $X_1,X_2,\cdots,X_N$ 之间的测量数学模型
$\boldsymbol{G}$	蒙特卡洛程序中输出变量 Y 的分布函数 $G_Y(\eta)$ 的离散表示
$\mathrm{G}(\alpha,\beta)$	参数为 α 和 β 的 Gamma 分布
$g_X(\xi)$	输入量 X 的变量为 ξ 的概率密度函数
$g_{\boldsymbol{X}}(\boldsymbol{\xi})$	输入向量 $\boldsymbol{X}$ 的向量变量为 $\boldsymbol{\xi}$ 的联合(多元变量)概率密度函数
$g_{X_i}(\xi_i)$	输入量 X_i 的变量为 ξ_i 的概率密度函数
$G_Y(\eta)$	输出量 Y 的变量为 η 的分布函数
$\tilde{G}_Y(\eta)$	输出量 Y 的分布函数 $G_Y(\eta)$ 的连续近似
$g_Y(\eta)$	输出量 Y 的变量为 η 的概率密度函数
$\tilde{g}_Y(\eta)$	$\tilde{G}_Y(\eta)$ 关于 η 的导数，表示输出量 Y 的概率密度函数 $g_Y(\eta)$ 的数值近似
J	大于或等于 $100/(1-p)$ 的最小整数
k_p	对应包含概率 p 的包含因子
l	数值的 $c\times10^l$ 表示中的整数，其中 c 为 n_{dig}位小数整位数
M	蒙特卡洛的试验次数
N	输入量 $X_1,X_2,\cdots,X_N$ 的个数
$\mathrm{N}(0,\ 1)$	标准正态分布
$\mathrm{N}(\mu,\sigma^2)$	参数为 μ 和 σ^2 的正态分布

$\mathrm{N}(\boldsymbol{\mu},\boldsymbol{V})$	参数为 $\boldsymbol{\mu}$ 和 $\boldsymbol{V}$ 的多元正态分布
n	一个观测列中观测值的个数
n_{dig}	数值中的有意义的有效数字位数
$\mathrm{Pr}(z)$	事件 z 的概率
p	包含概率
q	$pM+1/2$ 的整数部分
q	确定大小的样本中对象的数量
$\boldsymbol{R}$	上三角矩阵
$\mathrm{R}(0,1)$	区间[0,1]上的标准矩形分布
$\mathrm{R}(a,b)$	区间$[a,b]$上的矩形分布
$r(x_i, x_j)$	输入量 X_i 和 X_j 的估计值 x_i 及 x_j 之间的相关系数
s	n 个观测值 $x_1,x_2,\cdots,x_n$ 的标准偏差
s_{p}	从几个观测列中获得的合并标准偏差
T	表示矩阵转置的上标
s_z	自适应蒙特卡洛程序中的值 $z^{(1)},z^{(2)}\cdots,z^{(h)}$ 的平均值 z 的标准偏差,其中,z 可以表示输出变量 Y 的估计值 y,y 的标准不确定度 $u(y)$,或者 Y 的包含区间的左端点 y_{low} 或者右端点 y_{high}
$\mathrm{T}(a,b)$	区间$[a,b]$上的三角分布
$\mathrm{Trap}(a,b,\beta)$	参数为 β 的区间$[a,b]$上的梯形分布
t_ν	自由度为 ν 的中心 t 分布
$t_\nu(\mu,\sigma^2)$	参数为 μ 和 σ^2,自由度为 ν 的缩放平移 t 分布
$\mathrm{U}(0,1)$	区间[0,1]上的标准反正弦(U 型)分布
$\mathrm{U}(a,b)$	区间$[a,b]$上的反正弦(U 型)分布
U_p	对应于包含概率 p 的扩展不确定度
$\boldsymbol{U}_x$	向量输入变量 $\boldsymbol{X}$ 的向量估计值 $\boldsymbol{x}$ 的不确定度矩阵
$\boldsymbol{u}(\boldsymbol{x})$	向量输入变量 $\boldsymbol{X}$ 的向量估计值 $\boldsymbol{x}$ 的不确定度向量$[u(x_1),u(x_2),\cdots,u(x_N)]^{\mathrm{T}}$
$u(x_i)$	输入量 X_i 的估计值 x_i 的标准不确定度
$u(x_i,x_j)$	输入量 X_i 和 X_j 的估计值 x_i 和 x_j 的协方差
$u(y)$	输出量 Y 的估计值 y 的标准不确定度
$u(\tilde{y})$	$\tilde{y}$ 的标准不确定度
$u_{\mathrm{c}}(y)$	输出量 Y 的估计值 y 的合成标准不确定度
$u_i(y)$	输出量 Y 的估计值 y 的标准不确定度 $u(y)$ 中的第 i 个不确定度分量
$\boldsymbol{V}$	协方差(方差-协方差矩阵)矩阵
$V(X)$	随机变量 X 的方差
$V(\boldsymbol{X})$	向量随机变量 $\boldsymbol{X}$ 的协方差矩阵
w	区间$[a,b]$的半宽度$(b-a)/2$
X	输入量,为随机变量
$\boldsymbol{X}$	与输出量 Y 相关的输入量向量$(X_1,X_2,\cdots,X_N)^{\mathrm{T}}$,为随机变量
X_i	与输出量 Y 相关的第 i 个输入量,为随机变量
x	X 的估计值(期望)
$\boldsymbol{x}$	$\boldsymbol{X}$ 的向量估计值$(x_1,x_2,\cdots,x_N)^T$(向量期望)
$\bar{x}$	有 n 个观测值的观测列 $x_1,x_2,\cdots,x_n$ 的平均值

x_i	X_i 的估计值(期望)
x_i	某观测列中第 i 个观测值
$x_{i,r}$	X_i 的概率密度函数的第 r 个蒙特卡洛样本
$\boldsymbol{x}_r$	第 r 个蒙特卡洛样本,包含数值 $x_{1,r},x_{2,r},\cdots,x_{N,r}$,是从 N 个输入变量 $X_1,X_2,\cdots,X_N$ 的概率密度函数或是从 $\boldsymbol{X}$ 的联合概率密度函数抽取的
Y	(标量)输出量,为随机变量
y	Y 的估计值(期望)
$\tilde{y}$	Y 的估计值,即一次蒙特卡洛运行中的 M 个模型值 y_r 的平均值或者由概率密度函数 $\tilde{g}_Y(\eta)$表征的 Y 的期望
y_{high}	Y 的包含区间的右端点
y_{low}	Y 的包含区间的左端点
y_r	第 r 个模型值 $f(\boldsymbol{x}_r)$
$y_{(r)}$	将 y_r 进行升序排列后的第 r 个模型值
$z^{(h)}$	自适应蒙特卡洛程序的第 h 个值,其中,z 可以表示输出变量Y 的估计值y,y 的标准不确定度 $u(y)$,或者 Y 的包含区间的左端点 y_{low}或者右端点 y_{high}
α	概率值
α	Gamma 分布的参数
β	梯形分布的参数,等于梯形顶部的半宽度与梯形底部的半宽度之比
β	Gamma 分布的参数
$\Gamma(z)$	变量为 z 的 Gamma 函数
δ	一个数值的数值容差
$\delta(z)$	变量为 z 的狄拉克函数
η	变量,描述输出量 Y 的可能值
λ_1	梯形分布中梯形顶部的半宽度
λ_2	梯形分布中梯形底部的半宽度
μ	由一个概率分布表征的变量的期望
v	t 分布或 χ^2 分布的自由度
v_{eff}	标准不确定度 $u(y)$的有效自由度
v_{p}	从多个测量列示值获得的合并标准差 s_{p} 的自由度
ξ	变量,描述随机变量 X 的可能值
$\boldsymbol{\xi}$	向量变量$(\xi_1,\xi_2,\cdots,\xi_N)^{\text{T}}$,描述输入向量变量 $\boldsymbol{X}$ 的可能值
ξ_i	变量,描述输入量 X_i 的可能值
σ	一个概率分布表征的变量的标准偏差
σ^2	一个概率分布表征的变量的方差(标准偏差的平方)
Φ	呈正弦周期变化的变量的相位
χ_ν^2	自由度为ν 的 χ^2 分布

参 考 文 献

[1] BEATTY, R. W. Insertion loss concepts. Proc. IEEE 52 (1964), 663-671.

[2] BERTHOUEX, P. M., and BROWN, L. C. Statistics for Environmental Engineers. CRC Press, USA, 1994.

[3] BOX, G. E. P., and MULLER, M. A note on the generation of random normal variates. Ann. Math. Statist. 29 (1958), 610-611.

[4] CHAN, A., GOLUB, G., and LEVEQUE, R. Algorithms for computing the sample variance: analysis and recommendations. Amer. Stat. 37 (1983), 242-247.

[5] CONTE, S. D., and DE BOOR, C. Elementary Numerical Analysis: An Algorithmic Approach. McGraw-Hill, 1972.

[6] COX, M. G. The numerical evaluation of B-splines. J. Inst. Math. Appl. 10 (1972), 134-149.

[7] COX, M. G., and HARRIS, P. M. Software specifications for uncertainty evaluation. Tech. Rep. DEM-ES-010, National Physical Laboratory, Teddington, UK, 2006.

[8] COX, M. G., and HARRIS, P. M. SSfM Best Practice Guide No. 6, Uncertainty evaluation. Tech. Rep. DEM-ES-011, National Physical Laboratory, Teddington, UK, 2006.

[9] COX, M. G., and SIEBERT, B. R. L. The use of a Monte Carlo method for evaluating uncertainty and expanded uncertainty. Metrologia 43 (2006), S178-S188.

[10] DAVID, H. A. Order Statistics. Wiley, New York, 1981.

[11] DEKKER, T. J. Finding a zero by means of successive linear interpolation. In Constructive Aspects of the Fundamental Theorem of Algebra (London, 1969), B. Dejon and P. Henrici, Eds., Wiley Interscience.

[12] DEVROYE, L. Non-Uniform Random Number Generation. Springer, New York, 1986.

[13] DIETRICH, C. F. Uncertainty, Calibration and Probability. Adam Hilger, Bristol, UK, 1991.

[14] DOWSON, D. C., and WRAGG, A. Maximum entropy distributions having prescribed first and second order moments. IEEE Trans. IT 19 (1973), 689-693.

[15] EA. Expression of the uncertainty of measurement in calibration. Tech. Rep. EA-4/02, European Co-operation for Accreditation, 1999.

[16] ELSTER, C. Calculation of uncertainty in the presence of prior knowledge. Metrologia 44 (2007), 111-116.

[17] EURACHEM/CITAC. Quantifying uncertainty in analytical measurement. Tech. Rep. Guide CG4, EU- RACHEM/CITEC, 2000. Second edition.

[18] EVANS, M., HASTINGS, N., and PEACOCK, B. Statistical distributions. Wiley, 2000.

[19] FRENKEL, R. B. Statistical background to the ISO 'Guide to the Expression of Uncertainty in Measurement'. Tech. Rep. Monograph 2, NML Technology Transfer Series, Publication number TIP P1242, National Measurement Laboratory, CSIRO, Australia, 2002.

[20] GELMAN, A., CARLIN, J. B., STERN, H. S., and RUBIN, D. B. Bayesian Data Analysis. Chapman and Hall, London, 2004.

[21] GLESER, L. J. Assessing uncertainty in measurement. Stat. Sci. 13 (1998), 277-290.

[22] HALL, B. D., and WILLINK, R. Does "Welch-Satterthwaite" make a good uncertainty

estimate? Metrologia 38 (2001), 9-15.

[23] HIGHAM, N. J. Accuracy and Stability of Numerical Algorithms. SIAM, Philadelphia, 1996.

[24] ISO 3534-1. Statistics—Vocabulary and symbols—Part 1: Probability and general statistical terms

[25] JAYNES, E. T. Information theory and statistical mechanics. Phys. Rev 106 (1957), 620-630.

[26] JAYNES, E. T. Where do we stand on maximum entropy? In Papers on Probability, Statistics, and Statistical Physics (Dordrecht, The Netherlands, 1989), R. D. Rosenkrantz, Ed., Kluwer Academic, pp. 210-314. http://bayes.wustl.edu/ etj/articles/stand.on.entropy.pdf.

[27] KACKER, R., and JONES, A. On use of Bayesian statistics to make the Guide to the Expression of Uncertainty in Measurement consistent. Metrologia 40 (2003), 235-248.

[28] KERNS, D. M., and BEATTY, R. W. Basic Theory of Waveguide Junctions and Introductory Microwave Network Analysis. Pergamon Press, London, 1967.

[29] KINDERMAN, A., MONAHAN, J., and RAMAGE, J. Computer methods for sampling from Student's t-distribution. Math. Comput 31 (1977), 1009-1018.

[30] L'ECUYER, P., and SIMARD, R. TestU01: A software library in ANSI C for empirical testing of random number generators. http://www.iro.umontreal.ca/~simardr/testu01/tu01.html.

[31] LEYDOLD, J. Automatic sampling with the ratio-of-uniforms method. ACM Trans. Math. Software 26 (2000), 78-98.

[32] LIRA, I. Evaluating the Uncertainty of Measurement. Fundamentals and Practical Guidance. Institute of Physics, Bristol, UK, 2002.

[33] LIRA, I. H., and WöGER, W. Bayesian evaluation of the standard uncertainty and coverage probability in a simple measurement model. Meas. Sci. Technol. 12 (2001), 1172-1179.

[34] MATSUMOTO, M., and NISHIMURA, T. Mersenne Twister: A 623-dimensionally equidistributed uniform pseudo-random number generator. ACM Trans. Modeling and Computer Simulation 8 (1998), 3-30.

[35] MCCULLOUGH, B. D., and WILSON, B. On the accuracy of statistical procedures in Microsoft Excel 2003. Computational Statistics and Data Analysis (2004).

[36] MOLER, C. B. Numerical computing with MATLAB. SIAM, Philadelphia, 2004.

[37] NETLIB. The Netlib repository of freely available software, documents, and databases of interest to the numerical, scientific computing, and other communities contains facilities for sampling from probability distributions, http://www.netlib.org.

[38] NIST. The NIST Digital Library of Mathematical Functions contains facilities for sampling from probability distributions, http://dlmf.nist.gov.

[39] OIML. Conventional value of the result of weighing in air.Tech. Rep. OIML D 28, Organisation Internationale de Métrologie Légale, Paris, 2004.

[40] PAPOULIS, A. On an extension of Price's theorem. IEEE Trans. Inform. Theory IT-11 (1965).

[41] PRICE, R. A useful theorem for nonlinear devices having Gaussian inputs. IEEE Trans. Inform. Theory IT-4 (1958), 69-72.

[42] RICE, J. R. Mathematical Statistics and Data Analysis, second ed. Duxbury Press, Belmont, Ca., USA, 1995.

[43] RIDLER, N. M., and SALTER, M. J. Propagating S-parameter uncertainties to other measurement quantities. In 58th ARFTG (Automatic RF Techniques Group) Conference Digest (2001).

[44] ROBERT, C. P., and CASELLA, G. Monte Carlo Statistical Methods. Springer-Verlag, New York, 1999.

[45] SALTER, M. J., RIDLER, N. M., and COX, M. G. Distribution of correlation coefficient for samples taken from a bivariate normal distribution. Tech. Rep. CETM 22, National Physical Laboratory, Teddington, UK, 2000.

[46] SCHOENBERG, I. J. Cardinal interpolation and spline functions. J. Approx. Theory 2 (1969), 167-206.

[47] SCOWEN, R. S. QUICKERSORT, Algorithm 271. Comm. ACM 8 (1965), 669.

[48] SHANNON, C. E. A mathematical theory of information. Bell Systems Tech. J. 27 (1948), 623-656.

[49] STRANG, G., and BORRE, K. Linear Algebra, Geodesy and GPS. Wiley, Wellesley-Cambridge Press, 1997.

[50] TAYLOR, B. N., and KUYATT, C. E. Guidelines for evaluating and expressing the uncertainty of NIST measurement results. Tech. Rep. TN1297, National Institute of Standards and Technology, USA, 1994.

[51] WEISE, K., and WöGER, W. A Bayesian theory of measurement uncertainty. Meas. Sci. Technol. 3 (1992), 1-11.

[52] WICHMANN, B. A., and HILL, I. D. Algorithm AS183. An efficient and portable pseudo-random number generator. Appl. Statist. 31 (1982), 188-190.

[53] WICHMANN, B. A., and HILL, I. D. Correction. algorithm AS183. An efficient and portable pseudo-random number generator. Appl. Statist. 33 (1984), 123.

[54] WICHMANN, B. A., and HILL, I. D. Generating good pseudo-random numbers. Computational Statistics and Data Analysis 51 (2006), 1614-1622.

[55] WILLINK, R. Coverage intervals and statistical coverage intervals. Metrologia 41 (2004), L5-L6.

[56] WöGER, W. Probability assignment to systematic deviations by the Principle of Maximum Entropy. IEEE Trans. Instr. Measurement IM-36 (1987), 655-658.
